储能与动力电池技术及应用

先进电池功能电解质材料

陈人杰　著

科学出版社

北　京

内 容 简 介

新型高比能二次电池是新能源技术研究领域的重要方向，功能电解质材料是先进新体系电池中的重要组成部分。本书系统阐述了基于多电子反应理论的各类新型二次电池的关键技术及研究方向，重点介绍了锂离子电池、锂硫电池、钠离子电池、锂空气电池、多价阳离子电池等二次电池体系中功能电解质材料的研究进展，论述了电解质材料创新工作中的模拟计算研究，从理论、技术、应用等方面对各类新型二次电池功能电解质材料的未来发展进行了分析和展望。

本书可供从事新能源材料及器件研究和设计的科研人员以及高等院校相关专业师生阅读参考。

图书在版编目（CIP）数据

先进电池功能电解质材料/陈人杰著. —北京：科学出版社，2020.9

ISBN 978-7-03-060719-5

Ⅰ. ①先… Ⅱ.①陈… Ⅲ. ①化学电池–电解质–研究 Ⅳ.①O646.21

中国版本图书馆 CIP 数据核字(2019)第 040859 号

责任编辑：朱 丽 杨新改 / 责任校对：杨 赛

责任印制：赵 博 / 封面设计：耕者设计工作室

科 学 出 版 社 出版

北京东黄城根北街 16 号

邮政编码: 100717

http://www.sciencep.com

涿州市般润文化传播有限公司印刷

科学出版社发行 各地新华书店经销

*

2020 年 9 月第 一 版 开本：720×1000 1/16

2025 年 1 月第四次印刷 印张：26 1/2

字数：530 000

定价：198.00 元

(如有印装质量问题，我社负责调换)

“储能与动力电池技术及应用”丛书编委会

作 者 简 介

陈人杰　北京理工大学材料学院教授、博士生导师。担任部委能源专业组委员、中国材料研究学会理事（能源转换及存储材料分会秘书长）、中国硅酸盐学会固态离子学分会理事、国际电化学能源科学院（IAOEES）理事、中国化工学会化工新材料专业委员会委员、中国电池工业协会全国电池行业专家。

面向大规模储能、新能源汽车、航空航天、高端通信等领域对高性能电池的重大需求，针对高比能长航时电池新体系的设计与制造、高性能电池安全性/环境适应性的提升、超薄/轻质/长寿命特种储能器件及关键材料的研制、全生命周期电池设计及材料的资源化应用等科学问题，开展多电子高比能二次电池新体系及关键材料、新型离子液体及功能复合电解质材料、特种电源用新型薄膜材料与结构器件、绿色二次电池资源化再生等方面的教学和科研工作。主持承担了国家自然科学基金项目、国家重点研发计划项目、“863”计划项目、中央在京高校重大成果转化项目、北京市科技计划项目等课题。

在 *Chemical Reviews*、*Chemical Society Reviews*、*National Science Review*、*Advanced Materials*、*Nature Communications*、*Angewandte Chemie-International Edition*、*Energy & Environmental Science*、*Energy Storage Materials* 等期刊发表 SCI 论文 200 余篇；申请发明专利 82 项，获授权 35 项；获批软件著作权 7 项，开发出功能电解质材料数据库。先后入选教育部“新世纪优秀人才支持计划”（2009 年）、北京市优秀人才培养资助计划（2010 年）、北京市科技新星计划（2010 年）、北京高等学校卓越青年科学家计划（2018 年）、中国工程前沿杰出青年学者（2018 年）、英国皇家化学学会会士（2020 年）。作为主要完成人，荣获国家技术发明奖二等奖 1 项、部级科学技术奖一等奖 3 项。

2002 年至今，针对电池安全性、宽温域适应性、高压电极匹配性、锂金属负极相容性等关键科学问题，聚焦多种功能电解质材料从液体、凝胶到复合固体开展了系统的创新研究工作：自主合成酰胺类、咪唑啉酮类新型离子液体和亚硫酸酯类、异氰酸酯类、砜类多元复合溶剂及硼基锂盐、原位自组装的新型复合固体电解质等多种功能电解质材料，应用于二次电池体系有效提高了其安全性和宽温域应用特性；设计集成磁控溅射、离子蒸镀、晶体调控等技术手段，突破纳米尺度设计、一体加工制备等技术瓶颈，研制了具有纳米粒子生长及微米尺度设计等特征的新型晶态欠锂薄膜电极和交联网络结构的薄膜电解质材料，制备了不同外形特征的薄膜器件和特种结构电源。

丛 书 序

新能源汽车是指采用非常规的车用燃料作为动力来源（或使用常规的车用燃料、采用新型车载动力装置），综合车辆的动力控制和驱动方面的先进技术，形成的集新技术、新结构于一身的汽车。中国新能源汽车产业始于21世纪初。“十五”以来成功实施了“863 电动汽车重大专项”，“十一五”又提出“节能和新能源汽车”战略，体现了政府对新能源汽车研发和产业化的高度关注。

2008年我国新能源汽车产业发展呈全面出击之势。2009年，在密集的扶持政策出台背景下，我国新能源产业驶入全面发展的快车道。

根据公开的报道，我国新能源汽车的产销量已经连续多年位居世界第一，保有量占全球市场总保有量的50%以上。经过近20年的发展，我国新能源汽车产业已进入大规模应用的关键时期。然而，我们要清醒地认识到，过去的快速发展在一定程度上是依赖财政补贴和政策的推动，在当下补贴退坡、注重行业高质量发展的关键时期，企业需要思考如何通过加大研发投入，设计出符合市场需求的、更安全的、更高性价比的新能源汽车产品，这关系到整个新能源汽车行业能否健康可持续发展的关键。

事实上，在储能与动力电池领域持续取得的技术突破，是影响新能源汽车产业发展的核心问题之一。为此，国务院于2012年发布《节能与新能源汽车产业发展规划（2012—2020年）》及2014年发布《关于加快新能源汽车推广应用的指导意见》等一系列政策文件，明确提出以电动汽车储能与动力电池技术研究与应用作为重点任务。通过一系列国家科技计划的立项与实施，加大我国科技攻关的支持力度、加大研发和检测能力的投入、通过联合开发的模式加快重大关键技术的突破、不断提高电动汽车储能与动力电池产品的性能和质量，加快推动市场化的进程。

在过去相当长的一段时间里，科研工作者不懈努力，在储能与动力电池理论及应用技术研究方面取得了长足的进步，积累了大量的学术成果和应用案例。储能与动力电池是由电化学、应用化学、材料学、计算科学、信息工程学、机械工程学、制造工程学等多学科交叉形成的一个极具活力的研究领域，是新能源汽车技术的一个制高点。目前储能与动力电池在能量密度、循环寿命、一致性、可靠性、安全性等方面仍然与市场需求有较大的距离，亟待整体技术水平的提升与创新；这是关系到我国新能源汽车及相关新能源领域能否突破瓶颈，实现大规模产业化的关键一步。所以，储能与动力电池产业的发展急需大量掌握前沿技术的专业人才作为支撑。我很欣喜地看到这次有这么多精通专业并有所心得、遍布领域各个研究方向和层面的作者加入到“储能与动力电池技术及应用”丛书的编写工作中。我们还荣幸地邀请到中国工程院陈立泉院士、衣宝廉院士担任学术顾问，为丛书的出版提供指导。我相信，这套丛书的出版，对储能与动力电池行业的人才培养、技术进步，乃至新能源汽车行业的可持续发展都将有重要的推动作用和很高的出版价值。

本丛书结合我国新能源汽车产业发展现状和储能与动力电池的最新技术成果，以中国汽车技术研究中心有限公司作为牵头单位，科学出版社与中国汽车技术研究中心共同组织而成，整体规划20余个选题方向，覆盖电池材料、锂离子电池、燃料电池、其他体系电池、测试评价5大领域，总字数预计超过800万字，计划用3～4年的时间完成丛书整体出版工作。

综上所述，本系列丛书顺应我国储能与动力电池科技发展的总体布局，汇集行业前沿的基础理论、技术创新、产品案例和工程实践，以实用性为指导原则，旨在促进储能与动力电池研究成果的转化。希望能在加快知识普及和人才培养的速度、提升新能源汽车产业的成熟度、加快推动我国科技进步和经济发展上起到更加积极的作用。

祝储能与动力电池科技事业的发展在大家的共同努力下日新月异，不断取得丰硕的成果！

吴锋

2019年5月

前言 Preface

电解质材料作为二次电池中的重要组成部分，对电池的能量密度、循环寿命、工作温度以及安全性能等起着至关重要的作用。因此，对电解质材料的系统研究和深入剖析有利于发展更高性能的新型二次电池体系，在满足大规模储能、新能源交通、高容量通信、航空航天、国防军事等各领域应用需求方面具有更为广阔的应用前景。

本书从基于多电子反应理论构建电池新体系出发，设计出多电子反应元素周期表并系统阐述了多电子理论的基本内涵、反应机制和新型电池关键材料的发展方向，详细论述了锂离子电池、锂硫电池、钠离子电池、锂空气电池、多价阳离子电池等不同电池体系中电解质材料的研究进展、关键技术和优化设计方案等；根据不同电解质材料的性能特点，阐述了当前研究工作中的新理论、新技术和新方法，并对电解质材料的理论计算和模拟研究进行了介绍，将理论分析与实验研究相结合，揭示电解质材料中的作用机制；从理论、技术、应用等方面对各类新型二次电池功能电解质材料的未来发展进行了分析和展望。

本书的撰写得到了北京理工大学吴锋院士的悉心指导，苏州大学郑洪河教授也给予了很多帮助。作者的研究生在文献查阅、数据整理、图表绘制、书稿校对等方面也做了很多细致认真的工作，他们是：闫明霞、温子越、梅杨、李泽华、符史扬、王付杰、吴嘉伟、屈雯洁、赖静宁、黄永鑫、钱骥、罗锐、赵利媛、王丽莉、赵圆圆、马悦等。在此，特向所有为本书付出辛勤劳动的老师和学生表示衷心的感谢。

在本书出版之际，感谢国家重点研发计划项目、北京市科技计划项目和北京高等学校卓越青年科学家计划项目的支持，感谢科学出版社及编辑在本书出版过程中付出的努力！

先进电池功能电解质材料涉及材料、化学、物理、计算等多个学科的概念和理论，研究工作日新月异，本书中的部分认识和研究思路尚处于探索阶段，由于作者水平有限，错误和疏漏在所难免，敬请广大读者批评指正。

2020 年 5 月

目录 Contents

01

基于多电子反应机制的电池新体系概述

为了减少对化石燃料的依赖并降低碳排放，发展高效、环保、价格低廉的新型储能系统势在必行[1-3]。可再生能源例如风能、太阳能、潮汐能发电具有总量大、间歇性、输出不受控等特点，如果将其产生的电能直接接入电网，将对电网造成巨大冲击[4]。因此，发展高效的能量转化与储存技术就成为可再生能源利用的关键。由于电化学储能具有效率高、应用灵活等特性，成为优先发展方向之一。随着电池技术的不断发展创新，二次电池在便携式电子设备、电动汽车以及储能调峰电站等领域的应用都得到了快速发展[5-8]。当前二次电池在迎来难得的发展机遇的同时，也面临着巨大的挑战[9]。现有二次电池体系中电池活性材料多为重金属元素或过渡金属元素，摩尔质量较大，参与反应电子数少，能量密度较低。因此，采用摩尔质量较轻的、具有多电子反应特性的活性电极材料，以构建具有高能量密度的电池新体系，发展新一代综合性能优异的储能技术十分必要[10, 11]。

目前可用的二次电池主要包括基于镍基正极的碱性二次电池［Ni-Cd 电池、Ni-Zn 电池和 Ni-金属氢化物（Ni-MH）电池］和锂离子电池。虽然镍基正极在电化学反应过程中具有双电子转移特性，但是碱性二次电池的比能量相对较低。以镍氢电池和锂离子电池为代表的二次电池体系的应运而生标志着二次电池进入高比能时代[12]。

锂离子电池因具有工作电压高、倍率性能好、循环寿命长等优点而受到了广泛关注，成为化学电源研究的热点[6, 13-17]。目前，锂离子电池已经广泛应用于便携式电子设备、新能源汽车、储能电网等体系中，表现出巨大的发展潜力[13, 18, 19]。锂离子电池的广泛应用促进了研究者对具有高比容量、高安全性和低成本的电极材料的深入研究[20]。经过 20 多年的发展，锂离子电池的工艺技术已趋于成熟，电池比能量的提升空间已经非常有限[12, 21, 22]。因此，探索新的反应机理，发展高比容量电极材料，构建新型高比能二次电池体系，是提升二次电池能量密度的有效途径。

除了锂离子电池外，基于单价阳离子的钠离子二次电池和钾离子二次电池，基于多电子的镁离子二次电池和铝离子二次电池，以及基于转换反应的新体系二次电池（后续“二次电池”统一省略），如金属-空气电池和锂硫（Li-S）电池等都受到了广泛关注[2, 11, 12, 23]。由于钠离子电池具有资源丰富、环境友好的特点，且与锂离子电池具有类似的化学性质，近年来，关于钠离子电池的研究备受关注[24-27]。与锂离子相比，钠离子的半径和原子质量更大，导致钠离子电池具有较低的理论能量密度，因此，开发具有更优电化学性能的正极和负极材料是近年的研究热点[28]。基于多价阳离子转移的镁离子和铝离子二次电池面临的主要挑战是寻找适合镁离子和铝离子可逆脱嵌的电极材料以及相匹配的电解质体系[29-31]。除了基于脱嵌反应的电池体系之外，发生转换反应的金属-空气电池和 Li-S 电池因其具有高能量密度也成为电化学储能系统的研究热点。虽然金属-空气电池和 Li-S 电池的能量密度是当前锂离子电池的 2～10 倍，但是相关的基础研究和应用仍然还有很长一段路要走[32-34]。

理论上来说，多电子反应机制为提高电池能量密度提供了新思路。充分理解电化学过程中的多电子反应机理，对于开发高比容量电极材料以及新型二次电池体系至关重要。

1.1　多电子反应的理论基础

对于一个给定的化学反应，电化学能量储存依赖于电子转移。

$$\alpha A+\beta B \longrightarrow \gamma C+\delta D \tag{1-1}$$

在标准状态下，吉布斯自由能 $\Delta_r G^\Theta$ 可以通过能斯特方程来计算：

$$\Delta_r G^\Theta=-nEF \tag{1-2}$$

式中，n 代表每摩尔反应过程中的电子转移数，E 代表热力学平衡电压，F 为法拉第常数。能量密度可以通过质量能量密度（$Wh\cdot kg^{-1}$）或者体积能量密度（$Wh\cdot L^{-1}$）来表示。因此，电池的质量能量密度 ε_M 和体积能量密度 ε_V 可以表示为

$$\varepsilon_M=\Delta_r G^\Theta/\Sigma_M \tag{1-3}$$

$$\varepsilon_V=\Delta_r G^\Theta/\Sigma_{VM} \tag{1-4}$$

式中，Σ_M 表示两个反应物的摩尔质量之和，Σ_{VM} 表示两个反应物的摩尔体积之和。

当电极材料反应对应的吉布斯自由能变化已知时，其理论能量密度可以通过式（1-3）和式（1-4）计算得出，如果未知，则可以通过式（1-2）计算得到[35]。

对于一个给定的电极材料，其比容量可以通过等式（1-5）计算得出（M 为电极材料的摩尔质量）：

$$Q=nF/3.6M\ (mAh\cdot g^{-1}) \tag{1-5}$$

根据式（1-5），可以通过以下几种方式提升电池的能量密度：①采用高比容量的电极材料；②采用高氧化还原电位的正极材料；③采用低氧化还原电位的负极材料；④采用单位摩尔发生多个电子转移的活性材料[13, 24]。目前商业化电池的电解质稳定电压最高达到 5 V。增加电池电压会导致电解质分解，发生不可逆副反应以及引发安全问题。一般来说，一种材料的理论储锂（钠）能力由转移电荷数和锂（钠）离子的迁移摩尔数决定，而计算出得失电子数目较为容易。因此，开发更小摩尔质量的多电子电极材料是提高能量密度的有效途径。多电子反应的可能性取决于一定电压区间内具有不同化学价态的电化学材料的特性。

通过对元素周期表进行分析，可以探索适合多电子反应的电化学活性元素。图 1-1 和图 1-2 为已报道的每摩尔转移超过一个电子的活性物质元素。过渡金属因其含有多个稳定氧化态，如：Cu（Cu^{1+}/Cu^{3+}）、Fe（Fe^{2+}/Fe^{4+}）、Cr（Cr^{2+}/Cr^{6+}）、Co（Co^{2+}/Co^{4+}）、Mn（Mn^{2+}/Mn^{4+}）、Ni（Ni^{2+}/Ni^{4+}）、V（V^{2+}/V^{5+}）、Nb（Nb^{3+}/Nb^{5+}）和 Mo（Mo^{3+}/Mo^{6+}），被认为是具有多电子氧化还原反应特征的活性元素[36]。

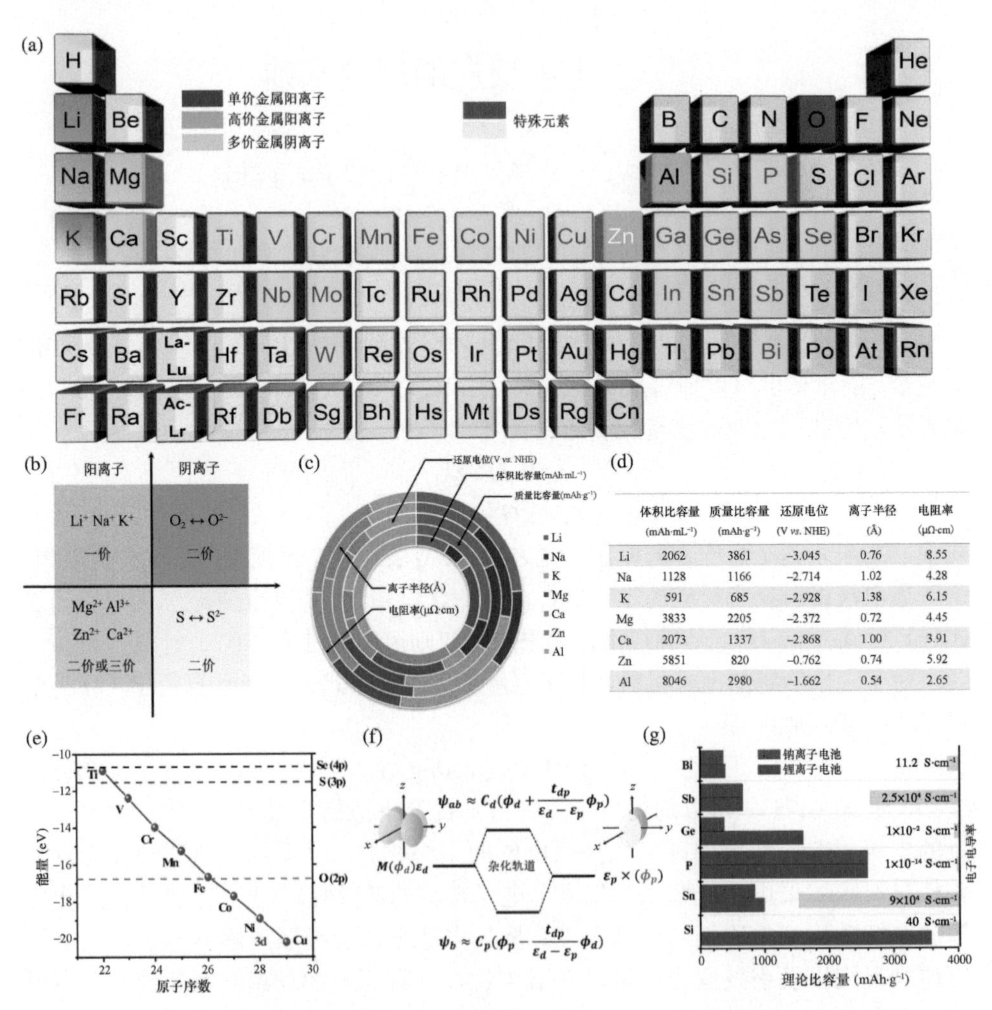

	体积比容量 (mAh·mL⁻¹)	质量比容量 (mAh·g⁻¹)	还原电位 (V vs. NHE)	离子半径 (Å)	电阻率 (μΩ·cm)
Li	2062	3861	−3.045	0.76	8.55
Na	1128	1166	−2.714	1.02	4.28
K	591	685	−2.928	1.38	6.15
Mg	3833	2205	−2.372	0.72	4.45
Ca	2073	1337	−2.868	1.00	3.91
Zn	5851	820	−0.762	0.74	5.92
Al	8046	2980	−1.662	0.54	2.65

图 1-1 （a）元素周期表中具有多电子反应特性的元素；（b）根据反应机制分类的四种多电子反应类型；（c）、（d）作为二次电池电荷载体的 Li、Na、K 等单价阳离子与 Mg、Ca、Zn、Al 等高价阳离子的物理性能对比；（e）、（f）过渡金属的结合能；（g）锂（钠）离子电池合金化反应元素的比容量和电子电导率的物性比较[11]

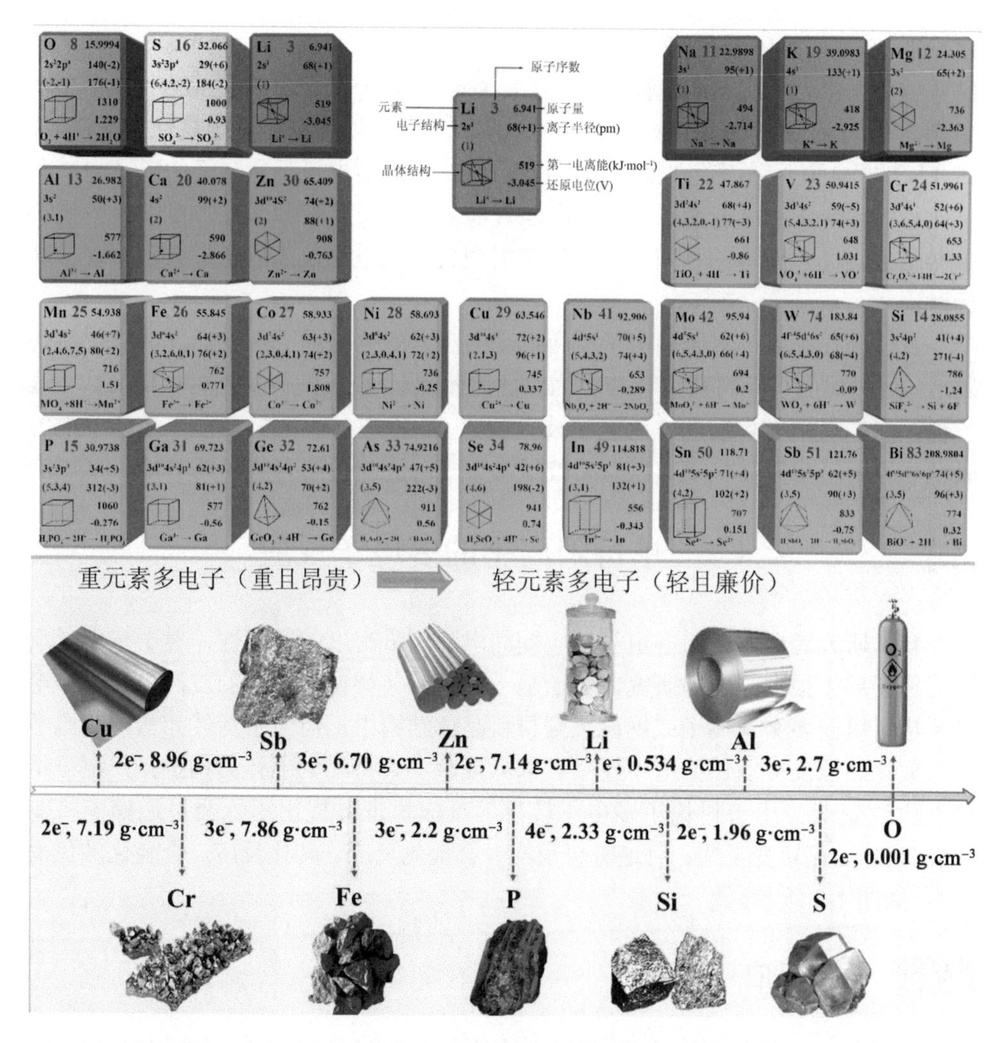

图 1-2 具有多电子反应特性的元素信息[11]

基于过渡金属和聚阴离子$(XO_4)^{n-}$的聚阴离子化合物具有多电子反应特征，目前已经受到广泛研究。其中过渡金属氧化物类型的材料可以被归类为转化反应活性材料，当其作为锂离子电池和钠离子电池的负极时，具有高理论容量。此外，能够与锂（或钠）进行电化学合金化的活性元素（例如 Si、Ge、Sn、Bi、Sb、P）由于可以与较高化学计量比的锂（或钠）发生合金化反应而具有高比容量。图 1-1（g）展示了这些活性元素的容量特性。

在这些体系中，当锂（钠）嵌入到主体中时，电荷在可变价过渡金属阳离子中进行转移。因此，在电化学反应过程中，多电子转移的发生需要嵌入至少一个锂（钠）离子。多电子反应还可以通过嵌入多价阳离子来实现。图 1-1（c）和（d）显示了可以作为二次电池电荷载体的 Li、Na 和 K 等碱金属以及 Mg、Ca、Zn、Al 等多价阳离子的物理性质对比。此外，阴离子也可以参与多电子氧化还原反应，如 Li-S 电池和金属-空气电池[12]。因此，针对具有多电子反应特征的阳（阴）离子体系的创新研究可能突破锂离子电池目前的能量密度瓶颈。在本章中，我们将根据图 1-1（b）所示的不同多电子反应类型将二次电池分为四个部分，并逐一进行讨论。

在过去几年里，对于多电子反应机理的深入研究推动了新型活性电极材料的发展，但仍然面临新材料设计和优化改性的瓶颈。“科技发展受到材料的制约”这一说法同样适用于目前的二次电池技术领域[9]。多电子反应机制在电池体系中的研究和应用仍然面临挑战，任何突破都将带来电池应用的有效快速增长。

1.2 单价阳离子的多电子反应

自从研究者提出采用多电子反应提高电池能量密度的可能性，对于多电子反应已经开展了很多深入的研究。对于基于碱金属（如锂和钠）的二次电池，多电子反应可以嵌多个锂离子或钠离子到材料晶体结构中，对应于活性元素得到电子发生氧化还原反应以保持电中性[37]。嵌入反应一直持续到晶体结构扩张，电子结构发生改变[31]。本节讨论了多电子转移的反应机理并提出了六类可逆储能机制（插层反应、相转变反应、可逆有机反应、合金化反应、转化反应、合金化转化反应），如图 1-3 所示。

1.2.1 插层反应

插层反应是指自由离子（如锂离子或钠离子）可逆嵌入到材料的层状结构中。层状结构的主晶格具有结构灵活性，能够根据嵌入的客体离子的结构自由调节层间距[38]。因此，伴随着电化学过程的插层反应会导致材料主体晶格结构发生变化。

对锂离子电池正极材料的研究，大部分集中于层状 $LiCoO_2$ 和三元 $LiNi_{1/3}Co_{1/3}Mn_{1/3}O_2$ 等材料。$LiCoO_2$ 是使用最为普遍的活性正极材料，具有 274 mAh·g^{-1} 的理论比容量。然而，随着锂离子从 Li_xCoO_2 中脱出，Co^{3+}会被氧化成为不稳定的 Co^{4+}，高浓度的 Co^{4+}破坏材料的结构稳定性，导致发生相转变[39]。当超过 50%的锂离子从晶格中脱出时，$LiCoO_2$ 的结构发生坍塌，因此，其实际比容量不超过 150 mAh·g^{-1}[19, 40, 41]。采用过渡金属元素替代 Co 构建更稳定的结构可以有效防止结构坍塌现象，例如 $LiNi_{1/3}Co_{1/3}Mn_{1/3}O_2$ 可实现 190 mAh·g^{-1} 的可逆比容量。然而，在超过一个锂离子嵌入三元层状材料的晶体结构时，其晶体结构仍然会遭到破坏。

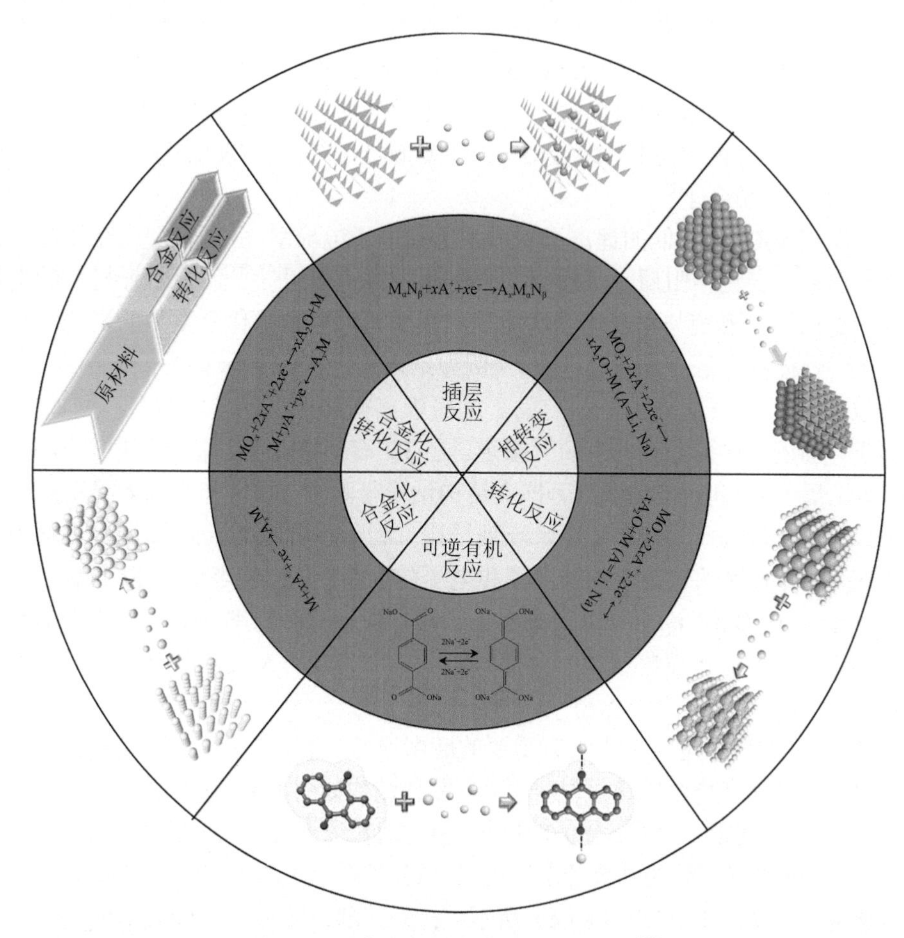

图 1-3　六类可逆多电子反应储能机制[11]

- 五氧化二钒

五氧化二钒（V_2O_5）属于过渡金属氧化物，通常用作二次电池正极材料。V_2O_5 具有由弱范德瓦耳斯力支撑的层状结构，由五价的钒离子与五个氧原子的配位形成方形-金字塔型［图 1-4（c）］[42]，被认为是典型的插层反应化合物。嵌入的客体离子存储在两个 VO_5 金字塔层之间的空隙中[43]。V_2O_5 具有 294 mAh·g^{-1} 的理论比容量，对应两个锂离子的嵌入/脱出，这比大多数常见的正极材料都要高很多。在 4.0～2.0 V *vs.* Li^+/Li 的电位范围内，可逆的充放电反应可表示为[44, 45]

$$V_2O_5 + xLi^+ + xe^- \rightleftharpoons Li_xV_2O_5 \qquad (x\approx 2.0) \qquad (1\text{-}6)$$

Li-V_2O_5在插层反应过程中经历了几个一阶相变，如图1-4（a）所示：x <0.35的α相，0.35<x<0.7的ε相（3.36 V），0.7<x<1的δ相（3.15 V），1<x<2的γ相（2.21 V），2<x<3的ω相[46]。在V_2O_5中嵌入第三个锂时导致了结构发生不可逆转变，生成岩盐型结构的ω相 $Li_xV_2O_5$[45-50]。有研究报道证实，即使结构经历不可逆的转变，所有这些相都可以在1<x<3的化学计量范围内可逆转化[51]。同时，锂离子嵌入V_2O_5层状结构中导致层结构发生褶皱，以及钒元素发生从+5到+4的还原［如图1-4（c）所示］[52]。

结晶相V_2O_5具有低的锂离子扩散系数和电子电导率，并且在深度充放电过程中会发生结构变化，阻碍了其作为二次电池正极的应用[48, 53]。通常，材料的电化学性能受结构、形貌与物理化学性质等的影响。材料纳米化是常见的用于改善材料电化学性能的方法。纳米化V_2O_5（例如纳米棒[47, 54]、纳米管[46, 55]、纳米片[56]、空心微球[53, 57]、分层结构[58]）有助于缩短锂离子和电子的传输距离，增加电极-电解质界面的接触面积[59]。有研究报道，在3D石墨泡沫上制备高度集成的V_2O_5/聚(3,4-乙烯二氧噻吩)（PEDOT）核壳结构纳米带阵列，可以作为高效稳定的一体化正极应用于锂离子电池[48]。纳米阵列结构有利于缓解锂离子嵌入/脱出过程中产生的应变，并且提供了更短的锂离子和电子传输路径，比粉末纳米结构更具优势。此外，导电 PEDOT 涂层可以促进电子转移，保持复合材料在循环过程中的整体结构稳定性，并且可以将放电平台提升至3.0 V以上，从而增加高电压下的可逆容量。

V_2O_5在钠离子电池中也具有重要的应用潜力。有研究报道了单晶双层 V_2O_5纳米带作为钠离子电池的正极材料[60]，其晶体结构如图1-4（e）所示。具有11.53 Å的大（001）层间距（沿着c轴）的层状V_2O_5纳米带可允许钠离子可逆地嵌入和脱出。这种V_2O_5纳米带作为钠离子电池正极材料时，在80 mA·g^{-1}下具有231.4 mAh·g^{-1}的高比容量，如图1-4（f）和（g）所示，接近其理论比容量（236 mAh·g^{-1}）。

在上述研究工作中，只有2个锂离子或2个钠离子可以嵌入晶体V_2O_5中。值得注意的是，V_2O_5气凝胶通过特殊的电荷存储机制，能够可逆嵌入超过2个锂离子。化学锂化研究表明，每摩尔V_2O_5气凝胶可以嵌入高达5.8 mol的锂离子，对应650 mAh·g^{-1}的比容量[61]。近期研究报道显示，V_2O_5气凝胶在C/20、C/10、C/4、1C电流倍率下分别具有345.5 mAh·g^{-1}、324 mAh·g^{-1}、291 mAh·g^{-1}和240 mAh·g^{-1}（对应于每摩尔主体材料嵌入2.3当量锂离子）的比容量。V_2O_5作为钠离子电池的正极具有150 mAh·g^{-1}的比容量，相当于每摩尔V_2O_5嵌入1个当量的钠离子[62]。当然V_2O_5除了应用在传统钠离子电池和锂离子电池中，在新型的水系锌离子电池方面也有相关的报道，并且表现出较高的潜力[63-67]。

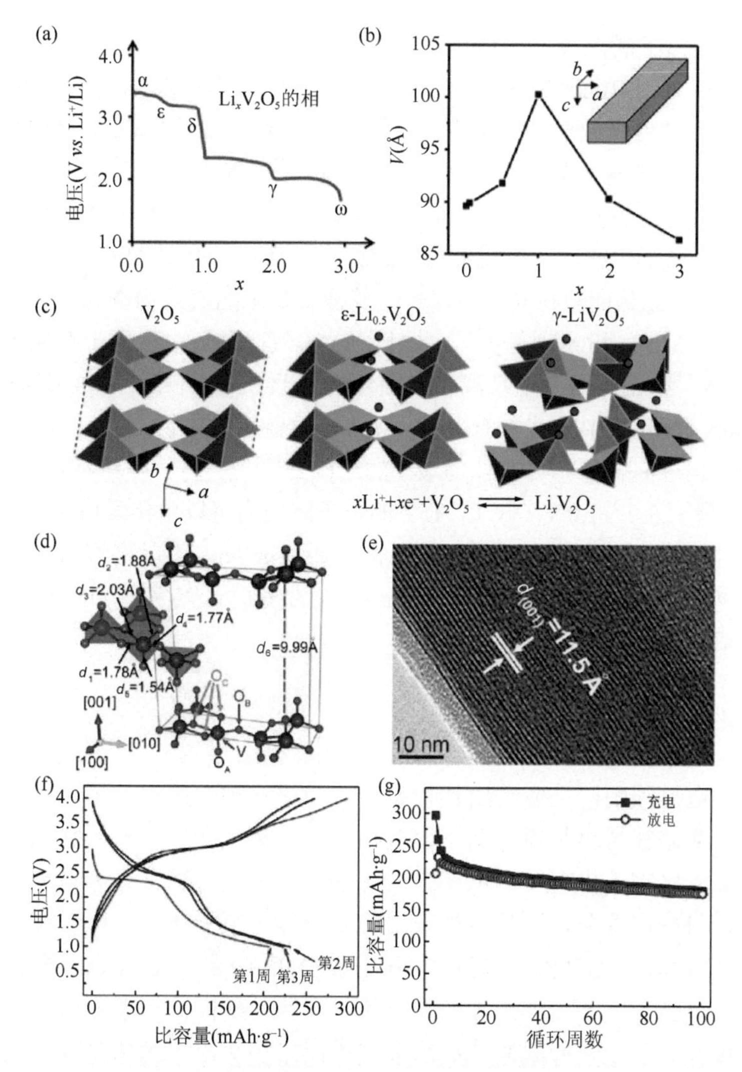

图 1-4 $Li_xV_2O_5$：（a）具有 5 个相的 Li/V_2O_5 电池的电压-化学计量曲线[49]；（b）V_2O_5 的晶胞体积与锂离子转移化学计量数的函数变化曲线[52]；（c）纯 V_2O_5 和两个 $Li_xV_2O_5$ 相的结构，表明由于嵌锂导致的四面体的变化[52]；（d）双层 V_2O_5 纳米带的晶体结构和（e）TEM 图以及（f）、（g）双层 V_2O_5 纳米带作为钠离子电池的正极材料的电化学性能[60]

电化学研究表明，与微晶相比，V_2O_5 气凝胶可以为锂离子和多价阳离子提供更高的容量（相应的电化学行为将在后续章节中进行讨论）。由于固相的动力学受限于扩散，这种气凝胶材料的介孔性质使得锂离子传输的扩散距离相对较小[68]。此外，当 V_2O_5 气凝胶采用黏结剂-碳电极表现出赝电容效应时，其相对较大的比表面积有助于提升储锂容量[69]。X 射线吸收光谱（XAS）和 X 射线光电子能谱（XPS）

结果表明，锂离子嵌入 V_2O_5 气凝胶过程中钒的氧化态几乎没有变化。这种特殊的存储机制可以采用 Ruetschi 的阳离子-空位假说来解释，但阳离子空位的存在尚未通过高分辨率电镜成像直接证实[70, 71]。气凝胶显著增加了 V_2O_5 的表面特性，缺陷和阳离子空位对其电化学性能产生了重要影响[72]。锂离子嵌入到 V_2O_5 气凝胶中的阳离子空穴时产生离子电流，但是这个过程并不伴随电子转移到钒阳离子中，因此没有三价钒离子生成。上述机理可以解释为什么单位摩尔 V_2O_5 气凝胶可以转移多于两个锂离子，从而获得高比容量[73]。其他有缺陷的氧化物也具有类似的电荷储存性质，如 γ-MnO_2 和 γ-Fe_2O_3[70]。此外，V_2O_5 气凝胶还可以用于存储多价阳离子（如 Mg^{2+}、Al^{3+}和 Zn^{2+}）[74]以及离子半径显著大于 Li^+的阳离子（如 K^+和 Na^+）[75]。

Wadsley-Roth 相中一些具有 ReO_3 型结构的金属氧化物（如 Nb_2O_5）在室温下可以嵌入约 14 个锂离子，并且伴随最小的结构变化[76]。另一种 PNb_9O_{25} 具有剪切结构，在低倍率下 3.0～1.0 V（*vs.* Li^+/Li）的电压区间内可以电化学嵌入大约 13.5 mol 的 Li^+[77]。随着 Nb^{5+}还原成 Nb^{4+}，然后部分还原成 Nb^{3+}，晶格参数变化约 10%。其他具有剪切结构的物质[78]也表现出类似的多电子转移/多锂嵌入机制，如 HNb_2O_5、$GeNb_{18}O_{47}$、VNb_9O_{25}。

1.2.2 相转变反应

在充放电过程中，反应物由初始相转变为另一相的反应为相转变反应。研究最多的相转变储锂材料是聚阴离子化合物，如磷酸盐和硅酸盐，它们被认为是替代过渡金属氧化物正极材料的候选之一。聚阴离子化合物具有一系列优点，例如安全性好、热稳定性高、制备过程采用的前驱体价廉无毒等。以过渡金属和聚阴离子 $(XO_4)^{n-}$为基础建立的三维框架，其中 $(XO_4)^{n-}$四面体和 MO_6 八面体通过强共价键结合，已成为一个广受关注的研究热点[79-81]。然而，由于有机电解质的稳定性以及正极结构的稳定性限制了电池的工作电压，多电子转移过程难以实现。研究者们希望通过采用多价态过渡金属元素，开发出具有多电子反应特征的聚阴离子化合物。

含有四面体氧配位的磷原子的磷酸盐 $LiMPO_4$（M = Fe、Mn、Co、Ni 或 V）是研究最为深入的聚阴离子化合物。$LiFePO_4$ 材料由 Goodenough[82]首先提出，随后得到了广泛的研究。对于 Fe^{4+}/Fe^{2+}双电子氧化还原电对，只有 Fe^{3+}/Fe^{2+}氧化还原能量接近费米能级。对于目前采用的电解质，Fe^{4+}/Fe^{3+}电压过高。因此，限定 $LiFePO_4$ 的充放电范围，只表现出一个 3.4 V 电位平台，对应着每单位发生一个锂离子的可逆嵌入/脱出，限制了基于 Fe^{2+}/Fe^{4+}双电子氧化还原电对的 $LiFePO_4$ 的实际应用。

另一种受到广泛研究的聚阴离子化合物是 $Li_3V_2(PO_4)_3$，具有两种晶型，即斜方相和单斜相。斜方相 $Li_3V_2(PO_4)_3$ 采用离子交换法，$Na_3V_2(PO_4)_3$ 作为初始材料首次制备得到[80]。其首周充电过程中可以脱出两个锂离子，电位可达 4.1 V。然而，在放电过程中只有 1.3 个锂离子可逆嵌入，表明两个锂离子脱出时结构发生了变化，造成锂离子再嵌入过程受到动力学限制。单斜晶相 $Li_3V_2(PO_4)_3$（理论比容量为 197 $mAh\cdot g^{-1}$）的热力学稳定，具有三维开放框架结构，便于锂离子的快速扩散，在 3.0～4.3 V 电压范围内可容纳 2 个锂离子嵌入[83, 84]。相应的相转变过程为

$$Li_3V_2(PO_4)_3 \longrightarrow Li_{2.5}V_2(PO_4)_3\ (\approx 3.6\ V\ vs.\ Li^+/Li)$$

$$Li_{2.5}V_2(PO_4)_3 \longrightarrow Li_2V_2(PO_4)_3\ (\approx 3.7\ V\ vs.\ Li^+/Li)$$

$$Li_2V_2(PO_4)_3 \longrightarrow LiV_2(PO_4)_3\ (\approx 4.7\ V\ vs.\ Li^+/Li)$$

如图 1-5（b）所示[85, 86]，单斜晶相 $Li_3V_2(PO_4)_3$ 在较宽的电压窗口内对应 3 个锂离子脱出[84, 87]。第三个 Li^+在 4.6 V（*vs.* Li^+/Li）左右脱出，伴随着 $Li_2V_2(PO_4)_3$ 和 $V_2(PO_4)_3$ 之间发生两相反应，V^{4+}部分氧化为 V^{5+}[88]。$V_2(PO_4)_3$ 中 V（1）和 V（2）显示出非常接近的平均键长以及钒平均化合价为+4.5，导致锂可逆嵌入过程的无序化［图 1-5（a）所示的两相反应区］。然而，较高的电压（如 4.8 V）下 $Li_xV_2(PO_4)_3$ 变得不稳定，并且会与电解质发生副反应，导致比容量快速衰减[89]。单斜晶相 $Li_3V_2(PO_4)_3$ 在两个充放电电压区间内的电化学性能比较如图 1-5（c）和（d）所示。

正硅酸盐 Li_2MSiO_4（M=Fe、Mn、Co、Ni）是另一类聚阴离子正极材料。3d 金属元素通常具有多种氧化态，在充放电过程中具有多电子反应特征。正硅酸盐因为其特殊的框架结构允许每个 3d 金属转移不止一个电子[90]。$(SiO_4)^{4-}$基团理论上允许 3d 金属价态在+2 到+4 之间转换，因此允许 2 个锂离子在电化学过程中发生可逆脱嵌[79]。Li_2FeSiO_4 具有将 Fe(Ⅱ)转变成 Fe(Ⅳ)的双电子反应特性，比容量达到 331 $mAh\cdot g^{-1}$。在 Li_2FeSiO_4 和 $LiFeSiO_4$ 之间的 Li^+脱嵌（即 Fe^{2+}氧化成 Fe^{3+}）发生的晶体结构体积变化仅为 2.8%[90]。如第二个 Li^+从主体结构中脱出而 Fe^{3+}没有进一步氧化，会导致 $FeSiO_4$ 的结构崩塌，造成容量急剧衰减。此外，通过计算得出 Li_2FeSiO_4 中第二个 Li^+的脱嵌电位为 4.79 V，超出了大多数液体电解质的电化学窗口极限。因此，这一双电子反应在室温下很难实现。据报道，采用将电化学活性元素 Fe 引入 Li_2FeSiO_4 的策略，合成共生的纳米复合材料 $Li_2FeSiO_4\cdot LiFePO_4$-C，可以在 15℃和 45℃以下分别发生 1.26 个 Li^+和 1.72 个 Li^+ 转移的可逆反应[91]。

硅酸盐家族的另一个关键成员是 Li_2MnSiO_4，基于 $Mn^{2+}/Mn^{3+}/Mn^{4+}$氧化还原电对，其理论比容量高达 333 $mAh\cdot g^{-1}$[92-97]。Li_2MnSiO_4 具有多种不同结构，即具有 Li^+二维扩散通道的斜方晶系（$Pmn2_1$ 和 $Pmnb$）和单斜晶系（$P2_1/n$ 和 Pn）[98]。

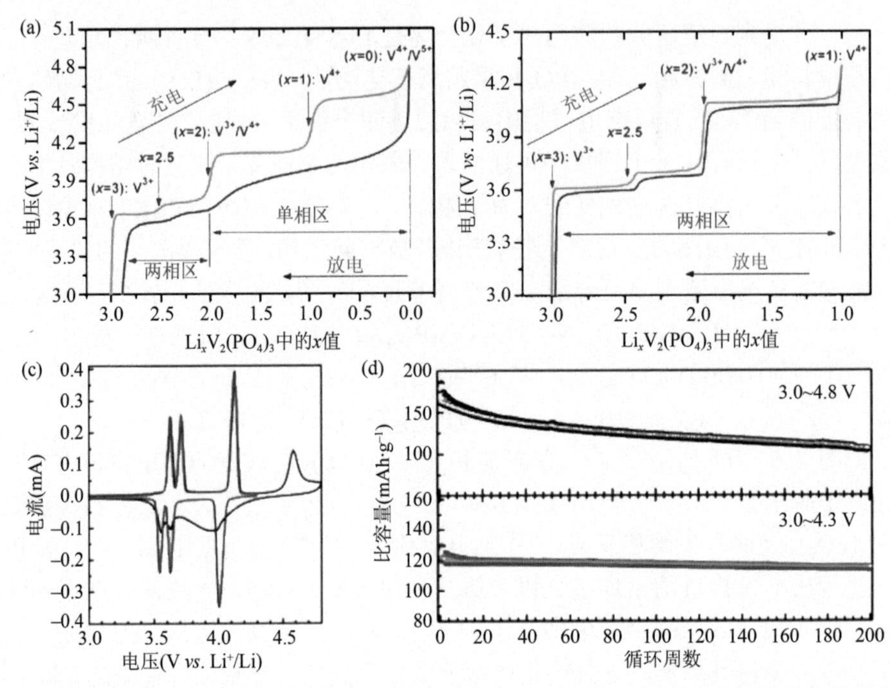

图 1-5 $Li_3V_2(PO_4)_3$ 在（a）3.0～4.8 V 和（b）3.0～4.3 V *vs.* Li / Li^+电压范围内的电化学电压-锂离子计量数的曲线[85]；（c）在 0.1 $mV·s^{-1}$ 的扫描速率下的循环伏安（CV）曲线，以及（d）在 3.0～4.8 V（黑色）和 3.0～4.3 V（红色）的两个电压区间内 0.1C 的循环性能[83]

不同结构的 Li_2MnSiO_4 具有相似的电化学性能和电子电导率，但由于不同晶型中锂离子占据位点的差异离子电导率的不同。计算得出，*Pmnb*、*Pmn*2_1、*P*2_1/*n* 的平均 2 个 Li^+嵌入电位分别为 4.18 V、4.19 V、4.08 V[90, 99]。然而，在首周电化学循环中，只有 1.56 个电子发生转移，对应 257.1 $mAh·g^{-1}$ 的放电比容量，并且在随后的循环中迅速衰减[92]。当超过 1.66 个 Li^+脱离主体时，晶体结构无法可逆恢复。Li_2MnSiO_4 的高不可逆容量和剧烈的容量衰减主要是因为在 Li^+的脱嵌过程中形成了无定形区域，并且晶格参数不断变化。导致晶体结构破坏的另一因素是与 Li_2MnSiO_4 中的 Mn^{3+}相关的 Jahn-Teller 效应。到目前为止，对于 Li_2MnSiO_4 的研究进展仍然有限。

$(BO_3)^{3-}$是摩尔质量最轻的聚阴离子，因此硼酸盐化合物引起了研究者们的关注。尽管 $LiMBO_3$（M=Mn、Fe、Co）材料可以轻易地通过固态反应合成[100]，但是它电化学性能很差，每个单元允许不足 0.04 个 Li^+可逆脱嵌。

聚阴离子化合物作为电极材料的主要限制是其固有的低电子电导率和低锂离子扩散速率。改善其导电性的方法主要有以下几种：①将客体原子引入晶体结构中[101, 102]；②减小粒径尺寸[103-105]；③引入导电材料，如碳包覆[106-108]。其中，碳包覆是最有效的策略，有助于控制颗粒生长，使颗粒更均匀，并形成导电网络从而有利于电子和离子转移[109, 110]。

同时，合成方法会显著影响正极材料的结构和形貌，进而影响正极材料的电化学性能。因此，进一步研究新型电极材料的合成-结构-性能的关系具有重要意义。尽管聚阴离子化合物具有多电子反应性质，但是构建发生多电子反应的稳定聚阴离子材料仍然是一个挑战。在 3.0～4.5 V 电压窗口中，活性氧化还原电对 Fe^{2+}/Fe^{3+}、Mn^{2+}/Mn^{3+}和 Cu^{1+}/Cu^{2+}仅表现出单电子反应。只有钒（V^{3+}至 V^{5+}）和钼（Mo^{3+}至 Mo^{6+}）氧化还原电对具有多电子反应活性。因此，拓宽电压窗口有望开发具有更多多电子反应的磷酸盐。根据第一性原理计算结构提出的电压设计策略指出，通过将+2/+3 价态电对的活性金属与高价态电对+5 或+6 价的活性元素混合可以提高电极材料的电压[111]。这种方法可以在理论上使每个过渡金属交换多个锂原子，从而提供更高的理论比容量。然而，由于聚阴离子基团的存在而引起的“质量损失”，能量密度的整体提升并不如预期那么明显[106-108]。

- $Li_4Ti_5O_{12}$

由于尖晶石 $Li_4Ti_5O_{12}$（LTO）具有成本低、安全可靠、充放电过程中体积变化微小、循环寿命长等优良特性，因此被认为是最有前景的锂离子电池负极材料之一[112-115]。LTO 晶格为具有 *Fd*3-*m* 空间群的尖晶石框架结构，形成了具有八面体共边结构的三维隧道结构[116, 117]。其四面体 8a 位置被 Li^+占据，八面体 16d 位为 Li^+和 Ti^{4+}随机占据，Li^+∶Ti^{4+}比例为 1∶5[117, 118]。如图 1-6（a）的晶体结构示意图所示，尖晶石 LTO 可以描述为 $Li_{3(8a)}[LiTi_5]_{c(16d)}O_{12(32e)}$。LTO 最多可以嵌入三个 Li^+形成 $Li_7Ti_5O_{12}$（≈1.55V *vs*. Li^+ / Li），理论比容量为 175 $mAh \cdot g^{-1}$。相应的电化学反应如以下方程式所示：

$$Li_4Ti_5O_{12} + 3Li^+ + 3e^- \rightleftharpoons Li_7Ti_5O_{12} \quad (1\text{-}7)$$

在嵌入过程中，三个 Ti^{4+}被还原为 Ti^{3+}，发生尖晶石 LTO 到岩盐 $Li_4Ti_5O_{12}$ 的相转变[118, 119]。锂化过程导致 Li^+从 8a 转移到 16c 位置，形成了终产物 $Li_{6(16c)}[LiTi_5]_{(16d)}O_{12(32e)}$［晶体结构示意图如图 1-6（b）所示］。通过计算得出，尖晶石 LTO 和岩盐 LTO 的晶格常数分别为 0.8364 nm 和 0.8353 nm，两相转换过程中的体积变化仅为 0.2%。因此，LTO 被称为零应变材料[119, 120]。其电化学反应是在锂化/脱锂过程中典型的两相转化，充放电曲线在大约 1.55 V 表现出延伸的电压平台[121]。

值得注意的是，尖晶石相 LTO 由于其晶格结构中存在空八面体位点，是一种较好的锂离子导体，但是由于尖晶石相 LTO 中 Ti 的氧化态为+4 价导致了其电子电导率低（在室温下$<10^{-13}$ $S \cdot cm^{-1}$）[122]，影响了尖晶石 LTO 的电化学性能。采用

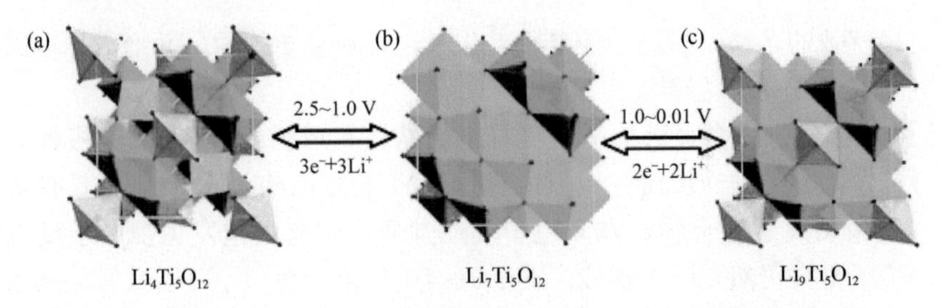

图 1-6　2.5～0.01 V 电化学窗口内，LTO 中 Li^+的可逆脱嵌过程[118, 119]

导电物质对其进行表面涂覆、离子掺杂和构筑纳米结构材料是改善其导电性的有效方法[120]。例如有相关的研究报道合成了基于多层微球的表面上生长超薄的 LTO 纳米片，具有高达 178 $m^2·g^{-1}$ 的比表面积，用作锂离子电池负极时，在 50 C 的倍率条件下有着 150 $mAh·g^{-1}$ 的高比容量，并且在 20 C 的倍率充放电条件下循环 3000 周仍有着高达 126 $mAh·g^{-1}$ 的比容量[123]。

尖晶石-LTO 可容纳 3 个锂离子可逆脱嵌，在 1.0～2.5 V 的电压范围内理论比容量为 175 $mAh·g^{-1}$。然而，有报道证明尖晶石 LTO 可以在 2.5～0.01 V 电压范围内提供 293 $mAh·g^{-1}$ 的理论比容量[124]。在低电位时（<1.0 V *vs*. Li/Li^+），锂离子在（8a）、（16c）和（48f）位置嵌入，多余的锂离子可以嵌入到八面体（16c）和四面体（8a）位点[125]。另外 2 个锂离子可以在 1.0～0.01 V 嵌入到 $Li_7Ti_5O_{12}$ 中，反应表示为

$$Li_{6(16c)}[LiTi_3^{3+}Ti_2^{4+}]_{(16d)}O_{12(32e)} + 2e^- + 2Li^+ \rightleftharpoons Li_{2(8a)}Li_{6(16c)}[LiTi_5^{3+}]_{(16d)}O_{12(32e)} \quad (1\text{-}8)$$

在低电位条件下，在四面体空位处嵌入的另外两个锂离子，可以将可逆比容量提高到 215.1 $mAh·g^{-1}$。锂离子在尖晶石 LTO 中的可逆脱嵌过程如图 1-6 所示。受正四价钛离子数量的限制，尽管 $Li_9T_5O_{12}$ 具有四面体（8a）位点，LTO 可容纳的最大锂离子摩尔量仍是 5[124]。

最近有研究报道，尖晶石 $Li_4Ti_5O_{12}$ 也可以作为钠离子电池的负极材料[126, 127]。每摩尔 LTO 允许 3 mol 钠离子可逆脱嵌，脱嵌电位约为 0.91 V。其反应可以表示为

$$2Li_4Ti_5O_{12}+6Na^+ + 6e^- \longrightarrow Li_7Ti_5O_{12}+LiNa_6Ti_5O_{12} \quad (1\text{-}9)$$

钠离子的嵌入过程可以用三相分离机制来解释。在这个过程中，钠离子占据 16c 位点处形成 Na_6Li 相，同时，Li_{8a} 离子被推到相邻 Li_4 相形成 Li_7 相［如图 1-7（a）所示］[127]。尖晶石 LTO 嵌钠过程的晶格体积膨胀率为 12.5%［图 1-7（d）］，并且显示出 155 $mAh·g^{-1}$ 的比容量和高达 99%的库仑效率。

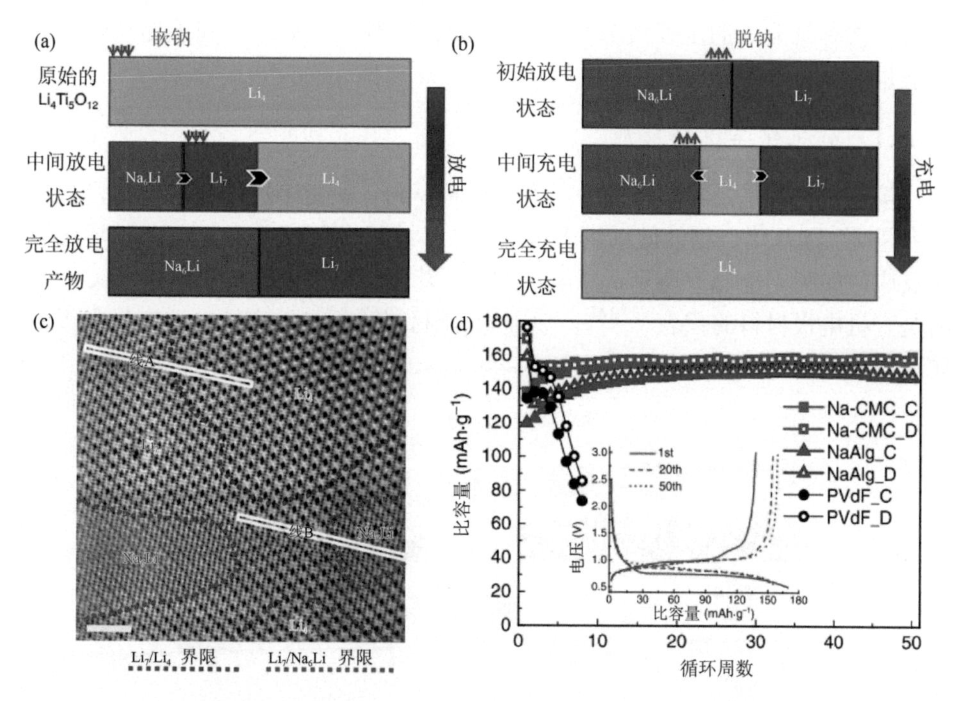

图 1-7 LTO 作为钠离子电池负极的（a）放电和（b）充电过程[127]；（c）LTO 电化学钠化过程的 ABF 图像；（d）钠离子电池中 LTO 负极的电化学性能[126]

与 Li^+（10^{-13}～10^{-9} $cm^2·S^{-1}$）[128, 129]相比，Na^+在 LTO 结构中的扩散系数明显更低（10^{-16} $cm^2·S^{-1}$）[126]。电导率低的 LTO 在 Li^+（或 Na^+）嵌入后转化为高电导率的 Li_4^+的 Ti_5O_{12} 相。与传统硬碳负极相比，LTO 能量密度相对较低，但其较高的工作电压避免了金属枝晶形成的问题。LTO 负极的实际比容量低于常见的石墨类负极材料，约为 150～160 mAh·g^{-1}。据报道，改善 LTO 负极性能的策略包括结构纳米化[126, 128-130]、金属阳离子[116, 131, 132]（如 Co^{3+}、V^{5+}、Cu^{2+}、Mn^{4+}）掺杂、非金属离子（如 Br^-、Cl^-、F^-）掺杂[133, 134]、表面碳包覆[135]以及和导电剂形成核壳复合结构等[136, 137]。

1.2.3 可逆有机反应

有机电极材料具有质量轻、柔性结构和多电子转移等特点，在高能量密度、快速充放电的二次电池中有着巨大的应用潜力[138]。特性如下：①无机材料中的碱金属离子脱嵌受到反应动力学的限制，有机电极则不存在这一问题，具有优异的倍率性能；②一些离子半径大的碱金属离子难以嵌入无机材料中，而具有柔性分子链的有机材料可随离子大小的变化而调整结构，可以容纳这些大尺寸离子的嵌入；③有机分子的主要成分是 C、H、O、N 等轻元素，有利于提高电池的质量能量密度。

1.2.3.1 有机化学键合反应

羰基化合物是最早发现的一类有机电极材料，具有多电子反应特征，且理论比容量高。羰基化合物的储钠机理涉及 C═O 键断裂和 Na—O 之间的可逆化学键合反应，如图 1-8（a）所示。蒽醌（AQ）、苯醌（BQ）、乙氧基羰基（EC）等材料是有机电极材料的代表[139-141]。以 AQ 基材料为例，钠离子电池有机电极的氧化还原反应机制如图 1-9（a）所示。

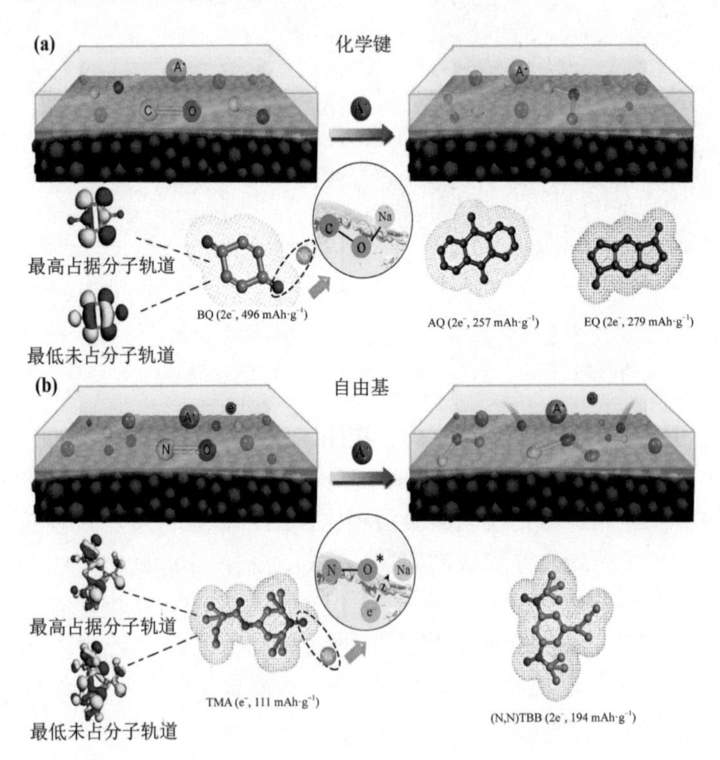

图 1-8 （a）有机羰基和（b）自由基化合物的最高占据分子轨道（HOMO）、最低未占分子轨道（LUMO）、分子结构和理论比容量[11]

如图 1-9（a）所示，AQ 电极在 1.89 V/1.57 V 和 1.92 V/2.18 V 发生多步氧化还原反应，可转移两个电子。因此，AQ 电极具有超过 250 $mAh \cdot g^{-1}$ 的理论比容量。羰基电极材料也存在一些不足：首先，羰基材料的导电性非常差，除了部分导电聚合物之外，大多数有机材料不具有传输电子的能力；其次，小分子电极材料易溶解在有机电解质中，导致循环性能差，这对有机电极的应用是非常致命的。

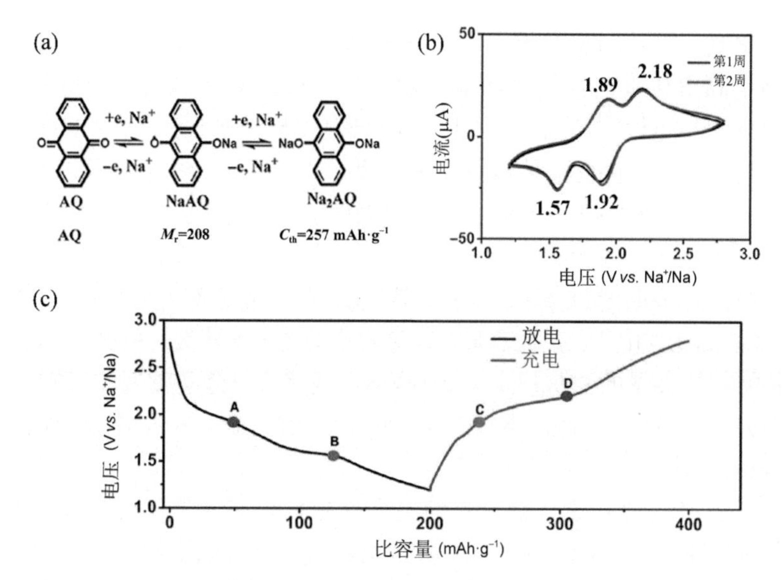

图 1-9 （a）羰基化合物的多电子氧化还原机理，（b）CV 曲线和（c）蒽醌（AQ）作为钠离子电池正极的首周充放电曲线[139]

碳材料不仅具有较高的电导率，而且还能有效地提高有机材料中碱金属离子的迁移速率。据陈军院士等报道，AQ/CMK-3（质量比 1∶1）正极材料可用于钠离子电池中[140]，在 0.2 C 下的放电比容量为 214 mAh·g^{-1}，且在 50 周循环后保持了初始比容量的 88%，与纯 AQ 材料（初始比容量 178 mAh·g^{-1}，50 周循环后保持了初始比容量的 71%）相比，电化学性能明显提升。由王东海等合成的聚(磺化蒽醌)(PAQS)-石墨烯复合电极材料在 16 s 内释放出理论比容量的 50%[142]。

通过聚合增加有机电极材料的分子量可以抑制小分子的溶解。Owen 等报道的聚(2,5-二羟基-1,4-苯醌-3,6-亚甲基)（PDBM）表现出良好的循环稳定性，经过 100 周循环后比容量仍保持近 110 mAh·g^{-1}[143]。相反，最新的研究结果表明，$Na_2C_8H_4O_4$ 负极的纳米效应使得钠离子在脱嵌过程中表现为单步多电子转移机制[144]。由于在充放电过程中没有形成中间体，电极材料的溶解问题得到缓解，循环稳定性增强。此外，使用有机锂盐代替无机锂盐可降低有机电极分子在电解质中的溶解度[145]。全固态电池的发展可有效解决有机材料的溶解问题。例如，Pillar[146]等报道的醌（P5Q）正极材料在全固态电池中的平均工作电压为 2.6 V，表现出 418 mAh·g^{-1} 的比容量和优异的循环稳定性，0.2 C 下循环 50 周后的容量保持率为 94.7%。

1.2.3.2 有机自由基机制

近年来，有机自由基聚合物（主要包括脂肪族、非共轭聚合物）由于具有充放电容量高、倍率性能优异、循环寿命长等优点而引起了广泛关注。这些优点可归因于高电化学活性的“氮氧自由基”基团，其具有快速的电子转移能力和较高的化学稳定性[147]。有机自由基聚合物的储钠机理如图 1-8（b）所示。由于自由基是中性的，因此液体电解质中的离子需要在大量电子转移时补偿电极上的不平衡状态。图 1-8（b）展示了一些代表性的有机化合物的电荷转移数量和理论容量[148-150]。

首先报道的有机正极是聚(2,2,6,6-四甲基哌啶氧基-4-甲基丙烯酸酯)（PTMA）[150]，具有 3.6 V 的高工作电压，高比容量（理论容量的 70%）和较长的循环寿命（500 周循环后保持初始容量的 90%以上）。一些自由基聚合物除了被用作正极材料之外，还可以作为负极材料。例如，Nishide 等研发的聚(硝酰基苯乙烯)可以同时用作电池的正极和负极[149]。

然而，有机自由基聚合物材料的电导率较低，其发展仍然存在一些问题。Nishide 等开发的 PTMA-Ketjenblack 复合材料具有良好的电导率[148]。与纯 PTMA（5 周循环后比容量为 110 $mAh \cdot g^{-1}$）相比，PTMA-Ketjenblack 复合材料的初始比容量增加到约 300 $mAh \cdot g^{-1}$，在 100 周循环后比容量大约保持在 250 $mAh \cdot g^{-1}$。总体来说，有机电极材料的容量还有待进一步提高。

1.2.4 合金化反应

金属（Sn、Pb、Bi）、准金属（Si、Ge、As、Sb）以及多原子非金属 P 可以与锂（钠）发生合金化反应形成 A-Me（Me = Sn、Pb、Bi、Si、Ge、As、Sb、P）二元化合物[19]。这些材料中每个金属原子可以与不止一个的 Li（Na）相互作用，具有远高于普通碳负极的比容量，因此被认为是下一代高能量密度电池体系中负极材料的理想候选。

在过去几十年，基于合金化反应的材料作为锂离子电池负极得到了广泛研究，它们的可逆比容量比石墨材料高得多（$Li_{4.4}Si$：4200 $mAh \cdot g^{-1}$，$Li_{4.4}Ge$：1600 $mAh \cdot g^{-1}$，$Li_{4.4}Sn$：990 $mAh \cdot g^{-1}$，Li_3Sb：665 $mAh \cdot g^{-1}$，Li_3P：2596 $mAh \cdot g^{-1}$）[151]。与 Ge 和 Sb 相比，Si 和 Sn 在锂离子电池中具有更高的比容量，更低的氧化还原电位以及相对低廉的价格。对于钠离子电池，Si 和 Sn 的氧化还原电位与金属 Na 非常接近，由此导致的极化作用限制了钠离子电化学嵌入过程中的动力学特性，导致电极容量快速衰减。尽管理论上已知 Si 可以与 Na 生成 NaSi 相合金，但是关于 Si 基材料的电化学沉积实验目前尚无报道[19, 24, 152, 153]。因为 Na^+的半径远大于 Li^+，在相同的体积膨胀率下，钠合金化合物的比容量约为锂合金化合物的 1/2。以上问题说明合金化合物负极材料面临很多挑战。

1.2.4.1 硅

硅作为储能负极材料引起了人们的广泛关注。硅和锂发生合金化反应同时生成无定形硅化锂，其储锂反应为

$$Si+xLi \rightleftharpoons Li_xSi \qquad x\approx 3.75 \tag{1-10}$$

硅基负极材料在室温下具有 3579 $mAh\cdot g^{-1}$ 的理论储锂容量[154-157]。然而，在充分锂化形成硅化锂 $Li_{15}Si_4$（$Li_{3.75}Si$）的过程中产生巨大的应力，并造成结构坍塌，从而导致容量衰减[13, 154, 158-161]。目前硅负极的电化学性能优势和技术限制已经得到了深入研究，可以以此为基础进一步研究其他类似合金化负极的电极过程。

在首周放电阶段，晶体硅中的非晶相生长，会形成厚度约 1 nm 的界面[154]。利用原位透射电子显微镜（TEM）研究原子级别的锂化反应动力学过程，揭示了硅化锂的生长方向是各向异性的，且锂离子迁移受硅负极界面的影响[162]。最近研究表明，硅电极-电解质界面处的锂扩散能垒较小，各向异性体积膨胀的硅纳米粒子的初始锂化更倾向于[110]方向[163]。换句话说，当硅与锂发生合金化反应时，锂化后产物中的锂缓慢传输导致了硅负极附近的锂富积，产生巨大的应力和体积变化，导致极化增大，进而引起结构坍塌并影响比容量。

目前，已经有实验证明通过以下三种方法可以改善这一问题[160, 164, 165]：①颗粒结构纳米化，如纳米线[159, 164, 166, 167]、薄膜[158, 168]和介孔结构[169, 170]可以更好地缓解巨大的体积变化而不会破损。②将硅纳米颗粒与碳基质结合可以缓解局部机械应力，避免在循环过程中形成两相区域，抑制循环过程中产生的体积膨胀[163, 171-177]。大量研究表明，多种硅-碳复合材料都可以改善硅负极的电化学性能[178-180]。然而，Si-C 复合物的性能高度依赖前驱体的使用。而且，对于纳米级的硅来说，超高的比表面积以及在表面形成不稳定的固体电解质界面（SEI），导致它的循环寿命降低。SEI 膜的成分在很大程度上取决于循环寿命和电压[14]，在循环过程中其厚度发生动态变化，在脱锂过程中变薄，在锂化过程中变厚[181]。研究人员受到石榴果实形状[181]的启发，成功合成了复合结构的硅电极用来控制 SEI 膜的形成。③将硅转化成硅氧基负极材料，相比于单质硅来说，硅氧基负极材料具有更高的地壳丰度以及易制备的优势，并且表现出更低的体积膨胀率。除此之外，由于其在电池的首周充放电过程中会生成氧化锂和锂化硅包覆住材料表面，因此可以有效地缓解体积膨胀效应，提高电化学循环性能。

以上结果表明，材料复合、结构设计和形成硅氧化物可以有效改善硅负极材料的问题，但其应用发展仍然面临很多挑战，需要更深入的研究来满足高能量密度电池的要求。

1.2.4.2 锡

锡的研究主要集中在锡基氧化物上，循环性能显著优于纯锡电极材料[182, 183]。锡与锂发生合金化反应形成立方相 $Li_{22}Sn_5$，理论比容量为 990 mAh·g^{-1}[184-187]。锡的锂化过程包括一系列锂化合金中间相的生成，因此，锡在锂离子电池中的电化学性能取决于其截止电压。其反应过程如下：

$$Sn \rightarrow Li_2Sn_5(0.69\ V) \rightarrow LiSn(0.57\ V) \rightarrow Li_7Sn_3(0.4\ V) \rightarrow$$
$$Li_5Sn_2 \rightarrow Li_{13}Sn_5 \rightarrow Li_7Sn_2 \rightarrow Li_{17}Sn_4 \quad (1\text{-}11)$$

锡作为钠离子电池负极材料，与钠发生合金化反应形成钠化合金 $Na_{15}Sn_4$，其理论比容量为 847 mAh·g^{-1}[188-190]，氧化还原电位比 Li-Sn 合金低几百毫伏[189]。原位透射电镜分析证实，锡纳米颗粒在完全形成 Na-Sn 合金后体积膨胀约 420%，且没有发生结构坍塌，如图 1-10 所示[191]。采用电子衍射图（EDP）对锡纳米颗粒（NPs）钠化过程进行研究，结果表明，第一个 α-Na_xSn 相与 $NaSn_2$ 相的组成接近。基于体积膨胀测量法，第三个 α-Na_xSn 相被确定为 α-Na_3Sn。

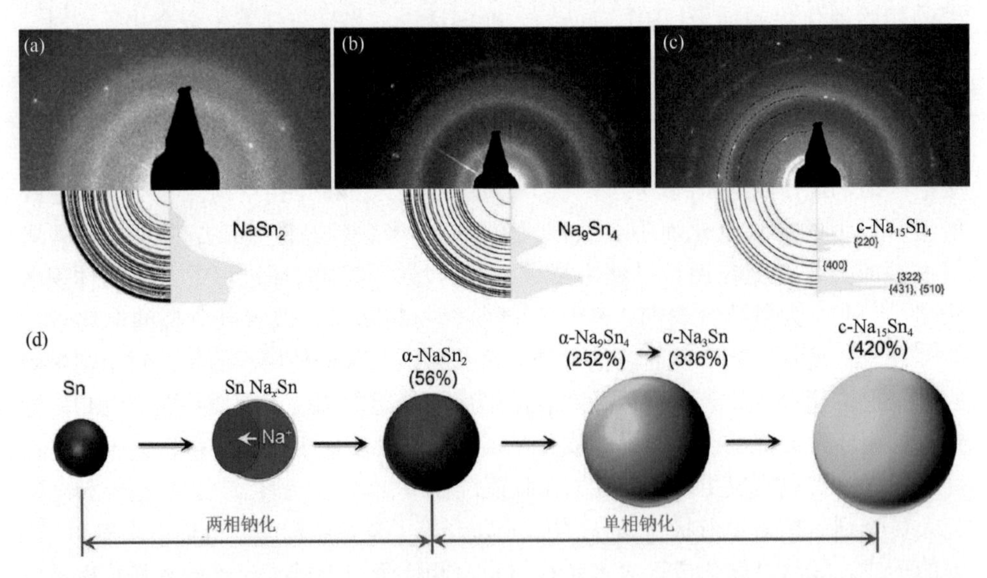

图 1-10 嵌钠过程中的三个单相 α-Na_xSn 合金相：（a）第一个 α-Na_xSn 相的 EDP；（b）第二个 α-Na_xSn 相的 EDP；（c）第三个 α-Na_xSn 相的 EDP。（d）在沉淀过程中 Sn 纳米颗粒的结构演变示意图[191]

除此之外，Sn 也可以作为钾离子电池负极，具有三维导电结构的 Sn-C 负极可以在 50 mA·g^{-1} 的电流密度下表现出 276.4 mAh·g^{-1} 的比容量[192]。

1.2.4.3 锗和锑

锗是一种被广泛研究的负极材料，具有优异的电导率（是硅的 10000 倍）和高锂离子扩散速率（在室温下是硅的 400 倍）[14, 193, 194]。这些优点保证了锗负极材料具有优异的电荷传输和倍率性能，从而抵消了锗相对较大的原子尺寸对性能的影响。锗的锂化过程最终产物是 $Li_{15}Ge_4$[195]，具有 1600 $mAh \cdot g^{-1}$ 的比容量，$Li_{15}Ge_4$ 脱锂后会形成多孔非晶相[196, 197]。Weker 等首次观察到锗负极作为锂离子电池负极时发生体积坍塌，阐明了锗合金化负极材料的失效机理[198]，即在锂化过程中，体积较小的锗颗粒先于体积较大的锗颗粒发生体积膨胀和开裂。最近还有相关的研究报道，通过将锗和铜、硅形成复合结构，以高电导率的铜为纳米线核，锗和硅以双层壳形式包裹在铜纳米线核表面，并且在 2 C 的电流密度下循环 3000 周仍有着 81%的容量保持率[199]。锗在钠离子电池中与钠发生可逆电化学钠化/脱钠。在相对电位为 0.4 V（*vs.* Na^+/Na）时会生成 NaGe，理论比容量为 369 $mAh \cdot g^{-1}$，并且较小的体积膨胀有利于锗与钠发生可逆电化学反应[200, 201]。

锑负极材料在锂离子电池中的电压平台高达 0.8 V（*vs.* Li^+/Li），其锂化过程如下所示：

$$Sb \rightarrow Li_2Sb \rightarrow Li_3Sb \tag{1-12}$$

在室温下锂化会依次形成中间相 Li_2Sb 和立方相 Li_3Sb，对应于电化学曲线中 0.956 V 和 0.948 V 处的两个平台[14, 202-204]。在脱锂过程中，Li_3Sb 直接转化为 Sb，而不形成中间相 Li_2Sb（每单位晶胞 18 个原子，熔点高达 825℃）。Sb 与 Na 的可逆合金化反应发生在 0.77 V 和 0.90V（*vs.* Na^+/Na）：

$$Sb \rightarrow Na_xSb \rightarrow Na_3Sb \tag{1-13}$$

已有大量研究结果表明，锑基钠离子电池负极材料在 100 周循环中具有约 500～600 $mAh \cdot g^{-1}$ 的高可逆比容量与非常稳定的容量保持率[205-208]。通过和不同类型的碳复合，在 2 $A \cdot g^{-1}$ 大电流条件下循环 3000 周仍有 345.6 $mAh \cdot g^{-1}$ 的比容量[209, 210]。尽管采用大颗粒锑基负极材料，仍可以完全钠化并转化为六方相 Na_3Sb，且其在钠离子电池中表现出具有比锂离子电池更好的循环性能[204]。

锑经过锂化转化为 Li_3Sb 以及经过钠化转化为 Na_3Sb 的体积变化分别为 135%和 293%[211]。钠离子电池具有更好的循环性能，可能是因为锑的钠化过程仅形成一个合金相 Na_3Sb（脱钠时，六方相 Na_3Sb 直接转化为无定形锑），反应过程产生的各向异性应力更小。而在锂离子电池的电化学反应中，锑基负极材料锂化过程的剧烈体积变化，造成电化学性能降低。

此外，二元合金化合物可以作为负极材料，具有更高的电化学性能。活性-惰性和活性-活性二元合金是广泛研究的两类二元化合物（活性和惰性是指合金元素是否可以在离子存储过程中发生化合价的改变）。电化学活性元素可以与电化学惰性元素发生合金化，改变充放电过程中的电化学行为，改善晶粒结构，减小反应过程中的体积变化[14]。而活性-活性二元合金通常具有更高的能量密度，甚至二者都可以参与锂化反应。以锡基合金为例，Sn-Sb 合金作为活性-活性二元化合物具有优异的电化学性能而备受关注。Sn-Sb 合金的锂化（钠化）经历两步反应，如下所示：

$$Sn\text{-}Sb + 3A + 3e^- \longrightarrow A_3Sb + Sn\ (A = Li, Na) \tag{1-14}$$

$$Sn + Li^+ + e^- \longrightarrow Li_{4.4}Sn$$

或者

$$Sn + Na^+ + e^- \longrightarrow Na_{3.75}Sn \tag{1-15}$$

Sn-Sb 合金锂化反应具有 825 $mAh \cdot g^{-1}$ 的理论比容量。在第一步中，Sb 与锂发生转换反应形成重排的 Li_3Sb 区域，有效缓解了锡相的体积膨胀。在随后的反应过程［式（1-15)］中形成了 Li-Sn 合金。该二元体系中两种活性元素对锂（钠）均具有电化学活性，同时锑的存在提升了锂化动力学。与单一的金属相比，Sn-Sb 二元合金具有独特的电化学行为、更高的容量保持率和良好的倍率性能[19]。

1.2.4.4 磷

磷也是一种引起研究者们广泛关注的负极材料，在锂离子电池[212, 213]和钠离子电池[214, 215]中都具有出色的电化学性能。磷是元素周期表中的第 V 族非金属元素，包括白磷、红磷和黑磷三种同素异形体。白磷在 30℃时开始自燃，由于安全问题无法作为电极材料使用。红磷和黑磷在室温下化学稳定，可以作为负极材料。

P 可以与三个 Li^+（或 Na^+）发生合金化反应形成 Li_3P[216, 217]（或 Na_3P[215, 218]），反应式如下所示：

$$P + 3A + 3e^- \rightleftharpoons A_3P\ \ (A = Li,\ Na) \tag{1-16}$$

磷的三电子转移反应提供了高达 2596 $mAh \cdot g^{-1}$ 的理论比容量，是所有已知的锂离子电池和钠离子电池负极材料中最高的。磷的可逆锂化峰出现在 0.6～0.9 V（*vs.* Li^+/Li）的电位范围内[213, 216, 219]，略高于其他负极；而钠化峰出现在 0.0～0.5 V[214, 220]，非常适合作为负极应用于钠离子电池中。因此，具有较高可逆容量的磷基材料有望成为高能量密度二次电池的负极材料。

黑磷是热力学稳定性最好的磷同素异形体，具有较高的电导率（约 $10^{-2}\ S \cdot m^{-1}$）[19, 221]，可以通过简单的高能机械球磨法在高温高压下由商业化的无定形红磷合成。黑磷具有与石墨类似的褶皱片层结构。石墨由位于同一平面的六元碳环组成，层间距为 3.35 Å。而在黑磷中，每个磷原子与两个位于同一平面上的磷原子和一个位于不同的平面上的磷原子键合，构成六元 P_6 环网状结构，进一步形成晶面间距为 3.09 Å 的层状材料[213, 222]。但是，与石墨不同的是，黑磷不发生嵌入反应。锂离子在石墨中的嵌入反应发生在石墨层间而不引起 C—C 键断裂；黑磷与锂离子（钠离子）的反应引起 P—P 键的断裂，并最终形成 Li_3P（或 Na_3P）。

2007 年，黑磷首次作为负极材料被应用于锂离子电池[213]。采用高能机械球磨法制备的黑磷-碳复合材料充电比容量达到 1279 mAh·g^{-1}，其晶体结构和外观如图 1-11（a）和（b）所示。然而，在 0～2.0 V 的电压区间内，Li_3P 相形成，引起巨大的体积变化［见图 1-11（c）中所示的 X 射线衍射图］，导致其比容量急剧下降。将充放电电压控制在 0.78～2.0 V 之间，其循环性能得到显著改善，在 100 周循环后，比容量可达 600 mAh·g^{-1} 以上。在该电压范围内，黑磷作为负极材料与锂发生合金化反应（黑磷→Li_xP→LiP），对应一个电子转移。崔屹等成功地通过高能机械球磨法，制备了用于锂离子电池的高性能黑磷-石墨复合负极[216]。黑磷可以与多种碳材料形成强 P—C 键，碳结构的选择对于形成稳定的 P—C 键发挥重要作用。石墨是最适宜与黑磷复合的碳材料，黑磷-石墨复合负极经过 100 周循环后保持 1840 mAh·g^{-1} 的可逆比容量。最近，一种新的单层二维黑磷的发现引起了极大关注[223-225]。除了石墨烯以外，单层黑磷是唯一可以通过机械剥离得到的稳定二维材料[226, 227]。这种黑磷不仅比表面积大，而且表面存在皱褶。因此，黑磷可以作为高比容量储锂/储钠材料应用于二次电池中[228]。

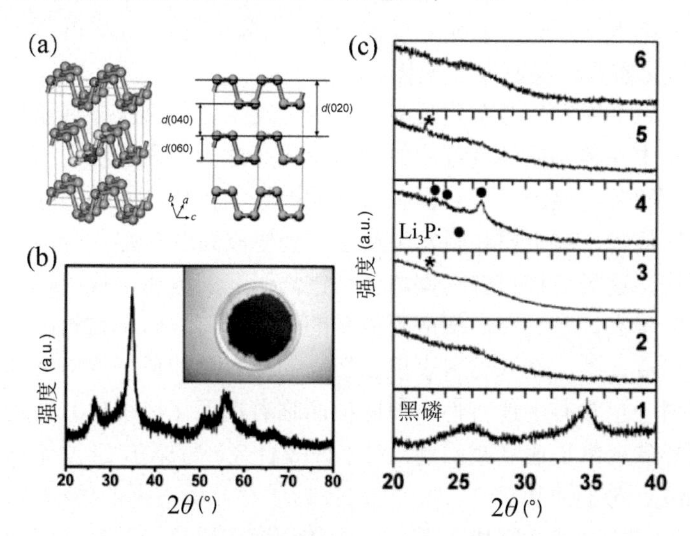

图 1-11 （a）黑磷的晶体结构；（b）黑磷的彩色照片[221]以及（c）电化学反应过程中的 X 射线衍射图谱[212]

红磷具有无定形结构，并且资源丰富，但由于其电子绝缘性导致电化学性能不佳。俞术雷等[218]通过简单的球磨法制备得到红磷/碳纳米管（CNT）复合材料，其表现出高达 2210 mAh·g^{-1} 的可逆比容量。CNT 的网络结构有效缓冲了 P 颗粒体积膨胀产生的巨大应力，并且提供了电子传输通道。然而，经过 10 周充放电循环后，其容量保持率仅有 76.6%。

目前，磷基负极材料的电化学性能仍然不尽人意，往往表现出较快的容量衰减和较低的库仑效率，其主要原因是磷与锂（钠）发生合金化反应过程中体积变化较大（锂化过程体积变化超过 300%，钠化过程体积变化为 491%，电极厚度增加 187%），导致磷颗粒发生结构粉化，与导电基体分离，SEI 膜持续生长。有研究者开发了一种新型磷/石墨烯纳米片（P/G）复合纳米结构负极[214]。通过化学键与磷颗粒相连的石墨烯作为导电基体，在磷颗粒体积变化过程中充分保持与磷颗粒的接触，显著提高了磷的电化学性能。据报道，该材料的比容量为 2077 $mAh \cdot g^{-1}$，经过 60 周循环后的容量保持率为 95%。

此外，引入各种过渡金属制备过渡金属磷化物也是改善磷基负极材料的有效方法之一[229-233]。以 Co_3P 为例，其首周嵌锂/脱锂反应机理如下[234]：

$$CoP_3 + 9Li^+ + 9e^- \longrightarrow 3Li_3P + Co \tag{1-17}$$

并在随后的充电中发生如下反应：

$$3Li_3P \rightleftharpoons 3LiP + 6Li^+ + 6e^- \tag{1-18}$$

最初时嵌入的 Li^+ 与磷发生合金化反应形成 Li_3P 基体以及嵌入在 Li_3P 基体中的高度分散的纳米钴；随后的充电过程中 Li 从离子电导 Li_3P 基体中脱出并形成 LiP，Co 的氧化态几乎没有发生变化。

由于磷与碱金属发生合金化反应过程中，发生体积膨胀导致结构坍塌。目前的研究主要集中在控制循环过程中的体积变化产生的不利影响，以及提高复合电极的电导率。磷基电极的发展还面临着其他严峻的挑战。此外，还应考虑磷的安全问题，众所周知，碱金属和磷发生反应将会生成高度易燃且有毒的磷化物。

综上所述，这类负极材料与锂离子（钠离子）的电化学反应过程中发生多电子反应，比容量高，是具有广阔应用前景的电极材料。硅基材料因其优良的性能得到了广泛研究。磷、锗基材料表现出较高的比容量和良好的倍率性能。其他金属如锡基材料，也具有上述特性，但同样面临着在锂化（钠化）过程中发生巨大的体积膨胀导致容量迅速衰减问题。对于锂基合金，每摩尔 Li 原子存储所占据的体积为 8.9 mL；对于钠基合金，每摩尔 Na 原子存储所占据的体积为 18.2 mL。因此，Me（如 Si、Ge、Sn 和 Pb）基材料的体积变化取决于其锂化（或钠化）的程度[211]。巨大的体积膨胀会导致活性材料结构粉化，活性材料从集流体上剥落[198]。负极材料的失效严重影响了高能量密度二次电池的循环性能。目前，研究者已经采用各种方法来抑制合金负极材料的体积变化，包括合金材料纳米化，构建结合纳米材料与块状材料优点的分层结构，以及将活性合金材料分散到导电基体中形成复合结构。由于活性材料的物理性质和电化学性能之间的显著关联，材料纳米化（如纳米颗粒、纳米线、纳米管）是研究最广泛的方法。

1.2.5 转化反应

1.2.5.1 金属氟化物正极材料

如果要在高性能正极材料方面取得突破，采用高氧化态过渡金属元素是关键。高价金属化合物的可逆电化学转化反应可以用如下公式描述[235]：

$$mnA^{+} + M_nX_m + mne^{-} \rightleftharpoons mA_nX + nM^0 \tag{1-19}$$

其中，A 代表碱金属离子（A = Li^+、Na^+、K^+等），M 代表过渡金属离子（M = Fe^{3+}、Cu^{2+}、Ni^{2+}等），X 表示某些阴离子（X = F^-、O^{2-}、S^{2-}等）。一些金属氟化物正极材料在反应过程中可以转移三个电子，满足了轻元素和多电子转移的要求[236-238]。各种金属都能与氟离子形成化合物，在电池中表现出不同的电化学性能[239]。如表 1-1 所示，这些金属氟化物普遍具有高于金属氧化物和硫化物的工作电压和比容量，这是因为氟离子具有电正性而 Me—O 和 Me—S 键呈现共价特征。Amatucci 等最早将金属氟化物基正极应用于原电池中[240, 241]，并且深入研究了金属氟化物的反应机理，表明一些金属氟化物（FeF_3、VF_3、TiF_3 等）可用于二次电池中。但是，这些电池只能提供不到 100 $mAh·g^{-1}$ 的可逆比容量，远低于其理论比容量。

表 1-1 金属氟化物的理论储锂电压（E_0）和理论储锂比容量的对比[236]

	E_0（V）	比容量（$mAh·g^{-1}$）		E_0（V）	比容量（$mAh·g^{-1}$）
CoF_3	3.617	694	FeF_3	2.742	712
CuF_2	3.553	528	VF_3	1.863	745
NiF_2	2.964	554	TiF_3	1.396	767

多电子转移不是一个单步反应，而是可以分为多个步骤、涉及不同的反应机理［图 1-12（a）］[236]。例如，FeF_3 发生两步反应：首先，一个 Li^+通过一次电子转移嵌入 FeF_3 的中间层生成 $LiFeF_3$；然后，第一步的产物 $LiFeF_3$ 与另外两个锂离子结合发生转化反应形成 LiF 和 Fe。基于这一反应机制，Fichtner 等合成了一种 C-FeF_3 纳米复合材料，有效改善了 FeF_3 的性能，初始放电比容量达到 324 $mAh·g^{-1}$，在 200 周循环后保持在 270 $mAh·g^{-1}$[242]。随后，有报道显示 CNT 上自组装的 FeF_3 纳米花在储锂过程中发生转化反应具有 210 $mAh·g^{-1}$ 的高比容量，即使在 500 $mA·g^{-1}$ 的电流密度下也表现出约 150 $mAh·g^{-1}$ 的优异倍率性能［图 1-12（b）］[243]。

Amatucci 等提出金属氟化物的粒径大小可能会影响其转化反应效率[244, 245]。为了提高转化反应程度，应将氟化物的粒径限制在纳米尺度。有研究报道，多孔 FeF_3 纳米球具有高于 220 $mAh·g^{-1}$ 的初始比容量[246]。最近，Jin 等制备出一种 FeF_3

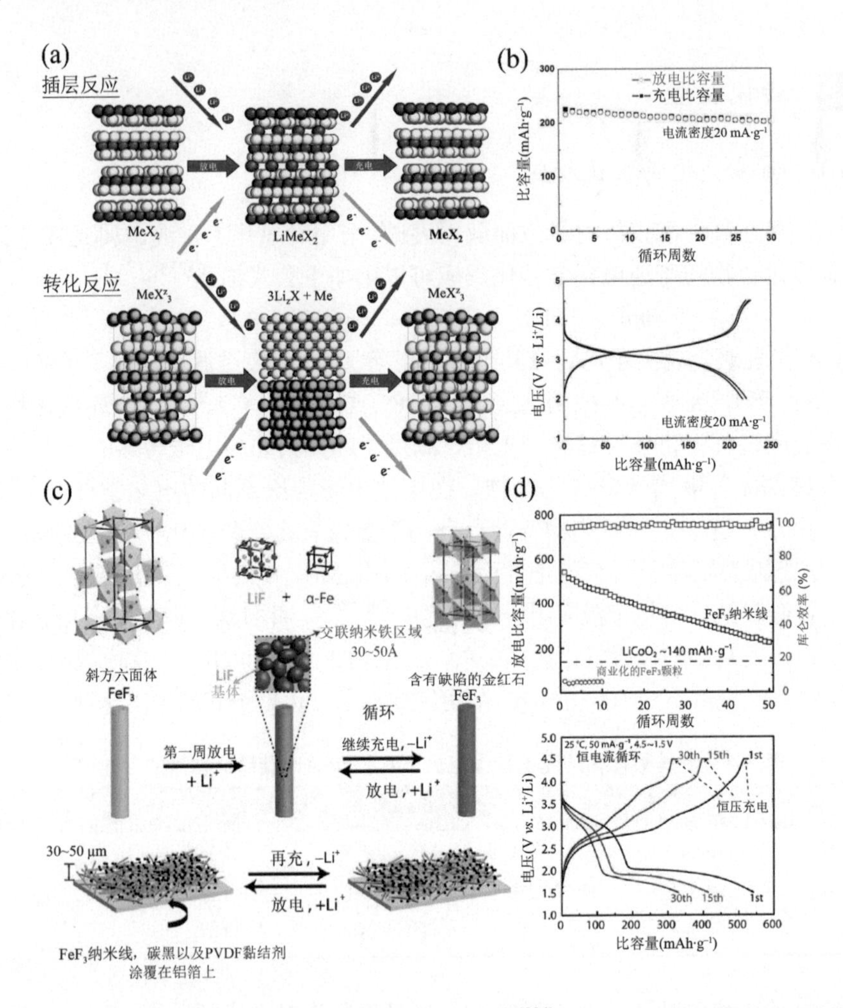

图 1-12 （a）基于嵌入和可逆转化的反应机理的示意图[236]；（b）对应于上述机理的电化学性质；（c）首周发生转化反应和相转变反应的机理示意图[246]；（d）对应于上述机理的电化学性能[247]

纳米线，其放电比容量高达 543 mAh·g^{-1}，经过 50 周循环后仍保持在 223 mAh·g^{-1}，并在转化反应过程中表现出尺寸效应[248]。如图 1-12（c）所示，在首周放电过程中，斜方六面体相的 FeF_3 颗粒发生转化反应，生成 LiF 和 α-Fe 的混合物。随后，该混合物和含有缺陷的三价金红石结构 FeF_3 颗粒发生相互转化。在电化学转化过程中，这种相变过程主要取决于 Fe 颗粒和 LiF 颗粒之间的接触面积。因此，FeF_3 粒径的尺寸对其电化学性能至关重要。第一次充放电过程中的相转变和随后循环中的可逆转化反应使该材料表现出较高比容量，如图 1-12（d）所示。吴锋等还研究出了单晶 $FeF_3·0.33H_2O$，相比于普通的 $FeF_3·0.33H_2O$ 在电化学充放电过程中具有更多的嵌入位点，从而有效提升了电化学性能[249]。除了用于锂离子电池的正极外，FeF_3 也可用作钠离子电池正极。王先友等报道的片状 FeF_3/石墨烯复合材料在钠离子电池中具有与在锂离子电池中类似的较高的初始放电比容量[250]。

此外，掺杂金属离子也可以有效提高 FeF_3 的性能。例如，钴掺杂的 FeF_3/C 纳米复合正极[251]在 1 C 下的放电比容量为 151.7 $mAh \cdot g^{-1}$，经过 100 周循环后容量保持率为 92%。其他一些金属氟化物也已被用作二次电池的正极，例如 CuF_2[252]、MoF_3[253]、NiF_2[254, 255]材料。这些研究为多电子反应正极材料的研究提供了坚实的基础。

1.2.5.2 金属氧化物

过渡金属氧化物（包括二元和混合氧化物）具有良好的安全性、环境友好性以及通过转化反应可以获得高比容量等特点，是近年来锂离子电池和钠离子电池研究最广泛的高性能负极材料[24, 256-260]。以 $Co_3O_4(Co^{II}Co^{III}{}_2O_4)$为例，$Co^{2+}/Co^{3+}$完全还原形成 Co 和 Li_2O 所得的比容量为 890.4 $mAh \cdot g^{-1}$，远高于经典 $LiCoO_2$ 插层化合物中将 Co^{4+}还原成 Co^{3+}得到的 273.8 $mAh \cdot g^{-1}$ 的比容量（对应于每个式子可逆地嵌入约 0.5 个锂原子）[261]。不仅如此，通过双金属氧化物的协同效应及和不同类型的碳复合，更能极大地提升其相关的电化学性能[262-264]。

随着材料设计与合成技术的迅速发展，通过制备各种具有纳米结构的过渡金属氧化物，显著提高了材料的电化学性能[3, 5, 15, 265-267]。作为锂离子电池和钠离子电池的负极材料，金属氧化物与碱金属发生转化反应形成分散在无定形 Li_2O 基质内的金属纳米颗粒，从而保持良好的电子电导率[7, 15, 17, 259, 268]。然而，金属氧化物在首周放电过程形成 Li_2O 时伴随明显的体积膨胀[269]。

过渡金属氧化物（MO_x，M = Ni、Fe、Mn、Co 等）中的 M 具有多种化合价态，与碱金属离子（Li^+和 Na^+）发生多电子转化反应，反应过程如下所示：

$$MO_x + 2xA^+ + 2xe^- \rightleftharpoons xA_2O + M \qquad (A=Li,\ Na) \tag{1-20}$$

由于发生多电子氧化还原反应，这些过渡金属氧化物材料通常表现出高比容量。然而，也有一些金属氧化物表现出相对较低的可逆比容量（小于 400 $mAh \cdot g^{-1}$）[13]。在用作锂离子电池和钠离子电池负极材料的金属氧化物中，铁、锰和镍基氧化物已经被广泛研究。以铁基氧化物为例，Fe_2O_3 和 Fe_3O_4 因其理论比容量高达约 1000 $mAh \cdot g^{-1}$、无毒、资源丰富、成本低，受到了研究者们的重视[13, 270-272]。Fe_2O_3 与 Li^+的可逆转化反应在热力学上是可行的，并且由 Fe^{3+}形成 Fe^0 涉及多个电子的转移。相比之下，Fe_3O_4 在锂离子电池和钠离子电池中分别具有约 900 $mAh \cdot g^{-1}$ 和 400 $mAh \cdot g^{-1}$ 的比容量[273]。然而，金属氧化物也面临着由低电导率和巨大的体积膨胀导致的性能衰减问题。目前的改善方法包括纳米化、结构优化、引入导电材料，构建不同的导电框架以及界面修饰等，促进锂离子或钠离子的可逆脱嵌，减少结构粉化，并进一步增强材料的结构稳定性[2, 3, 7, 259, 274-277]。

1.2.6 合金化转化反应

在转化反应中，MO_x 中的 M 是电化学活性元素，例如 Zn、Ge、Sn、Sb、In 和 Pb。大多数具有电化学活性的金属氧化物具有较高的的可逆容量，通过金属氧化物与锂或钠之间的转化反应形成合金。反应分为两个步骤，如下所示[3, 24]：

$$MO_x+2xA^++2xe^- \rightleftharpoons xA_2O+M \quad (A=Li,\ Na) \tag{1-21}$$

$$M+yA^++ye^- \rightleftharpoons A_yM \quad (A = Li,\ Na) \tag{1-22}$$

首先，通过置换反应将金属氧化物还原为金属元素。由于金属氧化物的导电性较差，该反应是不可逆的。因此，金属氧化物的实际容量是基于金属与锂之间的合金化反应，即反应的第二步。金属与锂的合金化和去合金化反应通常伴随着明显的体积变化。在长循环过程中重复的体积膨胀/收缩引起电极材料的结构坍塌以及最终的粉化，导致其循环性能较差。

SnO_2 由于具有高理论比容量（锂离子电池为 782 $mAh \cdot g^{-1}$，钠离子电池为 667 $mAh \cdot g^{-1}$）、成本低、环境友好、自然资源丰富，一直被认为是有较大应用前景的锂离子电池和钠离子电池的负极材料[278, 279]。同时，SnO_2 代表了在首周放电过程中生成无定形氧化物的一类特殊金属氧化物。

通过采用透射电子显微镜（TEM）对电化学放电过程中单个 SnO_2 纳米线的锂化过程进行原位观察，验证其反应结果如下[269]：

$$SnO_2+4Li^++4e^- \longrightarrow 2Li_2O+Sn \tag{1-23}$$

$$Sn+xLi^++xe^- \longrightarrow Li_xSn \quad (0 \leqslant x \leqslant 4.4) \tag{1-24}$$

首周放电到约 0.9 V（*vs.* Li^+/Li）时，SnO_2 不可逆地转变为 Li_2O 和 Sn，伴随着体积膨胀[280-282]。随后的充放电过程为式（1-24）所示的 Li_xSn 与 Sn 之间的可逆合金化反应。无定形 Li_2O 不参与电化学反应，而纳米晶 Li_xSn 和 Sn 分散在无定形 Li_2O 基质中。图 1-13 展示了首周充电过程中 SnO_2 的结构演变[269, 283]。Sn 基氧化物的储锂循环性能优于锡基合金材料，这是由于第一步反应生成的非晶 Li_2O[284]在第二步 Li-Sn 合金形成/分解过程中起到了缓冲作用，因此分散在非晶 Li_2O 中的纳米 Sn 可以保持结构完整。此外，非晶 Li_2O 还为 Li^+迁移提供了离子传输介质，有助于防止 Sn 金属纳米颗粒发生团聚[285, 286]。然而，电极上的电流密度分布不均匀，其可能在锂化过程中引起 Sn 颗粒的沉积[287]。除了体积膨胀之外，Sn 粒子的生长也会造成 SnO_2 电极发生严重的不可逆容量损失。Sn 沉淀还会导致 Sn 颗粒与集流体的接触面积减少，失去电接触以及 Sn 催化的电解质分解问题[287, 288]。通过合成分子级的单分散 SnO_2 纳米晶体并通过卟啉作为界面交联剂链接在 N/S 掺杂的二维石墨烯上，可以在循环过程中有效地抑制 SnO_2 纳米颗粒的团聚，以及防止 SnO_2 的脱离[289]。同时在 SnO_2 电极上涂覆薄层是改善锡沉积的动力学、防止 Sn 颗粒异常生长的一种有效策略。目前，研究者已经对许多复合 SnO_2 电极材料进行了广泛研究，以获得更均匀的电流密度，进而得到更好的电化学性能[287]。

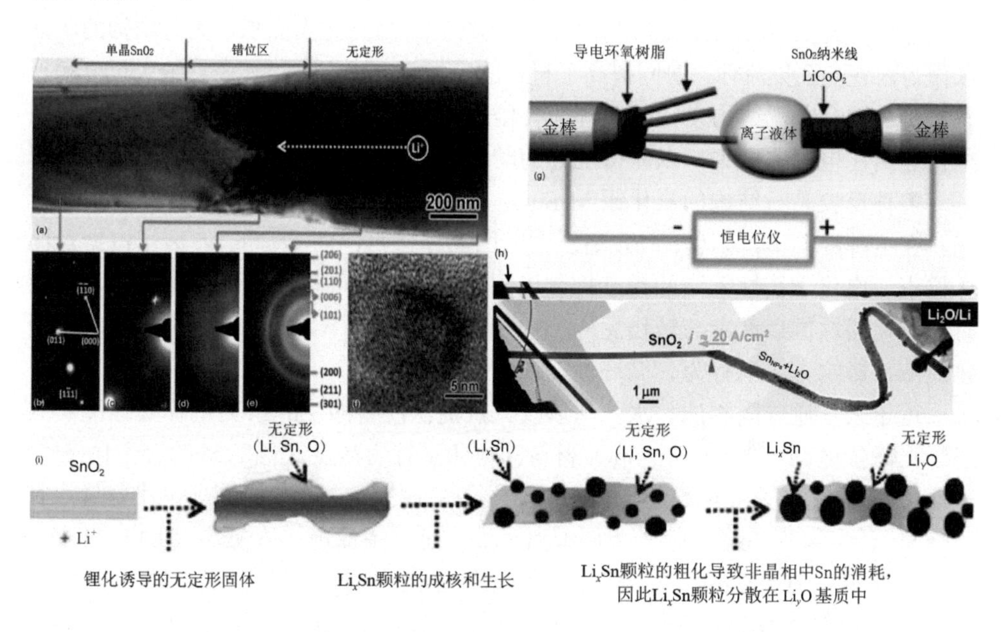

图 1-13 （a）纳米线在锂化期间不同阶段的 TEM 图；（b）～（e）纳米线不同部位的电子衍射图（EDP）；（f）充电态纳米线的高分辨率透射电子显微镜（HRTEM）图，表明 Sn 纳米颗粒均匀分散在无定形基质中；（g）原位透射电子显微镜表征的原理示意图[265]；（h）锂化过程中纳米线形态变化的高分辨图[278]；（i）初始放电过程中 SnO_2 的结构和相变示意图[283]

SnO_2 在锂离子电池中的理论储锂比容量为 790 $mAh\cdot g^{-1}$。有相关研究采用水热法制备了八面体 SnO_2 纳米粒子（约 60 nm），作为钠离子电池负极时具有约 500 $mAh\cdot g^{-1}$ 的可逆比容量和稳定的循环性能。Na_2O 基体有助于抑制循环过程中 Sn 的团聚，显著改善了材料的循环稳定性。然而，这种缓解体积膨胀的方法仍存在一些限制：①合金化和去合金化时的巨大体积变化（约 300%）会导致电极材料的粉碎以及与黏合剂和集流体的接触面积减小；②室温下较差的电导率进一步限制了其高倍率下的电极动力学和电极的循环性能[268, 282]。

因此，需要设计合成纳米结构的 SnO_2 来减轻电极表面的应力，并为体积膨胀提供必要的空间[269]。纳米 SnO_2/碳复合材料已经被广泛地研究，这些复合材料不仅可以适应体积变化，防止 SnO_2 团聚和粉化，还可以提高整体电极的电导率[269, 290-296]。例如，引入无定形碳包覆的SnO_2电沉积多孔碳纳米纤维（PCNF @ SnO_2 @C）复合材料作为钠离子电池的负极材料时具有高比容量（374 $mAh·g^{-1}$）、良好的容量保持率（82.7%）和高库仑效率（第 100 周循环后为 98.9%）。一种尺寸可调的碳泡沫封装SnO_2纳米晶复合材料作为锂离子电池的负极时[297]，表现出良好的容量保持率（在 500 $mA·g^{-1}$下循环 100 周后容量保持率为 93.6%），这归因于尺寸可调控的SnO_2纳米晶对体积膨胀的缓解，与高比表面积、大孔结构的碳泡沫作为内置多孔集流体，协同提高了材料的电导率。研究结果显示，纳米尺度和形态构筑、综合电极结构设计以及分级孔结构调控等多种改性方法的协同效应可以综合运用在电极改性中，以获得优异的动力学和结构稳定性[280]。

多种反尖晶石结构的氧化锡M_2SnO_4（M = Co、Mn、Mg、Zn）也已被广泛研究。在这种结构中，四价的 Sn 离子占据四面体位点，而二价的 M 离子占据八面体位点。电化学惰性元素的掺杂抑制了锡的结构变化，提高了锡的电导率，使所有的氧化还原位点都参与转化反应[14, 232]。在某些情况下，惰性元素也可能参与锂化反应，影响充放电行为、循环性能和锂化动力学。

近年来，通过固相法、水热法以及共沉淀法制备的Zn_2SnO_4的储锂性能研究已经见诸报道[259, 298, 299]。Zn_2SnO_4材料的电化学行为涉及 Sn 和 Zn 的合金化/去合金化以及 Sn、Zn 和Li_2O的转化反应，它具有 1231 $mAh·g^{-1}$的高理论比容量。有研究显示，尖晶石Zn_2SnO_4[300]首周锂离子嵌入过程中放电比容量为 1384 $mAh·g^{-1}$，50 周循环后保留 580 $mAh·g^{-1}$的比容量。此外，高分辨率透射电子显微镜（HRTEM）和 X 射线衍射（XRD）数据进一步证实了反应过程中金属 Sn 与 Zn 的共存，并且在无定形Li_2O基质周围形成约 20 nm 厚的合金沉淀。

采用扩展 X 射线吸收精细结构谱（EXAFS）对Co_2SnO_4的电化学行为进行研究，证实这一过程涉及 Sn 和 Co 的合金化/去合金化过程，以及与Li_2O的转化反应。然而，纯立方尖晶石Co_2SnO_4（1105 $mAh·g^{-1}$）材料存在严重的颗粒团聚和体积膨胀问题，导致循环性能变差[301, 302]。根据最近报道，基于高能球磨法制备了具有复合结构的Co_2SnO_4/C，其表现出良好的容量保持率和倍率性能[303]。此外，通过烧结合成的$CoSnO_3$/C 纳米结构在 400 周循环中表现出高度可逆的储钠性能和优异的长期循环稳定性[304]。

具有尖晶石结构的混合过渡金属氧化物是另一种基于合金化/去合金化以及转化反应的氧化物，如ZnM_2O_4（M = Co、Fe）与$CdFe_2O_4$[284, 305, 306]。

$ZnCo_2O_4$是立方尖晶石结构氧化物，二价的锌离子占据了四面体位点，Co 离子则占据八面体位点。$ZnCo_2O_4$由于具有较高的可逆比容量、良好的循环稳定性和环境友好性等优点，被认为是锂离子电池中传统石墨负极的替代品。迄今为止，已有$ZnCo_2O_4$纳米粒子和多孔纳米颗粒的研究报道，在作为锂离子电池负极材料时，该材料表现出良好的首周循环可逆比容量[307, 308]。

$ZnCo_2O_4$材料中，金属 Zn 可以与 Li 形成合金，然后和钴发生如下的转化反应[306, 309]：

$$ZnCo_2O_4 + 8Li^+ + 8e^- \longrightarrow Zn + 2Co + 4Li_2O \tag{1-25}$$

$$Zn + Li^+ + e^- \rightleftharpoons ZnLi \tag{1-26}$$

$$Zn + 2Co + 3Li_2O \rightleftharpoons ZnO + 2CoO + 6Li^+ + 6e^- \tag{1-27}$$

$$2CoO + 2/3Li_2O \rightleftharpoons 2/3Co_3O_4 + 4/3Li^+ + 4/3e^- \tag{1-28}$$

纳米 $ZnCo_2O_4$ 与 Li^+发生反应，形成金属 Zn 和 Co 纳米颗粒以及 Li_2O，这一过程会造成晶体结构的破坏。深度放电时，Zn 可以与 Li 在低于 1.0 V 的电压下发生可逆反应形成 Li-Zn 合金，如公式（1-26）所示。另外，在超过 1.0 V 的电位，Zn 和 Co 纳米粒子都能够与 Li_2O 通过置换反应形成金属氧化物纳米颗粒。在最好的情况下，CoO 可以进一步与 Li_2O 反应形成 Co_3O_4，如式（1-28）所示。

据报道，由简单的低温尿素燃烧法制备的纳米相 $ZnCo_2O_4$ 在 25℃和 55℃时的可逆比容量分别为 900 $mAh \cdot g^{-1}$ 和 960 $mAh \cdot g^{-1}$，相当于每摩尔的 $ZnCo_2O_4$ 可逆储存 8.35 摩尔的 Li[306]。这是首次通过合金化和置换反应使 Zn 在混合氧化物中起到可逆储锂的作用。然而，在电化学反应过程中，$ZnCo_2O_4$ 的导电性差，体积变化大，导致容量快速下降。

Cd 也可以与 Li 形成类似于 Zn 的合金，$CdFe_2O_4$ 可以发生锂化反应，在最佳条件下形成 Li_3Cd[305]。8.7 mol Li 可以在室温下 0.005～3.0 V 电压区间内以 0.07C 倍率进行可逆循环，比容量为 810 $mAh \cdot g^{-1}$。其基本的反应机理是“Li-Cd-Fe-Li_2O”，包括复合材料的合金化/去合金化和转化反应。然而，由于镉有毒，这种材料不适合广泛的应用。

总之，过渡金属氧化物材料受到低电导率的影响，容易产生较大的极化。另外，这类电极材料在循环过程中的体积变化大，在高电流密度下的容量保持率差，SEI 膜也不稳定[310]。解决这些问题的有效方法包括制备碳基复合材料以提高电导率以及设计独特的纳米结构以缓解体积变化。通常，纳米结构可以提供更短的离子和电子传输路径，以及更大的电极/电解质接触面积。纳米金属氧化物/碳复合材料已被广泛用于提高锂离子电池的金属氧化物基电极材料的电化学性能[259]。虽然面临许多挑战，但具有高理论比容量的过渡金属氧化物仍为打破储能技术瓶颈提供了希望。

1.3 多价阳离子的多电子反应

为了提高电池能量密度，实现多电子反应是有效的研究策略。值得注意的是，多价金属同样也具备多电子反应特性[31]。如图 1-1 的元素周期表中标记的多价金属，如镁、钙、锌和铝也可作为二次电池的电极材料，发生多价离子转移的二次电池具有比锂二次电池高数倍的能量密度的可能性。然而与多个锂离子的嵌入类似，以多价金属为氧化还原中心的多电子反应也面临着体积膨胀和结构坍塌的问题。

金属镁由于自然资源丰富、成本低、熔点（649℃）高和相对于标准氢电极约 2.4 V 的电位等优点，被认为是很有发展前景的活性材料[29, 31]。镁离子的半径是 0.86 Å，近似于锂离子的 0.9 Å。作为电池负极，镁的质量比容量为 2205 $mAh·g^{-1}$，低于锂（3861 $mAh·g^{-1}$），但其具有高达 3833 $mAh·cm^{-3}$ 的体积比容量，远高于锂（2046 $mAh·cm^{-3}$）。此外，镁负极还具有更好的安全性以及易处理等优势[29, 31, 311]。基于镁|有机电解质|正极结构的镁二次电池与碱金属电池体系的工作原理相似。更重要的是，镁二次电池在电化学反应过程中，每个过渡金属中心嵌入一个镁离子，从而提供了两电子反应的可能性。

尽管镁与碱金属的电化学行为有相似之处，但由于镁的电化学行为更为复杂，镁二次电池面临许多挑战。首先，锂电极表面形成的表面钝化膜由极性非质子溶剂与常用盐阴离子之间的反应产物组成，属于锂离子导体，而镁电极表面的钝化膜则会阻断镁离子的传输[37, 312]。如何防止在镁金属电极表面形成钝化膜是一个关键的问题。因此，有些传统的有机电解质不适用于镁离子电池，如碳酸盐或腈[313]。只有在能够使镁可逆沉积/溶解的特殊电解液体系中，镁电极才是电化学可逆的[37]。众所周知，镁可以在乙醚/格氏试剂盐溶液中发生可逆的电化学沉积/溶解，表面不会形成稳定的钝化膜[314]。电解质体系也是镁二次电池的研究重点。研究发现，在四氢呋喃（THF）溶剂和镁的有机铝酸盐复合物中，镁电池可以正常充放电[315]，并且具有接近锂二次电池电解质的较高的室温电导率。同时，多种适用于镁二次电池电解质的复合镁盐也被报道。以 $Mg(CF_3SO_2)_2$ 为镁盐的新型固体高分子电解质用于镁离子电池时，其室温下的电导率为 $4.42×10^{-4}$ $S·cm^{-1}$，这个值接近于液体电解质[316]。最近有研究显示，在二(三氟甲基磺酸酰)亚胺镁[$Mg(TFSI)_2$]与二甘醇二甲醚电解质体系中，镁金属可以发生可逆的沉积/溶解[317]，该电解质还具有高于 3.0 V（*vs.* Mg^{2+}/Mg）的电化学稳定性，能够适用于镁二次电池高电压正极材料。

尽管研究者针对镁离子电池正极材料已经开展了大量的研究工作，但是仍然没有发现合适的具有高可逆比容量和高工作电压的镁离子电池正极材料[318]。理想的镁离子电池正极材料应该能够允许大量镁离子可逆嵌入，并具有高的理论比容量。关于镁二次电池正极或电池体系已经有许多优秀的综述文献发表[29, 31, 319-322]。在这里，我们简要介绍电化学可逆脱嵌镁离子的正极材料的研究进展，并进一步讨论镁二次电池商业化应用所要面临的科学问题。

多种类型的材料都可以作为镁离子嵌入主体，如图 1-14 所示，可分为谢弗雷尔（Chevrel）相、过渡金属氧化物、硫化物、硼化物、橄榄石型聚阴离子化合物、普鲁士蓝类材料和有机材料。其中，Chevrel 相 $M_xMo_6X_8$（M =金属，X = S、Se、Te）是一类独特的主体材料，允许各种阳离子发生快速可逆的嵌入反应，例如在室温下可以可逆嵌入 Li^+、Na^+、Cu^+、Fe^{2+}、Zn^{2+}、Ni^{2+}、Co^{2+}和 Mg^{2+}[323-326]。Chevrel 相 Mo_6S_8 具有独特的结构，能够可逆地电化学脱嵌镁离子并具有相对较快的动力学行为，已被应用于镁二次电池。Chevrel 相具有菱形六方晶体对称结构，由八面体 Mo_6 簇为结构单元组成 $R\overline{3}$ 空间群［图 1-15（a）］[324]。以 Mo_6S_8 为例，6 个紧密排列的 Mo 原子位于 8 个 S 原子的近规则立方体笼中[327, 328]。从电子结构的角度，Chevrel 相呈现出金属基态，Mo_6S_8 存在 4 个电子的缺陷。因此，2 个镁离子嵌入时，Mo_6 团簇采用 4 个中和电子来稳定电子结构，而不像类似 Co_3O_4 和 MnO_2 的过渡金属化合物中过渡金属元素作为氧化还原中心[329]。因此，Mo_6S_8 材料可以快速地重新分布电子电荷，并快速补偿镁离子嵌入造成的电荷不平衡，从而确保了材料中镁离子的高迁移率和可逆脱嵌。

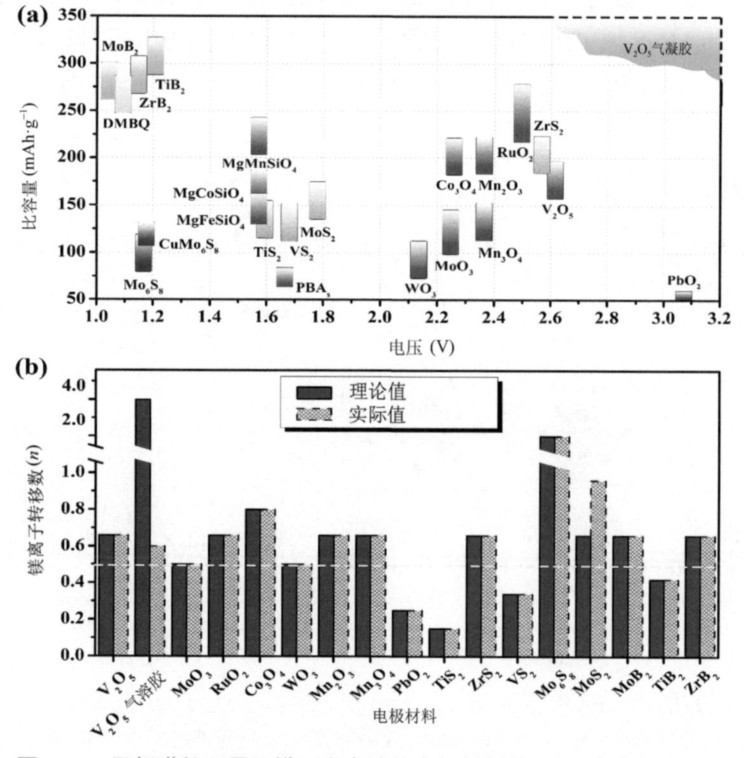

图 1-14　已报道的可用于镁二次电池的电极材料的（a）容量与电压；（b）可逆脱嵌镁离子化学计量数[11]

第一个镁二次电池原型开发于 2000 年，该电池以 $Mg_xMo_3S_4$ 作为正极，以镁有机卤代铝酸盐为电解质。镁嵌入该正极材料的过程可分为两个阶段[323-326]，对应着放电曲线中的两个电压平台（1.2 V 和 1 V），如图 1-15（d）所示。镁离子嵌入两个 Mo_6S_8 单元之间的通道中，在微结构特征和静电作用的影响下，占据内部位点 1 和外部位点 2［图 1-15（b）］[315, 330]。相应的电化学嵌入反应如下：

$$Mo_6S_8 + Mg^{2+} + 2e^- \longrightarrow Mg_1Mo_6S_8 \tag{1-29}$$

$$Mg_1Mo_6S_8 + Mg^{2+} + 2e^- \longrightarrow Mg_2Mo_6S_8 \tag{1-30}$$

镁离子嵌入的第一阶段占据能量较低的内部位点 1，在第二阶段中，第二个镁离子占据外部位点 2。这类镁二次电池具有良好的循环性能，超过 2000 周充放电循环后，容量衰减小于 15%。然而，由于其工作电压（1.2 V *vs.* Mg^{2+}/Mg）较低，且实际比容量小于 100 $mAh \cdot g^{-1}$，导致电池的能量密度有限。正极材料的可逆比容量还有待进一步提高，可以通过在 Mo_6S_8 主体单元中引入另一种金属以形成 $M_xMo_6S_8$ 材料提高其可逆放电比容量[331]。当引入另一种金属时，$M_xMo_6S_8$ 的电化学可逆反应过程更加复杂。以 $Cu_xMo_6S_8$ 为例［图 1-15（c）］，电化学反应机制如下：

$$2Mg^{2+} + 4e^- + Cu_xMo_6S_8 \longrightarrow Mg_2Mo_6S_8 + xCu \tag{1-31}$$

镁在 $Cu_xMo_6S_8$ 中的嵌入反应过程非常复杂，涉及多种中间相的演变［图 1-15（e）］。其中，Cu 的脱出是可逆的，并且可以提供更高的可逆比容量[318, 332, 333]。

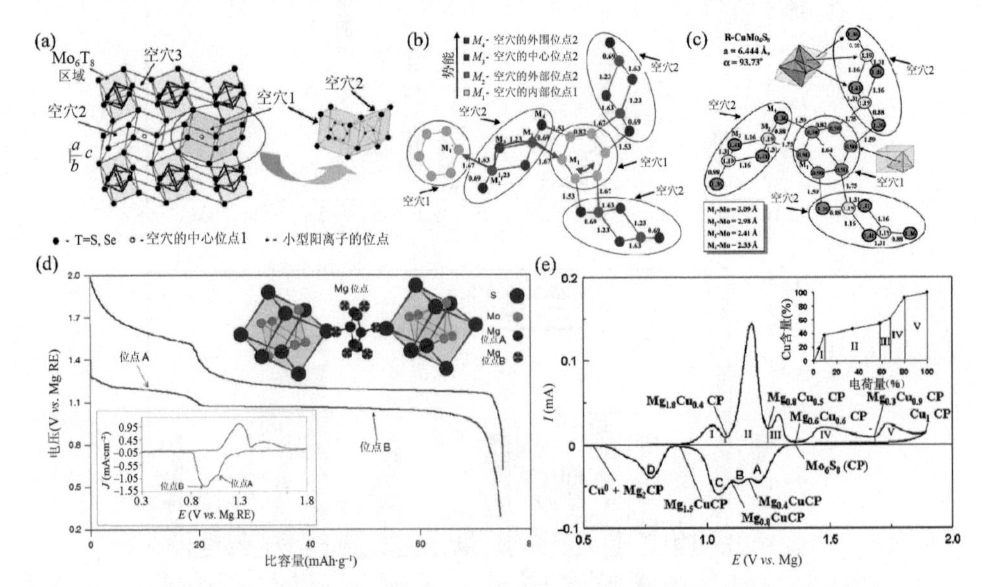

图 1-15 （a）基础 Chevrel 相结构：Mo_6T_8 单元内的三种类型的空位的结构示意图[324]；（b）Mo_6S_8 中阳离子位点的示意图[324]；（c）$CuMo_6S_8$ 相中阳离子位点示意图[324]；（d）Mg^{2+} 嵌入 Mo_6S_8 中的电化学特性[315]，电池放电电流密度为 0.3 $mA \cdot cm^{-2}$，CV 扫速为 0.05 $mV \cdot s^{-1}$；（e）10 $\mu V \cdot s^{-1}$ 下，Mg 从 $Cu_xMo_6S_8$ 复合电极中可逆脱嵌的循环伏安曲线与各中间相关系[323]

具有开放式三维框架结构的普鲁士蓝类材料能够提供大量镁离子传输通道，是一类极具前景的镁离子电池正极材料[334]。此外，由于普鲁士蓝类正极具有合适的工作电势和稳定的结构（$Ni_3[Fe(CN)_6]_2$），如图 1-16（a）所示，可应用于水性电池体系。

具有氧化还原活性的有机材料，其分子间作用力比无机材料弱，与镁离子的相互作用也较弱。有研究显示，2,5-二甲氧基-1,4-苯醌（DMBQ）应用于 Mg|0.5 $mol\cdot L^{-1}$ $Mg(ClO_4)_2$-γ-丁内酯|DMBQ-乙炔黑-PTFE 结构的镁二次电池[335]，发生双电子反应，对应 1 个镁离子的嵌入/脱出。放电曲线的两个电压平台对应于连续两个单电子还原步骤。

多种橄榄石型聚阴离子化合物由于比容量较高且合成原料相对“绿色”而用作镁二次电池的正极材料[336]。具有橄榄石结构的过渡金属硅酸盐 Mg_xMSiO_4（M=Mn，Fe，Co 等）［图 1-16（b）］允许镁离子可逆嵌入而不损坏结构。据报道，采用溶胶-凝胶法制备的 $Mg_{1.03}Mn_{0.97}SiO_4$ 具有 1.6 V 的高放电电压平台[336, 337]，采用离子交换法制备的 $MgFeSiO_4$ 在镁二次电池中具有约 330 $mAh\cdot g^{-1}$ 的比容量[338]，$Mg_{0.5}Ti_2(PO_4)_3$ 可允许 1 个镁离子电化学嵌入，而电化学反应过程中的晶格膨胀可忽略不计[339]。

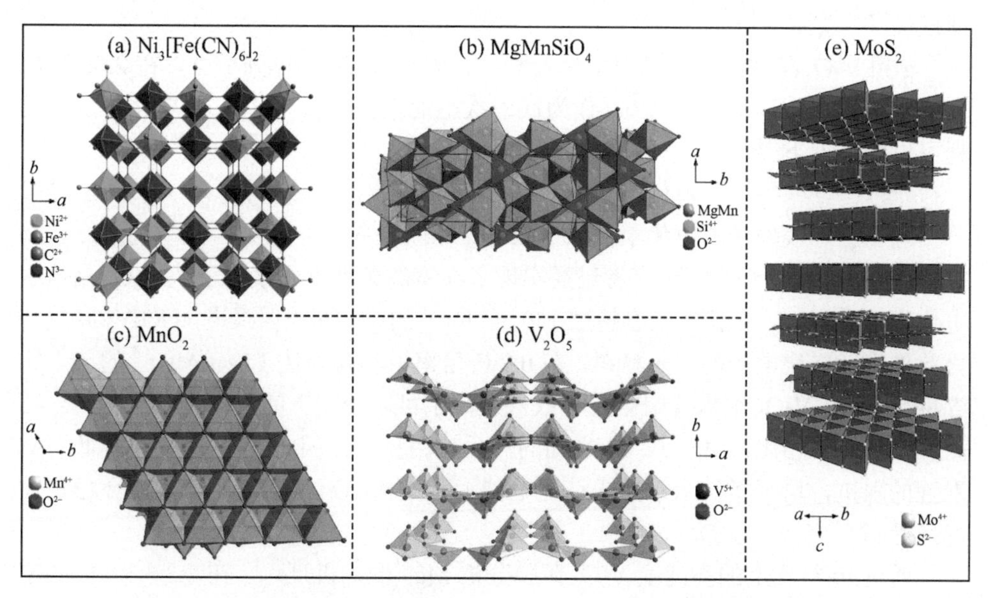

图 1-16 （a）金属-有机骨架材料 $Ni_3[Fe(CN)_6]_2$，（b）橄榄石 $MgMnSiO_4$，（c）层状 MnO_2，（d）层状 V_2O_5，（e）层状 MoS_2 的晶体结构[11]

在 20 世纪 80 年代初，Gregory 通过用二丁基镁还原发现，许多过渡金属氧化物、硫化物和硼化物具有镁离子电化学嵌入特征[38]。其中，氧化物材料具有与在碱金属电池中类似的高电压。据 Lee 等报道，具有自支撑纳米线结构的层状 MnO_2 正极［图 1-16（c）］具有 120 $mAh \cdot g^{-1}$ 的初始比容量[340]。由于迁移能垒超过 1 eV，镁离子嵌入 MnO_2 的过程非常缓慢。通过密度泛函理论（DFT）与 HRTEM 研究发现，镁离子嵌入 MnO_2 的过程属于表面转化反应，而不是插层反应[341]。具有 70 $m^2 \cdot g^{-1}$ 以上比表面积的 MnO_2 提供了 250 $mAh \cdot g^{-1}$ 的放电比容量，这说明较高的表面积使转换反应更容易进行，并且比容量更高。然而，在 10 周充放电循环后，放电比容量迅速下降到 50 $mAh \cdot g^{-1}$ 以下。另一种正极材料 MoS_2，由于其具有二维层状结构也引起了研究者的关注［图 1-16（e）］[342, 343]。采用类石墨烯结构的 MoS_2 材料作为正极、纳米镁作为负极的镁二次电池显示出 170 $mAh \cdot g^{-1}$ 的高初始比容量和 1.8 V 的高工作电压[245]。相比常用的镁金属负极，纳米镁负极具有较大的比表面积，表面会形成更薄、更多孔的钝化膜。同时，具有类似石墨烯片状结构的 MoS_2 提供了较大的层间距和无缺陷的单层，使得镁离子更容易嵌入。

在各种过渡金属氧化物中，五氧化二钒（V_2O_5）由于具有多个价态（$V^{5+} \rightarrow V^{3+}$），并伴随着多次电子转移，已经引起了人们的高度重视。除了具有优异的锂/钠嵌入属性之外，V_2O_5 也可作为多价阳离子转移（如 Mg^{2+}、Al^{3+}和 Zn^{2+}）的电极材料[74]。层状 V_2O_5［图 1-16（d）］具有可供大半径阳离子嵌入/脱出的路径，保证镁离子可逆脱嵌[322, 344]。

α 相 V_2O_5 晶体能够在高温下保持稳定。每个 V_2O_5 主体分子可以在 2.66 V 的电位下容纳 0.66 个镁离子[38]。作为镁二次电池正极材料，V_2O_5 的电化学反应过程可以描述如下[42, 345]：

$$xMg^{2+}+2e^{-}+V_2O_5 \rightleftharpoons Mg_xV_2O_5 \tag{1-32}$$

理论上，镁离子的电化学嵌入导致 V^{5+}还原为 V^{3+}，形成 δ 晶型的最终产物 MgV_2O_5［图 1-17（f）］。研究者已经实现了在室温条件下将镁离子从 V_2O_5 晶体中电化学可逆嵌入，并且展现出超过 150 $mAh \cdot g^{-1}$ 的比容量。据报道，GO/V_2O_5 复合材料作为镁二次电池的正极材料，在 0.2 C 倍率下具有高达 178 $mAh \cdot g^{-1}$ 的放电比容量[346]。在 V_2O_5 纳米管中电化学嵌入镁离子可以控制钒的平均价态[347, 348]。与高氧化价态钒相比，Mg^{2+}与 V^{3+}之间的排斥作用更低。因此，V^{3+}的存在降低了纳米管的阻抗，增强了纳米管的电荷运输能力和结构稳定性，进而使其循环稳定性得到提高。

通过 Pt 衬底上的高纯度 V_2O_5 薄膜分析 Mg^{2+}嵌入机理[37]。在 2.2～3.0 V 的窄电化学窗口内表现出 150 $mAh \cdot g^{-1}$ 的比容量，相当于每单位 V_2O_5 中嵌入 0.5 个 Mg^{2+} 和 1 个电子。镁化过程是一个多步骤反应，涉及不同热力学和动力学性质的多重嵌入过程［图 1-17（a）］。此外，镁离子嵌入过程明显慢于去极化过程。因为几个峰的合并，在镁离子嵌入 V_2O_5 的过程中仅显示一个宽峰［图 1-17（b）］。由于镁嵌入过程的动力学较慢，表现出严重的极化现象。

由于一个镁离子脱嵌伴随的电子转移数是锂离子脱嵌的两倍，因此 Mg-V_2O_5 插层相图是多电子转移的综合结果。采用第一性原理计算室温下的插层过程可以得知，$Mg_xV_2O_5$ 的平衡状态为完全镁化的 δ 相和原始 α 相之间的两相共存。两相之间的平衡相分离行为如图 1-17（c）所示。在镁离子嵌入的初始阶段，只有少量的镁离子嵌入到主体中，表现为一种不完全的固态扩散，形成与 α-V_2O_5 相似的结构［图 1-17（d)］，嵌入的镁离子主要位于晶体的表面（$Mg_xV_2O_5$，$x = 0.011$）[345]。随着 Mg^{2+} 的进一步嵌入，$Mg_xV_2O_5$ 晶格的 c 参数呈现出稳定增长，高浓度的 Mg^{2+} 插层导致 α-V_2O_5 转变为 δ-V_2O_5[344, 349]。如图 1-17（e）所示，α 相和 δ 相之间的主要区别在于$[V_2O_5]_n$层在 a 方向上的旋转。当 α 相完全转化为 δ 相时，旋转角度达到 22°。此外，从 x=0（α-V_2O_5）到 x=1（δ-V_2O_5），V_2O_5 层间距增加了约 2%。尽管 α 相迁移能垒的计算结果表明镁离子迁移率差，但是 α 相 V_2O_5 依然是具有前景的镁二次电池的正极材料。已有报道显示，每单位 V_2O_5 可以可逆地嵌入约 0.5 个镁离子。减小 V_2O_5 的颗粒尺寸是将镁离子嵌入化学计量增加到 0.6 的有效方法。

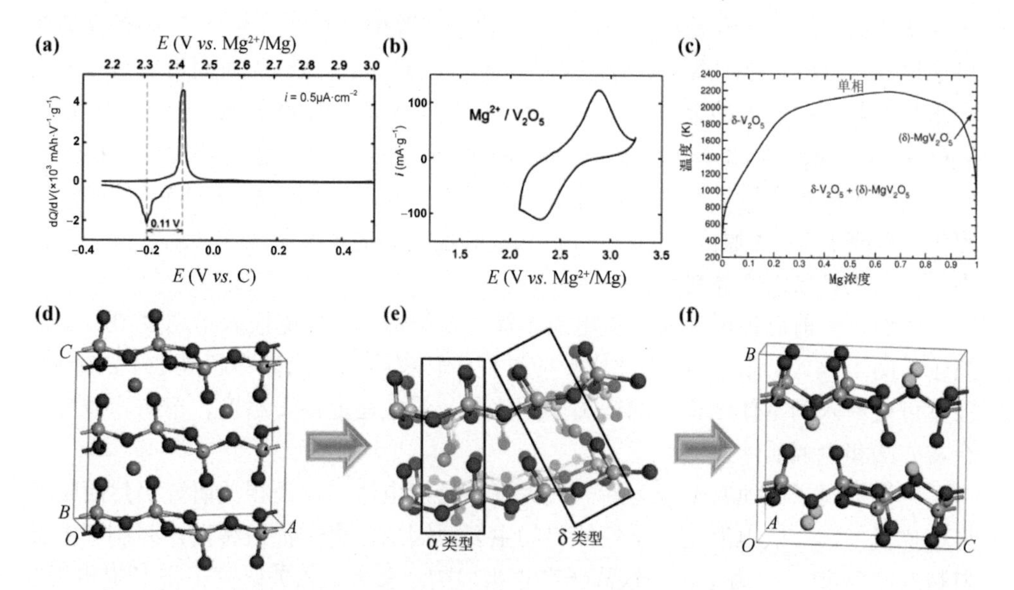

图 1-17 （a）V_2O_5 薄膜电极的典型微分容量（dQ/dV）曲线；（b）镁离子嵌入到 V_2O_5 薄膜电极的循环伏安图[37]；（c）Mg-V_2O_5 插层相图[335]；（d）α-V_2O_5 的晶体结构；（e）α-V_2O_5 到 δ-V_2O_5 相变的示意图，（f）δ-V_2O_5 的晶体结构[349]

由于镁离子的二价性导致了较高的电荷密度，镁离子嵌入到主体结构中是比较困难的[31]。此外，使用微动弹性带法（NEB，这是确定给定初始和最终位置之间的最小能量路径和鞍点的有效方法）计算镁离子在 α-V_2O_5 中的跃迁能垒为 1.26 eV，远高于锂离子的 0.35 eV，这导致镁离子在嵌入过程中电荷扩散缓慢[349]。较为有趣的是，镁离子的电化学脱嵌摩尔数还受到电解质中水含量的影响[42]。因为电解质中的水具有强烈的溶剂化作用，并且可以部分屏蔽镁离子的电荷，使得镁离子容易在主体中嵌入/脱出[350, 351]。但是，由于水与正极材料会发生反应，高水含量的电解质对于镁二次电池是不利的。以钒青铜为例，不同温度下干燥得到的材料含水量变化是其电化学性质差异的原因，水分在正极材料结构中存在有重要意义[350]。将水引入主体晶体结构中，能够在镁离子嵌入时，通过晶格氧原子的屏蔽机制改善镁离子的动力学[352]。

除 V_2O_5 晶体之外，V_2O_5 气凝胶也表现出允许多价阳离子可逆脱嵌的能力。气凝胶具有较高的比表面积和较小的固态物质扩散距离，因此具有吸附作用[353]。V_2O_5 气凝胶能够可逆地嵌入高电荷大半径的离子，如 Na^+、K^+、Mg^{2+}、Ba^{2+}和 Al^{3+}[75, 353]。作为一种特殊的非晶态材料，V_2O_5 气凝胶通过赝电容表面吸附储存电荷[75]，这个过程涉及法拉第反应。这种电荷储存行为在具有纳米结构和高比表面积的材料中表现更为明显，这是因为此种结构放大了材料表面空位和原子无序度等化学特征。但是有研究发现，在实际电化学实验中，每单位 V_2O_5 气凝胶仅能够可逆地嵌入 0.6 个的镁离子，与纳米晶体 V_2O_5 的性能一致。其原因可能是由于结合水与气凝胶中嵌入的金属发生了反应，产生了 $V_2O_5·5H_2O$ 的水合物。对于块体 V_2O_5 材料，Mg^{2+}大部分位于 V_2O_5 晶体的表面，嵌入过程缓慢且不完全。而气凝胶的高比表面积和短扩散距离促进了镁离子的扩散，表现出 180 $mAh·g^{-1}$ 的实际比容量，对应于 V^{5+}还原为 V^{3+}。另外，气凝胶也是其他多价阳离子（如钡离子和铝离子）的优良嵌入主体材料[353]。

然而，目前已报道的镁二次电池正极材料中每单位只能嵌入不超过 0.5 个镁离子［图 1-14（b）］，实际电化学反应过程中转移的电子总数不超过 1 个。此外，能够可逆嵌入到主体结构中的镁离子的化学计量数还取决于温度、形态、粒度、合成方法和电解质体系。

尽管镁离子电池有望成为新一代大规模储能电池，但是相关研究仍然面临着许多挑战。镁二次电池电化学性能差的主要原因是镁离子扩散缓慢，限制了电极材料的比容量[311]。为了提高镁离子在正极内的迁移率，相关研究工作[29]提出了 3 种改善镁离子迁移动力学的方法：①缩小材料的粒径；②用其他的阴离子基团（如水分子中的氧）来屏蔽镁离子的电荷；③使用簇化合物作为独特的主体（如 Chevrel 相）以获得局部电中性[326]。

有研究者提出在电化学循环过程中，通过同时传输 Mg^{2+}阳离子和 X^{n-}阴离子来实现电荷转移的概念性镁二次电池[354]。单价卤素阴离子在正极中的扩散显著快

于二价 Mg^{2+}阳离子，因此该电池有望具有超高的倍率性能。这个设想为开发镁以及其他多价（如钙、铝等）金属的二次电池提供了新的思路。

钙二次电池也属于多电子反应体系，有着比镁二次电池更高的电池电压以及 2073 $mAh \cdot mL^{-1}$ 的高体积比容量[355]。采用钙金属作为负极的二次电池目前尚未报道，主要是没有匹配的电解质。锌和铝是比镁和钙还原电位更高、更致密的多价金属。对于锌的研究主要集中在水溶液电化学方面。铝是地壳中最丰富的金属元素，其成本明显低于其他大多数金属[356]。另外，铝二次电池呈现三电子氧化还原反应，比容量高达 8040 $mAh \cdot mL^{-1}$，这使其成为能量储存的有力候选者[30]。基于铝离子可逆嵌入的非水系铝二次电池的概念已见诸报道[357]。铝二次电池提供了高放电比容量、低成本和低可燃性的可能性[30]。

在过去几年中，已经有许多类型的正极材料用于铝二次电池，如 V_2O_5 纳米线、锐钛矿 TiO_2 纳米管阵列、六氰基铁酸铜、Chevrel 相 M_6S_8 等[357-360]。但是，由于存在正极材料分解、放电电压低、循环性能差等问题，仍然限制着铝二次电池的发展[359]。最近，有研究者提出了一种由铝金属负极、三维石墨泡沫正极和 $AlCl_3$/1-乙基-3-甲基氯化咪唑（[EMI]Cl）电解质构成的新型铝二次电池系统[30]。在正负极材料上发生的反应可以表示如下：

负极：
$$Al+7AlCl_4^- \longrightarrow 4Al_2Cl_7^- +3e^- \quad (1\text{-}33)$$

正极：
$$C_n[AlCl_4]+e^- \longrightarrow C_n+AlCl_4^- \quad (1\text{-}34)$$

泡沫结构［图 1-18（a）］的铝电极和热解石墨电极，极大降低了电解质渗透的扩散距离，并促进了充放电速率。因此，这种具有三电子反应的铝二次电池在 4000 $mA \cdot g^{-1}$ 的电流密度下表现出约 70 $mAh \cdot g^{-1}$ 的比容量和超过 7500 周的循环寿命，远远超过其他报道的铝二次电池。此外，该种铝离子电池具有超高的铝离子脱嵌能力，在低电流密度和高电流密度下都表现出稳定的循环性能。基于“多配位离子/单离子嵌入和脱嵌”理论，研究者设计了一个以铝箔为负极、碳纸为正极［图 1-18（b）］的电池体系[362]。在放电过程中，金属铝负极被氧化成铝离子，Al^{3+} 在正极获得电子形成 Al_xCl_y。在充电过程中发生逆向反应。即使在 100 $mA \cdot g^{-1}$ 的电流密度下进行 100 周循环之后，这种铝离子电池仍然能够提供 69.92 $mAh \cdot g^{-1}$ 的比容量。此外，该电池还具有约 1.8V（*vs.* Al^{3+}/Al）的高电压平台。这种铝离子电池具有成本低、性能高、环保等优点，是未来规模储能的潜在候选者。此外，Al^{3+}具有比 Li^+（7.6 Å）和 Mg^{2+}（7.2 Å）更小的离子半径（5.35 Å），这表明使用铝离子作为客体在电化学嵌入时主体化合物的体积膨胀较小[357]。

研究多价化学有助于深入了解以多价阳离子作为二次电池客体的新型插层电极材料。一个多价阳离子从负极到正极的传输，在外部电路中相应发生多个电荷的转移[361]。多价阳离子客体与电极材料主体晶格强烈的相互作用阻碍了其嵌入动力学，限制了正极材料的选择[324, 358]。另外，由于多价阳离子的电荷密度大，在嵌入插层电极材料的过程中扩散受限，导致电极材料的利用率低[363]。改善多价阳离子扩散的方法，可以采用水合化合物以及扩散距离较小的插层电极材料。另外，镁离子嵌入 V_2O_5 纳米晶体和 V_2O_5 气凝胶的对比，说明还存在一些特殊的应用方式。根据多价电池化学的发展现状，未来的研究应该集中在寻找具有更高比容量和工作电压适当的正极材料。

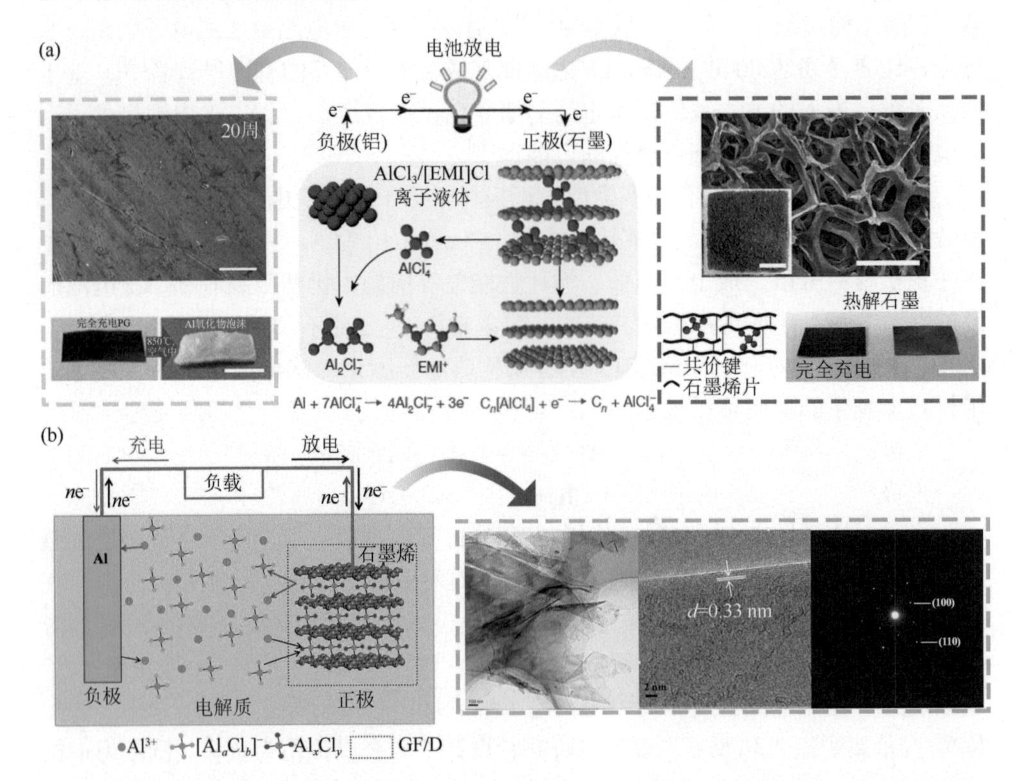

图 1-18 （a）在放电过程中的铝/石墨电池的示意图，左侧和右侧分别是金属铝和热解石墨在完全充电之前和之后的照片[30]；（b）在充放电过程中 Al/石墨（碳纸）全电池的示意图，右图是碳纸在不同分辨率和模式下的 TEM 图[362]

1.4 金属-空气电池中的多电子反应

能量密度是下一代储能装置发展的重要指标。具有多电子电荷转移特征和高能量密度的金属-空气电池已经成为很有前景的电化学储能和转换装置[34, 364]。在金属-空气电池中，正极侧的插层反应材料被替换为具有催化活性的氧还原反应（ORR）电极和氧气析出反应（OER）多孔电极，并依靠来自周围空气的连续且几乎取之不尽的氧气作为原料来运行[32, 365, 366]。在金属-空气电池内发生的化学反应可以描述如下[367]：

$$Me+x/2O_2 \rightleftharpoons MeO_x \tag{1-35}$$

金属-空气电池的多电子转移过程与空气正极上发生的一系列复杂电化学反应有关，涉及多个电子的参与并生成几种含氧化合物[368-370]。

金属-空气电池根据电解质不同分为两类：水系电解质的电池体系和采用非质子电解质的电池体系（图 1-19）。在水系和有机电解质体系中，金属-空气电池具有不同的反应机理[371]。镁、铝、锌、铁等金属适用于水系系统，其负极反应和标准电位见表 1-2。水系电池体系介于传统电池和燃料电池之间。水系电解质一般是中性或碱性水溶液，具有较好的动力学和低过电位，以及远远高于有机电解质体系的离子电导率。然而，水系电解质的电化学窗口在析氢和吸氧电位之间，这成为一个主要的限制因素。另外，金属锂和水系电解质之间的反应是非常危险的，这对金属的保护提出了更高的要求。

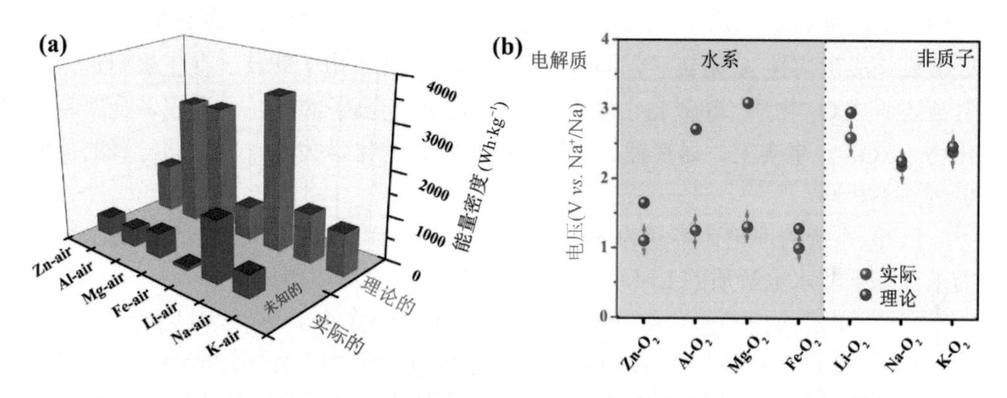

图 1-19 不同类型的金属-空气电池的对比[11]

表 1-2 基于碱性水溶液电解质的金属-空气电池的电化学负极反应式和理论标准电势[32, 374]

金属-空气电池	负极反应	E^0（V）
镁-空气	$2Mg+4OH^- \longrightarrow 2Mg(OH)_2+4e^-$	–2.69
铝-空气	$Al+3OH^- \longrightarrow Al(OH)_3+3e^-$	–2.31
锌-空气	$Zn+2OH^- \longrightarrow ZnO+H_2O+2e^-$	–1.25
铁-空气	$Fe+2OH^- \longrightarrow Fe(OH)_2+2e^-$	–0.877
锂-空气	$Li+OH^- \longrightarrow LiOH+e^-$	–2.95

镁-空气电池理论能量密度可达 2840 Wh·kg^{-1}，理论电压为 3.09 V，但是由于在镁金属负极侧会发生析氢反应，在实际应用中远远达不到理论值[34]。研究者们在致力于高安全性二次电池的开发和商业化应用方面做了许多工作。由于镁的电沉

积在水系电解质中不具有热力学可行性，所以镁-空气电池无法通过可逆的氧还原/析出反应进行充放电[34]。铝-空气电池也存在相同的问题[372]。含有非水电解质的镁-空气电池不能进行可逆的氧还原反应，因为可能的放电产物氧化镁电化学不可逆、导电性差并且不溶于有机电解质[34]。锌是能够在水系电解质中电镀的最活泼金属。传统的锌-空气电池是一次电池。锌-空气电池的理论能量密度高达 1084 $Wh·kg^{-1}$，因此在原电池系统中是最成功的[371]。开发可充电的锌-空气电池依赖于锌的可逆溶解/沉积，以及能够有效催化氧还原/析出反应的良好双功能空气催化剂[365, 373]。铁-空气电池的能量密度相对较低（50～75 $Wh·kg^{-1}$），但是具有成本低、可持续性和环境友好性等优点。随着效率和循环寿命的进一步提高，铁-空气电池有望成为应用于电网大规模储能的可行体系[374-377]。

非水金属空气电池包括 Li-O_2、Na-O_2 和 K-O_2 等。实际上，由于大部分实验室使用氧气开展相关研究，大多数基于碱金属的非水金属-空气体系可以称为 A-O_2 电池。虽然非水性的 A-O_2 电池的研究历史很短，但受到了迅速的关注。A-O_2 电池的反应原理如图 1-20（a）、（b）所示。在放电期间，金属 A 在负极/电解质界面处被氧化成可溶性 A^+阳离子，同时在外部电路中发生电子转移。在正极附近，氧气被还原成 O_2^-物质（超氧自由基），其可以在 A^+阳离子的存在下形成碱金属超氧化物（AO_2）。事实上，尽管锂、钠和钾有着密切的化学关系，但它们与氧的反应机制并不相同[376, 377]。

Li-O_2 系统的理论比容量为 3458 $Wh·kg^{-1}$，完全可以满足未来电池的能量密度需求。基于非水电解质的 Li-O_2 电池中可能的反应机理设想如下：

$$4Li^++4e^-+O_2 \longrightarrow 2Li_2O \quad (\text{每分子氧气转移 } 4e^-，E^0=2.91V) \tag{1-36}$$

$$2Li^++2e^-+O_2 \longrightarrow Li_2O_2 \quad (\text{每分子氧气转移 } 2e^-，E^0=2.96V) \tag{1-37}$$

氧还原反应有以上两种电子转移过程，产生不同的还原产物 Li_2O_2 或 Li_2O。这些反应通常被称为“氧还原反应”（ORR）。产生的锂氧化物在充电时会重新电化学分解为 Li 和 O_2。通常大家普遍认可的氧还原产物是 Li_2O_2，可能涉及两步反应过程：

$$Li^++e^-+O_2 \longrightarrow LiO_2 \tag{1-38}$$

$$Li^++e^-+LiO_2 \longrightarrow Li_2O_2 \tag{1-39}$$

因为 LiO_2 是高度不稳定的，所以只能作为 Li-O_2 电池中的中间体，但不可忽视的是，LiO_2 中间体的溶解度是氧还原过程中的一个重要因素。

同时，Li_2O_2 电化学分解为 Li 和 O_2 的充电过程被称为“析氧反应”（OER）：

$$Li_2O_2 \longrightarrow 2Li^++2e^-+O_2 \tag{1-40}$$

还有一些其他理论可以解释正极充电反应过程，例如 LiO_2 的生成和分解[378-383]。如图 1-20（c）、（d）所示，Li_2O_2 的 OER 过程可以分成三个阶段[379]。

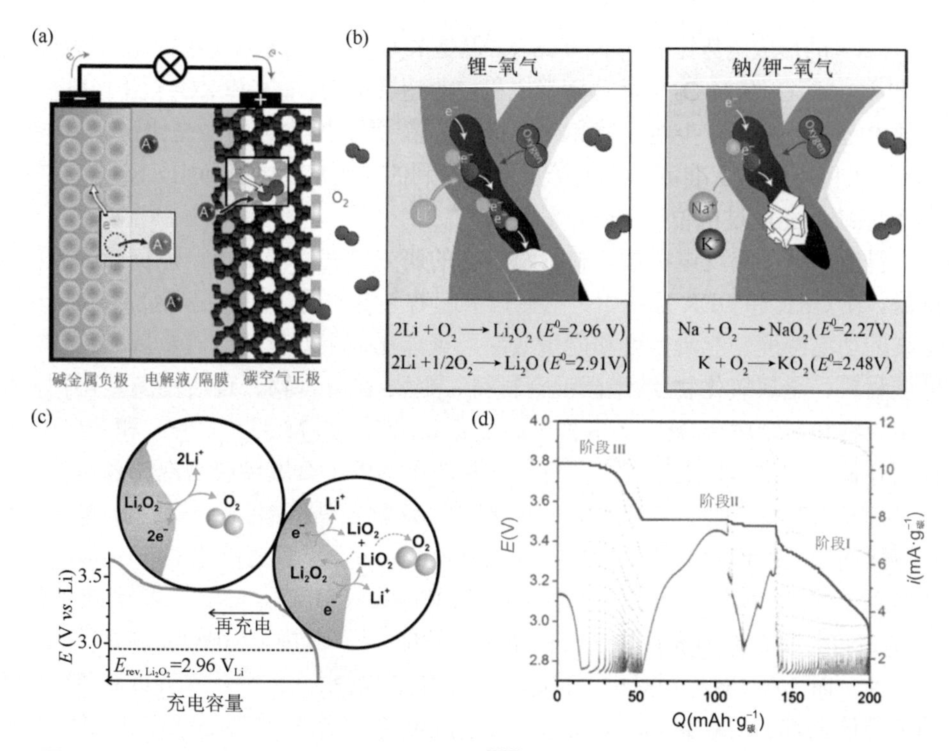

图 1-20 （a）、（b）A-O_2 电池的原理示意图[378]；（c）Li-O_2 可逆充放电的反应机理；（d）PITT 测量期间的电位阶跃（蓝色）和相应的电流响应（红色）[379]

阶段 I 对应表面上的 LiO_2 的形成与 Li^+的脱嵌［式（1-41）］，以及 LiO_2 进一步生成 O_2［式（1-42）］。因此，阶段 I 中的 OER 过程为双电子反应［式（1-43）］。

$$Li_2O_2 \longrightarrow LiO_2+Li^++e^- \tag{1-41}$$

$$LiO_2+LiO_2 \longrightarrow Li_2O_2+O_2 \tag{1-42}$$

$$Li_2O_2 \longrightarrow 2Li^++2e^-+O_2 \tag{1-43}$$

阶段Ⅱ对应着平稳的电压平台，这是由 Li_2O_2 颗粒的氧化引起的。最后，阶段Ⅲ对应着一个更高的电压平台，这可能是碳酸盐类副产物和电解质的分解造成的。

在 Na-O_2 电池中，尽管过氧化物 Na_2O_2 的形成在热力学上是有利的，但是在动力学上，NaO_2 每个化学式量仅需要转移一个电子，比需要双电子转移的 Na_2O_2 更容易形成。因此，钠-空气电池的相对活性正极更倾向于形成稳定的超氧化物 NaO_2[378]：

$$Na^++e^-+O_2 \rightleftharpoons NaO_2 \quad \text{(每个氧气分子转移一个电子，}E^0\text{=2.27V)} \tag{1-44}$$

至于钾-空气电池，K-O_2 在热力学上是稳定的，在可控范围内，反应预期为

$$K^++e^-+O_2 \rightleftharpoons KO_2 \quad \text{(每个氧气分子转移一个电子，}E^0\text{=2.48)} \tag{1-45}$$

K_2O_2的形成电势比KO_2低0.28 V，但是K_2O_2的形成导致电极钝化并造成严重极化[384]。Na-O_2和K-O_2电池分别形成稳定的超氧化物NaO_2和KO_2［图1-20（b）］，在放电过程中可以减少电解质和碳正极的分解[385]。因为它的能垒比 O_2/O_2^{2-}低，O_2/O^{2-}氧化还原对于准可逆单电子反应是有利的。在充放电循环中，Na-O_2系统和K-O_2系统的充电过电位比Li-O_2系统低[384, 386]。

目前，关于空气电极催化材料和结构的研究已有许多报道，但仍面临着巨大挑战。在ORR和OER反应中，电催化剂起着关键作用，并决定着金属-空气电池系统的功率密度、能量密度和能量效率。氧催化剂主要包括过渡金属氧化物、功能碳材料、金属氧化物-纳米碳混合材料、金属-氮复合物、过渡金属氮化物、导电聚合物和贵金属合金[366]。多种过渡金属氧化物，如MnO_2、Co_3O_4和Fe_3O_4，已被用作催化剂进行研究[387-389]。例如，通过在沉积了石墨烯层的泡沫镍基体上生长Co_3O_4来制备三维石墨烯-Co_3O_4正极[390]。这种无黏结剂的特殊结构，提供了相互连接的通道和优异的催化活性，其在0.1 $mA\cdot cm^{-2}$下具有高达2453 $mAh\cdot g^{-1}$的比容量。由简单水热法合成的尖晶石 MFe_2O_4（M=Co、Ni）/多壁碳纳米管（MWCNT）复合材料表现出优异的电化学性能[391]。其中，MFe_2O_4具有很高的催化活性，而MWCNT则提供了快速的电子传递途径。Lu等首次尝试制备两种不同类型催化剂的复合材料，设计了一种用卷绕技术制备的夹心结构 $Pd/MnO_x/Pd$纳米薄膜[392]。两个Pd外层对MnO_x层进行封装，使电池的能量效率提高到86%，并且将过电位降低到0.2 V。

一种具有高比表面积（298 $m^2\cdot g^{-1}$）和ORR活性的新型氮掺杂剥离型石墨烯空气电极在金属-空气电池中表现出优异的实用性[393]。孙学良教授等[394]提出了一种空间利用率高的三维纳米结构空气电极，提高了其放电容量。然而，研究表明，在循环过程中形成的具有类似碳酸盐结构的副产物会包覆在空气电极表面，这可能会影响电池的循环稳定性。

除了催化剂之外，人们还对金属-空气电池的非水电解质溶剂进行了广泛的研究。多种有机溶剂已在锂-空气电池中进行了测试，如二甲基亚砜（DMSO）、乙腈（MeCN）、二甲氧基乙烷（DME）和四甘醇二甲醚（TEGDME）[383, 395]。周豪慎等开发了一种以 $Li_{1+x}Al_yGe_{2-y}(PO_4)_3$（LAGP）为电池电解质、LAGP/单壁碳纳米管（SWCNT）复合材料作为空气正极的全固态锂-空气电池[396]。最近，相关研究者报道了在 Li-O_2电池中使用的固体电解质和正极结构，通过结构优化设计有效地减小了电池体积，增加了正极孔隙率，并降低了电池的内阻[397]。固体电解质应用在锂-空气电池，因为它可以防止锂金属负极上的副反应和锂枝晶的生成，有助于提高电池的安全性。非挥发性固体电解质也可用于长寿命电池中。

综上所述，金属-空气电池因其高能量密度成为一种很有前景的储能技术。但仍然存在很多与催化剂和氧气使用相关的技术问题，实际和理论之间存在较大的差距。因为反应涉及氧气的扩散和排出产物的沉淀，电极结构的合理设计变得非常重要。由于纯氧在实际应用中难以处理，用空气（含 O_2、CO_2、H_2O 等的混合物）代替纯氧可能会导致不可逆的反应。为了提高金属-空气电池的比容量，这些技术问题都迫切地需要人们去研究解决，并需要人们深入研究电池系统的运行机制。

1.5 锂硫电池中的多电子反应

由于硫具有 1672 $mAh \cdot g^{-1}$ 的高理论比容量和双电子氧化还原反应特征，锂硫电池在未来几年有望达到 600 $Wh \cdot kg^{-1}$ 以上的实际能量密度，并受到了广泛的研究[398-400]。锂硫电池突破了锂离子电池和钠离子电池目前采用的嵌入化合物的容量限制。另外，硫电极具有丰富的资源和环境友好性，在可持续发展方面十分有利[399]。

2009 年，采用有序介孔 CMK-3/硫复合电极的研究结果表明，其展现出高比容量和良好的循环稳定性[401]。假设硫分子经过锂化可以完全转化为 Li_2S，则总反应可推断如下：

$$S_8 + 16Li^+ + 16e^- \longrightarrow 8Li_2S \tag{1-46}$$

通过使用能斯特方程进行理论计算，反应过程可分为两阶段，对应放电曲线中的两个平台[402]。高平台对应于 S_8 分子被还原为 S_4^{2-}，伴随着 4 个电子转移，提供 419 $mAh \cdot g^{-1}$ 的比容量。低平台提供 1256 $mAh \cdot g^{-1}$ 的高比容量，对应于从 S_4^{2-} 还原成 S^{2-}的 12 个电子转移。因此，Li-S 电池表现出 1675 $mAh \cdot g^{-1}$ 的高理论比容量，对应于 16 个电子的转移。根据密度泛函理论（DFT）的计算结果[403]，三步反应过程可描述为：$S_8 \rightarrow S_4^{2-} \rightarrow S_2^{2-} \rightarrow S^{2-}$［图 1-21（a）、（b）］。后两个步骤的平衡电位相似使其表现为一个放电平台。

在锂化过程中硫电极上的复杂反应过程与其他多电子材料不同，因此将其单独分类。实际上，在不同的反应环境（操作温度、电解质体系等）中会获得各种形式的硫[399, 404]。

许多研究表明，基于歧化反应的电解质溶液中存在丰富的多硫化物。例如，Barchasz 等[405]利用高效液相色谱、电子自旋共振光谱和紫外-可见吸收光谱等一系列方法研究了不同放电阶段电解液的组成，为复杂的硫电极多步骤放电机理提供了间接的证据。研究结果显示，硫的还原过程分成三个步骤［图 1-21（b）］。在第一步中，S_8 在 2.4 V 时获得两个电子形成 S_8^{2-}离子。随后，这些 S_8^{2-}离子可能会发生歧化反应形成 S_5^{2-}和 S_3^-。在第二步中，硫化物自由基 S_3^-和 S_6^{2-}物质在 2.1 V 下被还原成 S_4^{2-}和 S_3^{2-}离子。在前两个步骤中发生的歧化反应可总结如下：

$$S_n^{2-} \rightleftharpoons S_m^{2-} + (n-m)/8\,S_8 \tag{1-47}$$

$$2S_n^{2-} \longrightarrow S_{n+m}^{2-} + S_{n-m}^{2-} \tag{1-48}$$

$$S_n^{2-} \rightleftharpoons 2S_{n/2}^{-} \tag{1-49}$$

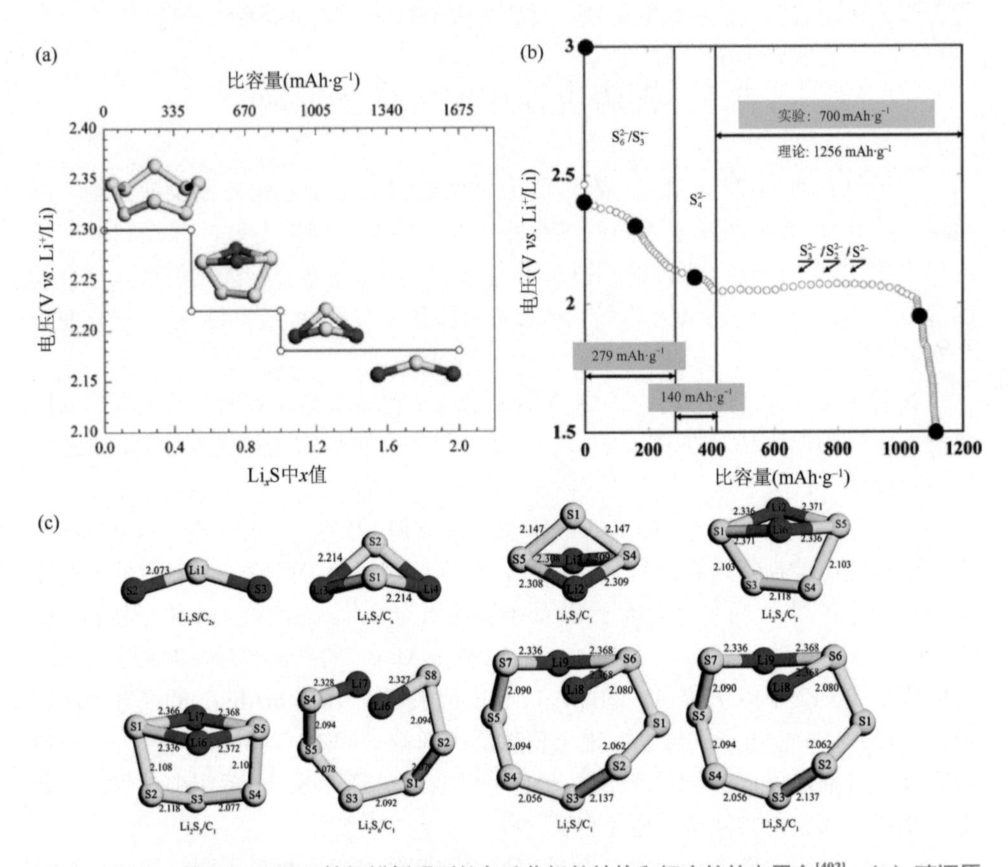

图 1-21 （a）基于 DFT 的计算机模拟得到的多硫化锂的结构和相应的放电平台[403]；（b）硫还原产物及其放电平台、每一步所对应的比容量[405]；（c）优化的多硫化锂的几何形状及其结构参数[403]

以上这些反应总共提供 419 mAh·g^{-1} 的比容量。在第三步中，S_4^{2-} 离子在 2 V 获得 6 个电子，产生 S^{2-}离子，可以提供 1256 mAh·g^{-1} 的比容量。这个过程涉及如下所示的三个独立的转换步骤：

$$3S_4^{2-} + 2e^- \longrightarrow 4S_3^{2-} \tag{1-50}$$

$$2S_3^{2-} + 2e^- \longrightarrow 3S_2^{2-} \tag{1-51}$$

$$S_2^{2-} + 2e^- \longrightarrow 2S^{2-} \tag{1-52}$$

在还原过程结束时，可以在最终产物中检测到多种短链多硫化合物，例如S_3^{2-}、S_2^{2-}和S^{2-}。此外，有研究采用先进的原位 X 射线吸收近边结构（XANES）光谱分析了硫电极的氧化还原行为[406]，证实了可溶性中间体S_4^{2-}和S_6^{2-}在短期内存在。随后，Lowe 等[407]证明了一些关键物质参与了锂硫电池的电化学反应，特别是出现在 2.1～1.6 V 左右的自由基阴离子S_3^-和S_4^-。他们还提出元素硫最初是还原到S_8^-而不是S_8^{2-}。因此，关于多硫化物的类型目前还没有明确的定论。然而，已经确定的是这些多硫化物的化学平衡［图 1-21（c）］导致化学反应在适当的条件下接近可逆性。类似的研究方法和结论可以部分应用于其他类似硫的物质，如 Li-Se 电池[408]。根据原位 XRD 和 X 射线吸收光谱（XAS）的结果，锂-硒电池的醚类电解质中并没有发现聚硒酸锂[409]，这说明硒直接还原为 Li_2Se，对应着放电过程中的唯一一个平台。锂-硒电池在 0.8～3.5 V 的电压窗口内放电比容量约为 400 $mAh\cdot g^{-1}$。

尽管锂硫电池具有能量密度高、成本低、原料储备丰富、环境友好等诸多优点，但它仍存在许多阻碍其发展的问题。由于 S 和放电产物 Li_2S 的绝缘性质以及多硫化锂的“穿梭效应”，硫正极的电化学利用率低，且循环寿命差[4, 410]。为了克服这些问题，研究者们通过使用硫碳或硫导电聚合物纳米复合材料、导电 MOF 材料包覆以及碳包覆隔膜等方法来提高其比容量，并改善循环性能[4, 411-414]。这些方法不仅抑制了“穿梭效应”，还提高了硫正极的导电性[415, 416]。此外，由于多硫化物的溶解度取决于阴离子的供电子能力，较弱的供电子能力有利于抑制多硫化物的溶解[417]。开发具有如碳酸酯类低硫溶解度的新型电解质替代常规醚基电解质也是改善锂硫电池电化学性能的有效方法[418]。固体电解质也是一个不错的选择，因为它们不仅可以抑制多硫化物的溶解，还可以保护金属锂电极[419]。

1.6 总结和展望

本章对一系列具有多电子反应的二次电池体系和相关电极材料进行了简要概述，总结了近年来在多电子反应中取得的研究进展。多电子反应机制为未来开发高能量密度的电池提供了新的视野，基于多电子概念的材料和先进电池有望在高能量密度和高功率密度方面取得重大突破。然而，多电子电池体系还需要更深入地研究，不断完善：电极的优化和对电化学反应过程中结构变化的系统分析将进一步提高此类电池新体系的电化学性能。当然，解决各种电极实际问题的相关技术还远未成熟，从基础研究到其大规模应用仍然需要大量的研究和创新。

不同的电池体系都面临着各自的技术瓶颈。如果找到合适的方法能够解决金属锂及正极材料在储锂过程中导致的相关结构变化，那么使用全新的锂负极和新型正极材料的锂离子电池也许可以提供高达 300 Wh·kg^{-1}的实际能量密度。目前多电子反应的负极是具有高能量密度的金属氧化物和合金材料。电池结构设计和机理分析是当前研究的必经之路。材料基因组计划为二次电池领域的多电子体系中材料的筛选提供了新的方法。此外，具有柔性结构的有机材料在二次电池的应用为半径大的阳离子（如 Na^+、Mg^{2+}和 Al^{3+}）提供了较大的传输通道，也是研究的重点方向之一。

除了基于锂离子或钠离子的二次电池，还有一些其他的电池体系，如具有双电子反应的镁离子电池、锂硫电池和金属-空气电池也被认为是具有应用前景的新体系电池。①对于镁离子电池，当务之急是要构建稳定的电解质体系和开发高电压的适合镁离子可逆脱嵌的电极材料。此外，关于镁离子在插层化合物中嵌入机理的基础研究也非常重要。②作为参与多电子氧化还原反应的先驱，锂硫电池已经提前进入了实践阶段。然而，锂硫电池体系仍然面临两个挑战，即硫的绝缘性质与在多电子反应过程中生成的多硫化物的溶解问题。因此，如何平衡高比容量和循环稳定性成为一个关键问题。③金属-空气电池属于阴离子参与反应的多电子体系，具有能量密度高、成本低等优点，它采用的电解质可以分为水溶液和非水溶液。水系金属-空气电池历史悠久，可以作为大规模的储存技术候选者，但与非水电池相比，其能量密度相对较低。对不同电解质中氧气反应机理进行基础研究，对于开发高效、高能量密度的电池也是十分必要的。

毫无疑问，多电子反应为提高二次电池的能量密度铺设了一条新的研究道路。近年来对相关问题的深入研究也拓宽了我们对多电子概念的认识和理解。为了突破当前电池技术中存在的能量密度瓶颈，研究者们已经尝试了许多不同的策略。即使是在实验室研究中，对二次电池实际能量密度的提升也远非理论上容易。一方面，电解质电化学窗口限制了电化学反应电压，这是阻碍多电子氧化还原的因素之一。另一方面，一些电极材料可以可逆地转移多个电子，尽管所提升的容量主要来源于更高的电极材料的摩尔质量。具有二维结构的多电子材料是近年来的研究热点，包括磷材料（红磷和黑磷）、金属硫化物（MoS_2、SnS_2、TiS_2等）、石墨烯系列材料和合金材料（SnGe、SiGe）等。这些材料既可以提供可变化合价以实现多电子反应，又具有稳定的单价/多价阳离子存储结构。由于二维结构和多电子反应的互补作用，这些二维新型电极材料值得关注。此外，多电子反应体系的进一步发展可以结合轻元素组成，并对电极结构进行合理的设计。

参 考 文 献

[1] Dunn B, Kamath H, Tarascon J M. Science, 2011, 334: 928
[2] Srivastava M, Singh J, Kuila T, et al. Nanoscale, 2015, 7: 4820

[3] Ellis B L, Knauth P, Djenizian T. Adv. Mater., 2014, 26: 3368
[4] Goodenough J B, Manthiram A. MRS Commun., 2014, 4: 135
[5] Xia X, Zhang Y, Chao D, et al. Nanoscale, 2014, 6: 5008
[6] Goriparti S, Miele E, De Angelis F, et al. J. Power Sources, 2014, 257: 421
[7] Deng Y, Wan L, Xie Y, et al. RSC Adv., 2014, 4: 23914
[8] Liu J, Zhang J G, Yang Z, et al. Adv. Funct. Mater., 2013, 23: 929
[9] Melot B C, Tarascon J M. Acc. Chem. Res., 2013, 46: 1226
[10] Gao X P, Yang H X. Energy Environ. Sci., 2010, 3: 174
[11] Chen R J, Luo R, Huang Y X, et al. Adv. Sci., 2016, 3: 1600051
[12] Zu C X, Li H. Energy Environ. Sci., 2011, 4: 2614
[13] Nitta N, Yushin G. Part. Part. Syst. Charact., 2014, 31: 317
[14] Obrovac M N, Chevrier V L. Chem. Rev., 2014, 114: 11444
[15] Zhang L, Wu H B, Lou X W D. Adv. Energy Mater., 2014, 4: 1300958
[16] Zhang K, Hu Z, Tao Z, et al. Sci. China Mater., 2014, 57: 42
[17] Wang Z, Zhou L, Lou X W D. Adv. Mater., 2012, 24: 1903
[18] Luntz A C, McCloskey B D. Chem. Rev., 2014, 114: 11721
[19] Yabuuchi N, Kubota K, Komaba S, et al. Chem. Rev., 2014, 114: 11636
[20] Wagemaker M, Mulder F M. Acc. Chem. Res., 2013, 46: 1206
[21] Kim H, Hong J, Kang K, et al. Chem. Rev., 2014, 114: 11788
[22] Lu J, Li L, Park J B, et al. Chem. Rev., 2014, 114: 5611
[23] Larcher D, Tarascon J M. Nat. Chem., 2015, 7: 19
[24] Kim Y, Ha K H, Oh S M, et al. Chemistry, 2014, 20: 11980
[25] Oh S M, Myung S T, Yoon C S, et al. Nano Lett., 2014, 14: 1620
[26] Kundu D, Talaie E, Duffort V, et al. Angew. Chem. Int. Edit., 2015, 54: 3431
[27] Islam M S, Fisher C A J. Chem. Soc. Rev., 2014, 43: 185
[28] Kim S W, Seo D H, Ma X, et al. Adv. Energy Mater., 2012, 2: 710
[29] Bucur C B, Gregory T, Oliver A G, et al. J. Phys. Chem. Lett., 2015, 6: 3578
[30] Lin M C, Gong M, Lu B, et al. Nature, 2015, 520: 325
[31] Muldoon J, Bucur C B, Gregory T. Chem. Rev., 2014, 114: 11683
[32] Cheng F, Chen J. Chem. Soc. Rev., 2012, 41: 2172
[33] Bresser D, Passerini S, Scrosati B. Chem. Commun., 2013, 49: 10545
[34] Zhang T, Tao Z, Chen J. Mater. Horiz., 2014, 1: 196
[35] Ceder G, Chiang Y M, Sadoway D R, et al. Nature, 1998, 392: 694
[36] Hautier G, Jain A, Ong S P, et al. Chem. Mater., 2011, 23: 3495
[37] Gershinsky G, Yoo H D, Gofer Y, et al. Langmuir, 2013, 29: 10964
[38] Gregory T D, Hoffman R J, Winterton R C. J. Electrochem. Soc., 1990, 137: 775
[39] Li H, Wang Z, Chen L, et al. Adv. Mater., 2009, 21: 4593
[40] Mizushima K, Jones P C, Wiseman P J, et al. Mater. Res. Bull., 1980, 15: 783
[41] Montoro L A, Abbate M, Rosolen J M. J. Electrochem. Soc., 2000, 147:1651
[42] Yu L, Zhang X. J. Colloid Interface Sci., 2004, 278: 160
[43] Zhu K, Zhang C, Guo S, et al. ChemElectroChem, 2015, 2: 1660
[44] Yamada H, Tagawa K, Komatsu M, et al. J. Phys. Chem. C, 2007, 111: 8397
[45] Wang S, Lu Z, Wang D, et al. J. Mater. Chem., 2011, 21: 6365
[46] Qin M, Liu J, Liang S, et al. J. Solid State Electrochem., 2014, 18: 2841

[47] Wang H G, Ma D L, Huang Y, et al. Chemistry, 2012, 18: 8987
[48] Chao D, Xia X, Liu J, et al. Adv. Mater., 2014, 26: 5794
[49] Delmas C, Cognac-Auradou H, Cocciantelli J M, et al. Solid State Ionics, 1994, 69: 257
[50] Zhou J, Shan L, Wu Z, et al. Chem. Commun., 2018, 54: 4457
[51] Winter M, Besenhard J O, Spahr M E, et al. Adv. Mater., 1998, 10: 725
[52] Strelcov E, Cothren J, Leonard D, et al. Nanoscale, 2015, 7: 3022
[53] Wu H B, Pan A, Hng H H, et al. Adv. Funct. Mater., 2013, 23: 5669
[54] Reddy C V S, Wicker S A, Walker E H, et al. J. Electrochem. Soc., 2008, 155: A599
[55] Mohan V M, Hu B, Qiu W, et al. J. Appl. Electrochem., 2009, 39: 2001
[56] Liang S, Qin M, Tang Y, et al. Met. Mater. Int., 2014, 20: 983
[57] Pan A, Wu H B, Yu L, et al. Angew. Chem. Int. Edit., 2013, 52: 2226
[58] An Q, Zhang P, Xiong F, et al. Nano Res., 2015, 8: 481
[59] Wang Y, Cao G. Chem. Mater., 2006, 18: 2787
[60] Su D, Wang G. ACS Nano, 2013, 7: 11218
[61] Passerini S, Ba Le D, Smyrl W H, et al. Solid State Ionics, 1997, 104: 195
[62] Moretti A, Maroni F, Osada I, et al. ChemElectroChem, 2015, 2: 529
[63] Yan M Y, He P, Chen Y, et al. Adv. Mater., 2017, 30: 1703725
[64] Li Y, Huang Z, Kalambate P K, et al. Nano Energy, 2019, 60: 752
[65] Christensen C K, Sørensen D R, Hvam J, et al. Chem. Mater., 2019, 31: 512
[66] Hu P, Zhu T, Ma J, et al. Chem. Commun., 2019, 55: 8486
[67] Yang Y Q, Tang Y, Liang S, et al. Nano Energy, 2019, 61: 617
[68] Coustier F, Lee J M, Passerini S, et al. Solid State Ionics, 1999, 116: 279
[69] Dong W, Rolison D R, Dunn B. Electrochem. Solid St., 1999, 3: 457
[70] Hahn B P, Long J W, Rolison D R. Acc. Chem. Res., 2013, 46: 1181
[71] Ruetschi P. J. Electrochem. Soc., 1984, 131: 2737
[72] Ruetschi P, Giovanoli R. J. Electrochem. Soc., 1988, 135: 2663
[73] Rolison D R, Dunn B. J. Mater. Chem., 2001, 11: 963
[74] Le D B, Passerini S, Coustier F, et al. Chem. Mater.,1998, 10: 682
[75] Tang P E, Sakamoto J S, Baudrin E, et al. J. Non-Cryst. Solids, 2004, 350: 67
[76] Cava R J, Murphy D W, Zahurak S M. J. Electrochem. Soc., 1983, 130: 2345
[77] Patoux S, Dolle M, Rousse G, et al. J. Electrochem. Soc., 2002, 149: A391
[78] Tabero P, Filipek E, Piz M. Cent. Eur. J. Chem., 2009, 7: 222
[79] Gong Z, Yang Y. Energy Environ. Sci., 2011, 4: 3223
[80] Gaubicher J, Wurm C, Goward G, et al. Chem. Mater., 2000, 12: 3240
[81] Masquelier C, Croguennec L. Chem. Rev., 2013, 113: 6552
[82] Padhi A K, Nanjundaswamy K S, Goodenough J B. J. Electrochem. Soc., 1997, 144: 1188
[83] Wang L, Bai J, Gao P, et al. Chem. Mater., 2015, 27: 5712
[84] Membreño N, Park K, Goodenough J B, et al. Chem. Mater., 2015, 27: 3332
[85] Rui X, Yan Q, Skyllas-Kazacos M, et al. J. Power Sources, 2014, 258: 19
[86] Wang S, Zhang Z, Jiang Z, et al. Power Sources, 2014, 253: 294
[87] Li D, Tian M, Xie R, et al. Nanoscale, 2014, 6: 3302
[88] Yin S C, Grondey H, Strobel P, et al. J. Am. Chem. Soc., 2003, 125: 10402
[89] Zhu X, Yan Z, Wu W, et al. Sci. Rep., 2014, 4: 5768
[90] Li L, Zhu L, Xu L H, et al. J. Mater. Chem. A, 2014, 2: 4251
[91] Gao H, Hu Z, Zhang K, et al. Chem. Commun., 2013, 49: 3040

[92] Wang M, Yang M, Ma L, et al. J. NanoMater., 2014, 2014: 1
[93] Xie M, Luo R, Chen R, et al. ACS Appl. Mater. Interfaces, 2015, 7: 10779
[94] Wang H, Hou T, Sun D, et al. J. Power Sources, 2014, 247: 497
[95] Kim S J, Suk J, Yun Y J, et al. Phys. Chem. Chem. Phys., 2014, 16: 2085
[96] Shree Kesavan K, Michael M S, Prabaharan S R S. ACS Appl. Mater. Interfaces, 2019, 11: 28868
[97] Liu J, Lin X, Zhang H, et al. Chem. Commun., 2019, 55: 3582
[98] Gummow R J, He Y. J. Power Sources, 2014, 253: 315
[99] Kobayashi G, Nishimura S I, Park M S, et al. Adv. Funct. Mater., 2009, 19: 395
[100] Legagneur V, An Y, Mosbah A, et al. Solid State Ionics, 2001, 139: 37
[101] Jiang X, Xu H, Liu J, et al. Nano Energy, 2014, 7: 1
[102] Shao B, Abe Y, Taniguchi I. Powder Technol., 2013, 235: 1
[103] Zhang X, Kühnel R S, Hu H, et al. Nano Energy, 2015, 12: 207
[104] Mao W F, Fu Y B, Zhao H, et al. ACS Appl. Mater. Interfaces, 2015, 7: 12057
[105] Duan W, Zhu Z, Chen J , et al. J. Mater. Chem. A, 2014, 2: 8668
[106] Zhang Z, Liu X, Wu Y, et al. J. Solid State Electrochem., 2014, 19: 469
[107] Yi J, Hou M Y, Bao H l, et al. Electrochim. Acta, 2014, 133: 564
[108] Gao H, Hu Z, Zhang K, et al. J. Energy Chem., 2014, 23: 274
[109] Wei Q, An Q, Chen D, et al. Nano Lett., 2014, 14: 1042
[110] Chen L, Yan B, Xu J, et al. ACS Appl. Mater. Interfaces, 2015, 7: 13934
[111] Hautier G, Jain A, Mueller T, et al. Chem. Mater., 2013, 25: 2064
[112] Feckl J M, Fominykh K, Doblinger M, et al. Angew. Chem. Int. Edit., 2012, 51: 7459
[113] Nakahara K, Nakajima R, Matsushima T, et al. J. Power Sources, 2003, 117: 131
[114] Sun X, Radovanovic P V, Cui B. New J. Chem., 2015, 39: 38
[115] Wang C, Wang S, He Y B, et al. Chem. Mater., 2015, 27: 5647
[116] Ge Y, Jiang H, Fu K, et al. J. Power Sources, 2014, 272: 860
[117] Mukai K, Kato Y, Nakano H. J. Phys. Chem. C, 2014, 118: 2992
[118] Kubiak P, Garcia A, Womes M, et al. J. Power Sources, 2003, 119: 626
[119] Borghols W J, Wagemaker M, Lafont U. J. Am. Chem. Soc., 2009, 131: 17786
[120] Zhu G N, Wang Y G, Xia Y Y, et al. Energy Environ. Sci., 2012, 5: 6652
[121] Ma J, Wang C, Wroblewski S. J. Power Sources, 2007, 164: 849
[122] Yao X L, Xie S, Nian H Q, et al. J. Alloys Compd., 2008, 465: 375
[123] He Y, Muhetaer A, Li J, et al. Adv. Energy Mater., 2017, 7: 1700950
[124] Ge H, Li N, Li D, et al. J. Phys. Chem. C, 2009, 113: 6324
[125] Hsieh C T, Lin J Y. J. Alloys Compd., 2010, 506: 231
[126] Hasegawa G, Kanamori K, Kiyomura T, et al. Adv. Energy Mater., 2015, 5: 1400730
[127] Sun Y, Zhao L, Pan H, et al. Nat. Commun., 2013, 4: 1870
[128] Chen S, Xin Y, Zhou Y, et al. Energy Environ. Sci., 2014, 7: 1924
[129] Wang X, Liu B, Hou X, et al. Nano Res., 2014, 7: 1073
[130] Gao L, Li S, Huang D, et al. J. Mater. Chem. A, 2015, 3: 10107
[131] Yu Z, Zhang X, Yang G, et al. Electrochim. Acta, 2011, 56: 8611
[132] Zhang L, Qu Y, Huang J, et al. Chem. Commun., 2019: 55, 1279
[133] Du G, Sharma N, Peterson V K, et al. Adv. Funct. Mater., 2011, 21: 3990
[134] Huang Y, Qi Y, Jia D, et al. J. Solid State Electrochem., 2011, 16: 2011
[135] Wang X, Shen L, Li H, et al. Electrochim. Acta, 2014, 129: 283

[136] Yao Z, Xia X, Zhou C A, et al. Adv. Sci., 2018, 5: 1700786
[137] Yao Z, Xia X, Xie D, et al. Adv. Funct. Mater., 2018, 28: 1802756
[138] McSkimming A, Colbran S B. Chem. Soc. Rev., 2013, 42: 5439
[139] Chen Y, Wu Z, Sun S. J. Phys. Chem. C, 2014, 118: 21813
[140] Guo C, Zhang K, Zhao Q, et al. Chem. Commun., 2015, 51: 10244
[141] Yao M, Senoh H, Yasusa K, et al. Int. J. Electrochem. Sci., 2011, 6: 2905
[142] Song Z, Xu T, Gordin M L, et al. Nano. Lett., 2012, 12: 2205
[143] Le Gall T, Reiman K H, Grossel M C, et al. J. Power Sources, 2003, 119-121: 316
[144] Wan F, Wu X L, Guo J Z, et al. Nano Energy, 2015, 13: 450
[145] Chen H, Armand M, Courty M, et al. J. Am. Chem. Soc., 2009, 131: 8984
[146] Zhu Z, Hong M, Guo D S, et al. J. Am. Chem. Soc., 2014, 136: 16461
[147] Koshika K, Sano N, Oyaizu K, et al. Chem. Commun., 2009, 7: 836
[148] Suga T, Sugita S, Ohshiro H, et al. Adv Mater., 2011, 23: 751
[149] Suga T, Pu Y J, Kasatori S, et al. Macromolecules, 2007, 40: 3167
[150] Nakahara K, Iwasa S, Satoh M, et al. Chem. Phys. Lett., 2002, 359: 351
[151] Benedek R, Thackeray M M. J. Power Sources, 2002, 110: 406
[152] Komaba S, Matsuura Y, Ishikawa T, et al. Electrochem. Commun., 2012, 21: 65
[153] Ellis L D, Wilkes B N, Hatchard T D, et, al. J. Electrochem. Soc., 2014, 161: A416
[154] Liu X H, Wang J W, Huang S, et al. Nat. Nanotechnol., 2012, 7: 749
[155] Liu X H, Huang J Y. Energy Environ. Sci., 2011, 4: 3844
[156] Wang J W, He Y, Fan F, et al. Nano Lett., 2013, 13: 709
[157] Mazouzi D, Delpuech N, Oumellal Y, et al. J. Power Sources, 2012, 220: 180
[158] Carreon M L, Thapa A K, Jasinski J B, et al. ECS Electrochem. Lett., 2015, 4: A124
[159] Liu X H, Fan F, Yang H, et al. ACS Nano, 2013, 7: 1495
[160] Gauthier M, Mazouzi D, Reyter D, et al. Energy Environ. Sci., 2013, 6: 2145
[161] Liu X H, Zhong L, Huang S, et al.ACS Nano, 2012, 6: 1522
[162] Goldman J L, Long B R, Gewirth A A, et al. Adv. Funct. Mater., 2011, 21: 2412
[163] Yuk J M, Seo H K, Choi J W, et al. ACS Nano, 2014, 8: 7478
[164] Wen Z, Lu G, Mao S, et al. Electrochem. Commun., 2013, 29: 67
[165] Su X, Wu Q, Li J, et al. Adv. Energy Mater., 2014, 4:1300882
[166] Song T, Hu L, Paik U. J. Phys. Chem. Lett., 2014, 5: 720
[167] Ostadhossein A, Cubuk E D, Tritsaris G A, et al. Phys. Chem. Chem. Phys., 2015, 17: 3832
[168] Bourderau S, Brousse T, Schleich D M. J. Power Sources, 1999, 81-82: 233
[169] Li X, Gu M, Hu S, et al. Nat. Commun., 2014, 5: 4105
[170] An Y L, Fei H F, Zeng G, et al. ACS Nano, 2018, 12: 4993
[171] Zhang Z, Wang Y, Ren W, et al. Angew. Chem. Int. Edit., 2014, 53: 5165
[172] Zhou X, Yin Y X, Wan L J, et al. Chem. Commun., 2012, 48: 2198
[173] Wen Z, Lu G, Cui S, et al. Nanoscale, 2014, 6: 342
[174] Xu Y, Yin G, Ma Y, et al. J. Mater. Chem., 2010, 20: 3216
[175] Li J Y, Li G, Zhang J, et al. ACS Appl. Mater. Interfaces, 2019, 11: 4057
[176] Cai X, Liu W, Zhao Z, et al. ACS Appl. Mater. Interfaces, 2019, 11: 3897
[177] Zhang H, Zong P, Chen M, et al. ACS Nano, 2019, 13: 3054
[178] Shang H, Zuo Z, Yu L, et al. Adv. Mater., 2018, 30: 1801459
[179] Liang G, Qin X, Zou J, et al. Carbon, 2018, 127: 424
[180] Zhang Y, Mu Z, Lai J, et al. ACS Nano, 2019, 13: 2167

[181] Liu N, Lu Z, Zhao J, et al. Nat. Nanotechnol., 2014, 9: 187
[182] Ebner M, Marone F, Stampanoni M, et al. Science, 2013, 342: 716
[183] Xie J, Imanishi N, Hirano A, et al. Solid State Ionics, 2010, 181: 1611
[184] Dahn J R, Courtney I A, Mao O. Solid State Ionics, 1998, 111: 289
[185] Robert F, Lippens P E, Olivier-Fourcade J, et al. J. Solid State Chem., 2007, 180: 339
[186] Bresser D, Mueller F, Buchholz D, et al. Electrochim. Acta, 2014, 128: 163
[187] Lupu C, Mao J G, Rabalais J W, et al. Inorg. Chem., 2003, 42: 3765
[188] Liu Y, Xu Y, Zhu Y, et al. ACS Nano, 2013, 7: 3627
[189] Xu Y, Zhu Y, Liu Y, et al. Adv. Energy Mater., 2013, 3: 128
[190] Zhu H, Jia Z, Chen Y, et al. Nano Lett., 2013, 13: 3093
[191] Wang J, Liu X, Mao S, et al. Nano Lett., 2012, 12: 5897
[192] Huang K S, Xing Z, Wang L, et al. J. Mater. Chem. A, 2017, 6: 434
[193] Seng K H, Park M H, Guo Z, et al. Angew. Chem. Int. Edit., 2012, 51: 5657
[194] Jo G, Choi I, Ahn H, et al. Chem. Commun., 2012, 48: 3987
[195] Baggetto L C, Notten P H L. J. Electrochem. Soc., 2009, 156: A169
[196] Liang W, Yang H, Fan F, et al. ACS Nano, 2013, 7: 3427
[197] Liu X H, Huang S, Picraux S T, et al. Nano Lett., 2011, 11: 3991
[198] Weker J N, Liu N, Misra S, et al. Energy Environ. Sci., 2014, 7: 2771
[199] Zhang Q, Chen H, Luo L, et al. Energy Environ. Sci., 2018, 11: 669
[200] Baggetto L, Keum J K, Browning J F, et al. Electrochem. Commun., 2013, 34: 41
[201] Abel P R, Lin Y M, Mullins C B, et al. J. Phys. Chem. C, 2013, 117: 18885
[202] Hewitt K C, Beaulieu L Y, Dahn J R. J. Electrochem. Soc., 2001, 148: A402
[203] He M, Kravchyk K, Walter M, et al. Nano Lett., 2014, 14: 1255
[204] Darwiche A, Marino C, Sougrati M T, et al. J. Am. Chem. Soc., 2012, 134: 20805
[205] Ko Y N, Kang Y C. Chem. Commun., 2014, 50: 12322
[206] Nam D H, Hong K S, Lim S J, et al. J. Power Sources, 2014, 247: 423
[207] Zhu Y, Han X, Xu Y, et al. ACS Nano, 2013, 7: 6378
[208] Zhou X, Dai Z, Bao J, et al. J. Mater. Chem. A, 2013, 1: 13727
[209] Luo W, Li F, Gaumet J J, et al. Adv. Energy Mater., 2018, 8: 1703237
[210] Li H, Wang K L, Zhou M, et al. ACS Nano, 2019, 13: 9533
[211] Baggetto L, Ganesh P, Sun C N, et al. J. Mater. Chem. A, 2013, 1: 7985
[212] Souza D C, Pralong V, Jacobson A J, et al. Science, 2002, 296: 2012
[213] Park C M, Sohn H J. Adv. Mater., 2007, 19: 2465
[214] Song J, Yu Z, Gordin M L, et al. Nano Lett., 2014, 14: 6329
[215] Kim Y, Park Y, Choi A, et al. Adv. Mater., 2013, 25: 3045
[216] Sun J, Zheng G, Lee H W, et al. Nano Lett., 2014, 14: 4573
[217] Qian J, Qiao D, Ai X, et al. Chem. Commun., 2012, 48: 8931
[218] Li W, Chou S, Wang J, et al. Nano Lett., 2013, 13: 5480
[219] Marino C, Boulet L, Gaveau P, et al. J. Mater. Chem., 2012, 22: 22713
[220] Qian J, Wu X, Cao Y, et al. Angew. Chem. Int. Edit., 2013, 52: 4633
[221] Sun L, Li M, Sun K, et al. J. Phys. Chem. C, 2012, 116: 14772
[222] Stan M C, Zamory J V, Winter M, et al. J. Mater. Chem. A, 2013, 1: 5293
[223] Li X B, Guo P, Cao T F, et al. Sci. Rep., 2015, 5: 10848
[224] Qiao J, Kong X, Hu Z X, et al. Nat. Commun., 2014, 5: 4475
[225] Zhu W, Yogeesh M N, Yang S, et al. Nano Lett., 2015, 15: 1883

[226] Du Y, Liu H, Xu B, et al. Sci. Rep., 2015, 5: 8921
[227] Zhang J, Liu H J, Cheng L, et al. Sci. Rep., 2014, 4: 6452
[228] Li Q F, Duan C G, Wan X G, et al. J. Phys. Chem. C, 2015, 119: 8662
[229] Qian J, Xiong Y, Cao Y, et al. Nano Lett., 2014, 14: 1865
[230] Fullenwarth J, Darwiche A, Soares A, et al. J. Mater. Chem. A, 2014, 2: 2050
[231] Jang J Y, Park G, Lee S M, et al. Electrochem. Commun., 2013, 35: 72
[232] Mahmood N, Zhu J, Rehman S, et al. Nano Energy, 2015, 15: 755
[233] Bai J, Xin B, Mao H, et al. Adv. Mater., 2018, 30: 1802310
[234] Pralong V, Souza D C S, Leung K T, et al. Electrochem. Commun., 2002, 4: 516
[235] Li T, Li L, Cao Y, et al. J. Phys. Chem. C, 2010, 114: 3190
[236] Amatucci G G, Pereira N. J. Fluorine Chem., 2007, 128: 243
[237] Chang K, Chen W. ACS Nano, 2011, 5: 4720
[238] Bomio M, Lavela P, Tirado J L. J. Solid State Electrochem., 2007, 12: 729
[239] Zhang N, Xiao X, Pang H. Nanoscale Horiz., 2019, 4: 99
[240] Badway F, Cosandey F, Pereira N, et al. J. Electrochem. Soc., 2003, 150: A1318
[241] Wu W, Wang Y, Wang X, et al. J. Alloys Compd., 2009, 486: 93
[242] Wu W, Wang X, Chen Q, et al. Mater. Lett., 2009, 63: 1788
[243] Prakash R, Mishra A K, Roth A, et al. J. Mater. Chem., 2010, 20: 1871
[244] Kim S W, Seo D H, Gwon H, et al. Adv. Mater., 2010, 22: 5260
[245] Badway F, Mansour A N, Pereira N, et al. Chem. Mater., 2007, 19: 4129
[246] Chu Q, Xing Z, Tian J, et al. J. Power Sources, 2013, 236: 188
[247] Liang Y, Feng R, Yang S, et al. Adv. Mater., 2011, 23: 640
[248] Li L, Meng F, Jin S. Nano Lett., 2012, 12: 6030
[249] Chen G H, Wu F, Wu C, et al. Nano Energy, 2019, 56: 884
[250] Shen Y, Wang X, Hu H, et al. RSC Adv., 2015, 5: 38277
[251] Liu L, Zhou M, Yi L, et al. J. Mater. Chem., 2012, 22: 17539
[252] Hua X, Robert R, Du L S, et al. J. Phys. Chem. C, 2014, 118: 15169
[253] Li A Y, Wu S Q, Yang Y, et al. J. Solid State Chem., 2015, 227: 25
[254] Villa C, Kim S K, Lu Y, et al. ACS Appl. Mater. Interfaces, 2019, 11: 647
[255] Huang Q, Pollard T P, Ren X, et al. Small, 2019, 1: 1804670
[256] Zheng F, Zhu D, Shi X, et al. J. Mater. Chem. A, 2015, 3: 2815
[257] Lu Q, Chen J G, Xiao J Q. Angew. Chem. Int. Edit., 2013, 52: 1882
[258] Zhang G, Xia B Y, Xiao C, et al. Angew. Chem. Int. Edit., 2013, 52: 8643
[259] Yuan C, Wu H B, Xie Y, et al. Angew. Chem. Int. Edit., 2014, 53: 1488
[260] Mahmood N, Zhang C, Liu F, et al. ACS Nano, 2013, 7: 10307
[261] Klein F, Jache B, Bhide A, et al. Phys. Chem. Chem. Phys., 2013, 15: 15876
[262] Lu Y, Yu L, Wu M, et al. Adv. Mater., 2018, 30: 1702875
[263] Xu J, Zhang W X, Chen Y, et al. J. Mater. Chem. A, 2018, 6: 2797
[264] Li Y B, Zhong C, Liu J, et al. Adv. Mater., 2017, 30: 1703657
[265] Yu L, Qian Z, Shi N, et al. RSC Adv., 2014, 4: 37491
[266] Wang D, Kou R, Choi D, et al. ACS Nano, 2010, 4: 1587
[267] Wang X, Wu X, Guo Y, et al. Adv. Funct. Mater., 2010, 20: 1680
[268] Poizot P, Laruelle S, Grugeon S, et al. Nature, 2000, 407: 496
[269] Huang J, Zhong L, Wang C, et al. Science, 2010, 330: 1515
[270] Jian Z, Zhao B, Liu P, et al. Chem. Commun., 2014, 50: 1215

[271] Liang C L, Liu Y, Bao R Y, et al. Nanocomposites, 2015, 1: 170
[272] Liu J, Li Y, Zhu Z, et al. Chem. Mater., 2010, 22: 212
[273] Hariharan S, Saravanan K, Ramar V, et al. Phys. Chem. Chem. Phys., 2013, 15: 2945
[274] Wan L J, Yan D, Xu X, et al. J. Mater. Chem. A, 2018, 6: 24940
[275] Zhao Y J, Wang F X, Zhao D Y, et al. Nano Energy, 2019, 56: 426
[276] Yun S, Bak S M, Park H S, et al. Adv. Energy Mater., 2019, 9: 1802816
[277] Zhao Y, Wang F, Wang C, et al. J. Mater. Chem. A, 2019, 7: 363
[278] Zhou B, Yang S, Wu L, et al. RSC Adv., 2015, 5: 49926
[279] Li F, Luo G, Chen W, et al. ACS Appl. Mater. Interfaces, 2019, 11: 36949
[280] Tian Q, Tian Y, Zhang Z, et al. J. Power Sources, 2015, 291: 173
[281] Zhou X, Wan L, Guo Y. Adv Mater, 2013, 25: 2152
[282] Dirican M, Lu Y, Ge Y, et al. ACS Appl. Mater. Interfaces, 2015, 7: 18387
[283] Wang C M, Xu W, Liu J, et al. Nano Lett., 2011, 11: 1874
[284] Reddy M V, Subba Rao G V, Chowdari B V. Chem. Rev., 2013, 113: 5364
[285] Mahmood N, Zhang C, Yin H, et al. J. Mater. Chem. A, 2014, 2: 15
[286] Li Q, Mahmood N, Hou Y, et al. Nano Today, 2014, 9: 668
[287] Zhang L, Liu X, Perng Y C, et al. Micron, 2012, 43: 1127
[288] Sobiech M, Wohlschlögel M, Welzel U, et al. Appl. Phys. Lett., 2009, 94: 221901
[289] Wang H G, Wu Q, Wang Y, et al. Adv. Energy Mater., 2018, 9: 1802993
[290] Wang X, Cao X, Bourgeois L, et al. Adv. Funct. Mater., 2012, 22: 2682
[291] Han F, Li W C, Li M R, et al. J. Mater. Chem., 2012, 22: 9645
[292] Paek S-M, Yoo E, Honma I. Nano Lett., 2009, 9: 72
[293] Lou X W, Li C M, Archer L A. Adv. Mater., 2009, 21: 2536
[294] Wang Y, Zeng H C, Lee J Y. Adv. Mater., 2006, 18: 645
[295] Zhao X, Zhang J, Zhang J, et al. J. Power Sources, 2015, 294: 223
[296] Deng D, Kim M G, Lee J Y, et al. Energy Environ. Sci., 2009, 2: 818
[297] Ma Y, Asfaw H D, Edström K. J. Power Sources, 2015, 294: 208
[298] Zhao Y, Huang Y, Zhang W, et al. RSC Adv., 2013, 3: 14480
[299] Cherian C T, Zheng M, Reddy M V, et al. ACS Appl. Mater. Interfaces, 2013, 5: 6054
[300] Rong A, Gao X P, Li G R, et al. J. Phys. Chem. B, 2006, 110: 14754
[301] Yuvaraj S, Amaresh S, Lee Y S, et al. RSC Adv., 2014, 4: 6407
[302] Qi Y, Du N, Zhang H, et al. J. Power Sources, 2011: 196, 10234
[303] An B, Ru Q, Hu S, et al. Ionics, 2015, 21: 2485
[304] Wang Z, Wang Z, Liu W, et al. Energy Environ. Sci., 2013, 6: 87
[305] Sharma Y, Sharma N, Subba Rao G V, et al. Bull. Mater. Sci., 2009, 32: 295
[306] Sharma Y, Sharma N, Subba Rao G V, et al. Adv. Funct. Mater., 2007, 17: 2855
[307] Sun Q, Xi B J, Li J Y, et al. Adv. Energy Mater., 2018, 8: 1800595
[308] Deng J J, Yu X L, Qin X, et al. Adv. Energy Mater., 2019, 9: 1803612
[309] Liu B, Zhang J, Wang X, et al. Nano Lett., 2012, 12: 3005
[310] Korgel B A. J. Phys. Chem. Lett., 2014, 5: 749
[311] NuLi Y, Guo Z, Liu H, et al. Electrochem. Commun., 2007, 9: 1913
[312] Ickmans K, Clarys P, Nijs J, et al. J. Rehabil. Res., 2013, 50: 795
[313] Pandey G P, Agrawal R C, Hashmi S A. J. Power Sources, 2009, 190: 563
[314] Yoshimoto N, Yakushiji S, Ishikawa M, et al. Electrochim. Acta, 2003, 48: 2317
[315] Aurbach D, Lu Z, Schechter A, et al. Nature, 2000, 407: 724

[316] Aravindan V, Karthikaselvi G, Vickraman P, et al. J. Appl. Polym. Sci., 2009, 112: 3024
[317] Ha S Y, Lee Y W, Woo S W, et al. ACS Appl. Mater. Interfaces, 2014, 6: 4063
[318] Levi E, Mitelman A, Aurbach D, et al. Chem. Mater., 2007, 19: 5131
[319] Massé R C, Uchaker E, Cao G. Science China Materials, 2015, 58: 715
[320] Aurbach D, Gofer Y, Lu Z, et al. J. Power Sources, 2001, 28: 97
[321] Makino K, Katayama Y, Miura T, et al. J. Power Sources, 2001, 97-98: 512
[322] Novák P, Imhof R, Haas O. Electrochim. Acta, 1999, 45: 351
[323] Mitelman A, Levi M D, Lancry E, et al. Chem. Commun., 2007: 4212
[324] Levi E, Gershinsky G, Aurbach D, et al. Inorg. Chem., 2009, 48: 8751
[325] Levi E, Lancry E, Mitelman A, et al. Chem. Mater., 2006, 18: 5492
[326] Levi E, Gofer Y, Aurbach D. Chem. Mater., 2010, 22: 860
[327] Saha P, Jampani P H, Datta M K, et al. J. Electrochem. Soc., 2014, 161: A593
[328] Peña O. Phys. C, 2015, 514: 95
[329] Thöle F, Wan L F, Prendergast D. Phys. Chem. Chem. Phys., 2015, 17: 22548
[330] Ryu A, Park M S, Cho W, et al. Bull. Korean Chem. Soc., 2013, 34: 3033
[331] Woo S G, Yoo J Y, Cho W, et al. RSC Adv., 2014, 4: 59048
[332] Choi S H, Kim J S, Woo S G, et al. ACS Appl. Mater. Interfaces, 2015, 7: 7016
[333] Levi E, Gershinsky G, Aurbach D, et al. Chem. Mater., 2009, 21: 1390
[334] Wessells C D, Peddada S V, Huggins R A, et al. Nano Lett., 2011, 11: 5421
[335] Sano H, Senoh H, Yao M, et al. Chem. Lett., 2012, 41: 1594
[336] NuLi Y, Yang J, Wang J, et al. J. Phys. Chem. C, 2009, 113: 12594
[337] Feng Z, Yang J, NuLi Y, et al. J. Power Sources, 2008, 184: 604
[338] Orikasa Y, Masese T, Koyama Y, et al. Sci. Rep., 2014, 4: 5622
[339] Makino K, Katayama Y, Miura T, et al. J. Power Sources, 2001, 99: 66
[340] Song J, Noked M, Gillette E, et al. Phys. Chem. Chem. Phys., 2015, 17: 5256
[341] Zhang R, Arthur T S, Ling C, et al. J. Power Sources, 2015, 282: 630
[342] Bell R E, Herfert R E. J. Am. Chem. Soc., 1957, 79: 3351
[343] Liang Y, Yoo H D, Li Y, et al. Nano Lett., 2015, 15: 2194
[344] Gautam G S, Canepa P, Abdellahi A, et al. Chem. Mater., 2015, 27: 3733
[345] Shklover V, Haibach T, Ried F, et al. J. Solid State Chem., 1996, 123: 317
[346] Du X, Huang G, Qin Y, et al. RSC Adv., 2015, 5: 76352
[347] Kim R H, Kim J S, Kim H J, et al. J. Mater. Chem. A, 2014, 2: 20636
[348] Jiao L F, Yuan H T, Si Y C, et al. Electrochem. Commun., 2006, 8: 1041
[349] Zhou B, Shi H, Cao R, et al. Phys. Chem. Chem. Phys., 2014, 16: 18578
[350] Novák P, Scheifele W, Haas O. J. Power Sources, 1995, 54: 479
[351] Huie M M, Bock D C, Takeuchi E S, et al. Coord. Chem. Rev., 2015, 287: 15
[352] Rasul S, Suzuki S, Yamaguchi S, et al. Solid State Ionics, 2012, 225: 542
[353] Le D B, Passerini S, Coustier F, et al. Chem. Mater., 1998, 10: 682
[354] Zhang R, Ling C, Mizuno F. Chem. Commun., 2015, 51, 1487
[355] Lipson A L, Pan B, Lapidus S H, et al. Chem. Mater., 2015, 58: 715
[356] Hudak N S. J. Phys. Chem. C, 2014, 118: 5203
[357] Liu S, Hu J J, Yan N F, et al. Energy Environ. Sci., 2012, 5: 9743
[358] Reed L D, Ortiz S N, Xiong M, et al. Chem. Commun., 2015, 51: 14397
[359] Jayaprakash N, Das S K, Archer L A. Chem. Commun., 2011, 47: 12610
[360] Geng L, Lv G, Xing X, et al. Chem. Mater., 2015, 27: 4926

[361] Wang W, Jiang B, Xiong W, et al. Sci. Rep., 2013, 3: 3383
[362] Sun H, Wang W, Jiao S, et al. Chem. Commun., 2015, 51: 11892
[363] Amatucci G G, Badway F, Singhal A, et al. J. Electrochem. Soc., 2001, 148: A940
[364] Sandhu S S, Fellner J P, Brutchen G W. J. Power Sources, 2007, 164: 365
[365] Li Y, Dai H. Chem. Soc. Rev., 2014, 43: 5257
[366] Wang Z L, Xu D, Xu J J, et al. Chem. Soc. Rev., 2014, 43: 7746
[367] Zhao X, Xu N, Li X, et al. RSC Adv., 2012, 2: 10163
[368] Xia C, Kwok C Y, Nazar L F. Science, 2018, 361: 777
[369] Kang S, Mo Y, Ong S P, et al. Chem. Mater., 2013, 25: 3328
[370] Allen C J, Hwang J, Kautz R, et al. J. Phys. Chem. C, 2012, 116: 20755
[371] Lee J -S, Kim S Tai, Cao R, et al. Adv. Energy Mater., 2011, 1: 34
[372] Egan D R, Ponce de León C, Wood R J K, et al. J. Power Sources, 2013, 236: 293
[373] Jörissen L. J. Power Sources, 2006, 155: 23
[374] Narayanan S R, Prakash G K S, Manohar A, et al. Solid State Ionics, 2012, 216: 105
[375] McKerracher R D, Ponce de Leon C, Wills R G A, et al. ChemPlusChem, 2015, 80: 323
[376] Das S K, Lau S, Archer L. J. Mater. Chem. A, 2014, 2: 12623
[377] McCloskey B D, Garcia J M, Luntz A C. J. Phys. Chem. Lett., 2014, 5: 1230
[378] Hartmann P, Bender C L, Vracar M, et al. Nat. Mater., 2013, 12: 228
[379] Lu Y C, Shao-Horn Y. J. Phys. Chem. Lett., 2013, 4: 93
[380] Ogasawara T, Debart A, Holzapfel M, et al. J. Am. Chem. Soc., 2006, 128: 1390
[381] Laoire C O, Mukerjee S, Abraham K M, et al. J. Phys. Chem. C, 2009, 113: 20127
[382] Younesi R, Hahlin M, Björefors F, et al. Chem. Mater., 2013, 25: 77
[383] Laoire C O, Mukerjee S, Abraham K M, et al. J. Phys. Chem. C, 2010, 114: 9178
[384] Ren X, Wu Y. J. Am. Chem. Soc., 2013, 135: 2923
[385] Ren X, Lau K C, Yu M, et al. ACS Appl. Mater. Interfaces, 2014, 6: 19299
[386] Hartmann P, Bender C L, Sann J, et al. Phys. Chem. Chem. Phys., 2013, 15: 11661
[387] Han X, Cheng F, Chen C, et al. Nano Res., 2014, 8: 156
[388] Lu J, Qin Y, Du P, et al. RSC Adv., 2013, 3: 8276
[389] Li T, Yang S, Huang L, et al. Nanotechnology, 2004, 15: 1479
[390] Zhang J, Li P, Wang Z, et al. J. Mater. Chem. A, 2015, 3: 1504
[391] Li J, Zou M, Wen W, et al. J. Mater. Chem. A, 2014, 2: 10257
[392] Lu X, Deng J, Si W, et al. Adv. Sci., 2015, 2: 1500113
[393] Higgins D, Chen Z, Lee D U, et al. J. Mater. Chem. A, 2013, 1: 2639
[394] Yadegari H, Banis M N, Xiao B, et al. Chem. Mater., 2015, 27: 3040
[395] Balaish M, Kraytsberg A, Ein-Eli Y. Phys. Chem. Chem. Phys., 2014, 16: 2801
[396] Liu Y, Li B, Kitaura H, et al. ACS Appl. Mater. Interfaces, 2015, 7: 17307
[397] Zhu X B, Zhao T S, Wei Z H, et al. Energy Environ. Sci., 2015, 8: 2782
[398] Wild M, O'Neill L, Zhang T, et al. Energy Environ. Sci., 2015, 8: 3477
[399] Chen R, Zhao T, Wu F. Chem. Commun., 2015, 51: 18
[400] Lin Z, Liang C. J. Mater. Chem. A, 2015, 3: 936
[401] Wu F, Chen J, Zhao T, et al. J. Phys. Chem. C, 2011, 115: 6057
[402] Mikhaylik Y V, Akridge J R. J. Electrochem. Soc., 2004, 151: A1969
[403] Wang L, Zhang T, Yang S, et al. J. Energy Chem., 2013, 22: 72
[404] Vijayakumar M, Govind N, Walter E, et al. Phys. Chem. Chem. Phys., 2014, 16: 10923
[405] Barchasz C, Molton F, Duboc C, et al. Anal. Chem., 2012, 84: 3973

[406] Wang Y, Yu X, Xu S, et al. Nat. Commun., 2013, 4: 2365
[407] Lowe M A, Gao J, Abruña H D. RSC Adv., 2014, 4: 18347
[408] Jia M, Mao C, Niu Y, et al. RSC Adv., 2015, 5: 96146
[409] Cui Y, Abouimrane A, Sun C J, et al. Chem. Commun., 2014, 50: 5576
[410] Manthiram A, Fu Y, Chung S H, et al. Chem. Rev., 2014, 114: 11751
[411] Wu F, Ye Y, Chen R, et al. Nano Lett., 2015, 15: 7431
[412] Xin S, Gu L, Zhao N H, et al. J. Am. Chem. Soc., 2012, 134: 18510
[413] Chen H, Xiao Y W, Chen C, et al. ACS Appl. Mater Interfaces, 2019, 11: 11459
[414] Wu Y, Zhu X R, Li P, et al. Nano Energy, 2019, 59: 636
[415] Gu X, Wang Y, Lai C, et al. Nano Res., 2014, 8: 129
[416] Jeddi K, Sarikhani K, Ghaznavi M, et al. J. Solid State Electrochem., 2015, 19: 1161
[417] Choi J W, Kim J K, Cheruvally G, et al. Electrochim. Acta, 2007, 52: 2075
[418] Li X, Liang J, Li W, Luo J, et al. Chem. Mater., 2019, 31: 2002
[419] Yang X, Zhang L, Zhang F, et al. ACS Nano, 2014, 8: 5208

02

电解质材料的基本物性和合成方法

电池中使用的电解质必须满足正负两个电极的需要，因此，理论上新型电池的电极材料需要匹配新型电解质体系。经过十几年的发展，二次电池在电解质方面的研究已经取得了有效成果。例如，六氟磷酸锂盐（$LiPF_6$）和有机碳酸酯溶剂体系已广泛应用于锂离子电池。但是，相比于电极材料，电解质的发展速度还是稍显缓慢，这可以归结于以下两个原因：①电解质的内部组分（特别是溶剂）对电极电位的变化非常敏感；②由于成本问题，现有的供应链很难发生改变，电池行业满足于现状。本章将从电解质的基本性质方面进行介绍，深入透彻地解析电解质的基本物性和合成方法，为其进一步发展寻找突破点。

2.1　电解质材料的基本物性

2.1.1　离子电导率

交流阻抗（EIS）技术是电化学研究常用的重要手段，可以用来探究电解质的电化学性能及电极过程动力学和界面反应。其工作原理是给电池施加一个小振幅的正弦波电压（或电流）信号，使电极电位在平衡电极电位附近进行微扰，在达到稳定状态后，测量其响应电流（或电压）信号，这是一种电化学暂态技术。采用电化学阻抗法可以测定电解质样品的离子电导率、锂离子迁移数和电池电化学反应阻抗等电极过程动力学参数。

液体电解质采用三电极电导测试体系，在玻璃管中倒入电解液并浸没电导电极进行测定。固体电解质采用阻塞电极测试体系，装成不锈钢|固体电解质|不锈钢的扣式电池进行测定。测定过程都是将测试体系放置于高低温交变试验箱内，控制测量温度，在每个测试温度稳定后读取阻抗数据，最后根据相应公式计算出电解质的离子电导率。

离子电导率是对电解质在电化学反应过程中的有效离子迁移特性进行量化的一个重要指标，对评估电解质的离子传输能力非常重要，在一定程度上决定了电池的输出功率。在液体电解质中，离子的传输包括两个步骤：①离子化合物（通常是晶体盐）在极性溶剂中溶解和解离；②这些解离的离子在溶剂中进行迁移。一般来说，在溶解过程中，溶质分子通过与溶剂的偶极子之间的相互作用而达到稳定状态。在溶剂化作用下，已经溶解的阳离子周围会包围一层一定数量的溶剂分子。在常用的锂盐中，由于Li^+的半径较小，故包围在其周围的溶剂分子一般不会超过4个。

锂离子的电导率σ与溶液中所有的自由离子数n_i和离子迁移速率μ_i有关：

$$\sigma=\sum_{i}n_i\mu_i Z_i e \tag{2-1}$$

其中 Z_i 表示离子 i 的价态，e 代表单个电子的电量。

由式（2-1）可以看出，提高电导率的方法主要有增加盐的浓度和提高离子迁移速率。此外，电导率的大小还与溶剂体系的黏度以及温度等因素有关。目前，还没有发现合适的单一溶剂能够兼顾高介电常数（可溶解盐）和低黏度（可促进离子传输）的特性，并同时满足与电池正负极界面相互稳定的要求。因此，将具有高介电常数与低黏度性质的溶剂混合是提高电解质综合性能的常用方法。目前，具有高介电常数的代表性溶剂是碳酸乙烯酯（EC），它几乎已经是所有锂离子电池电解质中不可或缺的成分。低黏度的溶剂包括一系列链状碳酸酯或羧酸酯。其中，最常用的是碳酸二甲酯（DMC）、碳酸二乙酯（DEC）和碳酸甲乙酯（EMC）[1]。这些混合溶剂的电解质体系的离子电导率在室温下可达到 5～10 $mS\cdot cm^{-1}$。Agostino 等[2]证实，阳离子与溶剂分子的相互作用在决定离子流动性方面起着主导作用，而阴离子仅通过其与阳离子形成离子对的能力产生影响。

2.1.2 离子迁移数

电解质的另一个重要特性（至少对于聚合物基电解质体系而言）是离子迁移数。离子迁移数是某种离子传递的电荷与总电荷之比，它量化了对电池电化学性能非常重要的离子电导率的大小。假定某电解质可以完全离解成自由的阴离子和阳离子，电解质在外加电场的作用下，阴、阳离子将分别向阳、阴两极做定向移动。由于这两种离子迁移的速率和所带的电荷不一定相同，因而当一定的电量通过电解质时，它们所迁移的电量也就不一定相同。离子迁移数就是指某一离子所运载的电流与总电流的比值，即

$$t_+ = \frac{I_+}{I} \tag{2-2}$$

$$t_- = \frac{I_-}{I} \tag{2-3}$$

式中，t_+、t_-分别是阴、阳离子的迁移数，$t_+ + t_- = 1$；I_+、I_-分别是阴、阳离子迁移的电流，总电流 $I = I_+ + I_-$。该定义适用于电解质中离子间不发生缔合的情况。离子迁移数对电解质理论与实际研究都具有重要意义，其测试方法通常包括 Tubandt 法、电动势法、稳态电流法、改良的极化法、NMR 法、交流阻抗法、示踪法和共焦拉曼谱法等。Zugmann 等[3]比较了离子迁移数的四种常用的测量方法，从最常见的 Bruce-Vincent 方法到最新的脉冲场梯度 NMR（pfg-NMR）技术，并得出结论：不同测试方法所用的假设条件不同，导致离子迁移数的测量结果发生变化。

目前，研究者一致认为，由于 Li^+ 与溶剂分子或聚合物基体之间的相互作用，

其在非水体系中的流动性低于其反荷离子[4-6]。

从更广泛的角度来看，离子电导率和离子迁移数还不足以充分表征电解质并预测其在电池中的行为。Valoen 等[7]认为，盐的扩散性以及活性决定了电解质的电化学性能，特别是在大电流条件下。他们采用了一系列经典的电化学技术来测量 $LiPF_6$ 基电解质的性质与盐浓度和温度的函数关系，结果发现锂盐 $LiPF_6$ 在大多数适用浓度下的活度系数始终大于 1，这表明由于 Li^+ 的溶解，大量“游离”的溶剂分子被固定，导致电解质溶液表现为浓溶液，即使其实际浓度仅为 $0.1 mol \cdot L^{-1}$。根据他们的观点，仅仅优化电解质的离子电导率不一定能得到最佳的电池性能。对实际设备而言，电导率最大值通常不太具有参考价值。Stewart 等[8]还通过使用浓度单元和熔点降低方法评估了常规电解质溶液中 $LiPF_6$ 的活度系数，再次证实在 0.0625～1.0 $mol \cdot L^{-1}$ 的宽浓度范围内该盐的活度系数为 1.1～3.17。因此得出结论，由于 Li^+ 与结合的溶剂分子之间的紧密配位，锂盐在常规非水电解质中具有高活性可能是一种普遍现象。

2.1.3 电化学窗口

电解质的电化学窗口指的是电解质发生氧化反应和还原反应时的电位之差，因此电化学窗口是衡量电解质稳定性的一个重要指标。电化学窗口越宽，表明电解质的电化学稳定性越好，更有利于在电池中的应用。要使电池中正负极材料在充放电过程中始终保持稳定，就要保证电解质的电化学窗口达到 4.5 V 以上。电解质的电化学稳定性的影响因素有很多，主要包括液体电解质中的锂盐、溶剂，固体电解质中的无机、有机材料等，以及电解质与正负极材料的相容性等。这些因素都会对电解质的电化学窗口产生影响，从而导致电池在电化学稳定性能方面有所差异。

电解质的电化学窗口一般是通过线性扫描伏安法（LSV）或循环伏安法（CV）来进行测定。测试时将电解质组装进扣式电池，以抛光的不锈钢片作为工作电极，以金属锂片作为对电极和参比电极，设置合适的扫描速度以及电压范围进行测试。

通过测试电解质的电化学窗口，可以比较不同电解质材料电化学稳定性能的优劣。因此，可以通过改性手段进一步拓宽电解质的电化学窗口，从中选择最优的材料匹配电池正负极材料，进而得到性能更加优异的二次电池应用于实际生产生活中。

2.1.4 Li^+的溶剂化作用

离子溶剂化是指在无限稀释条件下离子-溶剂间的相互作用，这种作用是决定电解质溶液、溶质和溶剂性质的首要因素。Li^+与非水电解质溶剂的相互作用可分为两类：①盐浓度在 1.0 mol·L^{-1}左右的传统溶液，主要由Li^+-溶剂化结构决定与石墨负极的初始相界面间的化学作用；②盐与溶剂分子摩尔浓度相当的高浓缩体系，是纯离子液体和常规电解质溶液之间的折中选择。

2.1.4.1 Li^+-溶剂在电解质中的相互作用

盐通过离子-溶剂的相互作用溶解在非水介质中，大多数证据表明阳离子与溶剂之间的相互作用要远大于阴离子与溶剂之间的相互作用[9]。尤其是对于锂盐溶液，因为Li^+是第二小的阳离子，其与溶剂分子上的亲核位点的结合力比任何其他金属阳离子都要强。然而，这些相互作用的具体细节仍有待进一步了解，例如：①分子的哪些亲核位点可以与 Li^+发生相互作用；②Li^+在其溶剂化作用中可容纳多少溶剂分子；③Li^+在环状和链状碳酸酯溶剂的典型混合物中是否更偏向于与某一溶剂分子之间发生相互作用。

2.1.4.2 在高浓度电解质中Li^+的溶解性

确定液态体系中 Li^+-溶剂配合物的精确结构是相当困难的，因此研究者们转而解析锂盐和溶剂的固体（通常是结晶）溶剂化物。Zavalij 等[10]使用粉末和单晶衍射法来研究多种锂盐（包括 $LiPF_6$和 LiBOB）在各种溶剂中形成的溶剂化物。他们发现，在大多数醚或腈基溶剂中，LiBOB 以二聚体的形式存在，其中配体既是螯合剂又是桥联剂，Li^+以八面体的方式配位；而在 EC 溶剂中，Li^+被 4 个 EC 分子以四面体的方式溶剂化，BOB^-仅在溶剂化物中充当平衡离子。将阴离子 BOB^-替换为 PF_6^-或 AsF_6^-也具有类似的结构。$Li(EC)_4$的这种特殊配位方式可能反映了在相应的稀释溶液中Li^+最有利的溶剂化数目。

Henderson 等[11]用热分析、光谱学以及分子动力学模拟等复合测试方法，对高浓度电解质体系中锂盐与腈、醚、酯、碳酸酯溶剂所形成的一系列高度交联或高度解离的溶剂化物进行了研究。研究发现，在高浓度体系中，溶剂分子的数量远远少于离子，以至于阴离子对热物理和传输性能的影响不再像在低浓度电解质（即约 1.0 mol·L^{-1}）中那样可以被忽略。离子缔合度与溶剂化数之间存在着直接关系，高度缔合的盐需要较少的溶剂分子来稳定离子。他们进一步提出[12]，在高浓度体系中，最高的离子电导率可能对应于最高的黏度，这是因为离子传导机制不仅仅取决于溶剂化物分布，还受到Li^+主溶剂化层中溶剂分子和阴离子的动力学过程的影响。

2.2 电解质组分及类别

2.2.1 电解质概述

电解质是在有机溶剂中溶有锂盐的离子型导体，是电池的重要组成部分，负责在正负极之间传导和运输离子，对电池的能量密度、循环寿命、工作温度以及安全性能等具有至关重要的作用。所以，对电解质体系的优化与革新是电池发展的必然要求。作为实用型锂离子电池的电解质，一般应当具备以下性能：

（1）离子电导率高，对电子绝缘；

（2）电化学窗口宽；

（3）热稳定性好，工作温度范围宽；

（4）化学稳定性好，不与正负极基体、隔膜和电池封装材料等发生反应；

（5）环境友好，安全无毒，价格低廉。

以上这些是衡量电解质性能必须考虑的因素，也是实现锂离子电池高性能、低内阻、低价位、长寿命和高安全性的重要前提。以下各小节将从溶剂、锂盐、添加剂和界面等方面对电解质进行详细介绍。

2.2.2 溶剂

电解质溶剂必须具有足够的极性来分解盐，同时又需要在很宽的电位范围内保持电化学惰性（0～5.0 V *vs.* Li^+/Li），这两个要求限制了电解质对溶剂的选择。在商业化锂离子电池中，电解质溶剂主要是有机碳酸酯，其中 EC 是许多电解质不可缺少的组分。但是，研究者们仍在努力寻找可以取代碳酸酯的组分，以期使电解质性能获得更大的提升[13]。

酯由于在正极表面耐受阳极分解（氧化）而常被用作电解质溶剂，然而它们较高的阴极分解（还原）电位使其与低电势的负极材料难以相容。但大多数碳酸酯由于动力学的作用能够在电极表面形成 SEI 膜从而防止这一问题，并且对氧化正极和还原负极的表面具有一定的稳定作用。

Vetter 等合成了一系列具有不同支链的新型链状碳酸酯，研究了链状碳酸酯的结构对电池性能的影响[14, 15]。虽然它们的黏度较高，使离子电导率有所降低，但在石墨负极半电池中的测试结果显示，它们使石墨负极的可逆容量和循环寿命都得到了改善，并且分支位点越接近羰基，改善作用越强。然而，这些优势并没有在 $LiCoO_2$ 正极/石墨负极全电池中发挥出来，其原因仍待进一步探讨。

Chiba 等合成的新型环状碳酸酯对阳极表现出较高的稳定性[16]。这种溶剂最初用于电化学双层电容器，但也可能适用于电池。碳酸酯相对玻璃碳（GC）与 Ag^+/Ag 电极的氧化电位可以转化为对锂 5.5～6.0 V 左右的电位（虽然根据经验，两者之间不能进行简单的线性转换）。使用高比表面积活性炭作为电极进行测试，验证了碳酸 2,3-丁二醇酯是稳定性最好的溶剂，能够承受 3.5 V（*vs.* Li^+/Li）的电压。他们认为，环状碳酸酯环上的任何烷基取代基都会提升溶剂的氧化稳定性，但在电池电解质中还没有研究能够证明这个观点。

对电解质进行氟化是改变电解质溶剂结构的常用方法[17, 18]。一般而言，将氟引入酯中会造成最高占据分子轨道（HOMO）和最低未占分子轨道（LUMO）的能级下降。前者会导致更高的抗氧化性，而后者会造成更低的抗还原能力，这看起来可能是一个不利因素，但也意味着能够形成更致密的 SEI 膜[19]。Smart 等开发了酯类低温电解质，合成了一系列部分氟化的链状碳酸酯和氨基甲酸酯，并使用它们配制了三元和四元电解质[20]。这些氟化碳酸酯与 EC、DMC 和 DEC 的混合物都具有良好的低温性能、耐高温性、高 Li^+传输动力学以及高安全性，这可能是因为负极上形成了更致密的 SEI 膜。Achiha 等报道了更多部分氟化的环状及链状碳酸酯，他们将其作为共溶剂用于 EC 基电解质中，发现电解质的抗氧化性能得到了提高[21]。另一方面，这些氟化碳酸酯也展现出更高的还原电位（> 2.0 V *vs.* Li^+/Li），但与参照电解质相比，匹配氟化碳酸酯电解液的石墨负极的可逆容量并没有受到影响，并且首周库仑效率也得到了改善，这是由于氟化碳酸酯在相界面的化学反应参与了 SEI 膜的形成过程[22]。王春生等提出使用基于 1 $mol{\cdot}L^{-1}$ $LiPF_6$ 的氟代碳酸乙烯酯/3,3,3-氟代碳酸甲乙酯/1,1,2,2-四氟乙基-2,2,2-三氟乙基醚（FEC：FEMC：HFC，质量比 2：6：2）多元体系作为不易燃电解质，该电解质可抑制锂金属负极的枝晶生长，匹配高压正极 $LiCoPO_4$（约 99.81%）和富 Ni 正极 $LiNi_{0.8}Mn_{0.1}Co_{0.1}O_2$（约 99.93%），均具有良好的循环稳定性。在 2.0 $mAh{\cdot}cm^{-2}$ 电流密度下，电池循环 1000 周后的容量保持率约为 93%。表面分析和量子化学计算表明，这些氟化碳酸酯会在电极表面形成几纳米厚的氟化物界面，使其在极端电位下保持稳定性[23]。

链状羧酸酯主要用作助溶剂，具有黏度低、抗氧化电位高的优点，且在低温（≤30℃）下性能良好。然而，它们在石墨负极上的相界面化学不太理想，通常需要碳酸酯与其复合或额外加入添加剂。Smart 及其同事使用一系列羧酸盐和添加剂［如 EC、FEC、LiBOB 等］制备电解质，将锂离子电池的使用温度范围下限拓展至–60℃[24, 25]。优异的低温性能和高温稳定性之间的平衡取决于 EC 与直链羧酸盐的比例。研究证实，除了链状碳酸酯之外，EC 与直链羧酸盐各占 20%是最佳的比例。匹配这一电解质的 $LiNi_xCo_{1-x}O_2$/石墨电池在–60℃时具有>60%的额定容量，并表现出优良的倍率性能，即使在 60℃时也能够保持良好的稳定性。Yaakov

等采用类似的方法，以甲酸盐和乙酸盐作为助溶剂，以碳酸亚乙烯酯（VC）或 LiBOB 作为添加剂使其能够在石墨负极表面形成 SEI 膜[26]。他们设定了一个理想的低温电解质的标准：①–40℃时的离子电导率高于 1 $mS·cm^{-1}$；②能够在–40～60℃的温度范围内工作。

众所周知，烷基砜具有高介电常数、低可燃性、在多种正极表面上稳定性好等优点，但其在实际锂离子电池中的应用受到以下因素的限制：①不能在石墨负极表面形成保护性 SEI 膜；②由于具有高黏度，离子传导性不佳，对电极和隔膜的润湿性差。然而，随着对高电压正极材料的探索，砜由于在高电位下的电化学稳定性较高而备受关注[27]。Abouimrane 等比较了五种环状和链状砜，并证明这五种砜都具有较高的电化学稳定性。其中，乙基甲基砜（EMS）和环丁砜（TMS）是最耐氧化的[28]。这些砜基电解质用于 $LiMn_2O_4/Li_4Ti_5O_{12}$ 全电池，在高电流密度下可以稳定循环数百周，几乎没有容量衰减。除了砜的高度稳定性，这一结果也应归功于 $Li_4Ti_5O_{12}$ 负极不需要 SEI 膜的形成（电压平台为 1.5 V）。几乎所有砜类材料都不具备形成 SEI 膜的能力。为改善砜对电极和隔膜的润湿性，将 TMS 与低黏度碳酸盐（如 EMC）进行混合制备复合电解质，并将其与高电势正极 $LiNi_{0.5}Mn_{1.5}O_4$ 匹配，展现出优异的循环稳定性，这一结果证明了氧化稳定性低的链状碳酸酯并不影响电解质的整体电化学稳定性，正极界面稳定性更多地受到了砜类溶剂的影响。许康等[29]探索了一种基于单一砜溶剂的电解质体系，其中溶剂和盐之间的协同作用同时解决了石墨负极和高压正极（$LiNi_{0.5}Mn_{1.5}O_4$）的界面问题，且量子化学计算和分子动力学模拟也揭示了该电解质体系的快速离子传导作用，并具备宽温范围内的稳定性和不易燃性，实现了高度可逆的石墨循环。

醚类溶剂由于具有易氧化的特性，很难与 4 V 以上的正极匹配，导致其在锂电电解液中难以应用。但是醚类具有低黏度、溶解能力强、成本低等优点。张继光等在 2018 年研发出了新型的高浓度双盐醚类电解液，提高了醚类电解液在高压（4.3 V）活性电极上的稳定性[30]。该电解液能够在高压镍钴锰三元（NMC）正极和锂金属负极上诱导形成稳定的界面层，在充电截止电压为 4.3 V 的 Li||NMC 全电池测试中，实现了 300 周循环后容量保持率>90%，500 周循环后容量保持率约 80%的良好电化学性能。

乙腈由于具有高介电常数和低黏度而成为常用的电解质溶剂之一。与碳酸酯（<10 $mS·cm^{-1}$）相比，乙腈电解质的离子电导率（25℃，>30 $mS·cm^{-1}$）更高。但是，狭窄的电化学稳定窗口限制了其在电化学体系中的应用。自 2003 年以来，大量作为电解质的腈类溶剂被开发出来[31-38]，其中，将烷氧基取代的腈应用于 $Li_4Ti_5O_{12}$ 电池中，可以使电池具有良好的高倍率性能。

磷基有机溶剂通常被用作不可燃的共溶剂，以减缓由于锂离子电池滥用而引发的安全隐患。最近，人们又开发了一系列新型磷基溶剂，包括新磷酸盐、磷腈和膦酸盐，这些溶剂可以增强电解质对高电压正极材料的稳定性[39-42]。Lucht 等首先报道了甲基膦酸二甲酯（DMMP）作为阻燃共溶剂和高电压添加剂应用于电解质体系[39]。首先，分别在含有或不含 LiBOB 添加剂的 EC/EMC 基准电解质中使用 15%和 20%的 DMMP（与磷酸盐不同的是，膦酸盐对离子电导率没有影响）。在这两种浓度下都使电解质的自熄时间（SET）显著降低（15%时为 1.8 s，20%时为 0.8 s），并使电解质呈现出不易燃性质。第二种情况下，在基准电解质中使用 0.5%～1.0% DMMP 作为添加剂，匹配 $LiNi_{0.5}Mn_{1.5}O_4$ 高电压正极，可使充电电压达到 4.9 V（*vs.* Li^+/Li）。X 射线光电子能谱（XPS）、扫描电子显微镜（SEM）和红外（IR）光谱测试结果表明，DMMP 的存在可以抑制正极表面的电解质发生氧化分解。在较高的温度（85℃）下，DMMP 还有助于防止 $LiNi_{0.5}Mn_{1.5}O_4$ 正极中的 Mn 的溶解问题。Jin 等报道了两种含有醚键的新型磷酸盐，并将其作为不可燃的电解质共溶剂[41]。当添加浓度为 30%时，电解质表现出不可燃性，但代价是离子电导率以及在 $LiFePO_4$ 半电池中的电化学性能有所降低。像砜和腈一样，这些磷基溶剂必须面对的挑战之一是它们不能在石墨负极上形成保护性 SEI 膜，因此，使用磷基电解质时往往还需要添加 EC、LiBOB 等成膜添加剂[10]。

2.2.3 锂盐

$LiPF_6$ 是当今锂离子电池中使用最多的锂盐。评估电池环境对电解质组分的要求时，$LiPF_6$ 的优势在于其良好的适应性能[43]。然而，$LiPF_6$ 的化学稳定性和热稳定性都还存在明显的问题，因此新型锂盐的开发都旨在改善这两个缺点。

在实际应用中，电池需要在极长的时间内（10～20 年）以及高温（>60℃）下保持稳定。另外，若锂盐在较高电压（>4.5 V *vs.* Li^+/Li）下具有较高的电化学稳定性，将有利于电池能量密度的提升。然而，现实情况是新开发的锂盐往往以牺牲其他性能为代价来实现上述目标之一。其中最具代表性的例子是 LiBOB，它可以在高温下为锂离子电池提供稳定的性能，但不能匹配电位高于 4.2 V 的电池正极材料[1, 17, 18]。LiBOB 最初是作为锂离子电池高温工作下的锂盐替代品而提出的，但其固有的缺点，例如在碳酸酯中溶解度较低，严重限制了其发展[1]。尽管如此，具有“绿色”无氟结构的 LiBOB 与 $LiFePO_4$（工作电位 3.5 V）、内酯溶剂和聚合物都表现出良好的相容性，这使其同样具有重要的应用价值。Angell 开发出具有不对称螯合基团的新型正硼酸盐阴离子（LiMOB），有效降低了硼酸盐的熔点[44]。然而，LiMOB 相比 LiBOB 溶解性更差。Nolan 和 Strauss 合成了一系列基于螯合二氧代基团的硼酸盐，在芳环上进行了不同程度的氟化[45]。尽管这类硼酸盐基电解质具有 5 mS·cm^{-1} 左右的室温离子电导率和较宽的电化学稳定窗口，但其与铝集流体的相容性受到芳环的氟化程度的严重影响。另一方面，Shaffer 等将 BOB^-与亚磷酸盐杂化成单一阴离子制备了新型锂盐[46]，并命名为 FRION。这种锂盐具有磷酸盐配体，可实现阻燃功能，并在锂离子电池中表现出良好的电化学特性，特别是与电极材料具有优异的界面相容性。

与 $LiPF_6$ 相比，$LiBF_4$ 由于黏度较高而在碳酸酯溶剂中的溶解度较低，在石墨负极表面的化学稳定性也不甚理想。为了缓解这两个问题，周志斌等用氟烷基 C_2F_5 代替了 BF_4^-上的氟[47]，制备了五氟乙基三氟硼酸锂（LiFAB）。由于 LiFAB 具有更多的离域电荷，它比 $LiBF_4$ 在碳酸酯溶剂中的导电性更好。与 $LiPF_6$ 相比，LiFAB 在室温或较高温度下的电导率依然较低，但在–10℃时电导率相对较高。总体而言，LiFAB 具有与 $LiPF_6$ 相当的电化学性能。

二氟草酸硼酸锂（LiODFB）的分子结构可以看作是由 LiBOB 和 $LiBF_4$ 组合构成，因此综合了 LiBOB 成膜性好和 $LiBF_4$ 低温性能好的优点。与 LiBOB 相比，LiODFB 在链状碳酸酯溶剂中具有更高溶解度，电解液电导率也更高。研究发现，LiODFB 的高温性能和低温性能都优于 $LiPF_6$，且与电池正极也具有良好的相容性，能在 Al 箔表面形成一层钝化膜，并抑制电解液氧化。将 LiODFB 电解质匹配由石墨负极和 $LiNi_{0.8}Co_{0.15}Al_{0.05}O_2$ 正极组成的全电池，使得电池在 60℃下展现出优良的循环性能。与 LiBOB 不同的是，基于 LiODFB 的电解质的电池阻抗较低，与基于 $LiPF_6$ 的电解质相当。这些优良性质使 LiODFB 具有代替 $LiPF_6$ 的可能性。但目前 LiODFB 售价较高，经常以添加剂形式使用。

$LiB(CN)_4$ 中心的 B 与四个具有强吸电子基团的腈形成稳定结构，与 BOB^-、$ODBF^-$阴离子不同，$B(CN)_4^-$阴离子及其盐早在 2000 年初就已经被用作离子液体的前驱体。事实上，^{13}C NMR 谱中显示 $B(CN)_4^-$阴离子中所有四个碳原子都是相同的，这表明它的电荷能很好地离域。这些“无氟”电解质的离子电导率比现有电解质的离子电导率低一个数量级，并且只有在高温下，这些电解质才能够满足电池的实际应用要求（3 mS·cm^{-1}）。除了离子传导性差，这种电解质还存在一些其他问题，例如氧化稳定性低于 4.0 V 以及易腐蚀铝箔等。

双(三氟甲基磺酸酰)亚胺锂（LiTFSI）是第一种被用于锂离子电池电解质的酰亚胺锂盐，对这种新型酰亚胺锂盐的研究主要集中在如何减轻这类锂盐中阴离子对正极铝集流体的腐蚀。氮基阴离子通过 N-取代基的吸电子能力来降低路易斯碱性，使得相应的酰亚胺锂盐容易解离。因此，几乎没有任何其他取代基比三氟磺酰基团能够更有效地促进 N 上的电荷离域，用非氟化烷基或腈基取代三氟磺酰基得到的锂盐几乎不溶于碳酸酯基溶剂中[48]。低聚形式的 $TFSI^-$阴离子（其中

n=2～225）的离子电导率低于单体阴离子[49]。另一方面，使用 F^-代替氟化烷基得到的双氟磺酰亚胺锂（LiFSI）具有广阔的发展前景。与 $LiPF_6$ 基电解质相比，LiFSI 具有更高的溶解度（甚至在链状碳酸酯中高达 5 $mol \cdot L^{-1}$）、较高的离子电导率（8 $mS \cdot cm^{-1}$）以及高达 180℃的热稳定性[50]。LiFSI 分子中的氟原子具有强吸电子性，能促使 N 上的负电荷离域，离子缔合配对作用相对较弱，Li^+更容易解离，因而电导率较高。相比商业化的 $LiPF_6$，LiFSI 具有电导率高、水敏感度低和热稳定性好等优点[51]。此外，该锂盐还能有效提高电池的低温放电性能，抑制软包电池胀气。然而，这种新型锂盐一直被杂质问题所困扰。另外，基于 LiFSI 的电解质可以在石墨负极上形成保护性 SEI 膜，但其钝化铝的能力在 4.0 V 以上会失效，这使得基于 LiFSI 的电解质仅能适用于低电位正极（如 $LiFePO_4$）。近年来，高浓度电解液引起了科研人员的研究兴趣，王春生等通过将 LiFSI 浓度增加到 10 $mol \cdot L^{-1}$，使锂金属负极在碳酸盐电解质中具有优异的循环性能[52]。高浓度（10 $mol \cdot L^{-1}$）的 FSI^-阴离子能够促进金属锂和富 Ni 的 NMC 正极表面形成高氟界面。这种富含氟的界面有效抑制了锂枝晶的形成，使 Li 沉积/剥离的库仑效率达到 99.3%，并且在 $LiNi_{0.6}Mn_{0.2}Co_{0.2}O_2$（NMC622）的高截止电压 4.6 V 下仍然使碳酸酯溶剂分子稳定存在。在 4.6 V 的高充电电压和 2.5 $mAh \cdot cm^{-2}$ 的高电流密度的条件下，NMC622 || Li 电池在 100 周循环后容量保持率为 86%。曹余良[53]等通过将锂盐（LiFSI）与磷酸三乙酯（TEP）溶剂的摩尔比控制在溶剂电化学稳定阈值内（>1∶2），获得具有较低黏度、较高电导率的电解液。在这种高摩尔比体系中，大多数 TEP 分子与 Li^+络合，几乎无自由的溶剂分子存在，造成溶剂还原电位负移，抑制了溶剂分子在负极表面的不可逆分解，实现石墨和金属锂负极的可逆电化学循环。周豪慎等[54]引入 LiTFSI- $LiNO_3$-LiFSI 三元电解液体系，有效提高金属锂负极的循环稳定性和库仑效率。

二氟磷酸锂（$LiPO_2F_2$）具有较好的低温性能，同时也能改善电解液的高温性能。$LiPO_2F_2$ 通常作为添加剂使用，能在负极表面形成一层富含 $Li_xPO_yF_z$ 和 LiF 成分的 SEI 膜，有利于降低电池界面阻抗，有效提升电池的循环性能。但是，$LiPO_2F_2$ 也存在溶解度较低的缺点。

4,5-二氰基-2-三氟甲基咪唑锂（LiDTI）的热稳定温度高达 285℃，且具有钝化 Al 箔和对水稳定的优点。相比 $LiPF_6$，LiDTI 有更好的热力学稳定性，同时该电解液体系可在 4.5 V 电压下稳定存在，能够满足商品化正极材料的充放电需求。

周新红等合成了一种新的全氟叔丁氧基三氟硼酸锂（LiTFPFB）应用于高能锂金属电池，其硼酸根阴离子中有庞大的氟代烷氧基官能团，可促进离子解离并在锂负极上原位生成保护膜[55]。LiTFPFB 有良好的离子电导率，采用 1.0 $mol \cdot L^{-1}$ LiTFPFB/PC 电解质的 $LiFePO_4$|| Li 电池表现出高容量保持率，锂金属负极上形成

了保护膜，可抑制电解质的进一步分解。此外，基于 LiTFPFB 电解质的 $LiCoO_2$|| Li 金属电池也具有优异的循环性能。

此外，铝酸盐 $LiAl[OCH(CF_3)_2]_4$ 的熔点低（120℃），易升华，有着 Li—Al 键的共价性质。在低极性溶剂如链状碳酸酯或醚中，该盐能很好地解离并具有高于 LiTFSI 和 $LiBF_4$ 的离子电导率。

2.2.4 添加剂

2019 年全球电解质产能已经超过了 200 000 t。与其他行业一样，除非有重大的激励措施和技术改革，否则现在已建立的电解质生产线很难发生较大改变。改善电解质性能的最经济有效的方式是将少量组分加入电解质中，而不是替换其主体组分。因此，在过去的十几年中，人们对电解质添加剂的研究远远超过了对电解质主体组分的开发。

2.2.4.1 石墨负极成膜添加剂

自锂离子电池诞生以来，研究的焦点之一就是石墨负极材料独特的表面化学性质，这是支持 Li^+ 在石墨层间可逆嵌入/脱嵌的关键[56, 57]。调控 SEI 膜界面以对石墨进行更好的保护成为发展电解质添加剂的主导方向。到目前为止，应用较多的电解质成膜添加剂是碳酸亚乙烯酯（VC）。

不饱和化合物是电解质成膜添加剂的候选之一，不饱和官能团（双键或三键，环状结构等）可以为还原（或氧化）条件下的聚合提供位点。Quatani 等对 VC 在电极表面的反应机理开展了研究，结果发现来自 VC 的自由基聚合物产物是电池石墨负极和 $LiCoO_2$ 正极上钝化膜的主要组成部分[58]。

陈人杰等系统研究了亚硫酸酯类添加剂，其中 5%浓度的亚硫酸丁烯酯（BS）可以有效抑制 PC 溶剂分子的共嵌入[59]。密度泛函理论（DFT）计算结果表明，与 PC 相比，BS 具有较低的 LUMO 值，比碳酸酯具有更强的还原能力，易于形成 SEI 膜，在石墨负极表面形成的 SEI 膜主要由无机亚硫酸锂和有机烷基酯锂（Li_2SO_3 和 $ROSO_2Li$）组成。环状硫酸酯也表现出比碳酸酯更高的还原电位，并且在富含 PC 的电解液中可以有效保护石墨负极[60]。

部分硼基化合物同样具有比碳酸酯更低的 LUMO 值，基于这一特性，吴宇平等报道了 3,5-双(三氟甲基)苯硼酸（BA）作为 PC 基电解质的添加剂，其对 PC 溶剂分子的共嵌入实现部分抑制[61]。Dahn 等提出一种量化添加剂有效性的高精度库仑法技术，应用该技术研究了三甲氧基环硼氧烷（TMOBX）作为电解质添加剂与 $LiCoO_2$、$LiNi_{0.3}Mn_{0.3}Co_{0.3}O_2$ 正极和石墨负极的匹配性，对添加剂与电解质的组成、电极成分以及充电截止电压之间的相关性进行了分析[62, 63]。

砜基电解质对正极具有良好的氧化稳定性，但在石墨负极表面较难形成稳定的 SEI 膜。陈人杰等利用异氰酸酯的成膜性来稳定匹配砜基电解质[64, 65]，将对甲苯磺酰基异氰酸酯（TSI）和六亚甲基二异氰酸酯（HDI）分别与四亚甲基砜（TMS）复合制备二元电解质，并与多种正极如 $LiCoO_2$（4.2 V）、$LiNi_{0.33}Mn_{0.33}Co_{0.33}O_2$（4.5 V）、$LiNi_{0.5}Mn_{1.5}O_4$（4.95 V）和石墨负极进行匹配，研究表明异氰酸酯易于在石墨负极表面形成稳定的 SEI 膜。同时，该类电解质还具有宽的电化学窗口，与高电压正极材料表现出良好的相容性。

添加剂的选择不局限于分子化合物，离子化合物（盐）也很常见。LiBOB 是较早被用作添加剂的电解质盐，它可以在石墨负极表面形成 SEI 膜[1, 66]。然而，当 LiBOB 作为电解质主盐则会造成一定的性能劣化，例如较高的电池阻抗以及较差的低温性能等[17, 18]。许康等提出了以低浓度的 LiBOB 作为添加剂的研究思路[67]，在低至 5%的浓度下，石墨负极表面会被 LiBOB 的还原产物覆盖，使其在 PC 基电解质中保持稳定的电化学循环性能。BOB^-阴离子的高还原电位（约 1.7 V *vs.* Li^+/Li）使其成为负极表面改性添加剂的选择。另一方面，结合了 BOB^-和 BF_4^-结构的 $ODBF^-$融合了这两种阴离子的优点，与 BOB^-相比，在 1.7 V 左右具有类似的还原电位，但电池阻抗较低[68]。因此，LiODFB 被认为是比 LiBOB 更有应用前景的添加剂。

无机和有机锂盐（如 LiF、Li_2O、LiOH、Li_2CO_3、$LiOCH_3$ 和 $LiOC_2H_5$）是 SEI 膜中的常见组成成分。Chrétien 等直接将这些锂盐加入电解质中，并评估了它们对基于石墨负极和 $LiNi_{0.33}Mn_{0.33}Co_{0.33}O_3$ 正极的锂离子电池性能的影响[69]。研究发现，正极对这些添加剂比石墨负极更敏感，其中 LiOH 和 Li_2O 会对电池性能产生负面影响，而 Li_2CO_3、$LiOCH_3$ 和 $LiOC_2H_5$ 则起到正面作用。Li 等[70]将 $LiNO_3$ 添加到电解质中，发现锂盐与溶剂之间的相互作用变弱，从而抑制了由 Li^+和溶剂共嵌入引起的石墨剥落。

2.2.4.2 合金负极成膜添加剂

作为新型负极材料，基于 Si、Sn 和其他金属的合金材料的比容量比石墨负极大约高 10 倍[71]。但是，这些负极材料的锂化/脱锂过程通常会伴随着极大的体积变化（高达 400%），造成电化学、结构和机械性能等方面的不可逆改变，从而导致电池失效。近来，纳米结构设计的 Si 基材料合成方面取得了显著进展，这也促进了匹配它们的电解质和添加剂的相关研究的发展[72]。

比较 SEI 膜在石墨和 Si 负极上的形成过程，可以发现两者有一定的相似性，包括：①这两种材料的工作电压都大约在 0.2～0.5 V 之间，因此电解质内部组分的还原分解是不可避免的；②两种材料开始时均处于放电状态，因此 SEI 膜都是逐步形成的，这为相关添加剂发挥作用提供了可能性。然而，Si 负极上的 SEI 膜更为独特，其表面上原有的界面膜由存在于大多数 Si 基材料上的 SiO_2 和硅烷醇官能团（Si—OH）组成，而且受到 Si 基材料锂化时晶体形态不可逆变化的影响。这种形态变化会破坏已经形成的 SEI 膜，并引发新的 SEI 膜的形成[10]。

Lee 等提出，在 SEI 膜的连续生长过程中，典型的电解质溶剂（EC/DEC）在充电（锂化）过程中会在薄膜 Si 负极表面形成 SEI 膜，而在放电（脱锂）过程中有阴离子的参与[73]。因此，随着循环的进行，Si 负极上 SEI 膜中 LiF 的含量逐渐增加。Profatilova 等提出，氟化物对 Si 材料的保护至关重要，Si 和电解质组分之间的反应只有在 $LiPF_6$ 存在时才能被有效抑制，而以 LiTFSI 为锂盐时这种副反应无法得到抑制[74]。尽管关于 SEI 膜中 LiF 的存在是否有益仍然存在争议，但很明显氟化物在 Si 负极 SEI 膜中占有很大比例[75-78]。开发 Si 负极添加剂的研究旨在缓解 SEI 膜持续增长以及减少 SEI 膜中的 LiF。

2.2.4.3 正极成膜添加剂

与负极成膜添加剂相比，正极成膜添加剂的研究较少，大部分是在 2008 年后开始的。尽管有报道称传统的碳酸酯电解质在高电压正极表面已足够稳定[79]，但人们普遍认为，碳酸酯在 4.5 V 以上容易电化学氧化，因此必须开发新的电解质组分，特别是溶剂和添加剂以匹配高电压正极材料。正极成膜添加剂的研究为 $LiCoPO_4$（4.8 V）、$LiNiPO_4$（5.1 V）、$LiCoPO_4F$（4.9 V）和 $LiNi_{0.5}Mn_{1.5}O_4$（4.6 V）等高压正极材料的应用提供了可能性[80]。

LiBOB 可以作为高电压正极添加剂使用。Täubert 等报道，在电解质中添加 2%的 LiBOB 除了能够稳定石墨负极外，对 $LiNi_{0.8}Co_{0.15}Al_{0.05}O_2$ 正极的稳定也是有利的[81]。与 LiPOB 相比，在 LiBOB 存在下形成的正极/电解质相界面膜使正极材料表现出更好的倍率性能。Dalavi 等将 LiBOB 用作匹配高压正极 $LiMn_{1.5}Ni_{0.5}O_4$ 的电解质添加剂，显著改善了正极的容量保持率和库仑效率，同时降低了电池阻抗[82]。Zuo 等将 $LiBF_4$ 作为添加剂用于匹配 $LiNi_{0.5}Mn_{0.3}Co_{0.2}O_2$，在 4.5 V 的截止电压下[83]，正极的容量保持率、库仑效率和电池阻抗都得到了改善，且添加 1%的 $LiBF_4$ 形成的正极相界面膜中几乎不存在 LiF。

多苯基化合物在电压高于 4 V 时可以产生气体，早期就被用作锂离子电池中的过充电保护添加剂。Abe 等发现通过将这种多苯基化合物的浓度降低至 0.1%～0.2%时，可以在 $LiCoO_2$ 和尖晶石 $Li_{1.09}Mn_{1.91}O_4$ 正极表面形成聚合物膜，实现较好的循环稳定性[84]。Abe 等将这一概念扩展到一系列芳香族和杂环化合物，提出了一种与负极保护界面 SEI 膜不同的机制[85]，并将其命名为导电膜（ECM）。这些多苯基化合物具有比碳酸酯溶剂更高的 HOMO 能级，因此具有较低的氧化电位。由多苯基添加剂形成的钝化膜具有聚合物的共轭结构，能够允许电子通过。为了将 ECM 膜厚度控制在纳米尺度，这些添加剂的浓度必须低于 1%，通常为 0.1%。这些添加剂使各种正极的循环稳定性都得到了改善，同时，由于 ECM 膜具有电子导电性，因此界面处的电子流动可以有效抑制电解质的氧化分解。

2.2.4.4 过充保护添加剂

“氧化还原飞梭”过充保护添加剂在不改变正极或负极表面化学性质的基础上，可以与两个电极相互作用，但不成为它们相界面膜的组成部分。然而，有效的 SEI 膜会隔离电极和电解质之间的电子传输，而可行的过充保护添加剂在电解质中自由迁移，必须向电极提供电子或接收电子并且使动力学阻碍最小[86]。因此，过充保护添加剂与成膜添加剂之间存在相互矛盾的作用影响。

早期发现的基于二茂铁和杂环化合物的氧化还原飞梭添加剂通常在 3 V 左右工作。Dahn 及其同事对其进行了系统研究，使这些添加剂可应用于 3.5～5.0 V 的锂离子电池正极材料。在 Adachi 等的工作基础上，他们发现烷氧基取代的芳香族化合物的可逆氧化还原电位可以通过官能团和配体的位置来进行调节[87-92]。该研究筛选了 58 种化合物，其中 2,5-二叔丁基-1,4-二甲氧基苯被认为是最有应用前景的氧化还原飞梭添加剂。

2.2.5 人工界面

界面不是电池的原有组成，是在电池首次充放电过程中原位形成的，其性能的优劣对电池整体性能的发挥具有非常重要的作用[93]。为了更好地调控界面性质，研究人员尝试用各种方法来实现人工界面的设计[94,95]。其中，在电极表面的改性涂层可以被视为预先形成的相界面膜[96]。与原位形成的相界面膜相比，这种“人工界面”的优点是稳定性高，其仅对电极表面进行改性而不溶于电解质发生副反应[10]。

2.2.5.1 石墨或合金负极的人工界面

石墨负极上的 SEI 膜支持 Li^+的稳定嵌入并可以防止负极在碳酸酯电解质中的剥落，然而成膜过程消耗了来自正极的有限 Li^+资源，并且产生了更高的界面电阻[97]，通过石墨表面钝化处理可以改善上述不足。Groult 等和 Komaba 等在石墨上涂覆了一层氯化物（或碳酸钾盐、碳酸钠盐），使电极在碳酸酯电解质中的电化学性能得到了改进，电池表现出较高的首次库仑效率、倍率性能、可逆容量以及容量保持率[98, 99]。在预先包覆的表面涂层中存在较多的碱性阳离子，这使石墨表面部分钝化，减少了首周循环中电解质的损耗。Marassi 等将部分氧化的石墨电极表面涂上约 5.50 nm 厚的金属薄膜，使电极性能得到显著改善，尤其是跨界面的 Li^+传输速率[100-102]。这是因为金属元素形成了相间化学物质，降低了 Li^+的去溶剂能，导致了更快的动力学过程，研究分析认为金属成分对 Li^+的去溶剂化具有催化作用。金属膜的厚度也存在最佳范围，当大于 250 nm 时，涂层本身就会阻碍 Li^+的运输，从而抵消了其对 Li^+去溶剂化的催化作用。Lux 等使用纳米硅胶来修饰石墨表面，石墨表面通过弱黏合力与纳米颗粒相互作用[103]。但要使石墨负极保持长期稳定，需要将纳米二氧化硅干涂到石墨上，但这对石墨电极首周循环时的电化学行为改善作用不明显。

由于 Si 在锂化/脱锂过程中会发生剧烈的体积变化，在 Si 基电极表面形成稳定界面非常困难。在充放电反应过程中 SEI 膜会遭到破坏，之后又重新形成 SEI 膜，导致电解质组分持续地发生不可逆反应。崔屹等最近报告了一种可以自我修复的硅聚合物复合微粒，基于分子间的氢键，在电化学反应过程中可拉伸并保持硅颗粒之间的电化学接触[104]。应用这种技术的电池虽然库仑效率仍有待改进，但在 100 周循环测试中阻抗几乎没有增加，这表明由体积变化引起的 SEI 膜的不断生长被抑制了。从这个意义上说，“自我修复”聚合物膜与导电添加剂形成了一层人工界面，成功地缓解了电解质组分的分解。

2.2.5.2 正极的人工界面

为了使正极在高电压下具有更多的比容量，研究者们在各种正极材料表面涂覆人工界面，使电解质在高电压下保持稳定，抑制过渡金属元素在电解质中的溶解。与负极表面不同，由于非贵金属易被氧化，金属涂层不能用于正极表面处理。其中，磷酸铁锂是个例外，其工作电压 3.5 V，自身较差的电子导电性需要通过金属涂层来提高电子电导率[105-107]。

正极材料可通过表面修饰人工界面改善性能，诸如 $LiCoO_2$、Ni-Mn-Co 混合氧化物、高电压尖晶石等。研究人员发现，通过在 $LiCoO_2$ 表面涂覆一层薄无机人工界面，$LiCoO_2$ 颗粒就可以充电至 4.5 V，提供 170～200 $mAh \cdot g^{-1}$ 的比容量。正常情况下，容量利用率和保持率都因涂层而得到改善，而倍率性能的改善取决于涂层厚度以及种类。目前已经使用的涂层包括各种氧化物、磷酸盐和氟化物，它们都具有相似的效果，其中 AlF_3 是最有效的人工界面，可将 $LiCoO_2$ 结构稳定至 4.54 V，同时减少电解质的氧化分解，使得电极比容量达到 208 $mAh \cdot g^{-1}$。

基于 Ni-Mn-Co 混合氧化物的尖晶石或层状结构正极材料正面临着酸性电解质溶解过渡金属的严峻挑战。除了增加比容量和稳定电解质之外，大部分表面涂层工作都致力于解决这个问题。Sun 等在 $LiNi_{1/3}Mn_{1/3}Co_{1/3}O_2$ 上涂覆 AlF_3 薄层，使得材料的充电电位高达 4.6 V，同时容量利用率、循环稳定性和倍率性能都得到改善[108]。研究表明，AlF_3 界面减缓了正极表面与电解质的反应，同时防止了正极结构由过渡金属从表面溶解而引发的相变。

高工作电压的正极材料（如 $LiMn_{0.5}Ni_{0.5}O_2$、$LiCoPO_4$）很难找到适配的高氧化稳定性电解质，同时，它们在高温下的晶格也存在一定的不稳定性。Arrebola 等在 $LiMn_{0.5}Ni_{0.5}O_2$ 上涂覆金层，涂覆效果随涂覆方法、温度的变化而变化[109]。采用蒸气沉积法将金涂覆在纳米 $LiMn_{0.5}Ni_{0.5}O_2$ 上，在低充放电倍率下实现了电化学稳定，研究表明，这是由于正极与电解质的直接接触面积减少，减轻了电解质的氧化分解，进而抑制了电解质分解的酸性产物（如 HF）腐蚀含 Mn 材料，维持了正极材料的结构稳定。另一方面，金涂覆层也成为 Li^+迁移的物理屏障，影响电池的高倍率性能。Sclar 等使用超声法在 $LiMn_{0.5}Ni_{0.5}O_2$ 活性颗粒的表面沉积 ZnO 或 MgO 涂层[110]，使得电池发挥出优异的电化学性能，其原因是氧化物涂层能够抑制正极中 Mn 和 Ni 的溶解。除了无机氧化物和磷酸盐，聚合物也可以用作人工界面。Kim 等设法通过热聚合方法将聚酰亚胺沉积在 $LiMn_{0.5}Ni_{0.5}O_2$ 正极上[111]，极大地影响了正极的稳定性和电化学性能。

上述负极或正极上的人工界面的制备多采用湿化学工艺，活性电极粉体材料与涂层前驱体混合，经过热处理形成最终相界面。通过这一方法获得的界面分布可能不均匀，因此必须寻求最佳的材料/涂层前驱体比例来优化相界面。采用原子层沉积（ALD）技术可以控制人造相间材料的分布和厚度[112, 113]，其原理是利用电极和涂层前驱体表面羟基官能团之间的反应进行化学吸附。在理想情况下，每个自终止涂层循环会在前面的基础上增加一个新的单层。因此，相界面厚度可以得到很好地控制，且颗粒均匀分布。

尽管 ALD 制备的人工界面具有明显的优势，但这种技术规模的扩大和成本的可行性一直是人们争论的话题，尤其是采用的气态前驱体在制备成本和技术工艺方面还需要突破。Jung 等报道了 Al_2O_3 和活性物质热处理后发生相互扩散，导致 Al_2O_3 转变为一个新相[114]。当 Al_2O_3 涂覆在 $Li_{1.2}Ni_{0.15}Mn_{0.55}Co_{0.1}O_2$ 上，LMR-NMC 高容量正极材料发生变化，过渡金属的溶解并未完全被遏制，而仅是被部分抑制。除了 Ni 和 Mn 的溶解外，阳极表面还可以检测到 Al 元素。因此，对通过 ALD 技术产生的人工界面在高温下的长期稳定性还有待进一步验证。

2.3 离子液体电解质

离子液体为呈现熔融状态的盐，由阴阳离子构成。一般可以将单一离子和分子配体结合的结构看作单个的复合离子，而非离子的溶剂化物。由于 Li^+的离子半径小，Li^+基离子液体的熔点通常非常高，因此大部分“室温离子液体（RTIL）”都是基于非锂无机阳离子或较大的有机阳离子[115]。其中，常见的阳离子有季铵盐离子、季鏻盐离子、咪唑盐离子等，通常是杂环结构。为了使离子液体对 Li^+充分导电，其中必须溶解有足够浓度的锂盐（>0.5 $mol·L^{-1}$）。阴离子也是离子液体重要的组成部分，决定了离子液体的熔点和电化学稳定性。电化学稳定性好的阴离子（如 PF_6^-、BF_4^-）组成的离子液体通常熔点非常高，而大多数“增塑性”阴离子（如卤化物、铝卤化物、$TFSI^-$、$BETI^-$）在高电压下性质活泼，可能会造成铝集流体的腐蚀或电化学氧化[116, 117]。

在离子液体中引入新的化学结构，特别是基于吡咯烷及其衍生物的阳离子[118, 119]，可以显著增强其电化学稳定性[120, 121]。锂盐中的阴离子［如 $B(CN)_4^-$、FSI^-、改性磷酸盐］也可用于匹配咪唑鎓或吡咯烷阳离子制备新型 RTIL。

RTIL 具有不燃性和良好的热稳定性，在过去的十几年里受到广泛关注[122]。人们探讨了 RTIL 用作锂离子电池电解质的相关机理，例如 Li^+对阴离子溶剂化的机理[123, 124]；Li^+在电场作用下如何在离子介质中迁移[125, 126]；阳离子和阴离子相互作用以确定其电化学稳定窗口等[127]。虽然 RTIL 在商用锂离子电池中的应用尚有待商榷，但是基于 RTIL 的电解质可用于使用原位 TEM 观察锂离子电池材料的电化学反应过程，这对于常规的有机液体电解质是无法实现的。

2.3.1 咪唑类离子液体

锂电池中首次使用的 RTIL 是基于芳香族阳离子的咪唑鎓，如乙基甲基咪唑鎓双(三氟甲基磺酰)亚胺（[EMI][TFSI]）[128]。这类 RTIL 的问题主要是咪唑阳离子容易在负极上发生还原，且不能形成稳定的 SEI 膜。另一方面，RTIL 的抗氧化稳定性还取决于阴离子[129]。TFSI 基 RTIL 在大多数锂离子电池正极材料上都是足够稳定的，采用[EMI][TFSI]基电解质的 $LiCoO_2/Li_4Ti_5O_{12}$ 电池具有良好的循环性能证明了这一点。在离子液体中，Li^+可通过两个 $TFSI^-$阴离子形成四面体结构的溶剂化分子，或通过三个 $TFSI^-$阴离子进行溶剂化。阴离子溶剂化不仅会带来相当高的活化能（50～70 $kJ·mol^{-1}$）、减缓 Li^+的运动，而且还可能参与相间反应。通过测量所有离子的扩散性［图 2-1（A）］[126]，证实了 Li^+对总电导率的贡献小于 $BDMI^+$离子。

近年来，研究人员通过将活性 α-H 与新的阴离子偶联[130, 132-134]或用较长的烷基链取代咪唑环[135, 136]来稳定咪唑阳离子，并取得了良好的效果[137, 138]。在不同正极材料与锂金属负极组成的半电池中均可以使用 RTIL。但是，除非使用高浓度（5%）的 VC 作为 SEI 成膜添加剂，否则咪唑 RTIL 仍无法匹配石墨负极[118]。人们尝试使用无机纳米颗粒（如硅酸盐）与 RTIL 形成基于咪唑阳离子的混合电解质，但改善效果有限[139, 140]。在相关工作中，FSI^-阴离子与咪唑阳离子的组合表现出最佳的性能，其中 FSI^-基 RTIL 以及 Li^+、咪唑阳离子和阴离子之间复杂的相互作用对锂枝晶的生长具有抑制作用，使咪唑类 RTIL 电解质在离子电导率与正极稳定性两方面都得到了改善[114]。

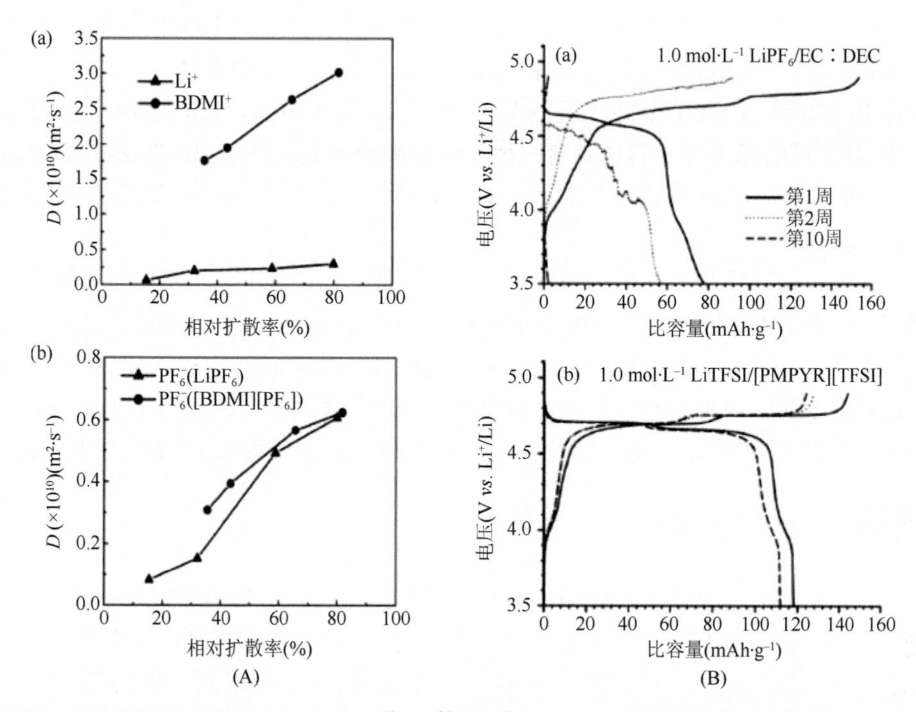

图 2-1 离子液体的扩散性：（A）通过 ^1H、^{31}P 和 ^7Li NMR 光谱的信号衰减估算的（a）丁基二甲基咪唑阳离子（$BDMI^+$）和 Li^+以及（b）相应的阴离子（PF_6^-）的扩散速率[126]；（B）在碳酸酯基电解质（a）和基于吡咯烷的 RTIL 电解质（b）中 $LiNi_{0.5}Mn_{1.5}O_4$ 正极的充放电曲线[131]

2.3.2 吡咯类离子液体

MacFarlane 等的研究结果显示，非芳香族阳离子吡咯烷具有优异的正极稳定性[118, 119]。人们对该类 RTIL 在金属锂表面上的相间行为[141-143]、热力学[144-146]以及传输性质[147]进行了广泛的研究。据报道，与咪唑阳离子[125]相比，吡咯烷基 RTIL 具有相当高的电导率（$>10^{-3}$ $S\cdot cm^{-1}$）、较高的 Li^+迁移数（约 0.4）和较低的黏度，并且能够有效地抑制锂枝晶的生长，但在高倍率和长时间循环过程中锂枝晶的生长还难以避免[126, 148]。通过 XPS 化学分析负极表面发现，尽管吡咯烷阳离子会在电解质还原分解反应中被捕获并嵌入成为界面相的一部分，但 SEI 膜组分

主要是 $TFSI^-$阴离子而非吡咯烷阳离子的还原产物。相应地，正极材料上的中间相主要是吡咯烷阳离子的氧化分解产物[131, 149]。

将吡咯烷基 RTIL 用于 $LiFePO_4$[136, 148]、$LiCoO_2$[149]、$LiNi_{0.5}Mn_{1.5}O_4$[117, 129, 131]［图 2-1（B）］半电池，证实了吡咯烷基 RTIL 的阳极稳定性，但其在电池上实际应用的可行性仍需要更多实验来验证。根据吡咯烷阳离子的氧化聚合机理，吡咯烷上的不饱和取代基（烯丙基）有助于在 $LiCoO_2$ 上形成具有保护性的薄膜。吡咯烷与 FSI^-阴离子结合可以形成具有高离子电导率和低黏度的 RTIL，但 FSI^-中不稳定的 F 会导致该 RTIL 的热稳定性较差[150, 151]。另一方面，FSI^-的引入还降低了 RTIL 对正极的稳定性，将该具有高离子电导率和低黏度的 RTIL 匹配 $LiCoO_2$ 正极，电池表现出较差的倍率性能[152]，研究认为可能是由于 LiFSI 在正极表面发生副反应所致。

在没有任何成膜添加剂的情况下，Seki 等使用 1-甲基-1-丙基吡咯烷双(氟磺酰)亚胺（$[PYR_{13}][FSI]$）作为离子介质复合 LiTFSI 匹配石墨负极成功实现了 Li^+ 的可逆脱嵌（340 $mAh\cdot g^{-1}$，>100 周循环，初始库仑效率>70%）[153]。而基于 $TFSI^-$ 阴离子的 RTIL 制备的电解质中，石墨负极的电化学可逆性较低（300 $mAh\cdot g^{-1}$，首周库仑效率为 45%）。这一对比再次证明阴离子会参与负极上 SEI 膜的形成。

2.3.3 其他离子液体

人们还研究了与吡咯烷类似的其他杂环阳离子，包括哌啶[154, 155]、氮杂环庚烷[156]和具有偶氮螺环结构的季铵[139]（见表 2-1）。基于 1-甲基-1-丙基哌啶双(氟磺酰)亚胺（$[PP_{13}][FSI]$）[135]和 1-乙基-1-丁基哌啶双(三氟甲基磺酰)亚胺（$[PP_{24}][TFSI]$）[137]分别制备 RTIL 电解质，并匹配 $LiCoO_2$ 正极半电池，均显示出良好的离子电导率和循环稳定性。然而，1-甲基-1-丙基哌啶双(三氟甲基磺酰)亚胺（$[PP_{13}][TFSI]$）中的哌啶阳离子会在约 0.5 V 电位下与石墨形成嵌入化合物。虽然该过程

表 2-1　代表性离子液体的基本物理和电化学性质

阳离子	阴离子	T_m（℃）	E_{red}（V vs. Li）	E_{ox}（V vs. Li）
咪唑（R_1、R_2、R_3 取代）	TFSI	0.8（R_1=Me; R_2=H; R_3=Et）	1.0（R_1=Me; R_2=H; R_3=Et）	5.3（R_1=Me; R_2=H; R_3=Et）
	BF_4^-	15（$R_{1,3}$=Me）		
	PF_6^-	58~62（$R_{1,3}$=Me）		
	TFSI	15（$R_{1,2}$=Me; R_3=Pr）	0.64（R_1=Me; R_2=H; R_3=Hex）	5.73（R_1=Me; R_2=H; R_3=Hex）
	FSI	−12（R_1=Me; R_2=H; R_3=Et）	0.7	5.3
	$B(CN)_4^-$	12.6（R_1=Me; R_2=H; R_3=Et）		

续表

阳离子	阴离子	T_m（℃）	E_{red}（V *vs.* Li）	E_{ox}（V *vs.* Li）
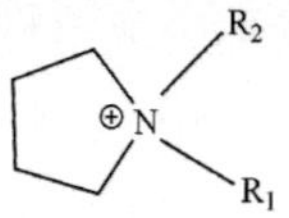 吡咯烷	TFSI		0.2（R_1=Me；R_2=Pr）	5.6（R_1=Me; R_2=Pr）
	FSI	−9（R_1=Me；R_2=Pr）		
		−18（R_1=Me；R_2=Bu）		
	TFSI	−7.9（R_1=Et；R_2=Bu）		
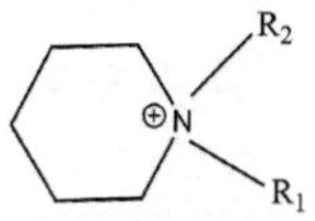 哌啶	TFSI	2 和 11（R_1=Et；R_2=Bu）	1.8（R_1=Et；R_2=Bu）	4.5（R_1=Et; R_2=Bu）
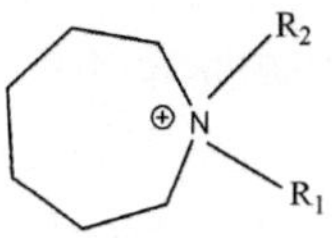 氮杂离子	TFSI	15.5（R_1=Me；R_2=Pr）	0.1（R_1=Me；R_2=Pr）	4.9（R_1=Me; R_2=Pr）
		23.3（R_1=Et；R_2=Bu）	0.4（R_1=Et；R_2=Bu）	4.9（R_1=Et; R_2=Bu）
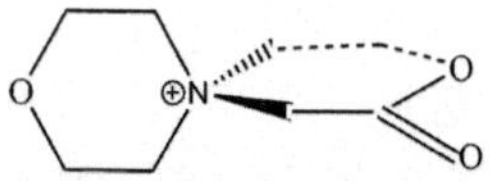 2-氧代-3,9-二氧杂-6-氮-螺环[5.5]十一烷	TFSI	76		

不会干扰在较低电位下的 Li^+的嵌入反应，但电解质在石墨上形成的 SEI 膜会阻止后续循环中哌啶的嵌入，这一现象阻碍了哌啶基 RTIL 在锂离子电池中的实际应用。

Salem 等合成了一系列具有较大杂环的氮杂环丙烷，并发现 N 上的不对称取代基会使其表现为熔点较低的液体。将这些 RTIL 匹配各种负极（石墨、$Li_4Ti_5O_{12}$）和正极（$LiFePO_4$、$LiCoO_2$）进行电化学循环测试，发现石墨（0.2 V）和 $LiCoO_2$（4.2 V）之间过大的电势差会对这些 RTIL 的稳定性造成影响，其实用性还需要进一步研究验证。另一方面，为了防止杂原子 N 与两个刚性环结构发生还原反应，研究人员设计并合成了偶氮-螺环铵（2-氧代-3,9-二氧杂-6-氮-螺环[5.5]十一烷）（见表 2-1）[157]，其 TFSI 盐是固体，熔点为 76℃，该盐于 85℃下在 Pt 电极上测量得到的电化学稳定窗口为 3.5 V。TFSI 通过钝化作用扩展了 RTIL 的稳定窗口，使锂的可逆沉积/剥离成为可能。Lane 等根据 $LiFePO_4$ 半电池在 80℃高温下的循环数据提出，偶氮-螺环铵可用作高温离子液体电解质。

由于季铵阳离子的熔融温度高，在 RTIL 中很少会选择该阳离子。但当 N 上的烷基取代基用醚基[154, 158-161]、氰基[162, 163]替代或具有长链（长度超过 4 个碳）官能团时，其熔融温度会大幅度降低[164-166]。它们中的大多数可以与金属锂或锂/钠合金负极以及 $LiFePO_4$、$LiCoO_2$、$LiNi_{0.8}Mn_{0.1}Co_{0.1}O_2$ 正极进行稳定匹配，且具有良好的循环效率和寿命，但与石墨负极的相容性较差。

季鏻阳离子基 RTIL 的研究较少，这主要是由于该 RTIL 的熔融温度高、黏度高、导电率低。采用长链（长度>5 个碳）的烷基取代基或用烷氧基或氮杂基团能够改善这些问题[167]。这种 RTIL 对金属锂和各种正极材料都表现出良好的稳定性[168, 169]，并且在特定条件下表现出优异的循环寿命（>500 周循环）。但到目前为止，它们对石墨负极材料的稳定性或在石墨负极上形成 SEI 膜的能力方面尚无较好的实验结果。Serizawa 等[170]研究了两种季鏻阳离子的物理和电化学性质，并将 RTIL 的黏度与阳离子上的烷基取代基的大小相关联，确定了分子内的迁移率。

2.3.4 离子液体电解质的发展前景

离子液体电解质具有广阔的发展前景和应用潜力，但缺乏适配溶剂会使它们极易发生一系列的副反应，例如它们与 Li^+和阴离子的相互作用，以及它们与电极中活性材料的反应。纯离子液体具有多种优点，如高离子浓度、高温稳定性、对热和电化学的高耐受性和固有的不可燃性等，这些均有利于实际应用。

尽管在过去十多年中离子液体的相关研究取得了不错的进展，但 RTIL 基电解质的研究表明，形成 RTIL 的阳离子和阴离子不仅需要保持纯离子组成的优点，还需要满足有机电解质应用的基本物性要求，在稳定的使用温度范围内具有良好的离子电导率，并对正负电极都具有优异的电化学稳定性，同时还要与其他电池部件（如集流体和隔膜）兼容。

Dahn 等研究了六种 RTIL 电解质的热稳定性，结果显示，与非水电解质相比，它们中大多数与锂负极或脱锂正极材料匹配时的安全性类似（图 2-2）[171]，其中，

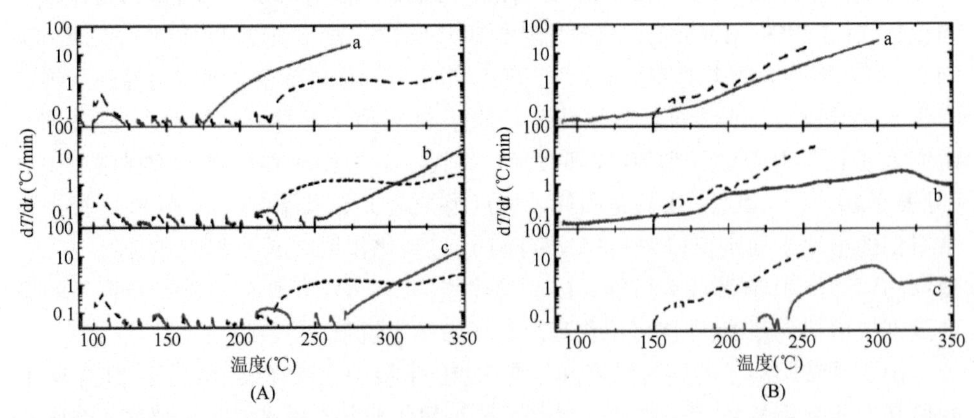

图 2-2 离子液体的安全性:（A）锂硅合金（Li_1Si）在（a）$LiPF_6$/[EMI][FSI]、（b）$LiPF_6$/[EMI][TFSI]、（c）$LiPF_6$/[BMMI][TFSI]电解质中的 ARC；（B）$Li_{0.45}CoO_2$ 在（a）$LiPF_6$/[EMI][FSI]、（b）$LiPF_6$/[EMI][TFSI]、（c）$LiPF_6$/[BMMI][TFSI]电解质中的 ARC；商用电解质 $LiPF_6$/（EC：DEC=1：2）作为对比样显示为虚线[171]

咪唑阳离子和 FSI^-阴离子是安全稳定性最差的组成体系。电解质的整体热稳定性取决于锂盐、RTIL 阴离子和电极材料之间复杂的相互作用。

2.4 聚合物电解质

固态锂离子电池具有安全性高、机械强度大和可兼容性好等优点。对固体聚合物电解质（SPE）的研究重点在于高离子导电聚合物材料的开发，该材料在实现快速 Li^+传输的同时需要具有较优的机械强度。为了提高应用性，通过引入增塑剂（如高介电常数溶剂等）实现从 SPE 扩展到凝胶聚合物电解质（GPE）。有时 GPE 中使用的“增塑剂”是聚合物本身或分子量接近阈值（平均分子量 M 为 5000～10000）的低聚物。

2.4.1 固体聚合物电解质

自 Wright 等发现低聚醚$(—CH_2—CH_2—O—)_n$聚合物能够有效溶解锂盐以来，低聚醚一直作为组成 SPE 的主要结构单元[172]。在之后的几十年中，SPE 的相关研究工作主要集中在聚醚结构的优化，其他的代表研究是由 Tominaga 等开发的聚碳酸酯[173-176]。当使用 LiTFSI 或 LiFSI 作为锂盐时，聚(碳酸亚乙酯)的聚合异构体的 Li^+迁移数优于低聚醚，但它们与电池电极材料的电化学兼容性仍有待完善。

目前，SPE 依然存在着离子电导率低（更准确地说是离子电导率和机械强度难以兼顾），电极和电解质之间的界面接触较差以及电化学稳定窗口窄等问题。特别是基于低聚醚的 SPE，由于醚键的分解电势低于 4.0 V，会在正极上发生氧化[1]。通过使用新的锂盐和阴离子、共聚和接枝改性聚合物结构以及与无机陶瓷填料形成复合材料等方法可以改善上述问题[177]。

2.4.1.1 新盐、阴离子受体和离子液体

含聚环氧乙烷（PEO）的锂盐配合物的离子电导率在室温下低于 10^{-4} $S·cm^{-1}$，部分归因于低聚醚键的结晶相在约 60℃下会熔化，更主要的原因是 Li^+运动与 PEO 主链缓慢运动的紧密耦合。当使用新的锂盐和阴离子受体时，可以接近甚至突破该阈值，但是其机械强度会随着聚合物片段灵活性的增加而随之减弱[178]。Appetecchi 等[179]报道了通过热压将 LiBOB 与 PEO 复合，因为 LiBOB 有效地抑制了 EO 键的结晶度，得到的 PEO 基 SPE 在 40℃下的离子电导率达到 10^{-4} $S·cm^{-1}$。Niedzicki 等[4]报道了使用两种咪唑类锂盐的 PEO 基 SPE，在室温下的离子电导率高于 10^{-3} $S·cm^{-1}$，但这只有在采用低分子量聚合物基质时才能实现。将不同的硼

酸盐阴离子受体作为添加剂加入，或以共价方式结合到聚合物链上，与 PEO 或 PEG 基电解质配合使用，发现硼中心的路易斯酸性有助于提高电解质的离子电导率和锂离子迁移数[180-182]。此外，RTIL 也被用于与 SPE 复合，使其性能得到改善。Shin 等在 PEO 中加入了吡咯 RTIL，制备的电解质使 $LiFePO_4$ 与 V_2O_5 的电池成功地充放电循环[120, 183]。Fisher 等[184, 185]开发了基于磺酸盐的 RTIL，并基于此制备了一系列在室温下离子电导率超过 10^{-3} S·cm^{-1} 的 SPE。崔屹等[186]提出了一种用于全固态锂电池的超薄聚合物-聚合物复合固体电解质的设计策略，由 8.6 μm 厚的纳米多孔聚酰亚胺（PI）膜通过填充 PEO/LiTFSI 制成。垂直排列的纳米通道增强了 PEO/LiTFSI 的离子电导率（在 30℃时为 2.3×10^{-4} S·cm^{-1}）。采用 PI/PEO/ LiTFSI 固体电解质制造的全固态锂离子电池在 60℃时具有良好的循环性能，可承受弯曲、切割和钉子穿透等滥用测试。

2.4.1.2 共聚物

SPE 聚合物骨架既可作为提供尺寸稳定性的结构单元，又可作为溶解锂盐并传导 Li^+的功能单元。SPE 的改进面临的主要问题就是其聚合物骨架的双功能之间的平衡。通常情况下，离子传导的改进是以牺牲机械强度为代价的。为了在保持机械强度的同时促进离子传导，需要将 Li^+运动与聚合物各链段的分段运动分离。使用共聚物，即聚合物中的两个或多个不同的结构单元分别承担不同功能的研究思路是可行的方法之一。作为 SPE 中几乎唯一的功能单元，低聚醚键难以取代，然而广泛适用的结构性聚合物材料可提供有效的结构支撑，如聚苯乙烯（PS）和聚甲基丙烯酸酯（PMA）。

Sakai 等[187]将苯乙烯单元与环氧乙烷（EO）单元结合，所构成的嵌段共聚物会导致微相分离，如图 2-3（a）所示，其中 EO 富集相提供了 Li^+的传导路径。

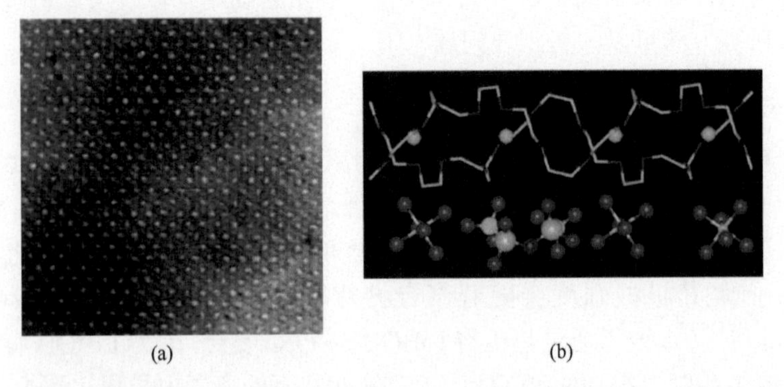

(a)　　　　(b)

图 2-3　固体聚合物电解质：（a）嵌段共聚物膜 P(EO-*co*-S)的微相分离，其中黑色区域对应于 PEO 相，白色区域对应于聚苯乙烯相[187]；（b）在具有 TFSI 添加剂的 PEO_6-$LiXF_6$ 的晶体基质中传导 Li^+（浅蓝色球体），其中 Li^+在聚合物主链的螺旋结构内移动[199]

生成的 SPE 对金属锂循环稳定，同时能够支持 Li_xMnO_2 在 3.8 V 下的可逆插层电化学反应。此外，由于共聚物的杨氏模量高，锂枝晶的生长得到了抑制。

Dokko 等通过使用甲基丙烯酸甲酯（MMA）主链携带 EO 单元合成了具有相似化学组成但结构完全不同的超分子共聚物，在室温下离子电导率达到 2×10^{-4} S·cm^{-1}[188]。他们进一步利用树状分子法改进这两个结构单元，合成“星状聚合物”。这一星状聚合物由 PS 单元的硬内核和柔性聚(乙二醇-甲基丙烯酸甲酯)（PEGMMA）链的软外壳组成[189]，自发地形成了一个有序的球形结构，其中 Li^+ 在 PEGMAA 的连续相中迁移。尽管该电解质的结构设计很好，但其在室温下的离子电导率仍然在 10^{-4} S·cm^{-1} 的范围内。

Balsara 等为了寻求机械强度和离子传导之间的良好平衡，开发了苯乙烯和醚键的纳米结构嵌段共聚物，并命名为 SEO[190-192]。虽然 SEO 的室温离子电导率仍然低于 10^{-4} S·cm^{-1}，但这种刚性聚合物薄膜可以有效抑制锂枝晶的生长。此前，Monroe 等通过建模推测 6 GPa 的剪切模量可以抑制锂枝晶的生长[193]。SEO 共聚物中的刚性苯乙烯单元提供了所需的离子电导率，使得这类 SPE 可以在高温（60℃）下应用于金属锂负极和 $LiFePO_4$ 正极组成的电池中。Sakai 等使用氨基甲酸酯单元作为机械框架，与 EO 和环氧丙烷（PO）键共聚[194]。由于氨基甲酸乙酯的尺寸稳定性，生成的共聚物可以直接在电极上形成薄膜（10～50 μm）。此外，由于没有通过 EO 键结晶，其离子电导率比 PEO 更高（10^{-4} S·cm^{-1}）。该 SPE 匹配 $Li_{0.33}MnO_2$ 正极组装为半电池进行测试时，电极在高温（60℃）下具有约 175 mAh·g^{-1} 的比容量，但是 100 周循环后比容量降至原来的 50%。

另一方面，有研究者尝试利用硅氧烷单元（$T_g\approx-120$℃的聚二甲基硅氧烷/$T_g\approx-40$℃的 PEO）进行更灵活的聚合物链接作用[195-197]。在某些情况下，其室温离子电导率可达 10^{-4} S·cm^{-1}，应用于 VO_x 正极半电池中，电池在一定的循环内表现出较为稳定的性能。当然，较高离子电导率是以牺牲机械强度为代价的，在这种情况下的 SPE 不能像 P(EO-S)共聚物基 SPE 那样作为独立的隔膜使用。

另一种兼顾电化学性能和机械性能的方法是寻找不同的传导机制。Bruce 等首先发现 PEO_6-$LiXF_6$（其中 X=As、P 和 Sb）的结晶相不是离子绝缘体，PEO 链可折叠形成螺旋通道，Li^+通过位点之间的连续跳跃进行移动［图 2-3（b）］，但是电导率较低（约 10^{-7} S·cm^{-1}）[198, 199]。在该结晶相中掺杂 TFSI 阴离子使其离子电导率提高了一个数量级，同时仍保持结晶性质。Capiglia 等通过研究 PEO-LiBETI 体系中存在的结晶相，确定了除 PEO_6-$LiXF_6$ 溶剂化物外，EO/Li^+比例不同时其他组分的化学计量组成[200]。另外，Golodnitsky 等报道了 Li^+在这种晶相中各向异性，通过在施加电场下机械拉伸或纳米填料构筑 PEO 链的排列结构[201]，提高了 PEO 基 SPE 的离子传导率（室温下约 10^{-4} S·cm^{-1}），同时降低了 SEI 膜的电阻。研究认为，在结晶相中，Li^+在结晶 PEO 主链螺旋结构内的通道中跳跃，其对应阴离子则在结构外表面移动。

2.4.1.3 单离子传导 SPE

上述讨论的大多数电解质中，Li^+对电池的电流贡献均小于 50%，阴离子在电极界面处积累，通常会产生浓差极化。在 SPE 中，由于区域黏度高得多，这种浓差极化特别难以消除，会对电池反应动力学造成额外的阻力[203]。如 Ratnner 和 Shriver 等[204]在综述文献中所总结的，解决这个问题的方法是将 SPE 中的阴离子共价键合固定到聚合物骨架上，例如氟化磺酸盐[205]和羧酸盐[206, 207]。一般来说，尽管对 Li^+迁移数没有影响，但是这些共价键合固定阴离子的聚电解质的离子电导率比理论值低很多。这一离子传导能力的损失主要是带电聚合物主链的分段运动受限所导致的，如玻璃化转变温度的急剧增加。

另外，人们还试图通过弱的分子间作用力等将阴离子与聚合物主链或较大主体分子实现缔合，从而降低阴离子的迁移率。Aoki 等通过路易斯酸中心与锂醇盐反应生成氟化的二羧酸根阴离子，在聚合物链上得到铝酸根或硼酸根阴离子[208]。

吴宇平等在制备出聚合物后，将具有四面体配位 B^-中心结构的 LiBOB 移植到聚合物链中[209]，其中螯合键的作用力强于共价键，即使使用 3%的 PC 塑化，该 SPE 的离子电导率在室温下也仅为 10^{-6} S·cm^{-1}。Wieczorek 等[210]和 Golodnitsky 等[211]分别采用基于杯芳烃或杯吡咯结构的大分子阴离子受体使得阴离子运动最小化。通过这种方式，阴离子被固定，但不直接与聚合物主链缔合，从而避免了阴离子的附着对整个主链柔性的破坏。笼状结构限制了阴离子的运动，而 Li^+的移动则不受影响。

2.4.1.4 复合物

为了抑制 EO 键的结晶，改善离子导电性，研究者们将聚合物与惰性材料进行复合。Wunder 等使用多面体低聚倍半硅氧烷与低聚醚分子复合，发现其离子电导率和 Li^+迁移数均得到改善[212, 213]。复合材料由于具有柔性硅氧烷键，玻璃化温度（T_g）介于–60℃和–70℃之间，低于 PEO 基 SPE 的玻璃化温度，且室温下的离子电导率约为 10^{-4} S·cm^{-1}，–20℃时离子电导率约为 10^{-6} S·cm^{-1}。

王春生等[214]报道了一种由 PEO 和 $La_{0.55}Li_{0.35}TiO_{3.415}$ 基陶瓷纤维组成的复合材料。陶瓷材料本身的高导电性使其形成了除 EO 相之外的离子传导网络，改善了 Li^+的长程传输性能，这种复合电解质在室温下的离子电导率达到 0.5 mS·cm^{-1}，Li^+迁移数为 0.7。

Stephan 等将 PEO 与生物聚合物甲壳素以不同比例复合制备纳米复合材料，

其离子电导率和 Li^+迁移数都有所改善。特别是添加甲壳素后，Li^+迁移数从 0.2 增加到 0.5 以上[215]，研究分析认为这主要归因于表面路易斯酸碱相互作用而形成的甲壳素-阴离子络合物。Aoki 等研究了一系列基于硼酸盐[四(五氟苯硫基)硼酸锂]的 SPE。通过将其与 PVDF 基聚合物[216]或 PEO 基聚合物[217]复合，提高了离子电导率和 Li^+迁移数（0.6～0.7）。

2.4.2 凝胶聚合物电解质

相比 SPE，凝胶聚合物电解质（GPE）更为实用，一些 GPE 在十几年前就已经实现商业化[1]。在高分子主体物中引入液体溶剂，发展增塑性高分子离子导体，这就形成了高分子凝胶聚合物电解质，其离子电导率大于 10^{-3} S·cm^{-1}，匹配石墨负极和 4.0 V 电位正极时表现出良好的电化学稳定性[218]。

目前“聚合物电池”中使用的大部分 GPE 实际上并不是独立的 GPE 膜，在多数情况下是将干燥的聚合物涂层涂覆到聚烯烃隔膜或电极表面，且通过注入电解质实现凝胶化。由此形成的 GPE 虽然安全阈值得到提高，但在倍率性能、循环稳定性方面还存在不足[219]。目前应用较多的主要是聚(偏氟乙烯-六氟丙烯)（PVDF-HFP）共聚物的 GPE[220-222]。

Rhee 等使用无纺布作为机械支撑物，且以含有 PEGDA、PVDF 和 PMMA 单元的混合聚合物为基质，通过紫外交联制备了复合电解质[223]，其对碳酸酯有机电解质的吸收率为 1000%。在 18℃时该复合电解质的离子电导率达到了最大值 4.5 mS·cm^{-1}，在石墨负极和 $LiCoO_2$ 正极组成的锂离子全电池中表现出稳定的电化学性能。Passerini 等[224]制备了由 PEO 和 PS 组成的共连续型共混聚合物，将前者的离子传导性质和后者的机械强度相结合，形成不相混溶的聚合物链独立网。该混合物通过非水电解质凝胶化，在 $LiFePO_4$ 半电池中进行了循环性能测试。

聚丙烯腈（PAN）可与乙醚和碳酸酯基电解质形成 GPE，与 PMMA 类似，极性基团 C≡N 通过偶极相互作用参与 Li^+的溶剂化。Choi 等采用静电纺丝技术制备微孔 PVDF 和 PAN 作为 GPE 的骨架，通过对其改性[225, 226]，EC/DMC 复合凝胶电解质在石墨负极和 $LiCoO_2$ 正极组成的电池中可实现 150 多周的充放电循环。

王复明等[227]在非水电解质存在的条件下，通过单体聚合反应制备聚合物骨架，原位形成凝胶电解质。单体通过原子转移自由基聚合（ATRP）可以避免气体形成，制得的凝胶电解质显示出 2.1×10^{-3} S·cm^{-1} 的离子电导率和 0.32 的 Li^+迁移数。然而，引发剂如有机铜基质会留在电解质中，可能会对电化学性能产生负面影响。采用类似的方法，Owen 等在非水电解质中在电极表面上直接生长了 PAN 膜[228]，Kim 等[229]将二乙烯基醚进行原位阳离子聚合。

研究者们对单离子的GPE也开展了研究。吴宇平等通过聚乙烯醇（PVA）主链上的羟基与草酸、硼酸反应，在聚合物链上形成BOB型阴离子[230]，并通过与PC复合制备形成凝胶电解质。除了新型聚合物骨架外，新型非水电解质溶液方面的研究也取得了一定进展。Bakenov等使用基于PC和硼酸酯的非水电解质溶液来塑化带有EO基元的聚甲基丙烯酸酯，由于硼酸盐的路易斯酸性质，Li^+的迁移数增加到0.39[231]。Morita等将阻燃剂三甲基磷酸盐（TMP）引入到传统的碳酸酯电解质中，与PVDF-HFP复合制备GPE[232]。当使用20%TMP时，GPE表现出难燃性；当加入55%TMP时，GPE同时表现出宽的电化学稳定窗口（Pt电极上5.0 V）和高离子电导率（3×10^{-3} $S\cdot cm^{-1}$）。

2.5 准离子液体电解质

当电解质中的盐浓度达到一定水平时，表现为稀溶液和纯离子液体之间的过渡态，这类高浓度电解质也被称为“准离子液体”。

一般而言，电解质溶液中盐浓度增加时会导致离子对的形成，从而引起黏度增加、离子电导率降低以及对电极和隔膜的润湿性变差等问题。同时，高浓度电解质在大多数情况下会出现盐或盐-溶剂复合物的结晶，无法有效应用。但是在某些体系中，随着盐浓度的增加，溶液的均匀性保持不变，同时伴随着物理化学和电化学性质的变化。在这种情况下，盐接近甚至超过溶剂的摩尔分数，溶剂分子将与离子完全结合，成为有别于传统“Salt in Solvent”电解液的“Solvent in Salt”电解液。早先提出的“Polymer in Salt”概念可以看作是这种电解液体系的前身[233]。

2.5.1 碳酸酯-锂盐体系

关于含高浓度锂盐的碳酸酯溶剂体系的研究较少。早在2003年Jeong等已经发现当LiTFSI/PC溶液的锂盐浓度从0.82 $mol\cdot L^{-1}$增加到2.72 $mol\cdot L^{-1}$时，石墨负极的电化学插层行为会发生急剧变化[234]。Matsumoto等将LiTFSI浓度从1.0 $mol\cdot L^{-1}$增加到1.8 $mol\cdot L^{-1}$，发现LiTFSI/EC/DEC溶液对集流体铝的腐蚀基本上被消除[235]。但研究人员并没有尝试将锂盐浓度提升到“准离子液体”范围（等摩尔比对应于9.8 $mol\cdot L^{-1}$ LiTFSI），这可能归因于这些碳酸酯混合物难以保持均匀性。Henderson等在高浓度电解质相图的系列研究中提出了第一种碳酸酯-锂盐“准离子液体”电解质[236]。他们提出在两种结晶溶剂化物$Li(EC)_1LiTFSI$和$Li(EC)_3LiTFSI$之间存在无定形相$Li(EC)_2LiTFSI$，其过冷至–20℃并在0℃左右熔化［图 2-4（A）］。拉曼光谱的测试结果显示，在该溶剂化物组合物中 95%的 EC 分子与 Li^+配位。与对应的低浓度体系相比，EC 中 1.0 mol·L^{-1} LiTFSI 的电解液体系在热稳定和电化学稳定性方面均得到显著改善，当电压高达 6.0 V 时对铝腐蚀的抵抗力如图 2-4（B）所示。

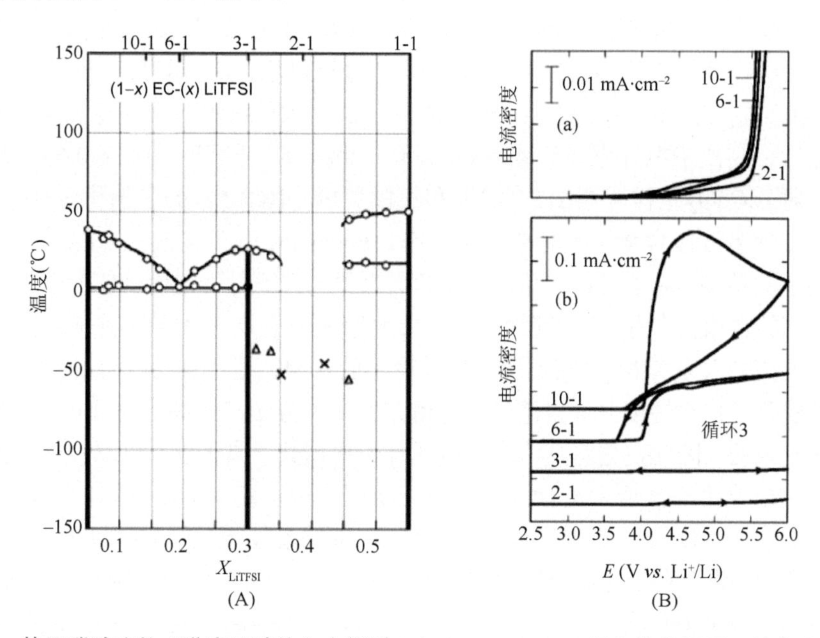

图 2-4 基于碳酸酯的“准离子液体”电解质：（A）EC-LiTFSI 混合物的相图，其中“△”和“×”分别表示部分结晶和无定形状态的玻璃化转变温度（T_g）；（B）各种比例的 EC-LiTFSI 溶剂化物对 Al 的阳极稳定性[236]

2.5.2 醚-锂盐体系

迄今为止，研究的大多数“准离子液体”体系都是各种锂盐与低聚醚溶剂的混合物。Pappenfus 等合成了 LiTFSI 或 LiBETI 与四甘醇二甲醚（G4）的等摩尔混合物，发现前者由于玻璃化温度较低（T_g≈−61℃），在较宽的温度范围（100～200℃）内可以保持非晶态，而后者在 31℃时会熔化[237]。等摩尔混合物中 Li^+和 G4 之间存在强烈的相互作用，而纯 G4 将在 275℃沸腾。研究认为$(Li\text{-}G4)^+$是一类新型的阳离子配合物，因此其视为新的 RTIL 体系。这种电解质的离子电导率为 1.0 mS·cm^{-1}，在不锈钢电极上测得的电化学稳定窗口高于 4.5 V。上述体系也适用于 $LiPF_6$，但是 $LiPF_6$-G4 等摩尔混合物必须与第三种聚合物电解质组分结合，并且所得混合物的离子电导率较低[238]。Shin 等[239]用类似的方法制备了基于 LiTFSI、G4 和吡啶的“准离子液体”电解质，在室温下获得了较高的离子电导率（>10 mS·cm^{-1}），尽管在该三元组分体系中 LiTFSI 的浓度较低（0.2 mol·L^{-1}），但离子与分子的摩尔数几乎是相等的。

Watanabe 等对醚-锂盐体系进行了系统的研究，通过改变锂盐和醚溶剂制备了系列等摩尔或高浓度电解质，并研究了其作用机制[240-245]。LiTFSI 可以与三甘醇二甲醚（G3）和 G4 形成等摩尔液体混合物（T_m 为 23℃）［图 2-5（a)］；热力学（DSC，TGA）[241, 243-245]和波谱（NMR）[242]分析显示，所有甘醇二甲醚分子都与 Li^+形成配位［图 2-5（a)、(b)］。低聚醚分子的引入使得电解质获得高达 200℃的热稳定性、高离子电导率（约 436 mS·cm^{-1}）和高 Li^+迁移数（0.5～0.6），并显著改善了对 $LiCoO_2$ 正极［图 2-5（c)］和石墨负极［图 2-5（d)］的稳定性。

为了增大液体含量，改善离子电导率，Watanabe 等尝试改良甘醇二甲醚和锂盐阴离子的结构。对于甘醇二甲醚，他们引入了一种不对称结构以使等摩尔混合物具有更高的自由度[241]；针对锂盐阴离子，他们使用了 9 种不同路易斯碱度的阴离子来研究构效关系[245]。研究发现这些等摩尔的甘醇二甲酸锂盐混合物的热性能、传输性能和电化学性能是通过溶剂（甘醇二甲醚）分子和阴离子对 Li^+的竞争性溶剂化来确定的，因此，这些高浓度电解质体系根据其“离子性”可以分成两类，即通过摩尔电导率的比值来进行划分。量化研究发现，路易斯碱性弱的阴离子（如 $TFSI^-$、ClO_4^-）将形成“准离子液体”电解质，而路易斯碱性强的阴离子（如 NO_3^-、三氟乙酸盐）将有利于与 Li^+形成稳定的离子对。对于 BF_4^-阴离子则介于二者之间。这一机理解释了为什么到目前为止所研究的大多数“准离子液体”电解质都是基于大的可极化阴离子（如 $TFSI^-$）。Lee 等研究了 LiBOB 在 G4（摩尔比为 1∶4）中的浓溶液。该溶液虽然表现出较高的离子电导率（室温下>10^{-3} S·cm^{-1}）和与 Sn-C 合金负极的相容性，但是 LiBOB 在 G4 中的溶解度有限以及高 T_g 限制了该高浓度电解质的应用[246]。此外，Suo 等的研究表明，LiTFSI 与 DME 和 1,3-二氧戊环形成的高达 7 mol·L^{-1} 浓度的电解液（盐/溶剂摩尔比接近 1.5～2.0）也会提高 Li^+迁移数（>0.7），同时抑制锂枝晶的生长，若应用于锂硫电池还可以抑制多硫化物的溶解[247]。

2.5.3 聚合物-锂盐体系

基于 Angell 等的工作，一直很难找到熔点或共晶点低于或接近室温，同时满足离子传输和电化学性能要求（特别是氧化稳定性）的锂盐体系，因此“Polymer in Salt”的概念并没有得到普及。Florjańczyk 等[248]研究了一系列具有各种阴离子锂盐的聚丙烯酸盐，包括 $TFSI^-$、ClO_4^-、$AlCl_4^-$、三氟甲磺酸盐、BF_4^-。尽管 Li^+迁移数得到了增加，但在“准离子液体”浓度范围内，在体系中分散的结晶相最可能是锂盐和聚合物之间的化学计量溶剂化物，其电导率仅为 10^{-7}～10^{-4} S·cm^{-1}，锂盐的高结晶度和高熔点限制了“准离子液体”聚合物-锂盐体系的实用化。

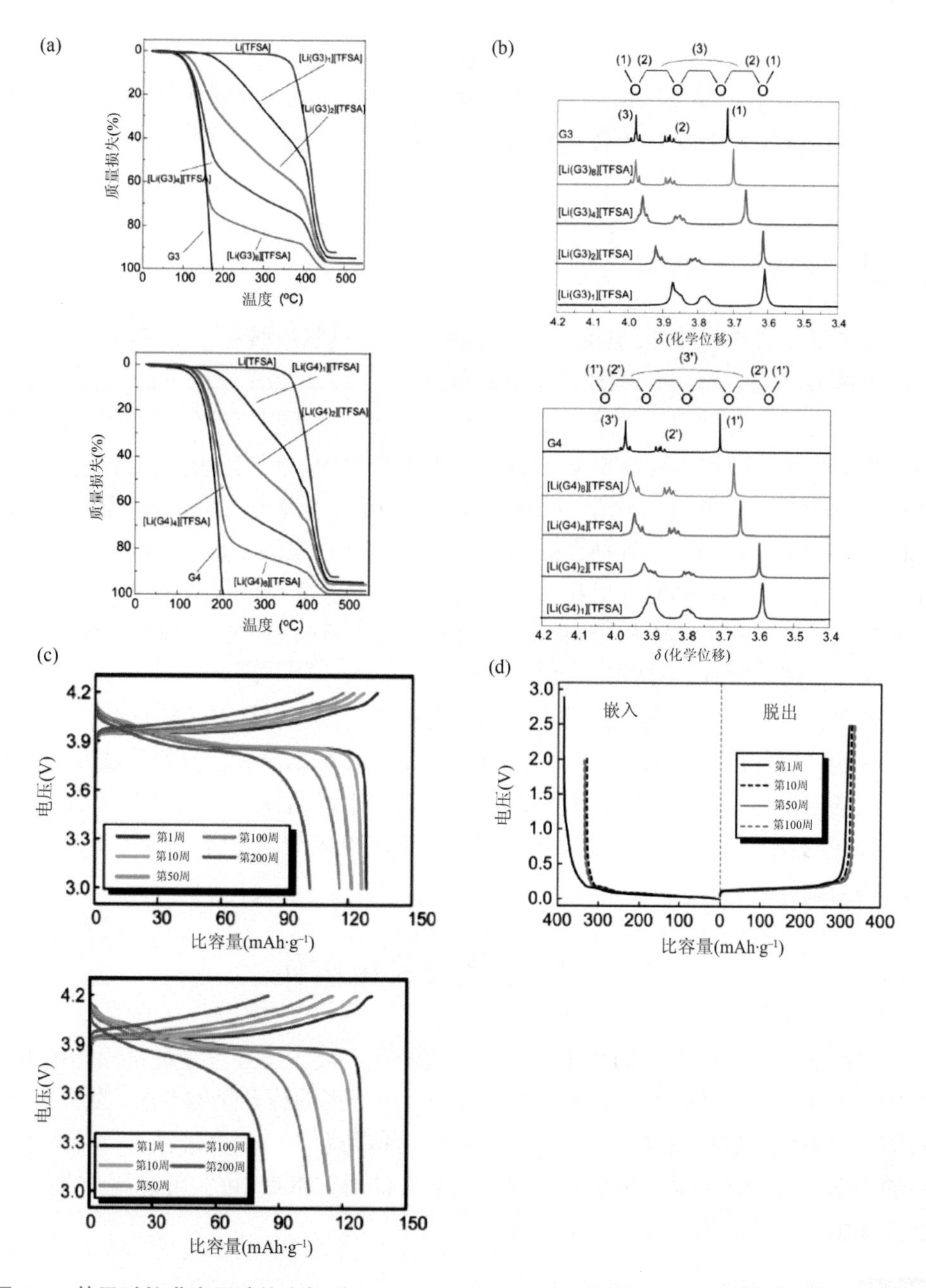

图 2-5 基于醚的准离子液体电解质：（a）LiTFSI 和三甘醇二甲醚、四甘醇二甲醚以各种比例组成的甘醇二甲醚-LiTFSI 体系的热重测试[243]；（b）甘醇二甲醚-LiTFSI 体系 NMR 谱，随着 Li^+浓度增加，游离甘醇二甲醚分子逐渐消失；（c）高浓度甘醇二甲醚-LiTFSI 体系中 $LiCoO_2$ 正极的充放电曲线（LiTFSI/甘醇二甲醚比例 1∶1）[242]；（d）甘醇二甲醚-LiTFSI 中石墨负极的充放电曲线（LiTFSI/甘醇二甲醚比例 1∶1）[244]

基于上述问题，研究人员在锂盐和聚合物中引入了第三种成分（咪唑、哌啶、吡咯烷酮类离子液体）。在不存在结晶性的情况下，基于 PEO[249, 250]和 PVDF-HFP[251]的电解质能够表现出较高的离子电导率（室温下大于 10^{-4} $S·cm^{-1}$）和 Li^+迁移数。

2.5.4 其他溶剂-锂盐体系

除了醚和碳酸酯以外，还可以使用各种环状和链状酰胺复合得到高 LiTFSI 浓度的电解质，其中一些酰胺的 N 上仍然带有 H[252-255]。除了酰胺中的 N 原子不稳定之外，这些 H 原子的存在也会导致电化学氧化，将所得“准离子液体”电解质的电化学稳定窗口限制在 3.5 V 附近。由于这个原因，它们中的大多数没有被用作电池电解质，但却在电化学双层电容器中有应用的潜力。Boisset 等使用含有 LiTFSI、$LiPF_6$、$LiNO_3$ 等各种锂盐的 *N*-甲基乙酰胺在室温下形成“准离子液体”，并将其应用于由 $LiFePO_4$ 正极和钛酸盐负极构成的电池中进行循环测试[256]，表现出 4.7～5.0 V 的宽电化学稳定窗口。研究表明氢失活归因于锂盐阴离子对 H 的络合作用，其难易顺序为 $TFSI^- > PF_6^- > NO_3^-$。

乙腈是电化学电容器中的常用溶剂，与石墨负极相容性差。Yamada 等指出，只要锂盐（LiTFSI）的浓度在 4.0 $mol·L^{-1}$ 以上，乙腈就能以较快的速度支持锂与石墨的插层电化学反应[257]，这种情况下石墨表面形成的界面膜来自阴离子而非溶剂的分解产物。“高浓度”乙腈溶液的上述特殊性能可能归因于高浓度下 Li^+溶剂化结构的改变。

2.6 固态化复合电解质

目前已研发出的各类固体电解质各有优缺点，离子电导率是评价固体电解质性能的先决条件，然而现有体系与改进方法对电导率的提升仍然有限。除此以外，固体电解质整体成本偏高，不易加工。针对这些问题，一类介于液态与全固态之间的固态化复合电解质也成为近年来广大学者的研究重点，可实现高离子电导率、低界面阻抗、低成本、易加工等目标。

2.6.1 聚合物复合电解质

聚合物复合电解质的制备一般由物理法和化学法两类方法。物理法是将聚合物溶液与锂盐混合，添加其他改善聚合物性能的无机填料等，将混合物搅拌均匀后通过流延法或者浇铸法制备电解质薄膜。化学法是将聚合物溶液与锂盐及引发剂等物质混合均匀后，直接注入电池壳或者浸润到隔膜上，通过紫外光照射或热引发等方式来制备电解质薄膜[258]。

2.6.1.1 物理法

将聚合物电解液与锂盐按照一定的比例混合均匀，或者将聚合物直接溶解在溶剂中并加入锂盐形成混合液，然后将混合液通过流延法或者浇铸法涂膜。在强度允许的范围内，要求薄膜尽可能的薄。等到溶剂完全挥发之后，将薄膜从支撑体上揭下即可得到聚合物电解质膜。

2.6.1.2 化学法

化学法制备聚合物电解质通常采用原位聚合的方法。将聚合物溶液、锂盐和引发剂混合（该混合液中的所有成分都是有效成分，不需要物理法中的溶剂蒸发过程），通过紫外光引发或者热引发的方式进行单体聚合固化，一步可制得所需电解质。因此，化学法制备聚合物电解质成本较低，且环境友好。通常，为了制备机械性能良好的电解质，在混合液中会添加聚合后具有三维网络结构的组分，通过交联聚合物提高机械性能，抑制结晶以提高电导率。光引发自由基聚合的引发机理是，混合液经光照射生成自由基，自由基引发单体和交联剂生成初级的自由基然后引发其他单体聚合。热引发的机理是单体在加热的情况下分解产生自由基，工艺与光引发类似。热引发的优势是可以直接将混合液注入电池中，组装完成后将电池放入一定温度下加热，引发单体聚合形成聚合物电解质隔膜，简化了电池组装步骤。但是热引发的弊端是在引发反应之后，电解质中仍然存在许多未反应的单体，这些单体在电池的充放电循环过程中会发生分解反应等副反应，副反应产物容易沉积在电极表面，造成电解质和电极之间的界面阻抗增大，不利于电池的充放电循环。

2.6.2 离子凝胶复合电解质

离子液体（IL）是全部由离子组成的在室温或室温附近温度下呈液态的盐，具有非挥发性以及优异的热稳定性。因此，将离子液体引入到固体电解质中制备高安全性的固态电池极具发展前景。

离子凝胶复合电解质的制备方法对其电化学性能有着重要的影响，目前已报道的制备方法主要有两类。第一类为非原位法，采用无机物作为支撑物，通过与离子液体的机械混合即可得到离子凝胶复合电解质。其电化学性能受无机物的形貌和尺寸等因素的影响[259]。第二类为原位法，通过一步溶胶-凝胶法在合成无机物网络基体的同时原位将离子液体固定。制备方法简单且反应条件温和，在室温下即可完成材料的制备。溶胶-凝胶方法制备的无机网络基体具有高比表面积和连续的孔道结构，对离子液体吸附容量大，能够承载80%～90%的离子液体。

2.6.2.1 球磨法

高能球磨法，又称机械力化学法，是利用球磨的转动或振动，使硬球对原材料进行强烈的撞击、研磨、搅拌，把粉末粉碎为纳米级微粒的方法。该方法一经出现，就成为制备超细材料的一种重要途径。一般来说，新物质的生成、晶型转化或晶格变形都是通过高温（热能）或化学变化来实现的。机械能直接参与或引发化学反应是一种新思路。机械化学法的基本原理是利用机械能来诱发化学反应或诱导材料组织、结构和性能的变化，以此来制备新材料。它具有明显降低反应活化能、细化晶粒、极大提高粉末活性和改善颗粒分布均匀性等优点，能够促进固态离子扩散，诱发低温化学反应，从而提高了材料的密实度、电化学、热学等性能，是一种节能、高效的材料制备技术。

2.6.2.2 溶胶-凝胶法

制造离子凝胶常采用溶胶-凝胶法。溶胶-凝胶法一般是指有机或无机化合物经过溶液、溶胶、凝胶过程后固化，最终得到固体材料的一种方法。

由溶胶-凝胶法产生的固体基质具有高比表面积[260]、高均一性[261]以及三维互连通道的多孔结构[262, 263]。采用溶胶-凝胶法可以在离子液体存在的情况下，通过一步过程获得固体基质。在水解和冷凝过程中，离子液体被包埋在基质的孔隙中，获得的双相体系比基质后浸渍法得到的产物更为紧密[264]。制造离子凝胶最常见的溶胶-凝胶方法是水解法，需要使用两种试剂：甲酸（FA）等酸性试剂，以及四甲氧基硅烷（TMOS）或四乙氧基硅烷（TEOS）等硅醇盐。典型的步骤如图2-6（a）所示，首先将TMOS、FA和RTIL混合，经过数小时发生凝胶化。凝胶在室温下进一步老化几天，或超声处理几分钟即可使用[265, 266]。溶胶-凝胶法的化学反应涉及的水解和缩合反应如下：

水解：

$$\mathrm{M{-}(OR)_4 + H_2O + HCOOH \rightleftharpoons H_2O\text{：}M{-}(OR)_4 \longrightarrow (RO)_3{-}M{-}OH + ROH + HCOOH}$$

$$\mathrm{(RO)_3{-}M{-}OH + H_2O + HCOOH \rightleftharpoons H_2O\text{：}(RO)_3{-}M{-}OH \longrightarrow (RO)_2{-}M{-}(OH)_2 + ROH + HCOOH}$$

$$\mathrm{(RO)_2{-}M{-}(OH)_2 + H_2O + HCOOH \rightleftharpoons H_2O\text{：}(RO)_2{-}M{-}(OH)_2 \longrightarrow RO{-}M{-}(OH)_3 + ROH + HCOOH}$$

$$\mathrm{RO{-}Si{-}(OH)_3 + H_2O + HCOOH \rightleftharpoons H_2O\text{：}RO{-}M{-}(OH)_3 \longrightarrow}$$

$$M—(OH)_4+ROH+HCOOH$$

缩合：

$$X—M—OH \longrightarrow M—O—M+H_2O$$

其中，R 是烷基时，M 是 Si 原子或金属原子。烷氧基前体由于被酸亲核取代而发生水解。通常，第一个烷氧基的水解是快速反应，随后的水解反应要慢得多。缩合反应被认为是溶胶-凝胶过程中的速率控制步骤，通常在数小时或数天内完成。X—M—OH 基团缩合，随后颗粒聚集，产生三维刚性网络。

尽管离子液体仅用作溶剂，并不参与溶胶-凝胶反应中网络的形成，但其类型和负载量对所得基体的凝胶时间和结构有着显著影响。凝胶时间随着离子液体含量的增加而增加［图 2-6（b）］[267]。当离子液体含量较低时，反应速率加快，胶体分散不稳定。而当离子液体含量高时，稀释效应使得颗粒保持分散[268]。最近的研究显示配方对溶胶-凝胶过程的影响，揭示了离子液体的体积百分数和 FA/TMOS 的摩尔比都会影响凝胶化时间［图 2-6（c）］。当 IL 含量高、FA/TMOS 比率低时[269]，凝胶时间最慢，获得的二氧化硅网络具有非常致密的基质结构[270]。提高 FA/TMOS 的比率将导致凝胶化过程加快。当 FA/TMOS=16/1，IL 含量为 50% 时，混合物具有最短的凝胶化时间。采用这种配方，可以得到二氧化硅含量为 7wt% 的离子凝胶（弹性模量 19.4 kPa）。图 2-6（d）显示这一离子凝胶的合成时间仅为 15 min，并且所得二氧化硅基质具有非常开放的孔结构以及显著的孔隙空间。除了 SiO_2 离子凝胶之外，以 TiO_2、Al_2O_3 和 ZrO_2 等为基体的离子凝胶也可以通过溶胶-凝胶法制备。

金属有机骨架（MOF）材料由于其高孔隙率和高比表面积也可以用于固化离子液体[271]。通过将离子液体原位并入 MOF 纳米空隙的方法合成的离子凝胶，其中离子液体用作溶剂和空穴占据者[272]。离子热合成的 MOF 通常具有带负电荷的骨架，离子液体的阳离子在 MOF 中维持电中性。然而有研究显示，由于离子液体的阳离子与 MOF 强烈结合，而 MOF 材料中的阳离子并不具有与离子液体相同的性质，因此通过离子热法制备的改性 MOF 材料具有较低的离子电导率[273]，无法直接作为电解质使用。

2.6.2.3 *后浸渍方法*

离子液体具有极低的蒸气压，使得它们可以通过后浸渍方法在真空条件下浸渍到多孔基质中。毛细管作用是后浸渍制备离子凝胶的方法之一[275]。首先将纳米多孔材料（如 SiO_2）放入烧瓶并在真空下加热以抽出孔内的气体，然后通过注射器将离子液体和乙醇转移到烧瓶中，并使混合物在高温下超声振动。通过毛细管作用使 SiO_2 中完全充满离子液体之后，将填充的样品从混合物中分离出来，并通过洗涤进一步纯化来除去表面吸附的离子液体[276]。毛细管作用的优势是可以应用于各种类型的 IL 和 MOF。另一种方法是使用真空和压力辅助渗透。在商业陶瓷多层膜等多孔材料两侧施加不同的压力[277]，在压力差的驱动力作用下可以将离子液体固定在孔中。

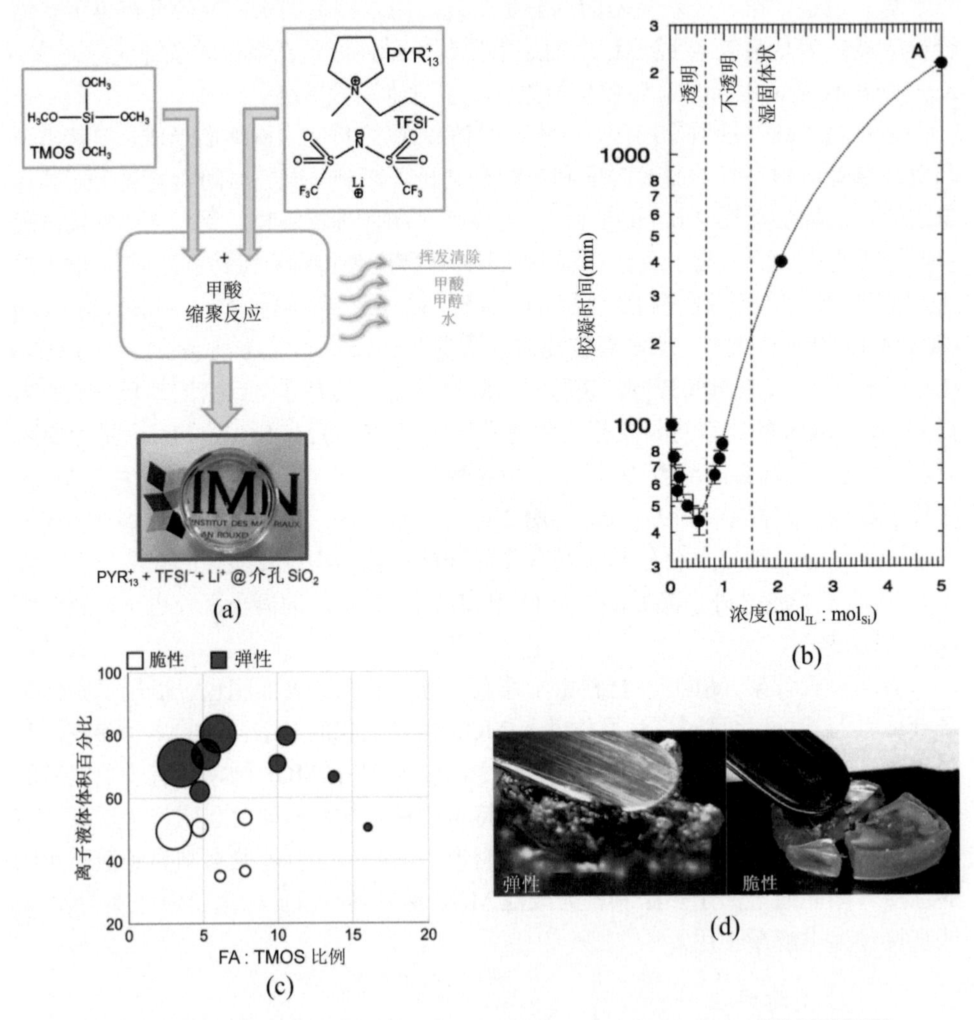

图 2-6 原位溶胶-凝胶法制备的离子凝胶复合电解质及其物性表征[266, 267, 269, 274]

2.6.2.4 共价接枝法

通过共价固定将离子液体束缚在多孔基质上是合成离子凝胶的另一种方法。Archer 等[278]报道了一系列通过将阳离子共价键合到各种无机纳米粒子（包括 SiO_2 和 ZrO_2）而形成的有机-无机杂化材料。根据他们的报道，最典型的合成路线是首先制备含有三甲氧基甲硅烷基官能团的 IL，然后直接自组装在纳米颗粒表面［图 2-7（a）］。尽管这种 IL 合成路线已经被广泛使用，但是获得高纯度的功能性 IL 仍然非常困难。杂质的引入将导致材料的重复性差、电池性能不一致等问题。为了避免 IL 的纯化过程，还可以直接在多壁碳纳米管（MWCNT）上共价接枝 IL[279]。该合成路线分为两步，首先将咪唑基部分共价固定在 MWCNT 上，然后在 MWCNT 表面上生成 IL［图 2-7（b）］。

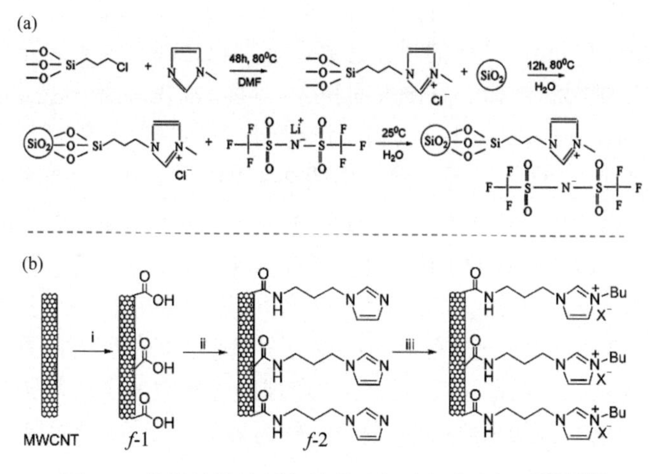

图 2-7 共价接枝法制备的离子凝胶复合电解质[278, 279]

2.7 电解质的表征

本节内容以离子凝胶复合电解质为例，介绍当下电解质表征的常用方法。

2.7.1 形貌与结构分析

分析电解质的形貌与结构的主要方法有扫描电子显微镜、透射电子显微镜和 XRD 测试。具体实例如下所述。

采用高能球磨法将纳米 ZrO_2 与离子液体电解质复合，制备高性能的固态化电解质。首先将 2.87 g 的 LiTFSI 溶解到 10 g 1-乙基-3-甲基咪唑双(三氟甲基磺酰)亚胺盐（[EMI][TFSI]）的离子液体中，配制成 1 $mol \cdot kg^{-1}$ 的 LiTFSI-[EMI][TFSI] 混合溶液，称为离子液体电解质（IL）。然后称取 2.0 g ZrO_2 粉末加入到球磨罐中，加入 1 g 已配制好的 IL，封口膜封好罐口后放置于行星式球磨机中球磨。此步骤要保证球料比为 15∶1～20∶1，设置球磨转速为 400 $r \cdot min^{-1}$，球磨时间为 3 h，此转速和时间的设置既能保证 ZrO_2 和 IL 的充分混合，又不会破坏 ZrO_2 的微观结构。

待球磨结束后，称取 0.7 g 的样品放置于直径为 18 mm 的压片模具中，在 15 MPa 的压力下将电解质压片成型，最终得到复合的固态化电解质片，将该电解质片命名为 S-2.0（2.0 指代 ZrO_2 粉末质量）。为了研究不同 ZrO_2 粉末与 IL 的质量比对电解质性能的影响，用相同的制备方法合成一系列固态化电解质，分别命名为 S-2.5、S-3.0 和 S-3.5。

图 2-8 为 ZrO_2 材料的 SEM 图。如图所示，ZrO_2 颗粒较小，呈现出均一有序且分布较为均匀的近似球状形貌。高倍下的 SEM 图［图 2-8（b）］中可以看出颗粒尺寸约为 40～50 nm，这样的尺寸能够保证颗粒之间有大量的介孔存在，并形成相互交联的三维网络结构，且比表面积大，可以为 IL 的附着提供足够的空间。从图 2-9（a）的 TEM 图中可以更加清晰地看出 ZrO_2 颗粒均匀且尺寸相近，其颗粒大小与图 2-8 中 SEM 图结果一致。由图 2-9（b）～（d）的选区电子衍射和高分辨 TEM 图可以看出，该 ZrO_2 是一种晶体材料，呈现出短程有序的晶格条纹，此结果与图 2-9（e）的 XRD 图谱结果一致。ZrO_2 的晶体结构一般有三种晶系，单斜晶、四方晶以及立方晶。28.2°和 31.4°处出现的强衍射峰证明了该 ZrO_2 为单斜晶系，38°、50.3°和 59.9°处衍射峰的出现说明掺有少量的四方晶系。因此该 ZrO_2 具备稳定的晶体结构，结晶度良好，不会在球磨过程中发生结构转变。综合以上表征结果可以看出，该纳米级 ZrO_2 是一种较为理想的无机骨架材料。

图 2-8　纳米 ZrO_2 颗粒的 SEM 图

图 2-10 为纳米 ZrO_2 和 IL 球磨后的 SEM 图。由图可知，四种电解质中的 ZrO_2 颗粒的形貌和尺寸均未发生明显变化，证明球磨过程并没有破坏骨架材料的结构。从不同质量比的固态化电解质展现出的结构可以明显地看出复合 IL 量的多少。S-2.0 电解质复合的 IL 量最多，结构较为疏松，机械强度最弱，纳米颗粒与 IL 出现轻微相分离现象；S-2.5 电解质复合的 IL 量适中，IL 主要分布在颗粒表面和颗粒间的三维空隙中，而纳米颗粒在液相中的分布也较为均匀，未见明显团聚现象；S-3.0 和 S-3.5 电解质复合 IL 的量都偏少，区域内未见明显液体分布；特别是 S-3.5 电解质中纳米颗粒有大规模团聚现象，颗粒间的空隙较大且观测不到填充的 IL。

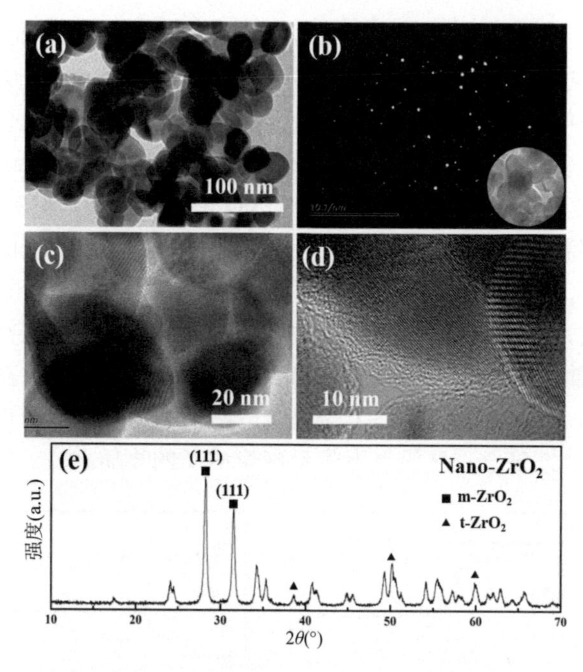

图 2-9 （a）～（d）纳米 ZrO_2 颗粒的 TEM 图，（e）纳米 ZrO_2 材料的 XRD 图

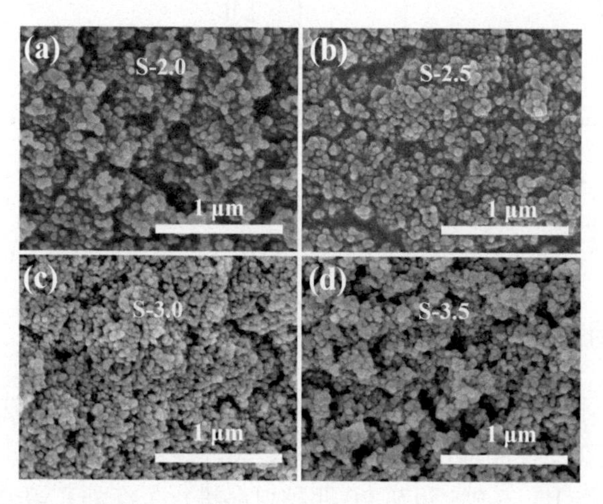

图 2-10 复合固态化电解质的 SEM 图：（a）S-2.0、（b）S-2.5、（c）S-3.0 和（d）S-3.5

2.7.2 热稳定性分析

热稳定性是衡量电解质的一个重要指标，直接关系到电池的安全性。实例如下：

采用 TGA 测试对纳米 ZrO_2、IL、S-2.5 和 S-3.0 四种材料的热稳定性进行对比。测试过程中的保护气体为 N_2，测试温度范围为室温至 700℃，升温速率为 10℃·min^{-1}，测试结果见图 2-11（a）。在整个温度测试范围内，ZrO_2 材料没有任何质量损失，说明它具有极高的热稳定性。其他三类材料在测试范围内只有一个失重峰，这是离子液体电解质的热分解造成的。如果将测试样品的质量损失达到 5%时的分解温度定义为 $T_{5\%}$，IL 的 $T_{5\%}$为 381.9℃。当复合热稳定性极好的 ZrO_2 骨架后，其分解温度稍有提高。S-3.0 电解质的 $T_{5\%}$为 385.1℃，而 S-2.5 电解质的 $T_{5\%}$高达 399.9℃，产生这一现象的原因可能是 S-2.5 电解质中的液体在纳米骨架中的分布更为均匀，与骨架间的相互作用力更强。此外，通过复合电解质 S-2.5 和 S-3.0 最终的质量损失（分别为 28.49%和 24.77%），可以计算出 ZrO_2 骨架与 IL 的质量比分别约为 2.51∶1 和 3.03∶1，实验结果与最初的设计配比相吻合，可说明 ZrO_2 骨架与 IL 单纯复合，并没有发生反应生成新的物质。

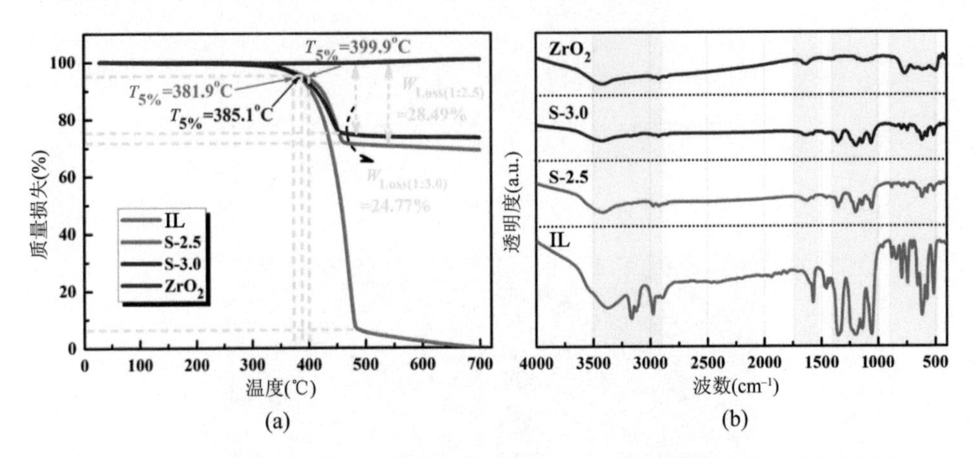

图 2-11　ZrO_2、IL、S-2.5 和 S-3.0 四种样品的（a）热重曲线和（b）红外光谱图

2.7.3 化学组成分析

红外光谱技术是检测化合物和确定物质分子结构的常用方法，可以用来进一步确定固态化电解质样品内部的化学结构。具体实例如下所述。

对纳米 ZrO_2、IL、S-2.5 和 S-3.0 四种材料进行了红外光谱分析，波数范围为 4000～400 cm^{-1}，结果见图 2-11（b）。ZrO_2 的吸收峰区域主要集中在 800～400 cm^{-1}，图中 740 cm^{-1} 附近出现的吸收峰为 ZrO_2 单斜相的特征峰，650～500 cm^{-1} 范围内的吸收峰主要为 Zr—O 键的伸缩振动。从 IL 的红外光谱图上可以看到，波数 670～600 cm^{-1} 处为咪唑环的骨架振动峰，1573 cm^{-1} 左右的峰为咪唑环上 C—C 键的伸缩振动，1169 cm^{-1} 左右的特征峰为咪唑环上 C—N 键的伸缩振动。同时，在 670～600 cm^{-1} 和 600～500 cm^{-1} 范围内也可以看到$[TFSI]^-$阴离子内部分子的振动特征峰。在 S-2.5 和 S-3.0 复合电解质中同时存在离子液体[EMI][TFSI]和 ZrO_2 的主要特征峰，这两种固态化电解质的红外光谱数据基本吻合，无明显差异，这说明 IL 与 ZrO_2 无机骨架已成功复合，而且分子结构内部并没有发生其他化学反应。

2.7.4 电化学性能分析

交流阻抗测试：采用交流阻抗方法可以测定电解质的离子电导率、电池循环前后的界面阻抗以及与金属锂负极的界面稳定性。一般测试所用仪器为电化学工作站，需要设定测试频率范围和扰动电压。

离子电导率测试：采用交流阻抗技术可以测量电解质的离子电导率。液体电解质采用电导电极测试体系，在玻璃管中倒入电解液并浸没电导电极。固体电解质采用阻塞电极测试体系，组装不锈钢|固体电解质|不锈钢的扣式电池。每个测试样品需组装三个平行样，读取相应阻抗值，最后取平均值。将测试体系放置于高低温交变试验箱内，控制测量温度范围，一般为–20～80℃，在每个测试温度稳定 20 min 后进行测试。根据相应公式（$\sigma=d/s\cdot Rb$）计算出电解质的电导率。

循环伏安测试：采用循环伏安法可以测试电解质的电化学稳定窗口和电极材料在充放电过程中的电化学行为，如电压平台、氧化还原电位以及循环可逆性等。测试电极材料的充放电行为时，根据电极材料的充放电电压设置扫描电压区间；测试电解质的电化学稳定窗口时，也同样需要设置扫描电压区间。

电池恒电流充放电测试：一般采用电池充放电测试系统对电池进行恒电流充放电测试，可得到电池的充放电曲线、循环性能、库仑效率以及倍率性能等。需要根据测试目标设置相应测试条件。

参 考 文 献

[1] Xu K. Chem. Rev., 2004, 104: 4303
[2] D'Agostino C, Harris R C, Abbott A P, et al. Phys. Chem. Chem. Phys., 2011, 13: 21383
[3] Zugmann S, Fleischmann M, Amereller M, et al. Electrochim. Acta, 2011, 56: 3926
[4] Niedzicki L, Kasprzyk M, Kuziak K, et al. J. Power Sources, 2009, 192: 612
[5] Zhao J, Wang L, He X, et al. J. Electrochem. Soc., 2008, 155: A292
[6] Ghosh A, Wang C, Kofinas P. J. Electrochem. Soc., 2010, 157: A846
[7] Valøen L O, Reimers J N. J. Electrochem. Soc., 2005, 152: A882
[8] Stewart S, Newman J. J. Electrochem. Soc., 2008, 155: A458
[9] Xu K. Chem. Rev., 2014, 114: 11503
[10] Zavalij P Y, Yang S, Whittingham M S. Acta Cryst., 2004, B60: 716
[11] Seo D M, Borodin O, Han S D, et al. J. Electrochem. Soc., 2012, 159: A553
[12] Seo D M, Borodin O, Balogh D, et al. J. Electrochem. Soc., 2013, 160: A1061
[13] Yang C, Fu K, Zhang Y, et al. Adv. Mater., 2017, 29: 1701169

[14] Vetter J, Novák P. J. Power Sources, 2003, 119-121: 338
[15] Vetter J, Buqa H, Holzapfel M, et al. J. Power Sources, 2005, 146: 355
[16] Chiba K, Ueda T, Yamaguchi Y, et al. J. Electrochem. Soc., 2011, 158: A1320
[17] Suo L, Xue W, Gobet M, et al. P. Natl. Acad. Sci., 2018: 201712895
[18] Ohmi N, Nakajima T, Ohzawa Y, et al. J. Power Sources, 2013, 221: 6
[19] Zheng J, Ji GB, Fan XL. et al. Adv. Energy Mater. 2019, 9
[20] Smart M C, Ratnakumar B V, Ryan-Mowrey V S, et al. J. Power Sources, 2003, 359: 119
[21] Achiha T, Nakajima T, Ohzawa Y, et al. J. Electrochem. Soc., 2009, 156: A483
[22] Achiha T, Nakajima T, Ohzawa Y, et al. J. Electrochem. Soc., 2010, 157: A707
[23] Fan X, Chen L, Borodin O, et al. Nat. Nanotechnol., 2018, 13: A715
[24] Smart M C, Ratnakumar B V, Chin K B, et al. J. Electrochem. Soc., 2010, 157: A1361
[25] Smart M C, Lucht B L, Dalavi S, et al. J. Electrochem. Soc., 2012, 159: A739
[26] Yaakov D, Gofer Y, Aurbach D, et al. J. Electrochem. Soc., 2010, 157: A1383
[27] Sun X, Angell C A. Solid State Ionics, 2004, 175: 257
[28] Abouimrane A, Belharouak I, Amine K. Electrochem. Commun., 2009, 11: 1073
[29] Alvarado J, Schroeder M A, Zhang M, et al. Mater. Today, 2018, A21: 341
[30] Shuhong J, Xiaodi R, Ruiguo C, et al. Nat. Energy, 2018, 3: 739
[31] Wang Q, Zakeeruddin S M, Exnar I, et al. J. Electrochem. Soc., 2004, 151: A1598
[32] Wang Q, Pechy P, Zakeeruddin S M, et al. J. Power Sources, 2005, 146: 813
[33] Gmitter A J, Plitz I, Amatucci G G. J. Electrochem. Soc., 2012, 159: A370
[34] Abouimrane A, Davidson I J. J. Electrochem. Soc., 2007, 154: A1031
[35] Abu-Lebdeh Y, Davidson I. J. Electrochem. Soc., 2009, 156: A60
[36] Abu-Lebdeh Y, Davidson I. J. Power Sources, 2009, 189: 576
[37] Duncan H, Salem N, Abu-Lebdeh Y. J. Electrochem. Soc., 2013, 160: A838
[38] Nagahama M, Hasegawa N, Okada S. J. Electrochem. Soc., 2010, 157: A748
[39] Dalavi S, Xu M, Ravdel B, et al. J. Electrochem. Soc., 2010, 157: A1113
[40] Xu M, Lu D, Garsuch A, et al. J. Electrochem. Soc., 2012, 159: A2130
[41] Jin Z, Wu L, Song Z, et al. ECS Electrochem. Lett., 2012, 1: A55
[42] Sazhin S V, Harrup M K, Gering K L. J. Power Sources, 2011, 196: 3433
[43] Zhang J M, Engelhard M H, Mei D H, et al. Nat. Energy, 2017, 2: 17012
[44] Xu W, Shusterman A J, Marzke R, et al. J. Electrochem. Soc., 2004, 151: A632
[45] Nolan B G, Strauss S H. J. Electrochem. Soc., 2003, 150: A1726
[46] Shaffer A R, Deligonul N, Scherson D A, et al. Inorg. Chem., 2010, 49: 10756
[47] Zhou Z-B, Takeda M, Fujii T, et al. J. Electrochem. Soc., 2005, 152: A351
[48] Mandal B, Sooksimuang T, Griffin B, et al. Solid State Ionics, 2004, 175: 267
[49] Geiculescu O E, Yang J, Zhou S, et al. J. Electrochem. Soc., 2004, 151: A1363
[50] Li L, Zhou S, Han H, et al. J. Electrochem. Soc., 2011, 158: A74
[51] Eshetu G G, Grugeon S, Gachot G, et al. Electrochim. Acta, 2013, 102: 133
[52] Fan X, Chen L, Ji X, et al. Chem., 2018, 4: A174
[53] Xiao L, Zeng Z, Liu X, et al. ACS Energy Lett., 2019, 4: 483
[54] Qiu F, Li X, Deng H, et al. Adv. Energy Mater., 2019, 9
[55] Qiao L, Cui Z, Chen B, et al. Chem. Sci., 2018, 9: 3451
[56] Wu Z S, Ren W, Wen L, et al. ACS Nano, 2010, 4: 3187
[57] Yoo E J, Kim J, Hosono E, et al. Nano Lett., 2008, 8: 2277
[58] Ouatani L, Dedryvère R, Siret C, et al. J. Electrochem. Soc., 2009, 156: A103

[59] Chen R, Wu F, Li L, et al. J. Power Sources, 2007, 172: 395
[60] Sano A, Maruyama S. J. Power Sources, 2009, 192: 714
[61] Wang B, Qu Q T, Xia Q, et al. Electrochim. Acta, 2008, 54: 816
[62] Burns J C, Sinha N N, Jain G, et al. J. Electrochem. Soc., 2012, 159: A1105
[63] Burns J C, Xia X, Dahn J R. J. Electrochem. Soc., 2013, 160: A383
[64] Wu F, Xiang J, Li L, et al. J. Power Sources, 2012, 202: 322
[65] Wu F, Zhu Q, Li L, et al. J. Mater. Chem. A, 2013, 1: 3659
[66] Xu K, Lee U, Zhang S, et al. Electrochem. Solid-State Lett., 2004, 7: A273
[67] Xu K, Zhang S, Jow T R. Electrochem. Solid-State Lett., 2005, 8: A365
[68] Yang L, Furczon M M, Xiao A, et al. J. Power Sources, 2010, 195: 1698
[69] Chrétien F, Jones J, Damas C, et al. J. Power Sources, 2014, 248: 969
[70] Ming J, Cao Z, Wahyudi W, et al. ACS Energy Lett., 2018, 3: A335
[71] Kasavajjula U, Wang C, Appleby A J. J. Power Sources, 2007, 163: 1003
[72] Chan C K, Peng H, Liu G, et al. Nat. Nanotechnol., 2008, 3: 31
[73] Lee Y M, Lee J Y, Shim H-T, et al. J. Electrochem. Soc., 2007, 154: A515
[74] Profatilova I A, Langer T, Badillo J P, et al. J. Electrochem. Soc., 2012, 159: A657
[75] Arreaga-Salas D E, Sra A K, Roodenko K, et al. J. Phys. Chem. C, 2012, 116: 9072
[76] Delpuech N, Dupré N, Mazouzi D, et al. Electrochem. Commun., 2013, 33: 72
[77] Elazari R, Salitra G, Gershinsky G, et al. J. Electrochem. Soc., 2012, 159: A1440
[78] Etacheri V, Haik O, Goffer Y, et al. Langmuir, 2011, 28: 965
[79] Xu W, Chen X, Ding F, et al. J. Power Sources, 2012, 213: 304
[80] Hu M, Pang X, Zhou Z. J. Power Sources, 2013, 237: 229
[81] Täubert C, Fleischhammer M, Wohlfahrt-Mehrens M, et al. J. Electrochem. Soc., 2010, 157: A721
[82] Dalavi S, Xu M, Knight B, et al. Electrochem. Solid-State Lett., 2011, 15: A28
[83] Zuo X, Fan C, Liu J, et al. J. Electrochem. Soc., 2013, 160: A1199
[84] Abe K, Takaya T, Yoshitake H, et al. Electrochem. Solid-State Lett., 2004, 7: A462
[85] Abe K, Ushigoe Y, Yoshitake H, et al. J. Power Sources, 2006, 153: 328
[86] Tang M, Newman J. J. Electrochem. Soc., 2011, 158: A530
[87] Buhrmester C, Chen J, Moshurchak L, et al. J. Electrochem. Soc., 2005, 152: A2390
[88] Moshurchak L M, Buhrmester C, Dahn J R. J. Electrochem. Soc., 2008, 2: A129
[89] Chen J, Buhrmester C, Dahn J R. Electrochem. Solid-State Lett., 2005, 8: A59
[90] Dahn J R, Jiang J, Moshurchak L M, et al. J. Electrochem. Soc., 2005, 152: A1283
[91] Buhrmester C, Moshurchak L, Wang R L, et al. J. Electrochem. Soc., 2006, 153: A288
[92] Buhrmester C, Moshurchak L M, Wang R L, et al. J. Electrochem. Soc., 2006, 153: A1800
[93] Moeremans B, Cheng H, Merola C, et al. J. Electrochem. Soc., 2006, 153: A1800
[94] Wu B, Wang S, Lochala J, et al. Adv. Sci., 2019, 6
[95] Ni X, Qian T, Liu X, et al. Adv. Funct. Mater., 2018, 28
[96] Fan X, Ji X, Han F, et al. Adv. Sci., 2018, 4
[97] Wang L, Menakath A, Han F, et al. Nat. Chem., 2019, 11: A789
[98] Groult H, Kaplan B, Komaba S, et al. J. Electrochem. Soc., 2003, 150: G67
[99] Komaba S, Watanabe M, Groult H, et al. Electrochem. Solid-State Lett., 2006, 9: A130
[100] Nobili F, Dsoke S, Mancini M, et al. J. Power Sources, 2008, 180: 845
[101] Mancini M, Nobili F, Dsoke S, et al. J. Power Sources, 2009, 190: 141
[102] Nobili F, Dsoke S, Mancini M, et al. Fuel Cells, 2009, 9: 264

[103] Lux S F, Placke T, Engelhardt C, et al. J. Electrochem. Soc., 2012, 159: A1849
[104] Wang C, Wu H, Chen Z, et al. Nat. Chem., 2013, 5: 1042
[105] Park K S, Son J T, Chung H T, et al. Solid State Commun., 2004, 129: 311
[106] Choi D, Kumta P N. J. Power Sources, 2007, 163: 1064
[107] Sisbandini C, Brandell D, Gustafsson T, et al. Electrochem. Solid-State Lett., 2009, 12: A99
[108] Sun Y-K, Cho S-W, Lee S-W, et al. J. Electrochem. Soc., 2007, 154: A168
[109] Arrebola J, Caballero A, Hernán L, et al. J. Electrochem. Soc., 2007, 154: A178
[110] Sclar H, Haik O, Menachem T, et al. J. Electrochem. Soc., 2012, 159: A228
[111] Kim M C, Kim S H, Aravindan V, et al. J. Electrochem. Soc., 2013, 160: A1003
[112] Kim Y, Dudney N J, Chi M, et al. J. Electrochem. Soc., 2013, 160: A3113
[113] Snyder M Q, Trebukhova S A, Ravdel B, et al. J. Power Sources, 2007, 165: 379
[114] Jung Y S, Cavanagh A S, Riley L A, et al. Adv. Mater., 2010, 22: 2172
[115] Angell C A, Ansari Y, Zhao Z. Faraday Discuss, 2012, 154: 9
[116] Peng C, Yang L, Zhang Z, et al. J. Power Sources, 2007, 173: 510
[117] Mun J, Yim T, Choi C Y, et al. Electrochem. Solid-State Lett., 2010, 13: A109
[118] MacFarlane D R, Meakin P, Sun J, et al. J. Phys. Chem. B, 1999, 103: 4164
[119] MacFarlane D R, Huang J, Forsyth M. Nature, 1999, 402: 792
[120] Shin J H, Henderson W A, Passerini S. Electrochem. Commun., 2003, 5: 1016
[121] Shin J H, Henderson W A, Passerini S. Electrochem. Solid-State Lett., 2005, 8: A125
[122] Armand M, Endres F, MacFarlane D R, et al. Nat. Mater., 2009, 8: 621
[123] Umebayashi Y, Mitsugi T, Fukuda S, et al. J. Phys. Chem. B, 2007, 111: 13028
[124] Saito Y, Umecky T, Niwa J, et al. J. Phys. Chem. B, 2007, 111: 11794
[125] Sagane F, Abe T, Ogumi Z J. Electrochem. Soc., 2012, 159: A1766
[126] Lee S Y, Yong H H, Lee Y J, et al. J. Phys. Chem. B, 2005, 109: 13663
[127] Ong. P, Andreussi O, Wu Y, et al. Chem. Mater., 2011, 23: 2979
[128] Garcia B, Lavallée S, Perron G, et al. Electrochim. Acta, 2004, 49: 4583
[129] Borgel V, Markevich E, Aurbach D, et al. J. Power Sources, 2009, 189: 331
[130] Seki S, Kobayashi Y, Miyashiro H, et al. J. Phys. Chem. B, 2006, 110: 10228
[131] Mun J, Yim T, Park K, et al. J. Electrochem. Soc., 2011, 158: A453
[132] Best A S, Bhatt A I, Hollenkamp A F. J. Electrochem. Soc., 2010, 157: A903
[133] Kurig H, Vestli M, Tõnurist K, et al. J. Electrochem. Soc., 2012, 159: A944
[134] Seki S, Serizawa N, Hayamizu K, et al. J. Electrochem. Soc., 2012, 159: A967
[135] Seki S, Mita Y, Tokuda H, et al. Electrochem. Solid-State Lett., 2007, 10: A237
[136] Srour H, Rouault H, Santini C. J. Electrochem. Soc., 2013, 160: A66
[137] Seki S, Ohno Y, Kobayashi Y, et al. J. Electrochem. Soc., 2007, 154: A173
[138] Seki S, Ohno Y, Mita Y, et al. ECS Electrochem. Lett., 2012, 1: A77
[139] Lu Y, Das S K, Moganty S S, et al. Adv. Mater., 2012, 24: 4430
[140] Unemoto A, Ogawa H, Ito S, et al. J. Electrochem. Soc., 2013, 160: A138
[141] Bhatt A I, Kao P, Best A S, et al. J. Electrochem. Soc., 2013, 160: A1171
[142] Howlett P C, Brack N, Hollenkamp A F, et al. J. Electrochem. Soc., 2006, 153: A595
[143] Howlett P C, MacFarlane D R, Hollenkamp A F. Electrochem. Solid-State Lett., 2004, 7: A97
[144] Henderson W A, Passerini S. Chem. Mater., 2004, 16: 2881
[145] Castriota M, Caruso T, Agostino R G, et al. J. Phys. Chem. A, 2004, 109: 92
[146] Huang J, Hollenkamp A F. J. Phys. Chem. C, 2010, 114: 21840
[147] Borodin O, Smith G D, Henderson W. J. Phys. Chem. B, 2006, 110: 16879

[148] Fernicola A, Croce F, Scrosati B, et al. J.Power Sources., 2007, 174: 342
[149] Mun J, Kim S, Yim T, et al. J. Electrochem. Soc., 2010, 157: A136
[150] Zhou Q, Henderson W A, Appetecchi G B, et al. J. Phys. Chem. B, 2008, 112: 13577
[151] Paillard E, Zhou Q, Henderson W A, et al. J. Electrochem. Soc., 2009, 156: A891
[152] Matsumoto H, Sakaebe H, Tatsumi K, et al. J. Power Sources, 2006, 160: 1308
[153] Seki S, Kobayashi Y, Miyashiro H, et al. J. Phys. Chem. C, 2008, 112: 16708
[154] Markevich E, Baranchugov V, Salitra G, et al. J. Electrochem. Soc., 2008, 155: A132
[155] Fernicola A, Weise F C, Greenbaum S G, et al. J. Electrochem. Soc., 2009, 156: A514
[156] Salem N, Nicodemou L, Abu-Lebdeh Y, et al. J. Electrochem. Soc., 2011, 159: A172
[157] Lane G H, Best A S, MacFarlane D R, et al. J. Electrochem. Soc., 2010, 157: A876
[158] Sato T, Maruo T, Marukane S, et al. J. Power Sources, 2004, 138: 253
[159] Seki S, Kobayashi Y, Miyashiro H, et al. Electrochem. Solid-State Lett., 2005, 8: A577
[160] Kobayashi Y, Mita Y, Seki S, et al. J. Electrochem. Soc., 2007, 154: A677
[161] Seki S, Ohno Y, Miyashiro H, et al. J. Electrochem. Soc., 2008, 155: A421
[162] Egashira M, Okada S, Yamaki J, et al. J. Power Sources, 2004, 138: 240
[163] Egashira M, Nakagawa M, Watanabe I, et al. J. Power Sources, 2005, 146: 685
[164] Doyle K P, Lang C M, Kim K, et al. J. Electrochem. Soc., 2006, 153: A1353
[165] Tsunashima K, Sugiya M. Electrochem. Solid-State Lett., 2008, 11: A17
[166] Vega J A, Zhou J, Kohl P A. J. Electrochem. Soc., 2009, 156: A253
[167] Tsunashima K, Sugiya M. Electrochem. Commun., 2007, 9: 2353
[168] Tsunashima K, Yonekawa F, Kikuchi M, et al. J. Electrochem. Soc., 2010, 157: A1274
[169] Tsunashima K, Yonekawa F, Sugiya M. Electrochem. Solid-State Lett., 2009, 12: A54
[170] Serizawa N, Seki S, Tsuzuki S, et al. J. Electrochem. Soc., 2011, 158: A1023
[171] Wang Y, Zaghib K, Guerfi A, et al. Electrochim. Acta, 2007, 52: 6346
[172] Fenton D E, Parker J M, Wright P V. Polymer, 1973, 14: 589
[173] Tominaga Y, Shimomura T, Nakamura M. Polymer, 2010, 51: 4295
[174] Nakamura M, Tominaga Y. Electrochim. Acta, 2011, 57: 36
[175] Tominaga Y, Nanthana V, Tohyama D. Polym. J., 2012, 44: 1155
[176] Tominaga Y, Yamazaki K. Chem. Commun., 2014, 50: 4448
[177] Mohl G, Metwalli E, Bouvhet R, et al. ACS Energ. Lett. 2018, 3: 1A
[178] Liu J, Qian T, Wang M, et al. Nano Lett. 2018, 18: A4598
[179] Appetecchi G B, Zane D, Scrosati B. J. Electrochem. Soc., 2004, 151: A1369
[180] Kato Y, Yokoyama S, Yabe T, et al. Electrochim. Acta, 2004, 50: 281
[181] Tabata S, Hirakimoto T, Tokuda H, et al. J. Phys. Chem. B, 2004, 108: 19518
[182] Ciosek M, Marcinek M, Ż ukowska G, et al. Electrochim. Acta, 2009, 54: 4487
[183] Shin J H, Henderson W A, Passerini S. J. Electrochem. Soc., 2005, 152: A978
[184] Fisher A S, Khalid M B, Kofinas P. J. Electrochem. Soc., 2012, 159: A2124
[185] Fisher A S, Khalid M B, Widstrom M, et al. J. Electrochem. Soc., 2012, 159: A592
[186] Wan J, Xie J, Kong X, et al. Nat. Nanotechnol., 2019, 14: A705
[187] Wang C, Sakai T, Watanabe O, et al. J. Electrochem. Soc., 2003, 150: A1166
[188] Niitani T, Shimada M, Kawamura K, et al. Electrochem. Solid-State Lett., 2005, 8: A385
[189] Niitani T, Amaike M, Nakano H, et al. J. Electrochem. Soc., 2009, 156: A577
[190] Panday A, Mullin S, Gomez E D, et al. Macromolecules, 2009, 42: 4632
[191] Hallinan D T, Mullin S A, Stone G M, et al. J. Electrochem. Soc., 2013, 160: A464
[192] Stone G M, Mullin S A, Teran A A, et al. J. Electrochem. Soc., 2012, 159: A222

[193] Monroe C, Newman J. J. Electrochem. Soc., 2005, 152: A396
[194] Jiang G, Maeda S, Yang H, et al. J. Electrochem. Soc., 2004, 151: A1886
[195] Trapa P E, Won Y Y, Mui S C, et al. J. Electrochem. Soc., 2005, 152: A1
[196] Nunes S C, Bermudez V, Ostrovskii D, et al. J.Electrochem. Soc., 2005, 152: A429
[197] Walkowiak M, Schroeder G, Gierczyk B, et al. Electrochem. Commun., 2007, 9: 558
[198] Gadjourova Z, Andreev Y G, Tunstall D P, et al. Nature, 2001, 412: 520
[199] Stoeva Z, Martin-Litas I, Staunton E, et al. J. Am. Chem. Soc., 2003, 125: 4619
[200] Capiglia C, Imanishi N, Takeda Y, et al. J. Electrochem. Soc., 2003, 150: A525
[201] Golodnitsky D, Livshits E, Kovarsky R, et al. Electrochem. Solid-State Lett., 2004, 7: A412
[202] Christie A M, Lilley S J, Staunton E, et al. Nature, 2005, 433: 50
[203] Mohl GE, Metwalli E, Bouchet R, et al. ACS Energy Lett., 2018, 3: A1
[204] Ratner M A, Shriver D F. Chem. Rev., 1988, 88: 109
[205] Snyder J F, Ratner M A, Shriver D F. J. Electrochem. Soc., 2003, 150: A1090
[206] Trapa P E, Acar M H, Sadoway D R, et al. J. Electrochem. Soc., 2005, 152: A2281
[207] Ghosh A, Kofinas P. J. Electrochem. Soc., 2008, 155: A428
[208] Aoki T, Konno A, Fujinami T. J. Electrochem. Soc., 2004, 151: A887
[209] Zhu Y S, Gao X W, Wang X J, et al. Electrochem. Commun., 2012, 22: 29
[210] Blazejczyk A, Wieczorek W, Kovarsky R, et al. J. Electrochem.Soc., 2004, 151: A1762
[211] Golodnitsky D, Kovarsky R, Mazor H, et al. J. Electrochem. Soc., 2007, 154: A547
[212] Maitra P, Wunder S L. Electrochem. Solid-State Lett., 2004, 7: A88
[213] Zhang H, Kulkarni S, Wunder S L. J. Electrochem. Soc., 2006, 153: A239
[214] Wang C, Zhang X W, Appleby A J. J. Electrochem. Soc., 2005, 152: A205
[215] Stephan A M, Kumar T P, Kulandainathan M A, et al. J. Phys. Chem. B, 2009, 113: 1963
[216] Aoki T, Konno A, Fujinami T. J. Power Sources, 2005, 146: 412
[217] Aoki T, Fujinami T. J. Electrochem. Soc., 2005, 152: A2352
[218] Dong D, Zhou B, Sun Y, et al. Nano Lett., 2019, 19: A2343
[219] Smart M C, Ratnakumar B V, Behar A, et al. J. Power Sources, 2007, 165: 535
[220] Kim I, Kim B S, Nam S, et al. Materials, 2018, 11: 543
[221] Nyman A, Behm M, Lindbergh G. J. Electrochem. Soc., 2011, 158: A628
[222] Nyman A, Behm M, Lindbergh G. J. Electrochem. Soc., 2011, 158: A636
[223] Song M K, Kim Y T, Cho J Y, et al. J. Power Sources, 2004, 125: 10
[224] Passerini S, Lisi M, Momma T, et al. J. Electrochem. Soc., 2004, 151: A578
[225] Choi S W, Jo S M, Lee W S, et al. Adv. Mater., 2003, 15: 2027
[226] Choi S W, Kim J R, Jo S M, et al. J. Electrochem. Soc., 2005, 152: A989
[227] Lee J T, Wu M S, Wang F M, et al. Electrochem. Solid-State Lett., 2007, 10: A97
[228] El-Enany G, Lacey M J, Johns P A, et al. Electrochem. Commun., 2009, 11: 2320
[229] Hwang S S, Cho C G, Kim H. Electrochem. Commun., 2010, 12: 916
[230] Zhu Y S, Wang X J, Hou Y Y, et al. Electrochim. Acta, 2013, 87: 113
[231] Kottegoda I R M, Bakenov Z, Ikuta H, et al. J. Electrochem. Soc., 2005, 152: A1533
[232] Morita M, Niida Y, Yoshimoto N, et al. J. Power Sources, 2005, 146: 427
[233] Angell C A, Liu C, Sanchez E. Nature, 1993, 362: 37
[234] Jeong S K, Inaba M, Iriyama Y, et al. Electrochem. Solid-State Lett., 2003, 6: A13
[235] Matsumoto K, Inoue K, Nakahara K, et al. J. Power Sources, 2013, 231: 234
[236] McOwen D W, Seo D M, Borodin O, et al. Energy Environ. Sci., 2014, 7: 416
[237] Pappenfus T M, Henderson W A, Owens B B, et al. J. Electrochem. Soc., 2004, 151: A209

[238] Pappenfus T M, Mann K R, Smyrl W H. Electrochem. Solid-State Lett., 2004, 7: A254
[239] Shin J H, Cairns E J. J. Electrochem. Soc., 2008, 155: A368
[240] Tamura T, Hachida T, Yoshida K, et al. J. Power Sources, 2010, 195: 6095
[241] Tamura T, Yoshida K, Hachida T, et al. Chem. Lett., 2010, 39: 753
[242] Yoshida K, Nakamura M, Kazue Y, et al. J. Am. Chem. Soc., 2011, 133: 13121
[243] Yoshida K, Tsuchiya M, Tachikawa N, et al. J. Phys. Chem. C, 2011, 115: 18384
[244] Seki S, Takei K, Miyashiro H, et al. J. Electrochem. Soc., 2011, 158: A769
[245] Ueno K, Yoshida K, Tsuchiya M, et al. J. Phys. Chem. B, 2012, 116: 11323
[246] Lee D J, Hassoun J, Panero S, et al. Electrochem. Commun., 2012, 14: 43
[247] Suo L, Hu Y S, Li H, et al. Nat. Commun., 2013, 4: 1481
[248] Florjańczyk Z, Zygadło-Monikowska E, Wieczorek W, et al. J. Phys. Chem. B, 2004, 108: 14907
[249] Shin J H, Henderson W A, Tizzani C, et al. J. Electrochem. Soc., 2006, 153: A1649
[250] Zhu C, Cheng H, Yang Y. J. Electrochem. Soc., 2008, 155: A569
[251] Ye H, Huang J, Xu J J, et al. J. Electrochem. Soc., 2007, 154: A1048
[252] Hu Y, Wang Z, Li H, et al. J. Electrochem. Soc., 2004, 151: A1424
[253] Chen R, Wu F, Liang H, et al. J. Electrochem. Soc., 2005, 152: A1979
[254] Hu Y, Li H, Huang X, et al. Electrochem. Commun., 2004, 6: 28
[255] Chen R, Wu F, Li X B, et al. J. Phys. Chem. C, 2007, 111: 5184
[256] Boisset A, Menne S, Jacquemin J, et al. Phys. Chem. Chem. Phys., 2013, 15: 20054
[257] Yamada Y, Furukawa K, Sodeyama K, et al. J. Am. Chem. Soc., 2014, 136: 5039
[258] D'Angelo A, Panzer M. Chem. Mater., 2019, 31: A2913
[259] Chen N, Li Y, Dai Y, et al. J. Mater. Chem. A, 2019, 7: 9530
[260] Guyomard-Lack A, Delannoy P-E, Dupré N, et al. Phys. Chem. Chem. Phys., 2014, 16: 23639
[261] Dai S, Ju Y, Gao H, et al. Chem. Commun., 2000, 36: 243
[262] Wu F, Chen N, Chen R, et al. Nano Energy, 2017, 31: 9
[263] Li X, Zhang Z, Yang L, et al. J. Power Sources, 2015, 293: 831
[264] Vioux A, Viau L, Volland S, et al. Comptes Rendus Chimie., 2010, 13: 242
[265] Néouze M-A, Bideau J L, Leroux F, et al. Chem. Commun., 2005, 41: 1082
[266] Néouze M-A, Bideau J L, Gaveau P, et al. Chem. Mater., 2006, 18: 3931
[267] Martinelli A, Nordstierna L. Phys. Chem. Chem. Phys., 2012, 14: 13216
[268] Zackrisson A S, Martinelli A, Bergenholtz J, et al.Colloid.Interf. Sci., 2006, 301: 137
[269] Horowitz A I, Westerman K, Panzer M J. J. Sol-Gel Sci. Tech., 2016, 78: 34
[270] Martinelli A. Inter. J. Mol. Sci., 2014, 15: 6488
[271] Cota I, Martinez F F, Coordin. Chem. Rev.2017, 351, 189
[272] Ban Y, Li Z, Li Y, et al. Angew. Chem. Int. Edit., 2015, 127: 15703
[273] Chen W X, Xu H R, Zhuang G L, et al. Chem. Commun., 2011, 47: 11933
[274] Horowitz A I, Panzer M J. J. Mater. Chem., 2012, 22: 16534
[275] Chen S, Wu G, Sha M, et al. J. Am. Chem. Soc., 2007, 129: 2416
[276] Li C, Guo X, He Y, et al. RSC Adv., 2013, 3: 9618
[277] Labropoulos A, Romanos G E, Kouvelos E, et al. J. Phys. Chem.C., 2013, 117: 10114
[278] LuY, Moganty S S, Schaefer J L, et al. J. Mater. Chem., 2012, 22: 4066
[279] Park M J, Lee J K, Lee B S, et al. Chem. Mater., 2006, 18: 1546

03

锂离子电池电解质

在当今社会经济可持续发展的背景之下，大力开发新能源技术是实现能源结构优化、节能减排和环境保护的关键举措。其中，电化学储能技术因具有能量密度高、转换效率高、设备结构简单和配置灵活等优点成为在现有众多储能技术中最有潜力、发展最快和最核心的技术之一。电化学储能技术是指通过发生可逆的化学反应来完成电能与化学能之间的能量转换技术，进而实现电能的储存与释放[1,2]。以锂离子电池为代表的二次电池目前已广泛应用于消费电子、电动汽车、规模储能、航空航天等领域[3-12]。1978 年，Whittingham 提出了插入式电极概念。1980 年，Armand 提出了“摇椅式电池”的新构想，采用可反复嵌入/脱出锂离子的层状化合物作为电极材料，构成没有金属锂的锂二次电池，并利用锂离子在正负极之间的往复穿梭进行充放电。同年，Goodenough 提出了钴酸锂可以作为合适的电极材料。之后，Yoshino 以钴酸锂为阴极、碳基材料为阳极，确立了现代锂离子电池的基本框架。1991 年，日本索尼公司提出“锂离子电池”概念，以石墨碳材料作为负极实现了锂离子电池的商品化。商业化锂离子电池的问世引起了全球范围的极大关注，它以高能量密度和高功率特性等优越性能在众多电池体系中脱颖而出，迅速占据了便携式电子设备的主体市场，并由此得以飞速发展。近年来，开发以纯电动汽车为代表的新能源汽车也成为各国重要的能源发展战略之一。锂离子电池作为新一代“环境友好型”储能技术，具有比能量大、无记忆效应、循环寿命长、工作电压高和适应性强等诸多优点，被称为“新世纪的主导电源”[13-20]。2019 年 10 月 9 日，诺贝尔化学奖颁给了斯坦利・惠廷厄姆（Stanley Whittingham）、约翰・古德伊纳夫（John Goodenough）与吉野彰（Akira Yoshino），以表彰他们在“锂离子电池”领域的突出贡献。诺奖委员会在颁奖词中写道：“他们创造了一个可充电的世界”，“为无化石燃料的社会奠定了基础”，“为人类带来了巨大效益”。随着锂离子电池作为大型动力电源在电动汽车领域的应用，电池的能量密度、电流密度和功率密度也在不断提高，如何确保电池的安全性成为研究者首要考虑的因素。

锂离子电池的安全性与电池的设计（电池壳体设置安全阀、配制安全保护电路）、制造工艺（粉尘控制降低负极析锂，提高电解质的纯度降低副反应）和滥用条件（过充、过放、撞击、针刺、燃烧）等密切相关，但是本质上取决于电池内部材料的热稳定性[21-25]。各个部分材料对电池本体热稳定性的影响如下：

（1）电解质。电解质自身的热分解反应导致电池的温度升高，而有机溶剂在高温下极易发生泄漏、燃烧，故电池安全性无法得到保证。

（2）负极。在负极表面形成的 SEI 膜在高温下会发生分解，导致嵌锂负极与电解液发生反应，放出大量的热和易燃气体。

（3）正极。处于充电状态的正极材料具有强氧化性和稳定性差的特点，容易直接与液体电解质发生反应放出大量的热，导致电池内部温度升高，进而引发电解质的高温分解，导致电池短路。此外，正极活性物质受热容易发生分解反应放出氧气[26]，氧气与液体电解质反应放出大量的热和气体，导致电池系统的破坏[27]。

从以上几点可以看出，电解质是影响锂离子电池安全性的主要因素之一。因此，从电解质入手改善电池的安全性是当前最有效的方案。在电解质中加入少量的成膜添加剂可以缓解电池中锂枝晶的产生；防过充添加剂可以避免电解质在过充条件下发生分解；阻燃添加剂可以降低液体电解质的可燃性。但这些添加剂的使用有其自身的局限性，即只能部分提高电池的安全性，并不能彻底解决液体电解质溶剂的易燃问题。因此，开发具有优异的热稳定性并使其满足电池应用要求、保障电池安全性的新型电解质材料非常重要。

理想的锂离子电池的电解质材料应满足以下要求：

（1）高离子电导率，在工作温度范围内离子电导率应达到 1×10^{-3} $S\cdot cm^{-1}$；

（2）良好的化学稳定性，不易与电极发生反应；

（3）良好的热稳定性，在较宽的温度范围内不发生热分解反应；

（4）宽电化学稳定窗口，在较宽的电压范围内不发生氧化还原反应；

（5）与电极材料、隔膜和集流体有良好的相容性；

（6）安全、无毒、无污染。

液体电解质具有较高的电导率，但是某些电解质中含有有毒和易燃的有机溶剂，严重地影响着电池的安全性。为了满足上述要求，电解质正逐渐向固态方向发展。与液体电解质相比，固体电解质不易燃烧、阻燃能力强，无可燃液体泄漏的风险，安全性大幅提高。基于固体电解质的电池在制备过程中不需要封入液体，可简化电池的封装，易于实现电池小型化、轻量化。

3.1 锂离子电池概述

3.1.1 锂离子电池的工作原理及发展

金属中锂的密度最小（0.534 $g\cdot cm^{-3}$，20℃），标准电极电位最低（–3.05 V *vs.* H^+/H_2），理论比容量可以达到 3860 $Ah\cdot kg^{-1}$，因此，基于锂的可充电二次电池的能量密度可超过 150 $Wh\cdot kg^{-1}$。商业化的锂离子电池材料主要包括：正极材料、负极材料、电解质和隔膜[28-33]。其中，正负极分别采用不同的嵌锂材料。

正极材料是限制锂离子电池容量的关键，目前开发的锂离子电池均以正极材料作为锂源，市面上常见的正极材料按结构可分为[34]：①层状材料，主要有 $LiCoO_2$、三元材料 $LiNi_{1-x-y}Co_xMn_yO_2$ 和 $LiNi_{1-x-y}Co_xAl_yO_2$；②尖晶石材料，代表材料是 $LiMn_2O_4$；③聚阴离子类材料，主要有 $LiFePO_4$ 和 $LiFe_{1-x}Mn_xPO_4$。各种正极材料的主要性能对比见表 3-1。良好的锂离子电池正极材料应该满足以下条件[35, 36]：①具有较高的氧化还原电位，保证电池具有较高的输出电压，并且电压平台稳定，保证电极输出电位的平稳；②允许大量的锂离子进行可逆地嵌入和脱出，保证电池的高容量特性；③具有较高的离子电导率和电子电导率；④锂离子在材料中具有较高的化学扩散系数，电极界面稳定，保证电池的高倍率充放电特性；⑤充放电过程中，材料结构稳定，可逆性好，保证电池具有良好的循环稳定性；⑥良好的化学稳定性，不与电解质反应；⑦来源广，成本低，无毒，无污染。

表 3-1　几种锂离子电池正极材料的性能比较

参数	$LiCO_2$	$LiNiO_2$	$LiMn_2O_4$	$LiNi_{1-x-y}Co_xMn_yO_2$	$LiFePO_4$
晶体结构	六方层状	六方层状	尖晶石	六方层状	橄榄石
比容量（$mAh{\cdot}g^{-1}$）	140～160	170～190	100～120	150～170	130～160
振实密度（$g{\cdot}cm^{-3}$）	2.8～3.0	2.4～2.6	2.2～2.4	2.0～2.3	1.0～1.4
工作温度（℃）	–20～55	–20～55	–20～55	–20～55	–20～55
热稳定性	一般	不稳定	较好	好	很好
电压平台（V）	3.6	3.8	3.7	3.5	3.2
循环性能（周）	≥300	≥300	≥500	≥800	≥2000
储量	缺乏	缺乏	丰富	丰富	较丰富
成本	很高	高	低廉	较高	低廉

目前已经商业化生产的锂离子电池负极材料主要包括[37]：①石墨类碳材料，主要有天然石墨和人造石墨两类；②无序碳材料，主要包括硬碳和软碳；③钛酸锂材料；④硅基材料，主要有碳包覆的氧化亚硅复合材料、纳米硅碳复合材料和无定形硅合金。对于负极材料的选择应该遵循以下条件[38]：①具有较低的氧化还原电位，有利于与正极形成大的电势差，保证电池具有较高的输出电压，且电极电位变化小，保证电池获得稳定的工作电压；②嵌锂电位需在 1.2 V *vs.* Li^+/Li 以下，保证负极表面能够生成致密的 SEI 膜；③具有高的可逆容量，保证电池的高能量密度；④充放电过程中材料结构稳定；⑤化学稳定性好，与电解质的相容性好；⑥具有良好的电子导电性和离子导电性；⑦资源丰富，价格低廉，环境友好。

电解质是锂离子电池的重要组成部分，通常是在有机溶剂中溶有锂盐的离子型导体，负责在正负极之间传导和运输锂离子，对电池的能量密度、循环寿命、工作温度以及安全性能等起着至关重要的作用[39]。一般作为商业用锂离子电池的电解质应该具备以下性能[40]：①离子电导率高，电子绝缘；②电化学窗口宽；③热稳定性好，工作温度范围宽；④化学稳定性好，不与正负极、集流体、隔膜和电池封装材料等发生反应；⑤环境友好，安全无毒。商用的液体电解质一般采用含有锂盐的有机溶液。锂盐有高氯酸锂（$LiClO_4$）、六氟磷酸锂（$LiPF_6$）、四氟硼酸锂

（$LiBF_4$）、双(三氟甲基磺酸酰)亚胺锂（LiTFSI）、二氟草酸硼酸锂（LiODFB）等。有机溶剂为碳酸乙烯酯（EC）、碳酸二甲酯（DMC）、碳酸甲乙酯（EMC）、碳酸二乙酯（DEC）、碳酸丙烯酯（PC）等一种或几种的混合物。另外，电解质中还需要添加少量的添加剂来改善电解液的某些性能。添加剂具有量少、效果好、经济适用等特点。从功能上分，添加剂有阻燃添加剂、成膜添加剂、过充保护添加剂等[41-50]。除上述的传统液体电解质，锂离子电池中还使用一些特殊的电解质，包括：离子液体电解质、无机固体电解质、聚合物电解质、聚合物凝胶电解质等。

所谓锂离子电池实际上是一种锂离子的浓差电池，正负两极分别由两种能够进行锂离子可逆脱嵌的化合物组成。锂离子电池的充放电过程，就是锂离子的脱出和嵌入过程。当电池充电时，正极上的锂离子从正极材料中脱出，经过电解液扩散运动到负极，到达负极的锂离子嵌入到负极材料中，同时为保持电荷的平衡，电子通过外电路从正极流向负极。充电过程结束时，正极处于贫锂态，负极处于富锂态。当电池放电时则过程相反，负极材料中的锂离子在电势差的作用下，自发地从负极材料中脱出，经过电解液穿过隔膜回嵌到正极材料中，电子也通过外电路负载流回到正极材料中。以 $LiCoO_2$/石墨系锂离子电池为例，充放电原理示意图如图 3-1 所示。该电池体系的电极反应和电池总反应如下：

$$\text{正极反应：} LiCoO_2 \rightleftharpoons Li_{1-x}CoO_2 + xLi^+ + xe^- \quad (3\text{-}1)$$

$$\text{负极反应：} 6C + xLi^+ + xe^- \rightleftharpoons Li_xC_6 \quad (3\text{-}2)$$

$$\text{电池总反应：} LiCoO_2 + 6C \rightleftharpoons Li_{1-x}CoO_2 + Li_xC_6 \quad (3\text{-}3)$$

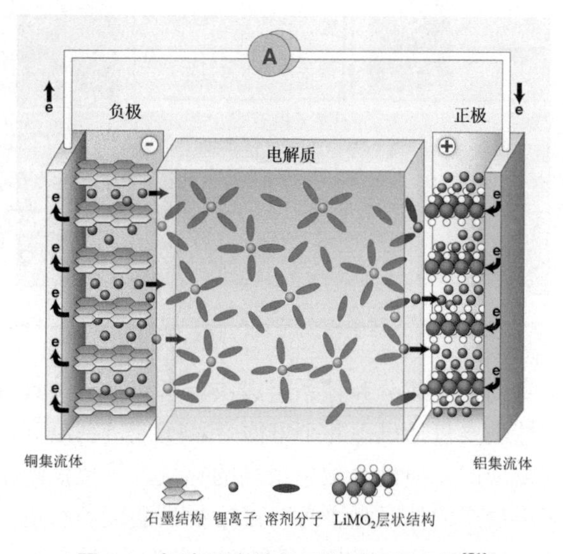

图 3-1 锂离子电池的工作原理示意图[51]

理论上，当两种材料的电化学电势存在差异时，便可以构建由两种材料组成的电化学储能器件。在锂离子电池中，能量的载体是可以移动的锂离子和电子，电池的能量密度取决于正负极之间的电压和电极的可逆储锂容量。电池的电压取决于正负极之间的电化学势差，并随着充放电发生变化。锂离子电池有着能适应不同应用方向的各种形状和构造，其主要构成均为正极、负极、集流体、电解质、隔膜以及外壳。图 3-2 展示了电池正负极材料中所相关元素的丰度与比容量[52]。

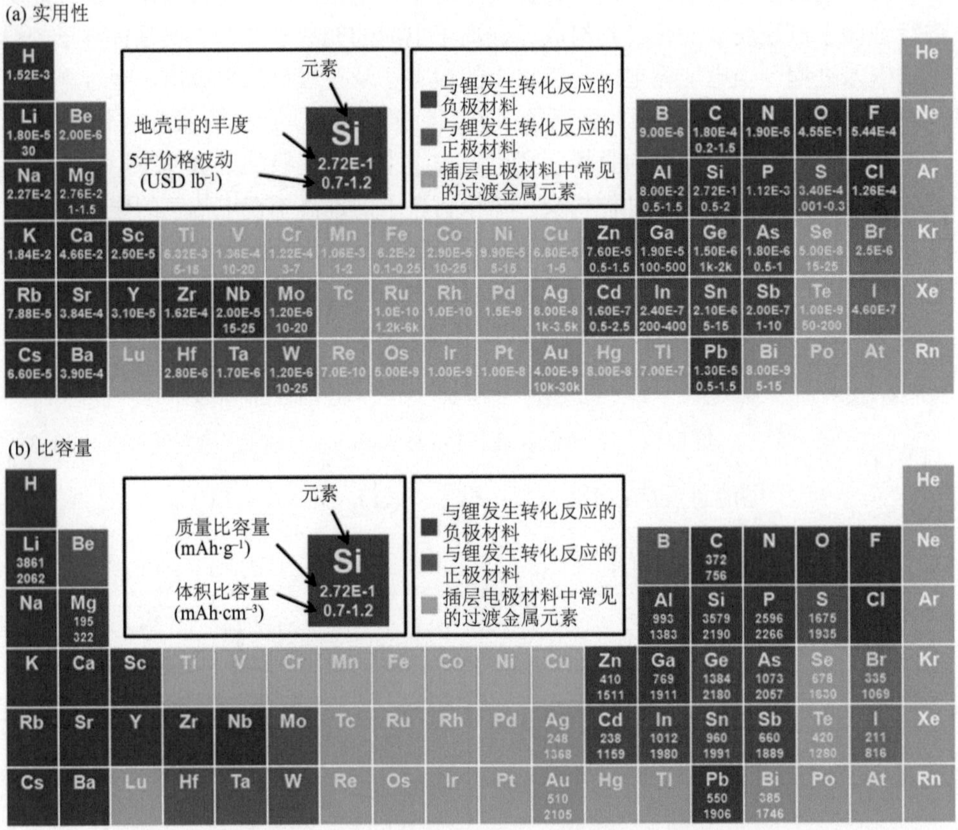

(a) 实用性

(b) 比容量

图 3-2　电池正负极材料中相关元素：（a）实用性；（b）比容量[52]

锂离子电池自身的化学成分和体系组成决定了它是一种具有潜在安全隐患的化学电源，其危险性主要包括以下几个方面[53]：①能量密度高，当电池内部温度过高而发生热失控反应时，电池会放出很高的热量，导致危险事故的发生；②目前商业电解液中应用最广的体系是含有 $LiPF_6$ 的碳酸酯类有机溶剂，该类溶剂分解电压较低，易发生氧化，且易挥发、易燃烧，若发生泄露后，会导致电池起火，严重时甚至引发爆炸；③电池在正常使用过程中，如果让其进行过充、过放或者过电流工作，便容易触发电池内部的危险性副反应，产生热量，破坏电极表面的钝化膜，还可能产生大量的气体，使电池内压急剧上升，导致电池发生爆炸或燃烧；④锂的化学活性高，锂离子被还原后形成的锂枝晶生长到一定程度会刺破隔膜，造成电池内部短路；⑤正极材料在过充或高温条件下工作时，结构极不稳定，并容易使电解液中的溶剂发生强烈氧化。

随着人们对电池能量密度和功率密度要求的不断提高，电池的安全性问题越发得到人们的关注。特别是近年来，由电池引发的安全性事故时有发生（图 3-3）。2013 年日本航空公司波音 787 客机一块电池因为短路过热发生起火；2016 年 1 月 19 日，京港澳高速上一辆装有锂电池的货车发生火灾；同年 9 月 7 日，一辆特斯拉 Model S 电动汽车在荷兰发生车祸，车上的电池掉落起火并且难以熄灭；11 月印第安纳也发生特斯拉车祸死亡事件，车撞击后起火，电池发生爆燃，事故中造成司机、乘客和 1 名消防员共三人死亡；2016 年的三星 Galaxy Note 7 手机大范围的电池起火爆炸事件，再次将锂离子电池的安全性问题推到了风口浪尖。不断发生的安全事故表明，锂离子电池的安全问题不容忽视，并成为电动汽车推广应用的制约因素之一。

图 3-3　锂离子电池引发的安全事故（源于 OFweek 锂电网）

3.1.2 锂离子电池电解质概述

电解质材料是电池的关键组成部分，对电池的安全性、比能量、循环寿命都有着非常重要的影响。开发高性能锂二次电池是未来的发展方向，其取决于高容量电极材料的开发应用和安全性问题的解决。虽然电极材料决定着电池的能量密度，但是电池实际应用中的能量密度、反应动力学、循环稳定性和安全性息息相关，这些也都与电解质有着密切联系[54-58]。

电解质的性能不仅能够影响到锂二次电池性能的正常发挥，而且也是影响电池安全性的重要因素，因此从电解质角度入手改善电池的安全性是最有效的手段之一[59-63]。常见的方法是向常规电解质中加入少量的添加剂，例如安全性电解质添加剂。其具有用量少、效果显著的特点，根据其作用机理可分为成膜添加剂、过充保护添加剂和阻燃添加剂等[64]。成膜添加剂多选用还原分解电位较高的化合物，它们能够在首周充放电的过程中先于电解液中的其他成分发生分解，在负极表面生成致密的 SEI 膜，从而避免电解液的还原分解[41, 65]；过充保护添加剂需具有合适的氧化电势，其应介于电池的充电截止电位和电解质的氧化分解电位之间，目前常用的主要有氧化还原飞梭添加剂[66, 67]和电聚合添加剂[68, 69]两类；阻燃添加剂能够释放出具有阻燃性能的自由基，干扰电解液受热过程中的羟基自由基链式反应，抑制锂离子电池有机电解液的燃烧反应[70]。

添加剂的使用可以在一定程度上改善锂离子电池的安全性问题，但是仍具有自身的局限性，并不能从根本上解决液体电解质的易燃、易爆及易泄露的问题，电池的安全隐患仍难以杜绝。因此，跳出液体电解质的范畴，开发出新型的高安全性电解质体系成为近年来科研工作者的又一研究热点。将传统有机电解液替换成固体电解质正吸引着越来越多的关注，特别是近年来储能领域对高能量密度和高安全性锂二次电池的迫切需求显著推动了固态锂二次电池的研发。相比于液体电解质，固体电解质具有一些显著的优点，主要包括以下几个方面[71, 72]：①不挥发、无腐蚀、不可燃、不存在漏液问题以及不会引起电池内部短路；②工作温度范围宽，特别是能在高温下稳定工作；③具有一定的硬度及电子绝缘性，可直接作为隔膜，能够有效抑制锂枝晶的生长，并使得锂负极的重新应用成为可能；④化学稳定性好，电化学窗口宽，可匹配高压正极材料；⑤具备柔性优势。液态锂离子电池与全固态锂离子电池的对比见图 3-4。

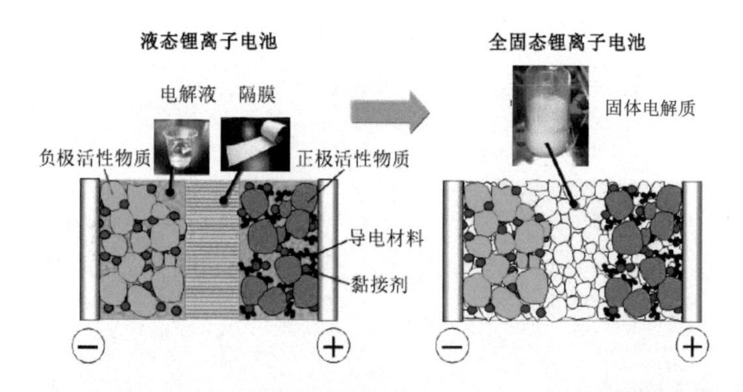

图 3-4 液态锂离子电池与全固态锂离子电池示意图[73]

尽管固体电解质具备一定的优势，但是距离全固态锂离子电池的大规模应用仍有很长的路要走。其中一个主要的限制性条件是，目前现有的固体电解质的室温离子电导率大多数并不能达到 1×10^{-3} $S\cdot cm^{-1}$ 的基本要求。因此，关于固体电解质的研究主要集中于传统固体电解质的改性来提高离子电导率或开发具有高离子电导率的新型固体电解质。对于固体聚合物电解质，离子的传输主要靠离子与聚合物链段上的极性基团的配位与解离来完成；而对于无机固体电解质，离子在其内部的传输和迁移主要靠材料晶格本身的空位或间隙位来完成[74, 75]。目前，固体电解质主要分为三类[76]：固体聚合物电解质（solid polymer electrolyte，SPE）、无机固体电解质（inorganic solid electrolyte，ISE）和复合固体电解质（composite solid electrolyte，CSE），如图 3-5 所示。

固体聚合物电解质由聚合物和固定在其内部的锂盐组成，主要呈现出大分子或超分子结构，它的研究始于 20 世纪 70 年代[77, 78]。通常来讲，在一个 SPE 体系中，基于路易斯酸碱理论，锂离子或其他阴阳离子可与聚合物上的极性位点发生配位。无定形聚合物链在自由体积空间内摆动而产生推动力，相邻配位点上的阴阳离子发生反复地解离、跳跃以及再配位，并在外部电场的作用下形成定向移动，这就是离子的传导过程［图 3-6（a）］[79]。该理论认为，离子的传输主要发生在聚合物链的非晶相中，在高于聚合物的玻璃化转变温度（T_g）时将有利于离子的传输，而在低于 T_g 时，将不利于离子的传输。相反地，Bruce 等[80-82]公开了一系列由某些离散成分组成的特定类型的复合物——PEO_6：$LiXF_6$（X 为 P、As 或 Sb），该类复合物具有有序微观晶体结构，与具有相同组成的无定形复合物相比，它们被认为具有更高的离子电导率。同时 Bruce 等还认为，在结晶态的 SPE 体系中，聚合物链在有序框架内折叠形成连锁的螺旋通道，锂离子位于通道内并与位于通道外部的阴离子分离，锂离子依靠在通道内部的跳跃完成传送与迁移［图 3-6（b）］。

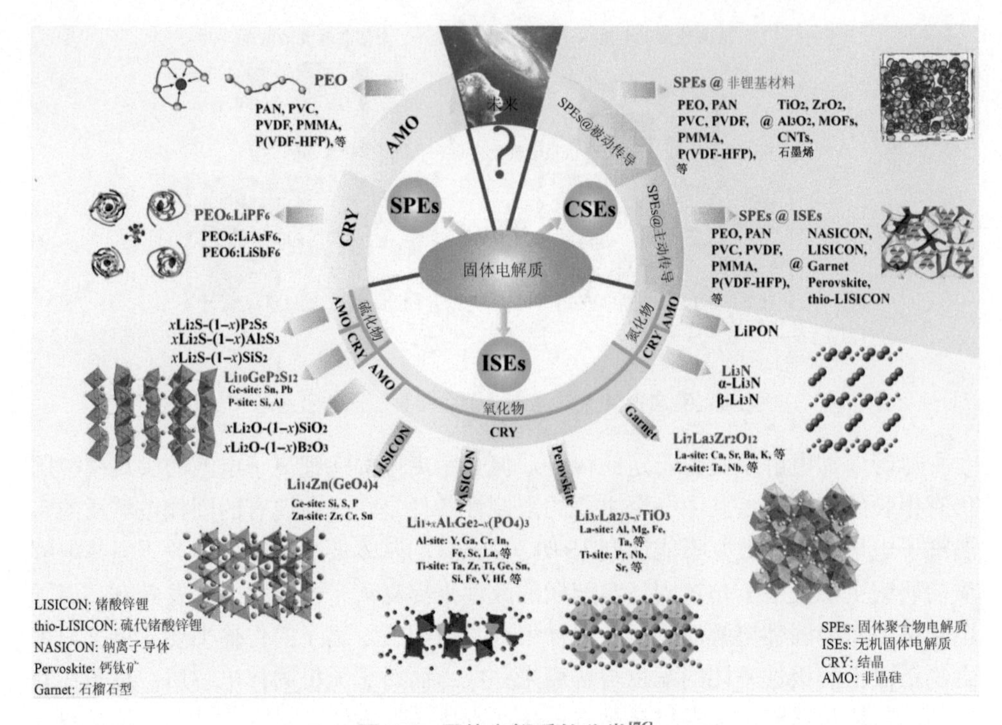

图 3-5　固体电解质的分类[76]

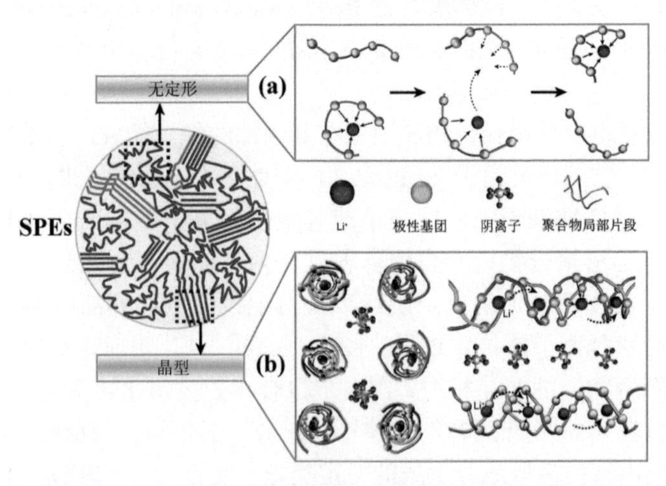

图 3-6　两类聚合物电解质的传导机理示意图：（a）无定形聚合物电解质[79]
（b）晶型聚合物电解质[82]

无机固体电解质是一类具有高离子传输特性的无机单离子导体材料，其传输方式不同于液体电解质与聚合物电解质中阴离子和阳离子的耦合式传输[83, 84]。按其材料结构可分为晶型和无定形两大类[85]。在锂二次电池常见的无机固体电解质中，按其晶体结构配体中的不同杂原子 O、S 和 N 可将其分为氧化物固体电解质、硫化物固体电解质和氮化物固体电解质三大类。其中氧化物类主要包括锂超离子导体（lithium superionic conductors，LISICON）、钠超离子导体（sodium superionic conductors，NASICON）、石榴石（garnet）和钙钛矿（perovskites）四种晶型结构的电解质；硫化物类主要有晶型的硫代- LISICON（thio-LISICON）；氮化物类主要有晶型的 Li_3N。

复合固体电解质主要由常规固体电解质和其他物质复合组成，可以综合各组分的优点，提高自身的综合性能。根据复合的物质填料是否是离子导体，可分为惰性填料和活性填料[86]。早在 1973 年，Liang 等[87]将 Al_2O_3 掺入多晶的 LiI 中，研究发现在两个组分没有发生化学反应的情况下，电解质的离子电导率有所增加。随后，Maier 等[88-90]提出了空间电荷机制来解释这一现象。他指出这两个相之间的界面相互作用可能影响锂离子的传输，进而影响到材料的电导率。常用的惰性填料主要有 Al_2O_3[91]、TiO_2[92, 93]、SiO_2[94, 95]、ZrO_2[96]、Fe_2O_3[97]［图 3-7（a）］以及具有特定结构的微孔分子筛[98]、金属有机骨架（MOFs）材料[99-101]等。此外，向聚合物电解质中掺入的这类陶瓷材料还可以作为支撑基体以改善电解质的机械性能，并且抑制聚合物链的重结晶，进而促进锂离子的传输[102, 103]。含有活性填料的复合固体电解质主要是聚合物固体电解质和无机固体电解质的复合，目前这两类研究最多。Capuano 等[104]首次将活性填料 γ-$LiAlO_2$ 与具有规则球形的且平均直径小于 1 μm 的$(PEO)_8LiClO_4$进行复合，使得含有纳米材料的复合固体电解质受到了广泛关注。近年来，随着具有高离子电导率的 ISE 得到不断开发，与其相关的

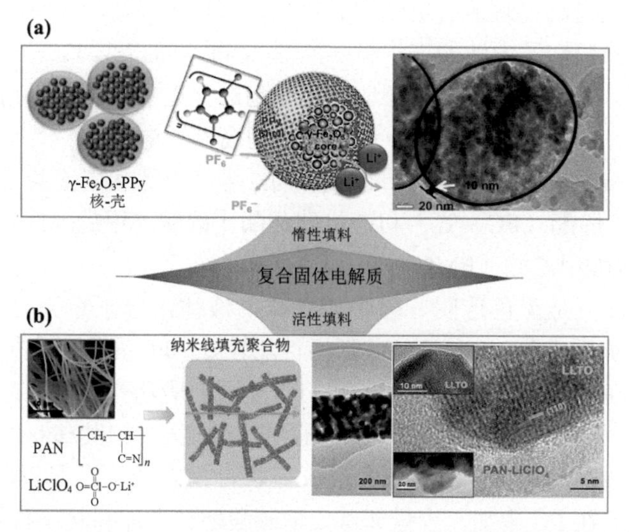

图 3-7 复合固体电解质（a）惰性填料 Fe_2O_3[97]和（b）活性填料 $Li_{0.33}La_{0.557}TiO_3$[106]

纳米复合固体电解质的研究也在大幅增加。Lee 等[105]报道了一种 PEO 和四方晶系 $Li_7La_3Zr_2O_{12}$ 的复合物，该复合电解质在 55℃下的电导率为 4.42×10^{-4} $S\cdot cm^{-1}$。如图 3-7（b）所示，含有 15wt%的 $Li_{0.33}La_{0.557}TiO_3$ 纳米线与 PAN-$LiClO_4$ 组成的复合电解质在室温下展现出高达 2.4×10^{-4} $S\cdot cm^{-1}$ 的电导率[106]。将锂锗磷硫（LGPS）颗粒分散到 PEO 基体内制备的复合电解质膜的电导率可以达到 1.21×10^{-4} $S\cdot cm^{-1}$[107]。

3.2 有机液体电解质

3.2.1 有机溶剂

有机液体电解质是把锂盐溶解于极性非质子有机溶剂中得到的液体电解质，又称为有机电解液。这类电解质电化学稳定性好、工作温度宽、凝固点低、沸点高，但也存在一些问题，例如有机溶剂的介电常数小、黏度大、电导率低等。研究证实，电极与电解质的界面性质是影响电池可逆性与循环寿命的关键因素。在传统的锂离子电池中，有机非质子溶剂在首周充电过程中会在碳负极表面发生反应形成 SEI 膜[108]。良好的 SEI 膜可以允许锂离子自由进出，从而阻止溶剂分子嵌入时对电极的破坏，显著提高电极的循环寿命。

常见的有机溶剂可以分为三类[109]：①质子溶剂，如乙醇、甲醇、乙酸等；②极性非质子溶剂，如碳酸酯、醚类、砜类、乙腈等；③惰性溶剂，如四氯化碳等。目前，锂离子电池电解液一般使用的是极性非质子溶剂，这些溶剂含有极性基团，可以有效提高电解液的电化学稳定性，有利于锂盐的溶解。锂离子电池电解液的溶剂直接决定了电池的工作温度范围，因此溶剂需要具有高沸点、低熔点，即较宽的液程。此外，有机溶剂还应具有较高的介电常数和较小的黏度，使锂盐在其中有足够高的溶解度，从而保证电解液的高离子电导率[40, 110]。

碳酸酯是最早应用于锂电池的有机溶剂，可分为环状碳酸酯［如碳酸丙烯酯（PC）和碳酸乙烯酯（EC）等］和链状碳酸酯［碳酸二甲酯（DMC）、碳酸二乙酯（DEC）、碳酸甲乙酯（EMC）等］[111]。

PC 在常温下是无色透明、略带芳香味的液体，分子量为 102.09，密度为 1.198 $g\cdot cm^{-3}$，凝固点为–49.27℃，其低温性能较好。PC 具有较高的化学、电化学稳定性，可以在恶劣条件下工作。然而，PC 也具有吸湿性，可能会对电解液中水分的控制产生一定的影响。PC 在商业电池中使用较早，但其与石墨类碳材料的相容性较差，难以在石墨类碳电极表面形成有效的 SEI 膜，造成电池充放电过程中石墨层的剥离。在 PC 中加入少量邻苯二酚碳酸酯，可抑制其在石墨负极的分解；此外，加入少量的亚硫酸丙烯酯（PS）、亚硫酸乙烯酯（ES）或氯代碳酸乙烯酯

（Cl-EC）等均有利于 SEI 膜的生成，可以抑制 PC 插入石墨电极，提高电池的循环可逆性能[41]。

EC 结构与 PC 十分相似，是 PC 的同系物。与 PC 相比，EC 的热稳定性较高，黏度略低。此外，EC 的介电常数远高于 PC，使得锂盐能够充分解离，有利于提高电解液的离子电导率。在高度石墨化碳材料的表面，EC 可以分解形成致密的产物有机酯锂 $ROCO_2Li$。然而，EC 的熔点（37℃）较高，在低温条件下不易溶解，需与其他溶剂配合使用，如在 EC 中按照摩尔比 1∶1 加入乙酸甲酯（MA），可以提高电解液体系的低温性能[112]。

链状碳酸酯黏度低，且介电常数低。除了少数几种含有甲氧基的可以在电解液中单独使用外，其余的大部分链状碳酸酯只能作为共溶剂与环状碳酸酯配合使用。DMC 常温下为无色液体，属于无毒或微毒产品，能与水或醇形成共沸物。其分子结构中含有羰基、甲基和甲氧基等官能团，因而它具备多种反应活性。DEC 的结构与 DMC 相近，常温下为无色液体，熔点非常低，毒性比 DMC 强。近年来，为了提高链状碳酸酯的热稳定性，人们先后合成了部分或全部氟化的碳酸酯。这类溶剂具有低熔点、高电化学稳定性和热稳定性以及良好的安全性。

3.2.2 锂盐

尽管锂盐的种类很多，然而适用于锂离子电池的锂盐却非常有限。理想的电解质锂盐应具备以下性质：①在有机溶剂中溶解度高，缔合度小，易于解离，以保证电解液有较高的电导率；②阴离子具有较强的氧化和还原稳定性，电化学稳定性好，还原产物有利于电极表面 SEI 膜的形成；③具有较好的热稳定性及化学稳定性；④安全性高，环境友好；⑤易于制备和纯化，生产成本低。

目前，在实验室和工业生产中，一般选择阴离子半径较大、电化学性能稳定的锂盐，以最大限度地满足以上特征。锂离子电池中使用的锂盐种类很多，根据阴离子不同可以分为无机阴离子锂盐和有机阴离子锂盐两类[113]。

无机阴离子锂盐主要包括 $LiClO_4$、$LiBF_4$、$LiPF_6$、$LiAsF_6$。$LiClO_4$ 是锂电池中研究历史最长，且应用最早的锂盐。$LiClO_4$ 的电解液电导率较高，热稳定性强，同其他锂盐相比，它还具有价格低廉、易于制备和纯化等特点。然而，$LiClO_4$ 中的氯是最高价态，其阴离子具有较强氧化性，在一些极端条件下容易与有机溶剂发生强烈反应，带来安全隐患[114]。因此，出于安全考虑，它在工业上并不适用，但仍可作为实验室研究用。$LiAsF_6$ 是另一种性能优良的锂盐，它与醚类有机溶剂构成的电解液具有非常高的电导率。然而，由于其还原产物含有剧毒性的 As 而受到限制。$LiBF_4$ 的阴离子半径小，容易缔合，电解液的电导率较小，导电性能及循环性能差，在锂离子电池中的研究和应用较少。$LiPF_6$不稳定，易吸水，在溶液中易分解产生微量的 LiF 及 PF_5，但由于其电导率高，因此在商业上得到广泛应用。

锂离子电池中常见的有机锂盐一般具有较大半径的阴离子，电子离域化作用强。这种分子结构可以减小锂盐的晶格能，削弱正负离子间的相互作用，增大溶解度，有助于提高电池的电化学稳定性和热稳定性。有机阴离子锂盐主要包括硼基锂盐、含磷锂盐、磺酸锂盐、烷基锂盐和亚胺锂盐等[115]。

硼基锂盐对环境友好，种类较多，大致可以分为两类：芳基硼酸锂和烷基硼酸锂。芳基硼酸锂盐电导率较低，分解电压也较低，因此影响了其实际应用。烷基硼酸锂盐中最具代表的是双草酸硼酸锂（LiBOB）。LiBOB 以硼原子为中心，呈现独特的四面体结构。硼原子具有强烈的吸电子能力，由于 B 上的负电荷被周围两个草酸根上的八个氧原子高度分散，使阴阳离子键的作用力减小，使得LiBOB在部分特定有机溶剂中的溶解性较好。LiBOB 高温性能很好，相比在 50℃时已经不能正常循环的 $LiPF_6$，应用 LiBOB 的电池在 60℃、70℃依旧循环良好。此外，LiBOB 的最大优点还在于其成膜性好。然而，由于它具有很强的吸湿性，因此大多数情况下它都是作为添加剂与其他锂盐共同使用[116]。

含磷锂盐的阴离子为含氟烷基及 F 与 P 原子形成六配位的络合物，或者为邻苯二酚衍生物与 P 原子形成六配位的五元环螯合物：$LiPF_3(C_2F_5)_3$(LiFAP)。$—C_2H_5$基团中的 H 被 F 取代后，能够形成强的吸电子基团，由此，LiFAP 具有较低的 HOMO 能级，从而具有较好的抗氧化稳定性。LiFAP 具有同 $LiPF_6$ 相当的电导率和电化学稳定窗口，并且具有比 $LiPF_6$ 更高的稳定性，不易水解。随着循环周数增加，LiFAP 在库仑效率方面的优势更加明显。此外，含 LiFAP 的电解液的闪点会提高，可加强锂离子电池的安全性，如在 EC、DEC、DMC（质量比 40∶20∶40）组成的溶剂中，LiFAP 作为锂盐的电解液闪点可达到 37.8℃，而采用 $LiPF_6$ 的电解液闪点只有 24℃。

锂盐在锂离子电池中作用非常重要，新型锂盐的开发是一个重要的研究方向。新型锂盐的研究一方面集中于对 $LiPF_6$ 的改进，尝试研究新的取代基对 $LiPF_6$ 的性能进行改善。另一方面是寻找替代 $LiPF_6$ 的新型锂盐。以 B 为中心的硼基盐类对环境友好，且具有良好的高低温性能，是改善锂离子电池性能的新型锂盐代表。

3.2.3 添加剂

电池在使用过程中会出现循环性能下降等问题，改善电解液体系可以在一定程度上解决或缓解这些问题。研究及开发各类功能添加剂，可在不改变电解液主体组成、不提高或较少提高成本的同时，达到改善电池性能的目的。

从添加剂的种类上看，锂离子电池电解液的添加剂主要包括有机添加剂和无机添加剂。有机添加剂具有与锂离子电池电解质互溶性好、优化效果佳和使用方便等优点，引起了人们高度的重视并得到了迅速发展。相比而言，无机添加剂的选择具有一定的局限性，但近年来它的发展也不容忽视。添加剂的作用主要包括：改变 SEI 膜的化学组成，促进膜的形成；提高电解液的电导率；改善电池的安全性。因此，从添加剂的功能上看，添加剂又可分为成膜添加剂、导电添加剂和阻燃添加剂。

SEI 膜的基本组成是有机酯锂（$ROCO_2Li$ 等）和无机锂盐（Li_2O、Li_2CO_3、LiF 和 LiOH 等）。目前商业化的锂离子电池均采用 VC 作为成膜添加剂，其还原电位高于 EC、PC 等，可以优先分解，促进负极表面的成膜。

在电解液中，增大离子摩尔浓度、减小黏度及减小离子溶剂化半径，均可提高其离子电导率。由于二甲氧基乙烷（DME）有较强的阳离子螯合能力，可在 PC 中加入 DME。在该体系中锂盐具有较高的解离度，同时降低了体系黏度，减小了 Li^+的斯托克斯（Stokes）半径。当 DME 含量达到 70%时，电解液体系可获得较高的电导率。一些含氮的小分子化合物，如 NH_3 能与 Li^+强烈配位，减小 Li^+溶剂化半径，提高电解液的电导率。但是在充电过程中伴随着配体的共插入，从而破坏电极。冠醚和穴状化合物能与锂离子形成包裹式螯合物，能较大程度地提高锂盐的溶解度，实现阴阳离子对的有效分离及锂离子与溶剂分子的分离。一些硼基化合物作为阴离子受体，加入电解液后会生成另一种锂盐，可以起到辅助电解质的作用，促进锂盐的解离。例如将$(C_6F_4)O_2B(C_6F_5)$加入到 LiF/DME 中，体系电导率可达 $9.54\times10^{-3}\ S\cdot cm^{-1}$，在加入到 LiF/EC-DMC（1∶2）中电导率可达 $4.79\times10^{-3}\ S\cdot cm^{-1}$[117]。

锂离子电池在极端条件下存在安全隐患。在电解液中加入高闪点、高沸点和不易燃的溶剂可达到阻燃的效果。张升水等[118]将三(2,2,2-三氟代乙基)亚磷酸盐（TTFP）加入到 $LiPF_6$ 基电解液中，发现 TTFP 能与 PF_5 发生弱作用形成化合物，显著降低了锂离子电解质的易燃烧性。

3.2.4 与电极材料的相容性

有机液体电解质的选择与优化对锂离子电池的发展具有重要意义，这是因为电解液的性质在很大程度上也决定着电池的电化学性能。因此，电解液与电极材料间的相容性是锂离子电池研究必须考虑的重要问题。

3.2.4.1 电解液与碳负极材料的相容性

自从锂电池问世以来，电解质/负极界面一直是人们关注的主题。“SEI”一词最初用于描述金属锂在−3.0 V 电位下发生的钝化，除了保护电解质不被持续还原外，SEI 膜还必须能够防止石墨负极的结构坍塌。

在过去的十年中，Besenhard 和 Winter 等[119, 120]提出的 SEI 膜三维模型已经在锂离子电池研究领域获得越来越多的认可。这一模型包括三个重要特征：SEI 膜形成之前的溶剂共插入、石墨层间距随之增大和某些溶剂分子的优先还原。大多数的石墨化炭电极在 0.7 V 以上的首次锂化中都能观察到线性膨胀，反映了溶剂的初始插层为石墨化结构和三元石墨化插层化合物的形成。研究表明，溶剂化的 Li^+在石墨内部是不稳定的，随着石墨电位的下降，溶剂化分子与 EC 更容易发生反应。Spahr 等[121]将石墨在 1300℃的惰性气氛中先进行热处理，随后发现即使是在纯 EC 电解质中在 0.45 V 时它也可能发生剥落。因为热处理消除了填充石墨边缘位点的表面官能团，如羟基、羰基和羧基等[122]。

通过对 PC 电解质的研究证实了 Li^+-溶剂化结构与 SEI 膜之间的关联。研究者认为 PC 共嵌入石墨结构中，并最终使其剥离。因此，PC 可被用作一种 SEI 膜标记物，可以在观察相间行为变化的同时有效地操控 Li^+-溶剂化结构中的 PC 分子。Jeong 等[123]观察到当 LiTFSI 在 PC 中的浓度高于一定水平时（$>3\ mol \cdot L^{-1}$），石墨可以在 PC 基电解液中保持稳定。这一结果可以扩展到其他锂盐，包括 $LiClO_4$ 和 $LiPF_6$[124, 125]。Cresce 等[126]通过改变 EC 与 PC 的比率，研究了不同组成电解液的电化学行为，由于 PC 和 EC 还原所引起的相互竞争的相间化学反应的变化是非线性的，EC 与 PC 的比率在 70∶30 和 80∶20 之间发生突变。结合 ESI-MS 表征，他们还研究了在 Li^+-溶剂化结构内 PC 分子的分布以及电解质组成的影响。

3.2.4.2 电解液与正极材料的相容性

锂离子电池正极材料的结构和电化学反应机理均与负极材料有所不同，因此与电解液的相容机制也存在明显区别。人们普遍认为碳负极表面 SEI 膜是制约负极与电解液相容性的关键因素，但正极表面膜在很长时间内均没有得到认可。一方面是因为正极表面膜的主要成分是 Li_2CO_3，而这种成分通常出现在 Mn、Co、Ni 的嵌锂氧化物表面，这可能是由于该嵌锂氧化物与空气中 CO_2 反应的结果，也可能与原材料中含有的 CO_3^{2-}有关。因此，许多研究者认为电化学过程中不会在正极材料表面形成界面膜。另一方面，正极材料的原子间是化学键结合，溶剂分子难以进到正极材料的晶格中，电化学过程不存在正极结构坍塌现象，电极表面无需固体电解质相界面膜来保护。因此，长期以来，关于正极材料表面膜的报道并不多。

然而自2000年以来，越来越多的实验现象和事实证明，在电池首周充放电过程中，电解液组分在正极材料表面会发生氧化分解，反应产物会沉积在电极表面形成钝化膜，从而阻止副反应的发生。

虽然石墨负极的界面电阻比正极大，但在长期循环过程中，后者的增长速度往往比前者快，高电位正极以及高温环境还将加速这一过程。正极表面的界面形成至少经历了三个阶段：①电极制造加工过程中原始表面膜的形成；②原始膜接触电解质时的自发化学反应；③初始充电过程中，前两个阶段形成的化学物质的电化学重排。

与负极界面SEI膜相似，稳定的正极表面膜可以阻止高温或高电位条件下电解液组分在电极表面的氧化分解，对电极有重要的保护作用。因此，优良、稳定的表面膜是实现正极材料与电解液相容性的重要保证。而影响锂离子电池正极材料与电解液相容性的因素包括电极本身和电解液的组成，因此，改善其相容性也需要从这两个方面入手，即电极材料的修饰和电解液的优化。正极材料可通过表面结构优化、体相掺杂和表面修饰包覆等方法进行改进，电解液可以通过优化锂盐、溶剂组成和选择合适的添加剂来实现改善。

3.2.5 在锂离子电池中的应用现状与发展

从成本、性能和可靠性上考虑，目前使用的碳酸酯基电解液在今后一段时间仍将在锂离子电池中继续使用。此外，为了实现高能量密度、高安全性、长寿命等特性兼备的新一代锂二次电池，不仅需要改进现有的电解液，还要开发耐氧化性及难燃性的新型电解液。

近年来，锂离子电池电解液朝着高安全、低成本、高电导率的方向发展。电解液中的锂盐、溶剂及添加剂间存在着相互制约的关系，若要开发新型电解液往往需要考虑这三者间的平衡优化性。再者，针对电池的应用场景和工况的不同，需有针对性地开发满足不同应用要求的电解液。总之，开发适用于高安全性、耐高低温性能、高倍率、长循环寿命电池的电解液将是今后新型电解液发展的重要方向。

3.3 固体电解质

3.3.1 无机固体电解质

与阳离子和阴离子在液体电解质中的耦合传输不同，无机固体电解质（ISE）

中只有 Li^+可以迁移，具有高离子导电性和高离子迁移数（约为 1）。迄今为止，人们已经开发出多种 ISE。大多数 ISE 材料具有由配位多面体形成的特定骨架的晶体结构并且呈现出各向异性的导电性，可以实现离子在骨架结构中的空位和间隙位快速传输。要设计无机晶态离子导体，应符合以下基本准则：导体应包含无序亚晶格的迁移离子，其尺寸合适，能够穿过传导路径中传导通道的最小横截面；晶体结构含有最优浓度的空位和间隙位；具有与离子占位几乎相同势能的过量等价位点；具有不同配位数的稳定骨架离子；迁移离子与主骨架之间具有弱相互作用力[127, 128]。由于具有不同微观结构和特性的各种 ISE 具有不同的优点，因此目前无法确定是晶态 ISE 还是非晶态 ISE 更加具有优越性[129-131]。

3.3.1.1 氧化物固体电解质

1. 锂超离子导体

早在 1978 年，Hong 等[132]就报道了在 300℃下电导率为 0.13 $S\cdot cm^{-1}$ 的 $Li_{14}Zn(GeO_4)_4$ 锂超离子导体（LISICON）［图 3-8（a）］。$Li_{14}Zn(GeO_4)_4$ 可看作是由 Li_4GeO_4 和 Zn_2GeO_4 组成的固溶体，具有一个三维的$[Li_{11}Zn(GeO_4)_4]^{3-}$阴离子骨架［图 3-8（c）］。这种基于 γ-Li_2ZnGeO_4 的富锂固溶体中的额外 Li^+占据间隙八面体位[133]，其余的三个 Li^+受温度因素影响，使得它们展现出更高的移动活性。同时，由于每个 O^{2-}与骨架阳离子形成共价键较强，使得氧的电荷密度极化远离 Li^+，因此与可移动 Li^+之间的相互作用力减弱，产生约 0.24 eV 的低迁移活化能[134-136]。

其他已经被报道的具有 LISICON 型结构的 ISE 包括含有 XO_4 基（X=Si 或 P）四面体单元的 Li_4SiO_4-γLi_3PO_4 和由 Li—O 多面体单元构成的 Li_4SiO_4-Li_3PO_4 固溶体。由于这些材料含有大量的 Li 空位，有望提高离子电导率[137]。然而，Hu 等[138]和 West 等[139]提出，尽管固溶体组分之间密切相关，但其不是单一连续的，由具有两种含有不同末端成分的晶体结构组成。因此，单一连续的 Li_4SiO_4-γLi_3PO_4 固溶相是否存在仍然存疑。Islam 等[140]通过分子动力学模拟证明了固溶相的形成有利于提高离子电导率。据报道，Li_4SiO_4-γLi_3PO_4 的内部轨道形成了连续的三维 Li^+传导网络，Li^+的传输符合协作型间隙输运机制［图 3-8（d）、（e）］。如图 3-8（e）所示，正在迁移的间隙 Li^+（绿色）在邻近位置处取代了另一个 Li^+（紫色），同时又导致了更远处 Li^+（蓝色）的迁移。此外，已合成出多种具有不同 x 值和不同掺杂元素的（1–x）Li_4SiO_4-(x)Li_3PO_4，该系列材料的离子电导率如图 3-8（a）所示。

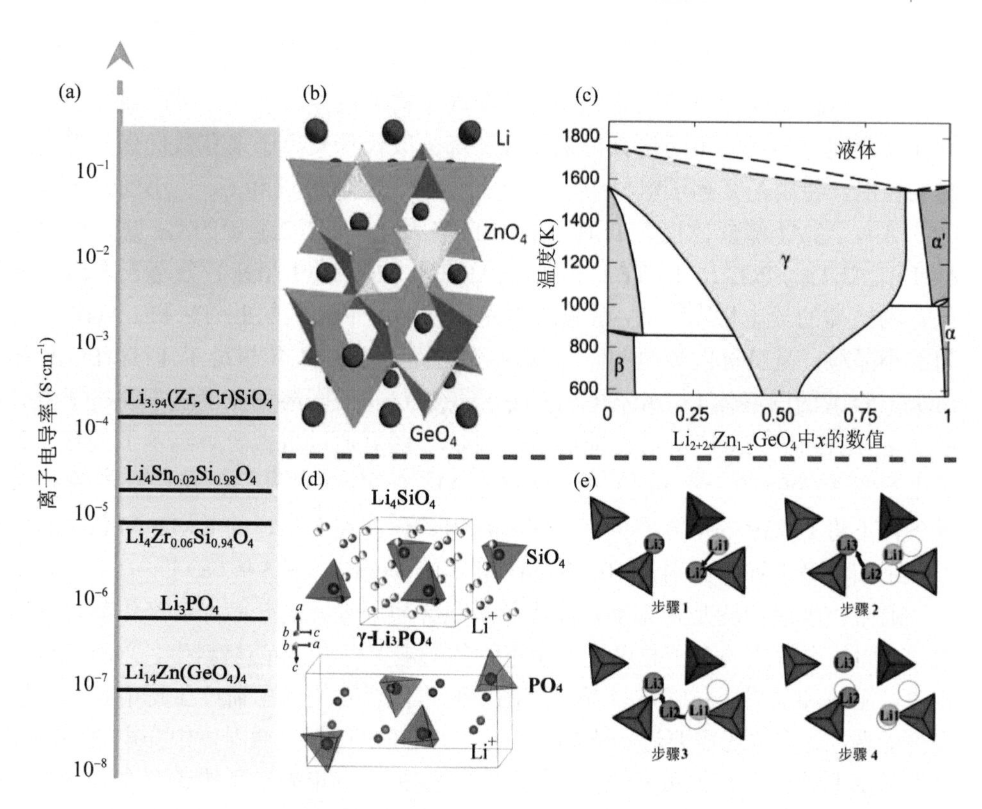

图 3-8 （a）LISICON 型固体电解质的离子电导率[129-130, 140]；（b）LISICON 型导体 $Li_{2+2x}Zn_{1-x}GeO_4$ 的晶体结构[73]；（c）Li_2ZnGeO_4-Li_4GeO_4 相图[140, 131]；（d）末端成分相 Li_4SiO_4（亚晶胞）和 γ-Li_3PO_4 的晶体结构的示意图[140]；（e）协同输运机制的示意图[140]

由于 LISICON 型电解质具有良好的热稳定性和近零蒸气压，它们既可以在水系体系中稳定工作，也可以在高温下运行[74, 132]。尽管如此，与其他 ISE 相比，LISICON 电解质相关报道依然较少，这主要是因为它们在室温下的离子电导率较低（10^{-7} $S\cdot cm^{-1}$），并且与 Li 和空气接触时其稳定性不佳[141]。

2. 钠超离子导体

1976 年，Goodenough 等[142]通过使用 Si 部分取代 $NaM_2(PO_4)_3$（M = Ge，Ti 或 Zr)中的 P 制备了 $Na_{1+x}Zr_2P_{3-x}Si_xO_{12}$ 钠超离子导体(NASICON)。晶体 NASICON 骨架是由共角 PO_4 四面体和 MO_6 八面体组成的三维网络结构[143]。其中，Na^+占据间隙位置，且沿着 c 轴传输[144]。当保持原始的 NASICON 结构不变，将这种材料中的 Na 被 Li 取代后则会变成 Li^+导体，但这将伴随着其离子电导率的降低。离子电导率的降低有以下两个原因：对于离子半径比 Na^+小的 Li^+来说，适用于 Na^+的原始通道太大；由于 Li—O 键的共价键作用力比 Na—O 键更强，Li^+的移动能力

低于 Na^{+}[132]。

晶态电解质的性能可以通过控制其微观结构来调控。因此，可以通过使用不同元素或同一元素的不同化合价来取代和部分取代骨架离子来有效优化晶态电解质的性能，特别是其离子电导率。由于三价 Al^{3+}具有比 Ti 和 Ge 更小的离子半径（0.53Å），当 Al 部分替代 $LiTi_2(PO_4)_3$ 中的 Ti 和 $LiGe_2(PO_4)_3$ 中的 Ge 时，所得材料 $Li_{1+x}Al_xTi_{2-x}(PO_4)_3$（LATP）和 $Li_{1+x}Al_xGe_{2-x}(PO_4)_3$（LAGP）分别表现出比原化合物更高的导电性[128, 145]，这是因为在适当温度下产生的 LATP 和 LAGP 为均匀的小晶粒，是良好的导电相[146]。温兆银等[147]在 2004 年报道了 $LiTi_2(PO_4)_3$ 和 $LiGe_2(PO_4)_3$ 的固溶体 $Li_{1.4}Al_{0.4}(Ge_{0.67}Ti_{0.33})_{1.6}(PO_4)_3$，该固溶体在室温下的离子电导率高达 6.21×10^{-4} $S\cdot cm^{-1}$，活化能低至 0.32 eV。随后通过机械研磨制备了具有高离子电导率（1.09×10^{-3} $S\cdot cm^{-1}$）的纳米 $Li_{1.4}Al_{0.4}Ti_{1.6}(PO_4)$[148]。Kumar 等[144]在约室温条件下将 LAGP 的电导率提高到了 10^{-2} $S\cdot cm^{-1}$。迄今报道的 LATP 和 LAGP 在室温下的最高电导率分别为 10^{-3} $S\cdot cm^{-1}$ 和 10^{-2} $S\cdot cm^{-1}$ ［图 3-9（a）］。

通常，玻璃陶瓷是具有丰富晶界的多晶异质固体，这些晶界会产生额外的电阻，对固体电解质的离子导电性产生不利的影响[144]。在多晶材料中，总阻抗由晶相内部阻抗和晶界阻抗构成。晶界处的空腔可能会对空间电荷产生影响，从而实现性能调控，而这还需要进一步的研究[134]。空间电荷是异质固体中介电表面或晶界上局部非补偿电荷的积累或消耗[144, 149]。过去几十年来，虽然还存在着一些争议，但是人们一直在不断尝试了解空间电荷区域的机制，从而对一些有趣的实验现象进行解释。晶界处大量缺陷的存在导致了晶界的结构松散和应力变形，因此成核现象趋于在固态相的晶粒边界处发生。Thokchom 等[150]发现在 LAGP 的合成过程中出现了杂质电介质相 $AlPO_4$。该 LAGP 样品之所以具有 4.22×10^{-3} $S\cdot cm^{-1}$ 的离子电导率，正是因为 $AlPO_4$ 的存在造成活化能的变化，进而产生了空间电荷介导效应。具有介电相 $AlPO_4$ 的 LAGP 陶瓷的透射电子显微镜图像和空间电荷效应机制如图 3-9（c）、（d）所示。类似于 Li_2O 电介质相，$AlPO_4$ 可以吸附移动的 Li^+ 并且在特定温度下解吸，从而增强样品的离子电导率。相反，较大颗粒的杂质相会阻碍离子的传导［图 3-9（d）］。Mariappan 等[143]探索了在不同烧结温度下所制备电解质的微观结构和离子电导率之间的关系。他们比较了 LAGP 和 LATP 的晶界电阻，结果发现 LATP 的晶界电阻高于 LAGP，这可能是因为它们的空间电荷效应不同[151]。

NASICON 型电解质由于其高离子电导率、高水分稳定性和约 7 V 的宽电化学窗口，已经引起了人们极大的研究兴趣。然而，LATP 化合物接触金属 Li 负极时 Ti^{4+}易发生还原，这一典型的缺点限制了其应用[152]。因此，无 Ti 的 NASICON 型复合 LAGP 在未来具有更大的发展前景。

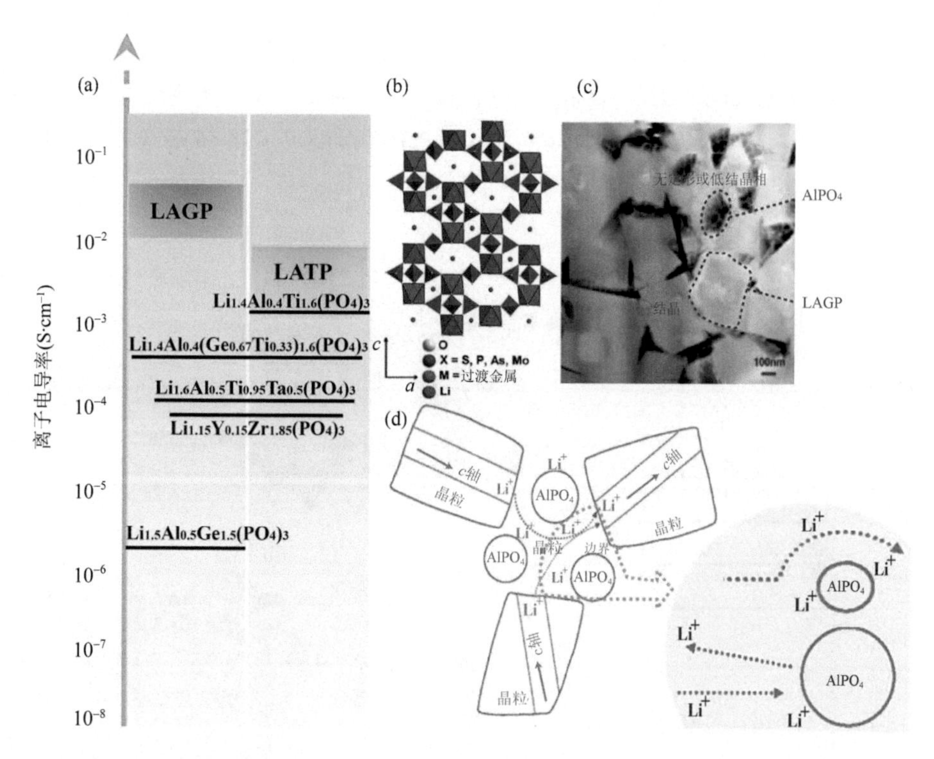

图 3-9 (a)NASICON 型固体电解质的离子电导率[128, 143-148, 153, 154];(b)NASICON 型导体 $Li_xM_2(XO_4)_3$ 的晶体结构[155];(c)具有 EDX 信息的 LAGP 陶瓷的 TEM 照片[143];(d)通过空间电荷区域的 Li^+ 传输的示意图和电介质相的尺寸对 Li^+ 传输的影响[150]

3. 钙钛矿

最初 Takahashi 和 Iwahara 等[131, 150]报道了具有钙钛矿结构 ABO_3(A=Ca、Sr 或 La;B=Al 或 Ti)的氧化物离子导体[145]。Inaguma 等[156]随后开发出具有通式 $Li_{3x}La_{2/3-x}TiO_3$ 的材料,其在室温下表现出高达 10^{-3} S·cm^{-1} 的离子电导率。一价 Li^+ 和三价 La^{3+} 一起占据由共角 TiO_6 八面体支撑的钙钛矿型骨架中的 A 位点。具有较大半径和较高价态的 La 的存在可产生更多的空位,允许 Li^+ 通过缺陷型机制进行有效迁移以获得高体相离子导电率[157]。瓶颈处由两个相邻的 A 位点和四个 O^{2-} 包围,其尺寸大小是控制离子迁移活化能的主要因素[158]。

与其他类型的晶态电解质的结构不同,大多数钙钛矿型具有沿着 c 轴交替排列着的富 La 相和贫 La 相位的双重亚晶胞结构[图 3-10(b)][159]。在富 La 相中,La 离子和空位沿着 c 轴在连续的平面中交替排列;而在贫 La 相中,空位的分布是无序的[160, 161]。钙钛矿亚晶胞中这两种不同浓度的 Li^+ 会引起 La 离子的不同分布,使富 La 层具有比贫 La 层更小的空隙尺寸[162]。为了探索钙钛矿的扩散路径,

Yashima 等[159]通过采用最大熵法从中子衍射数据中得到了核密度分布图［图 3-10（c）］。他们发现 Li^+的 2*c*、2*d* 和 4*f* 位置位于 La2-O2（贫 La）层上，可以沿着 2*c*—4*f*—2*c*（粉色箭头）或 2*c*—2*d*—2*c*（橙色虚线箭头）的扩散路径进行迁移。

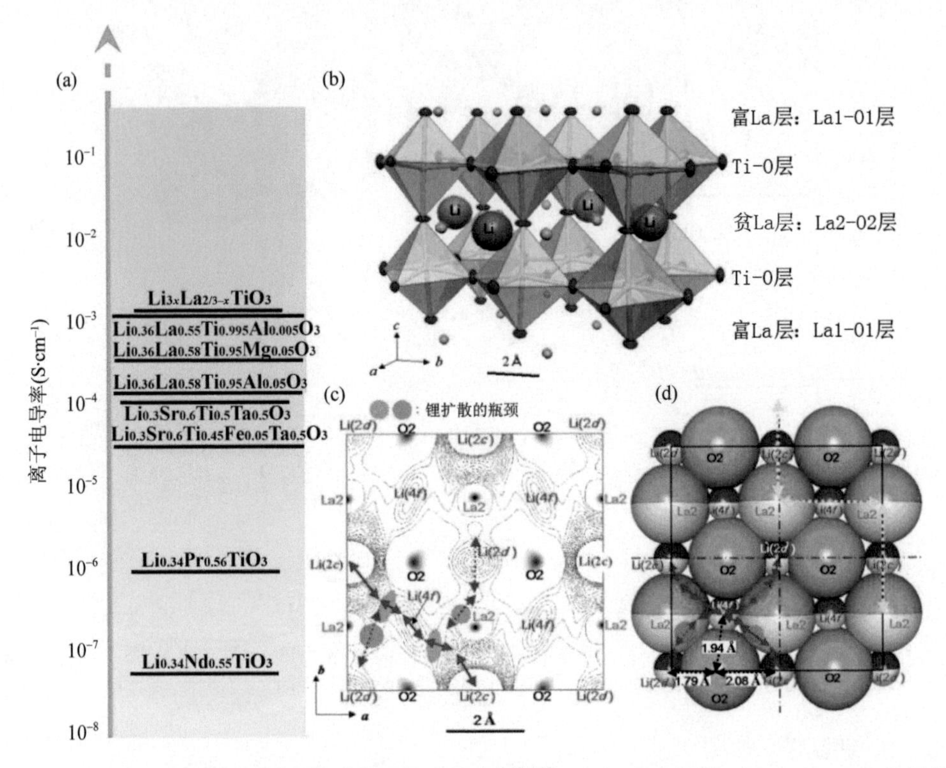

图 3-10 （a）钙钛矿型固体电解质的离子电导率[163-166]；（b）在室温下 $La_{0.62}Li_{0.16}TiO_3$ 的晶体结构，粉色、绿色、蓝色和红色球分别表示 Li、La、Ti 和 O 离子[159]；（c）在室温下 $La_{0.62}Li_{0.16}TiO_3$ 的 La2-O2 层中的散射振幅分布[159]；（d）La2-O2 层上的原子排列[159]

除了简单的立方晶胞，钙钛矿型结构中还存在四方晶、六方晶和斜方晶胞[167, 168]，而且在不同的外部条件下，它们都可能发生相变。对于相同组分的钙钛矿型复合物，立方相具有比四方相更高的电导率[167]。钙钛矿型电解质的离子电导率取决于多种因素。首先，这种材料的离子电导率对 Li、La 和空位的含量非常敏感，因此不同的组成差异很大；其次，阳离子和空隙的大小可以直接影响通道和迁移离子之间的匹配[167]；再次，Ti—O 键的共价特征是高 Li^+传导的必要条件[169]；最后，最佳淬火温度和烧结气氛可以通过分别减小微畴的尺寸[170]以及体相和晶界的阻抗[171]来提高导电性。

4. 石榴石

理想的石榴石的化学通式是 $A_3B_2(XO_4)_3$（A =Ca、Mg、Y、La 或稀土元素；B = Al、Fe、Ga、Ge、Mn、Ni 或 V；X = Si、Ge、Al），其中 A、B 和 X 分别是具有八个、六个和四个配位氧离子的阳离子位点[72]。Thangadurai 和 Weppner 等[172]合成了化学通式分别为 $Li_5La_3M_2O_{12}$（M =Nb 或 Ta）和 $Li_6Al_2M_2O_{12}$（A = Ca、Sr 或 Ba；M = Nb 或 Ta）含有过渡金属的新型石榴石型 Li^+导体。这两种化合物是石榴石型同构体，都具有小于 0.6 eV 的活化能，但电导率不同，分别为 10^{-6} S·cm^{-1} 和 10^{-5} S·cm^{-1}[173]。经过几年的努力，他们合成了一种具有应用前景的含锆的石榴石型 $Li_7La_3Zr_2O_{12}$ 电解质，其总电导率和体相电导率具有相同的数量级（总电导率为 3×10^{-4} S·cm^{-1}）[174]。

上述提到的离子导体的结构均被认为是由$(La_3M_2O_{12})_n$—的无限长链通过共用的 La 和 Li 离子相互结合所构成[172]。Cussen 等[175]在 2006 年通过中子粉末衍射图观察到在四面体（24*d*）和八面体或偏心八面体位置（48*g*/96*h*）处的 Li^+，并且提出所观察到的 Li^+迁移是由于少量的 Li 占据了八面体位置。非化学计量的石榴石通常在每个配体单元中含有三个以上的 Li 原子，所以称之为富锂石榴石。这些材料含有的 Li^+比四面体位置所能容纳的 Li^+要多，从而留下了可以占据八面体位置的多余 Li^+[72, 176]。驻留在四面体位置的 Li^+不参与离子传导，因为它们几乎是固定的[177]。Cussen 等[72, 178]认为，石榴石型电解质中的 Li^+的传导与其在八面体位点的高迁移率相关，但这是由较短的 Li-Li 距离产生的静电排斥引起的，而不是动力学过程。Li^+在结构中的运动将引起相当大的局部弛豫和重排，因此需要复杂的协作型机制来得到期望的离子传导[176, 178, 179]。

在不同的外部条件刺激下，石榴石型材料容易发生相变。其中，立方结构的石榴石其电导率比四方结构的石榴石高约 1～2 个数量级。这是因为立方石榴石骨架中四面体和八面体位点的排列混乱无序，且立方结构的高对称性增加了 Li^+位和空位的含量，从而提高了离子电导率[179, 180]。第一性原理计算结果显示，立方石榴石具有两个明确的不同能量势垒的 Li^+迁移路径（路线 A 和路线 B）［图 3-11（d）］[181-183]。在 $Li_5La_3Nb_2O_{12}$ 相中，Li^+从一个八面体位点（48*g*/96*h*）跳到另一个八面体位点，绕过了它们之间的四面体位点（24*d*）（路线 A）。相反，Li^+也可以从一个八面体位点（48*g*/96*h*）通过四面体位点（24*d*）移动到相邻的八面体位点（48*g*/96*h*）（路线 B）；对于 $Li_7La_3Zr_2O_{12}$ 来说，路线 B 似乎比路线 A 更加合适[72]。

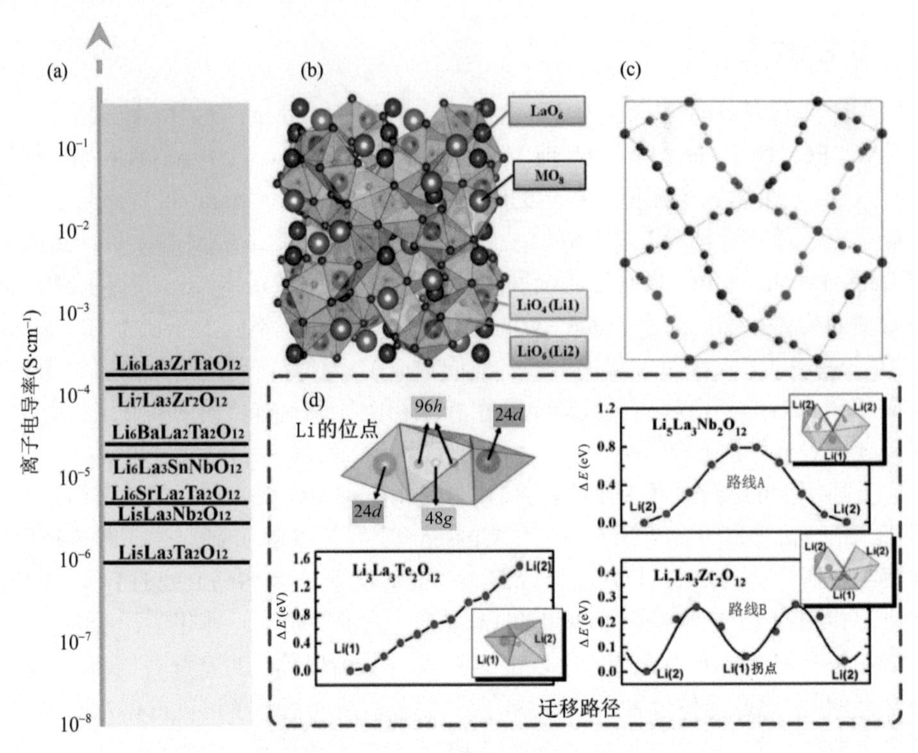

图 3-11 （a）石榴石型固体电解质的离子电导率[72, 177-189]；（b）石榴石型 $Li_{3+x}La_3M_2O_{12}$（M = Te、Nb、Zr）的晶体结构[181]；（c）在 *a*—*c* 平面上的立方 $Li_7La_3Zr_2O_{12}$ 的 Li 位点的网络结构，蓝球和小红球分别代表了 24*d* 和 96*h* 位点的 Li[179]；（d）Li 位点和 Li 迁移的两条路径：路线 A 和路线 B[181]

这些石榴石型化合物具有良好的电化学稳定性（电化学窗口约为 6 V）和低电子电导率。另外，值得注意的是，这些石榴石结构的电解质，其晶内和晶间电导率在同一数量级，并且都处于超高的水平，基本上可以满足多晶固体电解质中离子传导条件。然而，这些石榴石型化合物会与多余的 Li 和吸附的 H_2O 或 CO_2 发生反应，这些副反应限制了其应用。

总体而言，氧化物固体电解质表现出高稳定性及易于合成和处理的特点，但其离子电导率不如硫化物的高。无定形硼酸盐（Li_2O-B_2O_3 基）[184]和硅酸盐（Li_2O-SiO_2 基）[185-187]氧化物相关报道相对较少，在这里不作介绍。

3.3.1.2 硫化物固体电解质

1. 无定形

作为各向同性离子导体，LiI 掺杂的二元玻璃态硫化物 Li_2S-P_2S_5 基固体电解质材料已经引起了极大关注[190]。Kennedy 等[191]报道了一类掺有离子电导率高于 10^{-4} S·cm^{-1} 的卤化锂（LiX）的 Li_2S-SiS_2 玻璃态硫化物材料。另外，还有许多基于 $x Li_2S$-$(1-x)P_2S_5$[192-195]和（x）Li_2S-$(1-x)SiS_2$[196, 197]玻璃态硫化物电解质的报道。Shin 等[198]制备了无定形和晶型的 $75Li_2S$-$(25-x)P_2S_5$-xP_2Se_5，并证实 Se 有效地掺入了无定形基体和晶体点阵中。另一种无定形固体电解质是锂磷硫氧化物（LiPOS），通常作为薄膜电解质使用，其性质类似于下面将介绍的氮化物固体电解质 LiPON，但由于 S 的离子半径比 N 的离子半径大，故它具有更高的离子电导率[199]。

2. 晶态

1984 年，Tachez 等[200]发现了一种新型硫化物固体电解质 Li_3PS_4，为研究晶态硫化物固体电解质开辟了新的道路。Kanno 等[201]用 S^{2-}替换 LISICON 型固体电解质中的 O^{2-}制备出具有更高离子电导率的新一类硫代-LISICON 型固体电解质，主要包括 Li_4GeS_4 和 $Li_{4-x}Ge_{1-x}P_xS_4$。S^{2-}具有比 O^{2-}更大的离子半径、更易极化和更低电负性等特点，因此用 S^{2-}替换 O^{2-}能够弱化 Li^+与主骨架的结合作用，进而扩大了离子迁移通道[202]。x=0.75 的固溶体 $Li_{4-x}Ge_{1-x}P_xS_4$ 在室温下显示出 2.2×10^{-3} S·cm^{-1} 的高电导率[127]。基于 Li_4SiS_4 和 Li_4GeS_4 的硫代-LISICON 型结构的材料可以用与 LISICON 型电解质相似的方式进行改性，即使用空位和间隙位的离子掺杂以产生更多的 Li^+空位和间隙位[127]。

基于 xLi_2S-$(1-x)P_2S_5$（mol%）的玻璃陶瓷电解质可应用在许多方面，其成分组成会影响玻璃陶瓷的特性，特别是其离子电导率[203]。Kamaya 等[204]报道了 $Li_{10}GeP_2S_{12}$（LGPS）[图 3-12（b）]，其在室温下的电导率高达 1.2×10^{-2} S·cm^{-1}。这种新的超离子导体具有三维骨架结构和沿着 *c* 轴的一维 Li 传导路径。Ceder 等[205]采用第一性原理建模发现 LGPS 是在低电压下对 Li 不稳定的亚稳态，只有在高电压下才能允许 Li 的传输。此外，基于第一性原理的分子动力学模拟证实了 Li 沿着 *c* 轴快速传输的一维路径，并预测了在 *ab* 平面中的另外两条路径。刘朝阳等[206]采用多种固态 NMR 方法提出了 Li 迁移路径的相似理论，提出 Li 的超快一维扩散隧道和快速面内二维通道分别具有 0.16 eV 和 0.26 eV 的活化能。Ceder 等[207]最近研究了阴离子骨架与离子传输之间的关系，通过比较体心立方（*bcc*）、面心立方（*fcc*）和六方密堆积（*hcp*）[图 3-12（c）、（d）] 这三种晶格的传输能量势垒，发现体心立方（*bcc*）阴离子的骨架允许 Li 在具有最低活化能势垒的相邻四面体位点之间进行直接的跳跃。为了解决 Ge 成本高的问题，用 Sn 代替 Ge 制备的 $Li_{10}SnP_2S_{12}$ 可以显著降低原料成本且保持良好的离子电导率[208]。近来报道的通过热处理制备的玻璃陶瓷 Li_2S-P_2S_5 固体电解质在室温下显示出 1.7×10^{-2} S·cm^{-1} 的高离子电导率[209]。

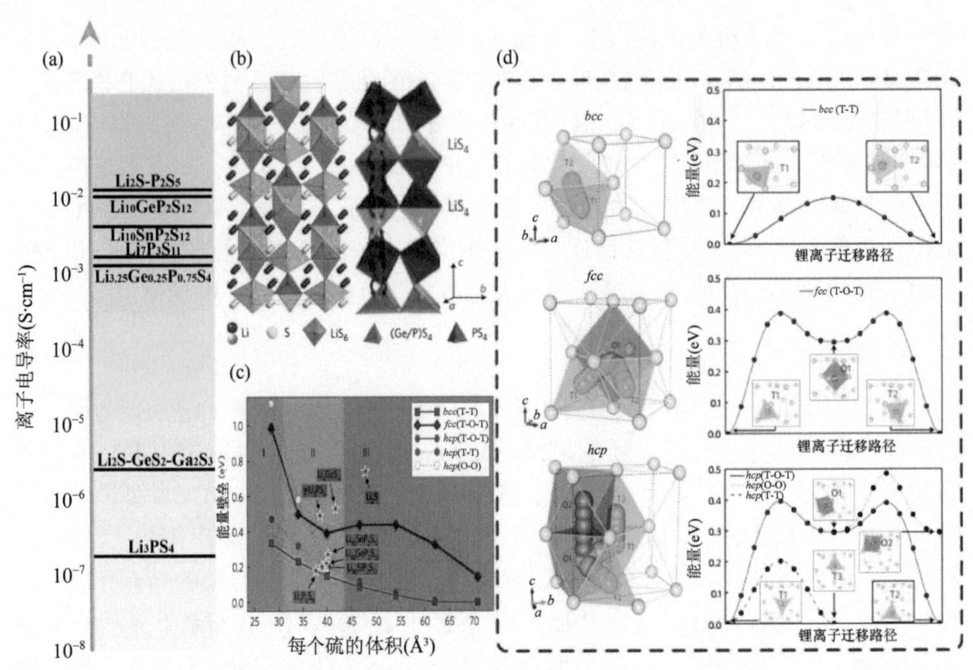

图 3-12 （a）硫化物固体电解质的离子电导率[127, 200, 201, 208-210]；（b）$Li_{10}GeP_2S_{12}$ 的晶体结构[204]；（c）锂离子的迁移活化势垒[207]；（d）*bcc*/*fcc*/*hcp* 型阴离子晶格中的离子迁移路径[207]

二元无定形和三元晶态硫化物电解质在离子导电性方面明显优于其对应物质。其中晶态硫化物电解质显示出最优离子电导率，原因之一是它们与一些氧化物电解质相比具有低的晶界电阻。但晶态硫化物电解质的高吸湿性和有限的电化学窗口限制了它的大规模制造和使用[210]。

3.3.1.3 氮化物固体电解质

1. 氮化锂

单晶氮化锂（Li_3N）由六边形 Li_2N 层和通过 N-Li-N 桥连接的纯 Li 层组成，因此在二维空间中具有非常开放的相交空通道[212]。由于平面 Li_2N 层内存在较多的 Li^+空位，因此室温下单晶 Li_3N 的离子电导率可高达 10^{-3} S·cm^{-1}[213, 214]。Beister 等[214]报道称 Li_3N 在压力作用下能够发生相变，在压力小于 0.6 GPa 的情况下表现为简单的六边形排列的 α-Li_3N 相，而在超过 0.6 GPa 的高压情况下表现为六方密堆积的 β-Li_3N 相。在 α-Li_3N 相中，Li^+主要在 Li_2N 平面内扩散迁移，而 β-Li_3N 相中，主要在纯 Li 层平面内迁移[215]。近年来，研究人员很少将 Li_3N 作为固体电解质研究，这是因为 Li_3N 的电化学分解电位低（0.445 V）、稳定性差，因此无法进行实际应用[216]。

2. LiPON

降低固体电解质内阻的有效方法之一是减小其厚度。玻璃 LiPON 具有特殊的制备方法，是制造微型电池薄膜电解质的最佳选择[217]。Bates 等[218]在 1993 年以 N_2 作为加工气氛，使用 Li_3PO_4 作为靶材料，通过溅射合成了玻璃态 LiPON 电解质。通过在目标材料中加入少量氮化物，制备了电导率为 3.3×10^{-6} $S\cdot cm^{-1}$、电化学窗口为 5.5 V 的新合成物 $Li_{2.9}PO_{3.3}N_{0.5}$，该膜具有洁净的表面，可以与电极层形成紧密的接触。陈人杰等[219]用 NASICON 型晶态 LATP 代替目标材料，获得新的 Li^+导电薄膜 Li-Al-Ti-P-O-N。用 P—N 键取代 P—O 键能够形成具有非桥连氧离子的网状阴离子，并降低了膜的静电能，这两者都有助于得到更高的离子迁移率。尽管这些材料的电导率较差，但组装电池后显示出了超过一万周循环的优异长循环稳定性。然而，这些电解质体系的缺点在于，在实际应用中，粗糙的电极表面容易刺穿超薄电解质而引起电池短路[220, 221]。

3.3.2 固体聚合物电解质

固体聚合物电解质（SPE）是由聚合物和固定在其内部的锂盐组成，主要呈现出大分子或超分子结构，相关研究始于 20 世纪 70 年代[222, 223]。1975 年，Wright 等[224]测量出了聚环氧乙烷（PEO）与碱金属盐配合物的电导率，并由此开辟出了固态电化学的一个新方向。直到 1979 年，Armand 等[225]首次将 PEO 基固体电解质成功应用到锂离子电池中，并报道了其电导率可达 10^{-5} $S\cdot cm^{-1}$。大量的研究表明，纯 PEO 的室温电导率很低（$\sigma<10^{-5}$ $S\cdot cm^{-1}$），仅在温度高于 60℃时能正常工作。因此，除了 PEO 以外，聚环氧丙烷（PPO）、聚丙烯腈（PAN）、聚偏氟乙烯（PVDF）及其与六氟丙烯的共聚物（PVDF-HFP）、聚氯乙烯（PVC）和聚甲基丙烯酸甲酯（PMMA）等均为研究较多的聚合物电解质。聚合物本身的黏性使其作为电解质时可以与电极材料更紧密地接触，同时还更容易满足多种尺寸和形状的要求[226]。

3.3.3 复合固体电解质

3.3.3.1 离子凝胶电解质

1. 离子凝胶电解质的概述

离子凝胶是一类基于离子液体的复合材料，其固体基质内充满离子液体（IL），并使所得材料呈现固态。离子凝胶是一种稳定的材料，具有可忽略的蒸气压和液相热稳定性，它们的工作温度远远高于环境温度。

骨架的类型控制是制备功能性离子凝胶的关键，是设计新型离子凝胶的有效途径。迄今为止，在文献中已经报道了各种类型的离子凝胶。碳纳米管（CNT）[227]、多壁碳纳米管（MWCNT）[228, 229]、SiO_2[230]、ZrO_2[231, 232]、TiO_2[233-235]、MOFs[236, 237]和共价有机骨架（COF）[238, 239]等都已被用作先进的固体骨架来固定 IL。根据基体材料的导电性能，可将其分为导电基体和非导电基体两类。到目前为止，基于导电基体的离子凝胶在传感器和电极领域中引起了人们的广泛关注[240]。但是，这些导电材料不能直接用作锂二次电池的电解质材料，因为它们会导致电池短路或自放电。

2. 离子凝胶电解质的分类

1）硅基离子凝胶

锂二次电池离子凝胶电解质中，固定 IL 的绝大多数是非导电基体，通常是中孔材料。二氧化硅（SiO_2）由于其比表面积大、机械稳定性好和热稳定性好等特点，成为最受欢迎的基体材料。2000 年，戴胜等[241]首先应用 IL 开发硅基离子凝胶，其制备过程使用正硅酸四甲酯（TMOS）作为前驱体，1-乙基-3-甲基咪唑-双(三氟甲基磺酸酰)亚胺（[EMI][TFSI]）为溶剂，甲酸（FA）作为催化剂。该研究引导了研究人员不断探索性能更优的离子凝胶。例如，通过改变反应物 TMOS、FA、[EMI][TFSI]的摩尔比为 1∶6∶6，采用溶胶-凝胶工艺来制备具有机械柔性的硅基离子凝胶[图 3-13(a)][242]。目前制备的柔性离子凝胶的弹性模量约为 5 kPa，离子电导率高于之前报道的脆性硅基离子凝胶。此外，基于 SiO_2 的离子凝胶可以在溶胶-凝胶缩聚期间喷墨印刷到多孔复合电极上［图 3-13（b）］，并应用于高面容量的微型电池[243]。但应该注意的是，溶胶-凝胶法需要很长的制备时间，一般为 3～7 天。将 IL 和 SiO_2 混合制备离子凝胶的机械研磨工艺可以有效缩短制备时间[244-246]。制备的离子凝胶可以用于全固态“厚膜” $Li/LiCoO_2$ 电池[247]和 Li-S 电池[245]。此外，将 IL 共价接枝到 SiO_2 纳米粒子上可以获得用于锂金属电池（LMB）的离子凝胶电解质[223, 248, 249]。如图 3-13(c)所示，IL 接枝的 SiO_2 纳米粒子(SiO_2-IL- TFSI)均匀地分散在碳酸丙烯酯主体中，其中 IL 的接枝阳离子在整个电解质中提供均匀的阴离子储库，可以有效抑制空间电荷的形成和 LMB 中锂枝晶的生长[250]。

功能化的 SiO_2 是 IL 的优选固定基体，当其表面接枝官能团时将赋予该物质特殊的性质。当离子液体被限制在功能化的 SiO_2 中时，与界面接触的 IL 层与官能团相互作用，产生某些特殊性质，如特殊结构[251]或促进锂盐的解离[252]。可在双(三氟甲基磺酸酰)亚胺锂（LiTFSI）和 *N*-丙基-甲基吡咯烷鎓双(三氟甲基磺酸酰)亚胺（$[PYR_{13}]$[TFSI]）中通过硅烷偶联剂的原位溶胶-凝胶法制备官能团化的 SiO_2

离子凝胶复合电解质。这种用于功能化硅基离子凝胶的方法可以采用多种硅烷偶联剂。在这个体系中，硅烷偶联剂自发地形成了类似于蚁穴的连续多孔网状结构，其中离子液体被完全限制在网络结构中［图 3-13（d)、(e)］。这种官能团化的硅基离子凝胶能够进行快速的离子传输并有效抑制锂枝晶的生长。

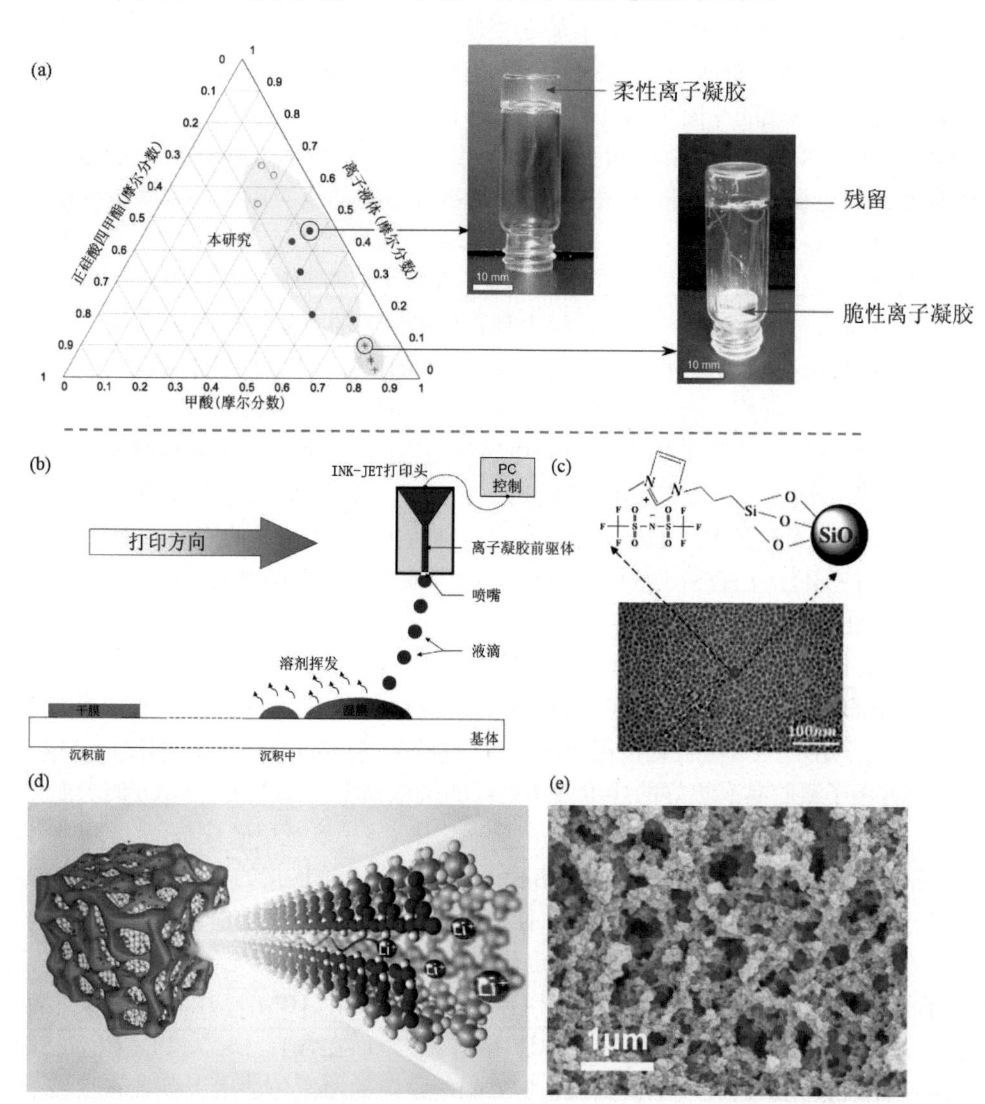

图 3-13 （a）TMOS-FA-IL 反应混合物中不同组分摩尔分数所对应的三元相图，照片为柔性和脆性的离子凝胶[242]；（b）离子凝胶喷墨印刷方法的示意图[243]；（c）SiO_2-IL-TFSI 纳米颗粒的制备方法和 SEM 图像；仿生蚁穴离子凝胶电解质的（d）制备原理和（e）SEM 图像[251]

2）二氧化钛基离子凝胶

二氧化钛（TiO_2）可用于高容量可充电电池，它不仅可以作为锂电池的电极材料，也可以作为离子凝胶电解质的基体。用来合成 TiO_2 离子凝胶的前驱体主要有三种：无机钛盐、钛醇盐和偏钛酸。2009 年，研究人员在 25℃下通过超声处理无机钛盐 $TiCl_4$、甲醇、甲酸和 1-丁基-3-甲基咪唑双(三氟甲基磺酸酰)亚胺（[BMI][TFSI]）的混合物，首次制备出 TiO_2 离子凝胶[253]。所制备的电解质内部离子传输通道是自组装形成的［图 3-14（a）、（b）］，在 100～200℃之间显示出 10^{-2} S·cm^{-1} 的高离子电导率。钛醇盐具有很高的水解、缩合反应活性，可以制备无卤 TiO_2 离子凝胶。通过调节钛酸四丁酯（TBOT）与甲酸之间的反应速率，可以获得稳定的 TiO_2 离子凝胶[233, 254]。如图 3-14（d）所示，根据离子液体含量的不同，TiO_2 离子凝胶可以显示出不同的形态。随着离子液体含量的增加，依次显示固体、准固体和液体形态。TBOT 在凝胶过程中具有自我调节的孔结构以固定咪唑、吡咯烷或哌啶类等离子液体。图 3-14（c）的 TEM 图像显示 TiO_2 基体具有利于离子传输的三维多孔结构，所制备的 TiO_2 离子凝胶电解质在室温下具有 10^{-3} S·cm^{-1} 的离子电导率[233]。组装 TiO_2 离子凝胶电解质的电池性能相比于液体电解质的电池性能得到有效改善。恒流充放电测试表明，在 1/10C 的速率下经过 50 周循环后，使用 TiO_2 离子凝胶的 Li/$LiFePO_4$ 电池显示出高达 156 mAh·g^{-1} 的容量，而使用 IL 电解液（1 mol·L^{-1} LiTFSI-[PYR_{13}][TFSI]）的电池容量却相对很低，在 1/15C 时仅为 132 mAh·g^{-1}[233]。

3）其他基于金属氧化物基的离子凝胶

α-Al_2O_3、γ-Al_2O_3、CeO_2 和 ZrO_2 纳米多孔材料由于具有大的比表面积和强的表面相互作用[255-256]，可被直接用作固定 IL 的基体。与 SiO_2 离子凝胶相比，γ-Al_2O_3 和 CeO_2 离子凝胶具有更好的导电性和更高的机械强度[255]。此外，Al_2O_3 的表面可以通过共价键与 IL 结合在一起。与三正丁基-3-[3-(三甲氧基甲硅烷基)丙基]咪唑鎓双(三氟甲基磺酸酰)亚胺（[b((MeO)$_3$Sip)im][TFSI]）共价连接的 Al_2O_3 纳米颗粒具有完全抑制纳米颗粒结晶的能力，并且表现出更高的脆性[257]。

使用 $SnCl_4·5H_2O$ 或 β-二酮基稳定前驱体得到具有半透明光学性质的 SnO_2 基离子凝胶[258]。$SnCl_4·5H_2O$ 前驱体对 1-丁基-3-甲基咪唑（[BMI]）IL 的阴离子非常敏感。只有采用溴盐才能够获得整体透明的凝胶，而在含有 BF_4^-、PF_6^-和 $TFSI^-$ 的盐中未观察到凝胶化现象。相反，β-二酮基稳定的前驱体适用于各种咪唑离子液体，即[BMI][Br]、[BMI][TFSI]和[BMI][BF_4]。不过，到目前为止还没有关于使用 SnO_2 基离子凝胶作为电池电解质的研究报道。

4）基于 MOF 和 COF 的离子凝胶

MOF 具有一系列固有的优势性质，例如，具有大量尺寸均匀的微孔或中孔、

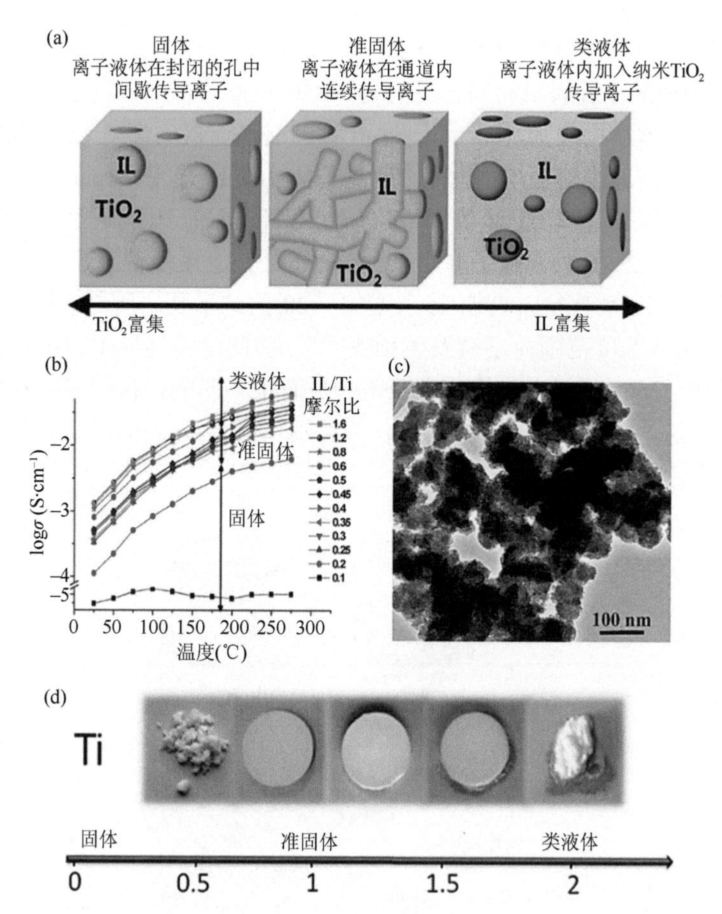

图 3-14 （a）各种摩尔组成的 IL 与 TiO_2 所制备的 TiO_2 离子凝胶电解质的离子传输通道结构示意图[253]；（b）具有不同摩尔组成的 IL 与 TiO_2 所制备的 TiO_2 离子凝胶电解质的离子电导率[253]；（c）去除 IL 后中孔 TiO_2 基体的 TEM 图像[233]；（d）各种摩尔组成的 IL 与 TiO_2 所制备的固体、准固体和类液体电解质的照片[233]

良好的机械强度、高化学稳定性和可控的主客体相互作用等，它被认为是一类可用于固定离子液体的新型基体。将 IL 限制在 MOF 中已在气体吸附剂[259]和催化领域[260, 261]得到广泛研究，但在电池中的研究相对很少。采用后浸渍方法复合 MOF 颗粒和 IL 得到的准固体体系已被用作电解质材料［图 3-15（a)］。掺入 MOF 的 IL 中的离子扩散通道可以通过纳米尺寸效应和可控的主客体相互作用来调控。因此，体系内部 IL 可以在低温下保持液相，使电化学装置能够在–20℃的低温下进行工作[262]。2015 年，有研究者通过在 ZIF-8 中加入锂盐 LiTFSI 和[EMI] [TFSI]而首次合成出高锂离子电导率的 MOF 离子凝胶[263]。最近，MOF@IL 复合材料已经被证实可以用作锂离子电池的电解质[264]。

最近，除了 MOF 材料，共价有机骨架（COF）材料也被用来制备离子凝胶。COF 是一种新型的多孔有机材料，具有与 MOF 相似的特性，比如比表面积和孔容大、孔隙和晶体结构规则等[238, 239]。多孔螺硼酸酯连接的离子 COF（ICOF）可以用作锂电池的固体电解质/隔膜[265]。所制备的 ICOF 采用 Bruce-Vincent-Evans（BVE）方法测得 Li^+平均迁移数为 0.80±0.02，明显高于固体聚合物电解质的离子迁移数值（0.2～0.5）。除了 ICOF 之外，还有其他几种 COF 可以与 IL 复合。图 3-15（b）显示了将[EMI][TFSI]掺入 COF-320 的纳米孔中所制备的 IL-COF 在 –160～190℃的宽温度范围内没有发生相变[266]，因此可将其应用范围扩大到低温范围。虽然 IL-COF 材料在二氧化碳吸附领域有很多研究，但是它们在电池中的应用尚未见报道。然而，IL-COF 材料作为电池电解质/隔膜的设计将可能成为能源领域的一个新的研究方向。

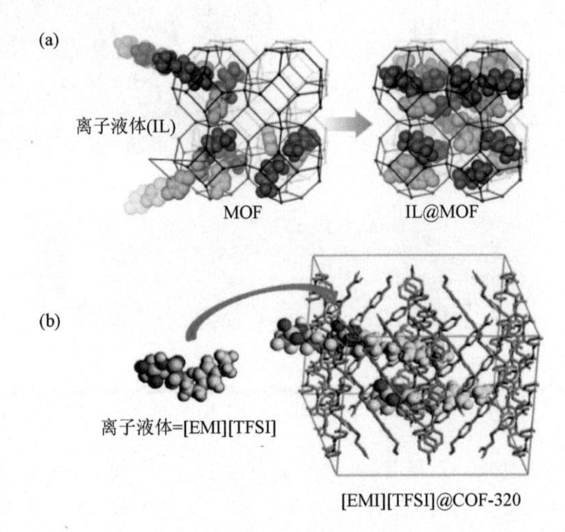

图 3-15 （a）将 IL 掺入 MOF 的微孔中[237]；（b）将[EMI][TFSI]掺入 COF-320 的纳米孔中[266]

3. 在锂离子电池中的应用

作为一种创新性的准固体材料，离子凝胶结合了 IL 和固体基体的特性，即兼具离子导电性高和机械性能良好的特点。近期的研究报道，离子凝胶已作为电池中的离子导体和隔膜应用于锂电池[267]。

1）多孔硅离子凝胶

SiO_2 基离子凝胶具有约 0.82 MPa 的强韧断裂强度和 60 MPa 的杨氏模量，有望克服锂离子电池中锂枝晶的问题。另外，SiO_2 基离子凝胶的离子电导率通常高达 10^{-3} S·cm^{-1}，且其界面层之间的阻抗与液体电解质相当。因此，通过溶胶-凝胶法和后浸渍法制备得到的基于 SiO_2 的离子凝胶可用作锂离子电池的固体电解质[268]。

陈人杰等[269]通过溶胶-凝胶法制备得到了 SiO_2/[PYR_{14}][TFSI]/LiTFSI 准固体复合电解质，组装 Li/$LiFePO_4$ 电池测试结果表明，其在 55℃高温下具有良好的性能。固体纳米复合电解质由多孔 SiO_2 基体，原位固定导 Li^+的 ILs 构成，可以应用于锂离子全电池中[270]。图 3-16（a）显示出了全电池的电化学特性，其中负极材料是 MCMB，正极材料是 $LiCoO_2$、$LiNi_{1/3}Co_{1/3}Mn_{1/3}O_2$ 或 $LiFePO_4$。由于电极/电解质的界面兼容性和结构稳定性得到改善，$LiFePO_4$/MCMB 全电池表现出良好的电池性能，其初始放电容量为 144.6 $mAh{\cdot}g^{-1}$，初始库仑效率为 93.9%，100 周循环后容量保持率为 98.9%。Bideau 等[271]报道，使用流延成型法在电极上匹配离子凝胶电解质是处理接触不良问题的有效方法。流延成型方法可使电极被润湿并能够使电解质/电极界面紧密接触，从而确保在充放电过程中可充分利用活性材料。SEM-能量色散 X 射线（EDX）分析［图 3-16（b）］显示出底部的离子凝胶层厚度为 3～5 μm，而电解质已经进入了多孔电极中，这表明电解质与电极之间具有良好的界面接触。同时，流延成型法也适用于微型电池。在正极上面印刷 SiO_2 基离子凝胶的四层溶胶前驱体可在缩聚和干燥步骤后获得良好的电极覆盖率[243]。

对 SiO_2 进行功能化设计构筑新型基体是提高电池性能的有效方法[272]。研究表明，纳米结构 SiO_2 颗粒的表面化学修饰是一种提高离子凝胶电解质离子电导率的有效技术，并有利于提高电池循环性能[273]。与环氧基团接枝的 SiO_2 颗粒与本体离子液体电解质相比，显示出显著提升的离子电导率[252]。采用该离子凝胶电解质的 Li/$LiFePO_4$ 电池在较宽的温度范围下表现出较高的比容量，30℃时其比容量为 154.9 $mAh{\cdot}g^{-1}$，在 90℃时为 168.6 $mAh{\cdot}g^{-1}$；Li/$Li_4Ti_5O_{12}$ 电池在室温条件下 0.1C 测试的比容量高达 149.7 $mAh{\cdot}g^{-1}$，经 200 周循环后比容量保持在 137.6 $mAh{\cdot}g^{-1}$。此外，使用离子凝胶电解质还能够有效地减小固体电解质厚度［图 3-16（c）］，进而提高电池的体积能量密度。

Honma 等[246, 247, 274, 275]将采用物理混合方法制备的准固体电解质应用于锂离子电池，该电解质不含水分等杂质，其粉末性质有利于通过混合正极活性材料的方式来制备三维正极。结果表明，$LiCoO_2$ 三维正极在 65℃时的第 1 周、第 2 周和第 5 周循环的放电比容量分别为 126 $mAh{\cdot}g^{-1}$、124 $mAh{\cdot}g^{-1}$ 和 122 $mAh{\cdot}g^{-1}$[247]。此外，为了开发高能量密度的锂离子电池，有研究人员采用热解法制备得到了 SiO_2 纳米颗粒和 Li-乙二醇二甲醚的准固体电解质的高电压堆叠式锂电池。所制备的双层和三层锂离子电池分别显示出了 6.7～6.8 V 和 10.0～10.2 V 的平衡电位，第 10 周放电比容量分别为 155 $mAh{\cdot}g^{-1}$ 和 156 $mAh{\cdot}g^{-1}$，正极利用率均为 91%。与此同时，双层装置在 0.5C 下 200 周循环后显示出 99%的容量保持率。

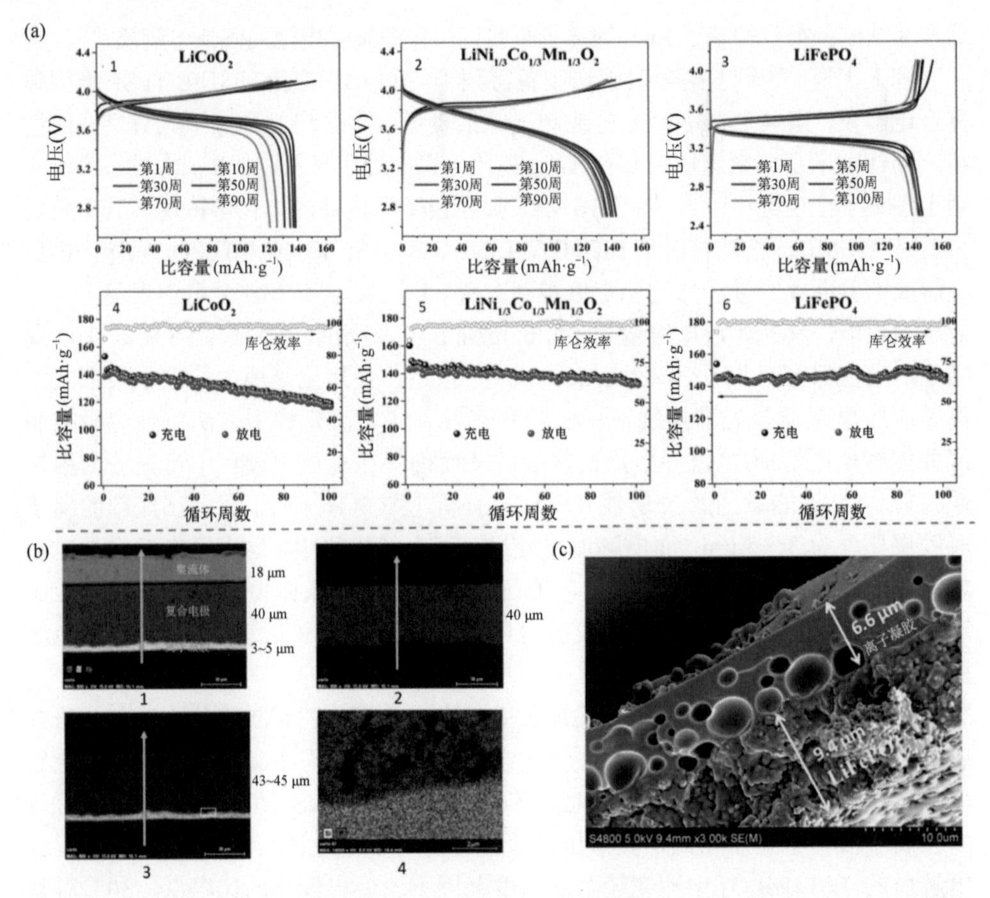

图 3-16 （a）匹配 SiO_2 基离子凝胶电解质的 $LiCoO_2$/MCMB 电池（1，4）、$LiNi_{1/3}Co_{1/3}Mn_{1/3}O_2$/MCMB 电池（2，5）和 $LiFePO_4$/MCMB 电池（3，6）在 30℃和 C/10 倍率下的充放电曲线和循环性能[270]；（b）SEM-EDX 图显示 $LiFePO_4$-炭黑-黏结剂-离子凝胶/离子凝胶电解质中连续界面[271]；（c）离子凝胶涂覆的 $LiFePO_4$ 电极的横截面 SEM 图像[252]

2）多孔钛离子凝胶

TiO_2 基体是一种很好的用于限制离子液体的多孔氧化物。对于离子凝胶电解质，TiO_2 基团以蠕虫状的形式连接在一起，为离子传输提供通路。由于离子传输通道是三维连续的，所以基于 TiO_2 的离子凝胶电解质显示出很高的离子电导率[253]。由于无机氧化物基体具有自组装离子传输通道的能力，因此各种类型的离子液体均可与 TiO_2 结合形成离子凝胶，如[EMI][TFSI][235]、[BMI][TFSI][253]、[PYR_{13}][TFSI][233]、[PYR_{14}][TFSI][233]、[PP_{13}][TFSI][233]、[PP_{14}TFSI][233]、[$PYR_{1,2o1}$][TFSI][254]和[EMI][$EtSO_4$][276]等。

通过将 LiTFSI 盐、[PYR_{14}][TFSI]和 TiO_2 纳米颗粒（70 nm）混合后进行高能

球磨制备锂离子传导的复合固体电解质（HSE）[234]，其具有优异的热稳定性、接触紧密的电极/HSE 界面［图 3-17（a）］和低界面电阻［图 3-17（b）］。匹配 HSE 的 $LiFePO_4$ 软包电池（5 cm×5 cm）可提供 150 $mAh·g^{-1}$ 的初始放电比容量，并且在 100 周循环后容量保持率为 89%。陈人杰等[233, 235]采用溶胶-凝胶法实现了自支撑离子凝胶的可控合成，其具有更高的热稳定性，提高了电池的安全性。采用 $[PYR_{13}][TFSI]-TiO_2$ 离子凝胶电解质组装的 $Li/LiFePO_4$ 电池在 150℃下保存 10 小时后性能稳定，容量保持率为初始容量的 92%以上。含 $[PYR_{13}][TFSI]-TiO_2$ 离子凝胶电解质的 Li/富锂电池的放电比容量（295 $mAh·g^{-1}$）高于含 1.0 $mol·L^{-1}$ $LiPF_6$-EC/DEC 电解液的电池样品（248.2 $mAh·g^{-1}$）。此外，匹配 $LiFePO_4$ 正极和 TiO_2 基离子凝胶电解质的锂离子电池在超过 300 周循环后［图 3-17（c）］，放电比容量保持在 150 $mAh·g^{-1}$，在 2C 倍率下容量仍然保持在 98 $mAh·g^{-1}$ 以上[235]。除了具有高离子电导率和优异的循环性能以外，上述 TiO_2 基离子凝胶电池还可以在 0～100℃的温度范围内工作，且合成时间比 SiO_2 基离子凝胶材料所需的时间短，有利于实现规模化生产。

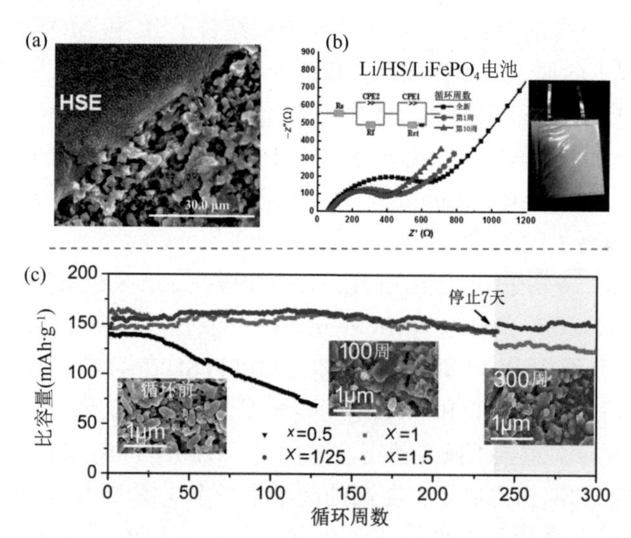

图 3-17 （a）电极和 HSE 界面的横截面 SEM 图；（b）基于 HSE 的固态电池的电化学阻抗谱；右为进行测试的 Li/HSE/$LiFePO_4$ 软包电池（5 cm×5 cm）[234]；（c）在室温下含 TiO_2 基离子凝胶电解质的 Li/$LiFePO_4$ 电池的循环性能[235]

3）其他多孔氧化物离子凝胶

为了探索具有良好机械强度、高离子迁移率和高自扩散系数的电解质膜，人们开发了其他含有 IL 的多孔氧化物材料。Honma 等[255]用 IL（[Li(G4)][TFSA]）与 SiO_2、CeO_2、γ-Al_2O_3、α-Al_2O_3 和 ZrO_2 复合制备了粒径分别为 30 nm、20 nm、

50 nm、10 nm 和 5 nm 的离子凝胶电解质，并设计了具有离子凝胶复合材料的叠层双极锂二次电池，表现出了超过 6 V 的电池电位和较好的循环性能。充放电测试表明，[Li(G4)][TFSA]/γ-Al_2O_3 的正极利用率比基于 SiO_2、CeO_2、α- Al_2O_3 和 ZrO_2 的电池要好。使用 $LiFePO_4$ 正极、Li 金属负极和[Li(G4)][TFSA]/γ-Al_2O_3 电解质组装的双层全固态锂离子电池显示出 176 $Wh·kg^{-1}$ 的能量密度，在 0.1C 和 1.0C 下的放电比容量分别为 128 $mAh·g^{-1}$ 和 54 $mAh·g^{-1}$。除上述氧化物之外，还有一些其他的多孔氧化物可以用作固定 IL 的基体，如 Al_2O_3[257]、SnO_2[258, 277]、硼酸[278]等，组成锂离子电池电解质的传输基质。

4）MOF 基离子凝胶

MOF 由连接金属中心的有机分子组成，其结构通常不利于形成自由电荷载体或低能量电荷传输路径，因此，通常是绝缘体的 MOF 型材料作为离子液体的固体载体，成为当前研究的热点之一[245]。MIL-101 由于具有介孔结构和高孔隙率而成为一种非常重要的 MOF 材料，可用于固定二元 IL（[EIMS][HTFSA]）。该二元 IL 可形成 Brønsted 酸碱缓冲液，使 H^+能够在负电位点之间跳跃以进行有效的传输［图 3-18（a）]。获得的 IL@MIL-101 离子凝胶结合了 IL 和 MOF 结构的优点，可实现在 100℃以上的质子传导，因此可作为一种安全的电解质[279]。除 MI-101 之外的 MOF 材料中，UiO-67 具有高离子电导率（在 200℃时为 $1.67×10^{-3}$ $S·cm^{-1}$）和低活化能（0.37 eV）的特点[280]，最近也被用于固定 IL，所合成的[EMI]Cl@UiO-67 复合材料属于快离子导体。IL@MOF 离子凝胶由于其具有离子导电性和电子绝缘性，适合用作锂离子电池的电解质。

Kitagawa 等[237, 281]报道了由[EMI][TFSI]和微孔 ZIF-8 组成的电解质体系。差示扫描量热法（DSC）和固态 NMR 测试表明，微孔内的[EMI][TFSI]在温度低至–150℃时没有出现凝固相变，而本体[EMI][TFSI]在–42℃时将会凝固[237]。[EMI][TFSI]@ZIF-8 在–45℃和 68℃之间电导率没有明显变化，而本体[EMI][TFSI]在–9℃以下时电导率急剧下降。值得注意的是，[EMI][TFSI]@ZIF-8 在–23℃以下时与本体[EMI][TFSI]相比显示出更高的离子电导率［图 3-18（b）］[281]。这个研究提供了一种开发适用于在低温工作电化学体系新型电解质的方法。如图 3-18（c），当 IL@MOFs 体系（简称 ELT-Z100）中掺杂 LiTFSI 后，ELT-Z100 的锂离子的自扩散系数（D_{Li^+}）比本体 LiTFSI-IL（简称 ELT-bulk）体系低 2 个数量级，但是 Li^+的迁移并没有被 MOF 阻断。因为 ELT-Z100 的自扩散系数的活化能与 ELT-bulk 的活化能相当，二者中的 Li^+具有相同的扩散机制，即 Li^+以溶剂化和交换机制进行扩散[263]。掺杂锂盐的固态化[AMI][TFSI]@MOF-5 电解质［简称 MOF（IL）］在电池中的充放电研究已有报道[264]。锂/电解质/锂电池的循环伏安测试，显示在该体系中锂沉积/溶解过程是可逆的，充放电容量在 10 周循环内没有明显的衰减，并且在 Li/MOF（IL）/Si 电池的第一周循环中形成了稳定的 SEI 膜。Li/MOF（IL）/Si 电池表现出 3000～3300 mAh·g^{-1} 的高可逆放电比容量，且其库仑效率约为 90%。研究显示，MOF 的引入对于电池性能的提高具有一定的优势，MOF（IL）将成为电池体系中具有应用潜力的新型电解质之一。

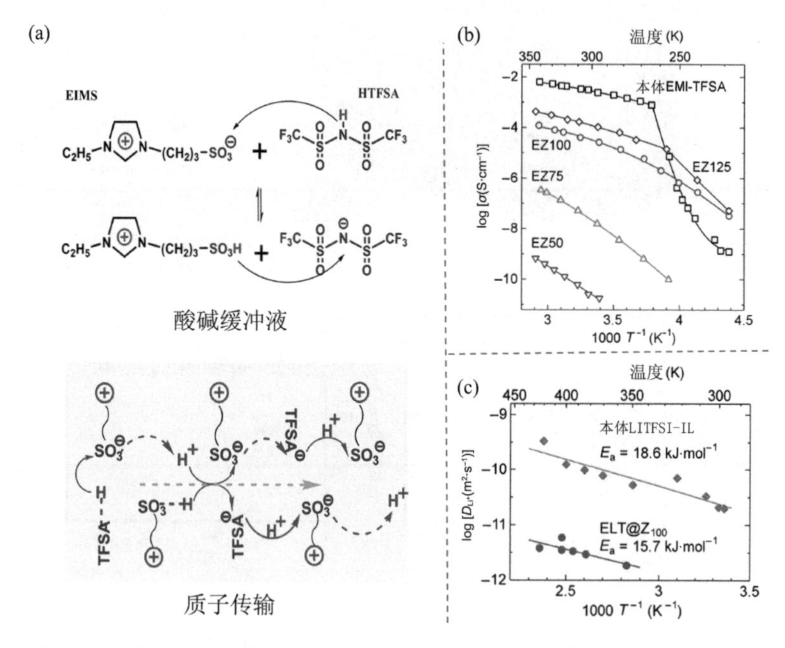

图 3-18 （a）（上）二元离子液体[EIMS][HTFSA]和 Brønsted 酸碱缓冲液图；（下）在[EIMS][HTFSA]基质内 H$^+$跃迁的示意图[279]；（b）本体[EMI][TFSI]和[EMI][TFSI]@ZIF-8 的离子电导率的 Arrhenius 图；EZ50、EZ75、EZ100 和 EZ125 分别代表理论上有 50%、75%、100% 和 125%的[EMI][TFSI]负载时所占据 ZIF-8 的微孔体积[281]；（c）^{7}Li 脉冲场梯度 NMR 测量的 ELT@Z100 和 ELT-bulk 中锂离子（D_{Li^+}）的自扩散系数和 Arrhenius 图[263]

5）其他纳米结构基离子凝胶

除上述多孔材料之外，具有相似形态或结构的其他材料也可被用来作为复合 ILs 的基体。已知膨润土和陶瓷六方氮化硼（h-BN）是不具有离子导电性但具有热稳定性的层状材料，其结构有助于各种阳离子的嵌入并促进离子传导。黏土-IL 体系已被成功地用作锂离子电池中的离子凝胶电解质[282]。图 3-19（a）显示了使用黏土-IL 准固体电解质的锂离子电池的结构。黏土-IL 体系在 355℃以下显示出良好的结构稳定性，在 120℃下具有 3 V 的稳定电压窗口，将其组成的 Li/Li_4TiO_{12} 电池在 120℃下表现出稳定的长循环性能[282]。此外，含有 h-BN、$[PP_{13}]$[TFSI]和 LiTFSI 的复合电解质具有 0.2×10^{-3} S·cm^{-1} 的高电导率。以 h-BN 基复合电解质组装的 $Li/Li_4Ti_5O_{12}$ 半电池在 150℃时表现出稳定的电化学性能［图 3-19（b）、（c）］，而基于传统的含有挥发性有机溶剂电解质和高分子隔膜的二次电池则在高温下发生短路[283]。离子凝胶电解质体系因具有优异的热稳定性和电化学稳定性，在消费电子产品和电动车辆等领域中具有一定的应用前景。

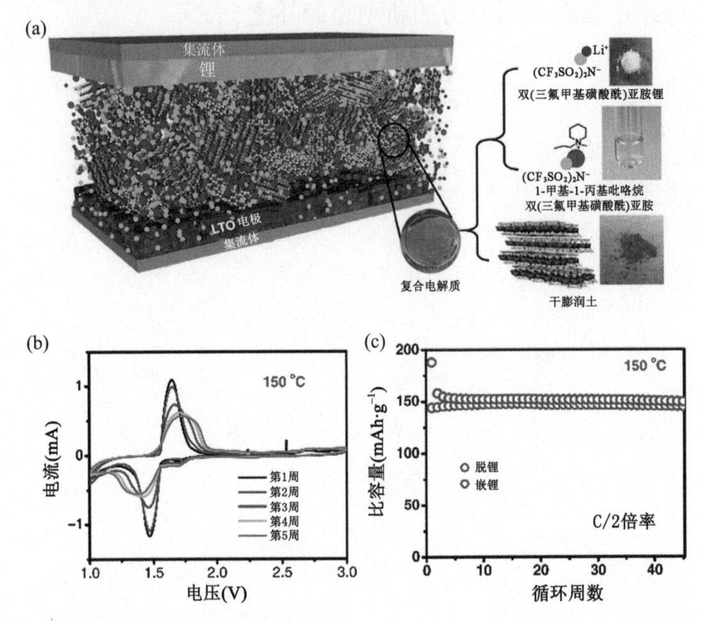

图 3-19 （a）合成黏土-IL 准固体电解质的组分以及锂离子电池结构的示意图[282]；h-BN 基复合电解质的性能：（b）循环伏安曲线和（c）150℃下匹配 h-BN 基复合电解质的 $Li_4Ti_5O_{12}$ 的循环性能测试[283]

除此之外，软砂[284]、壳聚糖[285]、琼脂糖[286]、瓜尔豆胶（一种基于植物的多糖）[287]和天然埃洛石纳米管[288]也可用作纳米孔基体候选物，因为它们具有成本低、比表面积大、强度高、环境友好以及生物相容性等多种优点。此外，离子凝胶体系还可以解决 IL 在较低电压和较高温度等极端条件下的电化学性能不佳的问题。

3.3.3.2 凝胶聚合物电解质

为了提升固体聚合物电解质的电导率，减小聚合物对锂离子的束缚，促进锂离子的解离和溶解能力，人们选择将不同的聚合物、电解质盐以及低分子有机溶剂（增塑剂）进行复合[289]。早在 20 世纪 70 年代，Feuillade 等[290]报道了一种掺有碳酸丙烯酯（PC）的 PVDF-HFP 复合电解质，并首次将该体系命名为凝胶聚合物电解质，其电导率可达到 10^{-3} S·cm^{-1}。如图 3-20 所示，锂离子在凝胶聚合物电解质体系中的传输主要分为两种情况：对于无活性不能解离锂盐的聚合物来说

（如 PVDF），锂离子主要在溶胀吸附后的液相或凝胶相中进行传输；对于可以解离锂盐的聚合物来说（如 PEO），锂离子还能够同时与聚合物发生络合，随聚合物链的摆动发生迁移[291, 292]。

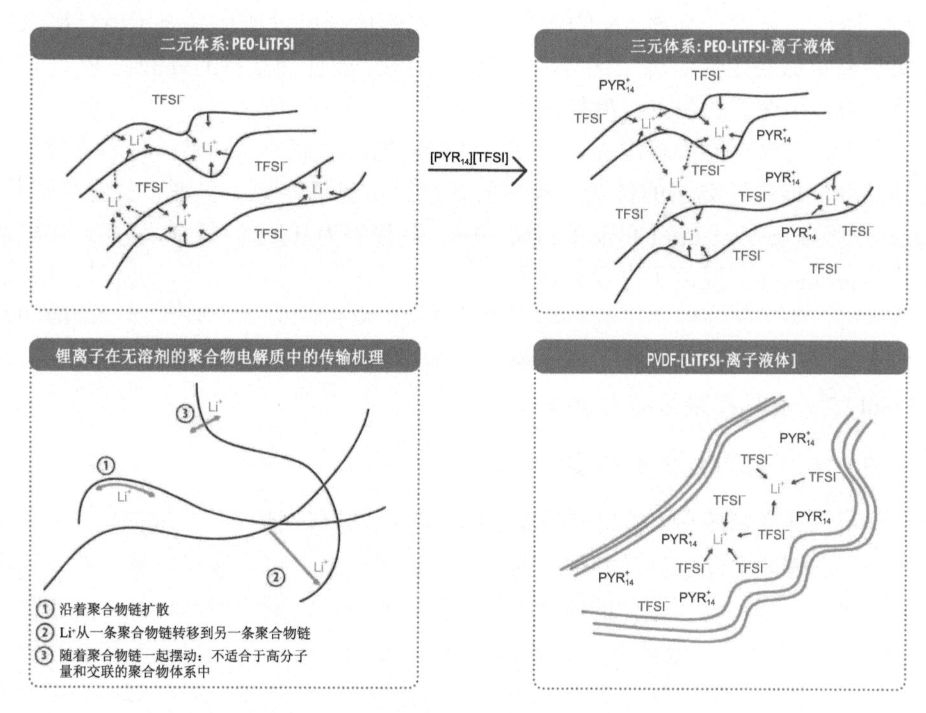

图 3-20　锂离子在凝胶聚合物电解质体系中的传输机制[293]

20 世纪 90 年代，随着液态锂离子电池的商业化取得突破，凝胶聚合物电解质也成为研究热点[294]。Nagasubramanian 等[295]制备了以 $LiAsF_6$ 为锂盐，以碳酸乙酯（DC）为增塑剂的 PEO 基凝胶电解质，电导率为 2×10^{-3} $S\cdot cm^{-1}$。Alamgir 等[296]分别制备了 PAN 和 PVC 基的凝胶电解质，20℃时电解质的电导率可达到 2×10^{-3} $S\cdot cm^{-1}$，并能够成功应用于 $Li/Li_xMn_2O_y$ 和 $C/LiNiO_2$ 的电池体系中。与 PEO 相比，PAN 的机械强度较高，而 PMMA 电解质除具备较高的离子电导率以外，其最大的特点是与金属锂负极的界面稳定性好。Scrosati 等[297]报道了一种以碳酸乙烯酯（EC）和碳酸丙烯酯（PC）为增塑剂，以 PMMA 为基体的凝胶电解质，该电解质在–60℃时的电导率仍能够达到 10^{-4} $S\cdot cm^{-1}$，电化学窗口达到 4.8 V，与锂电极的界面稳定性好，并具有良好的循环性能。在凝胶聚合物电解质体系中，常用的增塑剂主要有低分子量的有机物、有机溶剂和离子液体等，不同的增塑剂产生的效果不同。Rajendran 等[298, 299]向 PEO 基电解质体系中加入不同的有机溶剂并比较所得电解质的电导率大小，其中含有 EC 的凝胶电解质的离子电导率最高，电导率高低顺序如下：EC>PC>丁内酯（BL）>碳酸二甲酯（DMC）>碳酸二乙酯（DEC），具体差异主要归因于各种有机溶剂介电常数和黏度的不同。Maier 等[300]将丁二腈（SN）作为添加剂引入 PVDF-HFP 聚合物中，合成一种塑晶型的凝胶电解质，通过优化聚合物和 SN 的含量，使得电解质既可以实现高离子电导率又可以实现高机械稳定性。郭玉国等[301]报道了用 SN 改性的双草酸硼酸锂-PEO 基电解质，将该电解质的耐受温度扩展到 170℃。

此外，对聚合物进行改性，可使主体聚合物的晶体产生缺陷，进而有效地降低结晶度，促进锂离子的传输。改性的方法通常包括共聚、交联、共混等[302]。Nara 等[303]制备了以 PEO 和聚苯乙烯（PS）共聚物为基体的凝胶电解质，该电解质除具备较高的室温离子电导率以外，还可以抑制锂枝晶的生长，并保持良好的机械强度。为了保证锂离子具有最大的迁移数，Mahanthappa 等[304]通过硫醇的热激发作用将 PC 聚合制备成凝胶聚合物的单离子导体，其中锂盐浓度可达到 0.9 $mol \cdot L^{-1}$，弹性模量最高为 79 kPa。

3.3.3.3 无机陶瓷复合电解质

无机固体电解质与电极材料的界面稳定性差，接触面积小，界面阻抗大，长时间工作下会影响电池的循环性能。为了解决这类问题，可将液体电解质混入无机陶瓷类电解质中，利用液体的流动性来浸润电极界面，减少电池内部阻抗。郭向欣等[305]将咪唑类离子液体掺入到 $Li_{6.4}La_3Zr_{1.4}Ta_{0.6}O_{12}$ 中，所制得的电解质片置于 5×10^4 Pa 的压力下恒压保持 24 h 后不会有液体渗出。该电解质既能够润湿接触界面，又不会有液体泄漏，同时还具备高离子电导率（20℃时为 2.2×10^{-4} $S \cdot cm^{-1}$）。孙学良等[306]在组装 Li/LATP/$LiFePO_4$ 电池时，向 LATP 与两个电极界面处分别加入不同体积的有机电解液（1M $LiPF_6$ 溶于 EC：DEM：DEC=1：1：1）。实验结果证明，液体电解质的最佳添加量为 2 μL，以此组装的电池在 4C（1C = 170 $mA \cdot g^{-1}$）电流密度下的比容量为 98 $mAh \cdot g^{-1}$。通过进一步的分析发现，该混合电解质能够在界面处形成一层固液电解质界面层（SLEI），可以保护 LATP 不被金属锂还原。段华南等[307]通过在 $Li_7La_3Zr_{1.5}Ta_{0.5}O_{12}$（LLZTO）与正负极的界面间添加一种超强碱溶液（*n*-BuLi），来抑制 Li^+和 H^+在 LLZTO 界面上的离子交换，进而防止液体电解质的分解，阻止界面副反应的发生，促进界面处 Li^+的传输。用该复合电解质组装成的 Li/$LiFePO_4$ 电池能够在 100 $\mu A \cdot cm^{-2}$ 和 200 $\mu A \cdot cm^{-2}$ 的电流密度下循环 400 周（图 3-21）。

在该类电解质的研究过程中，有很多文献报道都提到了固液相界面，因此深入剖析相界面处的界面反应、离子传输与电荷转移等机理，能够更好地对电解质的结构进行设计，进而达到理想的效果[308-310]。Janek 等[311]深入分析了 SLEI 层的形成过程，揭示了 SLEI 上的动力学特征（图 3-22）。典型的快离子导体与传统液体电解质的界面其实是不稳定的，且对锂离子的传输有阻碍作用。由锂离子在各相中的迁移活化能和阻抗分布可知，离子在相界面处的传输要跃过额外的迁移势垒，这便为整个电池附加了一个额外的阻抗。但是有关 SLEI 层的化学特性以及形成机理等还有待深入探索。

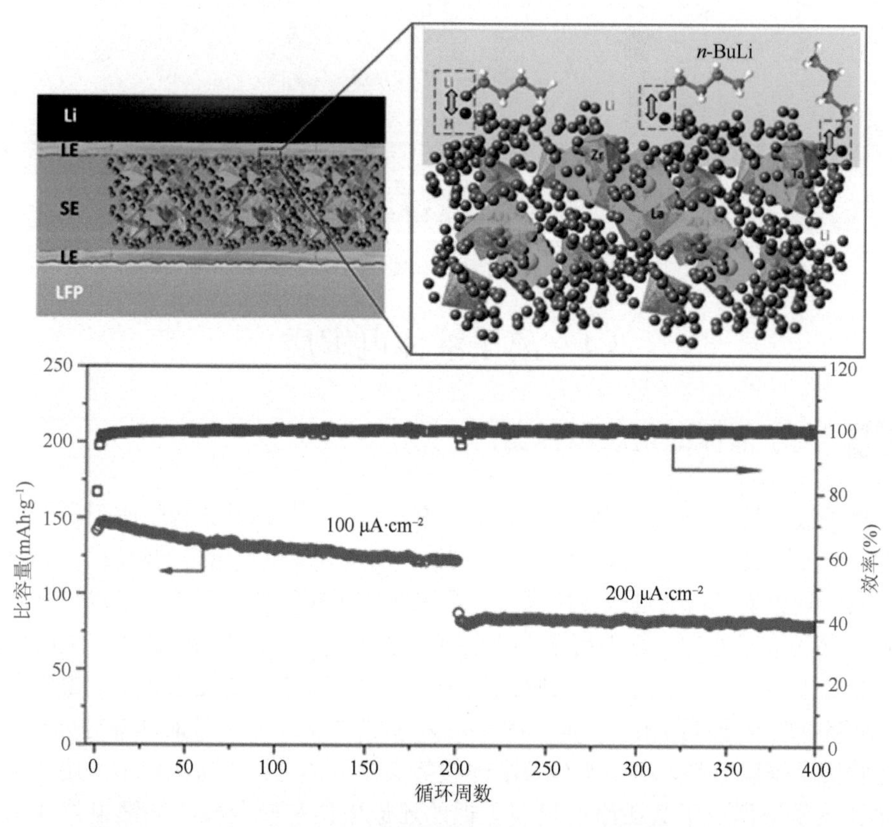

图 3-21 *n*-BuLi 稳定界面的作用机理图以及 Li/LE/LLZTO/LE/$LiFePO_4$ 电池在不同电流密度下的循环性能[307]

除此之外，该类复合电解质的应用已逐渐扩展到锂硫电池、锂空气电池等二次电池新体系。在锂硫电池中，一般会设计成中间是陶瓷类固体电解质，两边是液体电解质的三明治结构，这种组成发挥的一个特殊作用是阻止多硫化物穿梭到负极一侧[312, 313]。在锂空气电池中，空气正极的一侧可放置陶瓷类固体电解质，以防止空气中的水和二氧化碳溶解到液体电解质中[314-316]。

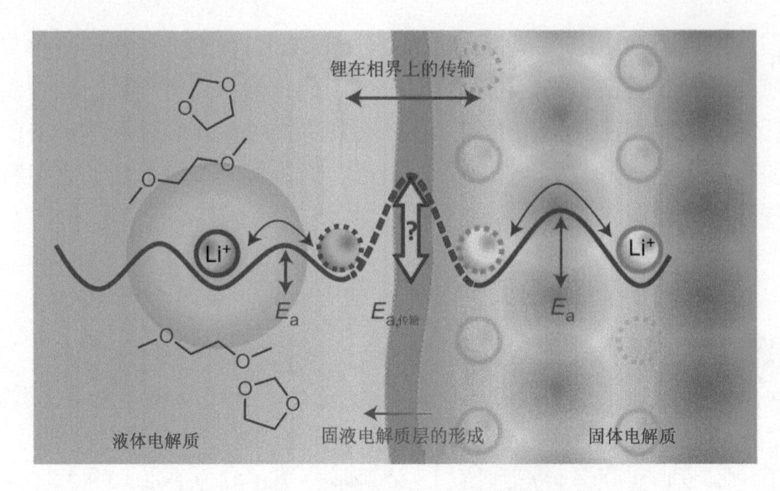

图 3-22　离子在固液相界面层间的传输[311]

3.4　离子液体电解质

3.4.1　离子液体的组成和种类

离子液体是指完全由阴阳离子组成的有机盐[317, 318]，其结构中阴阳离子体积很大，结构松散，不易结晶，因而熔点较低，在室温或室温附近的温度下为液体。离子液体种类繁多，通过改变阳离子和阴离子的不同组合，理论上可以设计合成出 1 万亿种离子液体。其阳离子主要包括：季铵阳离子、季𬭸阳离子、吡咯阳离子、哌啶阳离子、锍阳离子、吗啉阳离子、咪唑阳离子、吡啶阳离子、吡唑阳离子、吡咯啉阳离子和胍阳离子等（图 3-23）。按照阳离子对离子液体进行分类，其中咪唑类、季铵盐类、吡咯类以及吡啶类等离子液体在锂二次电池中应用较多。咪唑类离子液体由于其还原电位高于锂的还原电位和碳负极的嵌锂电位（约为 1.0 V *vs.* Li^+/Li），不适合应用于匹配金属锂负极和碳负极的锂二次电池。相比于咪唑类离子液体，季铵盐类离子液体的黏度高、电导率低。研究发现，可通过在季铵盐的烷基中引入氰基或醚基来提高其电化学性能。吡咯类和哌啶类离子液体的结构相似，都具有优异的电化学稳定性以及高电导率，是具有应用前景的离子液体。其中哌啶类的电化学窗口更宽（约为 6 V），适合作为高电压锂离子电池的电解质。离子液体按照阴离子种类可分为两类：金属络合物类和非金属类。其中，四氟硼酸根阴离子（BF_4^-）、六氟磷酸根阴离子（PF_6^-）、双(三氟甲基磺酰)亚胺阴离子[$N(CF_3SO_2)_2^-$，$TFSI^-$]等阴离子（图 3-24）的电化学稳定性好，在锂二次电池中备受关注。其中 $TFSI^-$的尺寸大于 BF_4^-和 PF_6^-，由它构成的离子液体的空间位阻大，阴阳离子难以规则堆积，使得离子液体的熔点更低。

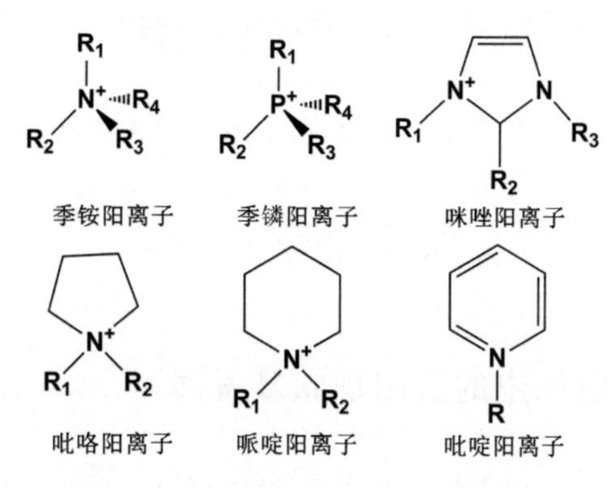

图 3-23　常见离子液体中的阳离子类型

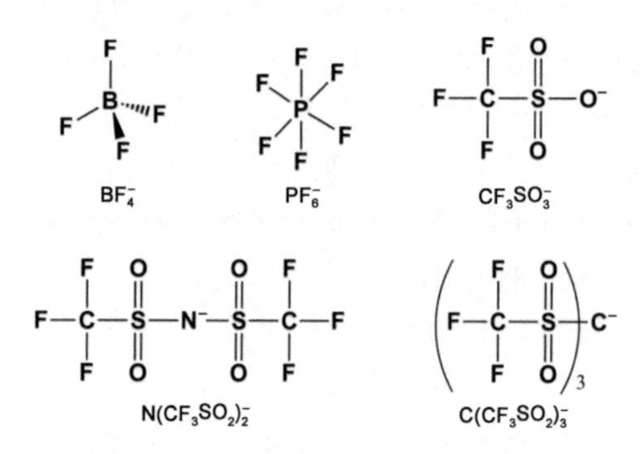

图 3-24　常见离子液体中的阴离子类型

3.4.2 离子液体的特性

离子液体具有独特的物理化学特性，具体如下：

（1）具有优异的热稳定性，其液态温度范围可达 400℃，因此，在离子液体中可以实现在传统有机溶剂中不能进行的高温反应，从而为绿色化工的发展提供新的空间。

（2）有较强的溶解性。通过调控离子液体中的阴阳离子的有机或无机属性，可以溶解许多有机物、无机物和高分子材料[319]，甚至可以溶解气体，如氢气、氧气、一氧化碳和二氧化碳等[320]。离子液体大多是非质子溶剂，溶解过程中可大幅减少溶剂化现象和溶剂分解现象，能使许多不稳定的离子中间体趋于稳定，延长其寿命，提高溶解化合物的反应活性，进而提高反应的转化率和选择性[321]。

（3）具有非挥发性，没有显著的蒸气压，可用于高真空体系。在运输和储存过程中不易损坏，可回收并重复利用，毒性低，避免了环境污染的问题。

（4）具有结构可调控性。通过调整阴阳离子的组合或在阴阳离子上嫁接官能团等手段改变离子液体的结构，可使其具有特定的物理、化学性质，满足不同的工业生产用途和要求。

（5）具有优异的电化学性能。离子液体完全由离子组成，通常具有较高的室温离子电导率和较宽的电化学稳定窗口（4～6 V），同时，离子液体的极性较高，很少与其他物质络合。可在二次电池、电容器、电沉积中作为电解液，实现室温条件下的离子传导。

3.4.3 在锂离子电池中的应用现状及发展

事实上，室温离子液体被广泛应用于有机合成、催化、萃取和分离过程，也是能量储存器件具有潜在优势的电解质。与易燃的有机碳酸酯类溶液相比，离子液体具有其独特的物理化学特性，如宽电化学窗口（4～6 V）、较高的室温电导率、可忽略不计的蒸气压、热稳定性高（一般高达 300～400℃）、化学稳定性良好、不易燃等。更重要的是，可以通过调节阴阳离子的组合或引入不同的官能团来自行设计合成具有不同功效的离子液体，使其成为满足不同要求的特殊材料[322]。如表 3-2 所示，根据阳离子的类型可以划分为季铵盐类、咪唑类、吡咯烷类和哌啶类等。离子液体的物理化学性质很大程度上取决于阳离子的结构。咪唑类离子液体具有黏度低、电导率高的特点；季铵盐类离子液体的黏度则相对较高、电导率较低；吡咯和哌啶类离子液体即为含有五元环或六元环结构的季铵类离子液体，具有较宽的电化学窗口（>5 V），适合匹配高电压材料。阴离子通常是 X^-（X=F、Cl、Br、I）、BF_4^-、PF_6^-、$TFSI^-$、$C_4F_9SO_3^-$等，其中 $TFSI^-$ 在锂二次电池中备受关注。这一方面是由于它所构成的离子液体空间位阻大，阴阳离子难以规则堆积，另一方面是 $TFSI^-$上的氟对负电荷的强离域作用使它与阳离子间的相互作用力减弱，构成的离子液体熔点较低，且 $TFSI^-$对水不敏感，热稳定性高[323]。

表 3-2　部分离子液体的简称

离子液体名称	简称
1-甲基-3-乙基咪唑双(三氟甲基磺酸酰)亚胺	[EMI][TFSI]
1-甲基-3-乙基咪唑四氟硼酸	[EMI][BF_4]
1-甲基-3-乙烯基咪唑双(三氟甲基磺酸酰)亚胺	[EVI][TFSI]
1-甲基-3-丁基咪唑四氟硼酸	[BMI][BF_4]
1-甲基-3-丁基咪唑双(三氟甲基磺酸酰)亚胺	[BMI][TFSI]
1-丁基-2,3-二甲基咪唑双(三氟甲基磺酸酰)亚胺	buty-DMimTFSI

续表

离子液体名称	简称
1-戊基-2,3-二甲基咪唑双(三氟甲基磺酸酰)亚胺	amyl-DMimTFSI
1-辛基-2,3-二甲基咪唑双(三氟甲基磺酸酰)亚胺	octyl-DMimTFSI
1-异辛基-2,3-二甲基咪唑双(三氟甲基磺酸酰)亚胺	isooctyl-DMimTFSI
1-癸基-2,3-二甲基咪唑双(三氟甲基磺酸酰)亚胺	decyl- DMimTFSI
1-甲基-3-丁基咪唑双(三氟甲基磺酸酰)亚胺	$[C_1C_4IM][TFSI]$
1-甲基-3-己基咪唑双(三氟甲基磺酸酰)亚胺	$[C_1C_6IM][TFSI]$
1-甲基-3-辛基咪唑双(三氟甲基磺酸酰)亚胺	$[C_1C_8IM][TFSI]$
1-甲基-2-甲基-3-丙基咪唑双(三氟甲基磺酸酰)亚胺	$[C_1C_1C_3IM][TFSI]$
1-甲基-2-甲基-3-丁基咪唑双(三氟甲基磺酸酰)亚胺	$[C_1C_1C_4IM][TFSI]$
1-甲基-2-甲基-3-己基咪唑双(三氟甲基磺酸酰)亚胺	$[C_1C_1C_6IM][TFSI]$
1-甲基-2-甲基-3-辛基咪唑双(三氟甲基磺酸酰)亚胺	$[C_1C_1C_8IM][TFSI]$
N-甲基-*N*-丁基哌啶双(三氟甲基磺酸酰)亚胺	$[PP_{14}][TFSI]$
N-甲基-*N*-丙基吡咯烷双(三氟甲基磺酸酰)亚胺	$[PYR_{13}][TFSI]$
N-甲基-*N*-丙基吡咯二氟磺酰亚胺	$[PYR_{13}][FSI]$
N-甲基-*N*-丁基吡咯烷双(三氟甲基磺酸酰)亚胺	$[PYR_{14}][TFSI]$

3.4.3.1 咪唑类离子液体电解质

咪唑类离子液体的电导率高、黏度低，成为近几年的研究重点。常见的典型咪唑类阳离子如图 3-25 所示。

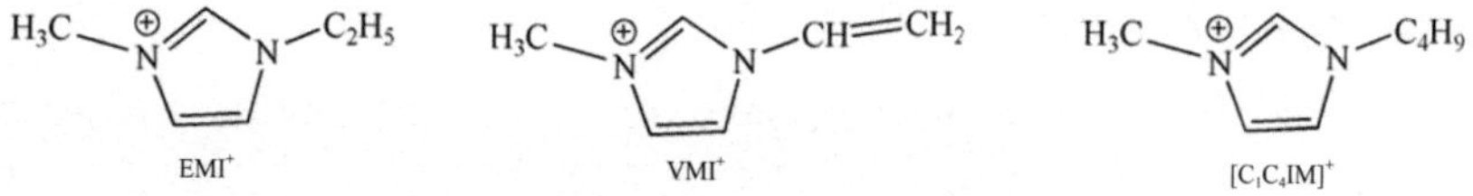

H_3C $N^{\oplus}$ N C_2H_5 EMI$^+$　　H_3C $N^{\oplus}$ N $CH{=}CH_2$ VMI$^+$　　H_3C $N^{\oplus}$ N C_4H_9 $[C_1C_4IM]^+$

图 3-25　典型的咪唑阳离子结构

1.0 $mol{\cdot}L^{-1}$ LiTFSI/1-甲基-3-己基咪唑双(三氟甲基磺酸酰)亚胺（$[C_1C_6IM][TFSI]$）电解液的热稳定性高达 300℃，在 60℃离子电导率为 7.423 $mS{\cdot}cm^{-1}$，由其匹配的 $Li_4Ti_5O_{12}/LiFePO_4$ 电池在 0.1C 充放电倍率下表现出 130～135 $mAh{\cdot}g^{-1}$ 的放电比容量[324]。Garcia 等[325]所制备的 LiTFSI/1-乙基-3-甲基咪唑双(三氟甲基磺酸酰)亚胺（[EMI][TFSI]）离子液体电解质匹配 $Li_4Ti_5O_{12}$ 和 $LiCoO_2$ 电极都表现出良好的相容性，应用该电解质的 $Li_4Ti_5O_{12}/LiCoO_2$ 电池在 1C 倍率下经 200 周循环后比容量仍达 106 $mAh{\cdot}g^{-1}$。咪唑类离子液体与有机溶剂共混或者作为添加剂使用时也表现出良好的电化学性能。0.3 $mol{\cdot}L^{-1}$ LiTFSI/70vol% 1,2-二甲基-3-乙基咪唑双(三氟甲基磺酸酰)亚胺、25vol% DMC、5vol% VC 和 0.25wt% LiODFB 的混

合溶液作为电解质应用于 $Li/LiNi_{1/3}Co_{1/3}Mn_{1/3}O_2$ 电池体系时，在室温下 1C 充放电循环 100 周后放电比容量可以达到 138.5 $mAh \cdot g^{-1}$，并且在 80℃下 1C 充放电循环 50 周后比容量仍保持在 157.7 $mAh \cdot g^{-1}$[326]。咪唑类离子液体电化学窗口窄、还原电位（约 1.0 V *vs.* Li^+/Li）高于碳材料的嵌锂电位，当电极还未达到嵌锂电位时，咪唑阳离子就在碳材料表面发生还原分解，因此该类电解质不宜与碳材料负极相匹配。但是当阴离子换为 FSI^-时，咪唑类离子液体可以与碳负极组装成电池并表现出良好的电化学性能[327]。与 $TFSI^-$相比，FSI^-基离子液体有更低的黏度和更高的电导率。更重要的是，FSI^-阴离子可以在石墨电极表面参与形成 SEI 膜，改善离子液体电解质与石墨电极之间的相容性，甚至能够抑制锂枝晶的产生。

王国军等[328]选用了 1,3-二烷基咪唑双氟磺酰亚胺类离子液体[包括 1-甲基-3-乙基咪唑双氟磺酰亚胺（[EMI][FSI]）、1-烯丙基-3-甲基咪唑双氟磺酰亚胺（[AMI][FSI]）、1-乙氧基乙基-3-乙基咪唑双氟磺酰亚胺（Im2o2-2-FSI）] 匹配锂盐制备了三种电解质，并与商用电解液 $LiPF_6$-EC/DMC 进行了比较。在 Im2o2-2-FSI 中，MCMB/$LiFePO_4$ 全电池在 0.02C 倍率下进行充放电测试，首周放电比容量高达 130 $mAh \cdot g^{-1}$，此放电比容量可以与采用 1.0 $mol \cdot L^{-1}$ $LiPF_6$-EC/DMC 电解质的电池相媲美。如图 3-26 所示，对经过 0.02C 倍率下循环 1 周后的 MCMB 电极进行了 X 射线衍射（XRD）和扫描电子显微镜（SEM）分析，结果发现，循环后的所有负极都具有石墨的尖锐特征峰（002），且该峰的位置保持不变，这表明没有出现明显的离子液体阳离子的插入。此外，循环后的电极没有观察到其他峰，这表明在放电过程中 Li^+ 完全脱嵌。SEM 证实了 MCMB 颗粒球在循环后没有发生变化，这也说明了石墨的层状结构没有遭到破坏。

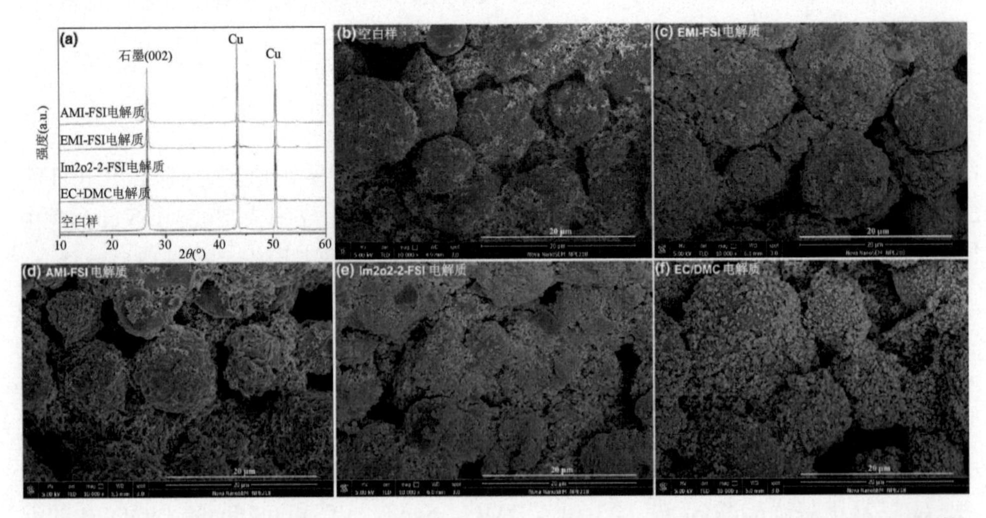

图 3-26 （a）MCMB 电极循环前后的 XRD 图；（b～f）MCMB 电极循环前后的 SEM 图[328]

在咪唑类离子液体中，1-甲基-3-乙基咪唑阳离子（EMI^+）组成的离子液体的黏度最小、电导率较高，是目前研究最多的一类离子液体。咪唑环上的 C_2 位上的 H 很容易被还原，还原电位较高（约为 1 V *vs.* Li^+/Li），其不能在金属锂表面形成保护膜，也不能在碳材料上进行可逆的电化学反应。咪唑类离子液体可以与 $Li_4Ti_5O_{12}$ 负极材料进行匹配。采用 $LiBF_6$-1-甲基-3-丁基咪唑四氟硼酸（[EMI][BF_4]）离子液体电解质的 $Li_4T_5O_{12}$/$LiCoO_2$ 电池首周放电比容量为 121 mAh·g^{-1}，充放电循环 50 周后的比容量保持在 113 mAh·g^{-1}[329]。$TFSI^-$阴离子上的氟取代基对负电荷具有强离域作用，使它与阳离子间的相互作用力减弱，构成的离子液体熔点较低，且 $TFSI^-$ 对水不敏感，热稳定性高，用于锂二次电池具有明显的优势。含有 LiTFSI-1-甲基-3-己基咪唑双(三氟甲基磺酸酰)亚胺（[C_1C_6IM][TFSI]）电解质的 $Li_4T_5O_{12}$/$LiFePO_4$ 电池 C/20 倍率下放电比容量为 130 mAh·g^{-1}，而 $Li_4T_5O_{12}$/$LiNi_{1/3}Co_{1/3}Mn_{1/3}O_2$ 电池循环 5 周后放电比容量从 140 mAh·g^{-1} 下降到 135 mAh·g^{-1}[330]。

成膜添加剂的使用可以有效地抑制咪唑阳离子在石墨表面的分解。当向 1 mol·L^{-1} $LiPF_6$-[EMI][TFSI]中加入体积分数 5%的碳酸亚乙烯酯（VC）时，VC 能够在 EMI^+分解之前有效地钝化石墨表面，在石墨表面形成具有保护作用的 SEI 膜，使得石墨负极可以在咪唑类离子液体中可逆脱嵌锂离子[331]。汪红梅等[332]对比了有无 VC 添加剂的 1 mol·L^{-1} $LiBF_4$-[BMI][BF_4]/γ-BL（γ-丁内酯）电解液对 Li/$LiFePO_4$ 电池性能的影响。通过交流阻抗测试 Li/电解质/Li 对称电池的界面阻抗发现，向离子液体中添加 VC 有助于电解质在金属锂负极上形成稳定的 SEI 膜。在 2.5～4.0 V 的电压范围内，以 17 mA·g^{-1} 的电流密度进行充放电测试，发现含有 VC 添加剂的电解质放电比容量大幅增加，首周放电比容量达 123.1 mAh·g^{-1}，循环 10 周后比容量上升到 135.9 mAh·g^{-1}。而不含 VC 的电解质首周放电比容量仅为 90.7 mAh·g^{-1}，循环 10 周后比容量仅剩下 53.5 mAh·g^{-1}。

将咪唑阳离子 C_2 位上的质子用烷基取代也可以提高其还原稳定性。李在均等[333]合成了 5 种 1-烷基-2,3-二甲基咪唑双(三氟甲基磺酸酰)亚胺离子液体（化学结构式见图 3-27），电化学稳定窗口均可以保持在–0.4～5.2 V（*vs.* Li^+/Li），其中，含有 1-戊基-2,3-二甲基咪唑双(三氟甲基磺酸酰)亚胺（amyl-DMiTFSI）基电解液的 Li/$LiFePO_4$ 电池在 C/20 倍率下的首周放电比容量达 152.6 mAh·g^{-1}。表 3-3 中总结了咪唑类离子液体在锂离子电池中的应用情况[334]。

3.4.3.2 吡咯烷类离子液体电解质

吡咯烷类离子液体黏度大，电化学窗口宽（>5 V）。研究较广泛的吡咯烷类离子液体有 *N*-甲基-*N*-甲氧基乙基吡咯烷双(三氟甲基磺酸酰)亚胺（[$PYR_{1,\ 2o1}$][TFSI]）、*N*-甲基-*N*-甲氧基乙基吡咯烷双氟磺酰亚胺（[$PYR_{1,\ 2o1}$][FSI]）、*N*-丁基-*N*-

甲基吡咯烷双(三氟甲基磺酸酰)亚胺（$[PYR_{14}][TFSI]$）、*N*-丁基-*N*-甲基吡咯烷双氟磺酰亚胺（$[PYR_{14}][FSI]$）、*N*-丙基-*N*-甲基吡咯烷双(三氟甲基磺酸酰)亚胺（$[C_3mPYR^+][TFSI^-]$）、*N*-丙基-*N*-甲基吡咯烷双氟磺酰亚胺（$[C_3mPYR^+][FSI^-]$）等。常见的吡咯烷阳离子结构如图 3-28 所示。

表 3-3　含咪唑类离子液体电解质的电池在室温下的循环性能[334]

咪唑基离子液体电解质	电极	循环周数	比容量（$mAh·g^{-1}$）	C-倍率
[EMI][TFSI]	LTO[a]/LCO[b]	200	106	C
$[C_1C_nIM][TFSI]$，*n*=4，6，8	Li/LCO	120	100	C/8
$[C_1C_1C_3IM][TFSI]$	Li/LMO[c]	50	105	C/8
$[C_1C_1C_3IM][TFSI]$	Li/LCO	50	120	C/8
$[C_1C_1C_nIM][TFSI]$，*n*=4，6，8	Li/LFP[d]	120	140	C/20
[EVI][TFSI]	Cgr/LFP	30	100-115	C/2 ，C/10
[EMI][TFSI]	Li/Cgr	10	300	C/4
[EMI][TFSI]	Cgr/LCO	150	350	C/7

a. LTO：$Li_4Ti_5O_{12}$；b. LCO：$LiCoO_2$；c. LMO：$Li_{1.1}Al_{0.095}Mn_{1.805}O_4$；d. LFP：$LiFePO_4$

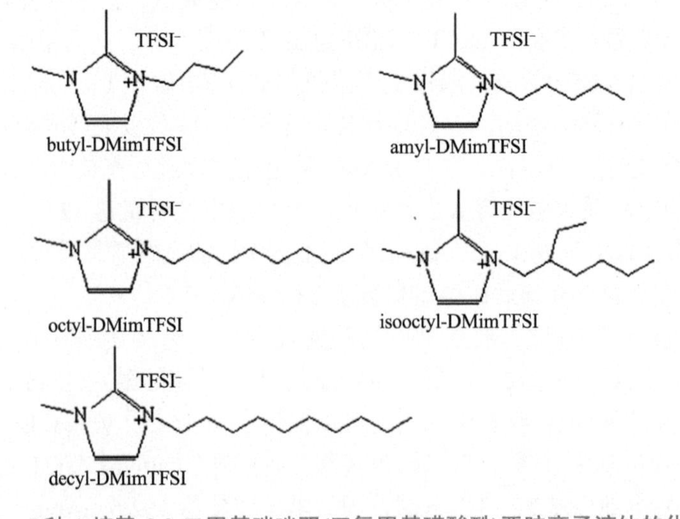

图 3-27　5 种 1-烷基-2,3-二甲基咪唑双(三氟甲基磺酸酰)亚胺离子液体的化学结构

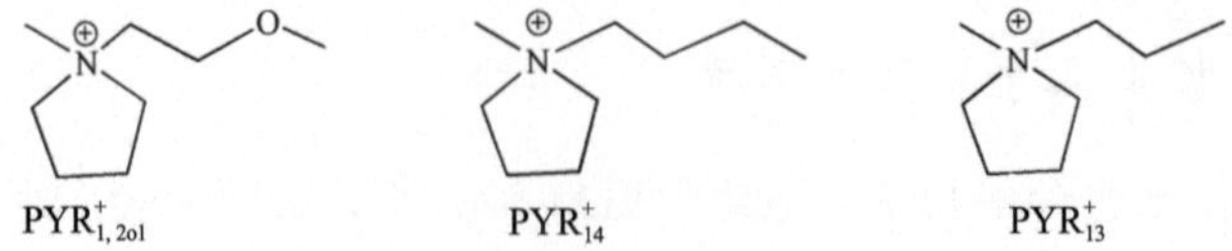

$PYR^+_{1,2ol}$　　PYR^+_{14}　　PYR^+_{13}

图 3-28　典型的吡咯烷阳离子结构

$[PYR_{14}][FSI]$具有较高的电导率（> 4 $mS·cm^{-1}$，20℃）和宽电化学窗口（>5.5 V）。类似于上述中的1,3-二烷基咪唑双氟磺酰亚胺离子液体，由于FSI^-的存在，$[PYR_{14}][FSI]$离子液体具备形成SEI膜的能力。将质量比9∶1$[PYR_{14}][FSI]$-LiTFSI电解质应用于Li/$LiFePO_4$电池体系中，电池循环240周放电比容量几乎没有衰减，始终保持在165 $mAh·g^{-1}$；匹配$Li_4Ti_5O_{12}$材料时，电池同样表现出优异的循环性能，首周嵌锂时表现出约为160 $mAh·g^{-1}$的比容量，在随后的循环期间，比容量降低到150 $mAh·g^{-1}$，但是直至第100周都能够保持稳定的循环。这说明在第一周循环后Li^+可以在电极表面表现出良好的可逆脱嵌性能[334]。

Lewandowski 等[335]报道了含 0.5 $mol·kg^{-1}$ *N*-甲基-*N*-丙基吡咯双氟磺酰亚胺（$[PYR_{13}][FSI]$）离子液体的电解质并将其应用于Li/$LiFePO_4$电池，在50℃下2.0～4.0 V的电压范围内电池在0.1C倍率下的放电比容量约为153 $mAh·g^{-1}$，4C倍率下的放电比容量高达110 $mAh·g^{-1}$。Borgel等[336]对比了0.5 $mol·L^{-1}$ LiTFSI-*N*-甲基-*N*-丁基吡咯烷双(三氟甲基磺酸酰)亚胺（$[PYR_{14}][TFSI]$）和0.5 $mol·L^{-1}$ LiTFSI-*N*-甲基-*N*-丁基哌啶双(三氟甲基磺酸酰)亚胺（$[PP_{14}][TFSI]$）离子液体电解液与1.5 $mol·L^{-1}$ $LiPF_6$-EC/EMC（体积比1∶2）有机电解液组装的高电压Li/$LiNi_{0.5}Mn_{1.5}O_4$电池的性能，发现在小电流恒流充放电的条件下，两种离子液体电解液对于5 V正极材料均具有良好的氧化稳定性，而有机电解液在高电压下发生明显的氧化分解反应。Passerini 等[337]对比了摩尔比为 1∶9 的 LiTFSI-$[PYR_{14}][FSI]$离子液体电解液与1 $mol·L^{-1}$ $LiPF_6$-EC/ DMC（体积比1∶1）有机电解液在高电压$LiMO_2$-Li_2MnO_3电池中的性能。离子液体电解液在放电比容量、库仑效率和容量保持率上都显示出了更优异的性能（图3-29）。在40℃以0.5C倍率在2.5～4.8 V电压范围内进行充放电测试，含离子液体的电池首周放电比容量达到287 $mAh·g^{-1}$，循环100周后容量保持率为78%；2C倍率下首周放电比容量超过200 $mAh·g^{-1}$，循环100周后容量保持率为94%。

将吡咯烷离子液体与有机溶剂混合成多元电解质，有望使其兼得较好的电化学性能和高安全性。Quinzeni 等[338]所制备的LiTFSI/$[PYR_{1,2o1}][TFSI]$/EC-DEC电解质应用于Li/$LiFePO_4$电池时，在1C放电倍率下经过250周循环后电池库仑效率仍然接近100%。Lombardo 等[339]从离子电导率、自熄时间等几个方面对比了$[PYR_{14}][TFSI]$对商用碳酸酯类电解液［1 $mol·L^{-1}$ $LiPF_6$/EC∶DMC（LP30）］的影响，将离子液体添加到商用电解液中并不会降低LP30的离子电导率。事实上，尽管添加了大量的离子液体（30%～50%），混合体系的电导率值与LP30溶液非常相近，大约是$[PYR_{14}][TFSI]$的5倍；同时，得益于$[PYR_{14}][TFSI]$自身的不可燃性，将离子液体添加到LP30中可以在很大程度上改善其可燃性，如图3-30所示，增加样品中离子液体的含量会显著缩短其自熄时间，从而提高安全性。

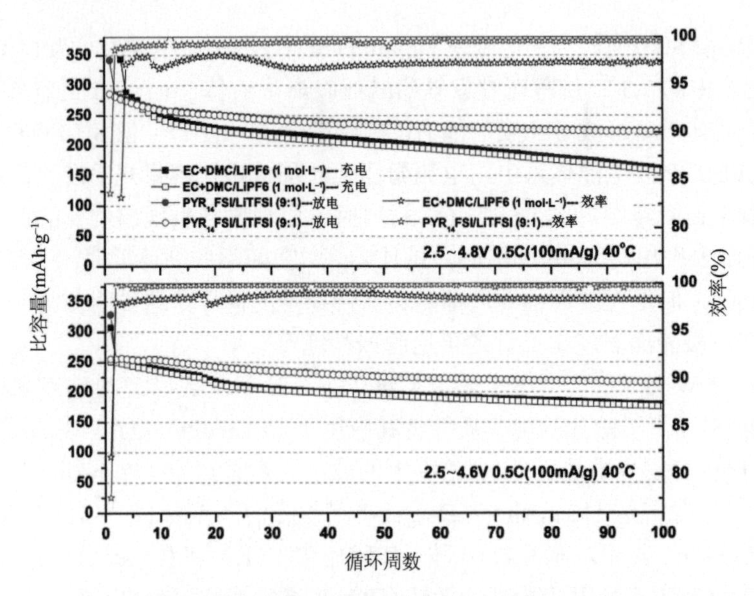

图 3-29 $LiMO_2$-Li_2MnO_3 电极匹配电解液 LiTFSI-$[PYR_{14}]$[FSI]与 $LiPF_6$-EC/DMC 的循环性能测试，温度为 40℃，倍率为 0.5C[337]

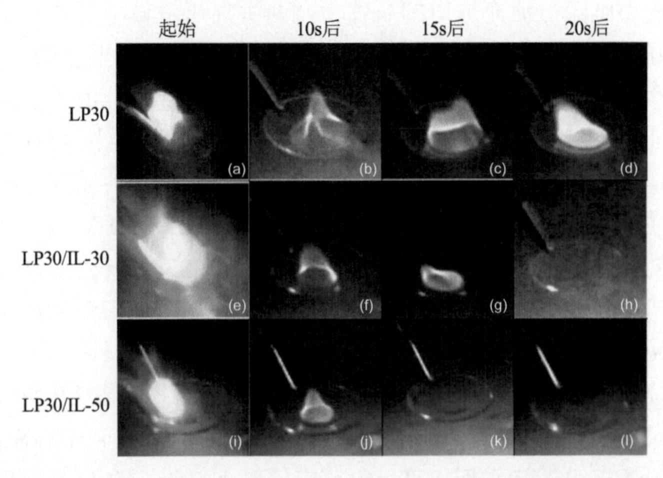

图 3-30 LP30 在（a）开始、（b）10 s、（c）15 s、（d）20 s 的可燃性测试图片；LP30/$[PYR_{14}]$[TFSI] 70/30（质量比）在（e）开始、（f）10 s、（g）15 s、（h）20 s 的可燃性测试图片；LP30/$[PYR_{14}]$[TFSI] 50/50（质量比）在（i）开始、（j）10 s、（k）15 s、（l）20 s 的可燃性测试图片[339]

3.4.3.3 哌啶类离子液体电解质

与吡咯烷类离子液体类似，哌啶类离子液体也具有较宽的电化学窗口（氧化极限电势可扩大到 5 V *vs.* Li^+/Li）、良好的热稳定性（高达 385℃）和适中的室温离子电导率（约 1.4 $mS\cdot cm^{-1}$）。因此，哌啶类离子液体在高压锂电池电解质应用中具有较大的潜力（图 3-31）[340]。含有 9～11 个阳离子的哌啶类离子液体已经成为研究工作的重点。由于它们的阳离子尺寸小，因此表现出较高的电导率。常见的哌啶阳离子结构如图 3-32 所示。

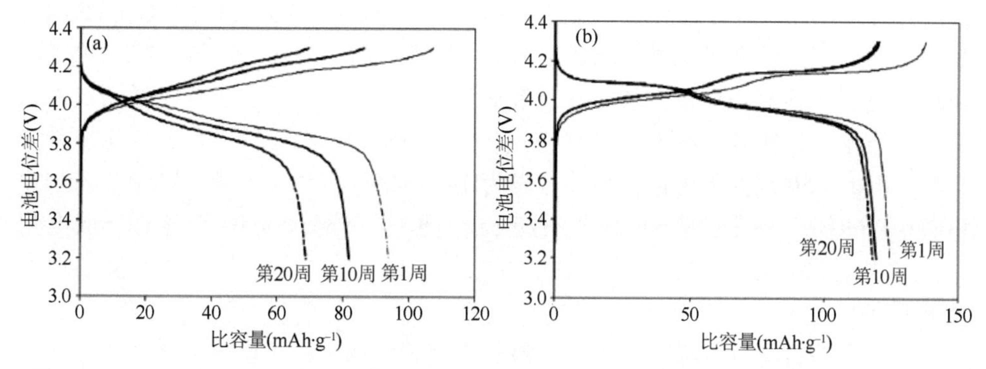

图 3-31 （a）$LiMn_2O_4$/0.4 mol·L^{-1} LiTFSI-[PP_{13}][TFSI]/Li 电池和（b）$LiMn_2O_4$/0.4 mol·L^{-1} LiTFSI-[PP_{13}][TFSI]-10% VC/Li 电池在 0.1C 充放电倍率下的恒流充放电曲线[340]

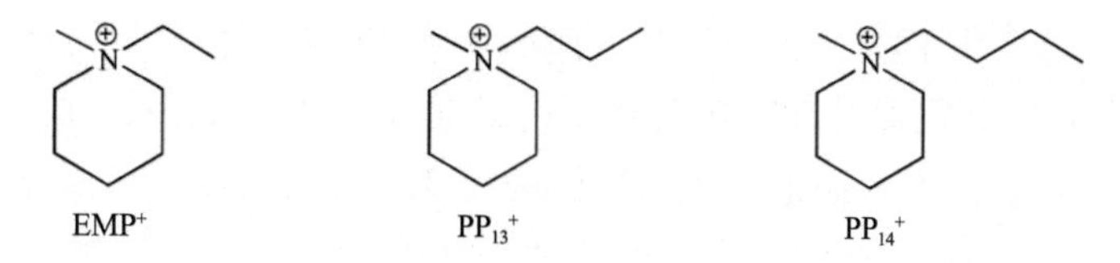

图 3-32 典型的哌啶阳离子结构

1-乙基-1-甲基哌啶双(三氟甲基磺酸酰)亚胺（[EMP][TFSI]）在室温下呈现固态，1-甲基-1-丙基哌啶双(三氟甲基磺酸酰)亚胺（[PP_{13}][TFSI]）是已知的尺度最小的室温哌啶液体盐。哌啶离子液体一般黏度较大，常与碳酸酯类有机溶剂混合使用。将 0.8 mol·L^{-1} LiTFSI/[PP_{13}][TFSI]/PC 作为电解质应用于 Li/Si（三维纳米硅电极）电池中，25℃时可以稳定循环 100 周而没有明显容量衰减，而在 100℃时，容量可以进一步提高 3～4 倍至 0.52 mAh·cm^{-2}（2230 mAh·g^{-1}）。Lewandowski 等[341]详细研究并比较了 LiTFSI-[PP_{13}][TFSI]及 LiTFSI-[PP_{13}][TFSI]-VC 电解质与 $LiMn_2O_4$ 正极的匹配性能，在 0.1C 充放电倍率下，$LiMn_2O_4$/0.4 mol·L^{-1} LiTFSI-[PP_{13}][TFSI]/Li 半电池的首周充放电比容量分别为 107 mAh·g^{-1} 和 94 mAh·g^{-1}，库仑效率为 87%；若将 VC 加入纯离子液体电解质中形成混合电解质，发现添加 10wt% VC 后，电池的循环性能得到明显改善，首周放电比容量高达 125 mAh·g^{-1}，循环 25 周后几乎没有出现容量衰减。该研究表明，在 VC 存在的情况下，$LiMn_2O_4$ 电极与[PP_{13}][TFSI]表现出良好的兼容性。

吡咯类、哌啶类离子液体在碳材料为负极的锂二次电池中，存在阳离子共嵌入的问题。匹配 LiTFSI-[PYR_{13}][TFSI]电解液的石墨电极首周库仑效率仅为 45%。

具有成膜性的双氟磺酸酰亚胺阴离子[$(FSO_2)_2N$，FSI^-]在碳材料负极表面可以生成稳定的 SEI 膜，使吡咯类离子液体能够成功应用在石墨负极电池中。Appetecchi 等[342]对比研究了 0.3 mol·L^{-1} LiTFSI-[PYR_{13}][FSI]和 0.3 mol·L^{-1} LiTFSI-[PYR_{14}][TFSI]电解液与石墨的相容性。研究发现，在 0.3 mol·L^{-1} LiTFSI-[PYR_{14}][TFSI]电解液中石墨表面发生了明显的阳离子共嵌入现象，而在 0.3 mol·L^{-1} LiTFSI-[PYR_{13}][FSI]电解液中没有出现嵌入现象，且锂离子能够在石墨电极上进行可逆的嵌入和脱出。石墨电极在 0.3 mol·L^{-1} LiTFSI-[PYR_{13}][FSI]中 1C 下的首周放电比容量为 175 mAh·g^{-1}，50 周充放电循环后比容量为 140 mAh·g^{-1}。Reiter 等[343]将 0.7 mol·L^{-1} LiFSI-[PYR_{14}][TFSI]电解质应用于石墨/Li 电池，在 55℃、0.1C 下进行充放电测试，50 周循环内放电比容量稳定在 350～360 mAh·g^{-1}之间，接近于石墨的理论比容量。

将一个短链醚基官能团引入离子液体阳离子结构上，可以降低离子液体的黏度，增大离子电导率。一些经官能团修饰的离子液体甚至在低温条件下仍具有较高的离子电导率[344]。虽然醚基的引入会降低阳离子还原稳定性，导致离子液体的电化学窗口变窄[345]，但是大部分阳离子醚基官能团修饰后的离子液体的电化学窗口仍大于 4 V，能够满足其作为电解质应用于锂二次电池的要求。陈人杰等[346]报道了改性离子液体[$PYR_{1,2o1}$][TFSI]与亚硫酸酯（DMS）构成的二元体系电解液的电化学性能，并结合锂盐 LiODFB 应用于 Li/$LiFePO_4$ 和 Li/MCMB 半电池中。Li/$LiFePO_4$ 首周放电比容量为 153 mAh·g^{-1}，50 周循环后容量保持率达 99.7%。Li/MCMB 电池首周放电比容量达 376.2 mAh·g^{-1}，库仑效率为 74.8%，经过 50 周循环比容量仍有 345.0 mAh·g^{-1}，库仑效率为 99.6%，且电池在–40～60℃的温度范围内表现出较为稳定的电化学性能。李阳等[347]报道了两种含双醚基的吡咯类离子液体[$PYR_{2o1,2o1}$][TFSI]、[$PYR_{2o1,2o2}$][TFSI]和两种含双醚基的哌啶类离子液体[$PP_{2o1,2o1}$][TFSI]、[$PP_{2o1,2o2}$][TFSI]在 Li/$LiFePO_4$ 中的应用。对比四种电解液，[$PYR_{2o1,2o2}$][TFSI]电解液表现出较高的放电比容量，0.1C、1C 和 2C 倍率下恒流放电比容量分别为 140 mAh·g^{-1}、110 mAh·g^{-1}和 71 mAh·g^{-1}。

3.4.3.4 其他离子液体电解质

其他常见的离子液体还有链状季铵盐类、季鏻类、胍类、锍类等，它们的基本结构如图 3-33 所示。

相比于环状阳离子，链状季铵阳离子在锂离子电池中的应用研究较少。季铵阳离子的对称性和烷基链的长度决定了离子液体的性质，其在室温下一般为固态，具有高热稳定性、氧化稳定性、宽电化学窗口和高熔点。常见的代表性季铵类离子液体有 *N,N,N*-三乙基-*N*-甲基铵双(三氟甲基磺酸酰)亚胺（N_{1222}-TFSI）[348]和

N,*N*,*N*-三乙基-*N*-丁基铵双(三氟甲基磺酸酰)亚胺（N_{224}-TFSI）[349]。Le 等[350]对十余种 N_{1XXX} 脂肪族季铵离子液体的基本物化性质和电化学性质进行了研究总结，包括熔点、黏度、密度、离子电导率以及电化学稳定性等，如表 3-4 所示。

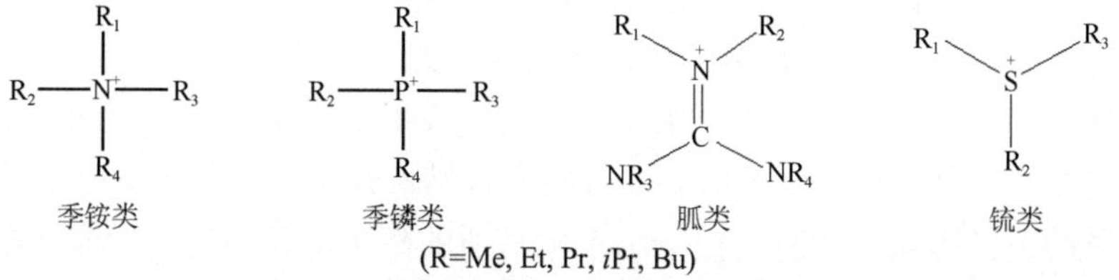

季铵类　季鏻类　胍类　锍类

(R=Me, Et, Pr, *i*Pr, Bu)

图 3-33　季铵类、季鏻类、胍类、锍类阳离子结构

表 3-4　季铵离子液体的性质[350]

离子液体	T_m(℃)	T_d(℃)	密度（g·mL^{-1}，30℃）	黏度 η（mPa·s，35℃）	导电率 σ（mS·cm^{-1}，35℃）	摩尔导电率（mS·cm^{-2}·moL^{-1}，35℃）
N_{1118}TFSI	7.0	380.0	1.26	145	1.10	0.39
N_{1116}TFSI	32.1	395.2	1.32	119	1.70	0.54
N_{1114}TFSI	8.3/17.0	400.3	1.41	88	3.30	0.95
N_{1233}TFSI	15.0/29.0	405.0	1.32	84	2.10	0.63
N_{1123}TFSI	–12.0	452.1	1.22	55	3.30	1.09
N_{1124}TFSI	–10.0	446.0	1.39	70	2.60	0.77
N_{1125}TFSI	–8.0	403.3	1.56	95	1.90	0.52
N_{1224}TFSI	10.2	446.2	1.35	85	2.80	0.88
N_{1224f}TFSI	36.0	420.0	—	361	0.50	0.16
N_{1225}TFSI	—	445.2	1.31	88	1.80	0.60
N_{1334}TFSI	—	485.1	1.23	289	0.70	0.26
N_{1335}TFSI	—	433.3	1.20	269	0.70	0.27

季鏻类、胍类、锍类离子液体的相关研究更少，只有侧链为长烷基链或引入醚基官能团时才能作为电解质在锂离子电池中进行应用[351, 352]。

3.5　水系电解质

目前锂离子电池多采用锂离子嵌入型化合物为电极材料，并以无水且含锂离子的有机溶剂为电解液。锂离子能够可逆地在电极活性物质中嵌入和脱出，且不破坏电极材料的晶体结构，其与传统的水系可充电池相比（如铅酸、镍氢电池），表现出良好的循环寿命。另外，由于无水有机电解液具有更宽的电化学窗口，因此组装的锂离子电池具有更高的能量密度和功率密度。尽管有机体系锂离子电池具有诸多优势，但其使用的有机溶剂不仅有毒而且易燃，如果使用不当，会带来诸多安全性问题。此外生产成本也因无水操作环境而显著提高，这些不足限制了其在大规模储能等领域中的应用。针对上述问题，想要改善锂离子电池电解质材料的各种不足，必须突破思维局限，寻求全新的电解质体系，用水系电解质（aqueous electrolytes，AEs）代替有机电解质被认为是有效方法之一。

与常规的非水电解质相比，水系电解质在成本、安全性和电池功率密度等方面具有优势[353-355]。其中，水系电解质的不可燃特性也是实现更安全的可充电锂电池体系的关键因素。同时，由于水系电解质的离子电导率远高于非水电解质，AEs 还可能实现更好的功率性能。

3.5.1 水系可充电锂电池的电极

与有机电解质电池体系中使用的电极材料不同，水系电解质电池中电极材料的氧化还原电位应在水的电解电位之内或附近[356]。图 3-34 中的红色虚线表示在中性 pH 条件下产生 O_2 和 H_2 的电解电位[357]。电位若超出该范围的材料，其电极反应将涉及水的持续分解，电池将不能正常工作。我们将具有代表性的电极材料分类为氧化物、聚阴离子化合物和其他化合物（如图 3-34 中的氧化还原电位所示）。其中，氧化物是目前研究最广泛的可应用于水系可充电锂电池（ARLBs）中的正极和负极材料。

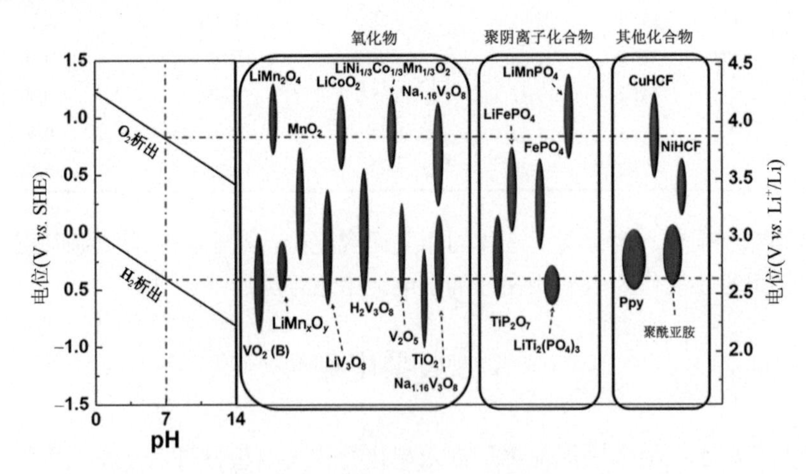

图 3-34 水系可充电锂电池的电极材料：氧化物、聚阴离子化合物和其他化合物（普鲁士蓝类似物和有机电极）[357]

用于 ARLBs 的正极材料应该能够进行重复的 Li^+ 嵌入和脱出。因此，许多用于常规锂离子电池的锂嵌入化合物都可以应用到 ARLBs 体系中。这些化合物的 Li^+

嵌入/脱出电位既要低于 O_2 的析出电位，以确保水系电解质的稳定性，同时还应在此基础上尽量提高以使电池的能量密度最大化。考虑到这些因素，人们已经总结出了各种可用于 ARLBs 体系的正极材料，包括氧化物（$LiMn_2O_4$、MnO_2、$LiCoO_2$、$LiNi_{1/3}Co_{1/3}Mn_{1/3}O_2$ 和 $Na_{1.16}V_3O_8$）[358-363]、聚阴离子化合物（$LiFePO_4$、$FePO_4$、$LiMnPO_4$、Li（Fe，Mn）PO_4、$LiCoPO_4$、$LiNiPO_4$ 和 $LiCo_{1/2}Ni_{1/2}PO_4$）[364-370]和普鲁士蓝类似物[371]等。

在研究初期，正极材料通常表现出有限的比容量和较差的循环性能。研究表明，有限的比容量是由多种原因引起的，包括：①H^+嵌入含水电解质中；②在电池循环期间 Li^+/H^+交换；③水渗透到正极材料内部结构中；④活性材料的溶解等原因[372-375]。许多研究通过掺杂、包覆或使用添加剂来改性正极或改变电解质的组合以调控电极/电解质界面来改善这些问题[376-378]。

一些过渡金属嵌锂氧化物、金属氧化物和金属合金材料具有在较低电位下可逆嵌入/脱出 Li^+的性质，适合用作水系可充电锂电池的负极材料。如氧化物中的单斜晶系 VO_2（B）[379]、正交晶系 VO_2（P-VO_2）[380, 381]、层状 γ-LiV_3O_8[382]、V_2O_5[383, 384]以及锐钛矿型 TiO_2[385]等，以及某些聚阴离子化合物和有机化合物[386-392]等。

3.5.2 水系液体电解质

水系液体电解质（ALE）常用于如 Ni-Cd 和 Ni-MH 等二次电池。同时，它们还可用于电容器中。对于锂离子电池，ALE 的关注度远远低于离子液体电解质和商用有机电解质，这主要是由于应用于水系电池中的电极材料稳定性差等问题。然而，随着对电池安全性、倍率特性及低成本等方面的需求，使得 ALE 逐步得到更多的关注。一般来说，水系液体电解质的离子电导率比有机电解质高几个数量级，电池的功率特性可以得到显著提升；ALE 还避免了采用有机电解质应用所必需的严格湿度控制环境条件；电解质采用的是锂盐的水溶液，Li_2SO_4 或 $LiNO_3$，因此成本也显著降低；同时，ALE 是一种“绿色”电解质，具有价格低廉、无环境污染、安全性能高等优点。研究人员当前重点关注如何解决电池体系的稳定性问题，包括 H_2O 的分解和电极的不可逆结构变化，该变化主要是由于 ALE 和电极之间的电化学反应引起的。ALE 的电化学窗口大约为 1.23 V，对电池的使用要避免 H_2O 的分解。尽管不太可能拓宽 ALE 的电化学窗口，但通过消除 O_2 以及调节 ALE 的 pH 值可以有效地提高它们的稳定性。与非水电解质锂离子电池相比，水系可充电锂电池有许多优点，如表 3-5 所示。

用水溶液作为锂离子电池电解质的概念是 1994 年首次提出来的[356]，加拿大学者从理论上分析了化合物在碱性水溶液中的稳定性，并用实验加以了证实。

表 3-5　应用水系电解质、非水电解质电池的性能比较[357]

性能参数	水系电解质电池	非水电解质电池
嵌锂能力	能够嵌锂	能够嵌锂
离子电导率	高	较前者低两个数量级
安全性	安全	不安全
可加工性电极	需厚电极，易加工	需薄电极，难加工
成本	便宜	昂贵
电池效率	高功效	低功效
环境污染	小	小
电解质制备工艺	简单	复杂
循环性能	循环寿命低	循环寿命高

他们在碱性 LiOH 水溶液中通过嵌锂过程制备了 $LiMn_2O_4$，从而打破了以往认为的 $Li_2Mn_2O_4$ 的电压为 4 V（*vs.* Li^+/Li）、不能在水溶液中稳定存在的看法。这种制备方法关键是使用 Li^+浓度高、H^+浓度低的碱性水溶液，优点是过程简单、实用，制成的材料在非水溶液锂电池中能量高、可逆性好，可以作为锂离子电池的正极材料。其他锂过渡金属氧化物（2.3～3.5 V *vs.* Li^+/Li）均可以在 1 $mol \cdot L^{-1}$ LiOH 水溶液中稳定存在。此外，还可以通过这种方法制备出更多锂含量高的锂过渡金属氧化物（如 $Li_xV_2O_5$）作为正极材料。另外由于电解二氧化锰（EMD）锂化后作为锂电池的正极材料电压可以达到 3 V，如果能用此种方法使 EMD 完全锂化，这就会有效降低锂离子电池的成本。有报道称在此基础上合成的 $LiMn_2O_4$ 和 VO_2，可分别作为电池的正极和负极，其中电解液为 5 $mol \cdot L^{-1}$ $LiNO_3$ 溶液。这两种材料都具有可逆脱/嵌锂的稳定骨架结构，充电过程中，$LiMn_2O_4$ 脱 Li 后生成 $Li_{1-x}Mn_2O_4$，VO_2 嵌 Li 后生成 Li_xVO_2。但是在 Li^+脱出电极材料的同时，O_2 会在 $Li_{1-x}Mn_2O_4$ 上逸出，并扩散到 Li_xVO_2 上和水、电子结合又生成 OH^-，因此要选用合适 pH 值的电解液，既可以保证正极有效充电，又可以抑制 O_2 的逸出。

3.5.3 水系可充电锂电池面临的挑战及解决方案

嵌锂化合物电极在水溶液中的电化学反应过程比在有机电解质中复杂得多。涉及许多副反应，例如析氢/析氧反应、电极材料与 H_2O 或 O_2 的副反应、电极材料在水中的溶解以及质子共嵌入反应。所有这些挑战都限制了水系锂离子电池的发展。

1）析氢/析氧反应

水系电解质具有 1.23 V 的电化学稳定性窗口。利用动力学效应可以将电化学窗口扩展到 2 V，例如，铅酸电池具有 2.0 V 的输出电压。在水系电解质中，H_2/O_2 的析出反应是需要考虑的重要因素，因为在电解液分解之前，电极材料的容量应该尽可能得到最大程度的利用。考虑到正负极材料自身的嵌锂电位，在充放电过程中，不可避免地会发生析氢/析氧副反应，因此会导致电极周围 pH 值发生变化，从而对活性物质的电化学稳定性产生影响。而对于有机系锂离子电池，有机电解液分解后可以在活性材料的表面形成一层保护膜（SEI 膜），减少由分解过程带来的副反应。但是，在水系锂离子电池中，水分解产生的是气体产物（O_2 或 H_2），不能在活性材料的表面形成任何保护层，因此非常有必要控制正负极材料的工作电位（充电深度）。此外，采用水溶液添加剂也可以减少析氢/析氧反应带来的负面影响。

2）电极材料与 H_2O 或 O_2 之间的副反应

众所周知，当材料的电极电位高于 3.3 V（*vs.* Li^+/Li）时基本上是稳定的。对于水系锂离子电池的负极材料，锂离子的嵌入电位一般低于 3.3 V（*vs.* Li^+/Li），所以体系中存在的 H_2O 和 O_2 可能会氧化完全嵌锂的负极材料。特别是在空气中组装水系锂离子电池时，可能会发生以下反应：

$$Li+\frac{1}{4}O_2+\frac{1}{2}H_2O = Li^+ + OH^- \tag{3-4}$$

计算结果表明，当 O_2 存在时，无论电解液的 pH 值为多少，任何材料都不能用作水系锂离子电池负极材料。这意味着，理论上所有负极材料在还原状态时都会被 O_2 和 H_2O 氧化，而不发生电化学氧化还原过程。因此，在水系锂离子电池中对氧气的去除是非常必要的。

3）电极材料在水中的溶解

能够溶于水的电极材料在很大程度上限制了水系锂离子电池的循环能力。此外，电极材料的溶解跟比表面积也有很大关系。在低温条件下制备的 LiV_2O_5、VO_2、LiV_3O_8 等通常具有相对较大的比表面积，所以在水溶液中往往具有较强的溶解性。因此，电极材料应尽可能选比表面积小的材料。此外还可通过表面包覆来提高电极材料在水溶液中的稳定性。

4）质子共嵌入反应

正极材料在水中一般都是稳定的。然而，由于质子（即 H^+）具有比 Li^+更小的半径，使得其与 Li^+可能会同时嵌入到电极材料中。另外，H^+的嵌入与正极材料的晶体结构及溶液的 pH 值有很大关系。例如，尖晶石 $Li_{1-x}Mn_2O_4$ 和橄榄石 $Li_{1-x}FePO_4$ 不会发生质子共嵌反应，而在 pH 值小的电解液中层状 $Li_{1-x}CoO_2$、$Li_{1-x}Ni_{1/3}Mn_{1/3}Co_{1/3}O_2$ 等在深度脱锂的情况下，其晶格中会出现一定浓度的质子。因此可以通过调节溶液的 pH 值来控制质子嵌入的电位。

3.5.4 水系可充电锂电池电解质的分类及研究现状

3.5.4.1 传统的水系电解质

1. 可控制的电化学窗口

水系电池的关键问题是由析氢反应（HER）和析氧反应（OER）限制的较窄的电化学窗口。这两种氧化还原反应的标准电位相差 1.23 V。然而，各种电极材料所需的过电势不同，所以潜在窗口可以变得更宽。这也正是 ARLBs 初始电压为 1.5 V 的原因。由于用于锂离子电池正极材料的过电位通常很高，因此水系电解质存在的问题主要集中在 HER 方面。OER 和 HER 电位一般受 pH 值的影响，因此可以通过调节 pH 值来选择合适的正负极材料。通常在中性 pH 值的电解液中可以得到最佳的性能，但有些研究也选择了酸性或弱酸性环境下以获得更好的性能。

Ni 网电极的电化学稳定窗口宽达 2.8 V，不锈钢网的窗口也相对近似。实际上，电池组件中除了有 Ni 网，还需要其他不同的材料来做正负极以及集流体。所有这些组件在电池的工作电压下都应该是电化学稳定的。另一方面，电化学稳定性也会受到锂盐及其浓度的显著影响。锂盐浓度通过影响各种可控参数，如电池内阻、电荷转移电阻、离子迁移数等，对电化学性能的变化产生较大影响。通过对不同浓度的 $LiNO_3$ 和 Li_2SO_4 电解质的电化学稳定性比较，研究表明，当电解质浓度为 5 $mol \cdot L^{-1}$ 时是最佳浓度，此时电池具有更高比容量和更好的倍率性能。因此，在没有 O_2 的情况下组装和密封电池可以显著扩大稳定的电化学窗口。

2. 新型锂盐

水系和非水系电解质中最常用的锂盐是无机盐，例如 $LiPF_6$、$LiAsPF_6$、$LiBF_4$、$LiClO_4$、$LiNO_3$、Li_2SO_4 和 LiOH。而有机盐由于具有不同种类的有机阴离子，其选择范围更广。但是，只有少数有机盐会应用到锂离子电池中，其中应用最多的是 LiTFSI。早期的工作表明，LiTFSI 在非水系和水系电解质中都是一种很有应用前景的锂盐，其中一个关键优势特征是其具有较高的溶解度。Marczewski 等根据此特征提出了使用 LiTFSI 和[EMI][TFSI]的“IL-in-salt”的想法。基于相似的理念，也有报道使用 LiTFSI 和聚丙烯腈（PAN）研究了“Polymer-in-salt”的新体系。

3.5.4.2 高电压电解质

Water-in-salt 体系电解质有两个关键特征。首先，游离水分子的存在和介质的离子结构在整体上防止了水分子与电极表面的直接相互作用。因此，电化学稳定窗口基本得到了拓宽。由于水在这里充当了添加剂的角色，因此整体性能更像纯的 IL 而不是含水电解质，电化学稳定的窗口因盐的摩尔浓度增大而变宽。此外，这种新型 ARLBs 电解质的关键特征是能够在电极表面形成保护性 SEI 膜，可以阻碍正负极材料被水腐蚀。但一般意义上，Water-in-salt 体系的引入不能直接形成高电压的 ARLBs，在现有研究中，大多数 ARLBs 的工作电压均低于 3 V。例如，由 $LiFePO_4$ 和 Mo_6S_8 配对组成的 ARLBs 电压约为 1.3 V。总之，Water-in-salt 体系的创新想法为该领域的研究提供了新的思路。

关于 Water-in-salt 电解质实用性的关键问题是，如果电解质的内部绝大部分组分是锂盐的话，那么它的优势是什么？虽然 ARLBs 具有较低的成本优势，却完全牺牲了高电压性能。然而其仍然有两个关键优势，这使得 Water-in-salt 电解质具有实际意义。首先，水分子的存在降低了黏度，提高了质子传递速率；其次，ILs 和部分有机盐（如 LiTFSI）之所以成本较高，并不是由于难以合成，而是在于它的严格的纯化过程。由于这些离子有机物比较容易受到污染，特别是水分的影响，因此会限制其在锂离子电池中的应用；另一方面，水分的去除也增加了锂离子电池工业的制造成本，而这可以被认为是在实际开发水系电解质中的最大优势。

总体来看，水系锂离子电池具有其他任何电解质都无法比拟的优势，包括高电导率、低黏度、低价格以及高安全性等。但从以上的分析中不难看出，在许多有机液体电解质中表现出优良的嵌脱锂性质的电极材料却难以在水系电解质中得到有效应用。尽管有一些典型的正极和负极材料能够在水溶液中进行 Li^+的嵌入/脱出反应，但也难以表现出理想的可逆容量和循环性能。从这个意义上讲，为了取代传统的非水电解质体系而寻找在水溶液中具有高容量和优良循环性能的电极材料的研究是非常具有挑战的。但从经济和环境友好等多方面考虑，水系锂离子电池也属于今后低成本和绿色环保锂离子电池发展的重要方向之一。

参 考 文 献

[1] 李泓，吕迎春. 电化学, 2015, 21: 412

[2] 张云天. 科技资讯，2017, 14

[3] 许守平，李相俊，惠东. 电力建设, 2013, 34: 7

[4] Gao T H, Lu W. Electrochim. Acta, 2019, 323: 134791

[5] Qu H N, Kafle J, Harris J, et al. Electrochim. Acta, 2019, 322: 134755

[6] Ahmed F, Rahman M M, Sutradhar S C, et al. J. Ind. Eng. Chem., 78: 178

[7] Dai W H, Dong N, Xia Y G, et al. Electrochim. Acta, 2019, 320: 134633

[8] Jagadeesan A, Sasikumar M, Krishna R H, et al. Mater. Res. Express., 2019, 6: 105524

[9] Ette P M, Babu D B, Roy M L, et al. J. Power Sources, 2019, 436: 226850

[10] Luo J B, Zhong S W, Huang Z Y, et al. Solid State Ionics, 2019, 338: 1

[11] Murphy D W, Broadhead J, Steele B C H. Materials for Advanced Batteries. Plenum Press, 1980
[12] Nagaura T. Progress in Batteries & Solar Cells, 1990, 9: 209
[13] Javadian S, Salimi P, Gharibi H, et al. J. Iran. Chem. Soc., 2019, 16: 2123
[14] Nakayama T, Igarashi Y, Sodeyama K, et al. Chem. Phys. Lett., 2019, 731: 136622
[15] Dam T, Jena S S, Ghosh A. J. Appl. Phys., 2019, 126: 105104
[16] Wang L N, Menakath A, Han F D, et al. Nat. Chem., 2019, 11: 789
[17] Zhao W M, Zheng B Z, Liu H D, et al. Nano Energy, 2019, 63: 103815
[18] Lee T K, Zaini N F M, Mobarak N N, et al. Electrochim. Acta, 2019, 316: 283
[19] Moeremans B, Cheng H W, Merola C, et al. Adv. Sci., 2019, 6: 1900190
[20] Lee J H, Kim S, Cho, M, et al. J. Electrochem. Soc., 2019, 166: A2755
[21] Rofika R N S, Honggowiranto W, Jodi H, et al. Ionics, 2019, 25: 3661
[22] Huang B, Zhong S W, Luo J B, et al. J. Power Sources, 2019, 429: 75
[23] Li D, Lei C, Lai H, et al. J. Inorg. Mater., 2019, 34: 694
[24] Augustine C A, Panoth D, Paravannoor A. ChemistrySelect, 2019, 4: 7090
[25] Nakanishi A, Ueno K, Watanabe D, et al. J. Phys. Chem. C., 2019, 123: 14229
[26] Xiang H F, Wang H, Chen C H, et al. J. Power Sources, 2008, 91: 575
[27] 刘凡, 朱奇珍, 陈楠, 等. 功能材料, 2015: 7008
[28] Chan A K, Tatara R, Feng S T, et al. J. Electrochem. Soc., 2019, 166: A1867
[29] Henriksen M, Vaagsaether K, Lundberg J, et al. J. Hazard. Mater., 2019, 371: 1
[30] Liang L W, Sun X, Zhang J Y, et al. Mater. Horiz., 2019, 6: 871
[31] Drummond R, Duncan S R. J. Energy Storage, 2019, 23: 250
[32] Zhang M, Ma X Y, Liu Y, et al. Ionics., 2019, 25: 2595
[33] Liu K W, Cheng C F, Zhou L Y, et al. J. Power Sources, 2019, 423: 297
[34] 黄震雷, 武斌, 王永庆, 等. 储能科学与技术, 2015, 4: 537
[35] 马璨, 吕迎春, 李泓. 储能科学与技术, 2014, 3: 53
[36] Whittingham M S. J. Cheminformatics, 2004, 104: 4271
[37] 陆浩, 刘柏男, 褚赓, 等. 储能科学与技术, 2016, 5: 109
[38] 罗飞, 褚赓, 黄杰, 等. 储能科学与技术, 2014, 3: 146
[39] 王峰, 甘朝伦, 袁翔云. 储能科学与技术, 2016, 5: 1
[40] Xu K. Chem. Rev. 2004, 104: 4303
[41] Wrodnigg G H, Besenhard J O, Winter M. J. Electrochem. Soc., 1999, 146: 470
[42] Aurbach D, Gamolsky K, Markovsky B, et al. Electrochim. Acta, 2002, 47: 1423
[43] Wrodnigg G H, Wrodnigg T M, Besenhard J O, et al. Electrochem. Commun., 1999, 1: 148
[44] Wang Y, Jiang J, Dahn J R. Electrochem. Commun., 2007, 9: 2534
[45] Jian D, Zhang Z, Kusachi Y, et al. J. Power Sources, 2011, 196: 2255
[46] Kusachi Y, Zhang Z, Dong J, et al. J. Phys. Chem. C., 2011, 115: 24013
[47] Dippel C, Schmitz R, Mueller R, et al. J. Electrochem. Soc., 2012, 159: A1587
[48] Abe K, Ushigoe Y, Yoshitake H, et al. J. Power Sources, 2006, 153: 328
[49] Xu K, Zhang S, Allen J L, et al. J. Electrochem. Soc., 2002, 149: A1079
[50] Wang Q, Ping P, Sun J, et al. J. Power Sources, 2011, 196: 5960
[51] Dunn B, Kamath H, Tarascon J M, et al. Science, 2011, 334: 928
[52] Nitta N, Wu F, Lee J T, et al. Mater. Today, 2015, 18: 252
[53] 彭琦, 刘群兴, 叶耀良. 电子产品可靠性与环境试验, 2012, 30: 48

[54] Zeng Z Q, Murugesan V, Han K S, et al. Nat. Energy, 2018, 3: 674
[55] Dawson J A, Canepa P, Famprikis T, et al. J. Am. Chem. Soc., 2018, 140: 362
[56] Alvarado J, Schroeder M A, Zhang M H, et al. Mater. Today, 2018, 21: 341
[57] Ming J, Cao Z, Wahyudi W, et al. ACS Energy Lett., 2018, 3: 335
[58] Cheng M, Jiang Y Z, Yao W T, et al. Adv. Mater., 2018, 30: 1800615
[59] Logan E R, Tonita E M, Gering K L, et al. J. Electrochem. Soc., 2018, 165: A21
[60] Cabana J, Kwon B J, Hu L H. Accounts Chem. Res., 2018, 51: 299
[61] Sharova V, Moretti A, Diemant T, et al. J. Power Sources, 2018, 375: 43
[62] El-Shinawi H, Regoutz A, Payne D J, et al. J. Mater. Chem. A, 2018, 6: 5296
[63] Brugge R H, Hekselman A K O, Cavallaro A, et al. Chem. Mater., 2018, 30: 3704
[64] Xu K. Chem. Rev., 2014, 114: 11503
[65] Aurbach D, Gamolsky K, Markovsky B, et al. Electrochim. Acta, 2003, 47: 1423
[66] Wang Q, Zakeeruddin S M, Exnar I, et al. Electrochem. Commun., 2008, 10: 651
[67] Lee D Y, Lee H S, Kim H S, et al. Korean J. Chem. Eng., 2002, 19: 645
[68] Mao H, Von Sacken U. Aromatic monomer gassing agents for protecting non-aqueous lithium batteries against overcharge: US Patent 5776627, 1998-7-7
[69] Xiao L, Ai X, Cao Y, et al. Electrochim. Acta, 2004, 49: 4189
[70] Wang X, Yasukawa E, Kasuya S. J. Electrochem. Soc., 2001, 148: A1066
[71] Zhou G, Li F, Cheng H-M. Energy Environ. Sci., 2014, 7: 1307
[72] Thangadurai V, Narayanan S, Pinzaru D. Chem. Soc. Rev., 2014, 43: 4714
[73] 许晓雄, 李泓. 储能科学与技术, 2018, 7: 1
[74] Kim H, Ding Y, Kohl P A. J. Power Sources, 2012, 198: 281
[75] Dias F B, Plomp L, Veldhuis J B. J. Power Sources, 2000, 88: 169
[76] Chen R, Qu W, Guo X, et al. Mater. Horiz., 2016, 3: 487
[77] Abraham K, Alamgir M. J Electrochem. Soc., 1990, 137: 1657
[78] 张舒, 王少飞, 凌仕刚, 等. 储能科学与技术, 2014, 3: 376
[79] Meyer W H. Adv. Mater., 1998, 10: 439
[80] Staunton E, Andreev Y G, Bruce P G. Faraday Discuss., 2007, 134: 143
[81] Stoeva Z, Martin-Litas I, Staunton E, et al. J. Am. Chem. Soc., 2003, 125: 4619
[82] Gadjourova Z, Andreev Y G, Tunstall D P, et al. Nature, 2001, 412: 520
[83] Banerjee A, Wang X, Fang C, et al. Chem. Rev., 2020, 120: 6878
[84] Gao Z, Sun H, Fu L, et al. Adv. Mater., 2018, 30:1705702
[85] 刘娇, 怀永建, 王海文. 电源技术, 2015, 39: 274
[86] Quartarone E, Mustarelli P. Chem. Soc. Rev., 2011, 40: 2525
[87] Liang C. J. Electrochem. Soc., 1973, 120: 1289
[88] Maier J. J. Phys. Chem. Solids, 1985, 46: 309
[89] Maier J. J. Electrochem. Soc., 1987, 134: 1524
[90] Maier J. Prog. Solid State Ch., 1995, 23: 171
[91] Pitawala H M J C, Dissanayake M A K L, Seneviratne V A. Solid State Ionics, 2007, 178: 885
[92] Cao J, Wang L, Shang Y, et al. Electrochim. Acta, 2013, 111: 674
[93] Gurevitch I, Buonsanti R, Teran A A, et al. J. Electrochem. Soc., 2013, 160: A1611
[94] Liu Y, Lee J Y, Hong L. J. Power Sources, 2004, 129: 303
[95] Mei A, Wang X, Feng Y, et al. Solid State Ionics, 2008, 179: 2255
[96] Sumathipala H H, Hassoun J, Panero S, et al. J. Appl. Electrochem., 2007, 38: 39

[97] Kim J K, Aguilera L, Croce F, et al. J. Mater. Chem. A, 2014, 2: 3551
[98] Xi J, Bai Y, Qiu X, et al. New J. Chem., 2005, 29: 1454
[99] Yuan C, Li J, Han P, et al. J. Power Sources, 2013, 240: 653
[100] Angulakshmi N, Kumar R S, Kulandainathan M A, et al. J. Phys. Chem. C, 2014, 118: 24240
[101] Gerbaldi C, Nair J R, Kulandainathan M A, et al. J. Mater. Chem. A, 2014, 2: 9948
[102] Appetecchi G B, Croce F, Scrosati G D B. Nature, 1997, 496: 456
[103] Di Noto V, Lavina S, Giffin G A, et al. Electrochim. Acta, 2011, 57: 4
[104] Capuano F, Croce F, Scrosati B. J. Electrochem. Soc., 1991, 138: 1918
[105] Choi J H, Lee C H, Yu J H, et al. J. Power Sources, 2015, 274: 458
[106] Liu W, Liu N, Sun J, et al. Nano Lett., 2015, 15: 2740
[107] Zhao Y, Wu C, Peng G, et al. J. Power Sources, 2016, 301: 47
[108] Dessureault S, Scoble M, Dunbar S. Proceedings of the Second International Conference, 1999: 145
[109] Marcus Y. Ion Solvation, New York: John Wiley & Sons Inc, 1985
[110] 庄全超, 武山, 陆文元, 陆兆达. 电化学, 2001, 7: 403
[111] Venkatasetty H V. Lithium Battery Technology. New York: John Wiley & Sons Inc, 1984
[112] 韩景立, 于燕梅, 陈健, 万春荣. 电化学, 2003, 9: 222
[113] Wang C X, Hiroyoshi N, Hiro S. et al. J. Power Sources, 1998, 74: 142
[114] Ein-Eli Y, Mcdevitt S F, Laura R. J. Electrochem. Soc., 1998, 145: L1
[115] 庄全超, 武山, 刘文元等. 化学世界. 2002, 43: 667
[116] 吴宇平, 万春荣, 姜长印, 等. 锂离子二次电池. 北京: 化学工业出版社, 2002
[117] Matsudy Y, Nakushima H, Morita M. et al. J. Electrochem. Soc., 1981, 128: 2552
[118] Zhang S S, Xu K, Jow T R. J. Power Sources, 2003, 113: 166
[119] Winter M Z. Phys. Chem., 2009, 223: 1395
[120] Hahn M, Buqa H, Ruch P W. et al. Electrochem. Solid-State Lett., 2008, 11: A151
[121] Spahr M E, Palladino T, Wilhelm H, et al. J. Electrochem. Soc., 2004, 151: A1383
[122] Krämer E, Schedlbauer T, Hoffmann B, et al. J. Electrochem. Soc., 2013, 160: A356
[123] Jeong S-K, Inaba M, Iriyama Y, Abe T, Ogumi Z. Electrochem. Solid-State Lett., 2003, 6: A13
[124] Jeong S-K, Inaba M, Iriyama Y, Abe T, Ogumi Z. J. Power Sources, 2008, 175: 540
[125] Yamada Y, Koyama Y, Abe T, Ogumi Z. J. Phys. Chem. C, 2009, 113: 8948
[126] Cresce A V W, Borodin O, Xu K. J. Phys. Chem. C, 2012, 116: 26111
[127] Kanno R, Murayama M. J. Electrochem. Soc., 2001, 148: A742
[128] Thangadurai V, Weppner W. Ionics, 2006, 12: 81
[129] Famprikis T, Canepa P, Dawson J, et al. Nat. Mater., 2019, 18: 1278
[130] Adnan S B R S, Mohamed N S. Ceram. Int., 2014, 40: 5033, 6373
[131] Zhang B, Tan R, Yang L, et al. Energy Storage Mater., 2018, 10: 139
[132] Hong H P. Mater. Res. Bull., 1978, 189: 117
[133] Abrahams I, Bruce P, West A R, et al. J. Solid State Chem., 1988, 75: 390
[134] Bruce P G. J. Electrochem. Soc., 1983, 130: 662
[135] Robertson A, West A, Ritchie A. Solid State Ionics, 1997, 104: 1
[136] Bruce P, West A. Mater. Res. Bull., 1980, 15: 379
[137] Kc S, Longo R C, Xiong K, et al. J. Electrochem. Soc., 2014, 161: F3104
[138] Hu Y W, Raistrick I, Huggins R A. J. Electrochem. Soc., 1977, 124: 1240
[139] Khorassani A, Izquierdo G, West A R. Mater. Res. Bull., 1981, 16: 1561

[140] Deng Y, Eames C, Chotard J N, et al. J. Am. Chem. Soc., 2015, 137: 9136
[141] Bouchet R, Maria S, Meziane R, et al. Nat. Mater., 2013, 12: 452
[142] Goodenough J B, Hong H P, Kafalas J. Mater. Res. Bull., 1976, 11: 203
[143] Mariappan C R, Yada C, Rosciano F, et al. J. Power Sources, 2011, 196: 6456
[144] Kumar B, Thomas D, Kumar J. J. Electrochem. Soc., 2009, 156: A506
[145] Takahashi T, Iwahara H. Energy Convers., 1971, 11: 105
[146] Fu J. Solid State Ionics, 1997, 96: 195
[147] Xu X. Solid State Ionics, 2004, 171: 207
[148] Xu X, Wen Z, Yang X, et al. Solid State Ionics, 2006, 177: 2611
[149] Kumar B, Thokchom J S. J. Am. Ceram. Soc., 2007, 90: 3323
[150] Thokchom J S, Kumar B. J. Power Sources, 2010, 195: 2870
[151] Mariappan C R, Gellert M, Yada C, et al. Electrochem. Commun., 2012, 14: 25
[152] Feng J K, Lu L, Lai M O. J. Alloys Compd., 2010, 501: 255
[153] Li Y, Liu M, Liu K, et al. J. Power Sources, 2013, 240: 50
[154] Aetukuri N B, Kitajima S, Jung E, et al. Adv. Energy Mater., 2015, 5: 1500265
[155] Goodenough J B, Kim Y. Chem. Mater., 2010, 22: 587
[156] Inaguma Y, Liquan C, Itoh M, et al. Solid State Commun., 1993, 86: 689
[157] Knauth P. Solid State Ionics, 2009, 180: 911
[158] Inaguma Y, Itoh M. Solid State Ionics, 1996, 86: 257
[159] Yashima M, Itoh M, Inaguma Y, et al. J. Am. Chem. Soc., 2005, 127: 3491
[160] Ibarra J, Varez A, León C, et al. Solid State Ionics, 2000, 134: 219
[161] León C, Santamaría J, París M, et al. J. Non-Cryst. Solids, 1998, 235: 753
[162] Bohnke O, Bohnke C, Ould Sid'Ahmed J, et al. Chem. Mater., 2001, 13: 1593
[163] Bohnke O, Solid State Ionics, 2008, 179: 9
[164] Thangadurai V, Weppner W J. J. Electrochem. Soc., 2004, 151: H1
[165] Itoh M, Inaguma Y, Jung W H, et al. Solid State Ionics, 1994, 70: 203
[166] Thangadurai V, Weppner W J. Ionics, 2000, 6: 70
[167] Stramare S, Thangadurai V, Weppner W. Chem. Mater., 2003, 15: 3974
[168] Robertson A, Garcia Martin S, Coats A, et al. J. Mater. Chem., 1995, 5: 1405
[169] Katsumata T, Inaguma Y, Itoh M, et al. Chem. Mater., 2002, 14: 3930
[170] Varez A, Ibarra J, Rivera A, León C, et al. Chem. Mater., 2003, 15: 225
[171] Geng H, Mei A, Lin Y, et al. Mater. Sci. Eng. B., 2009, 164: 91
[172] Thangadurai V, Kaack H, Weppner W J. J. Am. Ceram. Soc., 2003, 86: 437
[173] Thangadurai V, Weppner W. Adv. Funct. Mater., 2005, 15: 107
[174] Murugan R, Thangadurai V, Weppner W. Angew. Chem. Int. Edit., 2007, 46: 7778
[175] Cussen E J. Chem. Commun., 2006: 412
[176] Cussen E J. J. Mater. Chem., 2010, 20: 5167
[177] Cussen E J, Yip T W, O'Neill G, et al. J. Solid State Chem., 2011, 184: 470
[178] O'Callaghan M P, Cussen E J. Chem. Commun., 2007: 2048
[179] Adams S, Rao R P. J. Mater. Chem., 2012, 22: 1426
[180] Geiger C A, Alekseev E, Lazic B, et al. Inorg. Chem., 2011, 50: 1089
[181] Xu M, Park M S, Lee J M, et al. Phys. Rev. B: Condens. Matter Mater. Phys., 2012, 85: 052301
[182] Baral A K, Narayanan S, Ramezanipour F, et al. Phys. Chem. Chem. Phys., 2014, 16: 11356
[183] Thangadurai V, Pinzaru D, Narayanan S, et al. J. Phys. Chem. Lett., 2015, 6: 292

[184] Tatsumisago M, Takano R, Tadanaga K, et al. J. Power Sources, 2014, 270: 603
[185] Patil A, Patil V, Shin D W, et al. Mater. Res. Bull., 2008, 43: 1913
[186] Kuwata N, Kawamura J, Toribami K, et al. Electrochem. Commun., 2004, 6: 417
[187] Kulkarni A, Maiti H, Paul A. Bull. Mater. Sci., 1984, 6: 201
[188] Li Y, Wang C A, Xie H, et al. Electrochem. Commun., 2011, 13: 1289
[189] Xie H, Li Y, Han J, et al. J. Electrochem. Soc., 2012, 159: A1148
[190] Mercier R, Malugani J P, Fahys B, et al. Solid State Ionics, 1981, 5: 663
[191] Kennedy J H, Zhang Z. J. Electrochem. Soc., 1988, 135: 859
[192] Hayashi A, Hama S, Morimoto H, et al. J. Am. Ceram. Soc., 2001, 84: 477
[193] Minami T, Hayashi A, Tatsumisago M. Solid State Ionics, 2006, 177: 2715
[194] Berbano S S, Mirsaneh M, Lanagan M T, et al. Int. J. Appl. Glass Sci., 2013, 4: 414
[195] Hayashi A. J. Ceram. Soc. Jpn., 2007, 115: 110
[196] Kondo S, Takada K, Yamamura Y. Solid State Ionics, 1992, 53: 1183
[197] Morimoto H, Yamashita H, Tatsumisago M, et al. J. Am. Ceram. Soc., 1999, 82: 1352
[198] Kim J, Yoon Y, Eom M, et al. Solid State Ionics, 2012, 225: 626
[199] Jones S D, Akridge J R, Shokoohi F K. Solid State Ionics, 1994, 69: 357
[200] Tachez M, Malugani J P, Mercier R, et al. Solid State Ionics, 1984, 14: 181
[201] Kanno R, Hata T, Kawamoto Y, et al. Solid State Ionics, 2000, 130: 97
[202] Wang Y, Liu Z, Zhu X, et al. J. Power Sources, 2013, 224: 225
[203] Hayashi A, Minami K, Ujiie S, et al. J. Non-Cryst. Solids, 2010, 356: 2670
[204] Kamaya N, Homma K, Yamakawa Y, et al. Nat. Mater., 2011, 10: 682
[205] Mo Y, Ong S P, Ceder G. Chem. Mater., 2012, 24: 15
[206] Liang X, Wang L, Jiang Y, et al. Chem. Mater., 2015, 27: 5503
[207] Wang Y, Richards W D, Ong S P, et al. Nat. Mater., 2015, 14: 1026
[208] Bron P, Johansson S, Zick K, et al. J. Am. Chem. Soc., 2013, 135: 15694
[209] Seino Y, Ota T, Takada K, et al. Energy Environ. Sci., 2014, 7: 627
[210] Yamane H, Shibata M, Shimane Y, et al. Solid State Ionics, 2007, 178: 1163
[211] Jung Y S, Oh D Y, Nam Y J, et al. Isr. J. Chem., 2015, 55: 472
[212] Boukamp B, Huggins R. Phys. Lett. A., 1976, 58: 231
[213] Wolf M. J. Phys. C. Solid State Phys., 1984, 17: L285
[214] Beister H J, Haag S, Kniep R, et al. Angew. Chem. Int. Edit., 1988, 27: 1101
[215] Li W, Wu G, Arau′jo C M, et al. Energy Environ. Sci., 2010, 3: 1524
[216] Iio K, Hayashi A, Morimoto H, et al. Chem. Mater., 2002, 14: 2444
[217] Su Y, Falgenhauer J, Polity A, et al. Solid State Ionics, 2015, 282: 63
[218] Bates J, Dudney N, Gruzalski G, et al. J. Power Sources, 1993, 43: 103
[219] Tan G, Wu F, Li L, et al. J. Phys. Chem. C, 2012, 116: 3817
[220] Kim J G, Son B, Mukherjee S, et al. J. Power Sources, 2015, 282: 299
[221] Goodenough J B, Park K S. J. Am. Chem. Soc., 2013, 135: 1167
[222] Abraham K, Alamgir M. J. Electrochem. Soc., 1990, 137: 1657
[223] 张舒, 王少飞, 凌仕刚, 等. 储能科学与技术, 2014, 3: 376
[224] Wright P V. Br. Polym. J., 1975, 7: 319
[225] Armand M, Chabagno J, Duclot M. Proc. Int. Conf., 1979: 131
[226] Bouchet R, Maria S, Meziane R, et al. Nat. Mater., 2013, 12: 452
[227] Han L, Li H, Choi S J, et al. Appl. Catal. A-Gen., 2012, 429: 67

[228] Ducros J B, Buchtova N, Magrez A, et al. J. Mater. Chem., 2011, 21: 2508
[229] Chen S, Wu G, Sha M, et al. J. Am. Chem. Soc., 2007, 129: 2416
[230] Delacroix S b, Reynaud M, Deschamps M, et al. Chem. Mater., 2015, 27: 7926
[231] Hudiono Y C, Carlisle T K, Bara J E, et al. J. Membr. Sci., 2010, 350: 117
[232] Moganty S S, Jayaprakash N, Nugent J L, et al. Angew. Chem. Int. Edit., 2010, 122: 9344
[233] Wu F, Chen N, Chen R, et al. Adv. Sci., 2016, 3: 1500306
[234] Kim J K, Scheers J, Park T J, et al. ChemSusChem, 2015, 8: 636
[235] Wu F, Chen N, Chen R, et al. Chem. Mater., 2016, 28: 848
[236] Khan N A, Hasan Z, Jhung S H. Chem. Eur. J., 2014, 20: 376
[237] Fujie K, Yamada T, Ikeda R, et al. Angew. Chem. Int. Edit., 2014, 53: 11302
[238] Feng X, Ding X, Jiang D. Chem. Soc. Rev., 2012, 41: 6010
[239] Cote A P, Benin A I, Ockwig N W, et al. Science, 2005, 310: 1166
[240] Ma Y, Chen X, Zhuo L, et al. J. Nanosci. Nanotechnol., 2017, 17: 1908
[241] Dai S, Ju Y, Gao H, et al. Chem. Commun., 2000, 0: 243
[242] Horowitz A I, Panzer M J. J. Mater. Chem., 2012, 22: 16534
[243] Delannoy P E, Riou B, Lestriez B, et al. J. Power Sources, 2015, 274: 1085
[244] Ogawa H, Unemoto A, Honma I. Electrochemistry, 2012, 80: 765
[245] Unemoto A, Ogawa H, Gambe Y, et al. Electrochim. Acta, 2014, 125: 386
[246] Gambe Y, Sun Y, Honma I. Sci. Rep., 2015, 5: 8869
[247] Ito S, Unemoto A, Ogawa H, et al. J. Power Sources, 2012, 208: 271
[248] Moganty S S, Srivastava S, Lu Y, et al. Chem. Mater., 2012, 24: 1386
[249] Schaefer J L, Yanga D A, Archer L A. Chem. Mater., 2013, 25: 834
[250] Lu Y, Moganty S S, Schaefer J L, et al. J. Mater. Chem., 2012, 22: 4066
[251] Chen N, Xing Y, Wang L, et al. Energy Environ. Sci., 2017, 10: 1660
[252] Wu F, Chen N, Chen R, et al. Nano Energy, 2017, 31: 9
[253] Lee U H, Kudo T, Honma I. Chem. Commun., 2009, 0: 3068
[254] Li X, Zhang Z, Yang L, et al. J. Power Sources, 2015, 293: 831
[255] Matsuo T, Gambe Y, Sun Y. Sci. Rep., 2014, 4: 6084
[256] Unemoto A, Iwai Y, Mitani S, Baek S W, et al. Solid State Ionics, 2011, 201: 11
[257] Deb D, Bhattacharya S. J. Phys. Chem. C, 2017, 121: 6962
[258] Bellayer S, Viau L, Tebby Z, et al. Dalton. T., 2009, 0: 1307
[259] Lei Z, Dai C, Song W. Chem. Eng. Sci., 2015, 127: 260
[260] Luo Q x, An B w, Ji M, et al. J. Porous Mater., 2015, 1: 247
[261] Han M, Gu Z, Chen C, et al. RSC. Adv., 2016, 6: 37110
[262] Fujie K, Kitagawa H. Coordin. Chem. Rev., 2016, 307: 382
[263] Fujie K, Ikeda R, Otsubo K, et al. Chem. Mater., 2015, 27: 7355
[264] Singh A, Vedarajan R, Matsumi N. J. Electrochem. Soc., 2017, 164: H5169
[265] Du Y, Yang H, Whiteley J M, et al. Angew. Chem. Int. Edit., 2016, 55: 1737
[266] Xin Y, Wang C, Wang Y, et al. RSC. Adv., 2017, 7: 1697
[267] Srour H, Chancelier L, Bolimowska E, et al. J. Appl. Electrochem., 2015, 46: 149
[268] Wang S, Hsia B, Alper J P, Carraro C, et al. J. Power Sources, 2016, 301: 299
[269] Wu F, Tan G, Chen R, et al. Adv. Mater., 2011, 23: 5081
[270] Tan G, Wu F, Zhan C, et al. Nano Lett., 2016, 16: 1960
[271] Le Bideau J, Ducros J B, Soudan P, et al. Adv. Funct. Mater., 2011, 21: 4073
[272] Lee J H, Lee A S, Lee J C, et al. ACS Appl. Mater. Interfaces, 2017, 9: 3616

[273] Yuuki T, Konosu Y, Ashizawa M, et al. ACS Omega., 2017, 2: 835
[274] Unemoto A, Ogawa H, Ito S, et al. J. Electrochem. Soc., 2013, 160: A138
[275] Unemoto A, Matsuo T, Ogawa H, et al. J. Power Sources, 2013, 244: 354
[276] Verma Y L, Singh M P, Singh R K. Mater. Lett., 2012, 86: 73
[277] Dong W S, Li MY, Liu C, et al. J. Colloid. Interf. Sci., 2008, 319: 115
[278] Lee A S, Lee J H, Hong S M, et al. Electrochim. Acta, 2016, 215: 36
[279] Sun X L, Deng W H, Chen H, et al. Chem. Eur. J., 2017, 23: 1248
[280] Chen L H, Wu B B, Zhao H X, et al. Inorg. Chem. Commun., 2017, 81: 1
[281] Fujie K, Otsubo K, Ikeda R, et al. Chem. Sci., 2015, 6: 4306
[282] Kalaga K, Rodrigues M T F, Gullapalli H, et al. ACS Appl. Mater. Interfaces, 2015, 7: 25777
[283] Rodrigues M T F, Kalaga K, Gullapalli H, et al. Adv. Energy Mater., 2016, 6: 1600218
[284] Bhattacharyya A J. J. Phys. Chem. Lett., 2012, 3: 744
[285] Leones R, Sabadini R C, Esperança J M, et al. Electrochim. Acta, 2017, 232: 22
[286] Trivedi T J, Bhattacharjya D, Yu J S, et al. Chem. Sus. Chem., 2015, 8: 3294
[287] Zhang B, Sudre G, Quintard G, et al. Carbohydr. Polym., 2017, 157: 586
[288] Zhao N, Liu Y, Zhao X, et al. Nanoscale, 2016, 8: 1545
[289] 赵世勇. 电池工业, 2014, 19: 35
[290] Feuillade G, Perche P. J. Appl. Electrochem., 1975, 5: 63
[291] Song J Y, Wang Y Y, Wan C C. J. Power Sources, 1999, 77: 183
[292] Fan L, Wei S, Li S, et al. Adv. Energy Mater., 2018
[293] Osada I, De V H, Scrosati B, et al. Angew. Chem. Int. Edit., 2016, 55: 500
[294] 石桥, 周啸. 电子元件与材料, 2003, 22: 42
[295] Nagasubramanian G, Surampudi S, Halpert G. J. Electrochem. Soc., 1994, 141: 1414
[296] Alamgir M, Abraham K M. J. Power Sources, 1995, 54: 40
[297] Appetecchi G B, Croce F, Scrosati B. Electrochim. Acta, 1995, 40: 991
[298] Kesavan K, Mathew C M, Rajendran S. Chinese Chem. Lett., 2014, 25: 1428
[299] Subbu C, Rajendran S, Kesavan K, et al. Ionics, 2015, 22: 1
[300] Fan L Z, Hu Y S, Bhattacharyya A J, et al. Adv. Funct. Mater., 2007, 17: 2800
[301] Li Y H, Wu X L, Kim J H, et al. J. Power Sources, 2013, 244: 234
[302] 王庆伟, 谢德民. 化学进展, 2002, 14: 167
[303] Nara H, Momma T, Osaka T. Electrochemistry, 2008, 76: 276
[304] Weber R L, Mahanthappa M K. Soft Matter., 2017, 13: 7633
[305] Huo H, Zhao N, Sun J, et al. J. Power Sources, 2017, 372: 1
[306] Wang C, Sun Q, Liu Y, et al. Nano Energy, 2018, 48: 35
[307] Xu B, Duan H, Liu H, et al. ACS Appl. Mater. Interfaces, 2017, 9: 21077
[308] Sagane F, Abe T, Iriyama Y, et al. J. Power Sources, 2005, 146: 749
[309] Schleutker M, Bahner J, Tsai C L, et al. Phys. Chem. Chem. Phys., 2017, 19: 26596
[310] Abe T, Sagane F, Ohtsuka M, et al. J. Electrochem. Soc., 2005, 152: A2151
[311] Busche M R, Drossel T, Leichtweiss T, et al. Nat. Chem., 2016, 8: 426
[312] Li N, Weng Z, Wang Y, et al. Energy Environ. Sci., 2014, 7: 3307
[313] Wang Q, Jin J, Wu X, et al. Phys. Chem. Chem. Phys., 2014, 16: 21225
[314] Li F, Kitaura H, Zhou H. Energy Environ. Sci., 2013, 6: 2302
[315] Hasegawa S, Imanishi N, Zhang T, et al. J. Power Sources, 2009, 189: 371
[316] Puech L, Cantau C, Vinatier P, et al. J. Power Sources, 2012, 214: 330

[317] lechkova N V, Seddon K R. Chem. Soc. Rev., 2008, 37: 123
[318] Rogers R D, Seddon K R. Science, 2003, 302: 792
[319] Zhou X S, Wu T B, Ding K L, et al. Chem. Com., 2010, 46: 386
[320] Bates E D, Mayton R D, Ntai I, et al. J. Am. Chem. Soc., 2002, 124: 926
[321] Fraser K J, Izgorodina E I, Forsyth M, et al. Chem. Com., 2007, 3817
[322] Fernicola A, Scrosati B, Ohno H. Ionics, 2006, 12: 95
[323] Salem N, Nicodemou L, Abu-Lebdeh Y, et al. J. Electrochem. Soc., 2012, 159: A172
[324] Srour H, Rouault H E E, Santini C C. J, Electrochem. Soc., 2013, 160: A781
[325] Garcia B A, Lavallee S, Perron G, et al. Electrochim. Acta, 2004, 49: 4583
[326] Wang Z, Liu J, Li C, et al. J. Electrochem. Soc., 2016, 11: 6149
[327] Best A S, Bhatt A I, Hollenkamp A F. J. Electrochem. Soc., 2010, 157: A903
[328] Wang G, Fang S, Luo D, et al. Electrochem. Commun., 2016, 72: 148
[329] Nakagawa H, Izuchi S, Kuwana K, et al. J. Electrochem. Soc., 2003, 150: A695
[330] Srour H, Chancelier L, Bolimowska E, et al. J. Appl. Electrochem., 2016, 46: 149
[331] Holzapfel M, Jost C, Prodi A. Carbon., 2005, 43: 1488
[332] Wang H, Liu S, Wang N, et al. J. Electrochem. Soc., 2012, 7: 7579
[333] Cai Y, Li Z, Zhang H L, et al. Electrochim. Acta, 2010, 55: 4728
[334] Kim G T, Jeong S S, M. Joost E R, et al. J. Power Sources, 2011, 196: 2187
[335] Lewandowski A P, Hollenkamp A F, Donne S W, et al. J. Power Sources, 2010, 195: 2029
[336] Borgel V, Markevich E, Aurbach D, et al. J. Power Sources, 2009, 189: 331
[337] Li J, Jeong S, Kloepsch R, et al. J. Power Sources, 2013, 239: 490
[338] Arbizzani C, Gabrielli G, Mastragostino M. J. Power Sources, 2011, 196: 4801
[339] Lombardo L, Brutti S, Navarra M A, et al. J. Power Sources, 2013, 227: 8
[340] Ababtain K, Babu G, Lin X, et al. ACS Appl. Mater. Interfaces, 2016, 8: 15242
[341] Lewandowski A, Widerska-Mocek A S, Acznik I. Electrochim. Acta, 2010, 55: 1990
[342] Appetecchi G B, Montanino M, Balducci A, et al. J. Power Sources, 2009, 192: 599
[343] Nadhern M, Reiter J, Moskon J, et al. J. Power Sources, 2011, 196: 7700
[344] Ferrari S, Quartarone E, Tomasi C, et al. J. Power Sources, 2013, 235: 142
[345] Han H-B, Liu K, Feng S-W, et al. Electrochim. Acta, 2010, 55: 7134
[346] Wu F, Zhu Q, Chen R, et al. Chem. Sci., 2015, 6: 7274
[347] Fang S, Zhang Z, Jin Y, et al. J. Power Sources, 2011, 196: 5637
[348] Chang C, Pan P, Wu C, et al. J. Electrochem. Soc., 2016, 11: 5327
[349] Selvamani V, Suryanarayanan V, Velayutham D, et al. J. Solid State Electr., 2016, 20: 2283
[350] Le M L P, Tran N A, Ngo H P K, et al. J. Solution Chem., 2015, 44: 2332
[351] Tsunashima K, Sugiya M. Electrochem. Commun., 2007, 9: 2353
[352] Zhang Z, Zhou H, Yang L, et al. Electrochim. Acta, 2008, 53: 4833
[353] Tang W, Zhu Y, Hou Y, et al. Energy Enviorn. Sci., 2013, 6: 2093
[354] Manjunatha H, Suresh G S, Venkatesha T V. J. Solid State Electr., 2011, 15: 431
[355] Wang Y, Yi J, Xia Y. Adv. Energy Mater., 2012, 2: 830
[356] Li W, McKinnon W. R, Dahn J. R. J. Electrochem. Soc., 1994, 141: 2310
[357] Haegyeom K, Jihyun H, Kyu-Young P, et al. Chem. Rev., 2014, 114: 11788
[358] Lee J-W, Pyun S-I. Electrochim. Acta, 2004, 49: 753
[359] Deutscher R L, Florence T M, Woods R. J. Power Sources, 1995, 55: 41
[360] Yuan A, Zhang Q. Electrochem. Commun., 2006, 8: 1173
[361] Wang G J, Zhao N H, Yang L C, et al. Electrochim. Acta, 2007, 52: 4911

[362] Wang H, Huang K, Zeng Y, et al. Electrochem. Solid-State Lett., 2007, 10: A199
[363] Nair V S, Cheah Y L, Madhavi S. J. Electrochem. Soc., 2014, 161: A256
[364] Manickam M, Singh P, Thurgate S, et al. J. Power Sources, 2006, 158: 646
[365] Sauvage F, Laffont L, Tarascon J M, et al. J. Power Sources, 2008, 175: 495
[366] Manjunatha H, Venkatesha T V, Suresh G S. Electrochim. Acta, 2011, 58: 247
[367] Minakshi M. Electrochim. Acta, 2010, 55: 9174
[368] Minakshi M, Singh P, Thurgate S, et al. Electrochem. Solid-State Lett., 2006, 9: A471
[369] Minakshi M, Singh P, Sharma N, et al. Ind. Eng. Chem. Res., 2011, 50: 1899
[370] Minakshi M, Singh P, Appadoo D, et al. Electrochim. Acta., 2011, 56: 4356
[371] Wessells C D, Peddada S V, McDowell M T, et al. J. Electrochem. Soc., 2011, 159: A98
[372] Pei W, Hui Y, Huaquan Y. J. Power Sources, 1996, 63: 275
[373] Wang Y-G, Xia Y-Y. J. Electrochem. Soc., 2006, 153: A450
[374] Wang Y-G, Luo J-Y, Wang C-X, et al. J. Electrochem. Soc., 2006, 153: A1425
[375] Wang Y-G, Lou J-Y, Wu W, et al. J. Electrochem. Soc., 2007, 154: A228
[376] Tian L, Yuan A. J. Power Sources, 2009, 192: 693
[377] Yuan A, Tian L, Xu W, et al. J. Power Sources, 2010, 195: 5032
[378] He P, Liu J-L, Cui W-J, et al. Electrochim. Acta, 2011, 56: 2351
[379] Murphy D W, Christian P A, DiSalvo F J, et al. J. Electrochem. Soc., 1981, 128: 2053
[380] Wu C, Hu Z, Wang W, et al. Chem.Commun., 2008: 3891
[381] Xu Y, Zheng L, Xie Y. Dalton T., 2010, 39: 10729
[382] Köhler J, Makihara, H, Uegaito, H, et al. Electrochim. Acta, 2000, 46: 59
[383] Whittingham M. S. Chem. Rev., 2004, 104: 4271
[384] Livage J. Chem. Mater., 1991, 3: 578
[385] Manickam M, Singh P, Issa T, et al. J. Appl. Electrochem., 2006, 36: 599
[386] Chen H, Armand M, Demailly G, et al. ChemSusChem, 2008, 1: 348
[387] Walker W, Grugeon S, Mentre O, et al. J. Am. Chem. Soc., 2010, 132: 6517
[388] Liang Y, Tao Z, Chen J. Adv. Energy Mater., 2012, 2: 742
[389] Lee M, Hong J, Seo D-H, et al. Angew. Chem. Int. Edit., 2013, 52: 8322
[390] Wang S, Wang L, Zhang K, et al. Nano Lett., 2013, 13: 4404
[391] Armand M, Grugeon S, Vezin H, et al. Nat. Mater., 2009, 8: 120
[392] Lee M, Hong J, Kim H, et al. Adv. Mater., 2014, 26: 2558

04

锂硫电池电解质

由于化石燃料的大量使用，环境污染问题日益严重。人们需要发展绿色清洁能源，并对能源储存与转化技术提出了更高要求，因此高性能可充电电池备受关注[1-4]。自 20 世纪 90 年代以来，锂离子电池在各种商业应用上取得了巨大的成功。但是，锂离子电池电极材料理论比容量的限制阻碍了其在更高能量密度电池领域应用的发展。因此，开发具有高比能量的新型电池体系是必要的。硫是一种具有良好应用前景的正极材料，它储量丰富，环境友好，具有高达 1675 $mAh \cdot g^{-1}$ 的理论比容量。由硫正极和锂金属负极组成的锂硫电池电化学反应是从硫转化成硫化锂（Li_2S）的多电子反应。其反应式为：$S_8+16Li \rightleftharpoons 8Li_2S$，其中，1 个硫原子的氧化还原反应对应于 2 个电子的转移[5-6]。在循环期间，由复杂的歧化和转换反应生成一系列多硫化锂的中间体（Li_2S_x，$2<x\leqslant 8$）易溶于常见的液体电解质中。

4.1 锂硫电池概述

锂硫电池的典型放电曲线通常具有两个平台。首周放电时，环八硫分子 S_8 与电解质中的锂离子结合，在 2.3～2.4 V 的高电压平台下被还原为长链多硫化物（Li_2S_x，$x\geqslant 4$）[7-8]。溶解的长链多硫化物与电解质接触，提高了活性硫的利用率。但是，多硫化物不断溶解于电解质中会增加电解质的黏度，降低了电解质中锂离子的迁移速率。溶解的长链多硫化物进一步被还原成短链多硫化物（Li_2S_x，$x<4$），并在相对较低的 2.1 V 平台下完全转化为 Li_2S[7-8]。充电过程的电化学反应是放电过程的逆反应。在较低的长平台上，Li_2S 被氧化为短链多硫化物，随后在较高的平台上被氧化成长链多硫化物。

虽然锂硫电池具有高比能、环境友好和价格低廉的优势，但是基于液体电解质的锂硫电池还存在以下几个主要问题（见图 4-1）：①多硫化物溶于电解质。电池循环过程中形成的长链多硫化物易溶于常见的醚基电解质，但是过度溶解会增加电解质的黏度，阻碍电解质中锂离子的迁移。正极侧溶解的多硫化物会扩散到电解质中，破坏正极的结构和形态。此外，绝缘的 Li_2S 还原产物会部分在正极表面团聚沉淀，阻碍电子和离子的迁移[8-9]。②多硫化物的穿梭效应。硫正极侧溶解的长链多硫化物在浓度梯度的作用下扩散到锂负极侧，在金属锂表面还原成短链多硫化物。溶解的短链多硫化物迁移回正极侧，再被氧化成长链多硫化物。多硫化物在正极和负极之间的这种往复运动通常被称为多硫化物的穿梭效应。在循环过程中，多硫化物的穿梭效应会不断发生，引起硫活性物质的损失、锂枝晶的生长以及锂负极腐蚀等问题[7, 10]。③安全问题。电解质溶剂会与高活性的锂金属负极发生反应，导致溶剂损耗和电池内部出现气体膨胀[11-14]。此外，锂枝晶的生长可能会穿过隔膜，引起电池内部短路和安全问题[15-16]。

图 4-1 基于液体电解质的锂硫电池存在的问题[36]

为了解决上述问题以提高锂硫电池性能，研究人员提出了一些解决方法，包括硫正极的封装[9, 17-25]、在锂负极上引入钝化层[26-29]以及电解质的优化[30, 31]。在循环过程中，电极之间的电解质对锂离子的传输起着至关重要的作用，会直接影响电池的性能[32, 33]。基于过去几年的关于电解质的研究工作，可实用的电解质应具有高离子迁移率、低黏度、良好的化学和电化学稳定性、不可燃性和低成本等特征。高性能的锂硫电池对于电解质的性能要求还涉及如前面所述的多硫化物的适度溶解度和对电池中高活性物质的良好化学稳定性。在液态锂硫电池中，多硫化物易与锂金属和一些溶剂分子发生反应，导致电解质分解、消耗，进而导致电池失效。因此，长循环寿命的锂硫电池对电解质的要求是十分严格的，需要开展高通量的实验来筛选电解质的配方。

有关锂硫电池电解质的综述，分别对液体和固体电解质的研究进展进行了详细的论述[11, 30, 34, 35]。如图 4-2 所示，陈人杰课题组给出了基于不同种类电解质的锂硫电池原理示意图和特性雷达图[36]。相比于固体电解质，液体电解质对多硫化物具有高的溶解度和流动性，可以提供更快的氧化还原反应动力学。对液体电解质进行改性很难有效抑制多硫化物的穿梭效应。固体电解质，包括固体聚合物电解质和无机固体电解质，虽然可以有效解决穿梭效应的问题，但是低的室温电导率和高的界面阻抗限制了全固态电解质在锂硫电池上的应用。复合电解质，包括凝胶聚合物电解质和无机有机复合固体电解质，被认为是一类新型且具有独特优点的电解质。

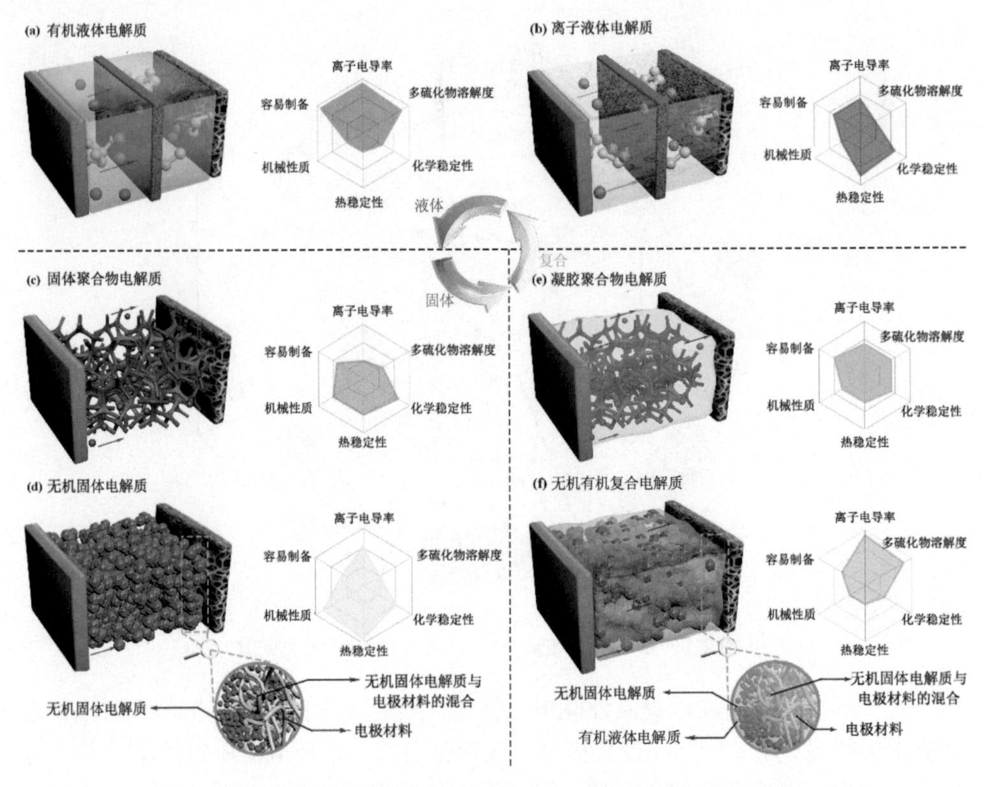

图 4-2 基于不同种类电解质的锂硫电池原理示意图和特性雷达图[36]

4.2 液体电解质

液体电解质因具有易制备的优势而成为锂硫电池常用的电解质类型。然而，使用液体电解质的锂硫电池在循环过程中存在由多硫化物穿梭导致的容量衰减、自放电和库仑效率差等问题。研究人员关于液体电解质的改性工作基于其高离子电导率和离子迁移数的优势，致力于限制多硫化物的穿梭，以进一步改善锂硫电池的性能。在本节中，将液体电解质主要分为醚基电解质和新溶剂电解质两类，并对它们在高性能锂硫电池中的发展和挑战进行了论述。

4.2.1 醚基电解质

4.2.1.1 醚

常用的醚类溶剂包括 1,3-二氧戊环（DOL）、1,2-二甲氧基乙烷（DME）、二甘醇二甲醚（G2），三(乙二醇)二甲醚（三甘醇二甲醚，G3）、四(乙二醇)二甲醚

（TEGDME，四甘醇二甲醚，G4）和四氢呋喃（THF）等[37-45]。这些醚类溶剂具有高的多硫化物的溶解度，对多硫化物也有良好的化学稳定性。其中，DME 是一种非极性溶剂，具有良好的动力学性质和高的多硫化物溶解度。但是它与金属锂的反应会腐蚀锂负极表面，增加金属锂负极的界面阻抗。相比于 DME，DOL 具有低的多硫化物溶解度，但是它在锂负极表面的还原产物有助于形成稳定的 SEI 膜，保护金属锂并抑制其与电解质和溶解的多硫化物的副反应[11, 46]。TEGDME 有强的解离锂盐的溶剂化能力，有助于提高电池放电容量[47, 48]。Barchasz 等研究了锂硫电池中多种醚类溶剂结构与首周放电容量之间的相关性，发现醚基的溶剂中氧原子数量的增加可以增强溶剂化能力，提高电池的首周放电容量[49]。如图 4-3（a）所示，在 0.1C 倍率下，使用聚乙二醇二甲醚（PEGDME）基电解质的锂硫电池放电比容量最高，为 1100 $mAh \cdot g^{-1}$。如图 4-3（b）所示，通过 ^{9}F、^{1}H 和 ^{7}Li 核在不同溶剂中的自扩散活化能分析，研究了多硫化物在醚类溶剂中的溶解度[50]。多硫化物在长链醚基电解质中扩散缓慢，反之在短链醚基电解质中运动较快，容易引起多硫化物的穿梭。

溶剂的选择对于控制多硫化物的溶解性和流动性以及改善锂负极的化学稳定性是十分重要的。单一成分溶剂通常不能满足电解质的所有要求。由于 DOL 和 DME 的协同效应，使用 DOL/DME 混合溶剂电解质的电池，展示出较单一溶剂电解质的电池更好的电化学性能[46]。受到 DME 和 DOL 协同效应的启发，研究人员将二元或三元醚基电解质用于锂硫电池中，发现溶剂性质和混合比例都会影响锂硫电池的电化学性能[48, 51-53]。虽然人们开发了许多基于 DOL 和 DME 的电解质体系，但最常见的电解质还是由等体积比的 DOL 和 DME 组成的，因为等体积比 DME 和 DOL 组成的电解质使用范围广，可以与多种硫正极匹配。但是，使用该类电解质的锂硫电池仍然存在多硫化物穿梭效应。与常规醚类相比，氟化醚具有黏度低、不易燃和多硫化物溶解度低等特点，成为锂硫电池电解质溶剂的另一种选择[54-58]。Azimi 等将 1,1,2,2-四氟乙基-2,2,3,3-四氟丙醚（TTE）和 DOL 混合后作为锂硫电池的电解质[59]。如图 4-3（c）所示，与 DOL/DME 电解质相比，使用 DOL/TTE 电解质的电池没有出现多硫化物的穿梭效应。这是因为低极性的 TTE 有助于减少多硫化物的溶解。进一步研究发现，DOL/TTE 电解质可抑制锂硫电池的自放电。如图 4-3（d）所示，在加入硝酸锂（$LiNO_3$）添加剂之后，使用 DOL/TTE 电解质的电池自放电得到抑制[60-61]。但是 $LiNO_3$ 和氟化醚之间的内在作用机制还不明确，需要进一步研究。有研究报道，使用低黏度和良好浸润性的双(2,2,2-三氟乙基)醚（BTFE）可加速电化学反应的动力学，提高活性材料的利用率。在 0.1C 倍率下，由 BTFE/DOL 电解质组装的硫电极比容量为 1000 $mAh \cdot g^{-1}$，面积比容量为 3 $mAh \cdot cm^{-2}$[62]。尽管有以上优点，但是氟化醚在高温条件下容易挥发，使其在锂硫电池高温环境下的使用受到限制。

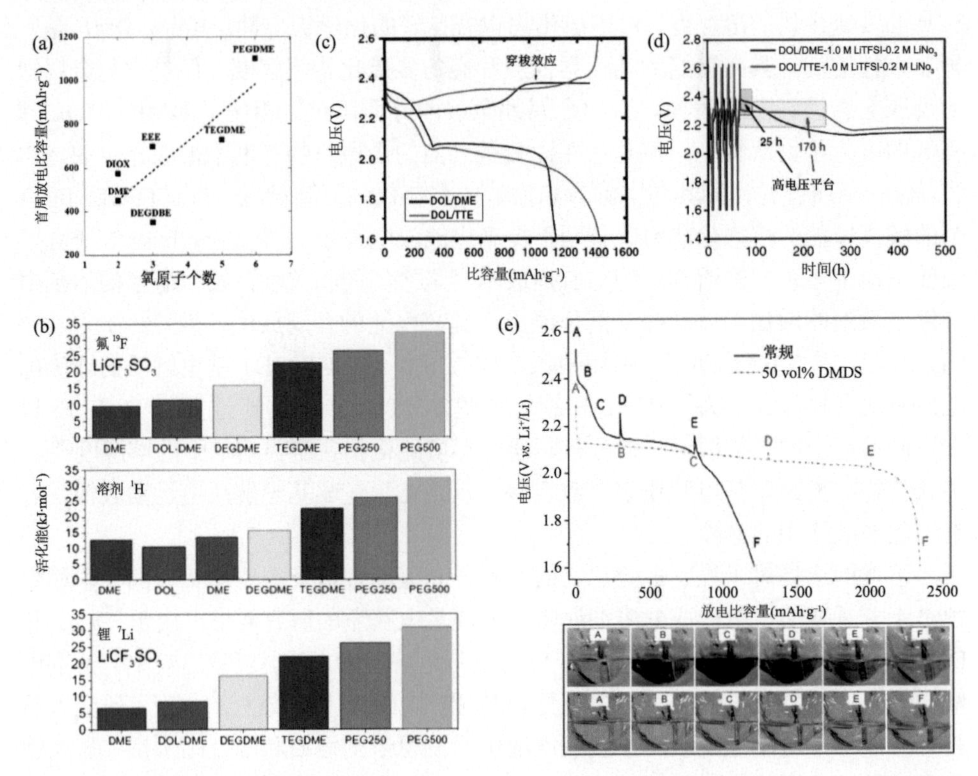

图 4-3 (a)电池首周放电比容量与不同醚类溶剂的氧原子数量之间的关系[49]；(b)^{19}F、^{1}H 和 ^{7}Li 核在不同电解质溶剂中的自扩散活化能[50]；(c)匹配 DOL/DME 和 DOL/TTE 电解质的电池的初始电压曲线[59]；(d)匹配含有 0.2 $mol \cdot L^{-1}$ $LiNO_3$ 的 DOL/DME 和 DOL/TTE 电解质的锂硫电池的静置电压曲线[60]；(e)无添加和添加 DMDS（红色）电解质的原理电池的初始放电曲线以及显示两种电解质的颜色变化的照片（对应放电曲线标记的点）[63]

王东海等研究了二甲基二硫（DMDS）作为共溶剂在锂硫电池电解质中的作用。与常规电解质相比，使用 DMDS 电解质的电池显示出更高的放电容量和更长的循环寿命[63]。如图 4-3（e）所示，使用 DMDS 电解质的电池放电曲线与常规的两平台放电曲线不同，他们提出了关于 DMDS 基电解质的硫正极电化学还原的新途径。在放电过程中，DMDS 电解质的原理电池颜色不发生变化，这证明该电解质可抑制多硫化物的溶解。该课题组还通过控制硫含量、硫载量以及液硫比等变量，进一步研究了 DMDS 电解质在不同硫正极上的电化学还原途径[64]。由于在硫正极上不溶的 Li_2S 数量减小，高硫载量的正极匹配基于 DMDS 电解质表现出良好的循环稳定性，在液硫比（5 $mL \cdot g^{-1}$）较低的条件下，硫载量为 4 $mg \cdot cm^{-2}$ 的正极具有 1000 $mAh \cdot g^{-1}$ 的比容量。

在醚类电解质体系中，DOL/DME（体积比 1∶1）基的电解质能优化锂硫电池对电解质的物性需求，包括离子电导率、多硫化物的溶解性和迁移能力以及在锂负极上形成 SEI 膜的能力等。但是，醚类溶剂闪点较低，特别是在高温下操作时，会产生一些安全问题。为了解决这些问题，引入阻燃添加剂会有助于提高醚类电解质的稳定性，如六氟环三磷腈可作为添加剂加入到 DOL/DME 电解质[65]。对于高性能锂硫电池而言，在醚基电解质中使用的阻燃添加剂不应降低电解质的锂离子电导率或者与金属锂负极发生副反应。

4.2.1.2 锂盐

除了溶剂之外，锂盐是电解质中的另一个重要组成部分。传统的锂盐，如双(三氟甲基磺酸酰)亚胺锂（LiTFSI）、六氟磷酸锂（$LiPF_6$）、三氟甲基磺酸锂（$LiCF_3SO_3$）和高氯酸锂（$LiClO_4$）已被广泛用作锂硫电池电解质[33, 38, 69]。其中，LiTFSI 具有电化学稳定性好、离子电导率高并且与溶解的多硫化物具有良好相容性的特点。但是，LiTFSI 会腐蚀铝集流体，影响电池循环稳定性。$LiCF_3SO_3$ 具有与 LiTFSI 类似的性质，在锂硫电池中也被广泛研究。与 LiTFSI 不同的是，$LiCF_3SO_3$ 离子缔合强度大，可有效提高多硫化物中间体的溶解度。

由于单一锂盐的局限性，科研人员研究了基于 LiTFSI 的二元锂盐组成的电解质。相比于单一的 LiTFSI 或双氟磺酰亚胺锂（LiFSI），二元锂盐组成的电解质有高的离子电导率、低的黏度，并且 LiFSI 可以改善锂金属表面的稳定性[67, 68]。LiFSI 在金属锂表面形成的保护层可阻止锂金属与可溶性多硫化物和溶剂之间的副反应，提高电池库仑效率[69]。研究人员使用原位原子力显微镜研究了在 60℃下基于 LiFSI 的电解质的界面行为，如图 4-4（a）所示，LiFSI 在 60℃温度下会发生分解，在界面处形成的 LiF 层能够捕获可溶性多硫化物中间体，限制硫化物扩散到电解质中[70]。但是，LiFSI 也存在腐蚀铝集流体的问题[71]。将二氟草酸硼酸锂（LiODFB）作为二元盐加入到电解质中，LiODFB 会促进铝表面形成钝化膜，从而防止铝被腐蚀[72]。

基于电解质的特性（如离子电导率、黏度和盐溶解度等），电解质中的锂盐通常使用 1 $mol \cdot L^{-1}$ 的浓度[38, 73]。近年来，高浓度锂盐的锂硫电池电解质引起了人们的关注。对于锂硫电池，多硫化物在电解质中的溶解度受到锂离子浓度的影响。基于溶解平衡原理，提高盐浓度会增加电解质的黏度，同时降低了多硫化物的溶解度，二者都可降低多硫化物的流动性[74]。胡勇胜等报道了一类由 DOL/DME 混合溶液和 LiTFSI 组成的高锂盐浓度电解质体系“Solvent-in-Salt”[75]。如图 4-4（b）所示，在 Li_2S_8 溶解度的测试中，锂盐浓度高达 7 $mol \cdot L^{-1}$ 的 7＃电解质的颜色几乎未改变，说明超高浓度的锂盐可阻碍多硫化物在电解质中的溶解。同时，使用超高浓度锂盐电解质可有效抑制金属锂负极锂枝晶生长和形状变化，锂循环库仑效率高于低浓度（2 mol·L^{-1} 和 4 mol·L^{-1}）锂盐电解质，而且观察到循环后的锂负极表面较为平整。张继光等将 3 mol·L^{-1} $LiNO_3$ 的 G2 基电解质用于锂金属沉积/剥离测试，经过 200 周循环后锂的库仑效率大于 99%[76]。不同于高浓度 LiTFSI 的电解质，含有高浓度的 $LiNO_3$ 电解质使得锂负极上的 SEI 膜变薄，如图 4-4（c）所示。另外，超高浓度的醚类电解质在石墨电极上形成了有效的 SEI 膜，可提高石墨-硫全电池的电化学性能[77, 78]。

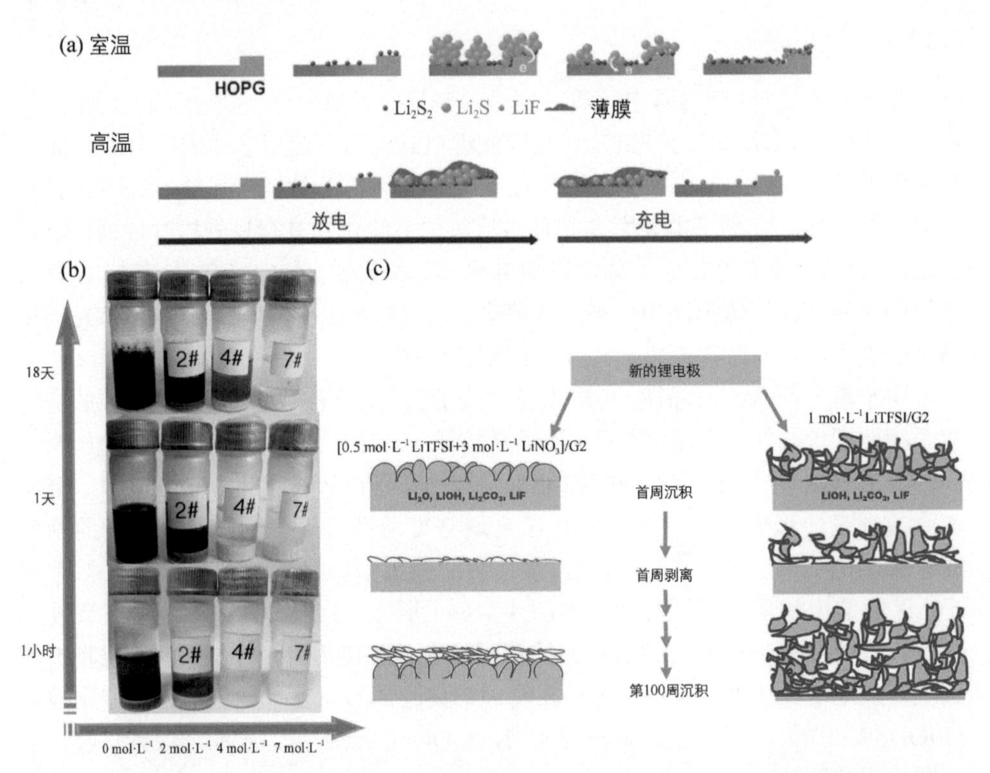

图 4-4 （a）室温和 60℃下界面过程的示意图[70]；（b）含有相同量 Li_2S_8 的不同锂盐浓度样品的颜色变化的照片：0 mol/溶剂；2#：2 mol/溶剂；4#：4 mol/溶剂；7#：7 mol/溶剂[75]；（c）添加和未添加 $LiNO_3$ 的电解质中循环后的锂金属表面 SEI 膜组成和形态的示意图[76]

关于锂盐的研究工作主要集中在离子导电性能方面，而对其热稳定性和化学稳定性的研究相对较少。高盐浓度的电解质通过增加电解质中的锂盐浓度，在锂负极表面形成钝化膜来实现稳定的循环性能，还通过阻止多硫化物扩散来提高电化学性能。但值得注意的是，较高的盐浓度会增加电池的成本。因此，科研人员希望开发一种低成本、高效益的方法来改善电化学性能。

4.2.1.3 添加剂

在电解质中加入少量添加剂能改善锂硫电池的部分性能。适宜的添加剂可稳定电极/电解质界面，降低多硫化物在电解质中的溶解度，并在电极上形成稳定的SEI膜，最终提高锂硫电池的容量、库仑效率、倍率能力和循环寿命[26, 27, 52, 79-83]。

1. $LiNO_3$和硫类添加剂

硝酸锂（$LiNO_3$）是锂硫电池中常用的电解质添加剂之一[84]。$LiNO_3$可以促进锂负极表面形成稳定的钝化膜，减少溶解的多硫化物与锂负极之间的反应，提高锂硫电池的库仑效率和循环稳定性［图4-5（a）］[85]。且$LiNO_3$能有效抑制CH_4和H_2等气体分解产物的产生，但是产生N_2和N_2O等气体。这些气体在随后的循环过程中被消耗掉并可能参与SEI膜的形成。此外，张升水等研究发现充电过程结束时，NO_3^-催化多硫化物转化为硫[86]。通过“键合”作用，NO_3^-与多硫化物结合减少了多硫化物的扩散[87]。然而，当放电电压低于1.6 V时，$LiNO_3$在正极侧发生不可逆还原反应，不溶的副产物会对正极的氧化还原可逆性造成不利影响[88]。此外，$LiNO_3$添加剂对多硫化物穿梭效应和负极锂枝晶生长的抑制作用有限。由于循环过程中负极表面膜的破裂和再形成，$LiNO_3$被不断消耗，无法维持锂硫电池的长循环性能。因此，单独使用$LiNO_3$添加剂不能为锂负极提供足够的保护。

值得注意的是，同时使用$LiNO_3$和多硫化物作为电解质添加剂能显著提高锂负极界面膜的稳定性。尽管多硫化物中间产物溶于电解质中易造成严重的副反应和活性物质损失，但是多硫化物作为添加剂可以参与负极表面钝化膜的形成，对SEI膜组成和电化学性能有很大影响。理论上，根据链长的不同，存在8种锂的多硫化物中间体，即Li_2S_8、Li_2S_7、Li_2S_6、Li_2S_5、Li_2S_4、Li_2S_3、Li_2S_2和Li_2S。实验表明较长链的多硫化物更有可能在负极表面形成有效的SEI膜，如Li_2S_5[89]。张强等进一步研究了多硫化物添加剂的最优浓度[90]。如图4-5（b）所示，电解质中多硫化物浓度非常低（$[S]<0.050\ mol\cdot L^{-1}$）时，负极表面形成的SEI膜不均匀，不能抑制电解质与锂金属之间的副反应；相反，多硫化物浓度过高（$[S]>0.500\ mol\cdot L^{-1}$）时，SEI膜和锂负极易被过量的多硫化物腐蚀，导致锂枝晶的生长和循环性能的严重衰减。因此，应该精确控制多硫化物的添加量。在含有$0.02\ mol\cdot L^{-1}$ Li_2S_5和5.0wt%$LiNO_3$的电解液中，锂负极被表面形成的稳定层保护，在Li-Cu半电池中233周循环后表现出95%的稳定库仑效率。通过控制电解质中多硫化物和$LiNO_3$的浓度，负极表面可以形成稳定均匀的SEI膜，显著地减少了电解质分解并抑制了锂枝晶的生长[89]。

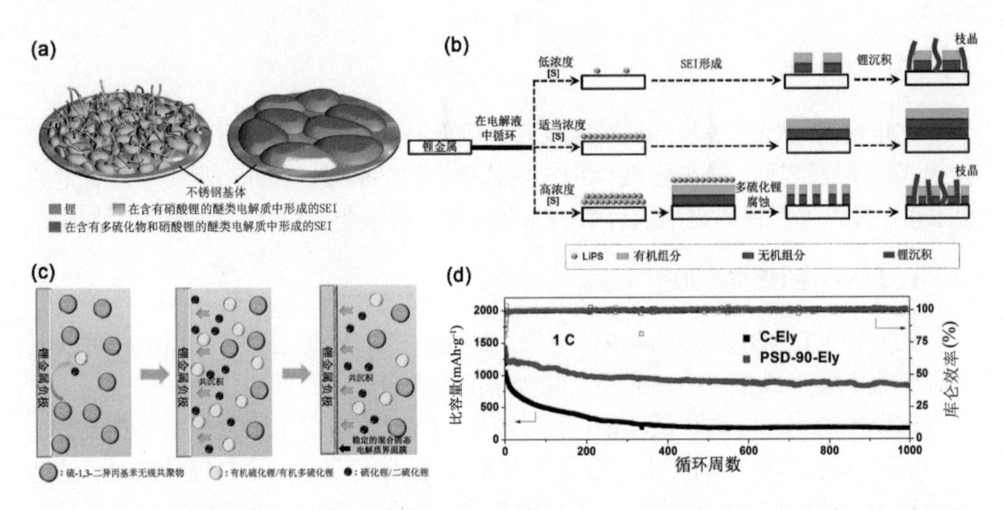

图 4-5 （a）在添加和不添加 $LiNO_3$ 的电解质中，锂沉积在衬底上的形态示意图[85]；（b）多硫化锂（LiPS）添加剂浓度对 SEI 膜演变和 Li 沉积的影响示意图[90]；（c）使用 PSD 作为电解质添加剂，有机/无机复合 SEI 膜的形成过程示意图[91]；（d）在 1 C 的倍率下，使用添加和不添加 PSD 电解质的锂硫电池的循环性能[91]

除了多硫化物添加剂，含硫聚合物也被用作锂硫电池的电解质添加剂。王东海等通过液体硫和聚合物单体的直接共聚制备了两种含硫聚合物添加剂，硫/三烯丙基胺无规共聚物（PST）和硫-1,3-二异丙基苯无规共聚物（PSD）[91, 92]。如图 4-5（c）所示，在电化学反应过程中，含硫聚合物添加剂分解为含 Li 有机硫化物、含 Li 有机多硫化物、Li_xS_y 和 Li_2S/Li_2S_2，在负极表面形成 SEI 膜：无机组分 Li_2S/Li_2S_2 提供了锂离子的传输通路并使 SEI 膜具有良好的机械强度，而有机硫化物/有机多硫化物提高了 SEI 膜的柔韧性以适应负极体积变化并防止锂枝晶的生长。特别是引入苯环基添加剂 PSD 后，苯环之间的 π-π 作用可以促进自组装，进一步提高 SEI 膜的均匀性和耐久性[91]。因此，如图 4-5（d）所示，含有聚合物添加剂的电池显示出较高的库仑效率和优异的循环稳定性。

2. 金属阳离子添加剂

金属阳离子添加剂可用于锂硫电池中锂负极的保护。金属阳离子通常可以稳定地存在于 SEI 膜中，为锂负极提供有效保护。基于保护机制的不同，锂硫电池中的金属阳离子添加剂可分为两类。

一类是由张继光等提出金属阳离子添加剂，通过自愈静电屏蔽机制引导锂沉积[93]。金属阳离子（如铯和铷）具有低于锂离子的有效还原电位，因此在锂的沉积过程中低浓度的金属阳离子不会被还原。如图 4-6（a）[93]所示，一旦负极表面形成突起，金属阳离子优先累积在突起的尖端周围，形成带正电荷的静电屏蔽，诱导锂沉积在与突起相邻的区域上，抑制枝晶的生长。Choi 等在 DOL/DME 电解质中使用 0.05 mol·L^{-1} 硝酸铯（$CsNO_3$）作为电解质添加剂[94]。通过 Cs^+嵌入到多层石墨烯（MLG）中产生的静电排斥效应有效地抑制了锂枝晶的生长，并促进了 MLG 层中锂离子的层间扩散。

另一类金属阳离子添加剂能在锂负极表面形成金属硫化物以提高界面膜的稳定性。通过使用电解质添加剂硝酸镧[$La(NO_3)_3$]能将镧引入锂硫电池中以稳定锂负极的表面[95]。在富含多硫化物的电解质中，La^{3+}可以还原成金属 La，并优先在锂负极表面形成 La_2S_3。La_2S_3 的形成伴随着 Li_2S_2/Li_2S 和 Li_xSO_y 的沉积，在锂负极上形成稳定的钝化膜，抑制了金属锂的持续腐蚀，保证了负极相对均匀的溶解/沉积过程。同时，由于 $Li_xLa_2S_3$ 具有良好的离子电导率，钝化膜的离子电导率也得到提高。使用含 2wt% $La(NO_3)_3$ 的电解液，锂硫电池的放电比容量在第 10 周循环时达到最大值 912 mAh·g^{-1}，表明在锂负极上形成钝化膜需要活化过程。得益于含 La 的保护膜，循环 100 周后锂硫电池的容量保持率从 41.5%提高到 64.2%。Manthiram 等通过醋酸铜添加剂将铜离子引入到锂硫电池中[96]。首周充电后，锂金属表面上形成由 $Li_2S/Li_2S_2/CuS/Cu_2S$ 和电解质分解产物组成的稳定的钝化膜。铜的存在抑制了块状 Li_2S 颗粒的形成，并提供了锂沉积位点。通过飞行时间-二次离子质谱（TOF-SIMS）技术和第一性原理计算发现，Cu 的存在改变了 SEI 膜的结晶度和反应锂区厚度。循环后，锂负极表面发现了 CuS 相，降低了反应后锂区 SEI 膜杂质相的长程结晶度，形成了一个新的稳定的富 S 非晶相而不是 Li_2S。如图 4-6（b）所示，SEI 膜的结晶性可能影响电池性能，因为锂离子通过 SEI 膜中的相界脱出和再沉积。因此，如图 4-6（c）所示，循环后的锂负极显示出厚度相对恒定的硫分布和锂反应区域。此外，其他反应性低于锂的金属阳离子添加剂（例如银和金）也能够通过改变表面能来降低杂质相的结晶度，进而改善电池性能。

3. 多功能添加剂

随着对锂硫电池失效机理的了解，研究人员开发出同时具有两种以上功能的多功能电解液添加剂，以减少多硫化物的负面作用，提高锂硫电池的电化学性能。

电解质中的一些添加剂可以通过与溶解的多硫化物相互作用提高锂硫电池的性能。例如，DOL/DME 基电解质中加入二硫化碳（CS_2），通过 CS_2 与多硫化物反应能阻止多硫化物扩散到锂负极[97]。与常规 DOL/DME 电解质相比，匹配 CS_2 电解质的锂负极循环 50 周后表面相对致密。XPS 谱显示，不溶的硫代硫酸盐可通过与可溶性多硫化物的反应来帮助稳定锂负极。类似地，Gewirth 等使用硫醇基电解质添加剂联苯-4,4′-二硫醇（BPD）成功地控制了多硫化物的行为[98]。通过原位

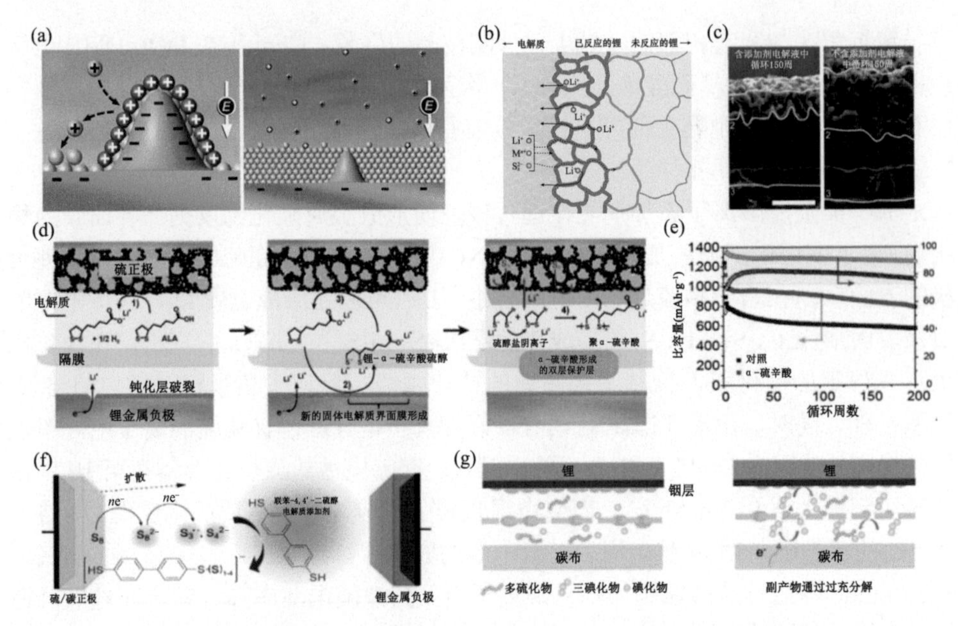

图 4-6 （a）基于静电屏蔽机制的 Li 沉积过程示意图[93]；（b）金属阳离子添加剂在电解质中形成 SEI 膜后，锂离子脱出和再沉积途径的示意图[96]；（c）在添加与未添加醋酸铜的电解液中循环 150 周后，锂负极横截面的 SEM 图[96]；（d）锂硫电池首周放电期间，硫正极上形成聚 ALA 层和 Li 金属阳极上形成 SEI 膜的反应路径[102]；（e）添加与未添加 ALA 时电池的循环性能和库仑效率[102]；（f）BPD 电解质添加剂存在时，硫反应途径的示意图[98]；（g）通过 InI_3 电解质添加剂转化副产物（Li_2S 和 Li_2S_2）的示意图[99]

拉曼光谱、原位紫外-可见光谱和电喷雾电离质谱（ESI-MS），研究人员发现 BPD 添加剂通过形成 BPD-短链多硫化物（S_n^{2-}，$1\leqslant n\leqslant4$）复合物改变了硫的反应途径。稳定的 BPD-短链多硫化物配合物抑制了游离短链多硫化物（如 S^{4-}和 S^{3-}）的出现，防止了多硫化物的溶解，如图 4-6（f）所示。尽管添加剂不会改变锂负极表面 SEI 膜的厚度，但添加 BPD 的锂负极的表面更加光滑，有利于保持良好的电化学性能。锂硫电池使用含有 50 mmol·L^{-1} BPD 的 1 mol·L^{-1} LiTFSI-TEGDME/DOL 电解液循环 100 周后，其放电比容量可达 650 mAh·g^{-1}，远远优于使用不含添加剂的电解液（100 周后约为 300 mAh·g^{-1}）。虽然电池性能有所提高，但添加剂与多硫化物之间的反应可能导致活性物质的损失。因此，添加剂复合物与多硫化物中间产物的反应机理还有待进一步研究。

为了减轻副产物积累对锂负极的不利影响，赵天寿等制定了一项策略，通过氧化还原介质及时清除副产物[99]。氧化还原介质作为电子空穴转移媒介能促进副产物的有效氧化。考虑到大多数氧化还原介质能与锂金属反应，选择碘化铟（InI_3）用以保护锂负极并分解副产物。在初始充电过程中，铟（In）在锂沉积之前电沉积到负极上，形成含 Li-In 合金的 SEI 膜。这种具有化学稳定性和机械稳定性的 SEI 膜允许锂离子快速通过并防止锂负极与可溶性多硫化物反应。具有 50 mmol·L^{-1} InI_3 的锂-多硫化物电池的容量保持率得到提高，显示了 In 层的保护效果。更好的是，如图 4-6（g）所示，通过将电池过充至 I^-/I^{3-}氧化还原反应的电位，I^-/I^{3-}氧化还原介质可将副产物（Li_2S_x，x=1 或 2）氧化为可溶性多硫化物。因此，活性物质硫可以在随后的循环中重新被利用。每循环 20 周过充一次后（上限为 3.4 V），电池的放电比容量可以维持在约 850 mAh·g^{-1}。这种简单的保护锂负极并分解副产物的方法，为延长锂硫电池的循环寿命开辟了一条新途径。

最近研究表明，采用合适的电解质添加剂也有助于在硫正极上形成保护层，防止多硫化物从硫正极中溶出，如吡咯和三苯基膦。邵光杰等[100]将吡咯添加到电解质中，通过聚合反应在正极上形成聚吡咯，并作为吸收媒介或阻挡层阻止多硫化物从硫正极向外扩散。结果显示，电池匹配具有 5wt%吡咯的电解质在 1C 条件下经过 300 周循环后的放电比容量为 607.3 mAh·g^{-1}。三苯基膦能与硫中间体在硫电极表面上反应形成硫化三苯基膦（TPS）[101]。这种紧凑且致密的 TPS 涂层允许锂离子进入 C/S 复合正极，同时阻止多硫化物从正极溶出。在 0.1C 下循环 20 周后，带有 TPS 层的电池中电解质呈现为无色，表明多硫化物中间产物被有效地限制在正极中。因此，锂硫电池在 0.1C 下具有较高的库仑效率，循环 1000 周后单次循环容量衰减仅为 0.03%。

Kim 等在电解质中加入了一种双功能添加剂 α-硫辛酸（ALA），在硫正极和锂负极表面同时形成保护层[102]。与大多数成膜添加剂一样，ALA 可以促进锂金属表面形成高度均匀且稳定的 SEI 膜，作为物理屏障阻止多硫化物与负极的反应，抑制锂腐蚀和锂枝晶的生长。此外，如图 4-6（d）所示，这种独特的添加剂可以在正极表面形成保护层，阻挡多硫化物从正极溶出。由于硫正极中含 PS 的电解质相与聚 ALA 层之间存在唐南（Donnan）电势差，多硫化物的扩散受到限制，而锂离子可以自由地通过。这两方面的综合效应显著减弱了穿梭效应对锂负极的负面影响，使锂硫电池的放电容量和循环稳定性得到提高。类似地，可以使用碘化锂（LiI）来稳定 Li_2S 基正极和锂负极的表面[103]。锂负极表面上含碘的 SEI 膜能抑制多硫化物与锂金属之间的反应，使负极呈现出无锂枝晶和硫化锂沉淀的光滑表面。此外，LiI 能在硫正极表面上形成 Li 渗透层以阻止硫的溶解。量子化学计算分析揭示了 LiI 在正极表面成膜的反应步骤：I 基团首先在约 3 V（相对于 Li^+/Li）时产生，并与 DME 反应，形成 DME（—H）自由基。随后 DME（—H）自由基聚合，在正极表面形成梳状支化聚醚保护膜。锂硫电池循环 100 周后，添加 0.5 mol·L^{-1} LiI 的 5 mol·L^{-1} LiTFSI 基电解质中不可逆损失的硫质量仅约为 3%，表明多硫化物从正极中的溶出得到了抑制。因此，LiI 的添加改善了锂硫电池的放电容量、倍率性能和循环稳定性[104]。

基于以上讨论，电解质添加剂的引入可以在一定程度上改善锂硫电池的电化学性能，其作用概括如下：①通过在负极表面上形成 SEI 膜来防止副反应，从而保护锂负极；②在正极表面上形成 SEI 膜以阻止多硫化物从正极扩散到电解质中；③促进 Li_2S 的氧化，从而提高活性材料的利用率；④与多硫化物相互作用以改善锂硫电池的性能。添加剂的使用还应考虑以下四个因素：正极和负极表面的化学性质、锂金属和多硫化物中间产物的化学稳定性、电极上 SEI 膜的机械性能以及成本。

4.2.2 新型溶剂电解质

4.2.2.1 碳酸酯

碳酸酯，如碳酸乙烯酯（EC）、碳酸二乙酯（DEC）、碳酸丙烯酯（PC）和碳酸二甲酯（DMC），常用于锂离子电池的电解质，有良好的负极成膜性、高离子电导率和宽的电化学稳定性。在锂硫电池中，碳酸酯有较低的多硫化物溶解度，可缓解多硫化物在电解质中穿梭。在电池循环过程中，碳酸酯和溶解的多硫化物发生反应，碳酸酯溶剂发生分解，使电池无法正常工作[49, 105, 106]。虽然大多数碳酸酯与传统的硫/碳正极不相容，但是碳酸酯类电解质可匹配硫化聚丙烯腈（S@pPAN）和短链硫（$S_{2\sim4}$）正极[107-113]。

S@pPAN 正极具有高容量和良好可逆性，匹配由 DEC 和 EC 组成的二元电解质表现出稳定的循环性能[114]。由 S@pPAN 正极、预锂化的 SiO_x/C 负极和 DEC/EC 电解质组成的锂硫电池，在 100 $mA·g^{-1}$ 条件下循环 100 周后的可逆比容量为 616 $mAh·g^{-1}$[115]。为了提高电池的循环性能，人们研究了氟代碳酸乙烯酯（FEC）在 S@pPAN 和 S/微米活性炭正极中的作用[116]。因为 FEC 的电化学还原/氧化作用在正极和负极上都形成了 SEI 膜，匹配含有 FEC 电解质的电池展示出比含有 EC 电解质的电池更好的循环性能[111, 116]。受醚类电解质的启发，人们在碳酸盐类电解质中加入少量的添加剂，以保护锂金属负极和延长锂硫电池循环寿命。LiODFB 作为添加剂加入 EC/DMC/FEC 电解质中，由于 LiODFB 和 FEC 的协同作用，观察到循环后锂电池的锂金属表面较为平滑[117]。S@pPAN 正极匹配该电解质，在 1C 条件下循环 1100 周，可逆比容量为 1400 $mAh·g^{-1}$，容量保持率为 89%。三(三甲代甲硅烷基)硼酸盐加到 EC/DMC 电解质中，可在 S@pPAN 正极表面上形成具有低阻抗的 SEI 膜，加速锂离子扩散或电化学反应，改善锂硫电池的倍率性能，在 10C 条件下电池可逆比容量达到 1423 $mAh·g^{-1}$[118]。

自 2010 年以来，碳酸酯类电解质也用于匹配 $S_{2\sim4}$ 正极材料[119]。在 $S_{2\sim4}$ 正极材料的放电/充电曲线中只显示单个长的电压平台，表明 $S_{2\sim4}$ 可以直接转变成不溶的 Li_2S_2 或 Li_2S[120]，避免了形成可溶性长链多硫化锂中间体。但是，以 $S_{2\sim4}$ 为正极的锂硫电池还是存在溶解的多硫化物。为了稳定正极，Gleb 等报道了在电池首周电压为 0.1 V（*vs.* Li/Li^+）时，FEC 会发生分解，原位在电极表面形成 SEI 膜[121]。正极表面上的具有良好机械稳定性的 SEI 膜可阻止多硫化物迁移到电解质中，还能适应循环期间正极的体积膨胀。因此，匹配 FEC 电解质的电池的循环稳定性和极化现象都得到改善。此外微孔碳的微孔结构与微孔碳内硫分子的分布有关，影响电池的电化学性能[122]。以超微孔碳（约 0.55 nm）作为正极和以 EC/DEC 为电解质的锂硫电池在 0.1C 倍率下经过 150 周循环后库仑效率接近 100%，同时在 1C 倍率下实现了 1000 周的长循环[123]。

与醚类电解质相比，匹配碳酸酯类电解质的锂硫电池展示出更长的循环寿命。碳酸酯溶剂在锂负极上的还原反应有助于形成稳定的 SEI 膜，抑制金属锂与电解质的副反应，避免电解质在电池循环中进一步消耗[109-111]。此外，与过量的醚类电解质相比，碳酸酯类电解质的使用量较低。匹配碳酸酯的锂硫电池不需要过量的电解质溶解长链的多硫化物和补充循环中不断消耗的电解质，这都可减少电解质的使用量，进而增加电池的比能量。但是，不管是醚类电解质还是碳酸酯类电解质，都具有高度可燃性，减少电解质用量可以提高电池安全性。因此，碳酸酯类电解质的研究对提高锂硫电池的性能和稳定性是非常重要的。

4.2.2.2 砜

砜类溶剂具有高介电常数和良好的热稳定性，其易于溶解多硫化物中间体[124]。将砜类电解质与硫正极匹配，显示出良好的循环性能，例如乙基甲基砜（EMS）和四亚甲基砜（TMS）[125, 126]。与醚类溶剂相比，砜类溶剂的黏度较大，多硫化物在砜类溶剂中的扩散较慢。为了降低砜类电解质的黏度，将砜类溶剂与低黏度的醚类溶剂混合是一种优化方法。Yoon 等研究了不同比例的 TMS 和 DME 组成的混合电解质，发现增加 DME 的含量，虽然会降低混合电解质的黏度，但是同时会增加多硫化物的溶解度[127]。Althues 等报道了电解质中多硫化物的溶解度过高会引起 Li_2S 在正极表面沉积，降低活性物质利用率[128]。因此，混合电解质需要同时满足多硫化物溶解度和黏度的要求，以提高锂硫电池的电化学和循环性能。

4.2.2.3 离子液体

离子液体，即室温下的熔融盐，因阳离子和阴离子的弱溶剂化作用，可降低多硫化物在离子液体基电解质中的溶解度。艾新平等将 *N*-甲基-*N*-丁基-哌啶双(三氟甲基磺酸酰)亚胺（$[PP_{14}][TFSI]$）离子液体电解质用于锂硫电池中，发现$[PP_{14}]$

[TFSI]基电解质抑制了多硫化物的溶解，改善了电池的容量和可逆性[130]。

离子液体中的多硫化物溶解度对锂硫电池的循环性能有很大影响。Watanabe 等研究了 Li_2S_m 在一系列具有不同阴阳离子的离子液体溶剂中的溶解度[131]。离子液体的阴离子和多硫化物都会与锂离子发生相互作用，这两种作用之间存在竞争。例如，锂离子与三氟甲磺酸根（$[OTf]^-$）阴离子的相互作用强于与多硫化物阴离子的相互作用，多硫化物在含有$[OTf]^-$的离子液体中的溶解度相对增加。因此，该课题组提出阴离子类型是影响离子液体中 Li_2S_m 溶解度的主要因素。如图 4-7（a）所示，基于 Li_2S_m（m=8 和 4）阴离子的给电子能力，其在不同离子液体电解质中溶解度大小顺序如下：$[OTf]^-$>$[TFSA]^-$（即$[TFSI]^-$）>双(五氟乙磺酰)亚胺（$[BETA]^-$，即$[BETI]^-$）>$[FSA]^-$（即$[FSI]^-$）[131]。虽然锂离子与离子液体中的阴离子的作用可提高多硫化物的溶解度，但是 Barghamadi 等报道了锂离子与 1-丁基-1-甲基吡咯烷三氟甲磺酸（$[C_4mPYR][OTf]$）基电解质中$[OTf]^-$阴离子之间的强相互作用导致电池的循环性能变差[132]。相反，匹配$[C_4mPYR][TFSI]$基电解质的电池表现出稳定的循环性能，100 周循环后电池库仑效率为 99%。

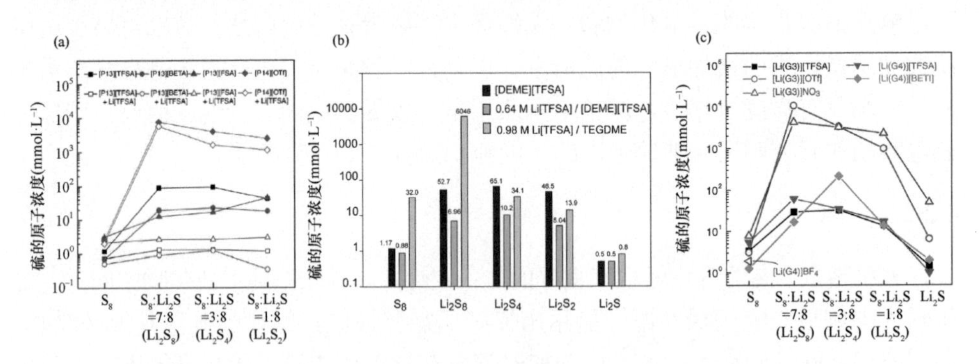

图 4-7　S_8、Li_2S_8、Li_2S_4 和 Li_2S_2 的饱和浓度，以总硫原子浓度为单位表示。（a）在含有或不含有 0.5 $mol·L^{-1}$ Li[TFSI]的具有不同阴离子的吡咯烷离子液体中[131]；（b）在含有或不含有 0.64 $mol·L^{-1}$ Li[TFSI]和 0.98 $mol·L^{-1}$ Li[TFSA]/TEGDME 的[DEME][TFSA]中[141]；（c）在不同的溶剂化离子液体[Li(甘醇二甲醚)]X 中[147]

离子液体的黏度大会减缓离子在电解质中的迁移，匹配离子液体电解质的锂硫电池在多数情况下都表现出较差的倍率性能和较低的平均放电电压[131, 132-135]。研究人员将 IL 与低黏度有机溶剂混合，利用离子液体低的多硫化物溶解度和有机溶剂低黏度的特点，平衡离子液体基电解质的黏度和多硫化物的溶解度[136-140]。随着有机溶剂含量的增加，混合电解质的黏度降低，加快了锂离子的传输，反之多硫化物的溶解度随着离子液体含量的增加而降低，如图 4-7（b）所示。在二元离子液体电解质中添加相比 LiTFSI 更小阴离子尺寸的 LiFSI，锂硫电池的容量也得到提升[141]。

陈人杰等设计混合不同比例的 *N*-甲氧基乙基-*N*-甲基吡咯烷双(三氟甲基磺酸酰)亚胺（$[PYR_{1,2o1}][TFSI]$）和 TEGDME 的电解质[142]。电解质 70（$[PYR_{1,2o1}][TFSI]$）：30（TEGDME）展示出高的离子电导率（4.303×10^{-3} $S\cdot cm^{-1}$）和安全性（自熄时间为 4.8 $s\cdot g^{-1}$）。此外，$[PP_{13}][TFSI]$基电解质匹配具有官能团的聚酰亚胺隔膜可捕获电解质中溶解的多硫化物[143]。

与常规的离子液体相比，Watanabe 等报道甘醇二甲醚和锂盐的等摩尔配合物制备的溶剂化离子液体具有高的离子电导率（室温下 10^{-3} $S\cdot cm^{-1}$）、高的热稳定性、高的氧化稳定性和低的 Li_2S_x 溶解度[144-146]。图 4-7（c）显示了 S_8、Li_2S_8、Li_2S_4 和 Li_2S_2 与 LiS_2 的混合物在不同溶剂化离子液体电解质中的溶解度[147]。在溶剂化离子液体中，多硫化物中间体的溶解度不仅取决于溶剂化离子液体电解质的阴离子类型，而且还受醚链长度的影响[148, 149]。$[Li(THF)_4][TFSI]$和$[Li(monoglyme)_2][TFSI]$等短链配体的溶剂化离子液体电解质有高离子电导率、低黏度和较高的多硫化物中间体溶解度，而$[Li(diglyme)_{4/3}][TFSI]$和$[Li(G3)_1][TFSI]$等长链配体的溶剂化离子液体电解质显示出相反的性质。虽然溶剂化离子液体的黏度低于常规的离子液体，但是还是高于大部分醚类电解质。添加低黏度的有机溶剂在一定程度上可降低溶剂化离子液体电解质的黏度[149-151]。平衡溶剂化离子液体电解质的性能包括多硫化物中间体的溶解度、离子电导率和黏度，对锂硫电池电化学性能有重要影响。

与醚相比，多硫化物在离子液体的溶解度低，可以缓解锂硫电池的穿梭效应。由于高黏度的特性，离子液体对电极和隔膜差的浸润性会增加电池的界面阻抗，影响电池的倍率性能。优化离子液体基电解质，如添加有机溶剂和更换锂盐，可降低混合物电解质黏度，但也会引起其他负面影响，如安全问题和增大多硫化物溶解度。在不引入副作用的前提下，降低离子液体的黏度是离子液体电解质能否应用于锂硫电池的关键。

4.2.3 锂负极成膜电解质

考虑到 DOL 具有良好的成膜性能，含有功能添加剂的电解质也可用于锂负极的预处理[152]。詹晖等应用取代苯并冠醚作为电解液添加剂对锂金属进行预处理[153]。冠醚具有良好的锂离子渗透性，通常利用冠醚与锂离子的特殊配位使其作为导电增强剂。将锂金属在含有 2wt%苯并-15-冠醚-5（$B_{15}C_5$）的电解液中浸泡 5 min 后，锂表面上形成了锂离子可渗透的界面膜，防止了多硫化物的沉积。此外，锂离子的选择性受冠醚的微结构和官能团的影响。与二苯并-18-冠醚-6（$DB_{18}C_6$）相比，苯并-12-冠醚-4（$B_{12}C_4$）和 $B_{15}C_5$ 对锂离子表现出较高的螯合能力，表明其对锂离子具有良好的选择性和对 S_x^{2-} 较好的阻碍性。使用预处理锂负极的锂硫电池具有良好的循环性能，循环 100 周后锂硫电池的放电比容量约为 900 $mAh \cdot g^{-1}$。

Archer 等提出了一种电化学策略来形成稳定的人工 SEI 膜，而不是简单地浸泡锂负极[154]。在这种方法中，用 40 μL 含有 600 ppm AlI_3 添加剂的 1 $mol \cdot L^{-1}$ LiTFSI-DOL/DME 电解质组装对称电池（Li/电解质/Li）。将电池以 2 $mA \cdot cm^{-2}$ 电流密度放电并充电至 2%放电深度，除去锂表面的氧化物膜并在 Li 上形成聚合物涂层。在放电和充电过程中，具有高表面亲和力的 I^- 在锂负极表面形成 LiI，且 Al^{3+} 促进了在负极形成 Li-Al 合金层。同时，强路易斯酸 AlI_3 通过攻击 O 原子的亲核中心引发 DOL 聚合，产生重均分子量为 3380 $g \cdot mol^{-1}$ 的低聚物。由 LiI、Li-Al 和低聚物组成的聚合物层有助于稳定锂金属，防止其与电解质发生副反应，改善了锂硫电池的循环稳定性和库仑效率。值得注意的是，当用纯 AlI_3 预处理 Li 时，电池循环性能没有显著改善，这再次证明了 DOL 基电解质的优点。张强等通过电化学反应在负极表面构建了人工 SEI 膜[155]。在 LiTFSI-$LiNO_3$-Li_2S_5 三元醚基电解液中预先循环后，锂表面形成稳定的 SEI 膜。具有该人工 SEI 膜的负极不仅改善了锂硫电池的循环性能，还可以用于锂离子电池，在碳酸酯电解质中匹配 $LiNi_xCo_yMn_zO_2$（$0 \leqslant x, y, z < 1$）正极。

在过去几年里，研究人员一直致力于优化液体电解质以满足高性能锂硫电池的使用要求。液体电解质溶剂的研究主要集中在醚类溶剂，溶剂化的氧原子和醚类溶剂的链强度都会影响多硫化物的溶解度。相比于单组分醚类溶剂，DOL 和 DME 组成的多元电解质具有协同效应，可平衡多元电解质的多硫化物溶解度和对电极化学稳定性。高浓度的锂盐可阻碍多硫化物从正极溶出，缓解多硫化物的穿梭效应，但是会阻碍锂离子在电解质中的迁移，增大电池极化。此外，锂盐价格高昂，增加锂盐浓度会提高电解质的制备成本。添加剂是改善电解质性能最有效、最经济的方法之一，可促进电极表面形成稳定的相界面膜，阻碍多硫化物溶解到电解质中，避免溶解的多硫化物和电解质与金属锂负极发生反应。

虽然改性的醚类电解质可以提高锂硫电池的性能，但是多硫化物溶解的反应机理使得电池在循环过程中需要大量电解质，增加多硫化物的溶解和补充副反应中损耗的电解质。碳酸酯类、砜类和离子液体具有各自的优势，使其成为锂硫电池电解质溶剂的新选择。与醚相比，碳酸酯类在锂负极表面上的还原有助于形成稳定的 SEI 膜，保护锂金属并阻止与电解质的副反应，避免电解质的损耗。砜类通过维持多硫化物溶解度和黏度的平衡要求，改善电池的倍率能力和循环寿命。离子液体具有良好热稳定性，可解决锂硫电池高温下存在安全隐患，低的多硫化物溶解度可抑制多硫化物的穿梭，但是离子液体电解质面临着高黏度的问题。在锂硫电池中，锂金属负极反应活性高，可与大多数溶剂发生反应，含有一定量功能性添加剂的溶剂可用于形成人工 SEI 膜。这种液-固界面反应更容易形成 SEI 膜，对器件要求更低，成膜时间也更短。

4.3 固体电解质

虽然改性的液体电解质可缓解穿梭效应，但是不能完全消除溶解的多硫化物的迁移。使用无溶剂的固体电解质是抑制锂硫电池中多硫化物穿梭的有效方法。对于锂硫电池来说，固体电解质充当电极之间的屏障，阻止多硫化物的迁移。固体电解质包括固体聚合物电解质和无机固体电解质两大类：固体聚合物电解质具有良好的机械稳定性、柔韧性以及与电极之间的低界面电阻；无机固体电解质在室温下具有较高的电导率。全固态锂硫电池的高性能主要取决于固体电解质的性质，例如离子电导率、界面接触性和化学稳定性。在本节中，我们将具体讨论改善固体电解质性能和固态锂硫电池性能的方法。

4.3.1 固体聚合物电解质

将锂盐溶解到高分子量的聚合物主体中形成的固体聚合物电解质，具有弹性好、机械强度高、安全性优和多硫化物溶解度低等优点。常用的聚合物主体包括聚环氧乙烷（PEO）、聚(甲基丙烯酸甲酯)（PMMA）、聚丙烯腈（PAN）和聚(偏氟乙烯-六氟丙烯)（PVDF-HFP）等。据报道，固体聚合物电解质在固态锂硫电池中可作为物理屏障，抑制多硫化物的溶解和扩散[156-159]。PEO 基电解质是使用最多的固体聚合物电解质之一，锂离子在其中的迁移主要来自于 PEO 中无定形状态下聚合物的局部松弛和分段运动。由于室温的温度低于 PEO 晶态与无定形转变的温度，EO 基电解质在室温下的离子电导率低（$<10^{-5}$ S·cm^{-1}），难以满足实际需要。交联方法可增加基于 PEO 的固体聚合物电解质的离子电导率，通过增加交联剂浓度降低固体聚合物电解质的结晶度[160, 161]。锂盐是固体聚合物电解质中不可或缺的成分，会影响电解质的离子电导率。例如，在 70℃条件下，PEO-LiFSI 复合物表现出比 PEO-LiTFSI 复合物更高的离子电导率[162]。此外，FSI^-离子中的无机 $F—SO^{2-}$基团有助于在锂负极上形成稳定的 SEI 膜，延长电池循环寿命。

将无活性（即非锂离子导电材料）的无机颗粒，例如氧化铝（Al_2O_3）、氧化钛（TiO_2）、氧化硅（SiO_2）和氧化锆（ZrO_2），掺入固体聚合物电解质中以改善电解质的性能[163-166]。氧化物纳米粒子与 PEO 链中的氧原子相互作用会降低 PEO 链的结晶度，提高电解质的离子电导率。如图 4-8（a）所示，将 TiO_2 纳米粒子掺入 PEO 基固体聚合物电解质并用于锂硫电池中，DFT 计算和拉曼测量表明，TiO_2 纳米粒子和多硫化物中间体之间的相互作用可缓解多硫化物的穿梭[167]。加入无机颗粒还会降低固体聚合物电解质的界面电阻，改善电极/电解质界面处的电荷传递速率。陶新永等使用与接枝离子液体（IL@NPs）的氧化物纳米粒子改性 PEO 基固体聚合物电解质[168]。如图 4-8（b）所示，离子液体中的阴离子可降低 PEO 与锂离子的配位能力，增加锂离子迁移数量，另一方面 IL@NPs 可拓宽 PEO 基固体聚合物电解质的离子传输通道，促进锂离子的迁移速率，提高电解质的离子电导率。类似地，如图 4-8（c）所示，在 PEO 基固体聚合物电解质中引入路易斯酸性的金属-有机骨架材料（1,4-对苯二甲酸铝）与 TFSI 阴离子发生相互作用，可提高锂盐的溶解能力和增加电解质的离子电导率[169]。使用该电解质的全固态锂硫电池，在 80℃和 2C 条件下首周放电比容量有 1520 mAh·g^{-1}，在 4C 倍率下，循环 1000 周后电池的放电比容量也可达到 325 mAh·g^{-1}[170]。电池的 EIS 光谱［图 4-8（d）］显示出稳定的电荷转移电阻且没有额外的半圆区，说明多硫化物的溶解和扩散得到抑制。该课题组还将具有三维结构天然埃洛石纳米管加入 PEO 基固体聚合物电解质中，室温下该电解质离子电导率为 1.11×10^{-4} S·cm^{-1}，离子迁移数为 0.40[171]。如图 4-8（e）所示，带有反向电荷的三维通道结构埃洛石纳米管将锂离子固定在外管壁（负极）上，而 TFSI$^-$阴离子吸附在内管壁（正极）上，因此增强电解质中锂离子的传输。

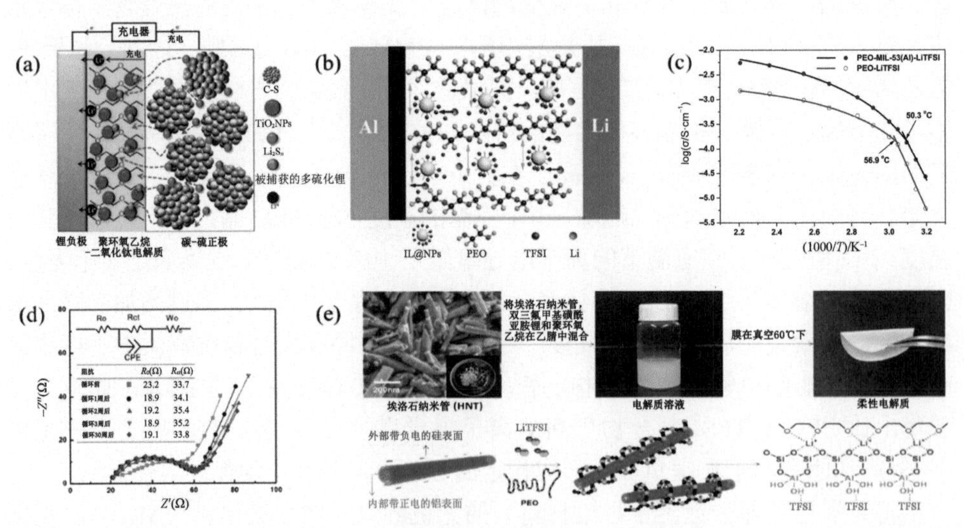

图 4-8 （a）充电时抑制可溶性 Li_2S_n 扩散的示意图[167]；（b）促进锂离子迁移的示意图[168]；（c）PEO-MIL-53(Al)-LiTFSI 电解质和 PEO-LiTFSI 电解质的离子电导率[169]；（d）在 80℃和 0.2C 下包含 PEO-MIL-53(Al)-LiTFSI 电解质的全固态锂硫电池循环后的 EIS 光谱[170]；（e）制备 HNT 改性的柔性电解质和 HNT 增强离子电导率的机理[171]

相比于无活性的无机颗粒，活性无机填料［如 $Li_{0.33}La_{0.557}Ti_3$、$Li_{1.3}Al_{0.3}Ti_{1.7}(PO_4)_3$ 和 $Li_7La_3Zr_2O_{12}$］具有高离子电导率的优势[172-174]。陶新永等报道在 PEO 基体中引入 $Li_7La_3Zr_2O_{12}$（LLZO）纳米粒子，Al^{3+}/Nb^{5+}共掺杂的 LLZO 纳米颗粒的空位浓度较高，破坏了聚合物的有序性，提高了电解质的离子电导率[175]。与不含 LLZO 的电解质相比，匹配该种电解质的电池性能均得到了改善。将锂离子导电玻璃陶瓷（LICGC）添加到 LiFSI/PEO 基固体聚合物电解质中，使用该电解质的锂硫电池放电比容量为 1111 $mAh \cdot g^{-1}$[176]。在锂负极和 LICGC 基固体聚合物电解质之间放置 Al_2O_3 基固态聚合物层可改善两者之间的界面相容性。

通过上述方法，PEO 基固体聚合物电解质获得了良好的离子电导率，但是界面电阻较大，从而影响固态锂硫电池的循环寿命，限制了它们在电池中的应用。通过球磨方法可以提高固体聚合物电解质的电化学性能和热稳定性，增加球磨时间，电解质的结构和形貌都得到了改善，从而减小电解质与锂负极之间的界面电阻[164, 177]。此外，由天然基质制备的固体聚合物电解质显示出与金属锂良好的兼容性，但金属锂与电解质之间的不紧密接触使得在长时间剥离/沉积后电位略有增加[178]。$Li_7La_3Zr_2O_{12}$ 纳米粒子作为界面稳定剂加到 PEO 基固体聚合物电解质中，通过原位法将固体聚合物电解质直接涂覆在正极表面，相似的组分降低了电解质与正极之间的界面电阻[175]。在正极和固体聚合物电解质之间插入由电子导体和固体聚合物电解质组成的双功能离子电子传导夹层，通过形成电子和锂离子梯度，提高电池的电化学性能和界面相容性[179]。在 0.5C 和 80℃的条件下，使用该夹层的全固态锂硫电池首周放电比容量为 1457 $mAh \cdot g^{-1}$，循环 50 周后的放电比容量为 792.8 $mAh \cdot g^{-1}$。

通过加入新的锂盐和无机填料以及改进制备工艺都可以提高固体聚合物电解质的离子电导率和改善电解质与电极的界面接触情况。但是在室温下固体聚合物电解质离子电导率仍然不能满足实际需要，为此，需要开发具有高电导率和高相容性的新型电解质基体来制备全固态锂硫电池。

4.3.2 无机固体电解质

作为离子导体的无机固体电解质对锂离子具有选择透过性，可提供较高的离子电导率和较大的离子传输量。无机固体电解质良好的力学性能可抑制锂枝晶的生长，改善由短路造成的安全问题。在锂硫电池中，使用无机固体电解质可有效地抑制多硫化物的溶解和扩散，但是室温下大的界面电阻会降低电池的容量和倍率性能。

硫化物固体电解质因具有高的室温离子电导率被用于研究全固态锂硫电池。例如，匹配 $80Li_2S \cdot 20P_2S_5$ 固体电解质的 S/Cu 复合正极循环 20 周后有 650 $mAh \cdot g^{-1}$

的稳定放电比容量[180]。匹配固体电解质的 Li_2S/Cu 复合电极，通过 SEM 和 EDX 分析发现非晶体 Li_xCuS 的部分结构可以提高容量[181]，证实硫化物固体电解质可适用于全固态锂硫电池。为了改善电池性能，需要提高电解质的离子电导率。使用 Mo 原子代替 $Li_7P_3S_{11}$ 电解质中的 P 原子会产生点缺陷，提供更大的锂离子传输通道，获得高的离子电导率[182]。类似地，由于 Mn 和 I 原子的正面效应作用，增加了 $Li_7P_{2.9}Mn_{0.1}S_{10.7}I_{0.3}$ 固体电解质的离子电导率[183]。

电极与固体电解质的界面接触是无机固体电解质长期存在的问题。在复合正极制备过程中硫化物固体电解质被用作正极添加剂以提高活性材料的利用率[184, 185]。例如，加入 Li_2S-P_2S_5 玻璃陶瓷和 thio-LISICON 晶体可提高复合正极的离子电导率[186, 187]。在纳米 Li_2S 上涂覆由纳米 Li_2S 与 THF 中的 P_2S_5 反应生成的超离子导体锂磷硫化物（Li_3PS_4），可以解决固体电解质中低离子电导率和高界面电阻的问题[188]。Nagata 等发现在第一周循环期间 P_2S_5 在复合正极中会转变为锂-磷硫化物固体电解质[189]。虽然该电解质的离子电导率较低，但是该反应活化了大量的硫活性材料，使得匹配该电解质的高硫载量正极在高电流密度下表现出良好的性能。该课题组报道了将 LiI 加入 $Li_{1.5}PS_{3.3}$ 固体电解质中也是提高离子电导率的有效方法[190]。虽然硫化物的离子电导率和与正极的界面接触都得到了改善，但是还需要关注与锂负极之间的相容性差的问题。例如，匹配 $0.75Li_2S$-$0.25P_2S_5$ 电解质的全固态锂硫电池有较高的容量和良好的循环稳定性，但在初始阶段发生的钝化反应增加了电池与电解质间的电阻[191]。图 4-9（a）显示了使用真空蒸发沉积的锂薄膜可以增加与电解质的接触面积，锂薄膜和 $80Li_2S\cdot 20P_2S_5$ 电解质之间的紧密接触可以提高循环性能[192]。如图 4-9（b）所示，利用在电解质和锂金属之间插入锂相容层来避免电解质与锂负极发生反应，所得到的全固态锂硫电池在 1C 和 60℃条件下，750 周循环后的可逆放电比容量为 830 $mAh\cdot g^{-1}$[193]。电解质中 Mo 的掺杂可以改善其与锂金属的相容性以达到类似的目的，如图 4-9（c）所示匹配 $Li_7P_{2.9}S_{10.85}Mo_{0.01}$ 的锂硫电池的曲线比匹配 $Li_7P_3S_{11}$ 的电池曲线更稳定[182]。

氧化物固体电解质，例如锂超离子导体（LISICON）和钠超离子导体（NASICON），在空气中具有良好的化学稳定性。然而，氧化物固体电解质/电极界面的锂离子传输也存在许多困难。如图 4-9（d）所示，将锂蒸气沉积在 $Li_{1.5}Al_{0.5}Ge_{1.5}(PO_4)_3$（LAGP）电解质的一侧，EIS 分析结果显示，匹配该电解质的锂硫电池的电阻比未处理电池的电阻低，表明经过蒸气沉积的电解质可以降低界面电荷转移电阻[194]。此外，在与 $Li_{1.3}Al_{0.3}Ti_{1.7}(PO_4)_3$（LATP）和电极之间加入薄的柔性聚丙烯夹层可适应材料的粗糙表面，降低界面电阻，也为锂离子在固体/固体界面处提供了便捷的传输路径，提高了离子电导率[195, 196]。使用这种电解质的锂-多硫化物电池虽然循环寿命得到改善，但是仍存在不可避免的锂枝晶问题，电池的容量保持率较差。将聚合

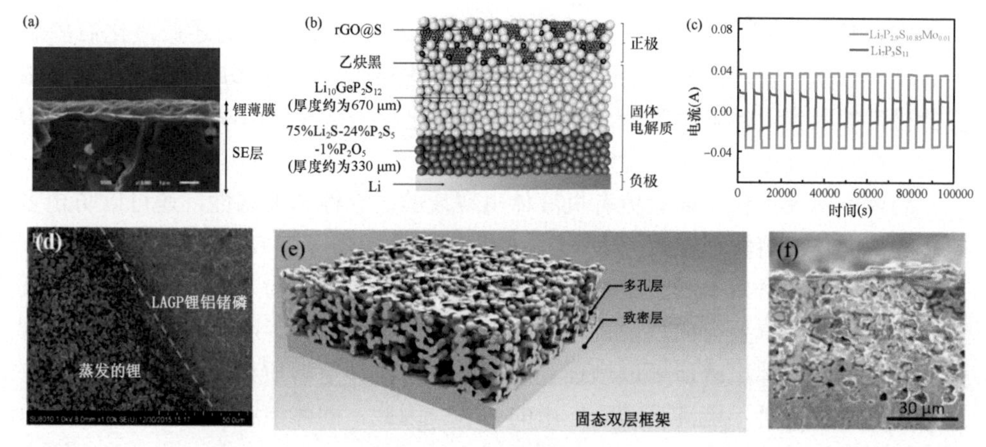

图 4-9 （a）固体电解质上锂薄膜横截面的 SEM 图像[192]；（b）全固态锂硫电池的示意图[193]；（c）在 298 K 和恒定电压 1 V 下固体电解质的直流电流曲线[182]；（d）LAGP 上沉积的锂膜的 SEM 图像（LAGP 在右边，蒸发的锂在左边）[194]；（e）石榴石双层框架的示意图和（f）双层硫正极元素映射的横截面（La 为红色，S 为绿色）[198]

物/LATP/聚合物三明治结构的电解质表面润湿会降低界面电阻，使锂离子流均匀地穿过界面，抑制锂枝晶的形成[197]。胡良兵等报道了如图 4-9（e）显示三维固态双层框架的电解质，其厚度可控[198]。在这种双层结构中，多孔层可以提供连续的锂离子/电子通道，薄的致密石榴石层有适当的机械强度，可以阻止多硫化物的扩散和锂枝晶的形成。硫载量为 7 mg·cm^{-2} 的复合正极［图 4-9（f）］在循环过程中的平均库仑效率为 99%。

硼氢化锂（$LiBH_4$）与锂金属具有良好的相容性，但离子电导率较低，难以满足锂硫电池的应用要求。加入卤化锂来稳定 $LiBH_4$ 的六方相被认为是实现高离子电导率的一种有效方法[199, 200]。高度可变形的 $LiBH_4$ 电解质可以通过冷压方式与 S/C 复合材料形成紧密的界面，缩短锂离子传输的距离[201]。由 $LiBH_4$ 和金属氢化物负极组成的完整全固态电池在 120℃时表现出优良的电化学性能[202]。为了降低操作温度，将熔融的 $LiBH_4$ 渗入介孔二氧化硅（MCM-41）中得到纳米封装电解质室温下的离子电导率为 1×10^{-4} S·cm^{-1}，电子传输数量接近于 0[203]。由于 $LiBH_4$ 的高还原能力，匹配 $LiBH_4$ 的电池在循环期间会出现气态副产物，存在安全隐患。

对于高性能全固态锂硫电池而言，复合正极的制备需保证活性材料、导电添加剂和固体电解质均匀分布且紧密接触，以提高活性材料的利用率。据报道，可用高能球磨法制备均匀的复合正极[183, 186, 187, 204, 205]。此外，王春生等通过自下而上的方法改善了复合正极材料的三相接触[206]。根据纳米复合材料的高分辨透射电镜显示，100～500 nm 的颗粒由分布在碳基体中的大量 4 nm Li_2S 和 Li_6PS_5Cl 固体电解质组成，纳米复合材料中三相之间的均匀分布可促进离子和电子传导并增加固体电解质与电极之间的接触面积。随着具有高电子导电性的还原氧化石墨烯（rGO）的添加，硫复合材料中的电子传输得到改善[193, 207]。将均匀分散的 rGO@S 复合材料加入到固体电解质中，可以对体积变化起到缓冲作用，减小正极的应力/应变，从而提高电池的循环稳定性。

固体电解质不仅可以避免有机液体电解质的易燃性和泄漏性，还可以防止多硫化物中间体的溶解和扩散。此外，高模量固体电解质可有效抑制锂枝晶的生长，提高锂负极的库仑效率和安全性。因此，固体电解质被认为是实现高性能、高安全性锂硫电池的重要方向。但是，固体电解质的使用引发了新的界面问题。尽管引入一定量的液体电解质可以增强界面接触，但液体电解质会增加安全隐患，并且离子迁移性能仍不能满足实际应用的要求。因此，固体电解质实际应用于锂硫电池还有很长的路要走。

固体电解质可以通过化学或物理途径阻隔多硫化物扩散到锂负极，从而解决在常规液体电解质中存在的多硫化物穿梭问题。匹配固体聚合物电解质和无机固体电解质的全固态锂硫电池都有各自独特的优点，但是电极和电解质之间的界面接触问题仍然是一个巨大的挑战。对于长循环寿命锂硫电池来说，还应考虑与锂金属以及多硫化物之间的化学稳定性。

基于固体聚合物电解质的进展，降低玻璃化转变温度可以提高室温下的离子电导率，其方法包括：将陶瓷填料填到固体聚合物电解质中，混合两种或多种聚合物基体，并设计交联聚合物基体。陶瓷填料可以阻止多硫化物的扩散，从而稳定锂金属表面。此外，对制备方法进行改进即对降低界面电阻起到了积极作用，又可以提高固态锂硫电池的性能。

同时，人们还致力于将较大的原子掺杂进无机固体电解质中或改善制备条件来提高无机固体电解质的离子电导率。为了改善与锂负极的界面接触，可以引入聚合物电解质以有效降低界面电阻。在正极/电解质界面接触方面，将硫化物固体电解质混合到复合正极中可以降低界面电阻。由于电极/电解质界面上离子性质的增强，复合正极的倍率性能也可得到明显改善。

4.4 复合电解质

实现两种或多种组分的复合电解质（即凝胶聚合物电解质和无机有机复合电解质）被认为是在锂硫电池中有应用潜力的电解质，其结合了每种组分的优点，但是也表现出每种组分存在的问题和不足。本节系统地阐述了如何优化电解质性能、如何通过开发复合电解质来达到改善锂硫电池性能的目的。

4.4.1 凝胶聚合物电解质

凝胶聚合物电解质由聚合物主体、锂盐和具有优异的锂盐溶解性的增塑剂组成，具有更高的离子电导率，并能阻碍锂硫电池中多硫化物的扩散和抑制锂枝晶的生长[52, 208-215]。Ahn 等报道了使用 PVDF-TEGDME 聚合物电解质的锂硫电池[216]。在锂负极和 PVDF 基凝胶聚合物电解质之间的界面处多硫化物浓度较低，说明该电解质可阻隔对多硫化物向负极的扩散，减少活性物质的损失[217]。此外，PEO 和 PVDF-HFP 高分子聚合物也被用于凝胶聚合物电解质[218, 219]。通过球磨 PEO 基凝胶聚合物电解质可改变其微观结构和离子键的相互作用，提高其离子电导率[220]。此外，减少结晶相可以增加交联聚环氧氯丙烷三元共聚物（GECO）基电解质的离子电导率[221]。

针对锂硫电池，研究者已经研究了多种相关的由混合聚合物基体组成的 GPE，例如 PVDF-HFP/PMMA[222, 223]、PAN/PMMA[224]和 PVDF/PEO[225]。凝胶聚合物电解质可物理阻断多硫化物的扩散，但其液体组分仍然会面临多硫化物溶解的问题。凝胶聚合物电解质中最常用的增塑剂是醚类溶剂，而在 4.2.1 节介绍了醚容易引起多硫化物的溶解和穿梭。研究报道将具有低多硫化物溶解度的离子液体用作凝胶聚合物电解质的增塑剂，离子液体和聚合物基质的结合可以有效地控制多硫化物的扩散，保护锂金属不与溶解的多硫化物和电解质溶剂发生反应[136, 224, 226]。将离子液体 1-丙基-3-甲基咪唑双(三氟甲基磺酸酰)亚胺用于凝胶聚合物电解质，匹配该电解质的锂硫电池在 0.1C 条件下初始放电比容量为 1029 $mAh \cdot g^{-1}$，循环 30 周后比容量保持在 885 $mAh \cdot g^{-1}$[227]。但是，随着循环周数的增加，锂负极和离子液体基凝胶聚合物电解质之间的界面阻抗也会增大，从而导致电池容量的快速衰减[228]。

此外，含有官能团的凝胶聚合物电解质也被用来研究匹配高性能锂硫电池。康飞宇等通过原位聚合制备的聚季戊四醇四丙烯酸酯（PPETEA）[图 4-10（a）] 具有多孔结构，可作为复合液体电解质的支架[229]。由于氧供体原子和硫化锂之间的强相互作用，具有酯（C═O）基团的 PPETEA 基凝胶聚合物电解质可固定溶解的多硫化物。与液体电解质相比，匹配 PPETEA 基 GPE 电池的电化学性能得到了改善。当丙烯酸酯基凝胶聚合物电解质应用于锂离子硫聚合物电池和锂/多硫化物电池时，电池均表现出优异的循环稳定性[230, 231]。将 PPETEA 基凝胶聚合物电解质与 PMMA 基静电纺丝纤维网络进行原位整合，获得如图 4-10（b）所示的分层电解质[232]。具有丰富酯基的 PPETEA 和 PMMA 都可以锚定多硫化物，抑制多硫化物在液体组分的穿梭。通过溶剂溶胀方法制备的单离子导体（SPSIC）聚合物仅允许锂离子传导，根据唐南膜理论抑制多硫化物的扩散，如图 4-10（c）所示，填充在复合正极孔隙中的溶剂可以增强与 SPSIC 相与离子接触，加快锂离子的氧化还原动力学[233]。由于碳纳米纤维（CNF）层可吸附溶解的多硫化物，在凝胶聚合物电解质中加入 CNF 层可限制多硫化物的穿梭［图 4-10（d）］[234]。研究人员制备了一种 sp^3 硼基单离子聚合物，室温离子电导率为 1.59×10^{-3} $S\cdot cm^{-1}$，也可阻止多硫化物的扩散[235]。

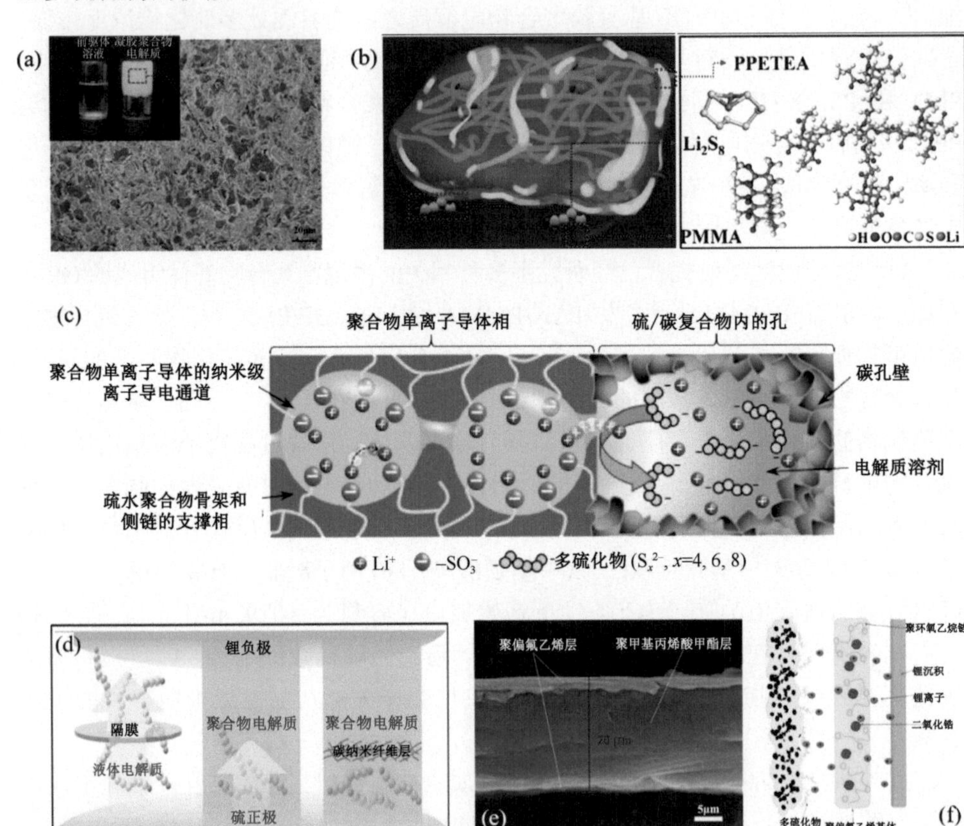

图 4-10 （a）PPETEA 基凝胶聚合物电解质的 FESEM 图像（插图是 PPETEA 基凝胶聚合物电解质及其前驱体溶液）[229]；（b）丙烯酸酯基分层电解质的示意图和原子构型[232]；（c）在 SPSIC 和硫碳复合物之间的界面处锂离子传输和抑制多硫化物溶解示意图[233]；（d）液体电解质、凝胶聚合物电解质（GPE）和 GPE/CNF 膜抑制多硫化物穿梭的示意图[234]；（e）PVDF/PMMA/PVDF 夹层膜横截面的 SEM 图像[237]；（f）PVDF/PEO/ZrO_2 膜的示意图[225]

对锂硫电池所使用的双层/三层膜的作用进行研究发现，多孔层可促进电解质的吸收并确保锂离子的快速转移，但其多孔形态也允许多硫化物渗透，需要致密且结构紧凑的功能层来帮助解决这个问题。由于 rGO 具有较高的电导率和较大的表面积，可以促进 rGO-PVDF 和 PVDF 层的双层复合膜的锂离子的传输并阻止多硫化物的扩散[236]。通常认为具有酯基官能团的 PMMA 层可通过化学阻隔方法阻隔溶解的多硫化物，而多孔 PVDF 层可促进电解质的吸收并促进锂离子的传输，由于具有两者的组合效应，使用三层夹心 PVDF/PMMA/PVDF 膜［图 4-10（e）］的电池电化学性能得到明显改善[237]。PVDF/HEC/PVDF 膜用致密的羟乙基纤维素（HEC）替代 PMMA 可以抑制微短路问题[238]。同样，在三明治夹层中有良好机械性能的无机固体电解质作为中心层可抑制多硫化物的穿梭[239]。与双层/三层膜类似，崔光磊等制备的纳米碳黑/纤维素非织造布/聚乙二醇-聚丙二醇-聚乙二醇三嵌共聚物夹心结构的凝胶聚合物电解质，对多硫化物的穿梭也起到了较强的抑制作用[240]。

提高固态锂硫电池电化学性能的一种可行方法是将无机颗粒（SiO_2、TiO_2 和壳聚糖）添加到凝胶聚合物电解质中[241-245]。无机颗粒可以降低聚合物的结晶度，提高离子电导率，化学吸附溶解的多硫化物和改善凝胶聚合物电解质与锂负极之间的界面稳定性。如图 4-10（f）所示，ZrO_2 作为 PVDF/PEO 基凝胶聚合物电解质的添加剂可以促进锂离子沿着表面氧化位点进行迁移[225]。在 PVDF-HFP 基体中添加有机改性硅酸盐（OMMT）后获得有致密结构且孔隙均匀分布电解质，室温离子电导率得到明显改善，也可阻止多硫化物的扩散，减轻穿梭效应[246]。将具有高比表面积的铝酸镁添加到 PEO 基凝胶聚合物电解质中，可增强对多硫化物穿梭的抑制作用[247]。

研究者已经采用许多种方法来提高凝胶聚合物电解质的离子电导率，并改善其与电极之间的界面接触。对于锂硫电池来说，设计新型凝胶聚合物电解质需要达到控制多硫化物扩散和锂枝晶生长的目的。未来将 GPE 应用于锂硫电池时还需要考虑其机械强度、与电极的界面相容性及其化学稳定性。

4.4.2 无机有机复合电解质

多孔结构的聚合物膜可防止电池内部短路并允许锂离子通过，但不能阻止多硫化物中间体穿过隔膜，因此，开发了无机有机复合电解质限制多硫化物扩散到负极侧。无机有机复合电解质将无机固体膜取代普通的聚合物膜用作隔膜。如图 4-11（a）所示，温兆银等设计了将无机固体和有机液体电解质结合形成的复合电解质，具有良好机械性能的无机固体电解质膜可以选择性地阻隔多硫化物并抑制锂枝晶的生长[248]。$Li_{1.5}Al_{0.5}Ge_{1.5}(PO_4)_3$（LAGP）无机固体电解质用作锂硫电池的隔膜，XPS 谱分析表明，循环后锂负极表面的 Li_2S 峰是 LiTFSI 分解的产物，表明正极侧上多硫化物的溶解得到抑制[248]。然而观察到的硫信号也意味着活性材料不可避免地发生了损失，导致电池在循环过程中容量逐渐降低。为了充分利用活性材料，该团队将碳层涂覆在 LAGP 上面向硫正极的一侧，如图 4-11（b）所示[249]。与原始电池相比，使用碳涂覆 LAGP 的电池在循环伏安中显示出相对较低的阳极氧化峰值电压和较高的阴极还原峰值电压，表明碳涂层可充当上部集流体，加快氧化还原反应的进行。但是在循环过程中形成的 Li_2S 具有电化学惰性且电子绝缘，会降低电池的放电容量。长链多硫化物对初始充电时 Li_2S 正极的活化至关重要，但是多硫化物通过聚合物隔膜向锂负极的扩散会引起穿梭效应。$Li_{1+x+y}Al_xTi_{2-x}Si_yP_{3-y}O_{12}$（LATP）固体电解质对多硫化物具有不可渗透性，将其作为 Li-Li_2S 电池的隔膜可以提高活性物质利用率和解决穿梭效应，如图 4-11（c）所示，通过 LATP 膜将双相电解质分开，溶解的多硫化物被限制在 Li_2S 正极一侧，提高了 Li_2S 的利用率[250]。类似地，在锂硫电池中使用 LATP 膜也可抑制多硫化物的穿梭获得接近 100%的库仑效率[251]。为了改善无机固体电解质和锂负极之间高的界面阻抗，如图 4-11（d）所示，对 $Li_{1.3}Al_{0.3}Ti_{1.7}(PO_4)_3$（LATP）固体电解质面向负极侧复合薄的 PP 层[195, 196]。柔性的 PP 层可适应材料的粗糙表面，在固/固界面上形成便捷的离子路径，从而减小界面阻抗。此外，Manthiram 等通过在 LATP 上涂覆具有纳米孔隙率的聚合物薄层来达到保护锂负极和抑制多硫化物穿梭的双重效用[252]。

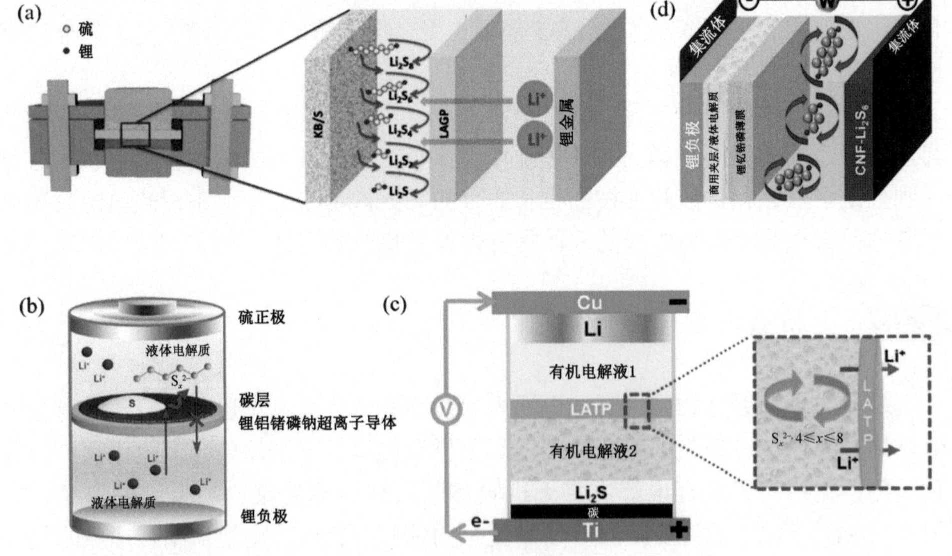

图 4-11 锂硫电池匹配（a）无机有机复合电解质[248]；（b）碳涂覆的 LAGP[249]；（c）由 LATP 膜分离的双相电解质[250]；（d）液体/LYZP 复合电解质示意图[196]

尽管复合电解质可以抑制多硫化物的扩散，但对于长循环寿命的锂硫电池仍需要进一步研究无机固体电解质在多硫化物溶液中的化学稳定性。将

[$Li_{1+x}Al_xTi_{2-x}(PO_4)_3$（LATP）和 $Li_{1+x}Y_xZr_{2-x}(PO_4)_3$（LYZP）] 浸入多硫化物溶液中以评估固体电解质的化学相容性[196]。经过 7 天的浸没，在 LATP 膜中观察到了明显的颜色变化，而在 LYZP 膜上却没有观察到颜色变化。XRD 分析也证实了 LYZP 对可溶性多硫化物是稳定的。LATP 在锂硫电池中的耐久性取决于电解质的化学稳定性、电化学稳定性以及晶界稳定性[253]。$Li_7La_3Zr_2O_{12}$（LLZO）固体电解质与锂金属之间具有优异的界面稳定性也可用作薄膜[254]。类似地，将 LLZO 浸泡在多硫化锂溶液中 1 周可以研究其相容性，实验结果表明，LLZO 与多硫化物之间具有良好的稳定性。因为在其表面会形成自抑制功能夹层，使用 LLZO 的锂硫电池显示出高达 100%的库仑效率。

在复合电解质中，对多硫化物溶解度较高的液体电解质对提高活性物质的利用率至关重要。普通的 DOL/DME 电解质很容易发生多硫化物的穿梭现象，如上所述，具有较低的多硫化物溶解度的氟化电解质可限制多硫化物的溶解。基于 FDE 和 LAGP 陶瓷电解质的综合优势，使用 1,3-(1,1,2,2-四氟乙氧基)丙烷（FDE）取代 DOL/DME 电解质可缓解多硫化物的穿梭[255]。匹配 FDE-LAGP 电解质的锂硫电池表现出较好的循环稳定性（>1200 周）和良好的容量保持率。Manthiram 等将凝胶硫正极、固体电解质和负极组合形成复合电解质，不仅可以帮助稳定 LAGP 与正负极之间的固-液界面，还能抑制多硫化物的穿梭和保护锂负极[256]。

由于每种组分的优势结合，复合电解质具有超越单一电解质体系的潜力。液体电解质可以提高离子电导率，聚合物和无机固体电解质可以通过物理或化学作用抑制多硫化物的扩散，因此，匹配这些复合电解质的锂硫电池表现出良好的性能。但是多硫化物在液体电解质中的溶解度较高，复合电解质中也存在多硫化物的溶解问题。另外，在固体电解质中添加液体电解质可能会引起安全性问题和降低复合电解质的机械强度。

4.5 总结和展望

本章介绍了锂硫电池电解质的最新研究进展，包括液体、固体和复合电解质。表 4-1 总结了各类电解质的改进方法和目的，为开展高性能锂硫电池的应用研究提供必要的指导。

由于硫和 Li_2S 具有较低的电子电导率和离子电导率，因此，锂硫电池中的氧化还原反应主要取决于多硫化物的溶解度。具有相对较高多硫化物溶解度的液体电解质可加快氧化还原反应动力学，但是也存在着多硫化物的穿梭效应。在液体电解质中采取包括优化电解质组分、开发新型功能性溶剂和寻求新型添加剂等措施优化液体电解质，缓解穿梭效应。无溶剂的固体电解质可抑制多硫化物穿梭和

表 4-1 目前液体、固体和复合电解质的特点和改进方法

电解质体系		改进方法	目的
液体	醚	引入新的醚类、锂盐和添加剂或提高锂盐浓度	抑制多硫化物穿梭、保护锂负极或提高安全性
	碳酸酯	加入添加剂或具有官能团的碳酸酯	提高安全性或抑制锂枝晶生长
	砜	与醚类溶剂混合使用	降低黏度
	离子液体	溶剂化离子液体或者离子液体-有机溶剂混合	获得高的锂离子迁移数或低黏度和低成本
固体	固体聚合物	添加无机填料、混合物或组成交联网状结构	提高离子电导率或降低界面阻抗
	无机固体	形成薄膜或掺杂较大的离子	降低界面阻抗和工作温度或提高离子电导率
复合电解质	聚合物	添加复合物、组成交联网状结构、涂覆法、使用具有官能团的聚合物基体或添加无机颗粒	离子电导率或机械强度得到改善
	无机有机复合	引入功能性薄膜或掺杂更稳定的离子	抑制多硫化物穿梭或改善无机固体电解质的化学稳定性

锂枝晶的生长，具有替代液体电解质的潜力。为了优化固体电解质，大多数研究集中于改善制备条件、开发新型功能材料和添加无机填料。另外，在固体电解质/电极界面中添加少量液体电解质可提高硫和 Li_2S 的氧化还原反应。基于该方法，复合电解质（即凝胶聚合物电解质和无机有机复合电解质）可以达到相似的目的。但是，不同电解质体系的缺点都无法忽略。匹配液体电解质的电池在循环过程中会不断消耗液体电解质，而且液体电解质在高温下的易燃性可能会引起安全问题。对于全固态电池来说，如何提高活性材料的利用率仍然是一个大难题。对于锂硫电池，复合电解质薄膜的机械强度和锂金属的化学稳定性仍需进一步提高。

参 考 文 献

[1] Etacheri V, Marom R, Elazari R, et al. Energy Environ. Sci., 2011, 4: 3243
[2] Trigg T, Telleen P, Boyd R, et al. Int. Energy Agency, 2013, 1
[3] Larcher D, Tarascon J M. Nat. Chem., 2015, 7: 19
[4] Cheng X B, Huang J Q, Zhang Q, J. Electrochem. Soc., 2018, 165: A6058
[5] Nazar L F, Cuisinier M, Pang Q. MRS Bull., 2014, 39: 436
[6] Ji X, Nazar F L. J. Mater. Chem., 2010, 20: 9821
[7] Mikhaylik Y V, Akridge J R. J. Electrochem. Soc., 2004, 151: A1969
[8] Xu R, Lu J, Amine K. Adv. Energy Mater., 2015, 5: 1500408
[9] Peng H J, Huang J Q, Cheng X B, et al. Adv. Energy Mater., 2017, 7: 1700260
[10] Bruce P G, Freunberger S A, Hardwick L J, et al. Nat. Mater., 2012, 11: 19
[11] Zhang S S. J. Power Sources, 2013, 231: 153
[12] Jozwiuk A, Berkes B B, Weiß T, et al. Energy Environ. Sci., 2016, 9: 2603
[13] Schneider H, Weiß T, Scordilis Kelley C, et al. Electrochim. Acta, 2017, 243: 26

[14] Hancock K, Becherer J, Hagen M, et al. J. Electrochem. Soc., 2018, 165: A6091
[15] Cao R, Xu W, Lv D, et al. Adv. Energy Mater., 2015, 5: 1402273
[16] Cheng X B, Zhang R, Zhao C Z, et al. Chem. Rev., 2017, 117: 10403
[17] Li Z, Wu H B, Lou X W. Energy Environ. Sci., 2016, 9: 3061
[18] Pang Q, Liang X, Kwok C Y, et al. Nat. Energy, 2016, 1: 16132
[19] Rosenman A, Markevich E, Salitra G, et al. Adv. Energy Mater., 2015, 5: 1500212
[20] Song M K, Zhang Y, Cairns E J. Nano Lett., 2013, 13: 5891
[21] Ye Y, Wu F, Xu S, et al. J. Phys. Chem. Lett., 2018, 9: 1398
[22] Kang W, Fan L, Deng N, et al. Chem. Eng. J, 2018, 333: 185
[23] Guo Z, Nie H, Yang Z, et al. Adv. Sci., 2018, 5: 1
[24] Zhang Z, Li C, Gao K, et al. Nanotechnology, 2018, 29
[25] Ren W, Xu L, Zhu L, et al. ACS Appl. Mater. Interfaces, 2018, 10: 11642
[26] Wu F, Qian J, Chen R J, et al. ACS Appl. Mater. Interfaces, 2014, 6: 15542
[27] Wu F, Lee J T, Nitta N, et al. Adv. Mater., 2015, 27: 101
[28] Cheng X B, Zhang R, Zhao C Z, et al. Adv. Sci, 2016, 3: 1500213
[29] Zhang X Q, Cheng X B, Zhang Q. Adv. Mater. Interfaces, 2018, 5: 1701097
[30] Zhang S, Ueno K, Dokko K, et al. Adv. Energy Mater., 2015, 5: 1500117
[31] Manthiram A, Fu Y, Chung S H, et al. Chem. Rev., 2014, 114: 11751
[32] Goodenough J B, Kim Y. Chem. Mater., 2010, 22: 587
[33] Xu K. Chem. Rev., 2004, 104: 4303
[34] Barghamadi M, Best A S, Bhatt A I, et al. Energy Environ. Sci., 2014, 7: 3902
[35] Liu Y, He P, Zhou H. Adv. Energy Mater., 2018, 8: 1701602
[36] Wang L, Ye Y, Chen N, et al. Adv. Funct. Mater., 2018, 28: 1800919
[37] Hagen M, Schiffels P, Hammer M, et al. J. Electrochem. Soc., 2013, 160: A1205
[38] Hagen M, Hanselmann D, Ahlbrecht K, et al. Adv. Energy Mater., 2015, 5: 1401986
[39] Carbone L, Peng J, Agostini M, et al. ChemElectroChem, 2017, 4: 209
[40] Pal U, Girard G M A, O'Dell L A, et al. J. Phys. Chem. C, 2018, 122: 14373
[41] Su C C, He M, Amine R, et al. Angew. Chem. Int. Edit., 2019, 58: 1
[42] Weller C, Pampel J, Dörfler S, et al. Energy Tech., 2019, 7: 1900625
[43] Lu H, Chen Z, Du H, et al. Ionics, 2019, 25: 2685
[44] Kang J K, Kim T J, Park J W, et al. B Korean Chem. Soc., 2019, 40: 566
[45] Mukra T, Horowitz Y, Shekhtman I, et al. Electrochim. Acta, 2019, 307: 76
[46] Mikhaylik Y, Kovalev I, Schock R, et al. ECS Trans., 2010, 25: 23
[47] Ryu H S, Ahn H J, Kim K W, et al. J. Power Sources, 2006, 163: 201
[48] Chang D R, Lee S H, Kim S W, et al. J. Power Sources, 2002, 112: 452
[49] Barchasz C, Leprêtre J C, Patoux S, et al. Electrochim. Acta, 2013, 89: 737
[50] Carbone L, Gobet M, Peng J, et al. ACS Appl. Mater. Interfaces, 2015, 7: 13859
[51] Kim S, Jung Y, Lim H S. Electrochim. Acta, 2004, 50: 889
[52] Choi J W, Kim J K, Cheruvally G, et al. Electrochim. Acta, 2007, 52: 2075
[53] Wang W, Wang Y, Huang Y, et al. J. Appl. Electrochem., 2009, 40: 321
[54] Weng W, Pol V G, Amine K. Adv. Mater., 2013, 25: 1608
[55] Lu H, Zhang K, Yuan Y, et al. Electrochim. Acta, 2015, 161: 55
[56] Zu C, Azimi N, Zhang Z, et al. J. Mater. Chem. A, 2015, 3: 14864
[57] Gao M, Su C C, He M, et al. J. Mater. Chem. A, 2017, 5: 6725
[58] Gu S, Qian R, Jin J, et al. Phys. Chem. Chem. Phys., 2016, 18: 29293

[59] Azimi N, Weng W, Takoudis C, et al. Electrochem. Commun., 2013, 37: 96
[60] Azimi N, Xue Z, Rago N D, et al. J. Electrochem. Soc., 2014, 162: A64
[61] Gordin M L, Dai F, Chen S, et al. ACS Appl. Mater. Interfaces, 2014, 6: 8006
[62] Chen S, Yu Z, Gordin M L, et al. ACS Appl. Mater. Interfaces, 2017, 9: 6959
[63] Chen S, Dai F, Gordin M L, et al. Angew. Chem. Int. Edit., 2016, 55: 4231
[64] Chen S, Gao Y, Yu Z, et al. Nano Energy, 2017, 31: 418
[65] Fei H, An Y, J. Feng, et al. RSC Adv., 2016, 6: 53560
[66] Lang S Y, Xiao R J, Gu L, et al. J. Am. Chem. Soc., 2018, 140: 8147
[67] Hu J J, Long G K, Liu S, et al. Chem. Commun., 2014, 50: 14647
[68] Miao R, Yang J, Feng X, et al. J. Power Sources, 2014, 271: 291
[69] Kim H, Wu F, Lee J T, et al. Adv. Energy Mater., 2015, 5: 1401792
[70] Lang S Y, Shi Y, Guo Y G, et al. Angew. Chem. Int. Edit., 2017, 56: 14433
[71] Younesi R, Veith G M, Johansson P, et al. Energy Environ. Sci., 2015, 8: 1905
[72] Yan G, Li X, Wang Z, et al. J. Solid State Electrochem., 2015, 20: 507
[73] Lin Z, Liang C. J. Mater. Chem. A, 2015, 3: 936
[74] Zheng J, Fan X, Ji G, et al. Nano Energy, 2018, 50: 431
[75] Suo L, Hu Y S, Li H, et al. Nat. Commun., 2013, 4: 1481
[76] Adams B D, Carino E V, Connell J G, et al. Nano Energy, 2017, 40: 607
[77] Lv D, Yan P, Shao Y, et al. Chem. Commun., 2015, 51: 13454
[78] Zeng P, Han Y, Duan X, et al. Mater. Res. Bull., 2017, 95: 61
[79] Li Z, Li X, Zhou L, et al. Nano Energy, 2018, 49: 179
[80] Yang T, Qian T, Wang M, et al. Adv. Mater., 2016, 28: 539
[81] Agostini M, Sadd M, Xiong S, et al. ChemSusChem, 2019, 12: 4176
[82] Lau K C, Rago N L D, Liao C, J. Electrochem. Soc., 2019, 166: A2570
[83] Liu M, Chen X, Chen C, et al. J. Power Sources, 2019, 424: 254
[84] Kazazi M, Vaezi M R, Kazemzadeh A. Ionics, 2014, 20: 1291
[85] Li W, Yao H, Yan K, et al. Nat. Commun., 2015, 6: 7436
[86] Zhang S S. J. Power Sources, 2016, 322: 99
[87] Ding N, Zhou L, Zhou C, et al. Sci. Rep., 2016, 6: 33154
[88] Zhang S S. Electrochim. Acta, 2012, 70: 344
[89] Zhao C Z, Cheng X B, Zhang R, et al. Energy Storage Mater., 2016, 3: 77
[90] Yan C, Cheng X B, Zhao C Z, et al. J. Power Sources, 2016, 327: 212
[91] Li G, Huang Q, He X, et al. ACS Nano, 2018, 121: 500
[92] Li G, Gao Y, He X, et al. Nat. Commun., 2017, 8: 850
[93] Ding F, Xu W, Graff G L, et al. J. Am. Chem. Soc., 2013, 135: 4450
[94] Kim J S, Kim D W, Jung H T, et al. Chem. Mater., 2015, 27: 2780
[95] Liu S, Li G R, Gao X P, et al. ACS Appl. Mater. Interfaces, 2016, 8: 7783
[96] Zu C, Dolocan A, Xiao P, et al. Adv. Energy Mater., 2016, 6: 1501933
[97] Gu S, Wen Z, Qian R, et al. ACS Appl. Mater. Interfaces, 2016, 8: 34379
[98] Wu H L, Shin M, Liu Y M, et al. Nano Energy, 2017, 32: 50
[99] Ren Y X, Zhao T S, Liu M, et al. J. Power Sources, 2017, 361: 203
[100] Yang W, Yang W, Song A, et al. J. Power Sources, 2017, 348: 175
[101] Hu C, Chen H, Shen Y, et al. Nat. Commun., 2017, 8: 479
[102] Song J, Noh H, Lee H, et al. J. Mater. Chem. A, 2015, 3: 323
[103] Wu F, Lee J T, Nitta N, et al. Adv. Mater., 2015, 27: 101

[104] Liu M, Ren Y X, Jiang H R, et al. Nano Energy, 2017, 40: 240
[105] Yim T, Park M S, Yu J S, et al. J. Electrochim. Acta, 2013, 107: 454
[106] Gao J, Lowe M A, Kiya Y, et al. J. Phys. Chem. C, 2011, 115: 25132
[107] Li X, Liang J, Zhang K, et al. Energy Environ. Sci., 2015, 8: 3181
[108] Hu L, Lu Y, Zhang T, et al. ACS Appl. Mater. Interfaces, 2017, 9: 13813
[109] Song J H, Yeon J T, Jang J Y, et al. J. Electrochem. Soc., 2013, 160: A873
[110] Zheng S, Han P, Han Z, et al. Sci. Rep., 2014, 4: 4842
[111] Markevich E, Salitra G, Aurbach D. ACS Energy Lett., 2017, 2: 1337
[112] Zhou J, Guo Y, Liang C, et al. Chem. Commun., 2018, 5478
[113] Chen Z, Zhou J, Guo Y, et al. Electrochim. Acta, 2018, 28: 555
[114] Wang L, He X, Li J, et al. Electrochim. Acta, 2012, 72: 114
[115] Shi L, Liu Y, Wang W, et al. J. Alloy. Comp., 2017, 723: 974
[116] Markevich E, Salitra G, Rosenman A, et al. Electrochem. Commun., 2015, 60: 42
[117] Xu Z, Wang J, Yang J, et al. Angew. Chem. Int. Edit., 2016, 55: 10372
[118] Wang L, Li Q, Yang H, et al. Chem. Commun., 2016, 52: 14430
[119] Zhang B, Qin X, Li G R, et al. Energy Environ. Sci., 2010, 3: 1531
[120] Xin S, Gu L, Zhao N H, et al. J. Am. Chem. Soc., 2012, 134: 18510
[121] Lee J T, Eom K, Wu F, et al. ACS Energy Lett., 2016, 1: 373
[122] Hu L, Lu Y, Li X, et al. Small, 2017, 13: 1603533
[123] Zhu Q, Zhao Q, An Y, et al. Nano Energy, 2017, 33: 402
[124] Pan H, Wei X, Henderson W A, et al. Adv. Energy Mater., 2015, 5: 1500113
[125] Dominko R, Demir-Cakan R, Morcrette M, et al. Electrochem. Commun., 2011, 13: 117
[126] Kolosnitsyn V S, Karaseva E V, Amineva N A, et al. Russian J. Electrochem., 2002, 38: 329
[127] Yoon S, Lee Y H, Shin K H, et al. Electrochim. Acta, 2014, 145: 170
[128] Strubel P, Thieme S, Weller C, et al. Nano Energy, 2017, 34: 437
[129] Pan H, Han K S, Vijayakumar M, et al. ACS Appl. Mater. Interfaces, 2017, 9: 4290
[130] Yuan L X, Feng J K, Ai X P, et al. Electrochem. Commun., 2006, 8: 610
[131] Park J W, Ueno K, Tachikawa N, et al. J. Phys. Chem. C, 2013, 117: 20531
[132] Barghamadi M, Best A S, Bhatt A I, et al. Electrochim. Acta, 2015, 180: 636
[133] Kim S, Jung Y, Park S J. Electrochim. Acta, 2007, 52: 2116
[134] Wang J, Chew S Y, Zhao Z W, et al. Carbon, 2008, 46: 229
[135] Swiderska-Mocek A, Rudnicka E. J. Power Sources, 2015, 273: 162
[136] Shin J H, Cairns E J. J. Power Sources, 2008, 177: 537
[137] Wang L, Byon H R. J. Power Sources, 2013, 236: 207
[138] Ai G, Wang Z, Dai Y, et al. Electrochim. Acta, 2016, 218: 1
[139] Talian S D, Bešter-Rogač M, Dominko R. Electrochim. Acta, 2017, 252: 147
[140] Lu H, Chen Z, Yuan Y, et al. J. Electrochem. Soc., 2019, 166: A2453
[141] Park J W, Yamauchi K, Takashima E, et al. J. Phys. Chem. C, 2013, 117: 4431
[142] Wu F, Zhu Q, Chen R, et al. Electrochim. Acta, 2015, 184: 356
[143] Wang L, Liu J, Yuan S, et al. Energy Environ. Sci., 2016, 9: 224
[144] Tamura T, Yoshida K, Hachida T, et al. Chem. Lett., 2010, 39: 753
[145] Tachikawa N, Yamauchi K, Takashima E, et al. Chem. Commun., 2011, 47: 8157
[146] Ueno K, Yoshida K, Tsuchiya M, et al. J. Phys. Chem. B, 2012, 116: 11323
[147] Ueno K, Park J W, Yamazaki A, et al. J. Phys. Chem. C, 2013, 117: 20509
[148] Zhang C, Ueno K, Yamazaki A, et al. J. Phys. Chem. B, 2014, 118: 5144

[149] Zhang C, Yamazaki A, Murai J, et al. J. Phys. Chem. C, 2014, 118: 17362
[150] Dokko K, Tachikawa N, Yamauchi K, et al. J. Electrochem. Soc., 2013, 160: A1304
[151] Lu H, Yuan Y, Yang Q H, et al. Ionics, 2016, 22: 997
[152] Chen X, Yuan L, Li Z, et al. ACS Appl. Mater. Interfaces, 2019
[153] Yang Y B, Liu Y X, Song Z, et al. ACS Appl. Mater. Interfaces, 2017, 9: 38950
[154] Ma L, Kim M S, Archer L A, et al. Chem. Mater., 2017, 29: 4181
[155] Cheng X B, Yan C, Chen X, et al. Chem., 2017, 2: 258
[156] Liang X, Wen Z, Liu Y, et al. J. Power Sources, 2011, 196: 3655
[157] Umeshbabu E, Zheng B, Zhu J, et al. ACS Appl. Mater. Interfaces, 2019, 11: 18436
[158] Chen M, Huang C, Li Y, et al. J. Mater. Chem. A, 2019, 7: 10293
[159] Li X, Wang D, Wang H, et al. ACS Appl. Mater. Interfaces, 2019, 11: 22745
[160] Youcef H B, Garcia-Calvo O, Lago N, et al. Electrochim. Acta, 2016, 220: 587
[161] Yu J H, Park J W, Wang Q, et al. Mater. Res. Bull., 2012, 47: 2827
[162] Zhang H, Liu C, Zheng L, et al. Electrochim. Acta, 2014, 133: 529
[163] Croce F, Appetecchi G B, Persi L, et al. Nature, 1998, 394
[164] Jeong S S, Lim Y T, Choi Y J, et al. J. Power Sources, 2007, 174: 745
[165] Zhu X J, Wen Z Y, Gu Z H, et al. J. Power Sources, 2005, 139: 269
[166] Hassoun J, Scrosati B. Adv. Mater., 2010, 22: 5198
[167] Lee F, Tsai M C, Lin M H, et al. J. Mater. Chem. A, 2017, 5: 6708
[168] Sheng O, Jin C, Luo J, et al. J. Mater. Chem. A, 2017, 5: 12934
[169] Zhu K, Liu Y, Liu J. RSC Adv., 2014, 4: 42278
[170] Zhang C, Lin Y, Liu J. J. Mater. Chem. A, 2015, 3: 10760
[171] Lin Y, Wang X, Liu J, et al. Nano Energy, 2017, 31: 478
[172] Liu W, Liu N, Sun J, et al. Nano Lett., 2015, 15: 2740
[173] Zheng J, Tang M, Hu Y Y. Angew. Chem. Int. Edit., 2016, 55: 12538
[174] Wang W, Yi E, Fici A J, et al. J. Mater. Chem. C, 2017, 121: 2563
[175] Tao X, Liu Y, Liu W, et al. Nano Lett., 2017, 17: 2967
[176] Judez X, Zhang H, Li C, et al. J. Physical Chem. Lett., 2017, 8: 3473
[177] Shin J H, Lim Y T, Kim K W, et al. J. Power Sources, 2002, 107: 103
[178] Lin Y, Li J, Liu K, et al. Green Chem., 2016, 18: 3796
[179] Zhu Y, Li J, Liu J. J. Power Sources, 2017, 351: 17
[180] Hayashi A, Ohtomo T, Mizuno F, et al. Electrochem. Commun., 2003, 5: 701
[181] Hayashi A, Ohtsubo R, Ohtomo T, et al. J. Power Sources, 2008, 183: 422
[182] Xu R, Xia X, Wang X, et al. J. Mater. Chem. A, 2017, 5: 2829
[183] Xu R, Xia X, Li S, et al. J. Mater. Chem. A, 2017, 5: 6310
[184] Kobayashi T, Imade Y, Shishihara D, et al. J. Power Sources, 2008, 182: 621
[185] Agostini M, Aihara Y, Yamada T, et al. Solid State Ionics, 2013, 244: 48
[186] Nagao M, Hayashi A, Tatsumisago M. J. Mater. Chem., 2012, 22: 10015
[187] Nagao M, Imade Y, Narisawa H, et al. J. Power Sources, 2013, 222: 237
[188] Lin Z, Liu Z, Dudney N J, et al. ACS Nano, 2013, 7: 2829
[189] Nagata H, Chikusa Y. Energy Technology, 2014, 2: 753
[190] Nagata H, Chikusa Y. J. Power Sources, 2016, 329: 268
[191] Yamada T, Ito S, Omoda R, et al. J. Electrochem. Soc., 2015, 162: A646
[192] Nagao M, Hayashi A, Tatsumisago M. Electrochem. Commun., 2012, 22: 177
[193] Yao X, Huang N, Han F, et al. Adv. Energy Mater., 2017, 7: 1602923

[194] Hao Y, Wang S, Xu F, et al. ACS Appl. Mater. Interfaces, 2017, 9: 33735
[195] Yu X, Bi Z, Zhao F, et al. ACS Appl. Mater. Interfaces, 2015, 7: 16625
[196] Yu X, Bi Z, Zhao F, et al. Adv. Energy Mater., 2016, 6: 1601392
[197] Zhou W, Wang S, Li Y, et al. J. Am. Chem. Soc., 2016, 138: 9385
[198] Fu K, Gong Y, Hitz G T, et al. Energy Environ. Sci., 2017, 10: 1568
[199] Maekawa H, Matsuo M, Takamura H, et al. J. Am. Chem. Soc., 2009, 131: 894
[200] Unemoto A, Chen C, Wang Z, et al. Nanotechnology, 2015, 26: 254001
[201] Unemoto A, Yasaku S, Nogami G, et al. Appl. Phys. Lett., 2014, 105: 083901
[202] López-Aranguren P, Berti N, Dao A H, et al. J. Power Sources, 2017, 357: 56
[203] Das S, Ngene P, Norby P, et al. J. Electrochem. Soc., 2016, 163: A2029
[204] Suzuki K, Dai K, Hara K, et al. Electrochemistry -Tokyo, 2018, 86: 1
[205] Nguyen J, Fleutot B, Janot R, et al. Solid State Ionics, 2018, 315: 26
[206] Han F, Yue J, Fan X, et al. Nano Lett., 2016, 16: 4521
[207] Xu R, Wu Z, Zhang S, et al. Chem. Eur. J, 2017, 23: 1
[208] Jeon B H, Yeon J H, Kim K M, et al. J. Power Sources, 2002, 109: 89
[209] Huang H, Ding F, Zhong H, et al. J. Mater. Chem. A, 2018, 6: 9539
[210] Song A, Huang Y, Zhong X, et al. J. Membr. Sci., 2018, 556: 203
[211] Liu X H, Zhong L, Huang S, et al. ACS Nano, 2012, 6: 1522
[212] Liu W, Sun X, Wang H, et al. Frontiers in Energy Research, 2019, 7: 112
[213] Wang X, Hao X, Xia Y, et al. J. Membr. Sci., 2019, 582: 37
[214] Han D D, Wang Z Y, Pan G L, et al. ACS Appl. Mater. Interfaces, 2019, 11: 18427
[215] Yang D, He L, Liu Y, et al. J. Mater. Chem. A, 2019, 7: 13679
[216] Ryu H S, Ahn H J, Kim K W, et al. J. Power Sources, 2006, 153: 360
[217] Agostini M, Lim D H, Sadd M, et al. ChemSusChem, 2017, 10: 3490
[218] Shin J H, Jung S S, Kim K W, et al. J. Mater. Sci. Mater. Electron, 2002, 13: 727
[219] Park J H, Yeo S Y, Park J K, et al. J. Korean Electrochem. Soc., 2010, 13: 110
[220] Zhang S S, Tran D T. Electrochim. Acta, 2013, 114: 296
[221] Choudhury S, Saha T, Naskar K, et al. Polymer, 2017, 112: 447
[222] Zhang Y, Zhao Y, Bakenov Z, et al. J. Solid State Electrochem., 2014, 18: 1111
[223] Zhao Y, Zhang Y G, Bakenov Z, et al. Solid State Ionics, 2013, 234: 40
[224] Rao M, Geng X, Li X, et al. J. Power Sources, 2012, 212: 179
[225] Gao S, Wang K, Wang R, et al. J. Mater. Chem. A, 2017, 5: 17889
[226] Jin J, Wen Z, Liang X, et al. Solid State Ionics, 2012, 225: 604
[227] Kim J K. Mater. Lett., 2017, 187: 40
[228] Baloch M, Vizintin A, Chellappan R K, et al. J. Electrochem. Soc., 2016, 163: A2390
[229] Liu M, Zhou D, He Y B, et al. Nano Energy, 2016, 22: 278
[230] Liu M, Zhou D, Jiang H R, et al. Nano Energy, 2016, 28: 97
[231] Liu M, Ren Y, Zhou D, et al. ACS Appl. Mater. Interfaces, 2017, 9: 2526
[232] Liu M, Jiang H R, Ren Y X, et al. Electrochim. Acta, 2016, 213: 871
[233] Lee J, Song J, Lee H, et al. ACS Energy Lett., 2017, 2: 1232
[234] Choi S, Song J, Wang C, et al. Chem. Asian J, 2017, 12: 1470
[235] Sun Y, Li G, Lai Y, et al. Scientific Reports, 2016, 6: 22048
[236] Zhu P, Zhu J, Zang J, et al. J. Mater. Chem. A, 2017, 5: 15096
[237] Yang W, Yang W, Feng J, et al. Electrochim. Acta, 2016, 210: 71
[238] Zhang M Y, Li M X, Chang Z, et al. Electrochim. Acta, 2017, 245: 752

[239] Wang Q, Wen Z, Jin J, et al. Chem. Commun., 2016, 52: 1637
[240] Qu H, Zhang J, Du A, et al. Adv. Sci., 2018, 5:1700503
[241] Wang J, Yang J, Xie J, et al. Electrochem. Commun., 2002, 4: 499
[242] Zhang Y, Zhao Y, Bakenov Z. Nanoscale Res. Lett., 2014, 9: 137
[243] Shin J H, Kim K W, Ahn H J, et al. Mater. Sci. Eng., 2002, B95: 148
[244] Nagajothi A J, Kannan R, Rajashabala S. Polym. Bull., 2017, 74: 4887
[245] Zhang S S. J. Electrochem. Soc., 2013, 160: A1421
[246] Jeddi K, Zhao Y, Zhang Y, et al. J. Electrochem. Soc., 2013, 160: A1052
[247] Chen R, Qu W, Guo X, et al. Mater. Horiz., 2016, 3: 487
[248] Wang Q, Jin J, Wu X, et al. Phys. Chem. Chem. Phys., 2014, 16: 21225
[249] Wang Q, Guo J, Wu T, et al. Solid State Ionics, 2017, 300: 67
[250] Wang L, Wang Y, Xia Y, et al. Energy Environ. Sci., 2015, 8: 1551
[251] Wang L, Zhao Y, Thomas M L, et al. ChemElectroChem, 2016, 3: 152
[252] Yu X W, Manthiram A. Adv. Funct. Mater., 2019, 29: 1805996
[253] Wang S, Ding Y, Zhou G, et al. ACS Energy Lett., 2016, 1: 1080
[254] Fu K K, Gong Y, Xu S, et al. Chem. Mater., 2017, 29: 8037
[255] Gu S, Huang X, Wang Q, et al. J. Mater. Chem. A, 2017, 5: 13971
[256] Xu H H, Wang S F, Manthiram A. Adv. Energy Mater., 2018, 8: 1800813

05

钠离子电池电解质

钠离子电池因其资源丰富、成本低廉等特点已成为电池研究领域的热点。与锂离子电池、超级电容器、锂硫电池和锂-空气电池相比，钠离子电池是大规模储能系统的最佳选择。为了提高钠离子电池的综合性能，除了对正负极材料进行优化以外，还需开发电化学窗口宽、热稳定性好和离子电导率高的电解质材料。电解质的成本约占电池的 15%，其重量约占电池的 10%，电池的安全性也与电解质材料密切相关。因此，电解质对于钠离子电池体系的重要性不容忽视。此外，通过电解质材料改进还可以使电极与电解质界面更优化，提高电池的寿命和安全性。目前，已经开发了具有不同结构和组分的电解质材料以满足钠离子电池的实际需求，包括有机电解质、离子液体电解质、水系电解质、固体电解质和混合电解质。本章将对上述不同电解质的特性进行阐述，并介绍电解质材料和界面性能的先进表征技术，揭示钠离子电池（SIB）的反应过程和衰退机理，最后对电解质材料的实用化前景和发展方向提出展望。

5.1　钠离子电池概述

随着科技的快速发展，能量存储系统（ESS）已成为支持智能电子设备、电动汽车、智能电网、通信基站等应用领域的关键[1-3]，其需要具有循环寿命长、功率密度高和工作温度宽等电化学特性。目前，锂离子电池可以满足便携式电源和动力电池的需求[4, 5]。而对于大规模储能系统的应用，则需要开发成本低廉的电池体系，如钠离子电池（SIB）[6-8]。锂离子电池比钠离子电池具有更高的能量密度和循环寿命，因此 SIB 的研究在一段时间内未得到关注。随着碳基负极材料的不断发展，SIB 再度成为科研方向的热点之一[9]。作为 SIB 的重要组成部分，电极材料和电解质材料也得到了进一步的发展[9,10]。

与锂离子电池类似，人们主要研究了五类常见的 SIB 电解质材料，包括有机电解质、离子液体电解质（IL）、水系电解质、无机固体电解质（ISE）和固体聚合物电解（SPE）（图 5-1）[11]。一般来说，水系电解质由于流动性较好，有利于钠离子的快速迁移，其离子电导率高于固体电解质。相对应的，固体电解质具有良好的热稳定性和宽的电化学窗口，有益于电池安全性的改善[12]。虽然水系电解质可以提供高离子电导率、低成本和良好的安全性，但是这些电解质工作电压范围窄，限制了电池的能量密度[13]。因此，应用不同电解质材料构筑各类 SIB 可以满足不同应用领域的需求（性能指标如图 5-1 所示）。有机电解质和水系电解质能满足电池高能量密度和长循环寿命的要求，基于其相对成熟的合成工艺及原料易得的特点，在商业化应用发展方面具有优势。IL 和 ISE 可以匹配高电压正极材料并具有良好的高温特性，是满足下一代 SIB 应用的新型电解质材料，但其还

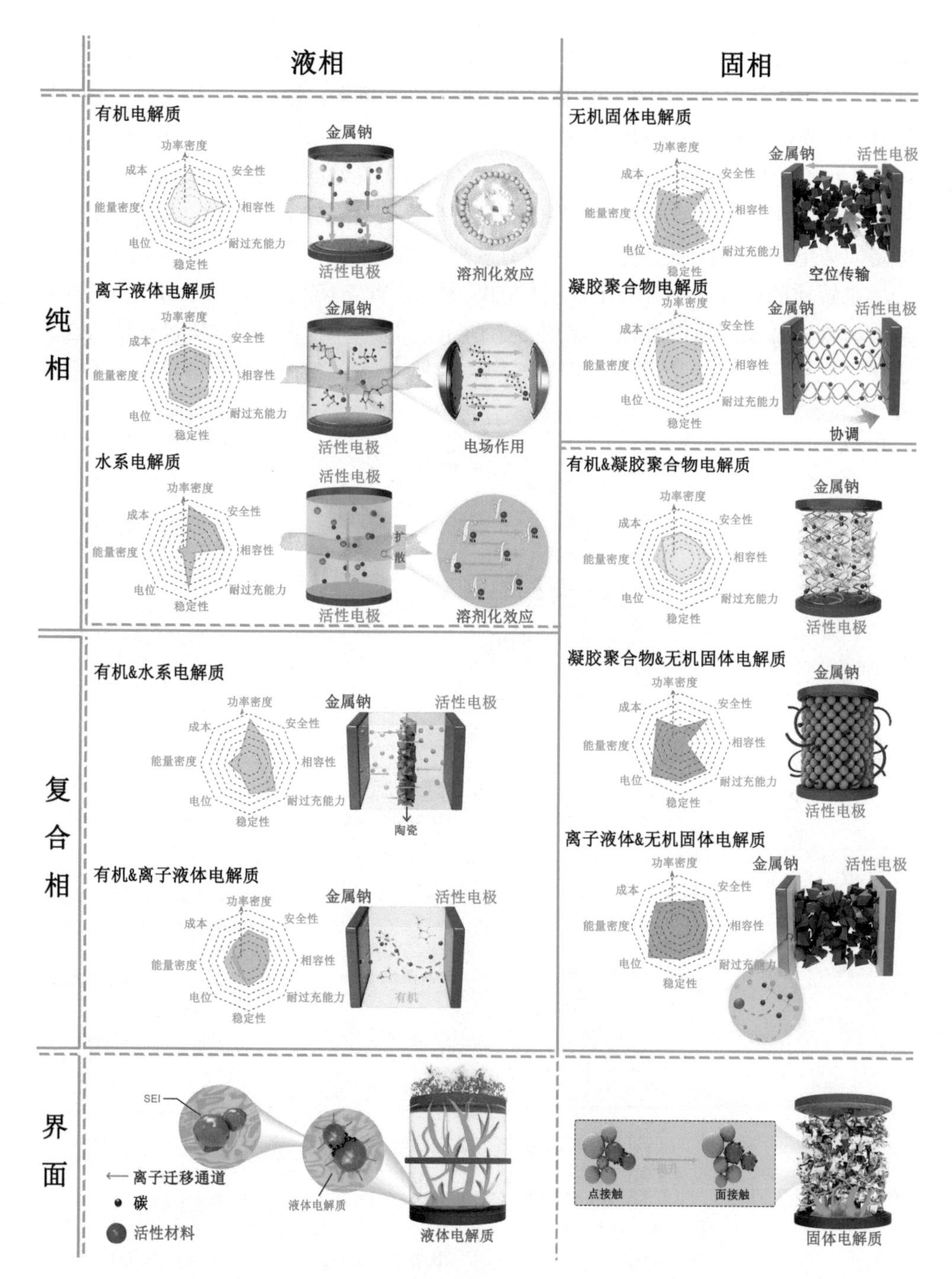

图 5-1　各类钠离子电池电解质材料的特性、作用原理和传递机制[11]

存在成本高、相容性差等不足。针对上述电解质的各自优缺点，可以通过优化组合实现新型电解质材料的开发，如图 5-1 所示，通过有机电解质的浸润和 IL 的表面改性可以改善固体电解质的离子迁移和界面相容性的问题；凝胶聚合物电解质和无机固体电解质可为钠离子的快速迁移提供灵活而稳定的介质[14-18]。在液体电解质中，电极表面会形成稳定的 SEI 膜，并且颗粒之间具有良好的接触性，不存在较大的空隙。相反，在固体电解质中电极界面和电解质之间存在较大的空隙，相容性较差；但是固体电解质机械强度较高，可以有效抑制钠枝晶的生长，提高电池的安全性。

电解质的研究离不开与电极材料的匹配。因此，应采用优异的 SIB 正极和负极材料来评估电解质的性能。如图 5-2 所示，常见的钠电正极材料包括层状过渡金属氧化物（TMO）[9, 19-21]、聚阴离子化合物[22-24]、普鲁士蓝（PB）及其类似物

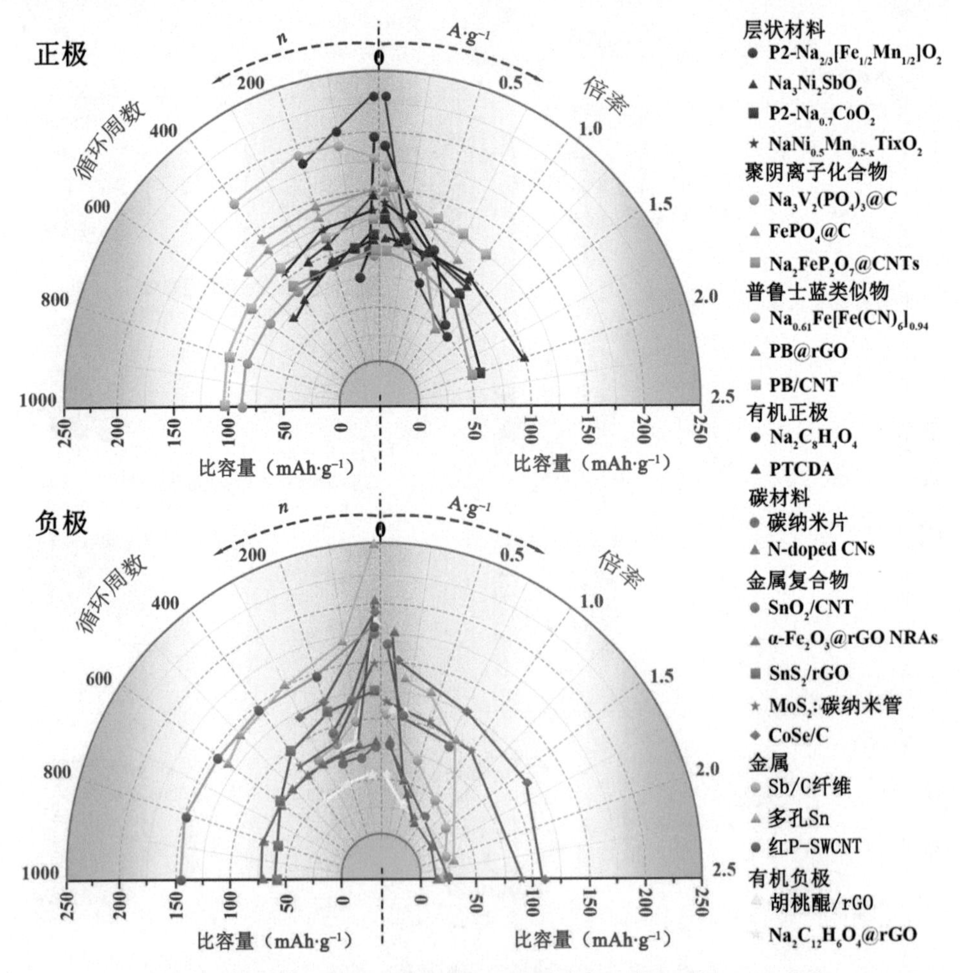

图 5-2　钠离子电池中典型正负极材料的循环稳定性和倍率特性[11]

（PBA）[25-27]和有机化合物[28, 29]等。目前提出了离子掺杂、碳包覆和缺陷控制等优化方案以获得高质量的正极材料。除有机正极材料以外，其他具有高容量、高稳定性和长循环寿命的正极材料都有很好的实际应用潜力。可以利用 P2 或 O3 型的 TMO、$Na_3V_2(PO_4)_3$（NVP）和 PBA 来测试不同电解质的相容性[30-32]。在碳酸酯基电解质中，NVP 和 PBA 电极已经实现了与理论容量大致相当的高比容量，这表明成熟的有机电解质已经可以用于商业化。同时，在一定条件下的液体电解质中，已经对碳[33, 34]、Ti 基化合物[35-37]、金属化合物[38-42]、合金间化合物[43-45]和有机化合物[46, 47]等相关的负极材料进行了系统研究。其中，碳负极由于成本低、制备方法简单、储量丰富、电化学性能优异等特点而受到广泛关注，并且经常用作评估电解质的标准电极。但是，在低电压下碳负极表面会形成枝晶，这一问题限制了它们的进一步发展[48]。转化型合金负极的研发显著提高了电池的能量密度和安全性。此外，金属氧化物等转化型负极材料也受到了广泛的关注[49]。但研究表明，由于氧的强诱导效应而导致金属氧化物缓慢的动力学，由此其可逆比容量较低。而金属硫化物和金属硒化物则表现出更优的电化学性能[50,51]。同时，有机电极材料也被应用于 SIB 的负极，用于构筑柔性电池器件[52]。无论哪一类负极的性能都与界面特性密切相关，需要实现电解质材料的优化匹配。目前，许多研究者致力于 TMO 或 PBA 正极和碳质负极材料的研究与开发[53,54]。

5.2 钠离子电池电解质概述及其特性

电解质是电池中的重要组分，具有独特的物理和化学特性。因此，不仅要对新颖的电极材料进行全面的研究，还要对电解质、集流体、隔膜等组件之间的关系进行深入探讨，而且必须针对它们的相容性进行优化。虽然对锂离子电池和钠离子电池电解质基本物性的多数要求是一致的，但不同电池体系与不同离子的传输和储存（如工作电位范围和离子电导率等）仍存在明显的差异。图 5-3 从五个方面列出了 SIB 电解质的物化特性。

5.2.1 化学-电化学稳定性

电池是涉及系列化学和电化学反应的复杂系统，电解质要与其他电池组成之间具有良好的化学-电化学稳定性。由于 Na^+/Na 氧化还原电对的标准电极电势高于 Li^+/Li 电对，则在 Na 金属嵌入/脱出之前可以抑制 Al 箔的分解［图 5-3（a）］。因此，Al 箔可以用作 SIB 的正负极集流体[55]。但在某些特殊条件下，钠盐和溶剂的阴离子基团仍可导致铝箔的腐蚀。在相同有机溶剂［碳酸乙烯酯（EC）：

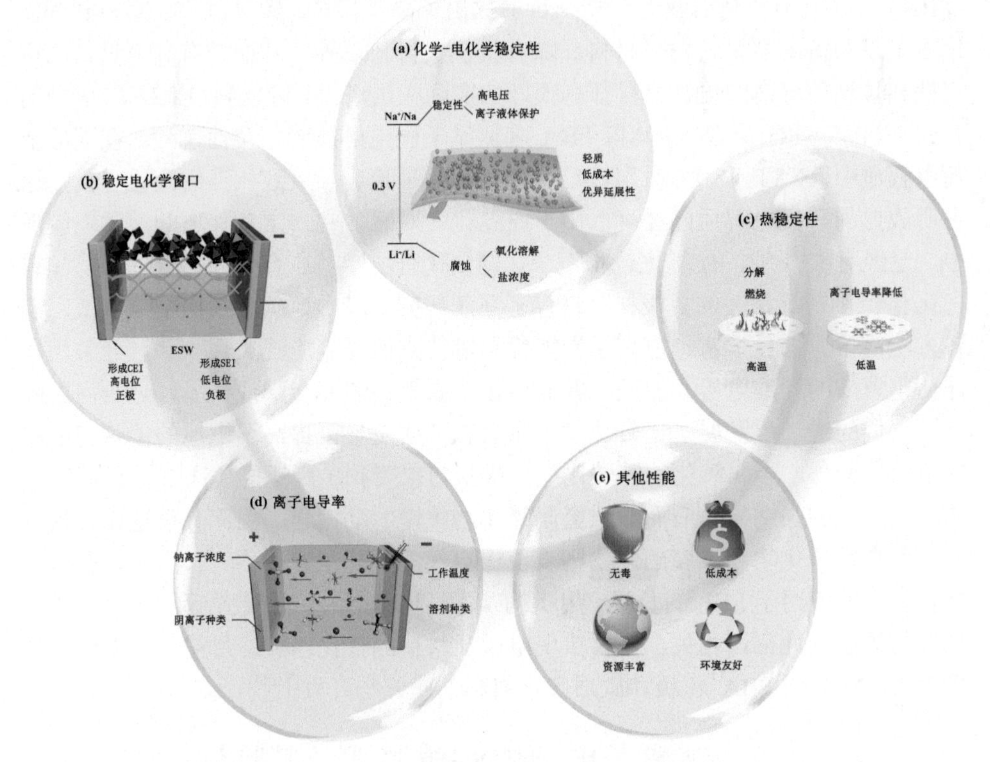

图 5-3 SIB 电解质的物化特性（a）化学-电化学稳定性、（b）稳定电化学窗口、（c）热稳定性、（d）离子电导率和（e）其他性能（无毒、环境友好、资源丰富、低成本）[11]

碳酸二乙酯（DEC），V/V=1∶1］中，不同钠盐对铝箔腐蚀和阴离子分解的强弱顺序为 $NaPF_6$<$NaClO_4$<NaTFSI<NaFTFSI<NaFSI[双(三氟甲基磺酸酰)亚胺（TFSI），双氟磺酰亚胺（FSI）和(氟磺酰-三氟甲基磺酰)亚胺（FTFSI）阴离子][56]。因此，通过向电解质中加入少量 $NaPF_6$（5wt%）以形成 AlF_3 或 AlO_xF_y 保护层，可以改善 Al 箔在磺酰亚胺基电解质中的稳定性。

溶解在 IL 中形成电解质的磺酰亚胺盐可以在集流体的表面上产生稳定的钝化层，以防止其进一步破坏。钝化层中的有效成分主要包括 $Al(TFSI)_3$、$Al(FTFSI)_3$ 和 $Al(FSI)_3$。由于这些 Al-酰亚胺盐在基于 IL 的电解质中的溶解度低于在碳酸酯类电解质中的溶解度，因此 Al-酰亚胺盐在基于 IL 的电解质中可以形成稳定性良好的保护层[58]，其中 $Al(TFSI)_3$ 是 IL 和碳酸酯类电解质中最稳定的保护层组成成分。对 $NaFe_{0.4}Ni_{0.3}Ti_{0.3}O_2$ 层状氧化物正极材料的研究也证实了该研究成果[55]。即使在 55℃时，基于 NaTFSI 的 IL 电解质也能防止在 5 V 电压下的分解反应［图 5-4（a）］；然而，在相同温度下，Al 箔的氧化溶解发生在 3.5 V 以上。

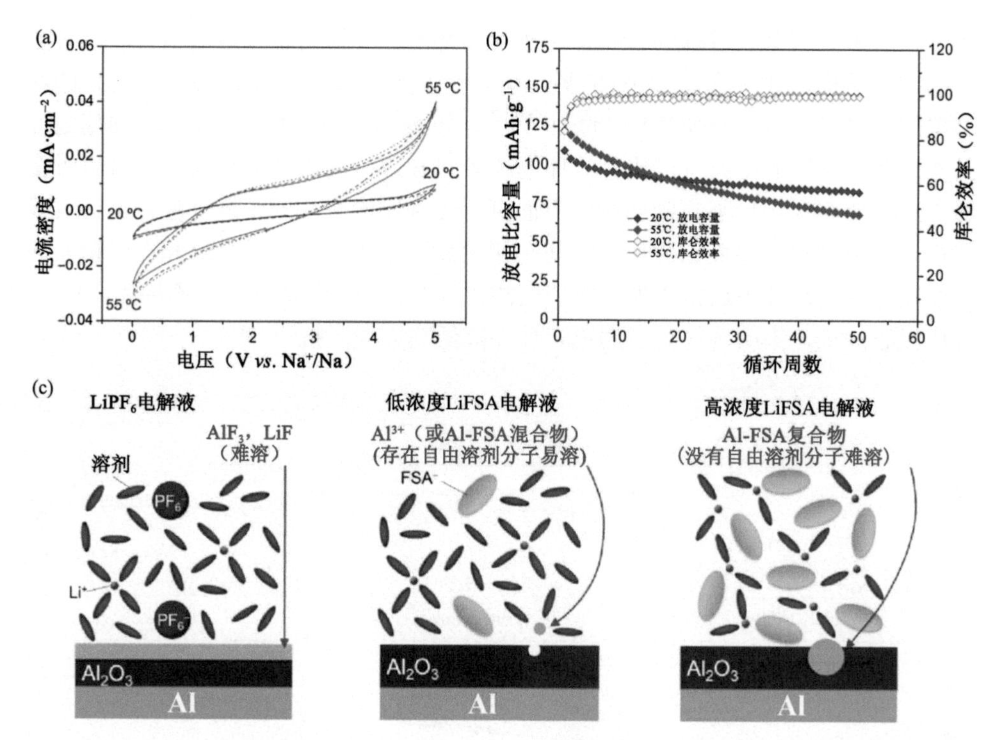

图 5-4 （a）在 20℃和 50℃下基于 NaTFSI 的电解质的 CV 曲线；（b）在 NaTFSI 基电解质中，20℃和 55℃下测试的 Na/$NaFe_{0.4}Ni_{0.3}Ti_{0.3}O_2$ 电池的循环性能[55]；（c）在常规 $LiPF_6$ 基电解质、低浓度和高浓度 LiFSA（即 LiFSI）电解质中 Al 电极的行为示意图[57]

$NaFe_{0.4}Ni_{0.3}Ti_{0.3}O_2$ 电极匹配 IL 电解质在 50 周循环后表现出高容量保持率，并且没有检测到 Al 溶解的现象［图 5-4（b）］。更有效抑制高压下 Al 箔腐蚀的方法是使用高浓度的 FSI（即 FSA）电解质[57]。如图 5-4（c）所示，虽然未在电极表面形成稳定的 AlF_3，但也没有游离溶剂分子与 Al^{3+}发生溶剂化反应。

对于高性能电解质材料的研发，除了关注其化学稳定性外，良好的电化学稳定性也是必不可少的，需要具备宽的电化学稳定窗口（ESW）和稳定的电极/电解质界面［图 5-3（b）］。水系电解质的 ESW 受限于析氢/吸氧反应[59]，而 ISE 由于具有稳定的晶体结构而表现出较宽的工作电压范围。对于有机液体电解质，ESW 的决定因素主要与电解质的组分和浓度有关。在相同有机溶剂中，除了 NaTFSI 外，所有钠盐都表现出相似的电化学稳定性［图 5-5（b）］[10]。对于 NaTFSI 基电解质，电压 3.6 V 时发生的副反应归因于阴离子对铝箔的腐蚀作用。当使用相同的钠盐时，采用不同有机溶剂的电解质 ESW 存在较大差别［图 5-5（b）］，其中碳酸二乙酯基电解质和碳酸二甲酯基电解质分别具有最宽和最窄的 ESW。在实际研究中，可以通过溶剂的组合优化实现对 ESW 的改善，如图 5-5（c）

所示，在 0～5 V 的电压区间内 EC：碳酸丙烯酯（PC）的多元溶剂电解质具有较优的电化学稳定性。改善 ESW 的另一个可行方案是研究如 IL、SPE 或 ISE 的新型电解质材料［图 5-5（d）～（f）］[60-62]。如图 5-5（g）所示，通过界面稳定性的改进和盐浓度的提高可以改善液体电解质的 ESW，而固体电解质相对具有较宽的 ESW。电极和电解质之间的稳定界面有利于抑制电解质的连续分解并保护电极活性，其中钝化层起着重要作用，其在初始循环中通过电解质分解和在电极表面沉积而形成。研究中通常添加如氟代碳酸乙烯酯（FEC）和碳酸亚乙烯酯（VC）等成膜添加剂，来改善钝化层的稳定性并降低其界面阻抗[63, 64]。

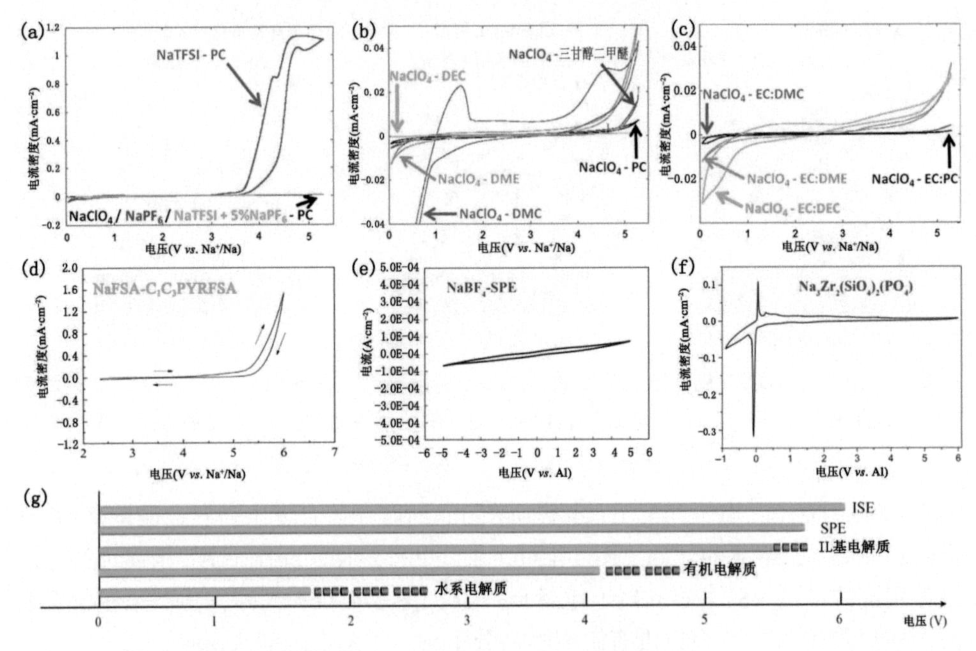

图 5-5 各类电解质的 ESW：（a）溶解不同钠盐的 PC 基电解质（1 mol·L^{-1}）；（b）匹配不同溶剂体系的 $NaClO_4$ 电解质（1 mol·L^{-1}）；（c）匹配不同多元溶剂体系的 $NaClO_4$ 电解质（1 mol·L^{-1}）[10]；（d）NaFSA[C_1C_3PYR][FSA]电解质[60]；（e）$NaBF_4$-SPE[61]；（f）$Na_3Zr_2(SiO_4)_2(PO_4)$固体电解质[62]；（g）各类电解质材料的 ESW 对比，蓝色线条为可达到的 ESW，橙色线条为可扩展的 ESW

5.2.2 热稳定性

热稳定性是 SIB 在实际应用中的另一个重要特性，它要求电解质材料的热稳定温度区间必须大于电池的工作温度范围［图 5-3（c）］。同时，电解质的离子电导率和安全性也与其热稳定性密切相关。与相同溶剂的锂盐电解质相比，钠盐电解质通常具有更低的熔点，这表明 SIB 在应用中可以实现更宽的工作温度范围[65]。

一般来说，水系电解质和 ISE 具有不可燃性和较优的安全性[66, 67]，可满足高安全性电池的应用需求。锂盐电解质同样具有较优的温度适应性，特别是高温稳定性更具有优势，因此，对于 SIB 应用的有机液体电解质热稳定性的改进是研究重点［图 5-6（a）］。如图 5-6（b）所示，与锂盐相比，钠盐热稳定性更高，因此 SIB 有机液体电解质中主要的不稳定因素是有机溶剂。通常来说，单一碳酸酯类溶剂的分解约从 80℃开始，其具有高可燃性和低热容性［图 5-6（c）］[10]。加入具有高反应活性的直链碳酸酯（如 DMC 和 DEC）会导致热稳定性进一步变差［图 5-6（d）］[68]。通过不同类别有机溶剂和添加剂的多元组合优化，可以实现 SIB 热稳定性的提升。在 0.8 $mol\cdot L^{-1}$ $NaPF_6$ 和磷酸三甲酯（TMP）中添加 10vol%的 FEC 研制得到新型有机磷酸盐电解质，其具有不易燃的特性［图 5-6（e）］[69]。同样的，采用 TMP 作为溶剂不含其他添加剂的高浓度电解质也可以有效提高电池的热稳定性能，并表现出良好的循环性能[70]。此外，将少量阻燃添加剂乙氧基(五氟)环三磷腈（EFPN）加入到 1 $mol\cdot L^{-1}$ $NaPF_6$ 和 EC∶DEC

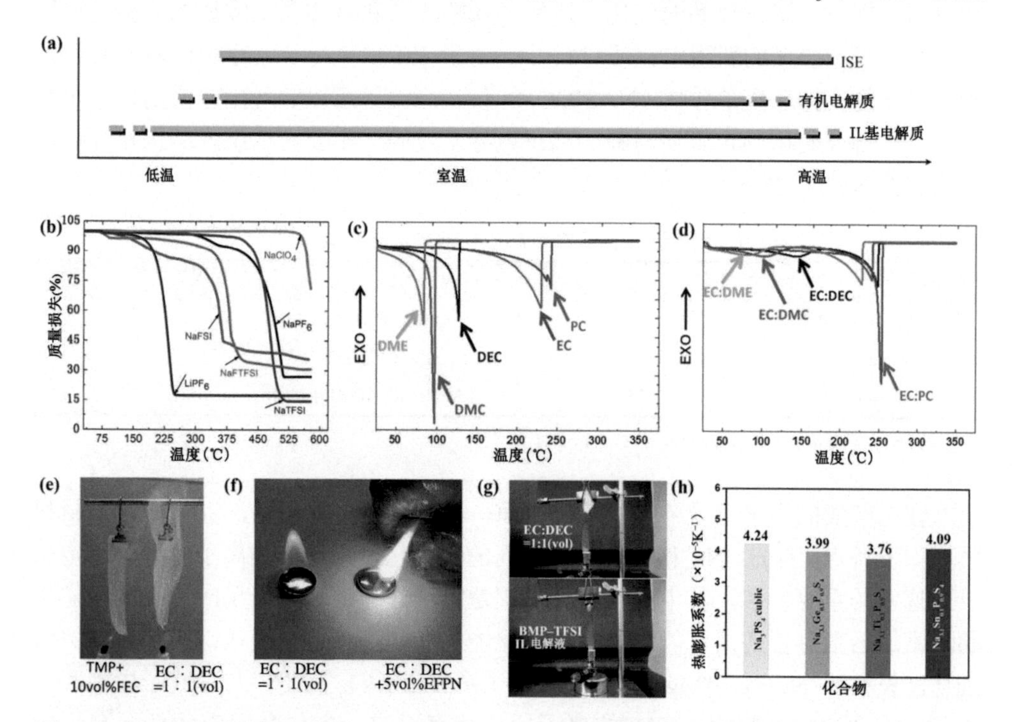

图 5-6　不同电解质的热稳定性：（a）基于 IL、有机液态电解质和无机固体电解质的工作温度范围对比；（b）各种钠盐的 TGA 曲线[56]；（c）单一溶剂和（d）多元溶剂的 DSC 吸热曲线[10]；（e）TMP 电解质的燃烧测试[69]；（f）添加 EFPN 的碳酯类电解质的燃烧测试[71]；（g）与常规有机电解质相比，[BMP][TFSI] IL 电解质的燃烧测试[72]；（h）Na_3PS_4 及其衍生物的热膨胀系数[67]

（1∶1，*V*/*V*）电解质中，其表现出优异的阻燃效果［图 5-6（e）］和良好的电化学稳定性［图 5-6（f）］[71]。采用离子液体作为溶剂同样可以改善电解质的热稳定性，并可以拓宽电解质的工作温度范围。例如，使用 1 mol·L^{-1} NaTFSI 的丁基甲基吡咯烷[BMP][TFSI] IL 基电解质，磷酸铁钠半电池在大于 100℃的高温下表现出良好的热稳定性［图 5-6（g）］[72]。对于不同种类的 IL 基电解质，在低温下（即使低至–40℃）仍能保持较高的离子电导率[27, 73]。如图 5-6（h）所示，硫化物 ISE 在 250℃的极高温度下表现出较小的热膨胀系数，其良好的热稳定性对于电池的安全性提升具有重要的作用。

5.2.3 离子传输性能

电解质的离子电导率取决于盐的解离程度、溶剂的黏度以及 Na^+和相应阴离子的迁移数［图 5-3（d）］[74]。表 5-1 中列出了各种类型电解质的离子电导率。通过对不同有机溶剂体系的优化、适配钠盐的筛选和水体系电解质的创新，可以构筑高离子电导率的新型电解质材料[75]。对于 ISE，其离子电导率普遍较低[67]，含钠氧化物和钠超离子导体（NASICON）仅在高温下可以表现出较高的离子电导率[76, 77]。硫化物固体电解质材料的离子电导率较高，主要通过组成结构设计以提供更多的 Na^+传输路径。

表 5-1 SIB 部分代表性电解质材料的离子电导率[10, 68, 72]

电解质	σ（$mS \cdot cm^{-1}$）	电解质	σ（$mS \cdot cm^{-1}$）
1 M NaTFSI-PC	6.2	1 M $NaClO_4$-EC∶DEC	6.35
1 M $NaClO_4$-PC	6.4	1 M $NaClO_4$-EC∶PC	8.1
1 M $NaPF_6$-PC	7.98	1 M $NaClO_4$-[BMP][TFSI]	1.0

注：σ=室温下电解质的离子电导率，1M=1 mol·L^{-1}

在电解质的离子电导率改进研究方面，与锂离子电池相比，SIB 电解质材料具有如下特点：首先，Na^+和有机溶剂之间的溶剂化作用是影响离子电导率和电极反应速率的重要参数，其中去溶剂化过程是离子迁移率和电极反应速率的决定步骤，常用溶剂分子的活化能垒和去溶剂化能之间的正相关来表达。阳离子的去溶剂化能垒按照 $Na^+<Li^+<Mg^{2+}$的顺序增加［图 5-7（a）］[78]，与锂离子电池和镁离子电池（MIB）相比，SIB 的离子迁移速率更快、电化学反应活性更高。同时，溶剂对去溶剂化能垒的影响较小[79]。随着盐浓度的增加，由于大量自由离子的产生而导致离子电导率首先趋于增加，然后由于静电作用增强而逐渐降低［图 5-7（b）］。另一方面，不同溶剂种类之间的去溶剂化能垒相差较大。如

图 5-7（c）所示，由于溶剂化分子的尺寸、结构和电子构型间的不同而导致各溶剂组成电解质的摩尔电导率间的显著差异。通过第一性原理分子动力学模拟，对 Li^+、Na^+和 K^+的溶剂化结构进行了优化[80]，如图 5-7（d）所示，随着离子半径的增加，离子配位数逐渐增多，与 Li^+相比，Na^+和 K^+的无序溶剂化结构导致更大的扩散系数。

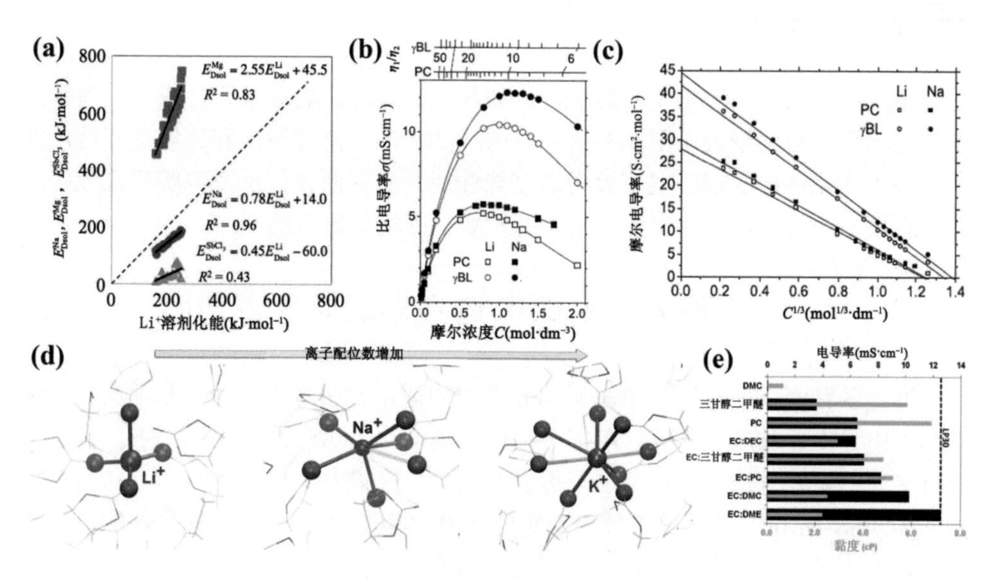

图 5-7 （a）Na^+与其他阳离子的去溶剂化能垒之间的关系[78]；（b）盐浓度与电导率之间的关系；（c）溶剂种类与摩尔电导率之间的关系[79]；（d）EC 溶剂中 Li^+、Na^+和 K^+的溶剂化结构和配位数[80]；（e）不同有机电解质的黏度与电导率对比（绿色线）[10]

其次，锂盐和钠盐中阳离子-阴离子相互作用的强弱也影响了离子电导率。由于 Li^+和 Na^+的不同特性，电解质中可转移电荷数和载流子浓度的决定因素是不同的。当 Na^+作为阳离子取代 Li^+时，阳离子-阴离子相互作用的强度降低约 20%[78]，这归因于 Na^+较小的荷径比。与 Li^+配合物相比，这将导致阳离子和阴离子之间总键能的降低。因此，电解质中的 Na^+传输速度必须足够快以获得高功率特性。K^+也可以观察到类似的情况。理论上，阴离子的溶剂化结构比任何溶剂中阳离子的溶剂化结构稳定性弱，这有利于阴离子在电解质中的快速移动。因此，在一些单离子导电聚合物中，阴离子被固定，此时 Na^+的迁移数大约为 1。

最后，电解质的黏度与离子电导率直接相关。研究表明，离子迁移的数量与电解质的流动性以及 Na^+的迁移速率正相关，而与黏度大致成反比。在等量的 $NaClO_4$ 有机电解质中，黏度的强弱排序为 DMC <EC：DMC <EC：DEC <EC：PC <PC［图 5-7（e）］，比较可知多元溶剂的组成可以改善钠盐的解离并降低电解质

的黏度[10]。在相同的溶剂体系中，$NaClO_4$、$NaPF_6$和 NaTFSI 盐具有相近的黏度，这表明阴离子对黏度的影响可以忽略不计。值得一提的是，盐浓度对黏度的影响不容忽视[81]。虽然高浓度电解质表现出较高的 Na^+迁移数，但由此导致的高黏度将不利于离子电导率的提升。

5.2.4 其他性能

电解质的其他性能也不容忽视，比如环保、低毒、资源丰富、成本低廉等，都与实际应用密切相关［图 5-3（e）］。由于 SIB 的可持续发展和环境友好性，在考虑基本物化性质的同时也应该考虑这些性能。比较而言，水系电解质在这些方面具有更多的优势，在未来的应用研究发展中应给予更多的关注。

5.3 钠离子电池电解质先进研究方法

通过各种测试方法评估电解质和界面的物理化学和电化学性能非常重要，包括离子电导率、黏度、密度、阳离子配位及溶剂化、热分析和 ESW 等。目前，有许多新的表征方法，如原位中子衍射（ND）、原子力显微镜（AFM）和固态核磁共振（SS-NMR）等技术都被用于研究 SIB 电解质，在获取电解质性能信息的同时，为相关作用机理的深入剖析和材料的不断优化改进提供支持（图 5-8）。

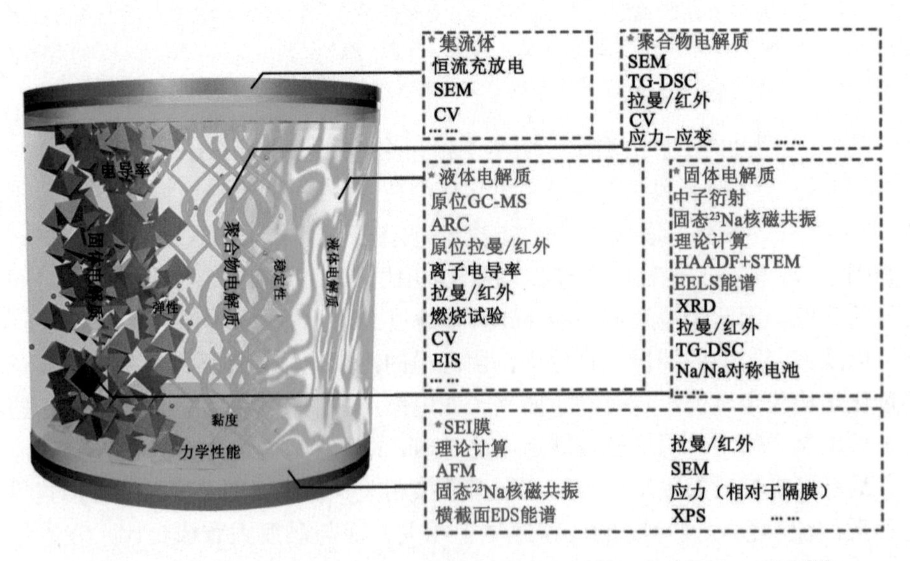

图 5-8 SIB 电解质（液体、聚合物和固体）的研究测试表征方法总结[11]

5.3.1 电极和集流体间界面表征研究方法

在 SIB 中，Al 箔是优选的集流体。然而，常规电解质中的溶剂和阴离子基团可能会导致 Al 箔腐蚀，使得电池的循环稳定性变差。通常采用循环伏安法（CV）在宽扫描电压范围内记录氧化还原反应和钝化层形成，来优化适宜的电解质以获得 Al 集流体的高稳定性。例如，当使用有机碳酸酯电解质时，在末端电位处可检测到对称氧化还原峰，对应于 Al 集流体的氧化溶解[56]。当使用 IL 溶剂时，通过在特定电压下观察到较明显的还原电流，证实 Al 集流体表面产生了稳定的钝化层。对循环后 Al 箔的扫描电子显微镜（SEM）图像可以获取 Al 集流体腐蚀情况的相关信息[58]。

5.3.2 钠离子电池电解质表征方法

5.3.2.1 SIB 固体电解质的表征方法

X 射线衍射（XRD）较多地应用于 SIB 固体聚合物电解质和无机固体电解质的结构解析中。对于固体聚合物电解质，通过 XRD 可对无机填料和共聚物对固体聚合物电解质结晶性的影响进行研究，为离子电导率的提高提供理论指导[82, 83]。对于 ISE，可以通过 XRD 精修来进一步明晰电解质的晶体结构[82]。

对于固体电解质的热稳定性，热重分析（TGA）和差示扫描量热（DSC）测试是常用的研究手段[84]。TGA 曲线中的重量损失开始值或 DSC 模式中的放热峰开始值对应于电解质的分解温度。此外，还可以同时获得电解质的工作温度和分解温度的上限和下限。

CV 测试是研究电解质电化学稳定性的常用方法。阴极扫描的 CV 测试和阳极扫描的线性扫描伏安法（LSV）可以用来评估电解质的 ESW［图 5-9（a）和（b）］[85, 86]。在惰性电极组成的电化学体系中，可以在 LSV 曲线中直接观察到电解质分解的初始电位；同时，通过 CV 测试进行正极扫描可以揭示 SEI 膜形成和其他副反应的不可逆过程。

电化学阻抗谱（EIS）是研究电解质电化学性质的一种有效方法[87]。EIS 曲线由两部分组成，分别是高频半圆弧和低频斜线，分别对应电荷转移阻抗和 Warburg 阻抗。通常，EIS 图中电荷转移阻抗的增长表明在低电压下 SEI 膜的形成[88]。此外，可以从 EIS 数据中获得 Na^+在不同温度下的电解质和界面中的离子扩散系数［图 5-9（c）］[87]。

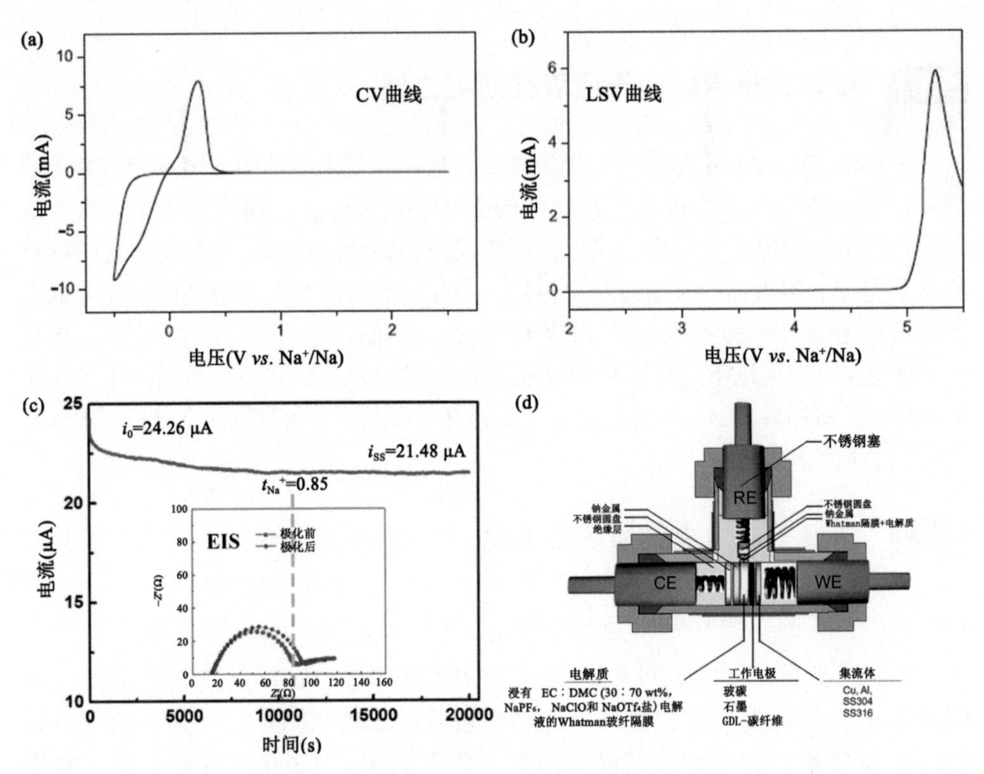

图 5-9 SIB 固体电解质的电化学测试：（a）Na 沉积/剥离的 CV 曲线；（b）通过 LSV 曲线测量固体电解质的 ESW，其中不锈钢作为工作电极，钠箔作为对电极[85]；（c）使用 5 mV 的直流电压测量对称 Na 金属电池的电流-时间曲线，插图是极化前后电池的 EIS 图[87]；（d）三电极系统的示意图[89]

稳态极化曲线表明了电流密度和过电位之间的关系，揭示了电极反应中速率控制步骤的动力学参数。结合 EIS 数据，可以根据以下公式计算得到钠离子迁移数：

$$t_{\mathrm{Na^+}}=\frac{I_{\mathrm{ss}}(\Delta V-I_0R_{\mathrm{ei}}^0)}{I_0(\Delta V-I_{\mathrm{ss}}R_{\mathrm{ei}}^{\mathrm{ss}})} \tag{5-1}$$

$$I_0=\frac{\Delta V}{R_{\mathrm{b}}^0+R_{\mathrm{ei}}^0} \tag{5-2}$$

$$t_{\mathrm{Na^+}}=\frac{I_{\mathrm{ss}}R_{\mathrm{b}}^0}{\Delta V-I_{\mathrm{ss}}R_{\mathrm{ei}}^{\mathrm{ss}}} \tag{5-3}$$

在以上公式中，I_0 代表初始状态电流（A）；I_{ss} 是稳定状态下的电流（A）；ΔV 是极化电压（V）；R_{ei}^0 是初始状态下的电极/电解质的界面阻抗（Ω）；$R_{\mathrm{ei}}^{\mathrm{ss}}$ 是稳定状态下电极/电解质的界面阻抗（Ω）；R_{b}^0 是初始状态下的溶剂阻抗（Ω）；$t_{\mathrm{Na^+}}$ 是

钠离子的迁移数。此外，钠离子迁移数也可以根据 ^{23}Na 固态核磁共振（SS-NMR）的线宽来计算，这通常是为了评估固体电解质中的离子传输扩散情况而进行的测试[85, 90]。电解质中典型阴离子的电导率（如 ^{19}F）同样可以用 SS-NMR 方法进行检测。需要强调的是，三电极装置可以通过引入参比电极有效地消除电化学测量中的误差［图 5-9（d)］。

除了这些基本表征外，还可以采用新方法研究充放电过程中固体电解质的演变机理。在这些研究中，原位 ND 研究是通过对 Na^+迁移期间结构演变的实时监测来描述 Na^+在固体电解质中的迁移[91]。根据原位 ND 模式的分析结果，同时揭示了局部 Na^+配位环境的信息和电解质中 Na^+迁移的可能路径。此外，结合理论计算方法，可以揭示化合物的电子密度分布和 Na^+的扩散能垒。通常，采用键价理论、分子动力学模拟和最大熵方法来计算活化能垒和扩散系数[92, 93]。与 *Ab-initio* 计算相比，这三个简化程序可以实现大规模原子尺寸计算，结果相对准确且用时短（图 5-10)。

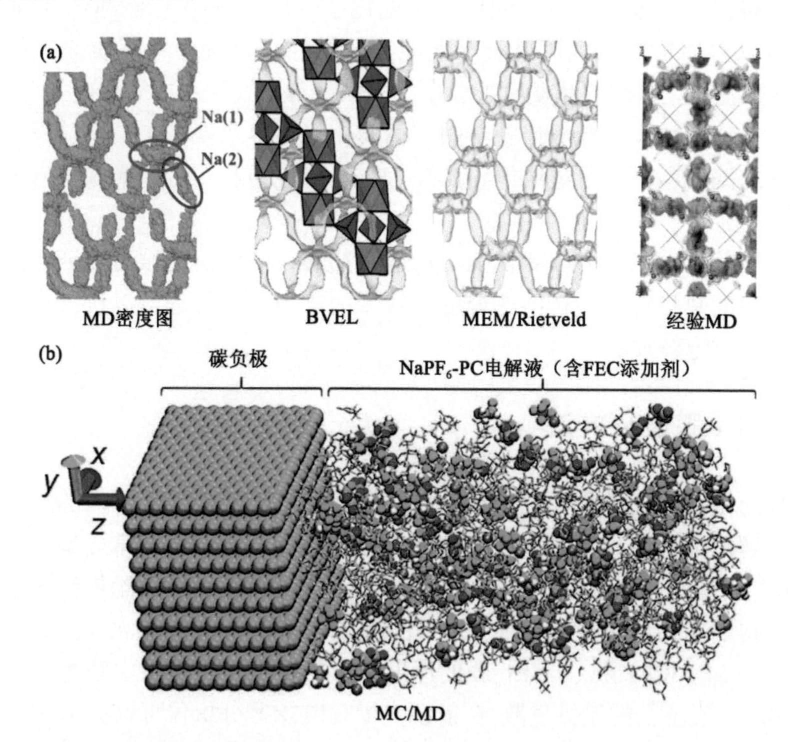

图 5-10 SIB 电解质的理论模拟方法：(a) 基于不同方法获得的 Na^+扩散路径：Na^+的 MD 密度图，确定能量等值面的键价能量图（BVEL），确定能量等值面的最大熵方法（MEM）/Rietveld 分析，确定能量等值面的经验 MD 方法[93]。(b) 基于 MC/MD 反应模拟，在 $NaPF_6$-PC 电解质中的碳负极表面形成的 SEI 膜的模拟[108]

5.3.2.2 SIB 液体电解质的表征方法

傅里叶变换红外（FT-IR）光谱多用于液体电解质组分的研究[94]。在 FT-IR 光谱中，位于不同吸收波长的谱带对应电解质中不同的有机官能团。由于有机液体能够在电解质溶剂中溶解足量的钠盐，极性官能团通常可以在 SIB 电解质的 FT-IR 光谱中找到，如羰基（C═O）、腈（C≡N）、磺酰基（S═O）和醚键（—O—）等。类似地，通过研究阳离子和溶剂分子之间的相互作用，Raman 光谱也可用于确定溶剂对钠盐的溶解能力[95]。

同样的，CV 和 LSV 曲线可用于研究液体电解质的 ESW。与固体电解质不同，液体电解质的 EIS 由内部电阻、钝化层阻抗、电荷转移阻抗、扩散和 Warburg 电阻组成[96]。基于 EIS 数据，可以获得由隔膜/电解质和电解质/电极之间的界面阻抗，以评估电解质材料的相容特性。此外，液体电解质的离子电导率可以通过使用直流电压的电导率仪来测定。

为了研究放电过程中发生的化学和电化学反应，气相色谱/质谱（GC-MS）联用法可以以恒定的载气流过整个电池，分析循环过程中电解质的气体分解产物[97]。一般而言，有机电解质可能会产生二氧化碳、氧气和二氧化硫等分解产物。然而，活性物质结构演变所伴随着的气体演化也不容忽视。在操作过程中，电解质中组分的演变也可以通过原位 FT-IR、Raman 光谱和相应的成像技术等方法进行检测[98, 99]。

除传统的 TGA 和 DSC 测试外，加速量热法（ARC）测试可以证明活性材料在电解质中的热稳定性和初始热分解中缓慢的压力变化过程，以进一步研究热稳定性好的液体电解质[100]。

5.3.3 SEI 膜表征方法

电极与电解质间的界面性能对钠离子电池的整体性能具有重要的影响，对基于不同电解质体系所构建的 SEI 膜的组成和结构的深入研究非常必要。通常采用 SEM 图直接观察 SEI 膜的厚度和表面形貌。活性材料、导电添加剂和黏合剂混浆涂敷制得的初始电极表面粗糙[101]，首周充放电循环后，电极表面形成一层涂敷薄层，表明 SEI 膜的形成。SEI 膜的厚度可以从横截面的测量中获得[102]。此外，安装在 SEM 设备上的能量色散 X 射线光谱（EDX）分析仪可以揭示 SEI 膜表面和内部元素的分布情况。通过使用聚焦离子束（FIB）方法，横截面 EDX 氧分析可以在没有其他污染的干净电极上进行，这意味着主要氧信号将来自剩余的 SEI 膜沉积物[103]。新型 AFM 技术通常用于 SEI 膜的机械性能和表面形貌的研究[104]。根据杨氏模量的计算结果，可以实现 SEI 膜的体积变化和结构演变的模拟研究。

X 射线光电子能谱（XPS）是研究 SEI 膜的组成和演变的必要技术，其主要根据不同元素结合能的变化来确定化学配位的变化。此外，电极在不同电荷状态下的 XPS 测试可以帮助研究循环过程中 SEI 膜的演变。例如，使用 XPS 对 $Na_2Ti_3O_7$ 电极上 SEI 膜的研究表明 SEI 膜在放电过程中形成，并且在循环过程中不稳定[105]。结合氩离子蚀刻技术，可以在不同深度收集 SEI 膜的 XPS 光谱，以揭示 SEI 膜组分的不均匀分布[106]。此外，SS-NMR 技术还广泛用于界面组成研究，其重点在于原子的不同配位结构。例如，聚偏氟乙烯（PVDF）的典型 ^{19}F 信号（–78 ppm，–88 ppm 和–93 ppm）消失以及新双峰（–68 ppm 和–70 ppm）的出现证明了黏结剂在放电过程中的降解。此外，其他谱学技术，如 FT-IR 光谱和 Raman 光谱，也是揭示电解质和电极界面组成的有效技术[107]。

作为一种新兴的方法，理论模拟可以深入揭示 SEI 膜的形成和性质。通过蒙特卡罗（Monte Carlo，MC）方法和分子动力学（MD）方法的组合，可以在大尺度范围内模拟与 SEI 膜形成相关的复杂化学反应，例如对 FEC 功能添加剂作用机制的分析［图 5-10（b）］[108]。相关研究可为新型电解质的优化设计和稳定 SEI 膜的形成提供更多的理论指导。

5.4 钠　　盐

由钠离子和阴离子基团组成的钠盐是 SIB 电解质的主要组分，它直接决定了电解质的电化学性质。为避免副反应和提高离子电导率，钠盐的选择应符合以下要求：①溶解度，决定了电解质中电荷载体的浓度[109]；②氧化还原电位，确定了钠盐的 ESW[10]；③阴离子和阳离子的化学惰性，这影响着隔膜、溶剂、电极和集流体的稳定性[110]；④热稳定性，影响电池的安全性[111]；⑤价格低廉，无毒。

由于 Na^+ 的离子半径较 Li^+ 大，钠盐的溶解度一般稍低于锂盐[109]。一般来说，钠盐中的阴离子含有稳定的中心原子以及由弱配位键连接的电负性基团，这种结构有利于离子的传输[112]。因此，钠盐的改进主要侧重在阴离子基团的结构优化上。表 5-2 详细比较了已经报道的各种钠盐的物理化学性质。由于离子迁移速度快、兼容性好、成本低，$NaClO_4$ 已广泛用于正极和负极的性能测试[54, 113]。然而，高水含量、易爆性和高毒性又阻碍了 $NaClO_4$ 的实际应用。另一种常见的钠盐是 $NaPF_6$，它在 PC 基电解质中具有很高的离子电导率[10]，但同时它又具有较高的价格、轻微的毒性和较低的分解温度等不足。在 EC、PC、DEC 和 DMC 的单一溶剂中，$NaPF_6$ 的溶解度分别为 1.4 $mol·L^{-1}$、1.0 $mol·L^{-1}$、0.8 $mol·L^{-1}$ 和 0.6 $mol·L^{-1}$。一般来说，离子液体基的阴离子表现出高化学稳定性和无毒性，包括四氟硼酸根（BF_4^-）[73]、$TFSI^-$[10]、FSI^-以及三氟甲基磺酸根（Tf^-）[114]。比较而言，具有较

表 5-2　不同钠盐的物理和化学性质[11]

钠盐	阴离子化学结构	分子质量（M_w）（$g·mol^{-1}$）	分解温度（T_m）（℃）	电导率（σ）（$mS·cm^{-1}$）*	毒性
$NaClO_4$	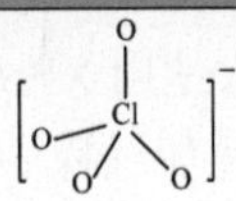	122.4	480	6.4	高
$NaPF_6$	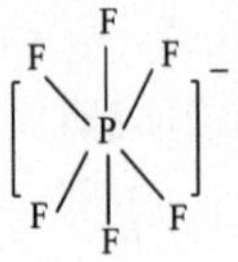	167.9	300	7.98	低
$NaBF_4$	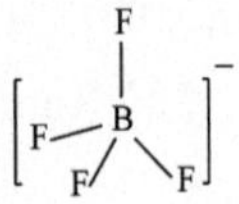	109.8	384	—	高
NaFSI	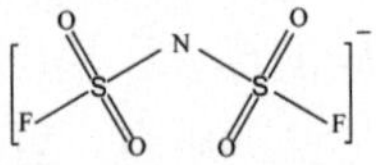	203.3	118	—	无
NaTFSI	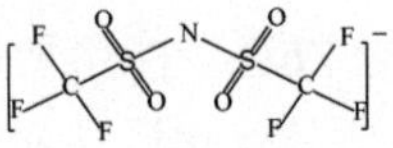	303.1	257	6.2	无
NaTf	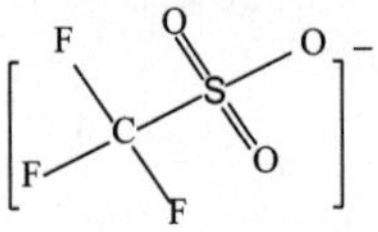	172.1	248	—	无
NaODFB	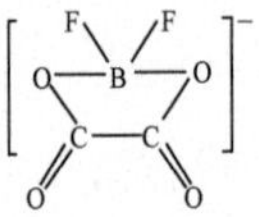	159.8	—	～7	无
NaTDI	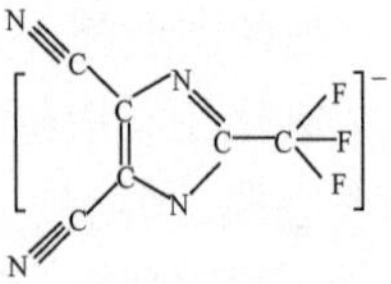	208	—	4.47	无
NaPDI	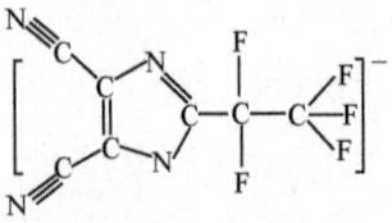	258	—	4.65	无
NaBOB	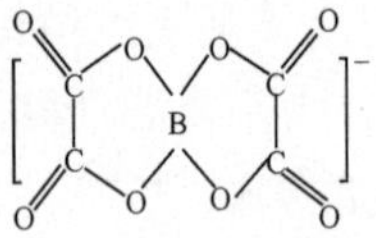	209.8	345	0.256（0.025 M）	无
NaBSB	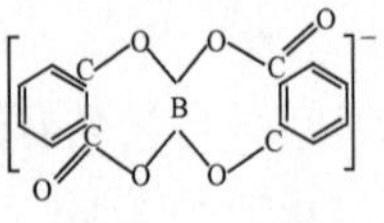	263	353	0.239（0.025 M）	无
NaBDSB	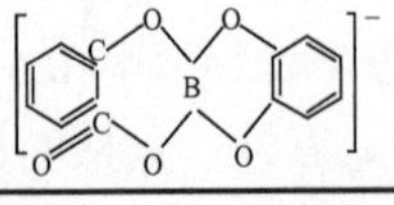	247	304	0.071（0.025 M）	无

*不同钠盐（1 $mol·L^{-1}$）PC 基电解质的室温离子电导率

大阴离子基团的钠盐具有较高的离子电导率。然而，NaFSI 和 NaTFSI 盐在碳酸酯类电解质中存在严重的 Al 箔集流体腐蚀问题[56]。

虽然卤素原子具有高风险和高毒性，但是 F 和 Cl 由于其强电负性和诱导效应依然广泛应用于电解质领域。目前，为了获得更高的电导率和安全性，已经开发了一系列含 F 的钠盐。新型二氟草酸硼酸钠（NaODFB）具有较好的电导率，含有更多与 Na^+之间弱相互作用的离域电荷和阴离子[115]。与 $NaPF_6$ 和 $NaClO_4$ 相比，NaODFB 与多种不同溶剂均具有良好的相容性，因此其应用的钠离子电池具有更好的循环稳定性和更高的比容量。采用溶解于EC∶DEC溶剂的 1 $mol·L^{-1}$ NaODFB 的电解质组装 $Na/Na_{0.44}MnO_2$ 电池，在不同的充放电倍率下可以获得较高的可逆容量和容量保持率。具有 F 原子和杂环结构的不同钠盐中均有类似的优点，例如 4,5-二氰基-2-(三氟甲基)咪唑钠盐（NaTDI）和 4,5-二氰基-2-(五氟乙基)咪唑钠盐（NaPDI）[116]。这两种材料在 300℃以上都显示出良好的热稳定性，并能够在 Al 箔上形成钝化层，以防止进一步的腐蚀反应。这些盐也表现出高达 4.5 V（*vs.* Na^+/Na）的宽 ESW。基于 NaTDI 和 NaPDI 盐的酯类电解质具有良好的相容性，在 SIB 中具有重要的应用价值。为了进一步提高化学稳定性和热稳定性，可以通过有机配体的掺杂制备得到无卤钠盐[117]。其中，双(草酸)硼酸钠（NaBOB）、双(水杨酸根)硼酸钠（NaBSB）和(水杨酸苯二酚)硼酸钠（NaBDSB）均易溶于普通有机溶剂，在室温下具有优良的电导率（$>1×10^{-3}$ $S·cm^{-1}$）。但是，其缺点是溶解度不高，限制了电导率和稳定性的进一步改善。

近年来，有研究者基于 Na^+基电解质的新概念提出的双离子电池具有优异的电化学性能[118]。在该体系中，正极、负极和电解质材料都是活性物质。如图 5-11（a）所示，在充电过程中，Na^+插入负极，阴离子同时进入正极。由此，电解质中钠盐的浓度和种类不同会导致电池表现出不同的电化学行为，这也决定了电池的能量密度，其关系如图 5-11（b）、（c）所示。当盐浓度增加到 5 $mol·L^{-1}$ 时，比能量可

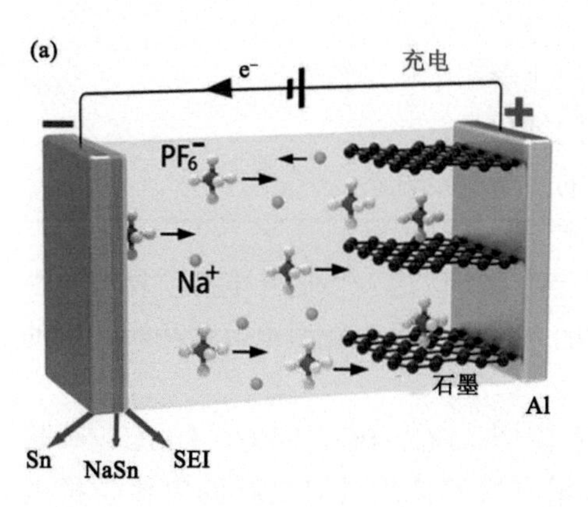

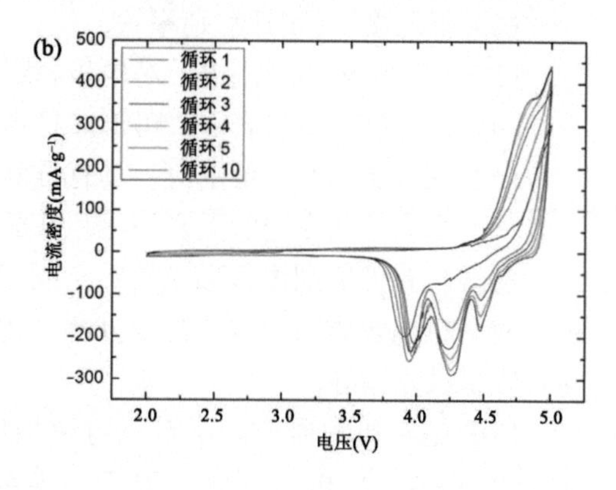

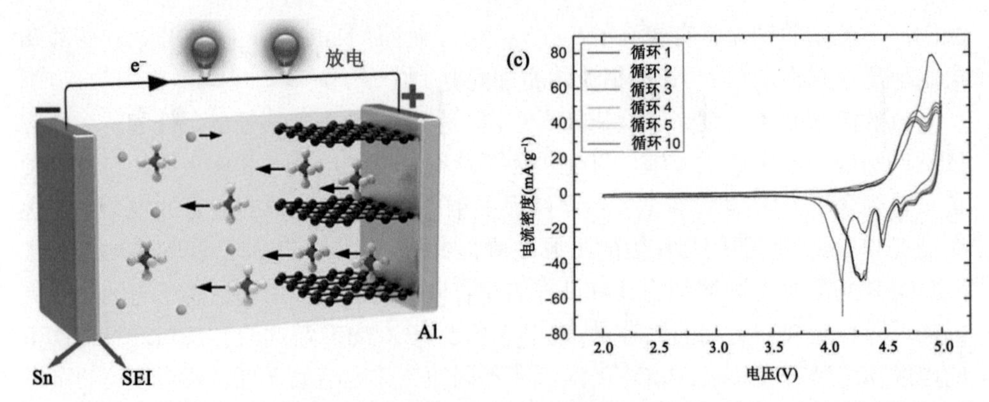

图 5-11 (a)使用 $NaPF_6$ 作为钠盐的双离子电池的工作机制示意图，其中，在充电过程中 Na^+ 迁移到负极，而 PF_6^- 插入正极[119]。不同浓度电解质中的 CV 曲线：(b) 0.1 mol·L^{-1} $NaBF_4$ 溶解在 EC：DEC 中，(c) 0.5mol·L^{-1} $NaPF_6$ 溶解在 EC：DEC 中[118]

超过 100 Wh·kg^{-1}。相较而言，$NaPF_6$ 由于其合适的阴离子大小和在混合溶剂中更好的溶解性可获得更高的能量密度。此外，$NaBF_4$ 和其他钠盐也被用作双离子电池中的传输介质。在将来，先进的钠盐不仅可以优化 SIB 的性能，还可以扩展到满足双离子电池或其他电池体系的应用要求。

5.5 钠离子电池电解质及其性能

5.5.1 基于酯和醚的有机液体电解质

有机液体电解质具有相对稳定的电化学性能、高的离子电导率以及良好的电极相容性，其研究开发的整体需求如下[120]：

（1）高介电常数（ε>15），有利于钠盐的解离；

（2）低黏度，Na^+迁移速率快；

（3）在一定电压范围内，对电极材料的化学和电化学惰性；

（4）在正极和负极表面，可形成稳定的钝化膜；

（5）在较宽的温度范围内，具有良好的热学稳定性；

（6）面向商业应用的无毒环保和低成本。

将多种有机溶剂混合形成的二元或三元体系可以进一步提升电解质材料的性能。对有机电解质的失效分析和分解产物的系统研究可为新型电解质和添加剂的设计提供技术指导。

SIB 电解质的研究始于有机电解质体系[10]。EC、PC、DEC、DMC、碳酸甲乙酯（EMC）和二甲醚（DME）等常用有机溶剂均具有良好的电化学稳定性和离子传输能力。与锂离子电池相似，SIB 中使用的有机溶剂可以分为两类，即酯类溶剂和醚类溶剂。首先，有机碳酸酯通常具有较高的介电常数和离子电导率，分为链状碳酸酯（DMC、EMC 和 DEC）和环状碳酸酯（EC 和 PC）。其次，醚类有机溶剂［如二甘醇二甲醚（G2）和三甘醇二甲醚（G3）］通常在电解质中起特殊作用，如抑制枝晶的生长、提高热稳定性和拓宽 ESW 等。这些电解质的性质如表 5-3 所示。通过密度泛函理论（DFT）可以计算得到最高占据分子轨道（HOMO）和最低未占分子轨道（LUMO）能量，分别对应于溶剂的电子受体（AN）与电子供体（DN）数，以及获得和失去电子的位置[121]。DFT 研究也可以用来推断阴/阳离子和溶剂分子之间溶剂化的难易程度。另外，溶剂的黏度和介电常数都是影响电解质离子电导率的重要参数。EC 或 PC 是 SIB 有机电解质中的重要组分[122]。通常，醚类电解质表现出较低的熔点，为实现低温条件下电池的充/放电提供了可能。与此相反，酯类溶剂的沸点较高，可以提高电池的热稳定性。

表 5-3　SIB 有机液体电解质中碳酸酯类和醚类溶剂的物理化学性能

溶剂	化学结构	熔点（T_m）（℃）	沸点（T_b）（℃）	闪点（T_f）（℃）	黏度（η）（cP）25℃	介电常数（ε）25℃	HOMO 值（eV）	LUMO 值（eV）
EC	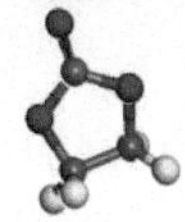	36.4	248	160	2.1	89.78	 −0.2585	 −0.0177
PC	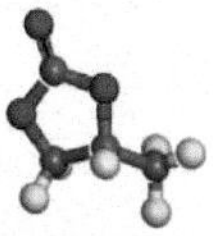	−48.8	242	132	2.53	64.92	 −0.2547	 −0.0149
DEC	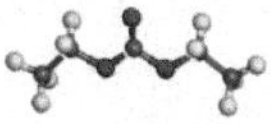	−74.3	126	31	0.75	2.805	 −0.2426	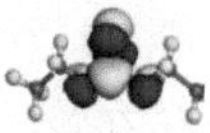 −0.0036
DMC	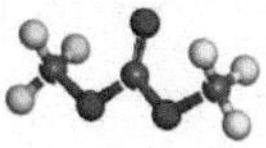	4.6	91	18	0.59	3.107	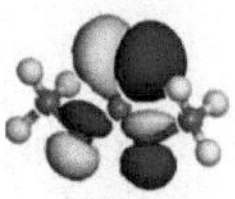 −0.2488	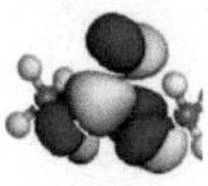 −0.0091
EMC	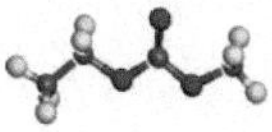	−53	110		0.65	2.958	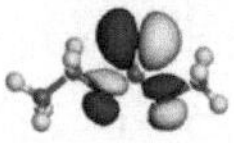 −0.2457	 −0.0062
DME	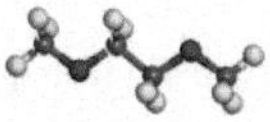	−58	84	0	0.46	7.18	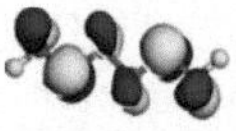 −0.2132	 0.0422

续表

溶剂	化学结构	熔点（T_m）（℃）	沸点（T_b）（℃）	闪点（T_f）（℃）	黏度（η）（cP）25℃	介电常数（ε）25℃	HOMO 值（eV）	LUMO 值（eV）
G2		–64	162	57	1.06	7.4	–0.2133	0.0337
G3		–46	216	111	3.39	7.53	–0.2147	0.0280
FEC		18	249	120	2.35		–0.2774	–0.0352
VC		22	162	73	2.23		–0.2330	–0.0453

5.5.1.1　碳酸酯类电解质

有研究人员通过理论模拟和实验设计分别对有机液体电解质的物理化学性质和电化学性质进行了研究。根据 MD 模拟和碳酸酯电解质 Na^+溶剂化作用的 DFT 计算表明，EC、VC、PC、碳酸丁烯酯（BC）、DMC、EMC 和 DEC 溶剂中的 HOMO-LUMO 能隙增加了它们与 Na^+之间的相互作用力［图 5-12（a）］[122]。当 EC 与 PC、DMC 或 EMC 形成二元溶剂时，HOMO-LUMO 能隙会降低，这归因于 Na^+和 EC 溶剂分子的优先配位[123]。在溶剂化的 Na^+配合物中，EC 和 PC 多存在第一溶剂层中，而 DMC 分子由于其与 Na^+之间较弱的相互作用而主要集中在还原界面上。Na^+与碳酸酯类溶剂之间的相互作用力包括静电（ΔE_{ele}）、交换能（ΔE_{ex}）、极化能（ΔE_{pol}）和分散能（ΔE_{disp}），它们同样决定了 Na^+的去溶剂化能力[78]，其强弱顺序为 $\Delta E_{ele}>\Delta E_{pol}>\Delta E_{disp}>\Delta E_{ex}$。比较可知，纯 EC 溶剂和 EC∶PC 的二元溶剂是应用于 SIB 较为适宜的溶剂体系。应用 DFT 方法对钠离子-溶剂化结构和相对自由能的理论计算表明[124]，在碳酸酯类溶剂中溶剂分子与 Na^+的配位数在 5～6 之间[80]。Liu 等对 SIB 中溶剂和添加剂的还原机理分别进行了理论研究[125]，如图 5-12（b）和（c）所示。EC、PC 和 VC 通过单电子还原分解产生 SEI 膜的组成物质——有机烷基酯钠（$ROCO_2Na$），但其稳定性较差，在循环过程中会持续分解从而引起电极材料的稳定性降低；通过双电子还原则会产生无机 Na_2CO_3，SEI 膜的稳定性增强。对于 FEC 添加剂来说，单电子还原和双电子还原均优先形成 NaF，其有利于电极和电解质之间的钠离子传递，SEI 膜的稳定性高。

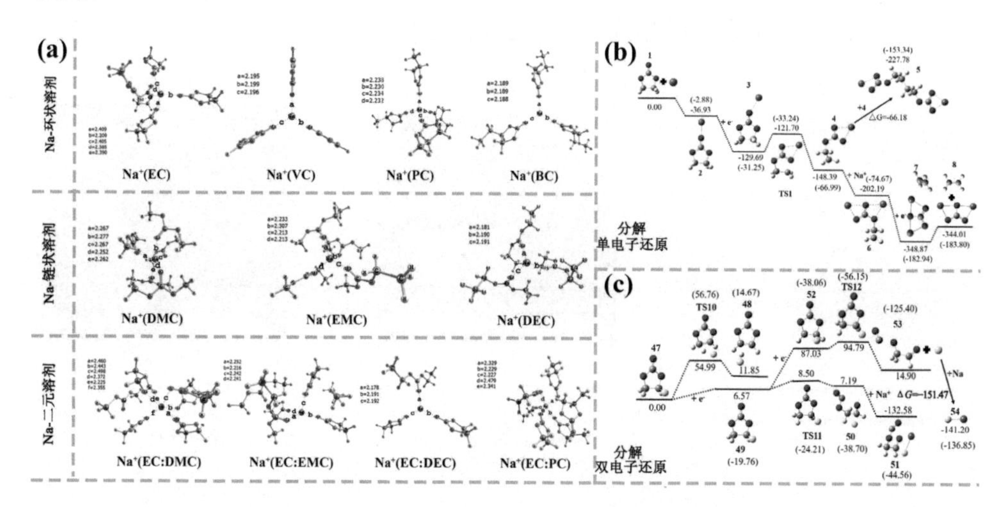

图 5-12 （a）Na^+与碳酸酯溶剂相互作用的优化结构，包括环状溶剂（EC，VC，PC 和 BC），链状溶剂（DMC，EMC 和 DEC）以及 EC∶PC，EC∶DMC，EC∶EMC 和 EC∶DEC 的二元体系[122]；（b）EC 和（c）FEC 还原分解的势能图[125]

Ponrouch 等研究了多种有机液体电解质的物理化学性质和电化学性能[10, 68]。氟基（$NaPF_6$ 或 NaTFSI）钠盐和高氯酸钠（$NaClO_4$）在包括黏度、离子电导率、热稳定性和电化学稳定性等方面表现出不同的特性。在钠盐与溶剂的不同组合体系中，以 $NaPF_6$ 或 $NaClO_4$ 与二元 EC∶PC 组成的电解质表现出优良的综合性能。EC 溶剂可以有效地提高混合溶剂的溶解度和离子电导率，PC 溶剂可以提升电解质的热稳定性和电化学窗口。基于不同特点，溶解 1 $mol \cdot L^{-1}$ Na 盐的 EC∶PC∶DMC（$V:V:V = 0.45:0.45:0.1$）三元电解质被研究制备并应用于钠离子电池[126]。1 $mol \cdot L^{-1}$ $NaClO_4$ EC∶PC 电解质的离子电导率较高（室温下 8 $mS \cdot cm^{-1}$），而多元溶剂（如 DMC、DEC 和 DME）的加入使得 EC∶PC 二元溶剂的黏度得到进一步降低[127]。以三元溶剂电解质应用于硬碳/$Na_3V_2(PO_4)_2F_3$ 电池体系中，测试结果表明其具有良好的容量保持率、倍率特性和高的库仑效率。

除了对碳酸酯类电解质进行优化不断提升其物化性能，对其与电极、隔膜等材料的电化学兼容性及界面特性的研究也非常重要。相关研究表明[128]，链状碳酸酯与疏水性聚乙烯（PE）隔膜具有良好的润湿性，而环状碳酸酯与 PE 隔膜浸润性较差。同时，链状碳酸酯在金属钠电极或其他负极表面易于分解，形成甲基和过氧自由基，这些分解产物会参与正极的副反应并加速电解质中其他组分的分解。针对该问题，可采用 FEC 添加剂在电极表面上形成含有 F^-的保护层来抑制链状碳酸酯的分解［图 5-13（a）］。对于金属钠负极表面保护层的构筑，SEI 膜的形成受 Na^+溶剂化作用的影响 [129]。研究发现，碳酸酯类电解质中存在明显的钠盐聚集，并且 Na^+和溶剂之间的相互作用弱于 Li^+。

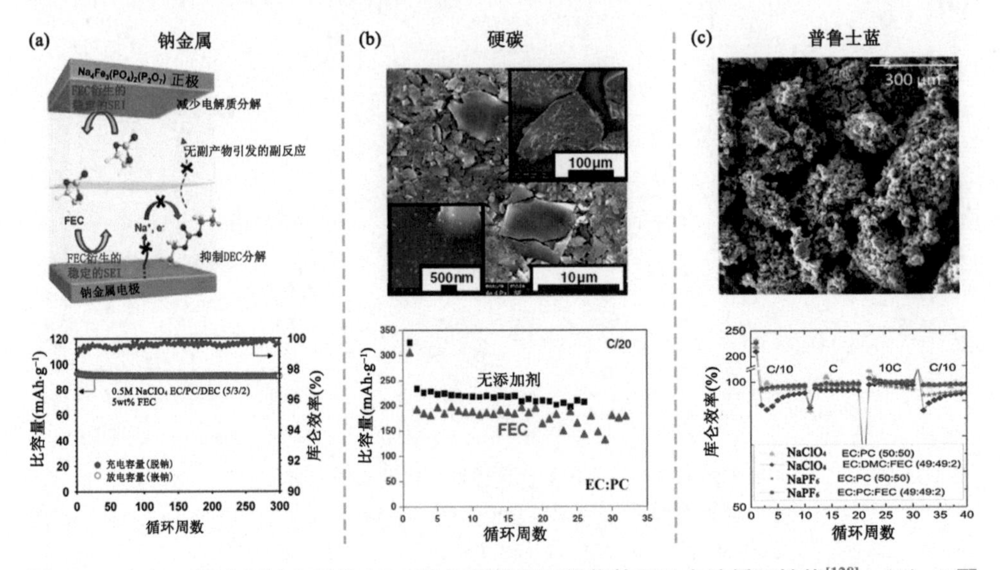

图 5-13 （a）匹配金属钠电极的 FEC 添加剂的界面优化效果及电池循环性能[128]；（b）匹配 1 mol·L^{-1} $NaClO_4$ EC：PC 电解质的硬碳电极的 SEM 图及电池循环性能[127]；（c）匹配在 1 mol·L^{-1} $NaPF_6$ EC：PC：FEC = 49：49：2 电解质中的普鲁士蓝（PB）电极的 SEM 图及电池循环性和倍率性测试[133]

对于硬碳负极，不含添加剂的 1 mol·L^{-1} $NaClO_4$ EC：PC 电解质在其表面形成了稳定性高、界面阻抗低的 SEI 膜，测试表明其具有较高的比容量和循环稳定性［图 5-13（b）］[127]。同样，1 mol·L^{-1} $NaClO_4$ 溶解于 EC：DEC 和 EC：DMC 二元溶剂的电解质体系与硬碳电极也具有良好的电化学兼容性[130, 131]。具有高电压平台和良好循环性的聚阴离子材料作为 SIB 的正极得到了较多的关注[132]。1 mol·L^{-1} $NaPF_6$ 分别与溶于纯 PC 和 EC：DEC 二元溶剂组成电解质，其对 $Na_{1.8}FePO_4F$ 电极表现出不同的电化学性质。PC 溶剂体系在较低的截止电压显示出较差的稳定性，而 EC：DEC 溶剂体系可以实现更高的截止电压并改善了聚阴离子正极的电化学性能。以 $NaPF_6$ 或 $NaClO_4$ 为钠盐，在含有和不含 FEC 添加剂的 EC：PC 或 EC：DMC 二元溶剂电解质中研究对比了 PB 正极的电化学性能[133]。其中，1 mol·L^{-1} $NaPF_6$ EC：PC：FEC = 49：49：2 电解质在 2.4～4.2 V 的电压范围内应用于 Na-PB 电池体系中表现出较优的性能［图 5-13（c）］，形成的低阻抗 SEI 膜保护电极免受由副反应引起的腐蚀，进而提高了电池循环稳定性和容量。

除了高离子电导率和电化学稳定性之外，用于 SIB 高压正极的过充电保护添加剂研究较少，特别是层状 TMO 正极材料通常在高电压下表现出不可逆的相变过程，导致结构损坏和容量衰减[134,135]。作为成膜添加剂，FEC 可以改善钝化层的组成并抑制电极上的副反应[127]，其在 HC 和转化材料方面应用较多 [39, 103, 133, 136]。需要注意的是，FEC 会导致电池库仑效率的显著降低及充放电过程中过电位的增加，这与 FEC 添加剂还原形成的 SEI 膜的性能有关。

5.5.1.2 醚类电解质

醚类电解质具有较宽的温度适应性、与 Na^+溶剂化具有共嵌入效应，可以在电极中实现 Na^+的快速传输，是一类研究较多的钠离子电池有机溶剂[137, 138]。Kim 等比较了匹配天然石墨负极的几种醚类溶剂［DME、二甘醇二甲醚（DEGDME）、四甘醇二甲醚（TEGDME）］、不同钠盐（$NaPF_6$、$NaClO_4$ 和 $NaCF_3SO_3$）组成的电解质的电化学性质［图 5-14（a）］[139]。电池大多表现出较优的容量和循环稳定性。由于 Na^+的离子半径比石墨的晶格间距大［图 5-14（b）］，石墨负极储钠

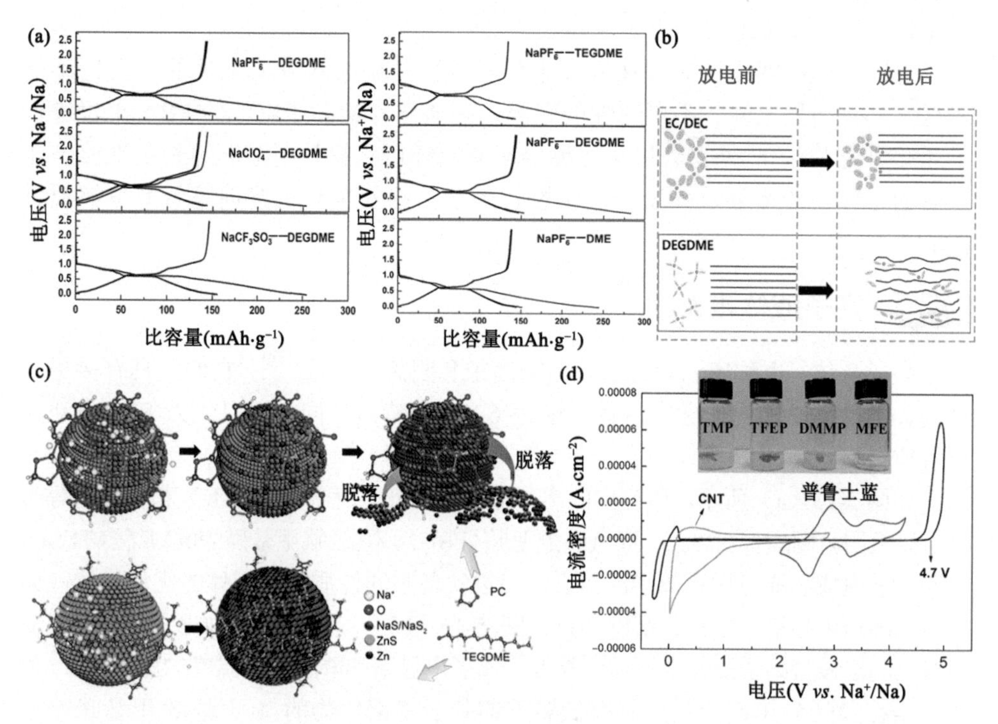

图 5-14 （a）匹配 TEGDME、DEGDME、DME 溶剂和 $NaPF_6$、$NaClO_4$、$NaCF_3SO_3$ 的电解质中，应用于石墨负极的电化学性能测试；（b）在天然石墨中使用碳酸酯类和醚类电解质时，Na^+的嵌入机理[139]；（c）在碳酸酯类或醚类电解质中 Na^+嵌入/脱出过程中 ZnS 纳米球的演变机理[141]；（d）MFE/DEC/FEC 混合电解质中，PB 和 CNT 电极的 CV 曲线。插图是醚类电解质和金属钠的化学相容性表征[146]

时表现出电化学惰性。然而，当 Na^+和醚类溶剂分子形成 Na^+溶剂化物时，它们可以共同嵌入石墨层间[140]。

研究表明，醚类电解质可以有效提升金属硫化物负极的性能[141-143]。首先，多硫化钠可以稳定地存在于醚类电解质中，而在碳酸酯类电解质中［图 5-14（c）］则会部分溶解[141]；其次，Na^+在醚类电解质中能够快速传输，这有助于降低不可逆容量损失并改善初始库仑效率[142]；最后，醚类电解质中钠沉积的表观活化能低、过电位低，这使得电极/电解质界面稳定性好，并具有良好的电化学性能[143]。例如，使用 1 $mol·L^{-1}$ $NaCF_3SO_3$ DME 电解质的 Na/FeS_2 电池的循环性能显著增强[144]，100 周循环后，材料的比容量仍保持 415 $mAh·g^{-1}$。

0.5 $mol·L^{-1}$ NaFSI DME 电解质分别与金属钠、HC 和 NVP 电极匹配，测试结果表明醚类溶剂对不同电极的界面均有明显的改善[145]。在石墨/$Na_{0.7}CoO_2$ 电池中，1 $mol·L^{-1}$ $NaClO_4$ TEGDME 电解质不仅提高了石墨的储钠活性，并与 $Na_{0.7}CoO_2$ 正极具有良好的相容性[137]。由于形成了薄且稳定的 SEI 膜，因此金属钠电极的稳定性得到显著改性 [146]，如图 5-14（d）所示。

有机液体电解质的研究在提高电化学性能的同时对其安全性的改良也不能忽视。具有高稳定性、不可燃性的砜类电解质已与钠离子电池的 PBA 正极进行了匹配研究[148]。此外，有机磷酸酯电解质同样可以提升电池的热稳定性能，在今后的工作中还需要进一步开展阻燃添加剂、高安全有机溶剂等新型电解质材料的研究。

5.5.2 离子液体电解质

离子液体，也称室温熔融盐，由阳离子和阴离子组成[149]。它们因具有热稳定性高、不易挥发和电化学窗口宽（可达 6 V）等特点，同样可以作为 SIB 电池的电解质材料进行研究。

如图 5-15（a）所示，所列出的离子液体由咪唑、吡咯烷（PYR）和季铵盐等阳离子以及四氟硼酸根（BF_4^-）、双氟磺酰亚胺（FSI^-）、双(三氟甲基磺酸酰)亚胺（$TFSI^-$）等阴离子组成。通过阴阳离子的组合，可以实现不同性质离子液体的优化设计（如黏度、离子电导率、熔点、密度等）。图 5-15（b）～（d）分别列出了咪唑类、吡咯烷类和季铵盐离子液体电解质的黏度、离子电导率和降解起始温度的比较。

早在 2005 年，一系列具有低黏度的基于三卤化物的 1-丁基-3-甲基咪唑盐（$[BMI][Br_3]$、$[BMI][ICl_2]$和$[BMI][IBr_2]$）就已经被合成并表征[150]。其中$[BMI][IBr_2]$的电导率最高为 40 $mS·cm^{-1}$，最低黏度为 17 cP，而$[BMI][Br_3]$和$[BMI][IBr_2]$的电导率分别为 8.9 $mS·cm^{-1}$ 和 6.2 $mS·cm^{-1}$，黏度分别为 92.5 cP 和 57.3 cP。研究者将 $NaBF_4$ 和 1-乙基-3-甲基咪唑四氟硼酸（$[EMI][BF_4]$）IL 电解质匹配 NVP 电极

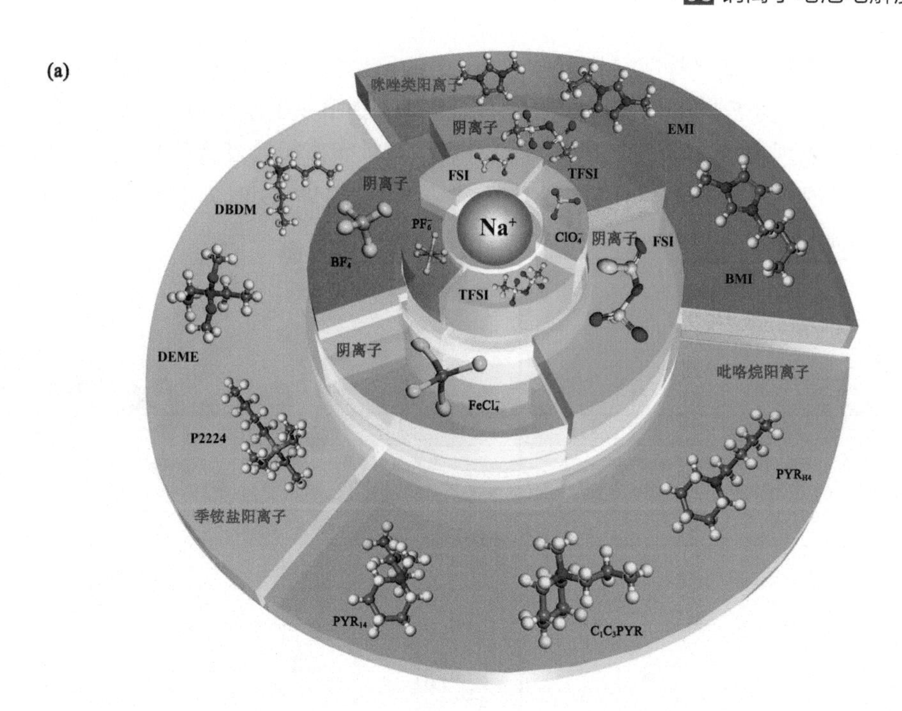

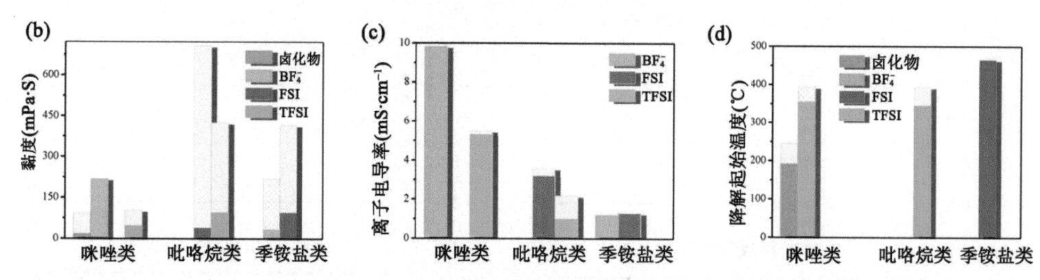

图 5-15 （a）各种阳离子和阴离子组成的代表性 IL 电解质。报道的各种 IL 的黏度（b）、离子电导率（c）和降解起始温度（d）的比较[11]

进行了电化学性能研究[151]。由于 IL 的反应活性较低，电池较之碳酸酯类电解质体系表现出更好的循环稳定性，而且在 400℃表现出良好的热稳定性。具有不同浓度 $NaBF_4$ 盐的[EMI][BF_4]离子液体电解质也被用作 SIB 的电解质[73]。由于在电极上形成稳定的 SEI 膜，电解质的 ESW 随着 $NaBF_4$ 添加量的增加而增大。

Monti 等系统地研究了添加 NaTFSI 的咪唑-TFSI（[EMI][TFSI]和[BMI][TFSI]）离子液体电解质的性能[152]。$Na_{0.1}EMI_{0.9}TFSI$ 电解质不仅在室温下显示出高达 5.5 $mS·cm^{-1}$ 的离子电导率，而且还表现出较宽的温度适应性（从–86℃到 150℃）。结合 Raman 光谱［图 5-16（a）］和 DFT 计算［图 5-16（b）］结果可知，SIB 中主要的 Na^+载体为$[Na(TFSI)_3]^{2-}$配合物。Eilmes 等首先使用 MD 模拟计算了[EMI][TFSI]基 IL 电解质的黏度、扩散系数和电导率，验证了上述的实验结果[153]。

将 $NaFeCl_4$ 与乙基甲基咪唑四氯铝酸盐以 1∶1 的比例混合制备得到了新型 IL 电解质，其可以表示为 $Fe^{(II)}/Fe^{(III)}$IL 氧化还原电解质（$[EMIFeCl_4]_{0.5}[NaAlCl_4]_{0.5}$）[154]，其在 140 ℃时表现出 63 mS·cm^{-1} 的高离子电导率。戴宏杰等通过将氯化铝、氯化钠和氯化 1-乙基-3-甲基咪唑（[EMI]Cl）按一定的比例混合，并添加少量二氯乙基

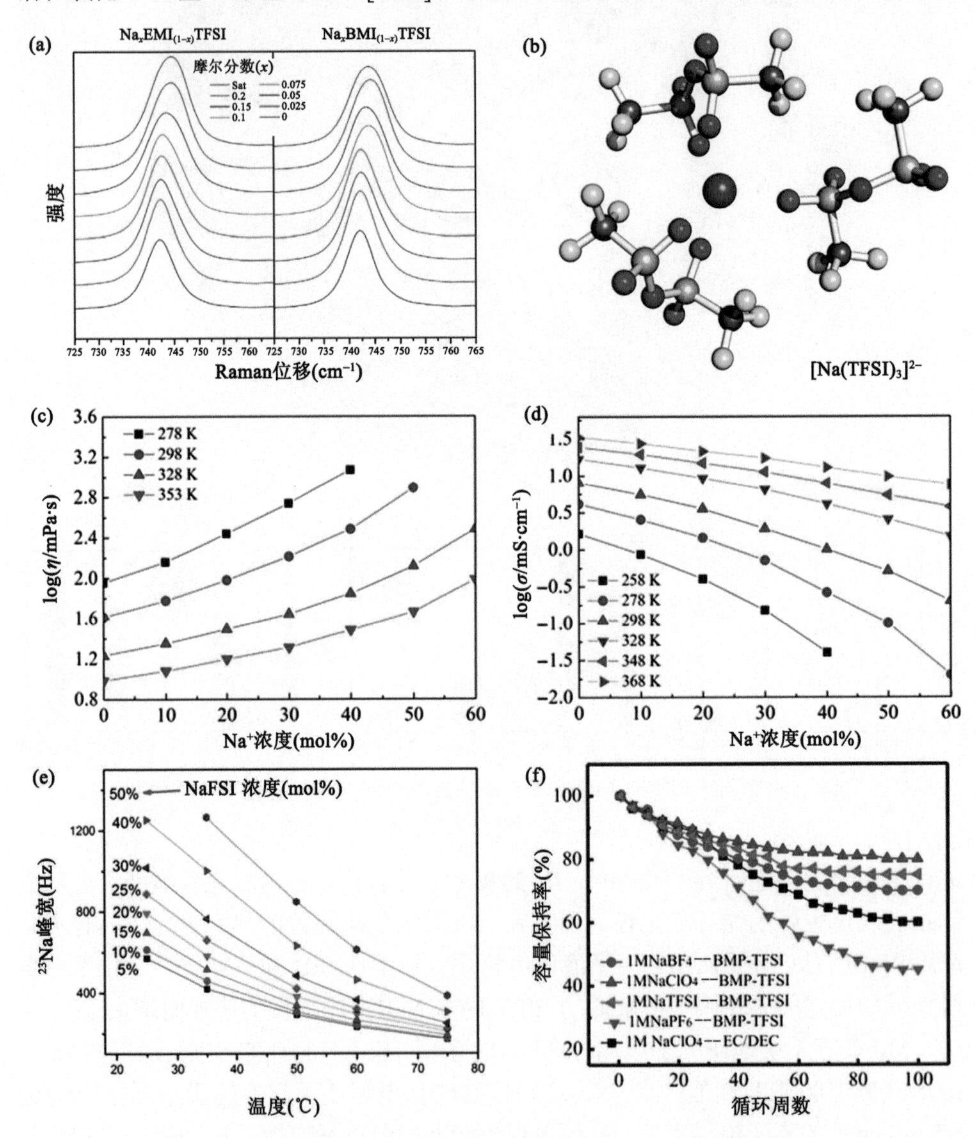

图 5-16 （a）$Na_xEMI_{(1-x)}TFSI$ 和 $Na_xBMI_{(1-x)}TFSI$ 电解质的 Raman 光谱；（b）$[Na(TFSI)_3]^{2-}$ 配合物的优化结构[152]；具有不同 NaFSI 浓度的 NaFSI- $[C_3C_1PYR_{13}][FSI]$电解质的（c）黏度和（d）离子电导率[156]；（e）不同 NaFSI 浓度电解质的 ^{23}Na 峰宽（FWHM）随温度的变化[159]；（f）匹配不同 IL 电解质的 $Na/Na_{0.44}MnO_2$ 电池的性能[160]

铝（$EtAlCl_2$）和 1-乙基-3-甲基咪唑双氟磺酸亚胺（[EMI][FSI]）制备得到一种离子液体电解质[155]，其阳离子为 Na^+和 EMI^+，阴离子包含 $AlCl_4^-$、$Al_2Cl_7^-$和 FSI^-，室温下离子电导率达到 9.2 $mS·cm^{-1}$，热稳定性优异，加热到 400 ℃仍未出现明显的质量衰减，并且能在钠金属负极表面形成稳定 SEI 膜。

由 FSI^-和 $TFSI^-$组成的基于 PYR 的 IL 已被广泛用作 SIB 电解质进行研究。对于 NaFSI-[PYR_{13}][FSI] IL 电解质的研究表明，随着 Na^+浓度的增加，其黏度也随之增大，而离子电导率则下降［图 5-16（c）和（d）］。Na^+浓度的升高也有利于提高 Na^+迁移数并改善界面稳定性[157]。如图 5-16（c）所示，随着温度升高和盐浓度的降低，钠离子的迁移能力增加。据报道，NaFSI-[$C_1C_3PYR_{13}$][FSI] IL 在 25℃和 80 ℃时的电导率分别为 3.2 $mS·cm^{-1}$ 和 15.6 $mS·cm^{-1}$[60]。匹配于 $NaCrO_2$ 正极材料，其表现出优良的循环稳定性和倍率性能。将 NaFSI-[$C_1C_3PYR_{13}$][FSI] IL 电解质应用于 SIB 中的硬碳负极[158]，在 90℃、50 $mA·g^{-1}$ 的电流密度下，硬碳（HC）具有 260 $mAh·g^{-1}$ 的可逆比容量，50 周循环后的容量保持率约为 95.5%。即使在 1000 $mA·g^{-1}$ 的高电流密度下，HC 负极也表现出优异的倍率性能[159]。与传统有机液体电解质相比，这种 IL 电解质在 0.1 C 倍率下应用于电池测试表现出更优的循环稳定性（100 周循环后 97%的容量保持率）［图 5-16（e）］和更高的比容量（117 $mAh·g^{-1}$）。

除了 FSI^-阴离子之外，$TFSI^-$也被广泛应用于基于 PYR 的 IL 电解质中。基于含有各种钠盐（例如 $NaBF_4$、$NaClO_4$、NaTFSI 和 $NaPF_6$）的[BMP][TFSI] IL 电解质，科研人员研究了钠盐对 $Na_{0.44}MnO_2$ 正极性能的影响[160]。结果表明，$NaClO_4$ 是具有最优电化学兼容性的钠盐［图 5-16（f）]，而 $Na_{0.44}MnO_2$ 在 75℃时的比容量为 115 $mAh·g^{-1}$（0.05C）。类似地，有报道研究了 Na/$NaFePO_4$ 电池中基于不同 Na 盐［$NaBF_4$、$NaClO_4$、$NaPF_6$ 和 $NaN(CN)_2$］的 IL 电解质[161]，结果表明基于 $NaBF_4$ 的 IL 电解质具有最高的电导率（室温下 1.9 $mS·cm^{-1}$）和最低的黏度。

除了钠盐的组分之外，钠盐的浓度也会影响电解质的性质。研究表明，用 NaTFSI 匹配的[PYR_{14}][TFSI] IL 作为 SIB 的电解质[162]，离子电导率可达到 8 $mS·cm^{-1}$。然而，随着 NaTFSI 浓度的增加，离子电导率会缓慢下降，这是由于电解质黏度和密度的增加。[PYR_{14}][TFSI]-NaTFSI IL 电解质的熔点可低至–30℃，表明其具有低温应用的潜力[163]。这种 IL 电解质在室温下也显示出高于 1 $mS·cm^{-1}$ 的电导率。研究者采用 NaTFSI 匹配的[BMP][TFSI]作为 Na/$NaFePO_4$ 电池的电解质[72]，并系统地研究了 NaTFSI 浓度（从 0.1 $mol·L^{-1}$ 变化到 1.0 $mol·L^{-1}$）对 Na/$NaFePO_4$ 电池性能的影响。该电池在 50℃和 0.5 $mol·L^{-1}$ NaTFSI 下表现出高达 125 $mAh·g^{-1}$ 的比容量。此外，在 50℃下，采用 1.0 $mol·L^{-1}$ NaTFSI 电解质的电池循环 100 周后的容量保持率为 87%，优于传统的液体电解质体系（38%）。

季铵盐 IL 也是重要的 SIB 电解质。为了提高钠盐在离子液体中的溶解度，有

研究者制备了 $NaBF_4$ 溶于四氟硼酸二乙酯铵（$DEMEBF_4$）和聚(乙二醇)二甲醚（PEGDME）中的 IL 电解质[164]。在室温下，这种电解质在 PEGDME∶$NaBF_4$∶$DEMEBF_4$ = 8∶1∶2 的比例下达到最高的离子电导率（1.2 $mS \cdot cm^{-1}$）。应用醚基官能团与 Na^+进行配位，可以提高 NaTFSI 盐在季铵盐离子液体中的溶解度[165]。进一步的研究表明，NaTFSI 含量的增加会导致黏度和玻璃化转变温度（T_g）的增加，而离子电导率和扩散系数会降低。另一项工作研究了三种无机-有机杂化电解质，包括 Na[FSI]-[TMHA][FSI]、Na[FSI]-[DBDM][FSI]和 Na[FSI]-[AS(4.5)][FSI] [$TMHA^+$为三甲基己基铵阳离子，$DBDM^+$为二丁基二甲基铵阳离子，$AS(4.5)^+$为 5-氮鎓螺(4.5)壬烷][166]。其中，[FSI]-[AS(4.5)][FSI]的离子电导率最高，黏度最低，分别为 1.3 $mS \cdot cm^{-1}$ 和 171 mPa·s。此外，它还在钠溶解/沉积过程中提供了较宽的 ESW（约 5 V）和较高的效率。

工作温度是 SIB 实际应用的关键指标。与其他 SIB 电解质相比，IL 电解质具有宽的温度适应范围[66]。从图 5-17 可知，基于咪唑的 IL 在室温和高温下可以提供与有机液体电解质相近的离子电导率，而在低温下其电化学性能衰减显著[66, 138, 140]。

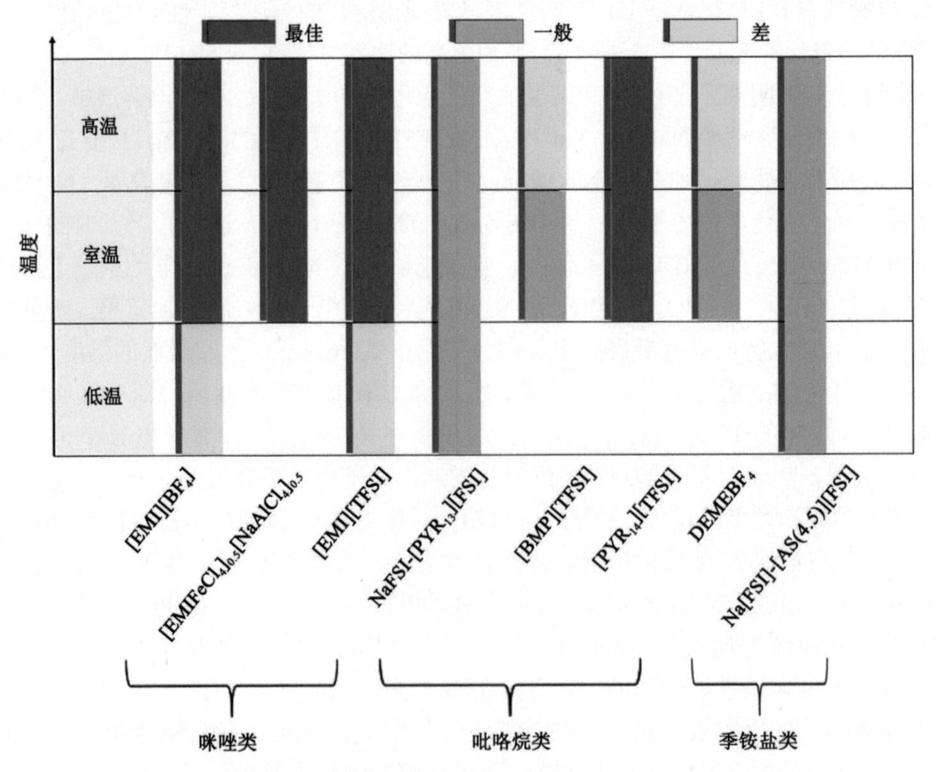

图 5-17 不同离子液体电解质的温度适应性差异[66, 138, 140, 141, 146, 147, 149, 151]

相比来说，基于吡咯烷和季铵盐的 IL 电解质在零下温度环境内具有较好的离子电导率[146, 147, 149, 151]。

5.5.3 水系电解质

由于低成本和高安全性，在水系介质中工作的 SIB 非常适合未来的能量存储应用。通常，水系电解质使用 1 $mol \cdot L^{-1}$ 硫酸钠或硝酸钠作为钠盐，使用去离子水（DW）作为溶剂，具有高离子电导率和不可燃性等优点[167]。然而，电极材料的匹配性选择将受到析氢电位和析氧电位的限制[168]。此外，由于金属钠和 DW 之间的剧烈反应，用于评估电极材料电化学性能的原理电池性能很差。因此，铂、活性炭和 $NaTi_2(PO_4)_3$（NTP）通常用作水系电池研究中的对电极或负极[169, 170]。层状结构锰基氧化物（$Na_{0.44}MnO_2$）、PB、PBAs 和聚阴离子化合物通常用作水系电池的正极[66, 171, 172]。有时，在水系电解质中可以采用高化学稳定性的有机电极材料部分替代上述正极材料[173]。由于动力学特性，水系电解质的实际稳定窗口宽于热力学极限，可与更多种类的电极材料进行相容性研究[174]。

水系和非水系电解质之间的区别在于溶剂分子。为了提高基于水系电解质的 SIB 的电化学性能，应该明晰介质中 Na^+的输运和储存过程。慕尼黑工业大学 Bandarenka 课题组使用 $Na_2Ni[Fe(CN)_6]$来研究水溶液中 Na^+的嵌入过程[175]。如图 5-18（a）所示，Na^+在水体系中的嵌入反应可分为三个步骤。首先，在电极材料上发生一个电子快速转移的氧化反应。随后，水系电解质中阴离子的捕获过程是由电荷诱导效应引起的，这种效应平衡了电极上的瞬时电荷。实际上，与电荷转移过程相比，电极中的 Na^+的脱嵌是滞后的。最后，从电极中脱出 Na^+和阴离子，对应于一个非电化学活性步骤。不难发现，从钠盐中解离的阴离子在电极反应动力学中起决定性作用。另外，离子水合作用和阳离子的大小可能是控制插层电位的主要参数［图 5-18（b）］。因此，未来需要建立更精确的模型为设计水系电池提供指导。

为了探究基于水系电解质的 SIB 的衰退机理，有研究者分析了 NTP 电极在 1 $mol \cdot L^{-1}$ Na_2SO_4 水溶液中的固体-水界面演变过程［图 5-19（a）］[176]。在不存在 Na^+存储的情况下，NTP 电极的 Nyquist 和 Bode 图中检测到不溶物质[177]。根据 XPS 分析［图 5-19（b）］，这些组分由非晶过渡金属磷酸盐和硫酸钛组成。其中，Na 和 Ti 阳离子溶解形成的绝缘磷酸盐层和表面基团的水解导致动力学变慢和容量衰减等问题。硫酸根阴离子与钛阳离子之间发生反应也会在电极表面产生不溶性的硫酸钛相，这阻碍了离子和电子的迁移。研究表明，无论是在纯水还是 1 $mol \cdot L^{-1}$ Na_2SO_4 溶液中，硫酸钛阻止了 NTP 电极的进一步反应［图 5-19（c）］。但另一方面，这些

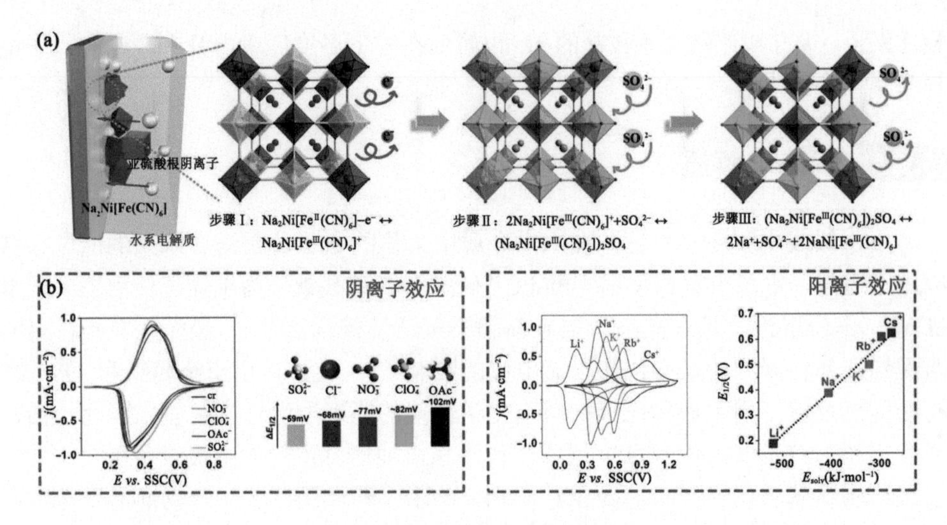

图 5-18 （a）基于 $Na_2Ni[Fe(CN)_6]$ 材料的水系电池中 Na^+嵌入反应示意图，（b）水系电池中阴离子和阳离子的电化学行为[175]

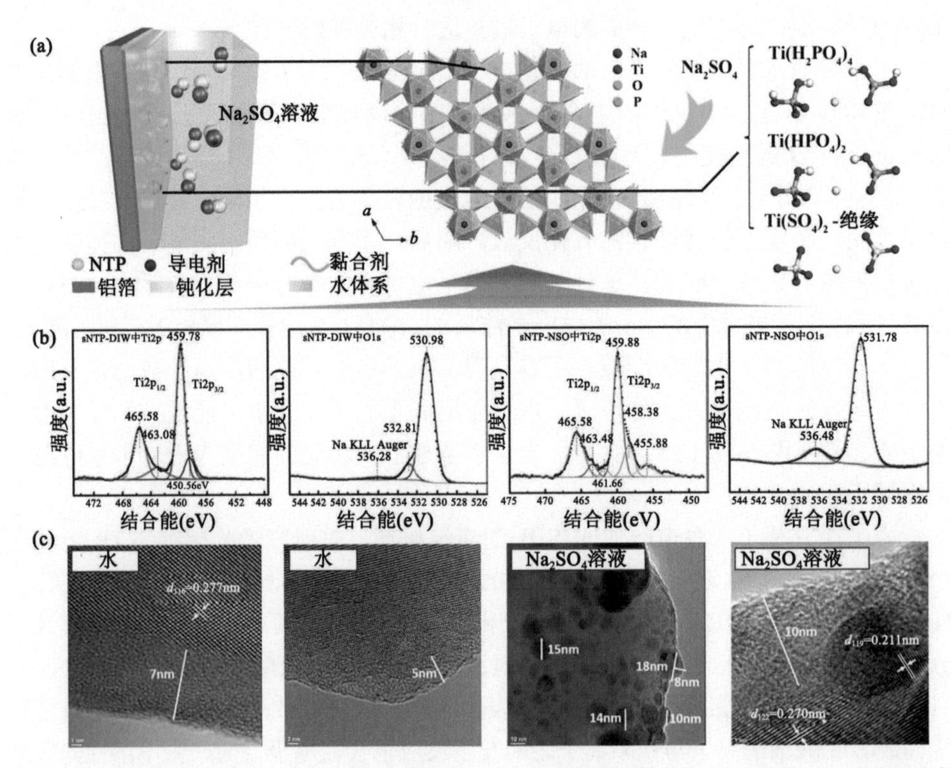

图 5-19 （a）1 mol·L^{-1} Na_2SO_4水溶液电解质中 NTP 电极的界面演变过程示意图，（b）NTP 电极上界面化学组成的 XPS 谱，（c）NTP 纳米颗粒分别在水和 1 mol·L^{-1} Na_2SO_4溶液中反应后的 TEM 图像[176]

沉淀物阻塞了电解质渗透浸润的孔隙。通过研究各种水溶液条件下的界面稳定性揭示了电解质对电极材料的作用影响。例如，2 $mol \cdot L^{-1}$ Na_2SO_4 水溶液和 4 $mol \cdot L^{-1}$ $NaClO_4$ 水溶液均与 $Na_2FeP_2O_7$//NTP 全电池显示出良好的匹配性，相对于非水电解质，循环性和倍率性能得到了改善[178]。然而，在 4 $mol \cdot L^{-1}$ $NaNO_3$ 水溶液电解质的全电池中，观察到由于析氢和腐蚀性副反应而引起了较大的不可逆容量损失，这主要是由于在高电位下发生的硝酸根阴离子的分解还原而导致 HNO_2 和 HNO_3 的形成所引发的。由此可知，盐的阴离子对电池的界面稳定性和电极副反应的作用影响更为显著。

除了阴离子和阳离子的影响之外，电解质浓度的优化也是改善水系电解质性能的重要方法，其主要对离子电导率以及倍率性能产生影响[179]。在 1～5 $mol \cdot L^{-1}$ 的盐浓度范围内，随着盐浓度的增加，Na^+的离子电导率增加，倍率性能增强［图 5-20（a）］。当盐浓度超出上述范围时，电导率则不再增加［图 5-20（b）］。同时，电解质摩尔浓度的升高会导致电解质中的氧溶解度降低。虽然电解质中的

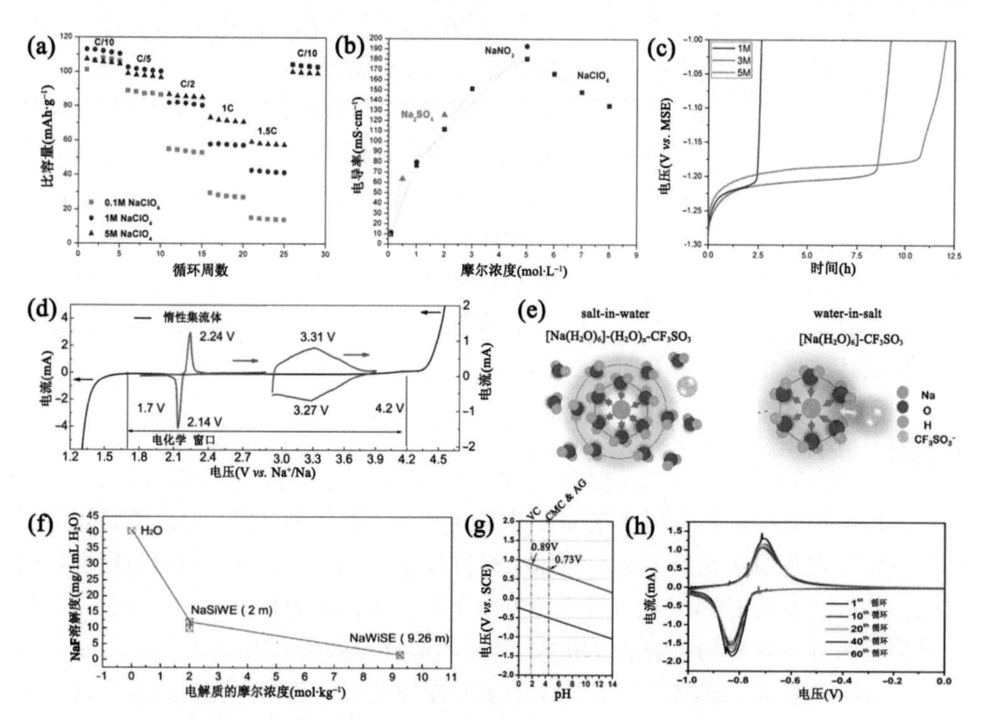

图 5-20　应用不同盐浓度水系电解质的电池体系的（a）倍率性能，（b）离子电导率和（c）OCP 曲线[179]；（d）“water-in-salt”电解质的 ESW；（e）“water-in-salt”和“salt-in-water”中阳离子-阴离子-溶剂相互作用模型；（f）NaF 在不同浓度的 $NaCF_3SO_3$-水体系电解质中的溶解度[75]；（g）VC 添加剂对水系电解质 pH 和 ESW 的影响；（h）在 10 $mol \cdot L^{-1}$ $NaClO_4$ + 2vol%VC 电解质中测试的 NTP-C 电极的 CV 曲线[181]

水含量不影响水溶液体系电池的稳定性，但电解质中的氧含量则会对电池的储存性能和循环寿命产生影响。盐浓度的增加可以有效抑制与氧有关的自放电，可通过带电负极的扩展 OCP 曲线来验证［图 5-20（c）］。然而，高浓度电解质同样也引出一些新的技术难题，例如在特定电位下的电化学腐蚀问题。许康等提出了 water-in-salt 新概念应用于 SIB 水溶液电解质，可以达到拓宽 ESW 的目的[75]。高浓度 $NaCF_3SO_3$ 水系电解质应用于 $Na_{0.66}[Mn_{0.66}Ti_{0.34}]O_2$ 和 NTP 组装的电池体系，可以形成含 Na^+的稳定 SEI 膜并具有 2.5 V 的 ESW［图 5-20（d）］。这归因于阳离子和阴离子之间较强的相互作用［图 5-20（e）］，并形成较多的积聚离子，增加了阴离子的还原电位而抑制了水的分解。同时，高浓度的 $NaCF_3SO_3$ 水溶液也可以抑制 NaF 的溶解［图 5-20（f）］，提升负极表面 SEI 膜的稳定性。

在水系电解质中加入适量的添加剂同样可以改善 SIB 的化学稳定性和电化学稳定性[180]。Kumar 等研究了几种添加剂对水系电解质性能改善的影响[181]。研究表明，在 10 $mol \cdot L^{-1}$ $NaClO_4$ 水溶液中加入 2vol%的 VC 可以获得较低的 pH 值，从而将电化学窗口扩大到 0～0.9 V［图 5-20（g）］。同时，由 VC 的降解产物形成的 SEI 膜防止了电极在高浓度的电解质中发生腐蚀反应。

与其他电解质相比，水系电解质的相关研究工作较少，特别是在固体/液体界面方面的研究。实际上，包覆在电极表面上的钝化层不仅增强了界面稳定性，而且增大了电池的 ESW。钝化层的物理化学性质由电解质中的阴离子种类、电极材料种类和溶剂组成共同决定。因此，SIB 水溶液电解质的改进主要包括以下几个方面：①溶剂体系的优化，包括平衡 pH 值和去除溶解氧；②选择可在电极表面形成稳定且低阻抗保护层的适宜阴离子钠盐；③添加功能添加剂以改善界面稳定性并抑制高浓度电解质中的副反应。

5.5.4 固体电解质

虽然传统有机液体电解质在 SIB 中应用较多，但其易挥发、易燃等特点所引起的安全问题是最明显的不足。固体电解质具有不可燃性、良好的热稳定性和高机械性能以及宽的 ESW，在提升电池安全可靠性方面具有优势。一般来说，固体电解质分为固体聚合物电解质（SPE）和无机固体电解质（ISE）。

表 5-4 和表 5-5 列出了用于 SIB 的主要固体电解质的物理化学性质。含有聚合物基底和各种钠盐的 SPE 通常具有良好的柔韧性和较低的电导率（10^{-5}～10^{-7} $S \cdot cm^{-1}$）。而 ISE 主要分为四种类型：硫化物、β-Al_2O_3、NASICON 和复合氢化物，大多具有高于 10^{-4} $S \cdot cm^{-1}$ 的离子电导率、较高的 Na^+迁移数（≈1）和较宽的 ESW（约 5 V）。

表 5-4 用于 SIB 的各种类型的 SPE 的物理化学性质

固体聚合物电解质	组成	σ（$S\cdot cm^{-1}$）	E_a（eV）	t_{Na+}	电池体系组成	参考文献
PEO 基	PEO_8：$NaPF_6$	7.7×10^{-7}	0.31			[198]
	PEO_{20}–$NaClO_4$–5%SiO_2–x%[EMI][FSI]	1.3×10^{-3}	0.19	0.61	Na/PEO_{20}–$NaClO_4$–5% SiO_2–x%[EMI][FSI]/ $Na_2Y_xZr_{1-x}O_3$	[193]
P(VDF-HFP) 基	P(VDF-HFP)	6×10^{-4}	0.047	0.3	Na/P(VDF-HFP)/$Na_4Mn_9O_8$	[186]
PMMA 基	PMMA/聚碳酸酯+ EC + PC + 25 wt% $NaBF_4$	5.67×10^{-4}	0.28	0.93		[61]
PAN 基	PAN/24% $NaCF_3SO_3$	7.13×10^{-4}	0.23			[192]

表 5-5 用于 SIB 的各种类型的 ISE 的物理化学性质

无机固体电解质	组成	σ($S\cdot cm^{-1}$)	E_a(eV)	ESW（V vs. Na^+/Na）	电化学测试	参考文献
硫化物	立方相 Na_3PS_4	2.0×10^{-4}	0.27	0～5	Na-Sn/ Na_3PS_4/ TiS_2	[197]
	$94Na_3PS_4\cdot 6Na_4SiS_4$ (mol%)	7.4×10^{-4}	0.27	0～5		[67]
	Na_3SbS_4	1.1×10^{-3}	0.20		NCO/Na-Sn	[202]
	$Na_3P_{0.62}As_{0.38}S_4$	1.46×10^{-3}		0～5	Na-Sn/$Na_3P_{0.62}As_{0.38}S_4$/TiS_2	[86]
β-氧化铝	Mg^{2+}掺杂 Na-β″-/β-Al_2O_3	0.24 at 350 °C	0.25			[207]
	8wt%-ZrO_2–2wt%-TiO_2-共掺杂 Na-β″-Al_2O_3	0.28 at 350 ℃	0.21			[209]
NASICON	$Na_{1+x}Al_xGe_{2-x}P_3O_{12}(x = 0.5)$	2.02×10^{-7}	0.53	0～5.5		[213]
	$Na_{2.6}V_{1.6}Zr_{0.4}(PO_4)_3$	<1.2×10^{-5}			“单相”全固态电池	[216]
复合氢化物	$Na_2B_{10}H_{10}$-$Na_2B_{12}H_{12}$(1：3)	3.16×10^{-4}	0.56	0～5	Na/$Na_2B_{10}H_{10}$–$Na_2B_{12}H_{12}$/TiS_2	[220]
	$Na_2(B_{12}H_{12})_{0.5}(B_{10}H_{10})_{0.5}$	9.0×10^{-4}	0.4	0～6.5	Na/ $Na_2(B_{12}H_{12})_{0.5}(B_{10}H_{10})_{0.5}$/ Na	[218]

5.5.4.1 固体聚合物电解质

通常，SPE 为包括聚合物主体基质，另有液体增塑剂、有机溶剂或盐[184]。与传统的液体和无机固体电解质相比， SPE 中的液体能促进离子传导，而聚合物主体基质具有稳定的机械强度和灵活的可加工性。基于上述特点，SPE 已经在 LIB、SIB 和其他 ESS 中得到了广泛应用。

Bella 等提出了一种基于甲基丙烯酸酯的光聚合电解质，该电解质由紫外-可见光（UV-vis）诱导聚合技术制备得到[185]，其不仅在 100 ℃以上具有良好的热稳定性，而且在 20℃时的离子电导率也很高（5.1 $mS\cdot cm^{-1}$），ESW 达到 4.8 V。与 TiO_2 负极匹配，电池表现出与液体电解质体系相近的高比容量和循环稳定性。膜的孔隙率和润湿性对于吸收适当的电解质溶剂和高离子电导率非常重要。如图 5-21（a）所示，通过简单的相分离工艺制备出了一种基于 PVDF-HFP 的多孔聚合物膜[186]。通过将该膜浸泡在 1 mol·L^{-1} $NaClO_4$ EC/DMC/DEC 电解质中，液体电解质被吸附于膜的孔中，然后渗入聚合物基质中以使其非晶区膨胀，抑制了所吸收液体的泄漏，并将该电解质的室温离子电导率提升到 0.60 mS·cm^{-1}。

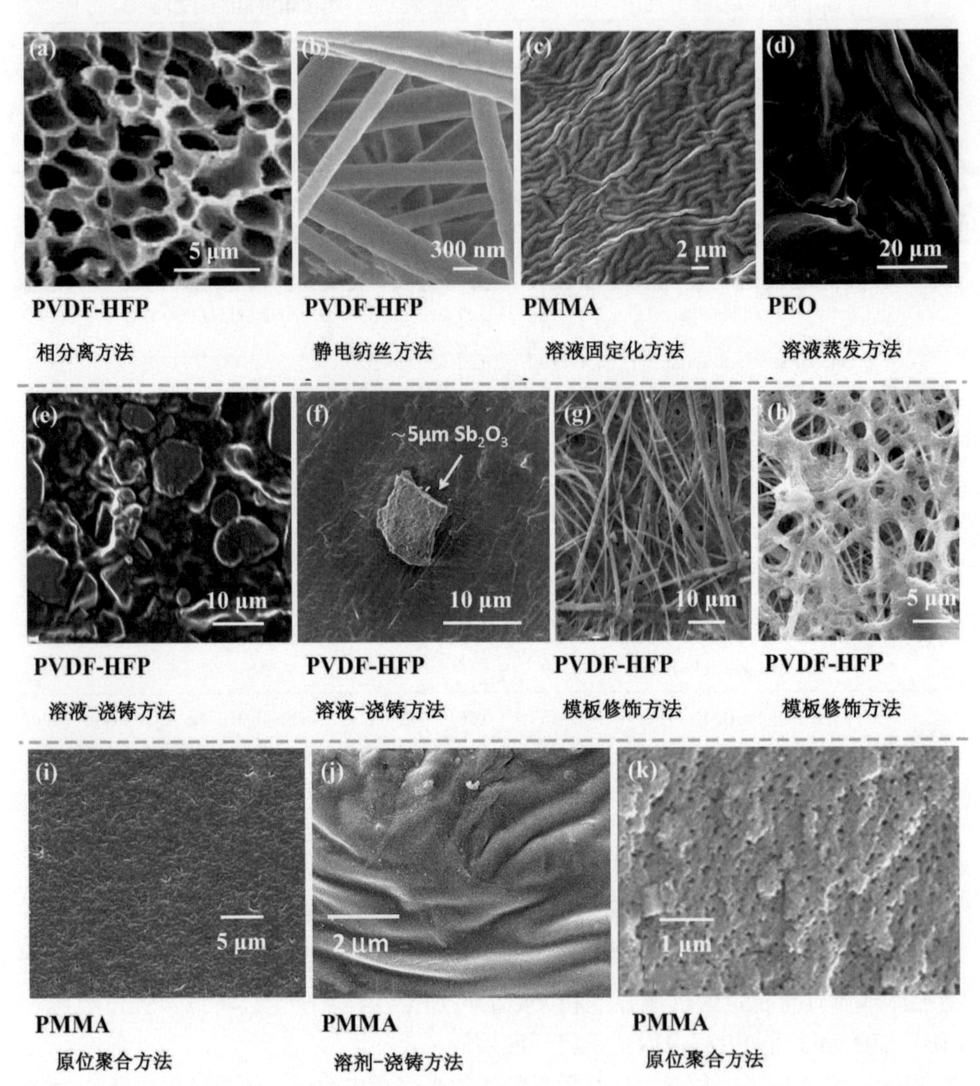

图 5-21　通过不同聚合物基质和合成方法制备的各种 SPE 的 SEM 图[186, 189-191, 114, 194-196, 32, 85, 61]

除了常规的溶液浇铸技术之外，静电纺丝技术也被用于制备聚合物电解质，可构建高孔隙率和开放的互连网络结构[188]。如图 5-21（b）所示，静电纺丝制备的 PVDF 基薄膜表现出具有丰富孔隙和狭窄通道的互连多孔结构[189]。在浸入

1 mol·L^{-1} $NaClO_4$ EC/DEC 溶液后，该电解质室温电导率约为 7.38×10^{-4} S·cm^{-1}。匹配 $Na_{0.66}Fe_{0.5}Mn_{0.5}O_2$ 正极进行测试，90 周循环后库仑效率为 92 %，电池表现出良好的循环性能。此外，掺入无机填料可以有效降低聚合物电解质的结晶度从而改善离子电导率。通过将煅烧二氧化硅颗粒分散在 1 mol·L^{-1} $NaClO_4$-EC/PC 的饱和溶液制备得到聚甲基丙烯酸甲酯（PMMA）的 SPE［图 5-21（c）］[190]。含有约 4 wt%SiO_2 的 SPE 具有更高的电导率（在 20℃下约为 3.4×10^{-3} S·cm^{-1}），这是由于 SiO_2 的加入使凝胶的非晶区增加，并在纳米尺寸 SiO_2 颗粒周围形成空间电荷缺陷。此外，这种电解质还表现出 5 V 的宽 ESW 和高达 140℃的良好热稳定性。

除了常规的碳酸酯增塑剂之外，IL 由于其独特的性质而引起了很多关注，例如其具有的非挥发性和不可燃性。通过溶液流延技术可以制备出含有甲基硫酸的 1-丁基-3-甲基咪唑（[BMI][MS]）IL 作为增塑剂和甲基硫酸钠盐（NaMS）的聚环氧乙烷（PEO）基凝胶电解质，如图 5-21（d）所示[191]。由于[BMI][MS]的增塑作用，该聚合物电解质的结晶度降低。同时，该电解质的离子电导率随着[BMI][MS]浓度的增加而增大。在[BMI][MS]占比为 60wt%时具有最高的电导率为 1.05×10^{-4} S·cm^{-1}。类似地，制备得到以 1-乙基-3-甲基咪唑三氟甲基磺酸（[EMI][Tf]）作为增塑剂并匹配三氟甲基磺酸钠（NaTf）的 PVDF-HFP 基电解质作为自支撑膜，其表现出良好的稳定尺寸，并具有高离子电导率（5.74×10^{-3} S·cm^{-1}），室温下可实现 0.23 的 Na^+迁移数。此外，在 NaTf/EMITf/PVDF-HFP 凝胶电解质中添加惰性填料 Al_2O_3 和活性填料 $NaAlO_2$ 颗粒可以改善该电解质的性能[114]［图 5-21（e）］。分散有 $NaAlO_2$ 和 Al_2O_3 的固体电解质在室温下的离子电导率约为 10^{-3} S·cm^{-1}，Na^+迁移数分别约为 0.42 和 0.27。通过机械化学合成方法可获得复合凝胶电解质 PEO20–$NaClO_4$-5%SiO_2-x%[EMI][FSI]（x=50 或 70）[192]，其在室温下表现出优异的离子电导率（1.3×10^{-3} S·cm^{-1}），主要归因于[EMI][FSI]的非晶特征和高浓度。此外，该电解质表现出宽 ESW（4.2 V）和高 Na^+迁移数（0.61）。相关研究表明，以琥珀腈（SN）作为增塑剂的 PEO 基 SPE 具有 5×10^{-3} S·cm^{-1} 的室温离子电导率。与其他增塑剂不同，SN 具有良好的温度适应性，特别是低温性能[193]。

将 Sb_2O_3 颗粒掺入 PVDF-HFP 电解质基质可有效增强材料的机械强度[194]。通过应用增强骨架[如玻璃纤维（GF）或无纺布]或通过设计交联聚合物结构也可以有效提高机械强度［图 5-21（g）］[32]。同时，GF 具有的多孔结构可以提供复合凝胶聚合物的微米级通道。此外，聚多巴胺（PDA）涂层可以用来调节表面性能。GF/PVDF-HFP/PDA 显示出优异的机械强度，最大应力高达 21.6 MPa，远远高于 GF 隔膜（4.8 MPa）。这种电解质具有超过 200 ℃的热稳定性。当使用液体电解质浸泡后，该电解质表现出高离子电导率（5.4 $mS\cdot cm^{-1}$）和宽 ESW。类似地，通过简单的非溶剂诱导的相分离方法制备的特定结构固体聚合物电解质（SSPES）掺入在具有多孔交联结构的 GF 隔膜中表现出良好的电化学性能［图 5-21（h）］[195]。GF/SSPES 电解质表现出 3.8 $mS\cdot cm^{-1}$ 的离子电导率。与常规 GF/液体电解质体系相比，使用 GF/SSPES 电解质和 HC 电极组成的电池具有优异的循环稳定性和倍率性能。

除了使用骨架支撑之外，交联聚合物结构也被广泛应用于 SPE 中，它不仅提高了聚合物电解质的机械强度，而且还有效地阻止了枝晶的生长。Goodenough 等通过原位聚合方法制备得到了具有良好机械强度的交联 PMMA 基电解质［图 5-21（i）］。在浸入液体电解质中之后，该聚合物电解质在 25℃时表现出高达 6.2×10^{-3} $S\cdot cm^{-1}$ 的离子电导率。此外，基于这种电解质的 Sb/NVP 全电池具有优异的循环稳定性。相关系统表征了添加有不同浓度 $NaBF_4$ 并用 PC 和 EC 凝胶化的 PMMA 和聚碳酸酯混合电解质［图 5-21（j）］[61]。其中 $NaBF_4$ 用来增加聚合物共混物的结晶度并为体系提供了更多的电荷转移。结果表明，$NaBF_4$ 添加量为 25 wt%时，该电解质具有最高的离子电导率为 5.67×10^{-4} $S\cdot cm^{-1}$。而且，最优配比的电解质具有高电荷转移数和高达 5 V 的宽电化学窗口。膦酸酯交联剂与 MMA 和甲基丙烯酸三氟乙酯（TFMA）共聚制备不易燃的 SPE［图 5-21（k）］，ESW 达 0～4.9 V[196]。由于 6.29×10^{-3} $S\cdot cm^{-1}$ 的高离子电导率，SnS_2//NVP 电池在 2 $A\cdot g^{-1}$ 的高电流密度下具有 120 $mAh\cdot g^{-1}$ 的可逆比容量。

5.5.4.2 无机固体电解质

1. 硫化物

硫化物具有较高的离子电导率、良好的机械性能和较低的晶界阻抗。Hayashi 等[197] 研究了立方相 Na_3PS_4，其室温下电导率大于 10^{-4} $S\cdot cm^{-1}$。采用高结晶度 99.1% Na_2S 作为原料，通过球磨工艺可以直接制备立方相 Na_3PS_4 晶体[198]。通过球磨 1.5 h 后在 270 ℃下煅烧 1 h 得到的电解质在室温下具有最高的离子电导率（4.6×10^{-4} $S\cdot cm^{-1}$）。将其应用于 $Na_{15}Sn_4$//$NaCrO_2$ 电池体系，$NaCrO_2$ 正极循环 15 周后比容量保持在 60 $mAh\cdot g^{-1}$ 左右。

对 Na_3PS_4 进行部分取代可以降低活化能并进一步改善离子电导率。如图 5-22（a），制备得到了 Si 部分取代 P 的玻璃陶瓷（100–x）$Na_3PS_{4\cdot x}Na_4SiS_4$（mol%）材料[199]。测试表明，室温下含 6 mol% Na_4SiS_4 的样品电导率最高（7.4×10^{-4} $S\cdot cm^{-1}$），而含 10 mol% Na_4SiS_4 的样品具有更宽的 ESW（5 V）。Hayashi 等系统研究了 $94Na_3PS_4\cdot6Na_4SiS_4$（mol%）电解质材料[200]。结构分析表明，立方 Na_3PS_4 中存在两个 Na^+位点（Na1 和 Na2），并且 Na^+可以通过 Na1 和

Na2 两个位点进行传导[图 5-22(a)]。当 Na_3PS_4 被 Si 部分取代时，$94Na_3PS_4·6Na_4SiS_4$ 中的 Na2 位点占有率比原始的 Na_3PS_4 更高［图 5-22（a)]，有利于钠离子电导率的提高。除了 Si 取代以外，用 Ge^{4+}、Ti^{4+}或 Sn^{4+}对 Na_3PS_4 进行掺杂也可以优化 Na_3PS_4 的晶体结构以提升其性能[67]。如图 5-22（b）所示，$Na_{3+x}M_xP_{1-x}S_4$（M = Si、Ge、Ti、Sn；x=0.0625）中 Na^+位点的能量增加顺序为：原始相<Si^-<Ge^-<Ti^-<Sn^-掺杂相［图 5-22（d)]。具有超高钠含量的 Sn 掺杂 Na_3PS_4 衍生物，$Na_{10.8}Sn_{1.9}PS_{11.8}$ 的离子电导率提升到 $0.67×10^{-3}$ $S·cm^{-1}$[199, 201]。元素 As 被引入到 Na_3PS_4 中［图 5-22（a)］[86]，最优组成的 $Na_3P_{0.62}As_{0.38}S_4$ 的离子电导率达到 1.46 $mS·cm^{-1}$。DFT 计算表明，导电性的改善主要归因于不稳定结构中较长的 Na—S 键［图 5-22（c)]，由于 As 的诱导效应，使得 Na—S 键被拉长，改变了材料的电子结构，由此改善了材料的导电性。Banerjee 等通过溶液法制备得到 Sb 取代的 Na_3SbS_4［图 5-22（a)］[200]，其具有 1.1 $mS·cm^{-1}$ 的室温离子电导率和 0.20 eV 的低活化能。该研究通过液相反应将这种固体电解质成功地均匀包覆在正极材料上，组成的 $NaCrO_2$//Na-Sn 电池表现出良好的电化学性能。

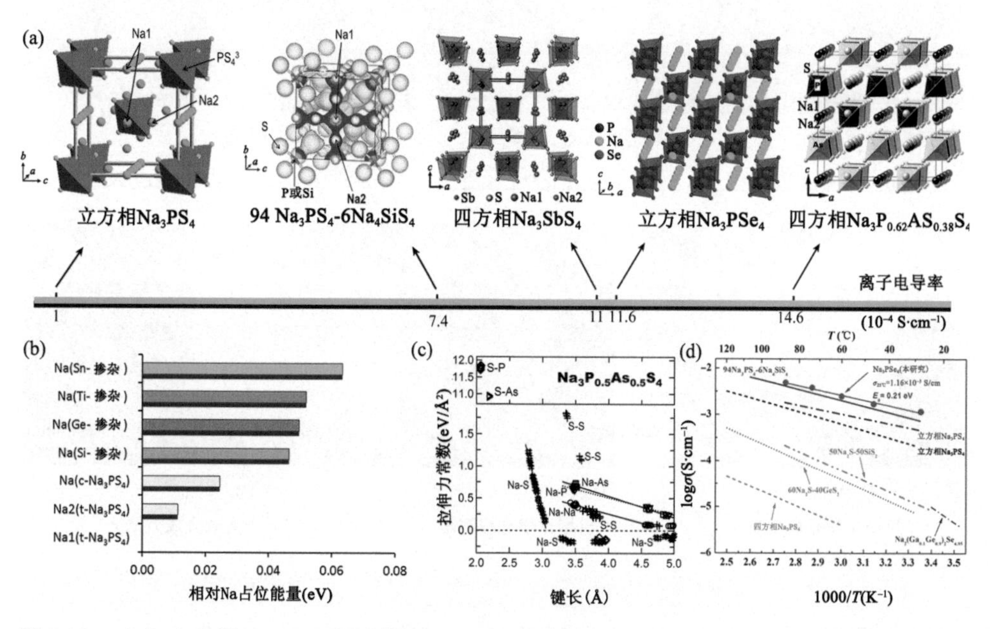

图 5-22 （a）立方相 Na_3PS_4、四方相 Na_3SbS_4、立方相 $94Na_3PS_4$-$6Na_4SiS_4$、立方相 Na_3PSe_4、四方相 $Na_3P_{0.62}As_{0.38}S_4$ 的晶体结构模型；（b）Na_3PS_4 和 $Na_{3+x}M_xP_{1-x}S_4$ 中 Na^+的占位能量（M = Si，Ge，Ti，Sn；x = 0.0625）；（c）从 DFT 计算得到的 $Na_3P_{0.5}As_{0.5}S_4$ 的低能量结构的拉伸力常数（SFC）；（d）代表性硫化物电解质的电导率与温度的 Arrhenius 关系图[200, 202, 203, 86]

类似于 Na_3PS_4 中 P 的部分取代， Se 取代 S 也可以促进离子电导率的提升

［图 5-22（a）］[203]。电导率的提高主要归因于两个因素：一是 Se 的半径较大，构建了开放的钠离子迁移通道；二是 Se 具有更高的极化率，使钠离子和阴离子骨架之间的结合能降低[51]。张隆等合成了立方相 Na_3PSe_4 晶体[203]，其空间群为 *I-43m*，晶胞大小为 7.3094Å，比 Na_3PS_4 更大。测试表明，该立方相 Na_3PSe_4 在室温下具有 0.21 eV 的低活化能和 1.16 $mS \cdot cm^{-1}$［图 5-22（d）］。

对硫化物进行结构设计优化和合成方法研究，可以进一步改善材料的界面特性。通常，通过机械化学合成方法制备的 Na_3PS_4 及其衍生物表现出粒径较大和不规则的形态［图 5-23（a）～（f）］，导致固体电解质和电极材料之间存在明显间隙[67, 202, 203]。通过溶液合成技术或其他改进合成方法可以减小材料粒径以对界面进行修饰改性[202]。

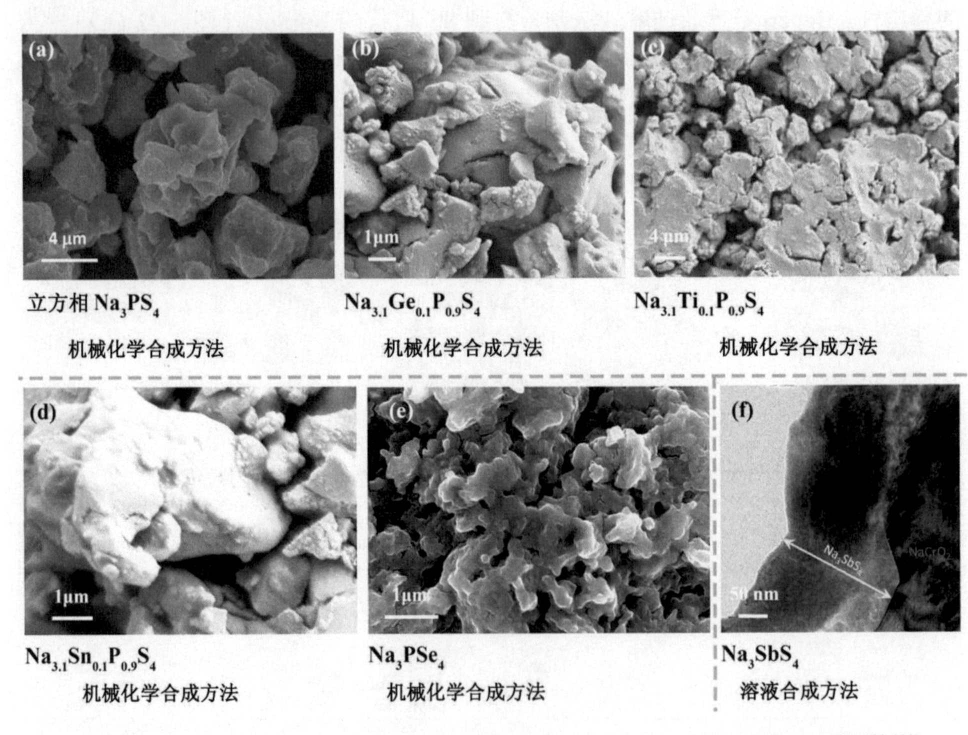

图 5-23 通过不同阴阳离子掺杂和合成方法制备的硫化物固体电解质的 SEM 图[67, 202, 203]

2. β-Al_2O_3

β- Al_2O_3 为层状结构，Na^+易于迁移，因而被用作 Na^+导体[204]。β-Al_2O_3 有两种主要的晶体结构，分别为 Na-β-Al_2O_3 和 Na-β″-Al_2O_3。如图 5-24（a）中所示，Na-β″-Al_2O_3 是由 O^{2-}和 Al^{3+}按照 ABCA 形式堆叠形成的层状结构，因此比 Na-β-Al_2O_3 具有更高的离子电导率[205]。但是，从混合有 Na-β-Al_2O_3 相中分离

出高纯度的 Na-β''-Al_2O_3 是非常困难的。因此，β''/β 的比值在多晶 Na-β''-Al_2O_3 的离子电导率中起着决定性的作用。研究表明，引入 Li^+和 Mg^{2+}稳定剂可以提高 β''相的含量，优化 β-Al_2O_3 的结构，最终提高 Na-β-Al_2O_3 陶瓷的致密度和离子电导率[206]。

XRD 和 NMR 测试结果确定了 Li^+和 Mg^{2+}稳定剂对 β''/β 比值和 β-Al_2O_3 结构的影响[207]。如图 5-24（b）所示，随着 Li^+或 Mg^{2+}稳定剂的添加，四面体配位铝和八面体配位铝[AAl（VI）/AAl（IV）]的比值随着 β''/β 比值的增加而降低。此外，与 Li^+稳定剂相比，Mg^{2+}稳定剂可以更有效地改善 β-Al_2O_3 中 Al（VI）的对称性。稳定剂在电解质中的添加量也十分重要。研究表明，通过掺杂 0.2 wt%～2.0 wt%的 MgO 可以使 β''-Al_2O_3 相的含量提高到 95%［图 5-24（c）］[208]。同时，这些电解质在 1550 ℃的高温处理后形成了均匀致密的微结构。0.4 wt%MgO 掺杂的 Na-β''-Al_2O_3 陶瓷具有最高的弯曲强度（283MPa）和最高的离子电导率。刘宇等研究表明，掺入 TiO_2 可以促进 Al^{3+}和 O^{2-}的扩散从而改善 β''-Al_2O_3 陶瓷的致密度[图 5-24(e)和(f)][209]。Mg^{2+}稳定的 8 wt%-ZrO_2-2 wt%-TiO_2 共掺杂 Na-β''-Al_2O_3 颗粒具有 96.86 %的高纯度 β 相，192 MPa 的机械强度以及在 350 ℃下 0.28 $S\cdot cm^{-1}$ 的离子电导率。

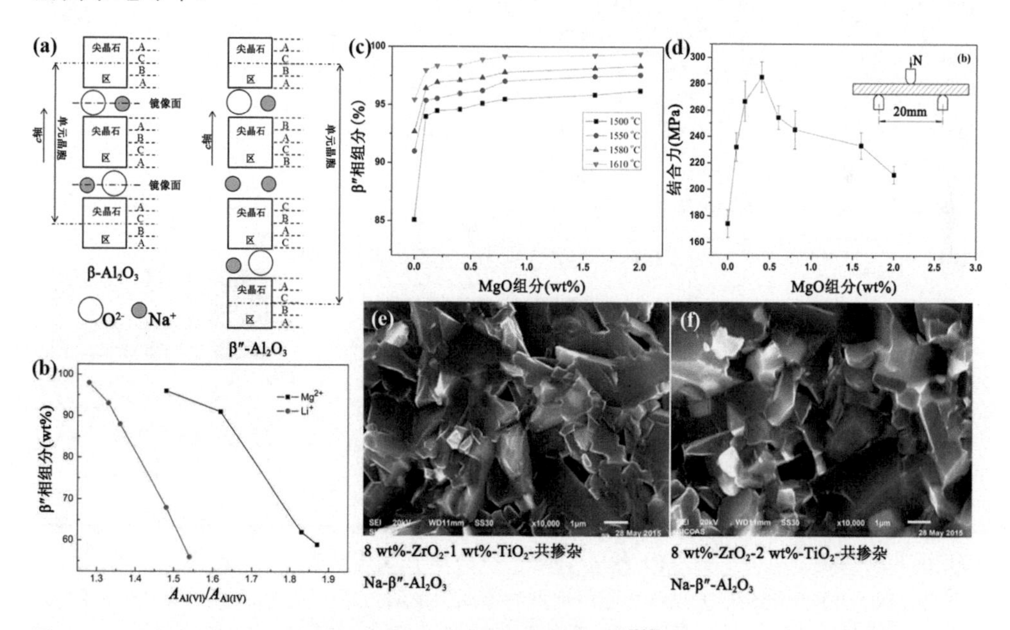

图 5-24 （a）Na-β-Al_2O_3 和 Na-β''-Al_2O_3 的晶体结构示意图[205]；（b）$A_{Al(VI)}/A_{Al(IV)}$比值与 Al_2O_3 中 β''相含量之间的比例关系图[207]；（c）具有不同 MgO 掺杂量的样品的 β''相含量；（d）具有不同掺杂量的 MgO 样品的结合强度[208]；含有（e）1wt%或（f）2wt%TiO_2 的 8wt%ZrO_2 掺杂的 Al_2O_3 陶瓷的 SEM 图[209]

除了传统的固相反应之外，溶胶-凝胶技术也是制备 β-Al_2O_3 陶瓷的有效方法。用 PVP-10000 作为络合剂辅助溶胶-凝胶法成功合成了 Mg^{2+}稳定的 Na-β″-/β-Al_2O_3 陶瓷[205]，其活化能（E_a）低至 0.25 eV，在 350℃下显示出 0.24 S·cm^{-1} 的高离子电导率和约 98.8%的较高相对密度。

3. NASICON

NASICON 的组成一般为 $A_nM_2(XO_4)_3$（A=碱性金属，M=过渡金属，X=Si^{4+}、P^{5+}、S^{6+}、Mo^{6+}等），由 Kang 等提出 $Na_3Zr_2Si_2PO_{12}$ 材料的快离子传导特性[210]。其晶体结构中［图 5-25（a）］具有隧道型的钠离子传输路径，可以使大量的钠离子在其中快速迁移。NASICON 电解质的离子电导率主要取决于 Na 元素比例、晶体结构和颗粒形貌，这与其组成和制备方法密切相关。例如，对不同比例的固体电解质 $Na_{3+x}Sc_2(SiO_4)_x(PO_4)_{3-x}$（0.05≤$x$≤0.8）的研究表明，对已占据钠位点和空位钠位点之间比例的平衡对于实现高离子电导率非常重要[211]。如图 5-25（b）所示，钠离子导体 $Na_{3.4}Sc_2(SiO_4)_{0.4}(PO_4)_{2.6}$（$x$=0.4）在 25℃时的离子电导率最高为 6.9×10^{-4} S·cm^{-1}。

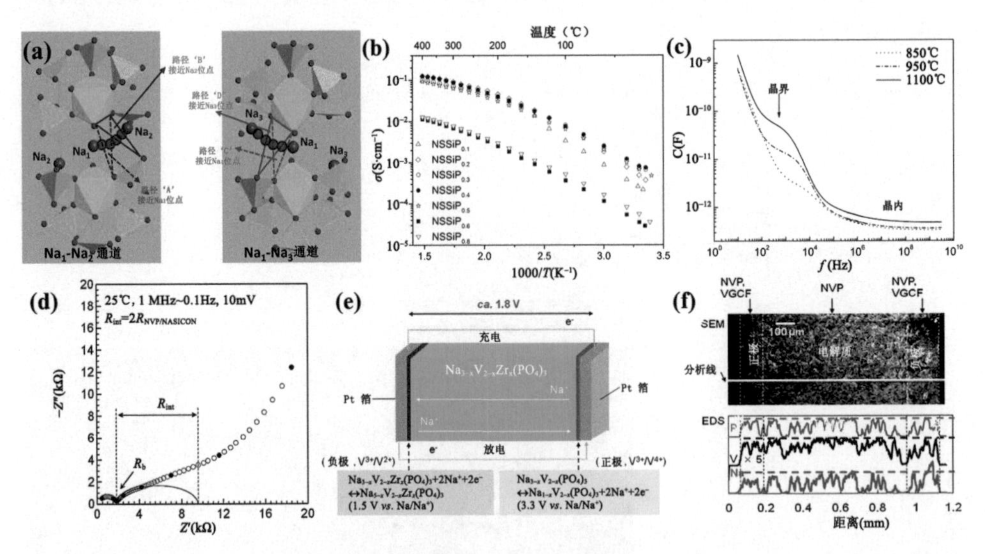

图 5-25 （a）在单斜晶 $Na_3Zr_2Si_2PO_{12}$ 结构中四种不同类型的 Na 导电通路（A-D）[211]；（b）在不同温度下，$NSSiP_x$（0.05≤x≤0.8）的电导率[211]；（c）不同煅烧温度下 $Na_{1.3}Ti_{1.7}Al_{0.3}(PO_4)_3$ 的 EIS 谱[212]；（d）NVP/NASICON/NVP 固态电池在室温下的阻抗谱[216]；Pt/$Na_{3-x}V_{2-x}Zr_x(PO_4)_3$/Pt 电池的（e）示意图和（f）横截面 SEM-EDS 图像（第一次充电后）[217]

研究表明，结晶条件可以直接影响 NASICON 结构和材料形貌，这对离子电导率和内部阻抗也起着重要作用。在不同煅烧条件下合成的 $Na_{1.3}Ti_{1.7}Al_{0.3}(PO_4)_3$

陶瓷的晶粒尺寸范围从 100 nm 到 1 μm[212]。这些微结构导致了它们电导率的差异［图 5-25（c）］，即通过形成小晶粒可以显著改善陶瓷晶界的电导率。类似地，对磷酸铝锗钠（NAGP）基电解质的研究结果揭示了煅烧时间和煅烧温度对其电导率的影响[213]。当在 750 ℃处理 12 小时后，该电解质显示出最高的离子电导率（在 140℃下，9.27×10^{-5} $S\cdot cm^{-1}$）和最低的活化能（0.53 eV）。此外，在室温下，该样品在 5.5 V（*vs.* Na^+/Na）以下可保持电化学稳定性。研究认为，这些性质主要归因于均匀的晶粒尺寸以及热处理条件优化的 Na^+传导特性［图 5-25（d）］。

传统的固相反应需要长时间的热处理过程。Tsuyoshi 等通过复合 $60Na_2O$-$10Nb_2O_5$-$30P_2O_5$ 材料有效地降低了制备 NASICON 的煅烧温度和时间[215]。在 900 ℃煅烧 10 min 后得到 90 wt%NASICON-10wt%$60Na_2O$-$10Nb_2O_5$-$30P_2O_5$ 复合材料，其具有 1.2×10^{-4} $S\cdot cm^{-1}$ 的高离子电导率。孙春文等设计构建了一种 Ca^{2+}掺杂的 $Na_3Zr_2Si_2PO_{12}$ 固体电解质[214]，有效地调控了钠离子迁移通道，使得该固体电解质在室温下离子电导率大于 10^{-3} $S\cdot cm^{-1}$。

为了实现固体电解质的应用，对其与不同电极材料进行相容性研究是非常必要的。Noguchi 等[216]报道了一种新型的 NASICON 基全固态电池［图 5-25（d）］，该电池使用 NVP 作为电极活性材料、$Na_3Zr_2Si_2PO_{12}$ 作为固体电解质，其具有良好的循环性能，在 80 ℃条件下循环 50 周后比容量从 80 $mAh\cdot g^{-1}$ 逐渐降低至 53 $mAh\cdot g^{-1}$。Inoishi 等应用 $Na_{3-x}V_{2-x}Zr_x(PO_4)_3$ 作为电极材料和电解质制备了一种“单相”全固态电池［图 5-25（e）和（f）］[217]，电极和固体电解质之间的界面电阻被消除。通过进一步优化电解质的组成，$Na_{2.4}V_{1.4}Zr_{0.6}(PO_4)_3$（$x$=0.6 时）的电导率为 1.2×10^{-5} $S\cdot cm^{-1}$。这种不含任何添加剂的“单相”全固态电池的概念为改善界面电阻和实现高能量密度提供了新的研究思路。

4. 复合氢化物

近年来，复合氢化物作为固体电解质引起了人们的极大兴趣，它通常表示为 M(M'Hn)。其中，M 代表金属阳离子，如 Li^+和 Na^+，（M'Hn）代表络合阴离子，如$[BH_4]^-$、$[NH_2]^-$、$[AlH_4]^-$、$[NH]^{2-}$、$[AlH_6]^{3-}$和$[NiH_4]^{4-}$[218]。这种电解质通常具有较宽的 ESW 和相对较低的离子电导率。通过复合 $Na(BH_4)$和 $Na(NH_2)$络合氢化物，在 300 K 下合成了导电率为 3×10^{-6} $S\cdot cm^{-1}$ 的 $Na_2(BH_4)(NH_2)$电解质。如图 5-26（a）所示，该电解质电导率得到提高主要归因于具有 Na^+位点空位的特殊反钙钛矿型结构。此外，该电解质显示出至少 6 V（*vs.* Na^+/Na）的宽 ESW。另外，一种新型钠超离子导体 $Na_2(B_{12}H_{12})_{0.5}(B_{10}H_{10})_{0.5}$ 被成功制备，它具有高达 300℃的热稳定性和在 20℃下 0.9 $mS\cdot cm^{-1}$ 的高电导率［图 5-26（b）和（c）］[219]。如图 5-26（d）

所示，当用作 $Na/Na_2(B_{12}H_{12})_{0.5}(B_{10}H_{10})_{0.5}/Na$ 全电池的电解质时，它能够实现可逆的钠离子沉积，并与金属钠电极表现出良好的相容性。此外，研究报道了以化合物 $Na_3BH_4B_{12}H_{12}$ 和 $(Li_{0.7}Na_{0.3})_3BH_4B_{12}H_{12}$ 为基础引入了复合阴离子金属硼烷的新概念[220]。结构分析表明，$Na_3BH_4B_{12}H_{12}$ 具有二维传导通路［图 5-26（e）］，而 $(Li_{0.7}Na_{0.3})_3BH_4B_{12}H_{12}$ 可以形成一维通道用于复合阳离子（Li^+ 和 Na^+）的传导。比较可知，$Na_3BH_4B_{12}H_{12}$ 具有 0.5×10^{-3} S·cm^{-1} 的室温电导率和超过 10 V 的宽 ESW［图 5-26（f）］。Yoshida 等通过机械球磨技术制备得到了具有高 Na^+ 导电性的复合氢

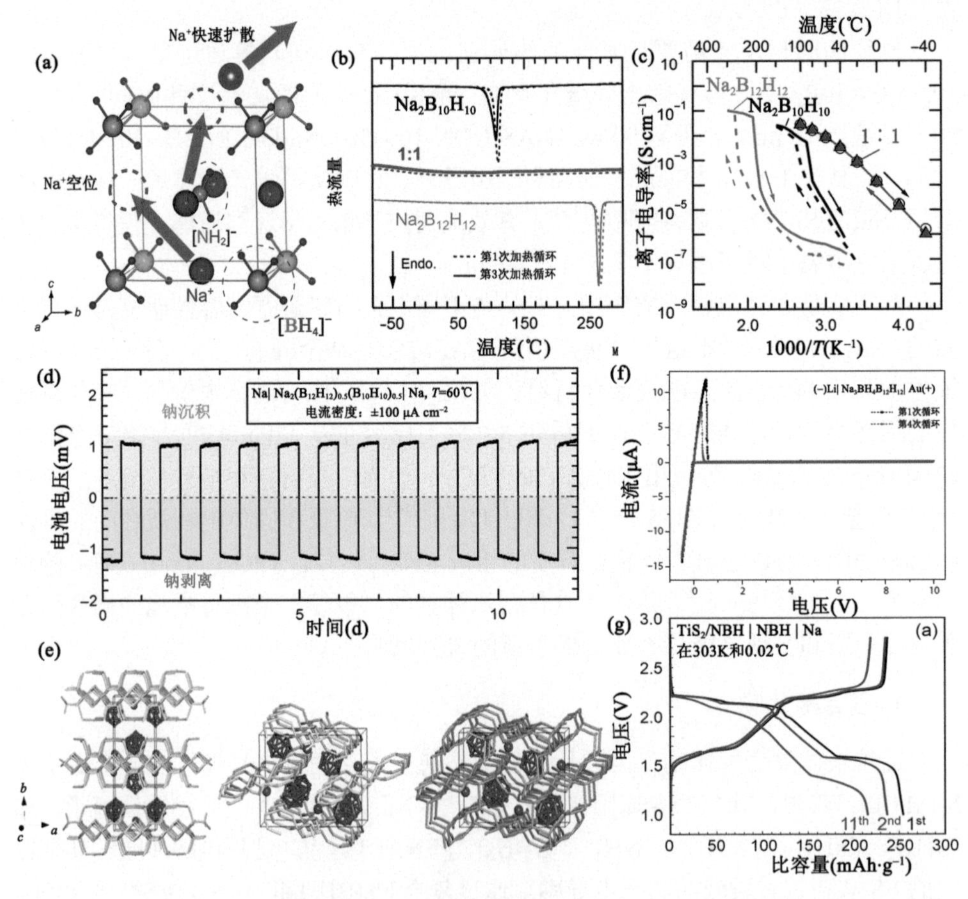

图 5-26 （a）Na^+ 在 $Na_2(BH_4)(NH_2)$ 中可能的扩散路径[218]；（b）DSC 测试和（c）纯 $Na_2B_{12}H_{12}$、$Na_2B_{10}H_{10}$ 和 $Na_2(B_{12}H_{12})_{0.5}(B_{10}H_{10})_{0.5}$ 的电导率与温度的 Arrhenius 关系；（d）$Na/Na_2(B_{12}H_{12})_{0.5}(B_{10}H_{10})_{0.5}/Na$ 对电池在 60℃、电流密度为 100 μA·cm^{-2} 时的恒电流循环[219]；（e）在 293K 下测量 $Na_3BH_4B_{12}H_{12}$ 的循环伏安图；（f）（左图）$Na_3BH_4B_{12}H_{12}$ 的阴离子骨架和连续二维迁移路径；（中图和右图）$(Li_{0.7}Na_{0.3})_3BH_4B_{12}H_{12}$ 的复合阳离子导体[220]；（g）$TiS_2/Na_2B_{10}H_{10}$-$Na_2B_{12}H_{12}/Na$ 全固态电池在 0.02 C 下的典型充放电曲线[221]

化物 $Na_2B_{10}H_{10}$-$Na_2B_{12}H_{12}$[221]。如图 5-26（g）所示，以此为电解质、TiS_2 为正极材料组成固态 SIB，经过 11 周循环后容量保持率高于 91%。

除上述固体电解质外，有研究者还通过温度变化 ND 测试和最大熵方法（MEM）系统研究了新型反钙钛矿结构 Na_3OBr 和 Na_4OI_2 电解质中的 Na^+迁移机理[91]。结果表明，在立方 Na_3OBr 和层状 Na_4OI_2 中 Na^+的主要传输路径位于 NaO^{6-} 八面体中最近的 Na^+位置之间，这是反钙钛矿结构的特性［图 5-27（a）］。此外，由 *ab* 平面中的 Na^+连接的层状 Na_4OI_2 材料具有较低的活化能垒，并且 I^-可以辅助 Na^+沿着 *c* 轴进行迁移［图 5-27（b）］。理论分析结果显示［图 5-27（c）］，Na_3OBr 和 Na_4OI_2 在合理的 Na^+迁移路径中表现出足够低的能垒，因此获得了相当高的离子

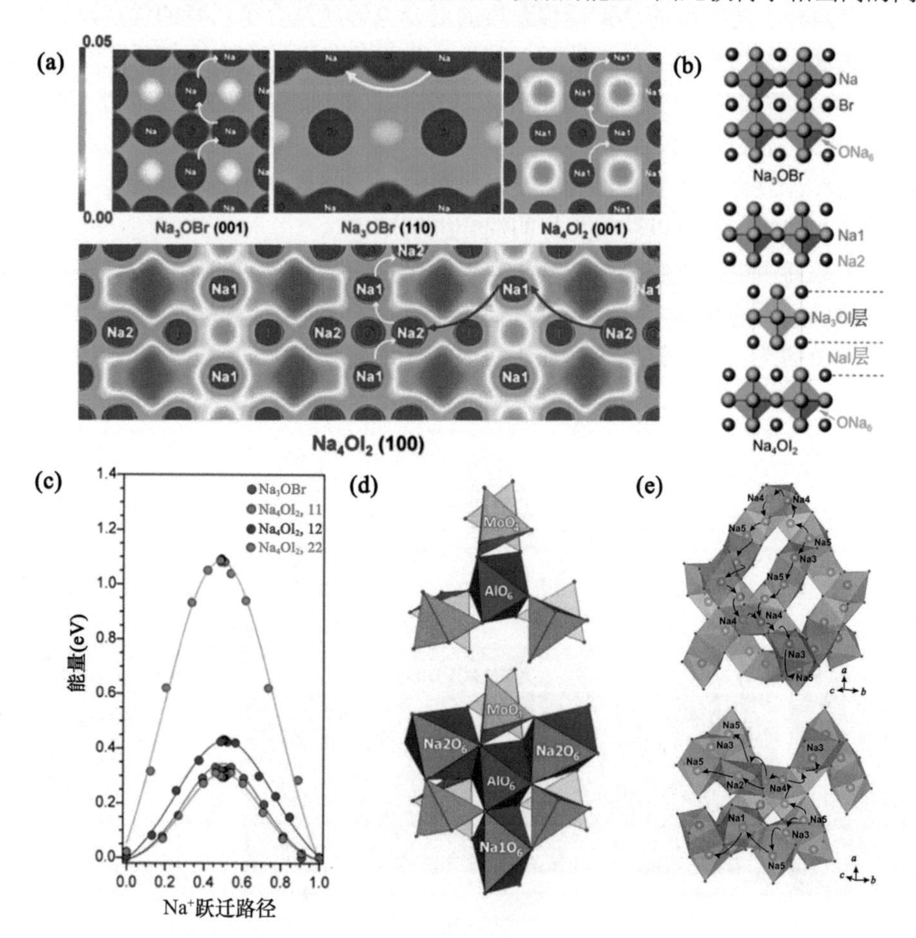

图 5-27 （a）从 MEM 分析中得到的电子密度分布；（b）Na_3OBr 和 Na_4OI_2 晶体结构；（c）通过 Na_3OBr 和 Na_4O_{12} 的不同迁移路径 Na^+跃迁能量[91]；（d）$Na_9Al(MoO_4)_6$ 结构的示意图；（e）$Na_9Al(MoO_4)_6$ 中 Na^+的传输路径[222]

电导率。Khaikina 等[222]报道了一种新型固体电解质 $Na_9Al(MoO_4)_6$，这种单斜 $Na_9Al(MoO_4)_6$ 的晶体结构如图 5-27（d）所示。$[Al(MoO_4)_6]_9^-$团簇中的 AlO_6^-八面体与一个 $NaIO_6^-$六面体和两个 $Na_2O_6^-$八面体共边，而 Na3-Na5 原子位于框架空腔中。在高温下，$Na_9Al(MoO_4)_6$表现出优异的电导率（$1.63\times10^{-3}\ S\cdot cm^{-1}$）。NMR 研究表明，低温下扩散过程是（$T$<490 K）$Na^+$沿 Na3-Na5 位置的亚晶格跳跃发生的［图 5-27（e）］，而 Na1-Na2 位置之间的传输途径需要的温度更高。

5.5.5 混合电解质

含有两种不同类型的 Na^+迁移介质的混合电解质结合了二者的优点，表现出优良的物理化学性质和电化学性质。其中，最具代表性的混合电解质是有机液体和 IL 混合电解质，它们具有较高的 Na^+迁移率和良好的安全性[95]。此外，有机液体或 IL 电解质改性的聚合物电解质也显示出良好的机械性能和循环稳定性[191]。然而，在设计混合电解质时，还需要考虑溶解度、ESW、相容性等性能。因此，结合理论和实验研究可以获得更好的混合电解质。

大多数商用电池电解质一般基于有机溶剂，它们具有高的离子电导率。为了改善液体电解质的热稳定性和安全性，基于离子液体与有机溶剂的多元电解质得到科研人员的关注，关键的工作在于组成配比的优化实现性能的提升。实验结果表明，含有 10%～50% IL 含量的混合电解质具有较高的离子电导率［图 5-28（a）］，

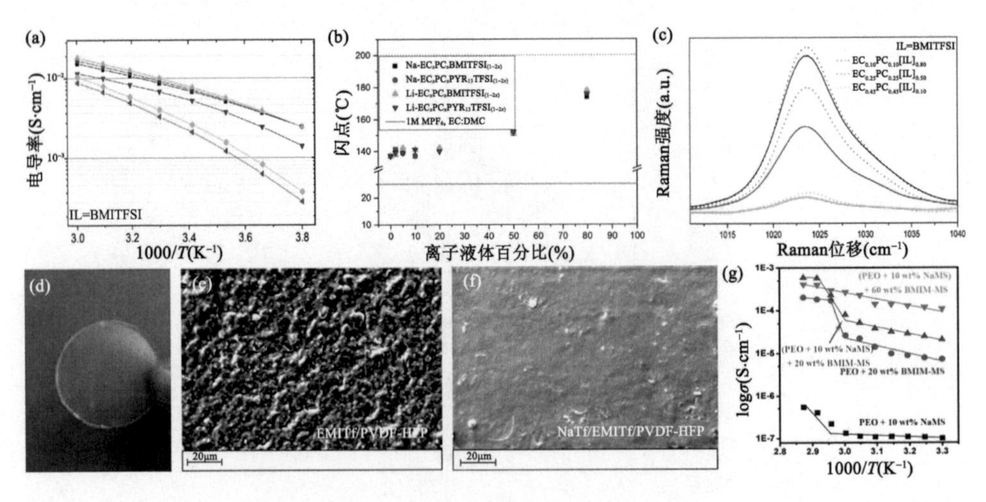

图 5-28 0.8 mol·L^{-1} NaTFSI 在 EC：PC：IL 中的（a）离子电导率；（b）闪点和（c）Raman 光谱[95]；（d）NaTf/[EMI][Tf]/PVDF-HFP 凝胶聚合物的照片；（e）[EMI][Tf]/PVDF-HFP 和（f）NaTf/[EMI][Tf]/PVDF-HFP 凝胶聚合物的 SEM 图；（g）具有不同组成的聚合物电解质膜的电导率与温度的 Arrhenius 关系[225]

并且安全性得到了增强［图 5-28（b）］。同时，通过在 IL 中加入有机溶剂，SEI 膜的机械稳定性和电化学稳定性得到改善。通过 Raman 光谱验证［图 5-28（c）］，Na^+第一溶剂化层包括不同的电解质组分，对其电化学性能产生协同作用影响。除了 HC 阳极外，Mitra 等还研究了 IL/有机电解质对 NVP 阴极的界面优化效果[224]，发现在混合电解质中可以形成更稳定的含有 Na-TFSI 化合物的钝化层。

SPE 质轻、成膜性好、黏弹性和稳定性均较好等优点。但同时其离子迁移速率和离子迁移数偏低，因此通过引入有机溶剂或离子液体用于改善其电化学性能[225]。Kumar 等报道了一种新型的 SIB 电解质，由 $NaCF_3SO_3$ 和[EMI][Tf]复合于 PVDF-HFP 中组成，如图 5-28（d）所示。可以观察到，PVDF-HFP 的构象变化是由[EMI][Tf]或[EMI][Tf]+NaTf 溶液的引入而引起的［图 5-28（e）和（f）］，这表明液体与聚合物之间存在相互作用。混合电解质在室温下的离子电导率高达 5.74×10^{-3} $S\cdot cm^{-1}$，并且具有较高的 Na^+传输数（约 0.23），同时如图 5-28（g）所示，在电池 SS/[EMI][Tf]+NaTf/SS（SS：不锈钢）中测得–3～3 V 的宽 ESW。

ISE 和 IL 均具有不可燃性和高电化学稳定性，二者的复合进一步改进了材料的综合性能[192]。例如，在高温下，$Na_{0.66}Ni_{0.33}Mn_{0.67}O_2$ 电极使用 IL 修饰的 Na-β″-Al_2O_3 电解质具有良好的循环稳定性和约 100%的库仑效率[15]；在正极侧，少量 IL 有效改善了界面特性，降低了电极和 ISE 的界面电阻［图 5-29（a）］，组装的电池体系也表现出良好的倍率特性[31]。Kim 等使用含有有机液体电解质、聚合物电解质和固体电解质的复合电解质制备柔性电池，通过多种离子迁移通道的设计对电池的电化学性能进行调控［图 5-29（b）］。

如图 5-29（c）所示，人们尝试在 SIB 中将有机液体电解质、无机固体电解质和水系电解质组成多元电解质进行应用[226]。其中正极侧采用海水作为电解质，负极侧使用有机液体电解质，中间采用 NASICON 无机电解质阻隔上述两种电解质的接触，但允许 Na^+的快速迁移。在该电池体系中，通过使用有机液体电解质来拓宽截止电压的下限，并使用金属 Na 负极提高了材料的比容量。结合正极侧水系电解质的高离子电导率和低成本特性，该体系电池较之一般的水系 SIB 具有更优的电化学性能。类似上述工作，使用 PBA 正极、水系电解质、陶瓷隔膜、有机液体电解质和金属 Na 负极组成电池，如图 5-29（d）所示[227]，其使用溶于水溶液中的六氰基铁酸钠作为氧化还原活性电解质替代传统的 Na_2SO_4 水溶液，由于 $[Fe^{II}(CN)_6]^{4-}/Fe^{III}(CN)_6]^{3-}$的氧化还原反应，可以提供额外的容量。此外，半液态 $NaC_{12}H_{10}$ 溶解在 TEGDME 中可用作流体负极以代替 Na 金属负极［图 5-29（e）］。该体系具有更高的安全性且界面阻抗降低，因此电池表现出良好的能量密度和倍率性能。Ji 等将有机液体电解质[8 $mol\cdot L^{-1}$ 三氟甲基磺酸钠（NaOTf）溶于 PC 中]和水系电解质（7 $mol\cdot L^{-1}$NaTOf 溶于水中）直接混合用于 NVP//NTP 电池体系，

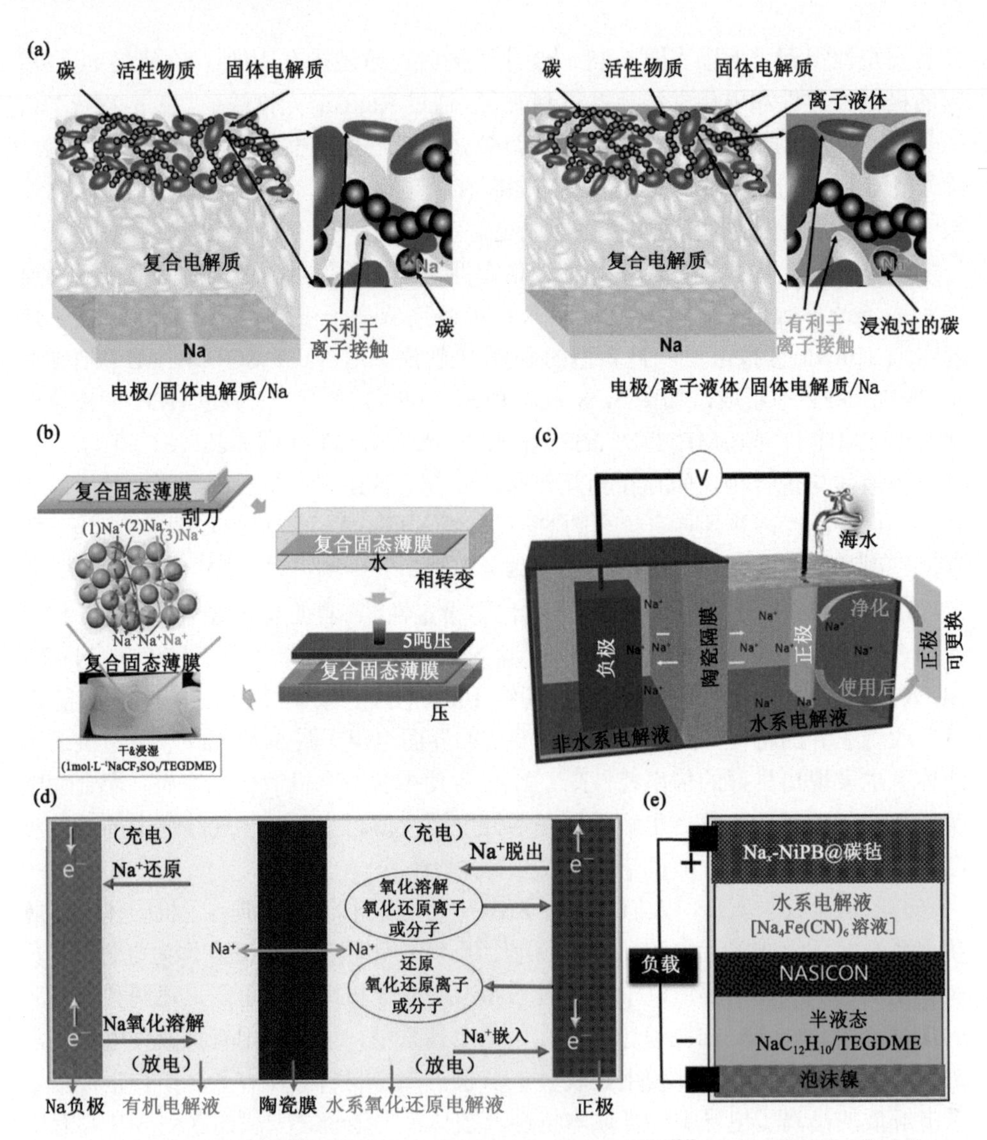

图 5-29 复合电解质的组成结构示意图：(a) IL-ISE 复合电解质[31]；(b) 有机液体-聚合物-ISE 复合电解质[16]；(c) ～ (e) 有机液体-水- ISE 复合电解质[226, 227]

表现出更宽的 ESW 和高的离子电导率[228]。超浓缩的“Water-in-salt”和“Solvent-in-salt”体系对混合电解质的协同效应也起着重要作用[229]。Firouzi 等制备了 1mol·L^{-1} $NaClO_4$ 溶解在含有 90%乙腈和 10%水共溶剂中的新型有机-水系复合电解质，以解决 Mn 基 PBA 正极的溶解性问题[230]。除了不同溶剂的混合物外，复合水系电池还可以由两种盐组成，例如钠盐和钾盐的混合物[231]。由于存在选择性阳离子通道，这种电池具有较高的容量和较宽的 ESW。

一般而言，混合电解质能够融合不同电解质的优点，其设计应该遵循以下要求：①有机溶剂作为主要组分以降低黏度和提高离子电导率；②IL 电解质可提高电池的安全性并对固-固界面进行修饰改性；③作为基底的 SPE 可以改善机械性能或优化界面相容性；④作为主要组分的 ISE 改善电池的安全性并提高 Na^+ 的迁移数；⑤水系电解质可以有效提高离子电导率并降低电池成本。在以后的研究中，我们不仅要关注混合电解质的组成和含量，还要尝试不同类型电解质之间的多种组合模式。

5.6 相界面的研究进展

电极和电解质之间的界面对 SIB 的电化学性能非常重要。由于电解质的还原或氧化分解，当电极在 ESW 外工作时将产生钝化层。SEI 膜在 1979 年首次被阐述[232]，SEI 膜在使用液体电解质的碱金属离子电池的负极表面形成。然而，大量的实验证明钝化层的生长不仅发生在负极表面，也可发生在正极表面（CEI）[233]。因此，应采用多种方法深入研究 SEI/CEI 的形成机理、有效成分和稳定状态。XPS 谱通常用于研究电极表面上的 SEI/CEI 的组分，其可以通过蚀刻技术检测不同厚度的 SEI 膜[234]。同时，固体 NMR 测试可揭示 SEI 膜中的有效组分[105]。SEM 可显示 SEI 膜的形貌和厚度；AFM 测量同样可以获悉 SEI 膜的表面粗糙度和厚度[104]。根据 SEI 膜的质量分布，可以得到 SEI 膜的物理和化学性质，包括 SEI 膜中化合物的稳定构型、SEI 膜的厚度以及各种组分的分布[235]。另一方面，利用理论模拟计算来阐述 SEI 膜的形成过程并确定 SEI 膜中的稳定组分是非常必要的。Tasaki 等进行了有机液体电解质中 LIB 负极上 SEI 膜中组分稳定性的计算研究[236]。对于 SIB 中的 SEI 膜形成，重点研究了 PC 基电解质中 FEC 添加剂对 SEI 膜形成过程的影响[108]。由于具有数百个分子、原子和离子的巨大计算量，因此采用混合蒙特卡罗/分子动力学方法来获得合理的结果。综上所述，理论计算和实验分析、微观推理和宏观表征等技术的结合对于研究 SIB 中 SEI 膜的性质具有重要作用。

在有机液体电解质中 SIB 电极表面的 SEI 膜的主要成分由无机化合物（如 NaF 和 NaCl）、碱金属碳酸盐、烷基碳酸盐、碳酸盐和聚合物组成，这些已经从电极表面上的 XPS 分析证明［图 5-30（a）］。如图 5-30（b）所示，随着放电深度的增加得到不同的产物。一般来说，SEI 膜中的 NaF 来源于 FEC 添加剂的分解、$NaPF_6$ 的解离和 PVDF 与 Na^+之间的反应[105]。由于 NaF 引起的高能垒和钠储存的低稳定性，海藻酸钠（NaAlg）和羧甲基纤维素钠（Na-CMC）可视为 PVDF 的有效替代物。类似地，当使用 $NaClO_4$ 时，可以在 SEI 膜中观察到 NaCl。其他有机组分主要由电解质的分解和钠化合物的沉积形成。碱金属碳酸盐和碳酸烷基酯的有机物质可引起电化学性能的降低，但它们为界面层提供了良好的黏附性[237]。这些组分在 SEI 膜中的分布不均匀，靠近电极一侧含有更多的还原性物质，靠近电解质一侧具有较少的还原性物质。因此，提出了 SEI 膜的可能结构，例如双层结构、多层结构和马赛克微相结构等[238, 239]。通过控制近电极表面异质结构和 SEI 膜化合物组成可以优化离子迁移率。

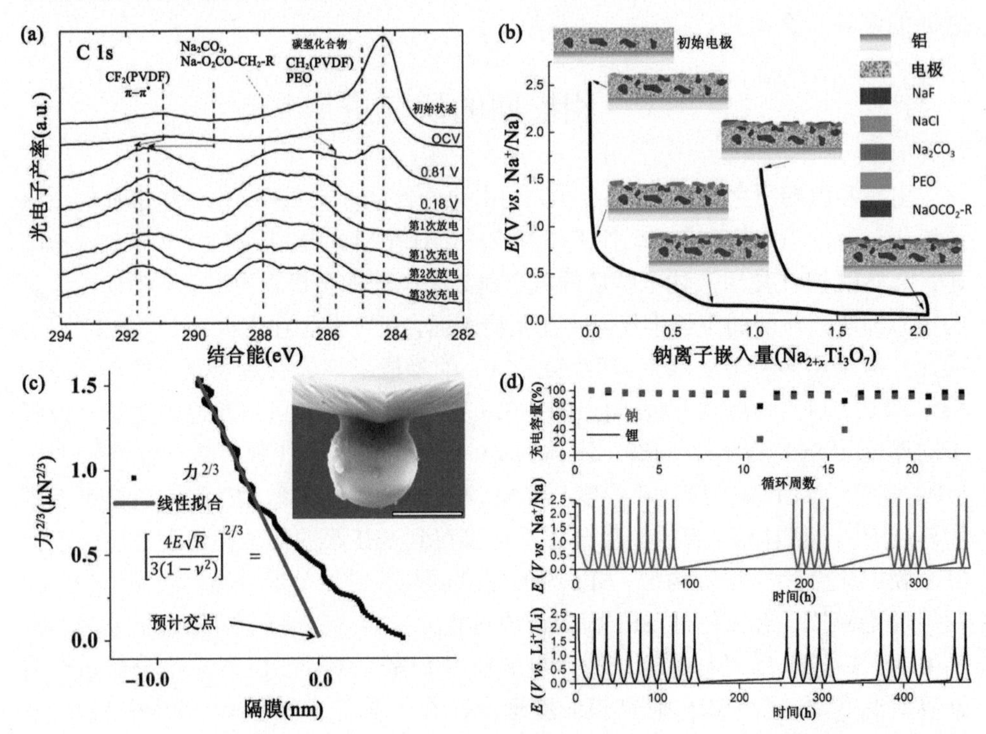

图 5-30 (a) $Na_2Ti_3O_7$ 电极在不同充放电状态下的 C 1s XPS 谱；(b) 在不同电压下，$Na_2Ti_3O_7$ 电极在酯类电解质中 SEI 膜的示意图[105]；(c) 根据赫兹模型，具有线性特征的拟合的力-隔膜厚度曲线，插图是胶体探针的 SEM 图[104]；(d) 在循环中通过脉冲电流测量 SIB 和 LIB 的循环性能[240]

除了稳定性和电化学性能之外，SEI 膜的机械性能是另一个重要特性，因为电池的持续循环使 SEI 膜破裂并暴露出新电极表面，导致低的库仑效率，需要良好的机械性能来提供足够的柔性以适应电极的体积膨胀并保持电极表面的强吸附能力。Hu 等讨论了使用原子力显微镜测定的 SIB 中 SEI 膜的力学性能[104]。杨氏模量[图 5-30（c）]提供了 SEI 膜的力学性能的定量描述，表明 SEI 膜有时显示出不均匀性和双层结构。

此外，SEI 的溶解度影响电极的电化学性质并导致电池的自放电[240]。特别是在 SIB 中 SEI 膜溶解比 LIB 中更严重［图 5-30（d）］，因为 SIB 中的 SEI 膜组分是不稳定的有机金属化合物。因此，SEI 膜中的有机物质是单体，其导致 SEI 膜在有机液体电解质中的高溶解度。相反，LIB 中的 SEI 膜由交联和聚合的化合物组成[241]。虽然 FEC 添加剂可以通过形成稳定的 SEI 膜来缓解自放电和容量衰减的问题，但它会导致极化电压升高并降低能量密度。因此，SEI 膜的厚度和组分应该通过多种方法进一步优化。

简言之，SEI 膜的作用是双向的，可保护电极免受副反应，但同时增加了界面电阻。SEI 膜可以防止过渡金属离子的溶解和溶剂分子的共嵌入。由于电极材料中存在 Jahn-Teller（J-T）效应，在氧化还原反应过程中过渡金属离子（例如 Mn^{2+}）可能溶解到电解质中。SEI 膜形成阻挡层以限制金属离子的迁移，从而形成稳定的结构。此外，SEI 膜也会阻碍溶剂分子的共嵌入，进一步提高了结构稳定性。然而，SEI 膜通常是电子绝缘体，其增加了电极和电解质之间的界面阻抗[242]。另外，SEI 膜的形成消耗了电极和电解质中的大量碱金属离子，这导致在初始循环中 CE 降低。因此，控制 SEI 膜的组分、厚度、机械强度等性质是非常重要的。优化后的 SEI 膜具有薄而均匀、性能稳定等优点，不仅对电极起到保护作用，而且在一定时间内可改善界面反应动力学[243]，这由循环后降低的电荷转移阻抗值可以证明。

5.6.1 界面和钝化层的基本属性

如图 5-31 所示，从电解质中通过 SEI 膜 Na^+迁移嵌入电极的传输模式可以分为四部分[244]。最初，溶剂化的 Na^+被输送到电极外部表面附近；随后，这些 Na^+在去溶剂化过程之后形成自由离子，其存在于固液界面的多孔有机层结构中；接下来，部分 Na^+被致密无机层捕获并产生覆盖电极表面的 Na_2CO_3 或 NaF，这是导致低 CE 的不可逆过程；最后，Na^+嵌入到电极材料主体结构中，对应于可逆的钠储存过程。通过上述分析可知，通过 SEI 膜的 Na^+扩散能垒是决定 SIB 反应动力学的关键因素。

SEI 膜是高性能 LIB 的关键组分，由于金属 Na 和 Na^+负极材料的高反应活性，对于 SIB 来说同样重要[245]。Na^+的物理和化学性质不同于 Li^+，如离子半径、溶剂性质、氧化还原电位等，由此也对 SIB 中 SEI 膜的形成和特性产生不同的作用影响。Moshkovich 等[246]由于碳酸酯在 Na 标准电位下的热力学稳定性差，提出了在 $1mol \cdot L^{-1}$ $LiClO_4$+ PC 电解质中形成比在 $1mol \cdot L^{-1}$ $NaClO_4$+PC 电解质中更稳定 SEI 膜的研究思路。先前的实验已经证实，与 LIB 不同，SIB 中 EC 基电解质开环的还原电位较高，表明 SIB 中电解质稳定性差[247]。SIB 中的 SEI 膜主要由

无机化合物如 Na_2O、NaCl、NaF 或 Na_2CO_3 组成（图 5-31）[11, 139]；相对应的，LIB 中的 SEI 膜主要由有机化合物组成，因此 SEI 膜的表观形貌和力学机械性能存在明显不同[235]。虽然 LiF 和 NaF 都是 LIB 和 SIB 中的稳定组分，但它们对缺陷热力学、扩散载流子浓度和扩散势垒的影响是不同的，导致不同的离子导电性（图 5-31）[11, 249]。对 NaF 而言，离子电导率均比 LiF 低几个数量级，因此无机组分 NaF 对 SIB 中 SEI 膜的电化学性质具有重要影响。

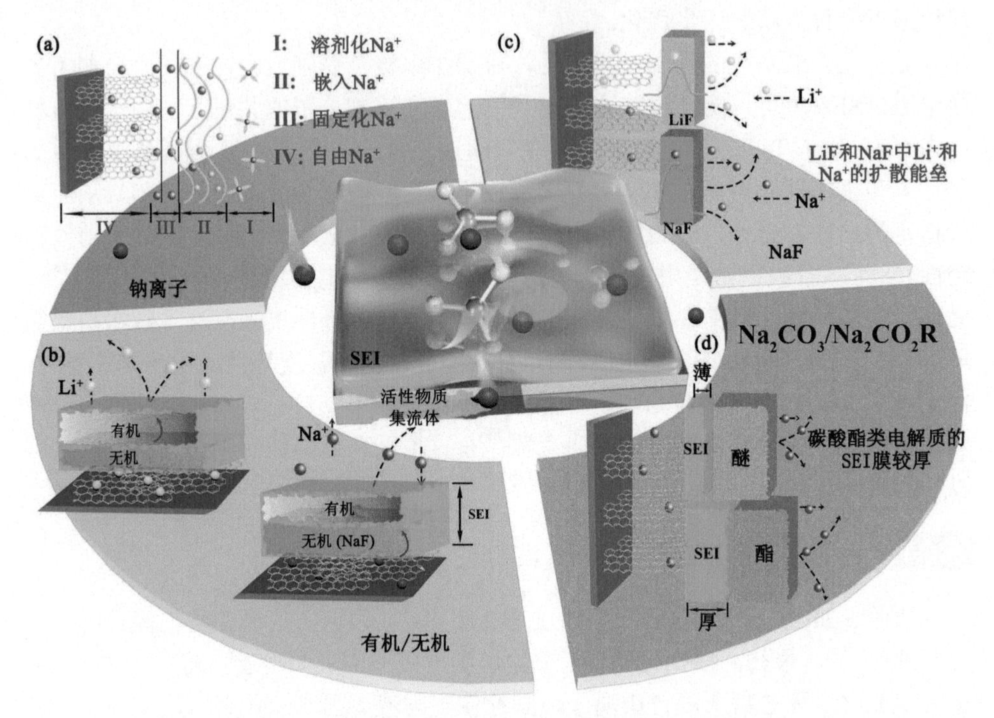

图 5-31 SIB 中 SEI 膜的主要特性，包括钠离子通过 SEI 膜的传输途径（a）、SEI 膜的主要成分（b）、SEI 膜中 NaF 的能垒（c）、醚类和酯类电解质中 SEI 膜的不同性质（d）[11]

研究表明，除了阳离子的影响之外，溶剂的选择对 SEI 膜的优化也有重要影响（图 5-31）。对于有机电解质，醚类和酯类溶剂导致形成具有不同厚度、组分和性质的 SEI 膜[101,250]。通过系统的研究分析，溶剂分子的结构特征（如环状或链状）、组成（如特定官能团）及纯度对 SEI 膜的形成和稳定均有显著的作用影响。引入成膜添加剂，包括 VC 和 FEC，可以有效改善 SIB 中 SEI 膜的性能。FEC 添加剂有助于形成含有碳酸钠和 NaF 的稳定 SEI 膜，有效降低了有机碳酸酯溶剂的分解速率[63]。F 原子对 EC 分子的诱导作用导致与 Na^+的快速反应和 FEC 的开环聚合，其形成有机和无机盐的薄膜限制了这些化合物的溶解[64]。由于 FEC 添加剂具有比 VC 添加剂更高的还原电位，所以 FEC 对电解质分解具有更显著的抑制作用。同时，溶剂分子与添加剂分子形成二聚体，形成新的分解途径获得更稳定的还原产物。比较可知，由 FEC 添加剂产生的 NaF 进一步增强了 SEI 膜的稳定性，因此，FEC 添加剂更适用于 SIB。

5.6.2 不同电解质材料的 SEI 膜

5.6.2.1 硬碳表面的 SEI 膜

HC 电极表面的 SEI 膜由于其在可逆性和稳定性中的关键作用而受到了较多关注[235]。各种环状碳酸酯溶剂已被应用于 HC 负极，其中 EC 和 PC 溶剂表现出更好的电化学性质[252, 253]。在早期的研究中，Ponrouch 等研究了使用 EC 和 PC 作为溶剂构筑均匀 SEI 膜［图 5-32（a）］[127]。比较可知，含有 FEC 添加剂的 PC 基电解质进一步提升了电池的循环稳定性［图 5-32（b）］[64]。［图 5-32（c）］表明在添加 FEC 的电解质中 Na 表现出高度可逆的沉积/剥离。Dahbi 等研究认为 FEC 添加剂对于具有 PVDF 黏合剂的 HC 电极表现出有效的成膜性能，这是由抑制 PVDF 黏合剂分解形成 NaF 而促进的［图 5-32（d）］[255]。应用硬和软 X 射线光电子能谱（XPES）进一步研究了钠盐和 FEC 添加剂对 SEI 膜的影响[256]。包含 $NaPF_6$ 和 FEC 的电解质表现出良好的可逆性和容量保持率，主要归因于用 F^-促进形成了稳定的薄 SEI 膜。通过 XPS 测试，研究了在 1 $mol·L^{-1}$ $NaClO_4$ 的 EC：DEC 电解质中，HC 电极表面上的 SEI 膜的组成和结构演变[213]。XPS 光谱中的特征峰分别对应于 sp^2 碳、—CH_2—、酯键、RO—CO_2Na、Na_2CO_3 和—CF_2—，这表明石墨相、SEI 膜和 PVDF 黏合剂等组分的存在。其中，碱金属碳酸盐、碳酸烷基酯被认为是 SEI 膜的重要组分。除了碳酸酯电解质以外，不可逆的电压平台对应于 HC 电极上 SEI 膜的形成，这个平台也可以在 IL 电解质中观察到。这导致 78.5%的低初始 CE。

5.6.2.2 其他碳材料表面的 SEI 膜

除了 HC 电极之外，还原氧化石墨烯（rGO）、活性炭（AC）和有序介孔碳（CMK-3）等 HSSAC 材料对于可逆钠储存的实现热力学分析是可行的[101]。相对于 HSSAC 材料的高比面积特性，醚类电解质可以有效地改善 HSSAC 电极表面的 SEI 膜 [258]，其组成表现出超快的电子和离子传输动力学。针对在不同电解质中循环的 rGO 电极的 XPS 分析表明，醚类电解质中只存在 F—C（sp^2）键，由于均匀沉积在 SEI 膜外部的有机聚醚含量低，所以醚类电解质中形成了薄且致密的 SEI 膜［图 5-32（e）］，相对应的，酯类溶剂还原形成了大量的有机聚酯成分，组成的 SEI 膜表现出厚且疏松的结构特性，因此热力学稳定性较差[259]。

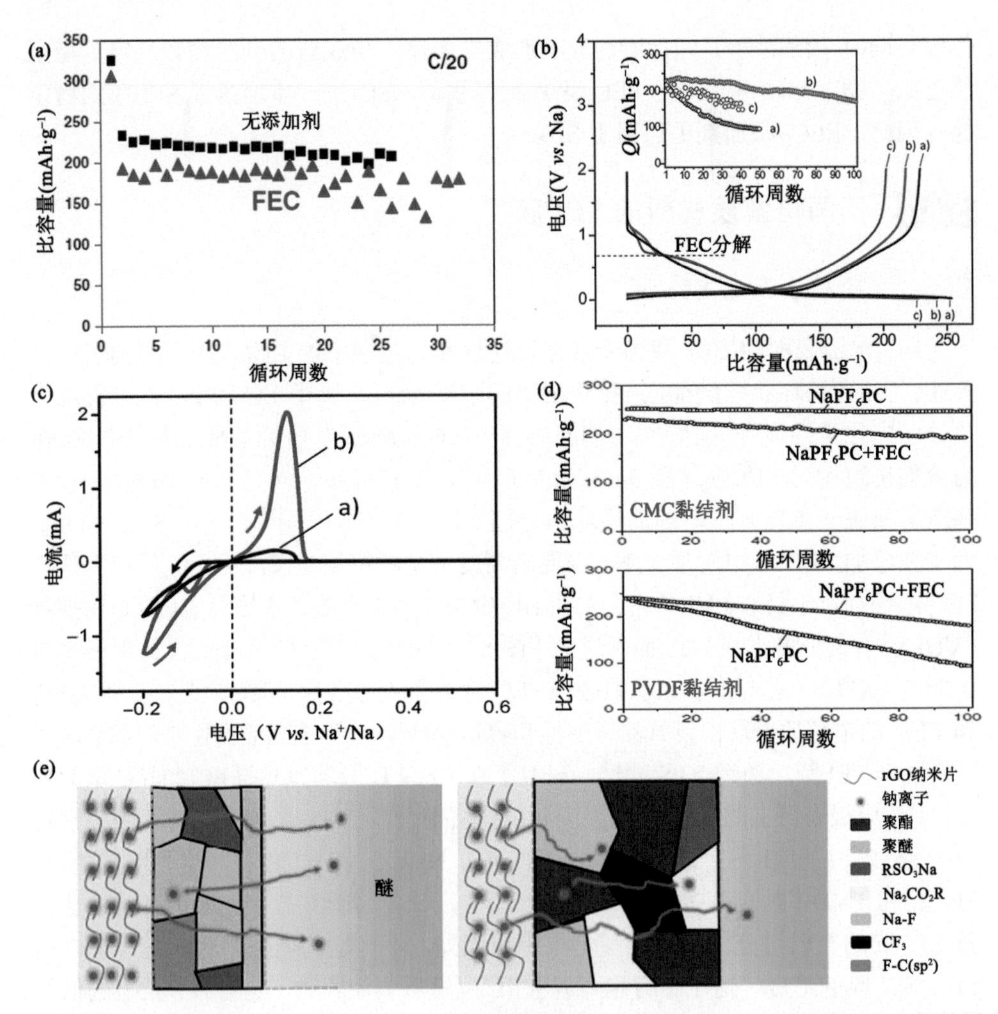

图 5-32 （a）1 mol·L^{-1} $NaClO_4$ 的 EC∶PC 电解质（添加/不添加 FEC）测量的 HC 电极的循环性能[127]；（b）1 mol·L^{-1} $NaClO_4$ 的 PC 基电解质（添加/不添加 FEC）测量的 HC 电极的充放电曲线和循环性能（插图）；（c）1 mol·L^{-1} $NaClO_4$ 的 PC 基电解质（添加/不添加 FEC）的 CV 曲线，扫描速率为 3 mV·min^{-1}[64]；（d）FEC 添加剂匹配不同黏结剂的 HC 电极的循环性能对比；（e）在醚类和酯类电解质中 HSSAC 电极表面形成的 SEI 膜的组分示意图[258]

5.6.2.3 钛基负极上表面的 SEI 膜

SEI 膜对 Ti 基负极的电化学性能也具有重要的影响。用于 SIB 负极的锐钛矿 TiO_2（A-TiO_2）表现出较低的初始 CE，其中包括 SEI 膜的形成所引起的不可逆反应[97]。随后，逐渐增加的 CE 表明在 A-TiO_2 电极表面的 SEI 膜不稳定，还存在不断的活化过程和结构重排[260]。纳米 A-TiO_2 电极与醚类电解质匹配时，在

无定形 TiO_2 负极表面形成了薄而致密的 SEI 膜[261,262]。对不同钠盐电解质进行比较，$NaPF_6$ 基电解质具有最稳定的循环性能和较高的 CE［图 5-33（a）］，但比容量仅为 120 $mAh \cdot g^{-1}$，远低于 NaTFSI 和 $NaClO_4$ 基电解质。FEC 的加入有利于 SEI 膜的形成，但对 CE 产生一定程度的影响［图 5-33（b）］[262]。Vogt 等研究了 TiO_2/碳电极的形貌与 SEI 膜之间的相关性[263]，分析表明具有较大比表

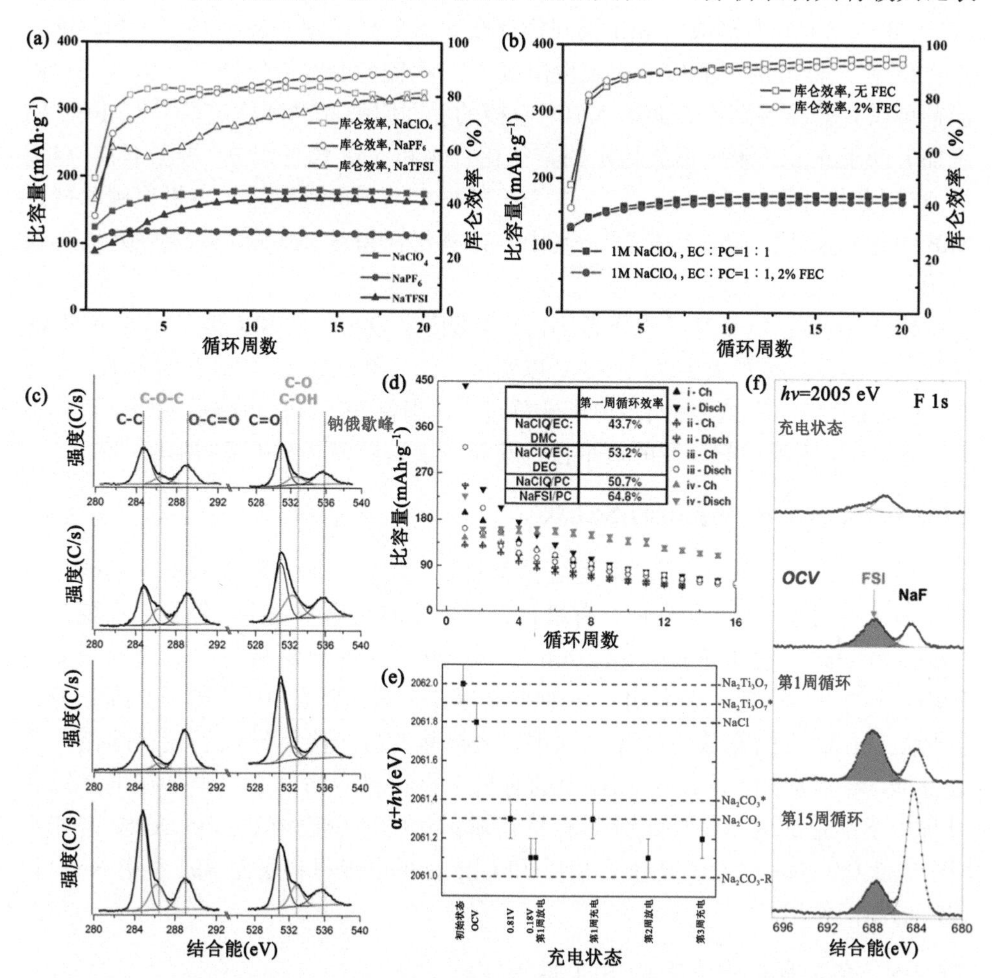

图 5-33 （a）在不同钠盐 PC 基电解质中测量的 $A\text{-}TiO_2$ 电极的电化学性质；（b）在添加/不添加 FEC 的电解质中测量的 $A\text{-}TiO_2$ 电极的电化学性质[262]；（c）30 周循环后具有不同碳含量的 $A\text{-}TiO_2$/C 负极的 C 1s（左）和 O 1s（右）的 XPS 谱[263]；（d）电解质对 NTO 电极循环性能的影响[265]；（e）不同充放电状态的 NTO 电极的俄歇参数[105]；（f）在不同的充放电状态下的 NTO 半电池中测量的金属 Na 对电极的 F 1s 图谱[272]

面积的TiO_2/碳电极表面形成的 SEI 膜稳定性较差，而且主要有有机化合物组成的 SEI 膜厚度随着电极中碳含量的增加而增大［图 5-33（c）］。较厚的 SEI 膜限制了 Na^+的扩散并减弱了 TiO_2 电极表面的反应动力学。基于上述研究，应用原子沉积技术可实现材料表面电化学性质的有效改善[264]。

对于 NTO 电极，不同的钠盐（$NaClO_4$，NaFSI）和溶剂体系（EC∶DMC，EC∶DEC，PC）所形成的 SEI 膜同样存在明显差异［图 5-33（d）］[265]。钠盐 $NaClO_4$ 在三种溶剂电解质中均表现出低 CE 和较差的容量保持率。引入成膜添加剂可以有效改善高比表面积 NTO 电极的界面阻抗和循环稳定性[266]。FEC 的添加有助于在 SEI 膜中形成稳定的富氧化合物和 NaF 惰性组分，根据 NTO 电极的 XPS 分析［图 5-33（e）］，其 SEI 膜主要由无机碳酸盐、有机聚碳酸盐、NaF 和有机聚环氧乙烷组成[105]。其中，富氧化合物对 SEI 膜的稳定性起着重要作用。

NTP 电极在 1～3 V 的电压范围内进行测试，没有形成 SEI 膜[268]。当 NTP 的充放电电压区间被扩大到 0.01～3 V 以实现大约 210 $mAh \cdot g^{-1}$ 的高比容量时，对应于 Ti^{2+}、Ti^{3+}和 Ti^{4+}之间的两步电子转移过程。当将 EC∶PC 电解质应用于该体系时，在 2.0 V 附近观察到新的短平台，其对应于负极表面 SEI 膜的形成[269]。

5.6.2.4 有机电极中表面的 SEI 膜

由于成本低、合成简单、氧化还原活性高，近年来对有机电极材料的研究得到了较多的关注[270, 271]。然而，有机材料易溶于有机电解质中，导致循环稳定性变差。针对这一技术难点，Edström 等系统研究了有机电极与有机电解质间的作用关系[272]。研究结果表明，电池组装后即形成了 SEI 膜，其主要成分为无机物质，在随后的充放电循环过程中，无机盐的持续降解导致了较差的循环稳定性能。相对应的，应用于 LIB 中的有机电极材料表面的 SEI 膜是在电池循环过程中逐渐形成的，主要组分为有机物质。这些理论已由 F 1s 的 XPS 谱证实［图 5-33（f）］，进一步诠释了 SIB 和 LIB 有机电极材料表面 SEI 膜中 NaF 和 LiF 的不同作用。

5.6.2.5 合金负极中表面的 SEI 膜

由于其理论容量高和工作电压低，合金负极一直受到广泛关注。然而，在合金化反应过程中显著的体积膨胀引起电极的粉碎和 SEI 膜的破裂。因此，系统研究合金负极上表面的 SEI 膜对于实现优异的循环稳定性至关重要。通常，Sn 电极表面的 XPS 结果显示 SEI 膜主要由碳酸盐（Na_2CO_3 和 $NaCO_3R$）组成[273]。相关研究指出，电解质的分解可能归因于被 Sn^{4+}覆盖的纳米 Sn 粒子，而不是

SnO。通过 XPS 谱峰的分析探究了 SEI 膜中的主要组分和其在 Sb//Na 电池循环过程中的演化[274]，结果表明 SEI 膜的主要成分是有机碳酸盐、碳酸钠和碳酸烷基酯。

对黑磷电极的 XPS 测试结果表明，有机和无机物质共存于 SEI 膜中，其由电解质溶剂和添加剂的还原分解产生[259]。观察到在放电过程中在无添加剂电解质中形成较厚的 SEI 膜。值得指出的是，与 HC 电极的研究结果不同，FEC 和 VC 添加剂均可在黑磷电极表面形成稳定而均匀的 SEI 膜，FEC 主要促进 SEI 膜中无机化合物的形成，以 NaF、Na_2CO_3 等材料为主；VC 促进形成的 SEI 膜由有机和无机化合物组成。

基于黑磷电极材料的强还原性和特殊的反应机制，两种成膜添加剂均可以形成稳定性优良的 SEI 膜[237]。这种稳定的 SEI 膜保证了 Na^+迁移动力学的改进，并提升了电池的电化学性能。

5.6.2.6 正极材料表面的界面膜

由于在高电压下电解质材料会发生分解，因此在正极材料表面同样会形成正极电解质相界面（CEI）膜。对 SIB 中 PBAs 电极材料的研究揭示了 CEI 膜的形成[133]。FEC 同样可以分解促进稳定 CEI 膜的形成。相类似地，砜类电解质应用于 PBA 正极材料，在高电压下形成了优化的 CEI 膜[148]。除了外部引入功能添加剂外，水是一个不容忽视的内部因素。因为间隙水和有机电解质之间的副反应产生 Na_2CO_3，这不仅保护电极免于恶化，而且还促进界面处的电荷转移[275]。TMO 和电解质的固/液界面同样受到关注[277]，研究发现在浸入混合有机溶剂后，氧化物表面的 Mn 减少，形成人造 CEI 膜。该保护层由还原的 TM 阳离子和金属有机化合物组成，不仅保持了颗粒的化学稳定性，而且在充放电过程中也改善了电极的电化学性质。类似地，聚阴离子正极可以在高工作电压下形成 CEI 膜[278]。当 IL 被引入常规有机电解质时，在电极表面上形成薄且高导电的 CEI 膜以降低电荷转移电阻。

5.6.3 人工 SEI 膜

人造 SEI 膜或预成型的钝化层，如 Al_2O_3 涂层，可以有效地改善界面性能[276]。具有适当厚度的涂层可以减少 SEI 膜的再生和在随后的循环过程中连续 Na^+消耗。Al_2O_3 涂层是一种优异的无机钝化膜，适用于 SIB 的正负极改性。通过理论计算揭示了 Al_2O_3 涂层的作用机理，如图 5-34（a）所示[279]。由于负极的电化学电位（μA）高于电解质中不同组分的 LUMO 值，溶剂将在负极表面分解。然而，这种不利的过程可以通过在电极表面上形成 SEI 膜来阻止。类似地，位于 HOMO 值以下的正极电化学电位（μC）将导致电解质氧化。根据 DFT 计算结果，Al_2O_3 涂层具有适当的带隙和 Na^+传导能力，可有效防止电解质分解，从而减少 Na^+的消耗[280]。Al_2O_3 涂层具有与 SEI 膜类似的效果，可以传输 Na^+并防止电子转移［图 5-34（b）］。

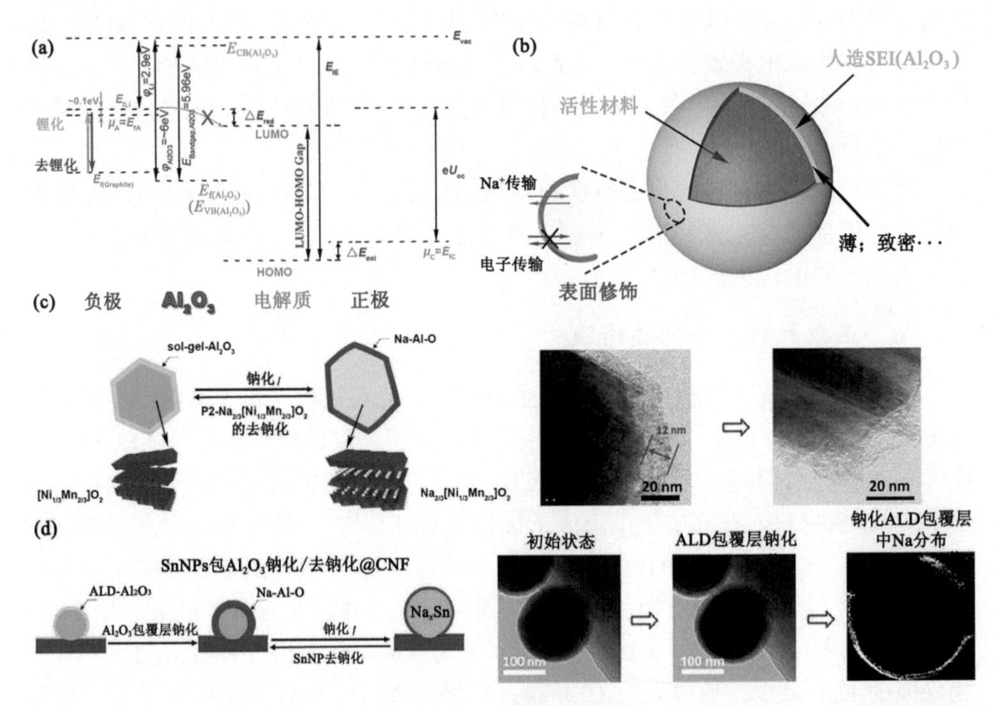

图 5-34 （a）Al_2O_3 包覆层与正负极材料、电解质之间的能级关系示意图，（b）在活性材料上修饰的人造 SEI 膜(Al_2O_3)作为致密保护层的示意图[279]，（c）在 Al_2O_3 包覆的 P2-$Na_{2/3}[Ni_{1/3}Mn_{2/3}]O_2$ 中储钠过程图示和相应的 TEM 图[282]，（d）Al_2O_3 包覆的 SnNP 中储钠过程示意图和相应的 TEM 图[281]

Al_2O_3 涂层的制备方法包括湿化学法、溶胶-凝胶法和原子层沉积（ALD）法。ALD 方法可以有效控制 Al_2O_3 的厚度，由此缩短离子在包覆层中的扩散距离，增加离子传导速率[281]。但是，ALD 方法不适宜工程放大，因此，简单而廉价的溶胶-凝胶法和化学沉淀法被认为更加适宜。如图 5-34（c）所示，通过化学方法均匀包覆在 $Na_{2/3}[Ni_{1/3}Mn_{2/3}]O_2$ 表面上的 Al_2O_3 保护层在 300 周循环后表现出显著提升的容量保持率（73.2%）[282]。另外，通过制备的有机负极的超薄 Al_2O_3 涂层（1～2 nm）有效改善了初始 CE[283]，并可防止材料的粉化和溶解。Al_2O_3 包覆层也表现出良好的机械性能，适合应对 SIB 负极的 Sn 纳米颗粒（SnNPs）的膨胀和收缩[281]。它不仅避免了电极表面上新的 SEI 膜的连续生长［图 5-34（d)]，而且还防止了活性材料的粉化。由于 Al_2O_3 涂层对结构完整性的保护作用，40 周循环后，Sn 电极保持了高达 650 $mAh\cdot g^{-1}$ 的比容量。

在高电压下工作的层状 TMO 正极上涂覆 Li_3PO_4 限制了金属离子的溶解并减少了 Na^+在不可逆反应中的消耗[284, 285]。类似地，磷酸钠（$NaPO_3$）纳米层（厚度约 10 nm）涂覆在 P2 型 $Na_{2/3}[Ni_{1/3}Mn_{2/3}]O_2$ 上提供快速离子传输路径[286]。如图 5-35（a）所示，薄的 $NaPO_3$ 纳米层可有效地将电极与电解质中的 HF 和 H_2O 分离，并抑制电极表面上 Mn_3O_4 的形成。这些结果有利于高压和高倍率正极材料的开发。相类似地，β-$NaCaPO_4$ 涂层在高电压下表现出相同的效果［图 5-35（b）］[287]，其有效地抑制了晶格中的氧溶解，即使在高倍率下也表现出高度可逆的储钠过程。

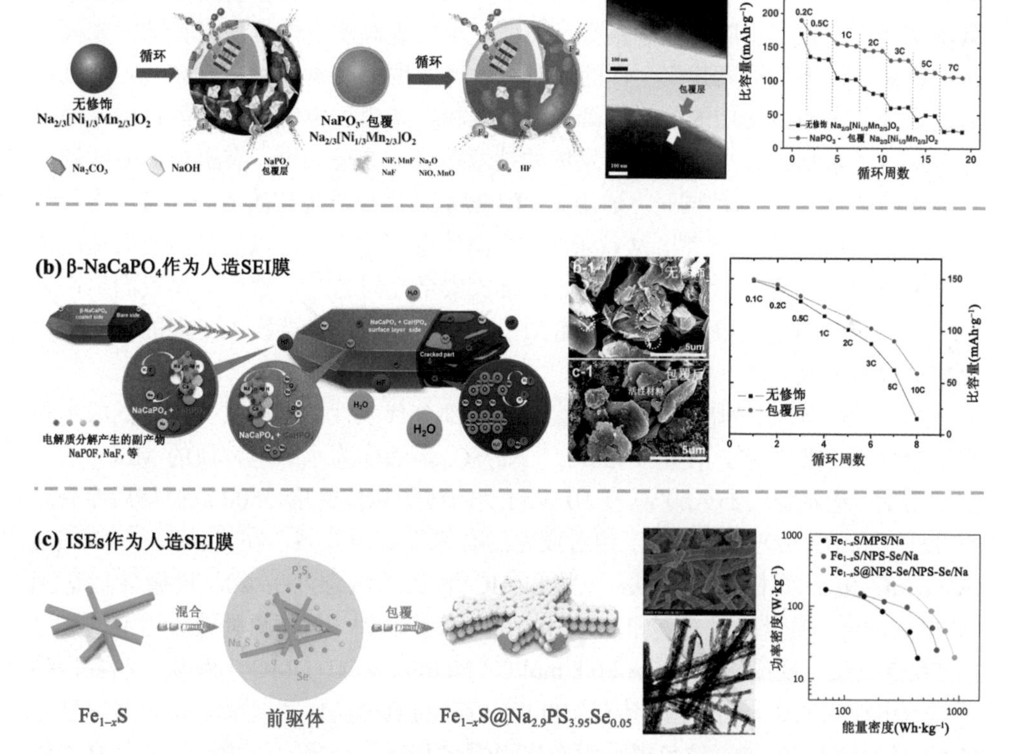

图 5-35 （a）包覆在 $Na_{2/3}[Ni_{1/3}Mn_{2/3}]O_2$ 上的 $NaPO_3$ 层[286]，（b）包覆在 $Na_{2/3}[Ni_{1/3}Mn_{2/3}]O_2$ 上的 β-$NaCaPO_4$ 层的结构和保护机制的示意图[287]，（c）包覆在 $Fe_{1-x}S$ 上的人工 SEI 膜（$Na_{2.9}PS_{3.95}Se_{0.05}$）。插图是裸露和已包覆的活性材料的 SEM 图和电化学性能[287]

除了上述惰性界面包覆改性研究之外，固/液复合电解质也被作为材料表面上的涂层进行研究。例如，具有优异离子电导率（1.21×10^{-4} S·cm^{-1}）的 $Na_{2.9}PS_{3.95}Se_{0.05}$ 电解质通过原位液相方法修饰在 $Fe_{1-x}S$ 电极上［图 5-35（c）］[288]。当在全固态钠电池中测试时，固体电极和固体电解质的良好相容性改善了接触电阻并降低了全电池的电压极化。

5.7 钠离子电池电解质的商业进展

近年来，SIB 技术突飞猛进，无论针对 SIB 的学术研究还是成果转化都得到快速发展。为了实现商业应用的目标，不仅要研究 SIB 关键电极材料的相关科学问题，还要从电解质和界面优化入手，以设计并得到兼具高能量密度、长循环寿命和高安全性的 SIB。经过长时间的积累和发展，许多正负极材料已经表现出可满足实现商业化应用的性能和指标，然而，要实现高质量电解质材料的大规模制备，仍需要在不断提高其安全性的同时有效降低生产成本。如图 5-36（a）所示，通过对成品电池中使用的各类电解质进行比较，指出了电解质开发的目标，同时深入探讨了未来 SIB 电解质研究发展的技术路线。在短期内，有机电解质被认为是优先的选择[289]。与此同时，适用于 SIB 的水系电解质也代表着一类高安全、低成本 SIB 实用化的可能[290]。从长远来看，固体电解质不仅可以提供高的质量能量密度和体积能量密度，而且可以很好地解决安全性问题[16]。然而，昂贵的生产成本和尚不成熟的工艺限制了固体电解质的应用发展，还需要投入更多的时间去攻克相关技术难题。

图 5-36（b）中列出了 SIB 研究进程中部分代表性创新成果。作为低成本和高安全性的 SIB 体系，使用 1 mol·L^{-1} Na_2SO_4 溶液作为水系电解质的 MoO_2/水系电解质/HC 电池组（25 Ah）具有 60 Wh·L^{-1} 的体积能量密度，500 周循环后库仑效率几乎保持在 100%[290]。对于相对成熟的有机电解质体系，在 1 mol·L^{-1} $NaClO_4$ EC+DMC 电解质中使用 PBAs 正极和 HC 负极的组合，在 200 周循环后达到 81.72 Wh·kg^{-1} 质量能量密度和接近 100%的库仑效率[54]。胡勇胜等应用空气稳定的 TMO 正极、低成本碳负极和 0.8 mol·L^{-1} $NaPF_6$ 的 EC+DMC 电解质，制备得到了软包电池（2 Ah），该电池具有 100 Wh·kg^{-1} 的质量能量密度[53]。在短路、过充电和钢钉穿刺试验中，软包电池没有出现燃烧和爆炸现象，这说明该产品基本达到实际应用的安全要求。类似的，含 0.5 mol·L^{-1} $NaPF_6$ 的环状和链状有机碳酸酯电解质中的碳负极和 TMO 正极也表现出良好的比容量和较高的库仑效率（超过 99.8%）[291]。同时，许多研究工作都重点开发新型固体电解质材料，并对其在柔

性电池方面的应用进行了探索，期望发挥其良好的机械性能和高导电性以满足可穿戴设备对新型电池的应用需求[16, 293, 294]。

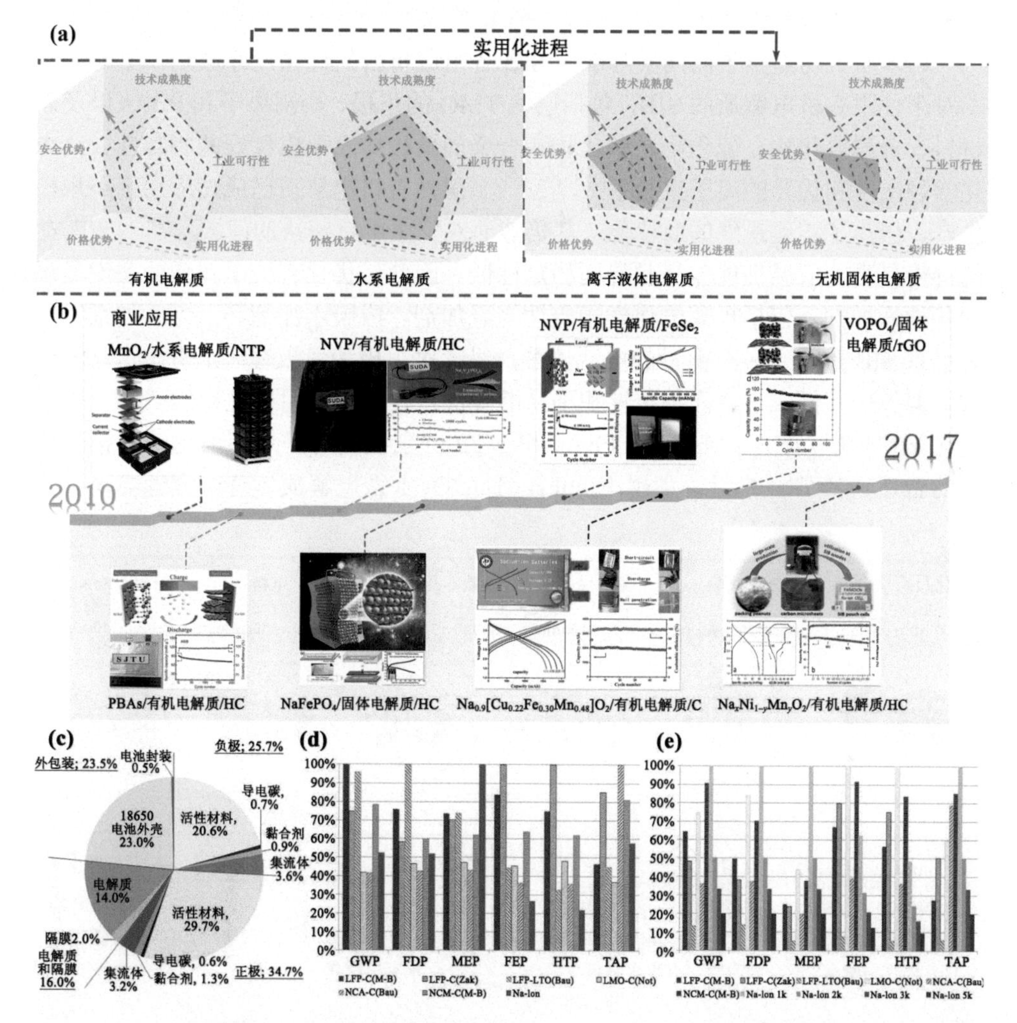

图 5-36 （a）不同类型电解质材料的实用化发展对比；（b）基于不同电解质的部分 SIB 成品研发；（c）商品化 SIB 的材料组成（wt%）；（d）不同电池体系每千瓦时储能对环境影响的相对值；（e）寿命期间每千瓦时储能对环境影响的相对值[295]。GWP 是对全球变暖的影响；FDP 是对化石枯竭的影响；MEP 是对海洋富营养化的影响；FEP 是对淡水富营养化的影响；HTP 是对人体毒性的影响；TAP 是对陆地酸化的影响[11]

除了考虑经济效益之外，SIB 在生产和使用过程中的环境效益也必须加以重视。Peters 等对 SIB 进行了生命周期评价分析［图 5-36（c）］[295]。由于高湿度敏感性，SIB 制备需要超干燥的环境气氛[296,297]。此外，作为能量存储装置，SIB

在多个重要指标方面表现出突出的优势［图 5-36（d）］。如图 5-36（e）所示，SIB 的环境影响可以显著降低至 20%以下，在 5000 周循环后其容量可以维持初始容量的 80%，优于锂离子电池。

许多研究均提出了面向实际应用 SIB 各组成材料的优化设计原则（图 5-37）。①对于使用有机电解质的 SIB，包括层状 TMO 的正极、聚阴离子和 PBAs 以及碳材料、金属氧化物、硫化物、磷化物和合金的负极均表现出良好的相容性、高电化学稳定性和优异的离子电导率[113, 298, 299]。虽然有机电解质已成功应用于小规模生产，但为了实现最终的商业化，其仍然面对三个亟待解决的问题，即 $NaPF_6$ 盐的价格昂贵、低温性能差，且界面稳定性低。因此，优化有机电解质的关键是添加各种添加剂，包括提高电化学稳定性的添加剂、成膜添加剂和阻燃添加剂等。②水系 SIB 是另一种有前景的电池体系，尽管对正极和负极有一定电压窗口的要求，但凭借其低成本、高导电性和不易燃等优点，非常适用于优异的 ESS。由于电化学窗口窄，$Na_{0.44}MnO_2$ 或 PBAs 和 NTP 分别被认为是水溶液电池正极和负极的合适选择[66]。最近，利用 1 mol·L^{-1} $NaNO_3$ 水系电解质，有研究者实现了具

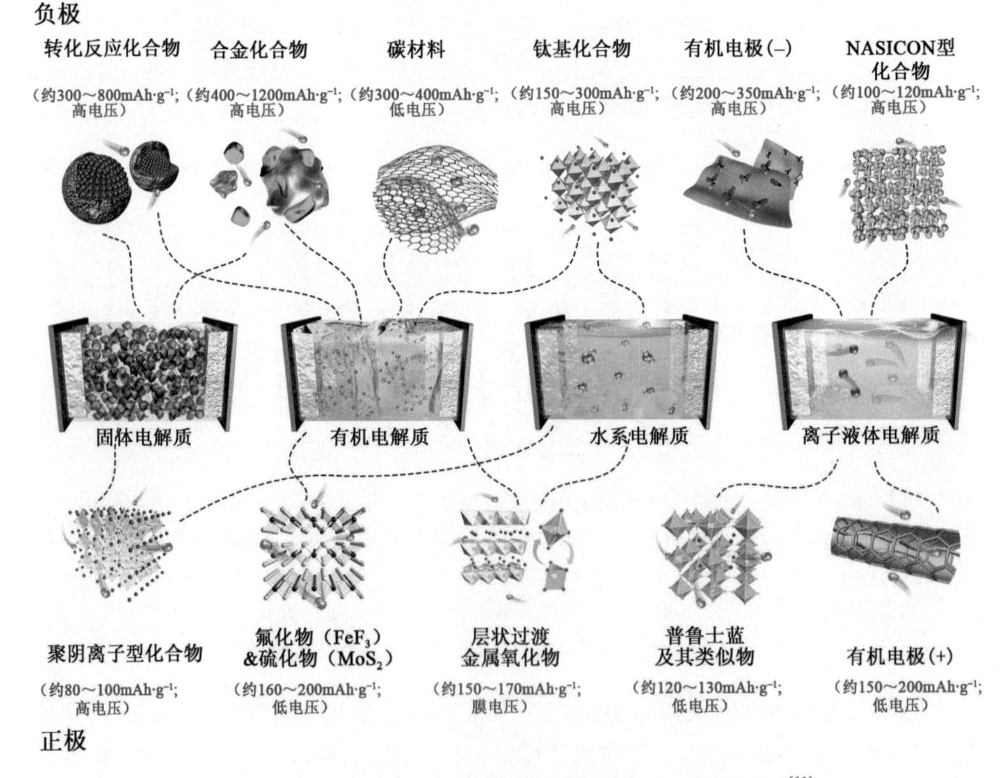

图 5-37 不同钠离子电池体系各组成材料的优化设计原则[11]

有高能量密度的 $Na_{0.44}MnO_2$//Na_2S_5 全电池，这为设计水系电池提供了更多的可能性[300]。未来，水系电池在大规模生产前需要克服水系电解质中 pH 梯度和溶解氧的问题。③相比之下，IL 电解质通常表现出较宽的 ESW，这表明常用的电极材料原则上均可以在该系统中正常运行。实际上，具有 IL 电解质的全电池显示出了与层状 TMO 正极以及 HC 或转换/合金型负极的良好匹配性[301]。由 $NaCrO_2$//HC 电极组成全电池，在[PYR_{13}][FSI]电解质中具有较长的循环寿命和较高的能量密度[302]。但是，如果要将其应用于更多的电极，则应首先解决其相对较高的黏度和界面问题。④同样，固体电解质也具有较宽的 ESW 和高稳定性，尤其是其具有的高热稳定性。为充分发挥其优点，聚阴离子等高工作电压正极和合金等低工作电压的负极主要适用于固体电解质体系，以实现优异的能量密度和可靠的安全性[183, 198]。此外，在全固态电池中 Na_3PS_4 与 $Na_4C_6O_6$ 混合作为电极可以有效地抑制有机电极的溶解并提高能量密度[303]，但仍需解决，包括低导电性、差晶界相容性以及制备方法不环境友好等技术瓶颈。

5.8 总结和展望

在今后的研究工作中，水系电解质和固体电解质是 SIB 中的研究热点，除了改善固有的 ESW 和离子电导率之外，还应该更加关注这两种体系的界面相容性。对于有机电解质和 IL 电解质，重点在于多元复合电解质的优化设计并解决热稳定性差、电导率低和界面相容性差等问题。未来工作需从三个方面着手：首先，应对适用于不同条件的各类电解质进行系统的研究并探索其基本原理，采用先进表征测试技术和理论计算模拟来揭示电解质的作用机理[304]。其次，应该注意 SIB 和 LIB 之间的区别。由于 Na^+的离子半径和电子结构不同，液体电解质和固体电解质在离子运输过程中表现出显著差异。特别是，界面性质与电极表面上锂和钠化合物的形成密切相关，且电极表面具有不同的离子电导率和机械强度。最后，SIB 电解质的优化不仅应集中在提高电导率或增加 Na^+迁移数上，还要关注界面稳定性、热安全性和经济/环境效益[305]。在各种电极表面上产生的 SEI 膜具有不同的组成和性质，通过组合优化设计可以实现对 SIB 整体性能的改进和完善。

总体来看，SIB 含有稳定、高效和环保的电极材料，电解质的研究仍有很大的创新空间，因此电极和电解质材料的协同发展是 SIB 实现商业化应用的必然策略，SIB 新型电解质的开发将成为开展 SIB 基础理论研究和推动其商业化进程的重要驱动力。

参考文献

[1] Chen H, Cong T N, Yang W, et al. Prog. Nat. Sci., 2009, 19: 291
[2] Bradbury K, Pratson L, Patiño-Echeverri D. Appl. Energy, 2014, 114: 512
[3] Sternberg A, Bardow A. Energy Environ. Sci., 2015, 8: 389
[4] Dunn B, Kamath H, Tarascon J M. Science, 2011, 334: 928
[5] Thackeray M M, Wolverton C, Isaacs E D. Energy Environ. Sci., 2012, 5: 7854
[6] Palomares V, Serras P, Villaluenga I, et al. Energy Environ. Sci., 2012, 5: 5884
[7] Kim H, Kim H, Ding Z, et al. Adv. Energy Mater., 2016, 6: 1600943
[8] Hwang J, Myung S, Sun Y. Chem. Soc. Rev., 2017, 46: 3529
[9] Yabuuchi N, Kajiyama M, Iwatate J, et al. Nat. Mater., 2012, 11: 512
[10] Ponrouch A, Marchante E, Courty M, et al. Energy Environ. Sci., 2012, 5: 8572
[11] Huang Y, Zhao L, Li L, et al. Adv. Mater., 2019, 31: 1808393
[12] Kim J, Yoon K, Park I. Small Methods, 2017: 1700219
[13] Liu J, Hu J, Deng Q, et al. Isr. J. Chem., 2015, 55: 521
[14] Rani N S, Sannappa J, Demappa T. Ionics, 2014, 20: 201
[15] Liu L, Qi X, Ma Q, et al. ACS Appl. Mater. Interfaces, 2016, 8: 32631
[16] Kim J, Lim, Y J, Kim H, et al. Energy Environ. Sci, 2015, 8: 3589
[17] Wang H, Zhu C, Chao D, et al. Adv. Mater., 2017, 29: 1702093
[18] Fan L, Liu Q, Chen S, et al. Adv. Energy Mater., 2017, 7: 1602778
[19] Yuan D, Liang X, Wu L, et al. Adv. Mater., 2014, 26: 6301
[20] Fang Y, Yu X, Lou X W D. Angew. Chem. Int. Edit., 2017, 129: 5895
[21] Wang P, Yao H, Liu X, et al. Adv. Mater., 2017, 29: 1700210
[22] Fang Y, Xiao L, Ai X, et al. Adv. Mater., 2015, 27: 5895
[23] Fang Y, Xiao L, Qian J, et al. Nano Lett., 2014, 14: 3539
[24] Longoni G, Wang J E, Jung Y H, et al. J. Power Sources, 2016, 302: 61
[25] You Y, Wu X, Yin Y, et al. Energy Environ. Sci., 2014, 7: 1643
[26] Wang H, Wang L, Chen S, et al. Mater. Chem. A, 2017, 5: 3569
[27] You Y, Yao H, Xin S, et al. Adv. Mater., 2016, 28: 7243
[28] Wan F, Wu X, Guo J, et al. Nano Energy, 2015, 13: 450
[29] Wang H, Yuan S, Ma D, et al. Adv. Energy Mater., 2014, 4: 1301651
[30] Li Y, Mu L, Hu Y, et al. Energy Storage Mater., 2016, 2: 139
[31] Zhang Z, Zhang Q, Shi J, et al. Adv. Energy Mater., 2017, 7: 1601196
[32] Gao H, Guo B, Song J, et al. Adv. Energy Mater., 2015, 5: 1402235
[33] Sridhar V, Park H. New J. Chem., 2017, 41: 4286
[34] Yang T, Qian T, Wang M, et al. Adv. Mater., 2016, 28: 539
[35] Wu C, Kopold P, Ding Y, et al. ACS Nano, 2015, 9: 6610
[36] Zeng C, Xie F, Yang X, et al. Angew. Chem. Int. Edit., 2018, 57: 8540
[37] He H, Gan Q, Wang H, et al. Nano Energy, 2018, 44: 217
[38] Cui J, Xu Z, Yao S, et al. J. Mater. Chem. A, 2016, 4: 10964
[39] Kong D, Cheng C, Wang Y, et al. Mater. Chem. A, 2016, 4: 11800
[40] Qu B, Ma C, Ji G, et al. Adv. Mater., 2014, 26: 3854
[41] Liu Y, He X, Hanlon D, et al. ACS Nano, 2016, 10: 8821

[42] Zhang Y, Pan A, Ding L, et al. ACS Appl. Mater. Interfaces, 2017, 9: 3624
[43] Zhu Y, Han X, Xu Y, et al. ACS Nano, 2013, 7: 6378
[44] Kim C, Lee K, Kim I, et al. J. Power Sources, 2016, 317: 153
[45] Zhu Y, Wen Y, Fan X, et al. ACS Nano, 2015, 9: 3254
[46] Wang H, Hu P, Yang J, et al. Adv. Mater., 2015, 27: 2348
[47] Deng W, Qian J, Cao Y, et al. Small, 2016, 12: 583
[48] Takada K, Yamada Y, Watanabe E, et al. ACS Appl. Mater. Interfaces, 2017, 9: 33802
[49] Oh S, Hwang J, Yoon C S, et al. ACS Appl. Mater. Interfaces, 2014, 6: 11295
[50] Huang Y, Xie M, Wang Z, et al. Energy Storage Mater., 2018, 11: 100
[51] Hu Z, Liu Q, Chou S, et al. Adv. Mater., 2017, 29: 1700606
[52] Zhao Q, Lu Y, Chen J. Adv. Energy Mater., 2017, 7: 1601792
[53] Li Y, Hu Y, Qi X, et al. Energy Storage Mater., 2016, 5: 191
[54] Yang D, Xu J, Liao X, et al. Chem. Commun., 2014, 50: 13377
[55] Otaegui L, Goikolea E, Aguesse F, et al. Power Sources, 2015, 297: 168
[56] Eshetu G G, Grugeon S, Kim H, et al. ChemSusChem, 2016, 9: 462
[57] Yamada Y, Chiang C H, Sodeyama K, et al. ChemElectroChem., 2015, 2: 1687
[58] Kühnel R, Lübke M, Winter M, et al. J. Power Sources, 2012, 214: 178
[59] Kumar P R, Jung Y H, Lim C. H, et al. Mater. Chem. A, 2015, 3: 6271
[60] Ding C, Nohira T, Kuroda K, et al. Power Sources, 2013, 238: 296
[61] Xue Y, Quesnel D J. RSC Adv., 2016, 6: 7504
[62] Ma Q, Guin M, Naqash S, et al. Chem. Mater., 2016, 28: 4821
[63] Webb S A, Baggetto L, Bridges C A, et al. Power Sources, 2014, 248: 1105
[64] Komaba S, Ishikawa T, Yabuuchi N, et al. ACS Appl. Mater. Interfaces, 2011, 3: 4165
[65] Wang Y, Zhong W. ChemElectroChem, 2015, 2: 22
[66] Wu X, Luo Y, Sun M, et al. Nano Energy, 2015, 13: 117
[67] Rao R P, Chen H, Wong L L, et al. Mater. Chem. A, 2017, 5: 3377
[68] Ponrouch A, Dedryvère R, Monti D, et al. Energy Environ. Sci., 2013, 6: 2361
[69] Zeng Z, Jiang X, Li R, et al. Adv. Sci., 2016, 3: 1600066
[70] Wang J, Yamada Y, Sodeyama K, et al. Nature Energy, 2018, 3: 22
[71] Feng J, An Y, Ci L, et al. Mater. Chem. A, 2015, 3: 14539
[72] Wongittharom N, Lee T, Wang C, et al. J. Mater. Chem. A, 2014, 2: 5655
[73] Wu F, Zhu N, Bai Y, et al. ACS Appl. Mater. Interfaces, 2016, 8: 21381
[74] Ding M. S, Jow T R. J. Electrochem. Soc., 2004, 151: A2007
[75] Suo L. Adv. Energy Mater., 2017, 7: 1701189
[76] Lalère F, Leriche J B, Courty M, et al. J. Power Sources, 2014, 247: 975
[77] Wei T, Gong Y, Zhao X, et al. Adv. Funct. Mater., 2014, 24, 5380
[78] Okoshi M, Yamada Y, Yamada A, et al. Electrochem. Soc., 2013, 160: A2160
[79] Kuratani K, Uemura N, Senoh H, et al. J. Power Sources, 2013, 223: 175
[80] Pham T A, Kweon K E, Samanta A, et al. J. Phys. Chem. C, 2017, 121: 21913
[81] Geng C, Buchholz D, Kim G T, et al. Small Methods, 2018, 3: 1800208
[82] Zhang Z, Ramos E, Lalère F, et al. Energy Environ. Sci., 2018, 11: 87
[83] Li Y, Deng Z, Peng J, et al. Chem. -Eur. J., 2017, 201705466
[84] Colò F, Bella F, Nair J R, et al. Electrochim. Acta, 2015, 174: 185
[85] Gao H, Zhou W, Park K, et al. Adv. Energy Mater., 2016, 6: 1600467
[86] Yu Z, Shang S, Seo J, et al. Adv. Mater., 2017, 29: 1605561

[87] Hou H, Xu Q, Pang Y, et al. Adv. Sci., 2017, 4: 1700072
[88] Yu C, Ganapathy S, de Klerk N. J. J, et al. Mater. Chem. A, 2016, 4: 15095
[89] Bhide A, Hofmann J, Katharina Dürr A, et al. Phys. Chem. Chem. Phys., 2014, 16: 1987
[90] Komorosk R A, Mauritz K A. J. Am. Chem. Soc., 1978, 100: 7487
[91] Zhu J, Wang Y, Li S, et al. Inorg. Chem., 2016, 55: 5993
[92] Duchardt M, Neuberger S, Ruschewitz U, et al. Chem. Mater., 2018, 30: 4134
[93] Deng Y, Eames C, Nguyen L H B, et al. Chem. Mater., 2018, 30: 2618
[94] Zhang H, Xuan X, Wang J, et al. Solid State Ionics, 2003, 164: 73
[95] Monti D, Ponrouch A, Palacín M R, et al. J. Power Sources, 2016, 324: 712
[96] Xu K. Chem. Rev., 2004, 104: 4303
[97] Wu L, Bresser D, Buchholz D, et al. Adv. Energy Mater., 2015, 5: 1401142
[98] Matsushita T, Dokko K, Kanamura K. J. Power Sources, 2005, 146: 360
[99] Hy S, Felix, Chen Y, et al. J. Power Sources, 2014, 256: 324
[100] Fan J, Chen J, Zhang Q, et al. ChemSusChem, 2015, 8: 1856
[101] Zhang J, Wang D, Lv W, et al. Energy Environ. Sci., 2017, 10: 370
[102] Chen R, Liu F, Chen Y, et al. J. Power Sources, 2016, 306: 70
[103] Bommier C, Leonard D, Jian Z, et al. Adv. Mater. Interfaces, 2016, 3: 600449
[104] Weadock N, Varongchayakul N, Wan J, et al. Nano Energy, 2013, 2: 713
[105] Muñoz-Márquez M A, Zarrabeitia M, Castillo-Martínez E, et al. ACS Appl. Mater. Interfaces, 2015, 7: 7801
[106] Yan C, Cheng X, Tian Y, et al. Adv. Mater., 2018: 1707629
[107] Verma P, Maire P, Novák P. Electrochim. Acta, 2010, 556: 332
[108] Takenaka N, Sakai H, Suzuki Y, et al. J. Phys. Chem. C, 2015, 119: 18046
[109] Chen S, Ishii J, Horiuchi S, et al. Phys. Chem. Chem. Phys., 2017, 19: 17366
[110] Plewa-Marczewska A, Trzeciak T, Bitner A, et al. Chem. Mater., 2014, 26: 4908
[111] Tanaka T, Doi T, Okada S, et al. Fuel Cells, 2009, 9: 269
[112] Jónsson E, Johansson P. Phys. Chem. Chem. Phys., 2012, 14: 10774
[113] Li H, Peng L, Zhu Y, et al. Energy Environ. Sci., 2016, 9: 3399
[114] Hashmi S A, Bhat M Y, Singh M K, et al. Solid State Electron., 2016, 20: 2817
[115] Chen J, Huang Z, Wang C, et al. Chem. Commun., 2015, 51: 9809
[116] Bitner-Michalska A, Krztoń-Maziopa A, Żukowska G, et al. Electrochim. Acta, 2016, 222: 108-115
[117] Ge C, Wang L, Xue L, et al. J. Power Sources, 2014, 248: 77
[118] Bordet F, Ahlbrecht K, Tübke J, et al. Electrochim. Acta, 2015, 174: 1317
[119] Sheng M, Zhang F, Ji B, et al. Adv. Energy Mater., 2017, 7: 1601963
[120] Xu K. Chem. Rev., 2014, 114: 11503
[121] Gallus D R, Wagner R, Wiemers-Meyer S, et al. Electrochim. Acta, 2015, 184: 410
[122] Shakourian-Fard M, Kamath G, Smith K, et al. J. Phys. Chem. C, 2015, 119: 22747
[123] Bhatt M D, O'Dwyer C. Curr. Appl. Phys., 2014, 14: 349
[124] Skarmoutsos I, Ponnuchamy V, Vetere V, et al. Phys. Chem. C, 2015, 119: 4502
[125] Liu Q, Mu D, Wu B, et al. ChemSusChem, 2017, 10: 786
[126] Vidal-Abarca C, Lavela P, Tirado J. L, et al. J. Power Sources, 2012, 197: 314
[127] Ponrouch A, Goñi A R, Palacín M R. J. Electrochem. Commun., 2013, 27: 85
[128] Lee Y, Lee J, Kim H, et al. J. Power Sources, 2016, 320: 49
[129] Cresce A V, Russell S M, Borodin O, et al. Phys. Chem. Chem. Phys., 2016, 19: 574

[130] Ponrouch A, Palacín M R. Electrochem. Commun., 2015, 54: 51
[131] Zhu X, Jiang X, Liu X, et al. Green Energy Environ., 2017, 2: 310
[132] Fang Y, Zhang J, Xiao L, et al. Adv. Sci., 2017, 4: 1600392
[133] Piernas-Muñoz M J, Castillo-Martínez E, Gómez-Cámer J L, et al. Electrochim. Acta, 2016, 200: 123
[134] Mu L, Xu S, Li Y, et al. Adv. Mater., 2015, 27: 6928
[135] You Y, Manthiram A. Adv. Energy Mater., 2017: 1701785
[136] Anwer S, Huang Y, Liu J, et al. ACS Appl. Mater. Interfaces, 2017, 9: 11669
[137] Hasa I, Dou X, Buchholz D, et al. J. Power Sources, 2016, 310: 26
[138] Kajita T, Itoh T. Phys. Chem. Chem. Phys., 2017, 19: 1003
[139] Kim H, Hong J, Park Y, et al. Adv. Funct. Mater., 2015, 25; 534
[140] Jache B, Binder J O, Abe T, et al. Chem. Chem. Phys., 2016, 18: 14299
[141] Su D, Kretschmer K, Wang G. Adv. Energy Mater., 2016, 6: 1501785
[142] Zhu Y, Yang L, Zhou X, et al. Mater. Chem. A, 2017, 5: 9528
[143] Zhao Y, Pang Q, Wei Y, et al. ChemSusChem, 2017, 10: 4778
[144] Zhu Y, Suo L, Gao T, et al. Electrochem. Commun., 2015, 54: 18
[145] Schafzahl L, Hanzu I, Wilkening M, et al. ChenSusChem, 2017, 10: 401
[146] Feng J, Zhang Z, Li L, et al. J. Power Sources, 2015, 284: 222
[147] Westman K, Dugas R, Jankowski P, et al. ACS Appl. Energy Mater., 2018, 1: 2671
[148] Chen R, Huang Y, Xie M, et al. ACS Appl. Mater. Interfaces, 2016, 8: 31669
[149] Hapiot P, Lagrost C. Chem. Rev., 2008, 108: 2238
[150] Bagno A, Butts C, Chiappe C, et al. Org. Biomol. Chem, 2005, 3: 1624
[151] Plashnitsa L S, Kobayashi E, Noguchi Y, et al. Electrochem. Soc., 2010, 157: A536
[152] Monti D, Jónsson E, Palacín M R, et al. J. Power Sources, 2014, 245: 630
[153] Kubisiak P, Eilmes A. J. Phys. Chem. B, 2017, 121: 9957
[154] Xue L, Tucker T G, Angell C A. Adv. Energy Mater., 2015, 5: 1500271
[155] Sun H, Zhu G, Xu X, et al. Nature. Commun., 2019, 10: 3302
[156] Ding C, Nohira T, Hagiwara R, et al. J. Power Sources, 2014, 269: 124
[157] Forsyth M, Yoon H, Chen F, et al. J. Phys. Chem. C, 2016, 120: 4276
[158] Fukunaga A, Nohira T, Hagiwara R, et al. J. Power Sources, 2014, 246: 387
[159] Wang C, Yang C, Chang J. Chem. Commun., 2016, 52: 10890
[160] Wang C, Yeh Y, Wongittharom N, et al. J. Power Sources, 2015, 274: 1016
[161] Wongittharom N, Wang C, Wang Y, et al. ACS Appl. Mater. Interfaces, 2014, 6: 17564
[162] Mohd Noor S A, Howlett P C, MacFarlane D R, et al. Electrochim. Acta, 2013, 114: 766
[163] Serra Moreno J, Maresca G, Panero S, et al. Electrochem. Commun., 2014, 43: 1
[164] Egashira M, Asai T, Yoshimoto N, et al. Electrochim. Acta, 2011, 58: 95
[165] Pope C R, Kar M, MacFarlane D R, et al. ChemPhysChem, 2016, 17: 3187
[166] Matsumoto K, Taniki R, Nohira T, et al. Electrochem. Soc., 2015, 162: A1409
[167] Wessells C D, Peddada S V, Huggins R A, et al. Nano Lett., 2011, 11: 5421
[168] Wang G, Fu L, Zhao N, et al. Angew. Chem. Int. Edit., 2007, 119: 299
[169] Wang Y, Liu J, Lee B, et al. Nat. Commun., 2015, 6: 6401
[170] Wu X, Cao Y, Ai X, et al. AElectrochem. Commun., 2013, 31: 145
[171] Kim D. J, Ponraj R, Kannan A. G, et al. J. Power Sources, 2013, 244: 758
[172] Wang Y, Yu X, Xu S, et al. Nat. Commun., 2013, 4: 2365
[173] Deng W, Shen Y, Qian J, et al. Chem. Commun., 2015, 51: 5097

[174] Luo J, Cui W, He P, et al. Nat. Chem., 2010, 2: 760
[175] Yun J, Pfisterer J, Bandarenka A S. Energy Environ. Sci., 2016, 9: 955
[176] Zhan X, Shirpour M. Chem. Commun., 2017, 53: 204
[177] Alias N, Mohamad A A. J. Power Sources, 2015, 274: 237
[178] Nakamoto K, Kano Y, Kitajou A, et al. J. Power Sources, 2016, 327: 327
[179] Wu W, Shabhag S, Chang J, et al. J. Electrochem. Soc., 2015, 162: A803
[180] Wessells C, Huggins R A, Cui Y. J. Power Sources, 2011, 196: 2884
[181] Kumar P R, Jung Y H, Moorthy B, et al. J. Electrochem. Soc., 2016, 163: A1484
[182] Fitzhugh W, Wu F, Ye L, et al. Adv. Energy Mater., 2019, 1900807
[183] Zhao C, Liu L, Qi X, et al. Adv. Energy Mater., 2018, 1703012
[184] Cheng X, Pan J, Zhao Y, et al. Adv. Energy Mater., 2017, 1702184
[185] Bella F, Colò F, Nair J R, et al. ChemSusChem, 2015, 8: 3668
[186] Yang Y Q, Chang Z, Li M X, et al. Solid State Ionics, 2015, 269, 1
[187] Zhou D, Liu R, Zhang J, et al. Nano Energy, 2017, 33: 45
[188] Lee H, Yanilmaz M, Toprakci O, et al. Energy Environ. Sci., 2014, 7: 3857
[189] Janakiraman S, Surendran A, Ghosh S, et al. Solid State Ionics, 2016, 292: 130
[190] Kumar D, Hashmi S. A J. Power Sources, 2010, 195: 5101
[191] Singh V K, Chaurasia S K, Singh R K. RSC Adv., 2016, 6: 40199
[192] Song S, Kotobuki M, Zheng F, et al. J. Mater. Chem. A, 2017, 5: 6424
[193] Freitag K. M, Walke P, Nilges T, et al. J. Power Sources, 2018, 378: 610
[194] Ansari Y, Guo B, Cho J H, et al. J. Electrochem. Soc., 2014, 161: A1655
[195] Kim J I, Choi Y, Chung K Y, et al. Adv. Funct. Mater., 2017, 27: 1701768
[196] Zheng J, Zhao Y, Feng X, et al. Mater. Chem. A, 2018, 6: 6559
[197] Hayashi A, Noi K, Sakuda A, et al. Nat. Commun., 2012, 3: 856
[198] Hayashi A, Noi K, Tanibata N, et al. J. Power Sources, 2014, 258: 420
[199] Tanibata N, Noi K, Hayashi A, et al. RSC Adv., 2014, 4: 17120
[200] Tanibata N, Noi K, Hayashi A, et al. ChemElectroChem, 2014, 1: 1130
[201] Yu Z, Shang S, Gao Y, et al. Nano Energy, 2018, 47: 325
[202] Banerjee A, Park K H, Heo J W, et al. Angew. Chem. Int. Edit., 2016, 128: 9786
[203] Zhang L, Yang K, Mi J, et al. Adv. Energy Mater., 2015, 5: 1501294
[204] Jayaraman V, Periaswami G, Kutty T R N. Mater. Chem. Phys., 1998, 52: 46
[205] Zhang G, Wen Z, Wu X, et al. J. Alloy. Compd., 2014, 613: 80
[206] Lee D, Lee S, Lee K, et al. J. Ind. Eng. Chem., 2012, 18: 1801
[207] Zhu C, Xue J. Alloy. Compd., 2012, 517: 182
[208] Chen G, Lu J, Zhou X, et al. Ceram. Int., 2016, 42: 16055
[209] Zhao K, Liu Y, Zeng S M, et al. Ceram. Int., 2016, 42: 8990
[210] Park H, Jung K, Nezafati M, et al. ACS Appl. Mater. Interfaces, 2016, 8: 27814
[211] Guin M, Tietz F, Guillon O. Solid State Ionics, 2016, 293: 18
[212] Kazakevičius E, Kežionis A, Žukauskaitė L, et al. Funct. Mater. Lett., 2014, 7: 1440002
[213] Zhu Y S, Li L L, Li C Y, et al. Solid State Ionics, 2016, 289: 113
[214] Lu Y, Alonso J A, Yi Q, et al. Adv. Energy Mater., 2019, 1901205
[215] Honma T, Okamoto M, Togashi T, et al. Solid State Ionics, 2015, 269: 19
[216] Noguchi Y, Kobayashi E, Plashnitsa L S, et al. Electrochim. Acta, 2013, 101: 59
[217] Inoishi A, Omuta T, Kobayashi E, et al. Adv. Mater. Interfaces, 2017, 4: 1600942
[218] Matsuo M, Oguchi H, Sato T, et al. J. Alloy. Compd., 2013, 580: S98

[219] Duchêne L, Kühnel R S, Rentsch D, et al. Chem. Commun., 2017, 53: 4195
[220] Sadikin Y, Brighi M, Schouwink P, et al. Adv. Energy Mater., 2015, 5: 1501016
[221] Yoshida K, Sato T, Unemoto A, et al. Appl. Phys. Lett., 2017, 110: 103901
[222] Savina A A, Morozov V A, Buzlukov A L, et al. Chem. Mater., 2017, 29: 8901
[223] Mauger A, Julien C M. Ionics, 2017, 23: 1933
[224] Manohar C V, Kar M, Forsyth M, et al. Sustain. Energy Fuels, 2018, 2: 566
[225] Kumar D, Hashmi S A. Solid State Ionics, 2010, 181: 416
[226] Senthilkumar S T, Abirami M, Kim J, et al. J. Power Sources, 2017, 341: 404
[227] Senthilkumar S T, Bae H, Han J, et al. Angew. Chem. Int. Edit., 2018, 57: 5335
[228] Zhang H, Qin B, Han J, et al. ACS Energy Lett., 2018, 3: 1769
[229] Suo L, Borodin O, Gao T, et al. Science, 2015, 350: 938
[230] Firouzi A, Qiao R, Motallebi S, et al. Nat. Commun., 2018, 9: 861
[231] Liu C, Wang X, Deng W, et al. Angew. Chem. Int. Edit., 2018, 57: 1
[232] Peled E. J. Electrochem. Soc., 1979, 126: 2047
[233] Huang Y, Xie M, Zhang J, et al. Nano Energy, 2017, 39: 273
[234] Ji L, Gu M, Shao Y, et al. Adv. Mater., 2014, 26: 2901
[235] Komaba S, Murata W, Ishikawa T, et al. Adv. Funct. Mater., 2011, 21: 3859
[236] Wang Y, Balbuena P B. J. Phys. Chem. B, 2002, 106: 4486
[237] Shkrob I A, Zhu Y, Marin T W, et al. J. Phys. Chem. C, 2013, 117: 19270
[238] Pinson M B, Bazant M Z. J. Electrochem. Soc., 2012, 160: A243
[239] Kim S, Duin A C T V, Shenoy V B. J. Power Sources, 2011, 196: 8590
[240] Mogensen R, Brandell D, Younesi R. ACS Energy Lett., 2016, 1: 1173
[241] Tasaki K, Harris S J. J. Phys. Chem. C, 2010, 114: 8076
[242] Lin Y, Liu Z, Leung K, et al. J. Power Sources, 2016, 309: 221
[243] Ratnakumar B V, Smart M C, Surampudi S. J. Power Sources, 2001, 97: 137
[244] Soto F A, Yan P, Engelhard M H, et al. Adv. Mater., 2017, 29: 1606860
[245] Larcher D, Tarascon J. Nat. Chem., 2014, 7: 19
[246] Moshkovich M, Gofer Y, Aurbach D. J. Electrochem. Soc., 2001, 148: E155
[247] Vogdanis L, Martens B, Uchtmann H, et al. Macromol. Chem. Phys., 1990, 191: 465
[248] Soto F A, Marzouk A, El-Mellouhi F, et al. Chem. Mater., 2018, 30: 3315
[249] Yildirim H, Kinaci A, Chan M K Y, et al. ACS Appl. Mater. Interfaces, 2015, 7: 18985
[250] Li Q, Wei Q, Zuo W, et al. Chem. Sci., 2017, 8: 160
[251] Kumar H, Detsi E, Abraham D P, et al. Chem. Mater., 2016, 28: 8930
[252] Zheng Y, Wang Y, Lu Y, et al. Nano Energy, 2017, 39: 489
[253] Xiao L, Cao Y, Henderson W. A, et al. Nano Energy, 2016, 19: 279
[254] Kubota K, Komaba S. J. Electrochem. Soc., 2015, 162: A2538
[255] Dahbi M, Nakano T, Yabuuchi N, et al. Electrochem. Commun., 2014, 44: 66
[256] Dahbi M, Nakano T, Yabuuchi N, et al. ChemElectroChem, 2016, 3: 1856
[257] Ding C, Nohira T, Hagiwara R, et al. Electrochim. Acta, 2015, 176: 344
[258] Xu J, Wang M, Wickramaratne N. P, et al. Adv. Mater., 2015, 27: 2042
[259] Dahbi M, Yabuuchi N, Fukunishi M, et al. Chem. Mater., 2016, 28: 1625
[260] Yang X, Wang C, Yang Y, et al. J. Mater. Chem. A, 2015, 3: 8800
[261] Xu Z, Lim K, Park K, et al. Adv. Funct. Mater., 2018, 1802099
[262] Wu L, Buchholz D, Bresser D, et al. J. Power Sources, 2014, 251: 379
[263] Lee B, Chen Y, Zhu Y, et al. RSC Adv., 2015, 5: 99329

[264] Zhou M, Xu Y, Xiang J, et al. Adv. Energy Mater., 2016, 6: 1600448
[265] Pan H, Lu X, Yu X, et al. Adv. Energy Mater., 2013, 3: 1186
[266] Fu S, Ni J, Xu Y, et al. Nano Lett., 2016, 16: 4544
[267] Zarrabeitia M, Nobili F, Muñoz-Márquez M. Á, et al. J. Power Sources, 2016, 330: 78
[268] Pang G, Nie P, Yuan C, et al. J. Mater. Chem. A, 2014, 2: 20659
[269] Wang D, Liu Q, Chen C, et al. ACS Appl. Mater. Interfaces, 2016, 8: 2238
[270] Padhy H, Chen Y, Lüder J, et al. Adv. Energy Mater., 2017, 1701572
[271] Banda H, Damien D, Nagarajan K, et al. Adv. Energy Mater., 2017, 7: 1701316
[272] Oltean V. A, Philippe B, Renault S, et al. Chem. Mater., 2016, 28: 8742
[273] Baggetto L, Ganesh P, Meisner R P, et al. J. Power Sources, 2013, 234: 48
[274] Darwiche A, Bodenes L, Madec L, et al. Electrochim. Acta, 2016, 207: 284
[275] Fu H, Xia M, Qi R, et al. J. Power Sources, 2018, 399: 42
[276] Feng T, Xu Y, Zhang Z, et al. ACS Appl. Mater. Interfaces, 2016, 8: 6512
[277] Mu L, Rahman M M, Zhang Y, et al. J. Mater. Chem. A, 2018, 6: 2758
[278] Meng Y, Chen G, Shi L, et al. ACS Appl. Mater. Interfaces, 2019, 11: 45108
[279] Sun H, Zhu G, Xu X, et al. Nano Energy, 2019, 64: 103903
[280] Liu Y, Fang X, Ge M, et al. Nano Energy, 2015, 16: 399
[281] Han X, Liu Y, Jia Z, et al. Nano Lett., 2013, 14: 139
[282] Liu Y, Fang X, Zhang A, et al. Nano Energy, 2016, 27: 27
[283] Zhao L, Zhao J, Hu Y, et al. Adv. Energy Mater., 2012, 2: 962
[284] Yuan L, Wang Z, Zhang W, et al. Energy Environ. Sci., 2011, 4: 269
[285] Liu H, Chen C, Du C, et al. J. Mater. Chem. A, 2015, 3: 2634
[286] Jo J H, Choi J U, Konarov A, et al. Adv. Funct. Mater., 2018, 28: 1705968
[287] Jo C H, Jo J H, Yashiro H, et al. Adv. Energy Mater., 2018, 1702942
[288] Wan H, Mwizerwa J P, Qi X, et al. ACS Nano, 2018, 12: 2809
[289] Deng J, Luo W, Chou S, et al. Adv. Energy Mater., 2017, 1701428
[290] Whitacre J F, Shanbhag S, Mohamed A, et al. Energy Technology, 2015, 3: 20
[291] Tang J, Barker J, Pol V G. Energy Technology, 2017, 5: 1
[292] Zhao F, Shen S, Cheng L, et al. Nano Lett., 2017, 17: 4137
[293] Yang T, Niu X, Qian T, et al. Nanoscale, 2016, 8: 15497
[294] Li H, Ding Y, Ha H, et al. Adv. Mater., 2017, 29: 1700898
[295] Peters J, Buchholz D, Passerini S, et al. Energy Environ. Sci., 2016, 9: 1744
[296] Golubkov A. W, Fuchs D, Wagner J, et al. RSC Adv., 2014, 4: 3633
[297] Yabuuchi N, Kubota K, Dahbi M, et al. Chem. Rev., 2014, 114: 11636
[298] Ivanova S, Zhecheva E, Kukeva R, et al. ACS Appl. Mater. Interfaces, 2016, 8: 17321
[299] Jiang Y, Yu S, Wang B, et al. Adv. Funct. Mater., 2016, 26: 5315
[300] Tekin B, Sevinc S, Morcrette M, et al. Energy Technology, 2017, 5: 2182
[301] Hasa I, Passerini S, Hassoun J. J. Power Sources, 2016, 303: 203
[302] Fukunaga A, Nohira T, Hagiwara R, et al. J. Appl. Electrochem., 2016, 46: 487
[303] Chi X, Liang Y, Hao F, et al. Angew. Chem. Int. Edit., 2018, 57: 2630
[304] Yoon G, Kim D, Park I, et al. Adv. Funct. Mater., 2017, 27: 1702887
[305] Vaalma C, Buchholz D, Weil M, et al. Nat. Rev. Mater., 2018, 3: 18013

06

锂-空气电池电解质

在过去的20多年里，作为一种可靠的绿色能源储存系统，锂离子电池由于具有效率高、重量轻和可充电等特点，被广泛应用于社会的各个领域[1,2]。它在充放电过程中通过锂离子可逆地嵌入/脱出来实现锂离子传导和电流传输。燃料电池作为能量转换系统，具有高效率和燃料选择多样的特点[3]。但是，燃料电池仍存在一些因素限制了其商业化应用，例如原料成本高、催化剂性能易衰减、膜失效以及储氢困难等[4, 5]。值得注意的是，锂-空气电池结合了上述两个系统的概念，理论能量密度高达约3500 $Wh{\cdot}kg^{-1}$ [6]。一方面，它是一种燃料电池，但它使用的是锂金属作为负极；另一方面，它可以看作是使用氧气作为正极材料的锂离子电池。

当前，锂-空气电池研究还面临着能源效率低、循环寿命短和倍率性能差等诸多问题。为了克服这些不足，研究人员对电极材料和催化剂进行了大量的研究。尽管高效率的空气正极可以缓解正极堵塞并降低充放电过程中的过电势，但它还难以满足锂-空气电池的实际需要。因此还应考虑其他因素，例如电解质分解、氧气溶解和传输动力学、空气中水分和二氧化碳的负面影响以及锂负极的不稳定性等问题。电解质是锂-空气电池中不可或缺的一部分，对电池性能起着至关重要的作用，上述技术难题可以从电解质的角度进行改进完善。

6.1 锂-空气电池电解质的发展历史及其机理

电解质对电池的重要性就像血液对人的重要性一样。锂-空气电池电解质的发展历史见图6-1[7]。从1974年开始，Littauer和Tsai等使用碱性水溶液作为电解质，从而引出锂-空气电池的概念[8]。但是，锂电极容易被水腐蚀，导致了电池的快速自放电。为了解决锂的腐蚀问题，研究人员一方面使用能与锂兼容的非水电解质来代替水系电解质，另一方面采用水稳定的 Li^+传导膜（LICM）来保护锂电极。

非水电解质体系可以大致分为非水液体电解质、离子液体电解质和固体电解质这三种。非水液体电解质组装的锂-空气电池因其极高的能量密度和简单的电池结构，在过去的几十年中得到了广泛应用。但是，这些电解质易燃、易挥发，因此应置于封闭体系中。除非在空气电极上添加氧气选择膜，只让氧气进入电池，否则纯氧的过滤和存储装置的质量将会限制锂-空气电池的能量密度。此外，早期关于非质子电解质的大多数研究都是基于碳酸酯类电解质，这些电解质在锂离子电池体系中很常用[9-11]。然而，在2010年，有许多研究表明，碳酸酯类电解质在锂-空气电池中很容易被分解，也没有促进标准放电产物 Li_2O_2 生成[12]。因此，可以使用其他非水液体电解质来避免电解质的分解，如酰胺、醚、砜和腈，但在随后的研

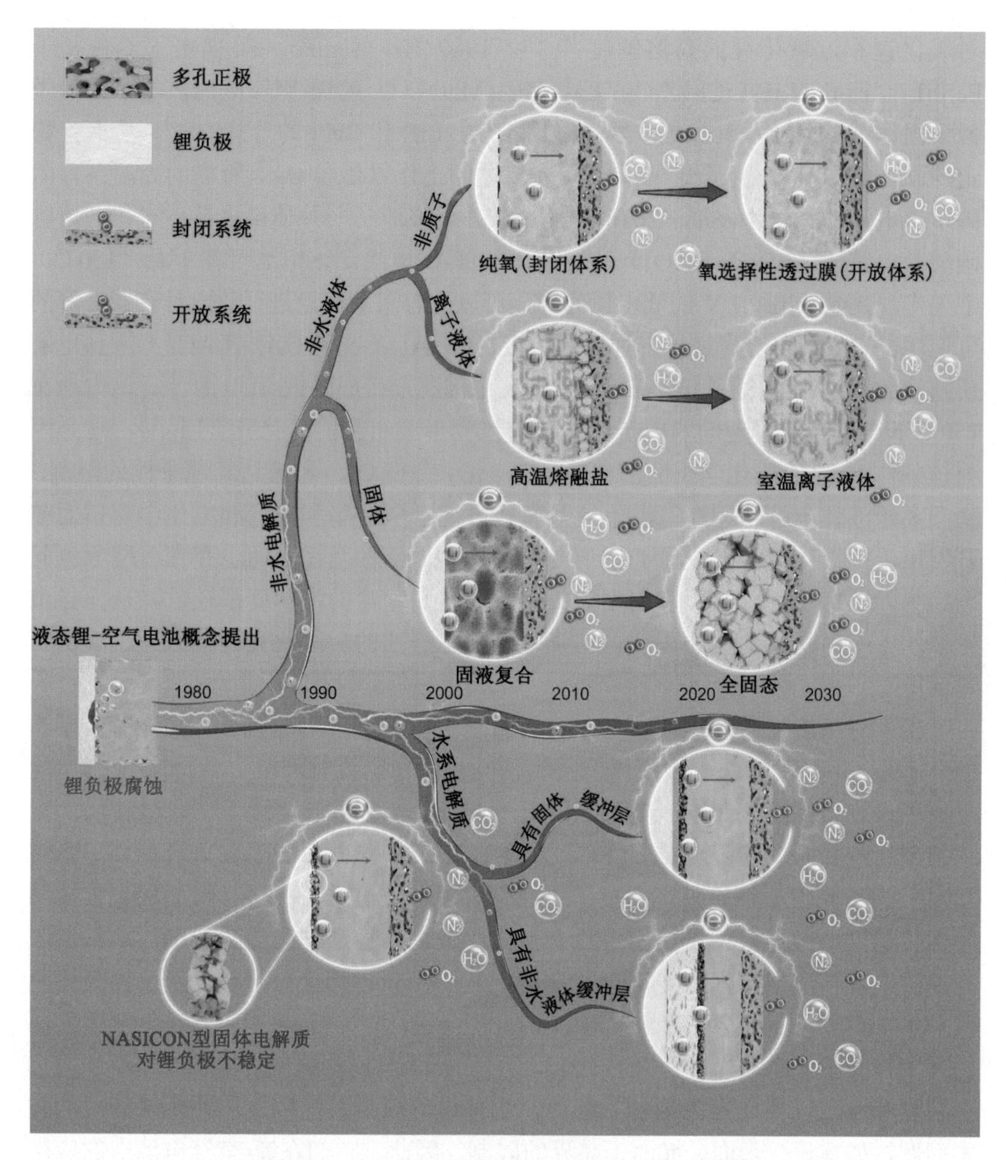

图 6-1　锂-空气电池电解质的发展历史与分类[7]

究中这些非水液体电解质也出现相应的问题。其中，四乙二醇二甲醚（TEGDME）和二甲基亚砜（DMSO）对超氧化物相对稳定，可广泛用作锂-空气电池的溶剂[13]。但它们仍然不是用于锂-空气电池电解质的最优溶剂。同时，锂盐及一些高效添加剂的选择和浓度的控制也极大地影响了锂-空气电池的性能（见 2.2 节和 2.3 节）。

离子液体电解质不挥发、不易燃，可以分为高温熔融盐和室温离子液体两大类。对于熔融盐，它们的无机成分表现出优良的化学稳定性、电化学稳定性以及对氧化锂和过氧化锂的高溶解度[14, 15]。1987 年，Semkow 等提出了一种基于 $FeSi_2Li_x$ / Li_2O / LiF-LiCl / ZrO_2 / $La_{0.89}Sr_{0.10}MnO_3$ / O_2 的锂-空气电池，电池结构类似于固体燃料电池，其放电产物 Li_2O 储存在 LiF 和 LiCl 的熔盐中[16]。然而，稳定的固体电解质 ZrO_2 需要在 600～850℃之间工作以传导 O_2^-，所需的高温条件阻碍了该电池的进一步发展。2016 年，Liox 公司报道了一种使用多孔碳正极、熔融硝酸盐电解质（$LiNO_3$-KNO_3）和锂负极的锂-氧电池。该电池可在中温（150℃）下工作，并显示出 0.1 V 的低电压间隙，可以无容量限制地进行放电且有着良好的可逆性[17]。Nazar 等报道了一种由锂负极、$Li_{1.5}Al_{0.5}Ge_{1.5}(PO_4)_3$（LAGP）固体电解质膜、$LiNO_3$-$KNO_3$ 熔盐电解质和 Li_xNiO_2 电催化剂组成的锂-氧电池[18]。该电池在 150℃下通过高度可逆的四电子氧化还原过程形成结晶的氧化锂（Li_2O），这是因为该条件下 Li_2O 的化学反应活化能低于 LiO_2 或 Li_2O_2。考虑到高温条件的限制，室温离子液体电解质因在室温下就具有较高离子电导率和较宽的电化学窗口而被开发用于锂-空气电池。然而，它们与锂金属和氧活性基团之间也存在一些分解问题。另外，由于黏度高，它们中的大多数对氧和锂盐的溶解度都较低，从而导致较低的 Li^+/O_2 扩散速率。因此，对离子液体电解质的后续研究应该致力于解决上述问题。

出于对高能量密度和高安全性的考虑，固态锂-空气电池由于其良好的机械性能、非易燃性及其能与电极或周围的氧活性基团稳定接触而被认为是锂-空气电池发展的最终目标。在 1996 年的工作中，Abraham 和 Jiang 报道了基于 $LiPF_6$ 的聚丙烯腈（PAN）、碳酸乙烯酯（EC）和碳酸丙烯酯（PC）的固液复合凝胶型电解质[19]。这种凝胶电解质具有高离子电导率（10^{-3} S·cm^{-1}），并且与锂电极直接接触时保持稳定。但是，由于使用了后来被广泛认为不稳定的碳酸酯溶剂，这种凝胶态电解质并不适用于锂-空气电池。2009 年，Kumar 等推出了首款基于锂金属负极和 Li^+导电玻璃陶瓷（GC）电解质的全固态锂-空气电池[20-22]。GC 电解质的两面都与锂离子导电聚合物膜压在一起，以防止 Li 与 GC 的反应，同时也增强固体电解质和空气正极之间的接触。然而，固体电解质本身面临着一些仍未解决的技术问题，如体相、表面、界面、晶界的限制。因此，它们在锂-空气电池中的应用还有很长的路要走。

就锂负极的保护而言，需要一些固体电解质材料作为 Li^+传导膜（LICM）。Visco 等开展了一系列关于水稳定锂电极的开创性工作，并于 2004 年提出一种 NASICON 型 $Li_{1+x}Al_xTi_{2-x}(PO_4)_3$（LATP） LICM 用于水系锂-空气电池中锂负极的保护[23]。然而，LATP 在与锂电极直接接触时，Ti^{4+}易被还原而导致 LICM 的不稳定。因此，需要在锂负极和 NASICON 型的 LICM 之间添加一层“缓冲”层[24]。水系锂-空气电池可根据“缓冲”层的类型进一步分为两种不同的电池体系。第一

种是使用诸如固态 Cu_3N、LiPON、Li_3N 层或 PEO 聚合物层的第二薄层夹在 LATP 和锂电极之间组装而成的水系锂-空气电池。另一种是使用非水液体电解质或离子液体作为缓冲层组装而成的混合锂-空气电池[25-28]。2007 年，Weppner 及其同事提出了一种对锂金属稳定的 $Li_7La_3Zr_2O_{12}$（LLZO） LICM，它避免了第二层 LICM 的添加。但是，关于 LLZO 和锂电极之间界面现象的更多细节问题还有待进一步研究。

图 6-2 为含不同电解质的锂-空气电池的机理。非水与水系锂-空气电池在锂电极处发生相同的电化学反应，如式（6-1）所示：

$$Li \rightleftharpoons Li^+ (sol) + e^- \tag{6-1}$$

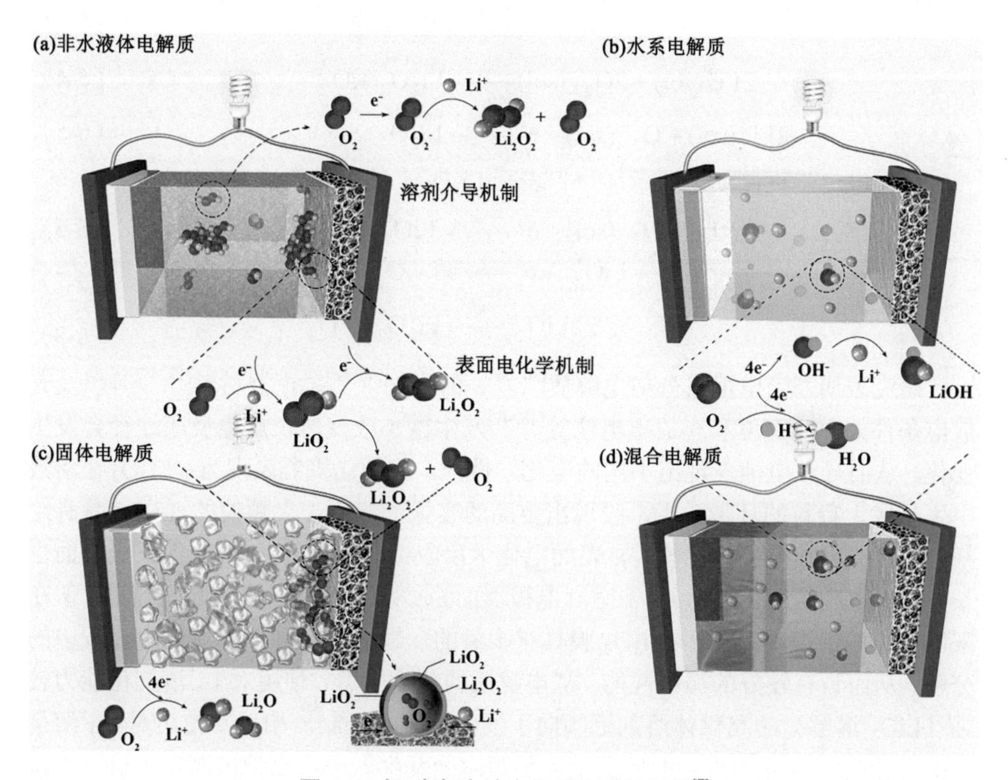

图 6-2 锂-空气电池电解质体系的机理[7]

然而，空气电极的电化学反应取决于电解质[29-32]。为了提高电池的容量，作为空气电极活性材料的氧气应该从空气中直接获得[6]。然而，由于锂电极在非水液态电池体系中未受保护，为避免空气中的其他组分尤其是水和二氧化碳的干扰，纯氧在实验室中被广泛使用。这些使用纯氧的体系也被称为“锂-氧电池”。对于非水锂-空气电池体系，空气电极应该多孔且有足够的空间来容纳不溶性放电产物

（Li_2O_2）[33-39]。此外，通常加入电催化剂来促进充放电过程中氧气的还原和析出。

对于非水锂-空气电池，电化学反应在式（6-2）中以Li_2O_2作为放电产物呈现，如下所示：

$$2Li^+ + O_2 + 2e^- \rightleftharpoons Li_2O_2 \quad E^0 = 2.96\ V\ vs.\ Li^+/Li \tag{6-2}$$

该反应过程步骤很复杂。事实上，迄今为止，研究人员对非水锂-空气电池的空气电极的工作机制方面尚未达成共识。基于非水液态锂-空气电池的实验和理论计算，科研人员提出了空气电极表面氧化还原反应（ORR）的两种主要放电反应机理，即溶剂化机制和表面电化学机制[40-43]。

溶剂化机制如下所示：

$$O_2(sol) + e^- \longrightarrow O_2^-(sol) \tag{6-3}$$

$$2Li^+(sol) + 2O_2^-(sol) \longrightarrow Li_2O_2 + O_2 \tag{6-4}$$

$$2Li^+(sol) + O_2^-(sol) + e^- \longrightarrow Li_2O_2 \tag{6-5}$$

表面电化学机制如下所示（“*”表示Li_2O_2上的表面位点）：

$$Li^+ + O_2(sol) + e^- \longrightarrow LiO_2^* \tag{6-6}$$

$$Li^+ + LiO_2^* + e^- \longrightarrow Li_2O_2^* \tag{6-7}$$

$$2LiO_2 \longrightarrow Li_2O_2^* + O_2 \tag{6-8}$$

研究表明，当电池组分如电解质[30, 44]、催化剂[45, 46]、正极材料[13, 47]等以及充放电条件如电流密度和充放电电位等[48, 49]发生微小改变时，放电反应途径会发生变化，从而导致电池表现出不同的电化学性能。溶剂化机制表现为：Li_2O_2在溶液中生长成大颗粒的环形粒子，表现出更高的容量，但由于大颗粒的Li_2O_2具有绝缘性，导致电池循环性能较差。表面电化学反应机制表现为：Li_2O_2在正极表面生长，形成薄膜状的Li_2O_2，由于空气电极表面易被堵塞，表现出较低的容量，但在限制容量的情况下，由于Li_2O_2膜具有少量的点缺陷，有利于其在充电过程中的分解，从而具有较好的循环性能。从电解质的角度来看，使用对Li^+溶剂化能力较强（LiO_2溶解）的高供体溶剂更倾向于发生溶剂化机制。相反，使用对Li^+溶剂化能力较弱（LiO_2不溶）的低供体溶剂倾向于发生表面电化学机制。这可以用路易斯酸碱理论即软硬酸碱（HSAB）理论来解释[50]。在软硬酸碱理论中，强酸/强碱具有相对较小的离子半径，往往彼此交互从而难以极化，而弱酸/弱碱则具有较大的离子半径更容易极化。作为路易斯强酸，Li^+对路易斯强碱[如氧化物（O^{2-}）和过氧化物（O_2^{2-}）]具有更大的亲和力。然而，超氧化物（O_2^-）作为氧还原的活性物质，因为具有较大的半径和较低的电荷密度，其对Li^+的亲和力较小，所以属于路易斯弱碱。因此，它倾向于通过化学歧化反应进行分解或进行快速的第二次电化学还原以形成路易斯强碱 O_2^{2-}，这就是非水锂-空气电池的最终放电产物通常为 Li_2O_2 的原因。O^{2-}在转化为 O_2^{2-}之前，要使其稳定，电解质溶剂中 Li 的酸度可通过形成溶剂化络合物[Li^+-(溶剂)$_n$]来调节，其酸度取决于溶剂的 DN。溶剂的 DN 越高，溶剂化复合物的结合度越强。此外，电解质中盐的解离程度也会影响锂-空气电池的放电反应机理。在含有高度缔合的锂电解质的溶液（甚至是在低 DN 溶剂）中，平衡阴离子代替超氧自由基与溶剂化的 Li^+强烈配位，有点类似于对 Li^+溶剂化能力较强的高供电子体溶剂。在这种情况下，溶剂化机制更易于发生。

固态锂-空气电池的机理尚不明确，通常认为它与非水液态体系类似，是通过 Li_2O_2 的形成和分解来实现电池的充放电过程。但由于缺乏具有高稳定性、高离子电导率的固体电解质及与其相匹配的正极，因此固体电解质的机理尚未被广泛研究[51, 52]。Wang 等对固态锂-氧电池碳纳米管正极上的产物形貌进行了观察，并将这些特征与电极处的电化学反应相关联。在锂金属表面形成的 Li_2O 被视为一种固体电解质[53]。他们观察到与非水液态体系类似的表面电化学机制，即形成 LiO_2，发生进一步的歧化反应，释放氧气，并将它们聚集在颗粒内部，随后颗粒膨胀形成中空结构。值得注意的是，他们在 Li_2O_2 中空颗粒的外表面观察到独特的放电产物 Li_2O，可能是外表面的放电产物直接与大量多余的氧气直接接触的原因，反应式如下：

$$4Li^+ + O_2 + 4e^- \longrightarrow 2Li_2O \tag{6-9}$$

此外，在锂-空气电池中较为常用的固体电解质 $Li_{1+x}Al_yGe_{2-y}(PO_4)_3$（LAGP），其作用不仅是传输 Li^+，有研究报道 LAGP 还可以通过以下反应催化 Li_2O_2 的形成[21, 54]：

$$2LAGP - Li^+ + O_2 \longrightarrow 2LAGP - Li^+ : O \tag{6-10}$$

$$2LAGP - Li^+ : O + 2e^- \longrightarrow 2LAGP - Li^+ + 2O^- \tag{6-11}$$

$$2Li^+ + 2O^- \longrightarrow Li_2O_2 \tag{6-12}$$

就充电过程而言，它不是一个与 ORR 相对应的简单的逆反应，而是伴随了几种不会出现在 ORR 中的过程，这是由放电产物的性质所决定的[55]。氧析出反应（OER）的两种主要的电荷反应机制为[56, 57]

充电反应机制一：

$$Li_2O_2 \longrightarrow 2Li^+ + O_2 + 2e^- \tag{6-13}$$

充电反应机制二：

$$Li_2O_2 \longrightarrow LiO_2 + Li + e^- \tag{6-14}$$

$$LiO_2 \longrightarrow Li^+ + O_2 + e^- \tag{6-15}$$

机制一是双电子过程，而机制二包含两个单电子过程，Li_2O_2先溶解于电解质中再被氧化为 LiO_2。然而，由于大多数电解质对 Li_2O_2的溶解性差，因此认为机制二不是主反应。在实际的锂-空气电池中，充电过电势比较高，这可能是 Li_2O_2的绝缘性质导致的[58, 59]。据研究报道，Li_2O_2 中的表面锂空位、晶界和空穴/电子极化等缺陷可以显著提高其电导率。在现代光谱技术[57, 60, 61]和理论计算的帮助下，电化学反应生成的 Li_2O_2颗粒通常与化学计量的 Li_2O_2在内部共存，而表面上存在有缺陷、无定形、更易导电的 $Li_{2-x}O_2$[62-64]。然而，目前的原位表面表征技术仍然难以表征锂-空气电池中 Li_2O_2 的电子结构[53, 65-70]。因此还需要进一步研究 Li_2O_2在充放电过程中的内部变化，这需要借助固体电解质的开发和原位表面表征技术的发展[71]。

混合锂-空气电池和水系锂-空气电池中的反应机制明显不同于非水体系。根据水溶液的 pH 值，有两种可逆的反应：

$$O_2 + 4H^+ + 4e^- \rightleftharpoons 2H_2O \quad E^0 = 4.26\ V\ vs.\ Li^+/Li \tag{6-16}$$

$$O_2 + 2H_2O + 4e^- \rightleftharpoons 4OH^- \quad E^0 = 3.43\ V\ vs.\ Li^+/Li \tag{6-17}$$

与非水电解质相比，混合和水系的锂-空气电池具有更高的电压。此外，它们可以在大气环境下运行，且能避免水相金属空气电池常见的自放电问题[72]。两种锂-空气电池的放电产物可溶于电解液，这样可以避免正极孔隙堵塞、减小极化，并且改善空气电极的动力学性能。然而，在 pH 值较高的情况下，放电产物 LiOH 在水溶液中的溶解度受到限制（100 g 水中只能溶解 12.5 g 的 LiOH 形成 $LiOH{\cdot}H_2O$），从而导致堵塞现象。另外，由于电解质中的水参与反应，所以放电产物的量受限于可用溶剂的量。因此，混合和水系的锂-空气电池的理论能量密度远远低于非水体系。

总体而言，电解质在可充电锂-空气电池的性能中起着非常重要的作用。我们将锂-空气电池电解质的讨论分为：①非水液体电解质，②离子液体电解质，③固体电解质，④水系电解质，旨在为锂-空气电池电解质的选择提供依据，并分析目前存在的问题，从电解质角度出发寻找提高锂-空气电池性能的有效方法。

6.2 非水液体电解质

非水液态锂-空气电池结构简单并且有着更高的理论能量密度，是当前研究热点。虽然关于锂离子电池中各种非水液体电解质的研究已经很多并已成功商业化，但由于复杂的操作环境，它们在锂-空气电池中的适用性仍需进一步地研究。如表 6-1 列出了各种非水溶剂的物理性质、电化学性质和理论计算值等作为研究参考。

表 6-1　各种非水溶剂的物理性质、电化学性质和理论计算值

溶剂	简写	熔点（℃）[73]	蒸气压（bar）20℃[74]	黏度（cP）25℃[73]	ΔG_r（$kcal \cdot mol^{-1}$）[75-77]	ΔG_{act}（$kcal \cdot mol^{-1}$）[75-77]	DMSO 中 pK_a[78,79]	AN/DN[78-81]
碳酸酯类	EC（40℃）	39/248	$10^{-5}\sim10^{-2}$	1.85	–6.94	14.22		–/16.4
	PC	18.55/241	$10^{-5}\sim10^{-2}$	2.53	–5.64	15.47		18.3/15.1
	DMC	3/90	$10^{-5}\sim10^{-2}$	0.585	–11.39	12.42		–/15.1
乙腈	CH_3CN	–45.7/81.6	10^{-1}	0.3409	18.96	24.92	31.3	18.9/14.1
胺基化合物	DMF	–61/158	10^{-3}	0.796				16.0/26.6
	DMA	–20/166.1	10^{-3}	0.927	19.45	37.36	34.4	—
	NMP	–24.4/202	10^{-3}	1.663				13.3/27.3
二甲亚砜	DMSO	18.55/189.0	10^{-3}	1.991	3.8	21.6	35.1	19.3/29.8
醚类	DME	–58/84.50	10^{-5}	0.407	–19.88	31.56	51.8	10.2/23.9
	TEGDME							11.7/16.6

除了锂离子电池对电解质的典型要求（如高离子电导率、宽电化学窗口和电子绝缘性）以外，应用于锂-空气电池的非水液体电解质还应满足以下要求[24, 82]：

（1）具有较高的氧气溶解度和扩散性；

（2）富氧条件下化学/电化学稳定性高；

（3）能稳定氧还原中间产物，促进溶剂化机制的进行；

（4）对 Li_2O_2 的溶解性，这不是绝对必要的，但可以促进锂-空气电池的放电产物的分解。

锂-空气电池目前仍处于起步阶段，尽管在过去的几十年里已经有许多相关的研究报道，但仍没有找到符合所有要求的非水液体电解质。一般来说，非水液体电解质由有机溶剂、锂盐和添加剂组成。

6.2.1 溶剂

溶剂分子可以用来协调锂离子与氧气，促进锂-空气电池中锂离子和氧气的快速传输，加快锂和氧气之间的电化学反应。锂-空气电池中各种非水液体溶剂已被广泛研究，包括醚类、二甲基亚砜（DMSO）、碳酸酯类等[6, 73, 74, 83]。各种不同非水溶剂的物理化学性质和理论计算值见表 6-1。电解质溶剂被认为是影响电池性能的主要因素，目前锂-空气电池仍然没有找到真正稳定的溶剂[84]。溶剂的稳定性受氧活性基团的影响，如 LiO_2、Li_2O_2、单原子氧（$^1O_2$）和 O_2^-[75, 85, 86]。选择合适的溶剂对锂-空气电池的性能非常重要。在电池放电过程中产生的超氧化物 O_2^-是

一种强亲核试剂，它易于攻击溶剂中缺电子的部分（如碳原子），形成[溶剂-O_2]$^-$络合物，随后发生分解反应。因此，溶剂分子中的碳原子易受到 O_2^-的攻击而发生析氢反应，从而导致电解质的降解。

总的来说，锂-空气电池中溶剂的分解途径分为亲核攻击、自动氧化、酸碱反应、质子参与的副反应以及与锂负极反应这五种，如表 6-2 所示。碳酸乙烯酯(EC)、碳酸丙烯酯（PC）和碳酸二甲酯（DMC）等碳酸烷基酯已经普遍应用于锂离子电池中。然而，它们易受到 O_2^-的攻击而发生严重分解，相关的分解反应有亲核攻击、自动氧化和酸碱反应。胺类溶剂[例如 *N*,*N*-二甲基乙酰胺（DMA）、二甲基甲酰胺（DMF）[87]和 *N*-甲基-2-吡咯烷酮（NMP）[88]]也会遭受亲核攻击，而且与锂负极之间会发生副反应。腈类溶剂比如乙腈（CH_3CN）对氧活性基团比较稳定，但和锂负极之间存在副反应[89-91]。醚类溶剂[如四甘醇二甲醚（TEGDME）和 1,2-二甲氧基乙烷（DME）]是锂-空气电池中最常用的溶剂，它们 DN 值较低，在放电过程中表现出表面电化学机制，但是有一定程度的自氧化和质子参与的副反应发生[33, 37, 92-95]。据报道，调节醚类溶剂的链长可以显著改善电池性能。Daniel 等分别以 LiTFSI 为锂盐，在 DME（G1）、二甘醇二甲醚（G2）、三甘醇二甲醚（G3）和 TEGDME（G4）中循环锂-氧电池。研究表明，当 Li 盐的浓度小于或等于 1 mol·L^{-1}时，电池持续循环的时间为 G2>G1>>G3，G4。具有较长链的四甘醇二甲醚在电池循环过程中最不稳定，而 DME 由于其高挥发性在电池工作期间易挥发而导致电解液干涸，因此以二甘醇二甲醚为电解质溶剂的电池表现出最优异的循环性

表 6-2　溶剂的五种分解途径和对应的氧活性基团[7]

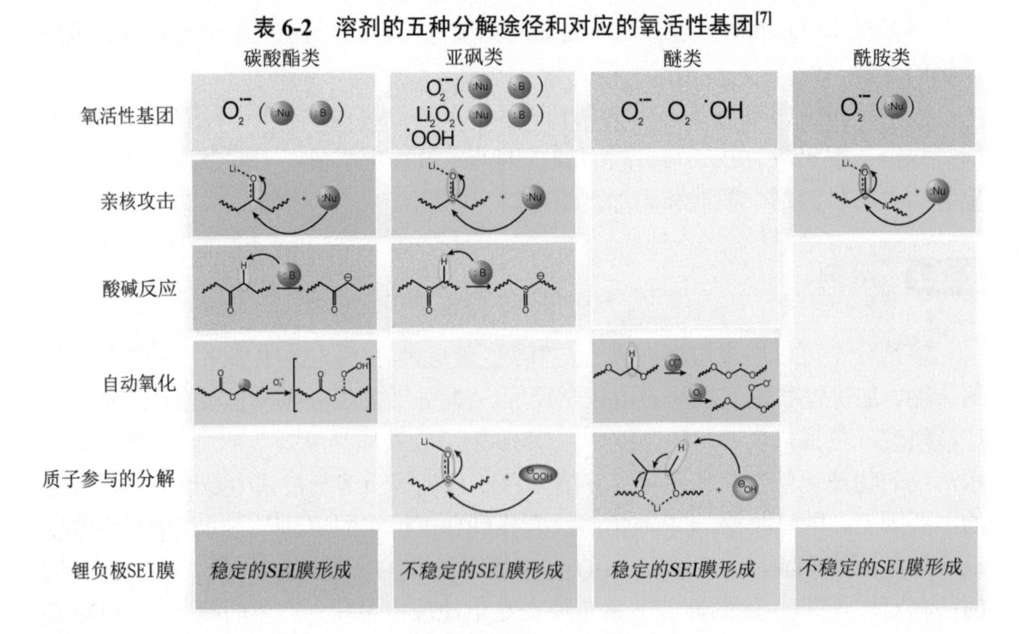

	碳酸酯类	亚砜类	醚类	酰胺类
氧活性基团	$O_2^{\cdot-}$ (:Nu :B)	$O_2^{\cdot-}$ (:Nu :B) Li_2O_2 (:Nu :B) ·OOH	$O_2^{\cdot-}$ O_2 ·OH	$O_2^{\cdot-}$ (:Nu)
亲核攻击				
酸碱反应				
自动氧化				
质子参与的分解				
锂负极SEI膜	稳定的SEI膜形成	不稳定的SEI膜形成	稳定的SEI膜形成	不稳定的SEI膜形成

能[7, 96]。二甲基亚砜（DMSO）DN 值较高，由于其具有更好的溶氧能力和稳定超氧化物的能力，是锂-空气电池中常用的另一种电解质。然而，它很容易与锂金属反应或遭受氧活性基团的亲核攻击而引发一系列的副反应。因此需要进一步的工作来评估它们在锂-空气电池中的应用。此外，H_2O 是电解质中不可避免的杂质，也是质子的重要来源。H_2O 与氧活性基团相互作用，产生质子化的超氧化物、过氧化物和氢氧化物。质子化产物也是亲核试剂和强碱，也会参与上述电解质的各种分解反应。此外，具有较高的还原性的锂负极会和不同的溶剂发生反应。醚和锂金属反应会被分解为醚和碳酸盐，形成不溶性副产物，例如氧化锂（Li_2O）、碳酸锂（Li_2CO_3）、碳酸烷基锂和氢氧化锂（LiOH）。这些不溶性副产物沉积在锂负极的表面上以形成固体电解质相界面（SEI）膜，这有助于抑制进一步的电解质分解。然而，在 DMSO、酰胺或腈类溶剂中形成稳定的 SEI 膜仍然具有挑战性[97, 98]。

溶剂的稳定性可以通过理论计算值来预测。[溶剂-O_2]$^-$反应势垒（ΔG_{act}）大于 24 kcal·mol^{-1} 的溶剂在锂-空气电池中是稳定的，而小于 20 kcal·mol^{-1} 的溶剂则不稳定[74, 75, 99]。另一方面，O_2^-是路易斯碱，这意味着 O_2^-易攻击酸性溶剂分子的氢原子，从而导致电解质的分解和副产物的形成。具有较高 pK_a 值的弱酸性溶剂分子更稳定[75, 78]。此外，溶剂对 O_2^-的溶剂化能力也会影响它们与 O_2^-的稳定性。DN、AN 值较低的溶剂一般对 O_2^-的溶解能力较弱，使电解液中的 O_2^-浓度较低，从而抑制析氢反应[55, 79]。然而，在 1.2 节中讨论过，使用高 DN 溶剂的锂-空气电池可以通过溶剂化机制形成环状的 Li_2O_2 颗粒，比使用通过表面电化学反应机制在电极表面上形成薄膜状 Li_2O_2 的低 DN 溶剂有更高的容量[100]。因此，如图 6-3 所示，溶剂的选择要在容量和电解质稳定性之间进行权衡[79]。

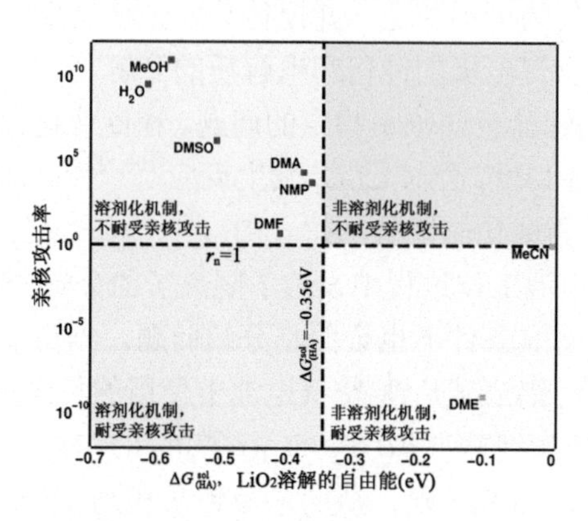

图 6-3　溶剂稳定性与容量之间的权衡[79]

除了常规的溶剂之外，更多的新型溶剂还有待开发。一种新戊酸甲酯（MP）

电解质，通过 ^1H NMR 和 ^{13}C NMR 测量证实该电解质在超氧自由基溶液和实际条件下的锂-氧电池环境中都有良好的抗 O_2^-化学稳定性[101]。Peng 等[102]报道了一种新型六甲基磷酰胺（HMPA）溶剂，该溶剂对锂-空气电池放电产物具有较强的溶解性能，可以溶解 0.35 mol·L^{-1} 的 Li_2O_2、0.36 mol·L^{-1} 的 Li_2CO_3 和 1.11×10^{-3} mol·L^{-1} 的 LiOH。通过使用这种溶剂，多孔正极的钝化/堵塞问题以及锂-空气电池过电势较大的问题将得到解决。

混合电解质在锂-空气电池中也具有应用前景。混合电解质包含两种或多种溶剂，有些溶剂的组合具有协同效应。据报道，将 0.2 mol·L^{-1} 的 $LiSO_3CF_3$ 溶解在 PC / DME / MFE（甲基九氟丁基醚）为 1∶3∶1 的混合电解质中用于锂-氧电池，由于氟化溶剂的添加，电解质对氧气的溶解度增大，因此这种混合电解质组装的电池比容量得到了提高[103]。将不同含量的短链溶剂 1,2-(1,1,2,2-四氟乙氧基)乙烷（FE1）与 DMSO 混合用作锂-氧电池的溶剂，来研究氧气的传质与电池的放电性能的关系[104]。其中 0.1 mol·L^{-1} $LiClO_4$ DMSO + FE1（5∶5）表现出最高的比容量和优异的氧气输送性能，电池放电产物为约 3 μm 长度的三维 Li_2O_2 纳米片[105]。其他的组合如 IL 和 DMSO、TEGDME 和 DMSO 等混合电解质也有相关研究报道[79]。

6.2.2 锂盐

作为电解质中不可或缺的组分，锂盐不仅应该高度溶于溶剂中以支持 Li^+的迁移，还应该对溶剂、电池组件尤其是反应产物或中间体（如 Li_2O_2 和 O_2^-）具有优良的稳定性[24]。锂盐的存在对电解质中的 ORR 和 OER 过程有较大的影响，其过程与纯溶剂相比具有明显不同的反应机制[106]。根据 HSAB 理论，Li^+的存在使放电过程中产生的超氧化物极不稳定，并促使其发生歧化反应生成不溶性的 Li_2O_2，这个过程可能会导致空气电极的钝化和电解质的分解。

锂-空气电池中的锂盐也面临不稳定的问题。在商业化锂离子电池中使用最多的锂盐是 $LiPF_6$，然而 $LiPF_6$ 会与 Li_2O_2 发生反应[103, 104]。如图 6-4（a）所示，通过 X 射线衍射仪[107]测试其他锂盐，如 $LiBF_4$[92, 93]和二(三氟甲基磺酸酰)亚胺锂（LiTFSI），结果发现电池工作过程中发生了阴离子的分解。$LiClO_4$ 在锂-空气电池中相对较稳定，但在富氧条件下也会面临分解问题。据报道，LiTFSI、$LiCF_3SO_3$ 与铝箔会发生反应，而铝箔又是锂-空气电池中使用的集流体之一[107, 108]。最近，Peng 等报道了一种新型锂盐 $Li[(CF_3SO_2)(n\text{-}C_4F_9SO_2)N]$，该锂盐可在锂-氧电池正极上形成稳定、均匀的 SEI 膜，从而避免锂负极与正极穿梭过来的 O_2 之间发生副反应，并且可以有效地抑制锂枝晶的生长，从而显著提高锂-氧电池的循环性能[109]。

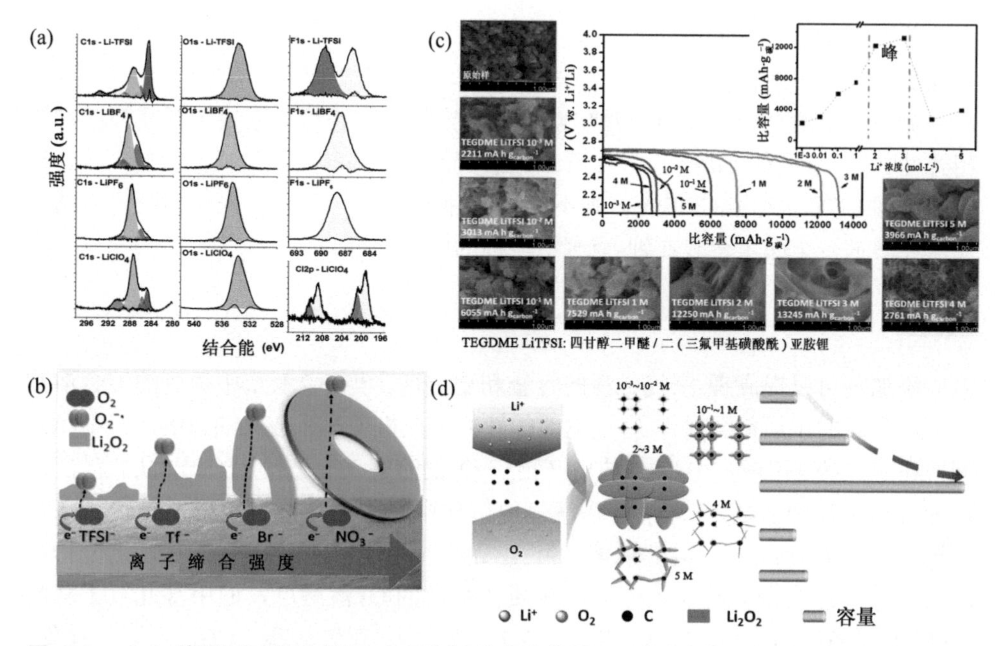

图 6-4 (a)使用不同锂盐的锂-空气电池放电产物的 XPS 测试结果(C 1s、O 1s、F 1s 和 Cl 2p)[107];(b)Li 盐中几种阴离子的离子缔合强度[110];(c)在 25 $mA\cdot g_{碳}^{-1}$ 电流下 TEGDME 基电解液中 LiTFSI 的浓度为 10^{-3}～5 $mol\cdot L^{-1}$ 的锂-空气电池的放电性能和电极 SEM 图像;(d)受 Li^+浓度影响的锂-氧电池放电容量和对应的放电产物形态[113]

电解质中盐的解离水平在放电过程中起着至关重要的作用，甚至与溶剂 DN 值的作用同样重要[110]。如图 6-4(b)所示，第一组是高度解离的盐，包括 LiTFSI 和双氟磺酰亚胺锂(LiFSI)电解质。下一组是中等解离度的盐，如三氟甲基磺酸锂(LiTf)盐。最后一组是高度缔合的盐，如 $LiNO_3$ 和 LiOAc。锂盐阴离子的选择对超氧自由基的稳定具有重要的作用。在使用较难解离的锂盐(如 $LiNO_3$)时，锂盐的阴离子和 Li^+相互作用较强，该作用类似于强烈溶剂化 Li^+的具有较高 DN 值的溶剂，使 LiO_2 在具有较低 DN 值的溶剂中保持稳定[111]。

锂盐的浓度会显著影响锂-空气电池的性能。Aurbach 等[112]发现醚类溶剂匹配高浓度(1 $mol\cdot L^{-1}$)的 LiTFSI 在锂-氧电池中表现出较好的循环性能，并且表现出比低浓度锂盐更好的稳定性。Chen 等[113]研究了电解质中 Li^+浓度对锂-空气电池放电性能的修饰效应，并认为当电解质浓度在 2～3 $mol\cdot L^{-1}$ 之间时有利于大颗粒的多孔三维 Li_2O_2 放电产物生成[图 6-4(c)～(d)]。Zhang 等研究了含有高浓度锂盐的电解液(3 $mol\cdot L^{-1}$ LITFSI-DME)在锂-氧电池中的应用[114]。因为电解液中不含游离的二甲醚溶剂分子，该电池在全充全放(2.0～4.5 V *vs.* Li^+/Li)和限制比容量(1000 $mAh\cdot g^{-1}$)条件下，循环稳定性相较于使用低浓度锂盐的电池有很大改善。且该电池具有更低的内部电阻，其正极表面上有更少的放电产物残留物，其锂负极一侧腐蚀程度也更轻。

更为重要的是，锂-空气电池电解质的稳定性很大程度上取决于锂盐与溶剂的相容性[115, 116]。例如 $LiPF_6$会引发乙二醇取代的三甲基硅烷电解质的分解，而其他锂盐（如 LiTFSI 和 $LiCF_3SO_3$）则不存在这种情况[117]。因此，未来的研究应结合锂盐和溶剂，全面考察其在锂-空气电池中的电化学行为。

6.2.3 添加剂

添加剂可以提高锂-空气电池的容量和稳定性。与 6.2.1 节中提到的混合溶剂不同，少量的添加剂会对锂-空气电池的性能甚至机理产生较大的影响。早期添加剂旨在通过增强电解质中O_2或放电产物Li_2O_2的溶解来提高锂-空气电池的容量[73]。在液体电解质中，O_2 首先溶解在液体电解质中，再通过液体电解质传输到正极孔道。在这种情况下，电解质溶解和运输氧气的能力非常重要。含氟化合物可以被用作添加剂来提高非水液体电解质体系中的 O_2 溶解度，如甲基九氟丁基醚（MFE）、全氟三丁胺（FTBA）和三(2,2,2-三氟乙基)亚磷酸酯（TTFP）[103]。此外，为提高 O_2^{2-}的溶解度，科研人员对强路易斯酸如三(五氟苯基)硼烷（TPFPB）和硼酯进行了研究[118, 119]。然而，早期大多数对锂-空气电池添加剂的研究使用的是碳酸酯类溶剂，这种溶剂已被证明是不稳定的。因此关于添加剂的研究工作需要匹配更稳定的溶剂。含氟化合物衍生物在锂-空气电池的化学和电化学反应中容易发生不可逆的副反应，因此可以考虑用全氟化合物取而代之[120]。此外，由于添加剂的添加使电解液中氧气溶解度提高，还需考虑氧气对锂负极的腐蚀作用和涉及三相反应区的不同反应机制[74]。

近年来，氧化还原介质（RM）受到了广泛关注[46, 121]。RM 也可被称为可溶性催化剂，它们可以溶解在电解质中并促进电解质的电化学反应发生，有利于降低电池的过电势，提高电池的放电容量和循环性能。与嵌入空气电极中的固体催化剂相比，氧化还原介质具有更明确的反应机理，且不必担心被覆盖或钝化。它们可以均匀地溶解在电解质中，然后在充放电过程中被氧化或还原成氧化/还原态，然后与溶液中的 O_2 或固体 Li_2O_2 发生反应，充当正极与 O_2 或 Li_2O_2 之间的媒介。氧化还原介质可分为 ORR 介质和 OER 介质，分别参与 ORR 和 OER 反应[122]。

6.2.3.1 OER 介质

OER 介质可用于降低电池的充电过电势，它们是在正极和 Li_2O_2 表面来回穿梭的氧化还原电对，可以通过化学过程来氧化 Li_2O_2[74]。

$$2(\text{OER介质}) \longrightarrow 2(\text{OER介质})^+ + 2e^- \tag{6-18}$$

$$2(\text{OER介质})^+ + Li_2O_2 \longrightarrow 2(\text{OER介质}) + 2Li^+ + O_2 \tag{6-19}$$

OER 介质的氧化电位需略高于 Li_2O_2 形成的平衡电位（2.96 V *vs*. Li^+/Li），且需要低于电池的实际充电电位。如式（6-18）、式（6-19）和图 6-5（a）所示，在充电过程中，OER 介质（蓝圈）首先在空气电极表面（第 1 步，电化学反应）氧化形成 RM^+（红圈），通过电解质扩散到 Li_2O_2 表面，再化学氧化 Li_2O_2 到 $2Li^+$（绿圈）和 O_2 气体（橙圈），与此同时，RM^+被还原为 RM 的初始状态（步骤 2，化学反应）。OER 介质的添加可以降低锂-空气电池的充电过电势，使电池中的电解液或含碳正极不必承受高电压的风险[图 6-5（f）]。同时，化学分解 Li_2O_2 可以避免高活性 $Li_{2-x}O_2$ 的形成，减少电解质的分解[123, 124]。

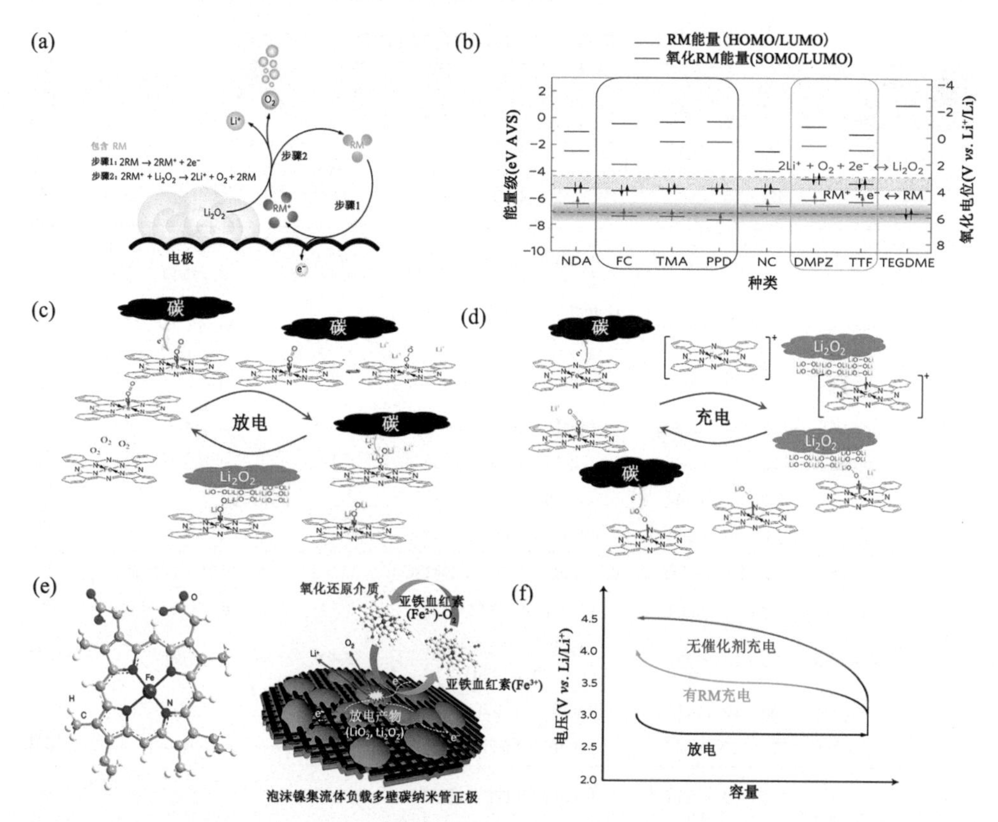

图 6-5　（a）RM 用于锂-空气电池的反应机理的示意图[133]；（b）RM 和 TEGDME 的分子轨道能量[133]；在（c）放电和（d）充电过程中 FePc 对 Li-O_2 电池的反应机理的示意图[138]；（e）血红素分子的结构和在含有血红素的 Li-O_2 细胞中带电的 O_2 电极的示意图[139]；（f）含有和不含 RM 的锂-空气电池的放电（黑线）和充电曲线示意图[133]

OER 介质的种类很多，大致分为有机、有机金属和无机 OER 介质这三种[125]。有机 OER 介质是具有双键或芳香性质的分子，例如四硫富瓦烯（TTF）[46, 126]、四甲基哌啶氧基（TEMPO）[127-129]、10-甲基吩噻嗪（MPT）[130]和三[4-(二乙氨基)苯基]胺（TDPA）[131]，它们通过非共价键/共振结构进行电子交换，从而发生氧化还原反应。有机金属介质如酞菁铁（FePc）含有活性过渡金属离子，是通过改变中心铁金属离子的氧化价态来参与氧化还原反应。值得一提的是，有机金属介质不仅可以促进 OER 过程，由于其亲氧性，还可以通过提高氧和锂-氧化合物的溶解度来影响 ORR 过程。因此，有机金属介质可以被称为双功能催化剂。无机 OER 介质主要是通过卤化物离子的氧化还原反应促进 Li_2O_2 分解，如 I^- 或 Br^-（分别通过溶液中的 LiI 或 LiBr 引入）。表 6-3 列出了用于 Li-O_2 电池的 OER 介质总结。

表 6-3　已报道的用于 Li-O_2 电池的 OER 介质的总结

	OER 介质	浓度	电解质	电势（*vs.* Li^+/Li）	注释	参考文献
有机介质	TTF	10×10^{-3} mol·L^{-1}	1 mol·L^{-1} $LiClO_4$ in DMSO	3.43 V	金电极，$LiFePO_4$ 对电极	[46]
		100×10^{-3} mol·L^{-1}	1 mol·L^{-1} LiTFSI in G4		$LiFePO_4$ 正极，不可逆反应	[126]
	TEMPO	10×10^{-3} mol·L^{-1}	0.1 mol·L^{-1} LiTFSI in G2	3.74 V	与锂金属反应形成可溶化物	[127]
	4-甲氧基-TEMPO	50×10^{-3} mol·L^{-1}	0.5 mol·L^{-1} LiTFSI in IL based DEME-TFSI	3.5 V	改性的 TEMPO	[128]
	1-Me-AZADO	10×10^{-3} mol·L^{-1}	0.1 mol·L^{-1} LiTFSI in G2	3.6 V	改性的 TEMPO	[129]
	MPT	100×10^{-3} mol·L^{-1}	1 mol·L^{-1} $LiCF_3SO_3$ in G4	3.67 V	$LiFePO_4$ 正极	[130]
	DMPZ	10×10^{-3} mol·L^{-1}	1 mol·L^{-1} LiTFSI in G4	3.4 V	与锂金属反应	[132]
		200×10^{-3} mol·L^{-1}	1 mol·L^{-1}LiTFSI in G4	3.4 V		[159]
	TDPA	50×10^{-3} mol·L^{-1}	0.5 mol·L^{-1} LiTFI in G4	3.4 V	与锂金属反应	[131]
有机金属-金属介质	FePc	2×10^{-3} mol·L^{-1}	0.1 mol·L^{-1} LiTFSI in DMSO	3.65 V	双功能催化剂	[138]
	tb-CoPc	10×10^{-3} mol·L^{-1}	1 mol·L^{-1} LiTFSI in G4	3.4 V	tb-CoPc 分解	[140]
	$Co(Terp)_2$	50×10^{-3} mol·L^{-1}	1 mol·L^{-1} LiTFSI in G2: Pyr_{14}TFSI	3.4 V	副反应	[141]
	RuPC	50×10^{-3} mol·L^{-1}	0.5 mol·L^{-1} $LiClO_4$ in DMSO	3.5V	多功能催化剂	[142]
	Heme	2.3×10^{-3} mol·L^{-1}	1 mol·L^{-1} $LiClO_4$ in G4	4.2 V	生物分子	[143]
无机介质	LiI	50×10^{-3} mol·L^{-1}	1 mol·L^{-1} LiTFSI in G4	3.25 V	循环寿命长，主要产物为 Li_2O_2	[150]
		1 mol·L^{-1}	1 mol·L^{-1} LiI in G4	3 V	主要产物为 LiOH，不可逆反应	[151]
		50×10^{-3} mol·L^{-1}	0.25 mol·L^{-1} LiTFSI in DME	3 V	有水条件下主要产物为 LiOH	[145]

续表

	OER介质	浓度	电解质	电势（*vs.* Li^+/Li）	注释	参考文献
无机介质	LiBr	50×10^{-3} mol·L^{-1}	0.2 mol·L^{-1} LiTFSI in G2	3.5 V	主要产物为 Li_2O_2，无副反应	[147]
		10×10^{-3} mol·L^{-1}	1 mol·L^{-1} LiTFSI in G4	3.5 V		[146]
	CsI	50×10^{-3} mol·L^{-1}	0.5 mol·L^{-1} LiTFSI 和 0.5 mol·L^{-1} $LiNO_3$ in G4	3.7 V	形成静电屏蔽，保护锂负极	[156]
	InI_3	16.7×10^{-3} mol·L^{-1}	0.5 mol·L^{-1} $LiClO_4$ in DMSO	3.4 V	预沉积的铟层能够抑制锂枝晶的生长	[157]
	$LiNO_3$	1 mol·L^{-1}	1 mol·L^{-1} $LiNO_3$ in G2	3.6～3.8 V	也用作盐，对锂金属有副作用	[123]

注：1-Me-AZADO：1-甲基-2-氮杂金刚烷-氮氧化物；MPT：10-甲基吩噻嗪；DMPZ:5,10-二甲基吩嗪；tb-CoPc：四叔丁基酞氰钴；$Co(Terp)_2$：双（吡啶）钴。

有机 OER 介质的氧化还原电位依赖于其电子结构，因此有大量的有机材料可供选择。Lim 等提出了基于电离能（I.E.）选择 OER 介质的方法[132]。他们认为在真空中具有约 6 eV 电离能的有机化合物可以被认为是 OER 介质的候选物，比如迄今为止报道的最有效的几种 OER 介质的电离能分别为：6.8 eV（四硫富瓦烯，TTF）、6.7 eV（二茂铁，FC）和 6.7 eV（*N*, *N*, *N'*, *N'*-四甲基对苯二胺，TMPD）。然而，要想有效使用 OER 介质还需要考虑其与电解质溶液的稳定性。如图 6-5（b）所示，基于 DFT 计算，黄色区域中具有略高于 2.96 V 的氧化电位的介质适用于锂-空气电池，而处于灰色阴影区域中氧化态的 RM^+的单占分子轨道能量低于 TEGDME 的最高占据分子轨道能量时，RM 会与 TEGDME 发生反应，不适用于锂-空气电池。电解质中的成分如其他溶剂、锂盐等也应考虑这个因素。另外，有机材料在 O 或 N 原子附近的 C—H 键对超氧化物或过氧化物等氧活性基团较为敏感，还面临与锂金属反应的挑战。而且，有机 OER 介质通常是大尺寸的分子，这可能会导致动力学迟缓，所以相关的动力学问题也值得探索[133, 134]。

对于有机金属介质，它们通常由具有氧化还原活性的过渡金属阳离子和芳香族有机配体通过配位键进行结合。用于锂-空气电池的有机金属介质的选择限于几种具有合适氧化还原电位的金属离子，如 Fe^{2+}/Fe^{3+}、Co^{2+}/Co^{3+}和 Ru^{2+}/Ru^{3+}[135-137]。氧具有亲和力，也可以促进 ORR 过程以形成 Li_2O_2。例如铁酞菁（FePc）的 Fe^{2+}中心离子在放电过程中能捕获氧气分子。图 6-5（c）显示了由 FePc 催化的两步转化机理，其涉及过程($FePc-O_2$) →($FePc-O_2^-$)→(FePc-LiOOLi)。(FePc-LiOOLi）扩散到 Li_2O_2 成核位点以将 LiOOLi 部分释放到 Li_2O_2 的晶格中。如图 6-5（d）所示，在充电过程中，Li_2O_2 中的 O_2^{2-}被$(FePcP)^+$的 Fe^{3+}氧化，重新形成$(FePc-O_2)^-$中间体，该中间体扩散回正极并最终被氧化成 FePc 和 O_2[138, 139]。因此，有机金属介质被归类为双功能催化剂。类似地，血液中的常见卟啉辅因子血红素分子［图 6-5（e）］

被认为是一种 OER 介质，它可以提高锂-空气电池中 O_2 的释放效率，也有利于 ORR 过程[139]。四叔丁基钛氰钴[140]和双(吡啶)钴[Co(Terp)$_2$]也是有效的 OER 介质。然而，差分电化学质谱（DEMS）显示在 Co(Terp)$_2$ 存在的情况下电解质会发生严重的分解，当充电电位高于 4.0 V *vs.* Li^+/Li 时，观测到了 CO_2 的生成信号[141]。最终，放电时消耗的 O_2 中只有不到 25%在充电时被重新释放出来。Ru(II)多吡啶配合物（RuPC）最近被证明是一种多功能可溶性催化剂，其可以同时促进锂-空气电池放电产物 Li_2O_2 的形成和分解[142]。RuPC 不仅可以通过溶剂化机制扩大 Li_2O_2 在电解质中的形成，还可以通过在放电过程中形成 RuPC（LiO_2-3DMSO）中间体来抑制 LiO_2 中间体的反应性，这有效地减轻了正极的钝化和避免了氧活性基团引起的一系列副反应。此外，在 RuPC 的辅助下，锂-空气电池在充电时也可以实现一电子反应，使 Li_2O_2 可以以较低的过电势可逆地分解。因此，该锂-空气电池表现出较高的放电容量、较低的过电势和超长的循环寿命[143, 144]。

无机 OER 介质主要是卤素离子，如 I^-或 Br^-（分别通过溶液中的 LiI 或 LiBr 引入），可通过氧化还原反应促进 Li_2O_2 的分解[145-148]。这些 OER 介质通常采用 X^-/X_3^-而非 X_3^-/X_2 作为电对，主要原因是要避免强腐蚀性的 I_2 和 Br_2 产生[149]。LiI 已被广泛研究并用于降低锂-空气电池的极化，从而显著提高电池的循环性能[150]。然而，LiI 会引发氧活性基团和醚类溶剂之间的副反应，从而导致 LiOH 的生成。Grey 课题组[151]提出含有 LiI 和 H_2O 的锂-氧电池可以通过形成放电产物 LiOH 并以非常低的充电过电势循环 2000 周以上。但相关的反应机制仍存在争议[152, 153]。McCloskey 等[154]通过多种定量技术的评估提出了 LiI 与电解质含水量相关的作用机制。如图 6-6 所示，LiI 和 H_2O 的加入通过在放电过程中发生有效的四电子反应，生成 LiOH。当 H_2O 被消耗时则发生典型的二电子反应，生成 Li_2O_2。但 LiOH 在

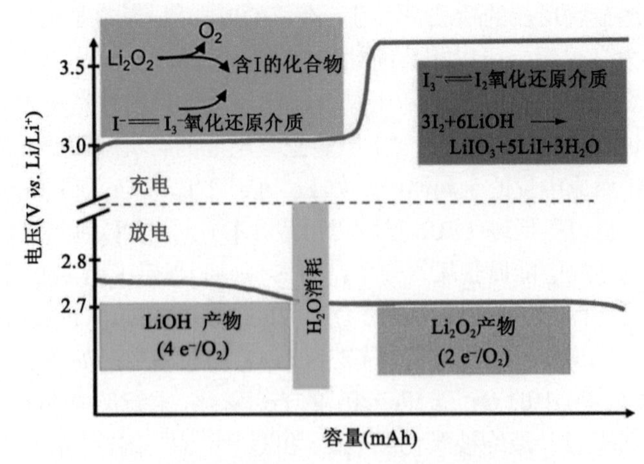

图 6-6　LiI 和 H_2O 对锂-氧电池的影响[154]

充电过程中不能被有效地分解，因此会导致一些副反应的发生。周豪慎课题组[155]在综合光谱分析技术的帮助下，系统地研究了 LiI 作为添加剂的作用以及水分对其的影响。他们提出了另一种不同的机制。如图 6-7（a）所示，在含碘化物的锂-氧电池中，传统的 TEGDME 电解质在放电过程中易发生由 I^-催化的副反应，导致 LiOH 和羧酸盐的积累。在充电过程中 LiOH 不能被有效分解。因此，充电过程变成纯碘化物的氧化过程而没有任何氧气释放。相反，额外的水能充当质子供体和缓冲剂，在放电过程中通过牺牲自身形成 HO_2^-和 OH^-来保护电解质溶剂免受氧活性基团的亲核攻击［图 6-7（b）］。同时，I^-对 HO_2^-的催化促进了 LiOH 的快速形成和沉积。随后，增加的 OH^-浓度逐渐限制碘化物在电解质中的催化活性，稳定 HO_2^-并形成放电产物 Li_2O_2 以及释放出水。在这种情况下，能够实现 Li_2O_2 可逆的形成和分解，并将充电电势降低到 3.0 V。然而，在充电过程结束时仍然有碘-锂电化学反应发生。

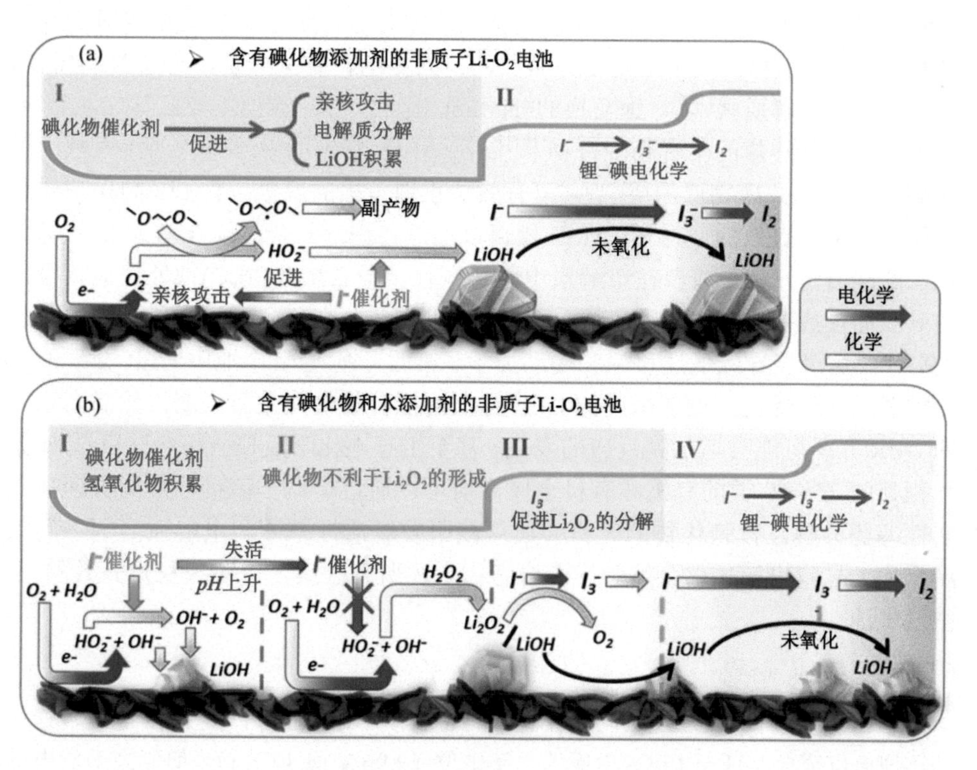

图 6-7　含碘化物的锂-氧电池体系中的反应机理：（a）电解液中含有 LiI 添加剂的锂-氧电池；（b）电解液中含有 LiI 和水添加剂的锂-氧电池[155]

LiBr 作为锂-空气电池的 OER 介质，在醚类电解质中表现出比 LiI 更好的效果[124, 147]。CsI 和 RbI 等卤化物可以作为多功能 OER 介质，即使当 Li^+还原成 Li 时，低浓度的 Cs^+或 Rb^+也可以保留在电解质中。Cs^+或 Rb^+可以通过静电屏蔽来保护锂负极，从而抑制锂枝晶的生长[156]。此外，InI_3 也可作为一种具有自我防御功能的氧化还原介质，因为 In^{3+}可以被还原，从而在锂负极上形成稳定的铟层并保护负极免受可溶性 I_3^-的攻击。预沉积的铟层还可以减少锂枝晶的生长[157]。另外，除卤化物外，还有一种无机 OER 介质是 $LiNO_3$[124]。它不仅可以作为锂盐，还可作为 Li-O_2 电池中的 OER 介质[123]。然而 NO_2 / NO_2^-在热力学和动力学方面不如上述 OER 介质。

虽然 OER 介质能够促进锂-空气电池放电产物的分解，但仍然有许多与这些添加剂相关的问题需要解决。首先，氧化的 OER 介质在反复充电/放电循环期间会扩散到锂负极侧被还原，然后还原产物通过热力学扩散回到阴极。这种现象称为穿梭效应，会导致催化效率的降低。其次，OER 介质和锂负极之间的直接接触是不可避免的，这会导致严重的锂腐蚀。因此，锂负极保护的策略对于开发含 OER 介质的锂-空气电池是十分必要的。固体电解质保护膜，例如 NASICON 型陶瓷固体电解质膜[158]、锂交换的 Nafion 膜[159, 160]，聚(3,4-亚乙基二氧噻吩)和聚苯乙烯磺酸盐的聚合物混合物[161]以及 Al_2O_3 修饰的聚(偏氟乙烯)-六氟丙烯（PVDF-HFP）共聚物保护层[162]，可有效防止锂负极的腐蚀。含 LiF 的保护层在该作用中也是有效的。这样的 LiF 层可以通过将锂片直接浸渍在 *N*,*N*-二甲基三氟乙酰胺溶液 [163]中或者在电解质中添加氟代碳酸乙烯酯(FEC)预处理锂负极，使其表面形成高保护性的膜[164]。第三，有机 OER 介质和有机金属介质通常是大分子，这可能导致低迁移率和慢动力学。第四，锂-空气电池中 OER 介质的用量需要进一步优化。过低浓度的 OER 介质可能会使催化效果太弱，然而高浓度的 OER 介质可能会增加副反应的发生，甚至主导电化学反应。具有与 O 或 N 原子相邻的 C—H 键的有机和有机金属介质可以通过类似于溶剂分解的机理被氧活性基团分解。含碘化物的无机介质可能引发氧活性基团和电解质溶剂之间的副反应，导致电解质的分解。应综合考虑上述所有因素，以实现稳定高效的锂-空气电池。

6.2.3.2 ORR 介质

ORR 介质可以在放电期间优化正极与电解质中溶解的氧气之间的电子转移，其还原电位需要略低于 Li_2O_2 生成的平衡电位（2.96 V *vs.* Li^+/Li），但要高于放电过程的实际电位。如方程（6-20）～（6-21）所示，在放电过程中，ORR 介质被还原，随后，还原态的 ORR 介质通过与 Li^+和 O_2 发生化学反应形成 Li_2O_2。

$$2(\text{ORR 介质})+2e^- \longrightarrow 2(\text{ORR 介质})^- \qquad (6\text{-}20)$$

$$2(ORR介质)^-+2Li^++O_2 \longrightarrow 2(ORR介质)+Li_2O_2 \quad (6-21)$$

由于 ORR 介质的还原是放电过程中唯一的电化学反应，因此锂-空气电池的放电电压由 ORR 介质的还原电位决定，因此可通过选择适当的 ORR 介质来控制电池的放电电势。通过在电解质中加入 ORR 介质，可以实现在 DN 值较低的溶剂中生长大颗粒的圆环状 Li_2O_2 颗粒，同时避免 LiO_2 的形成和与此相关副反应，有利于提高电解质的稳定性。

将乙基紫精(EtV)[165]加入到 LiTFSI/离子液体基电解质中能够有效促进 Li_2O_2 的形成。然而，EtV 在 O_2^- 存在的情况下具有相对低的稳定性。TPFPB 是锂-空气电池常规的添加剂，可以提供与氧活性基团结合的位点，产生较大的配位阴离子以避免 LiO_2 的形成和相关的副反应发生。将 TPFPB 添加到 LiTFSI /离子液体中可以增强促进 ORR 过程[106]。醌类衍生物，例如 1,4-萘醌、2-甲基-1,4-萘醌、2-甲氧基-1,4-萘醌、蒽醌、苯醌、四甲基-1,4-苯醌和甲氧基苯醌也能够对锂-空气电池的 ORR 过程发挥催化作用，并有效促进 Li_2O_2 形成。在这些材料中，苯醌表现出最佳的催化性能，使锂-空气电池放电过电位小于 100 mV[124]。

Bruce 等[45]提出了用于锂-氧电池的 2,5-二叔丁基-1,4-苯醌（DBBQ）ORR 介质［图 6-8（a）～（b）]。放电时，它首先在正极被还原为 $DBBQ^-$，然后与 Li^+结合并将 O_2 还原成 O^{2-}，在溶液中形成复合 $LiDBBQO_2$，其发生歧化反应生成 Li_2O_2，DBBQ 回到初始态。如图 6-8（c）所示，较低的自由能说明了新的中间体 $LiDBBQO_2$ 比 LiO_2 更稳定，这有助于降低放电过电势，加快放电反应速率和增大电池的放电容量［图 6-8（d）～（e）]。Bruce 等在后续工作中引入了包括 DBBQ 和 TEMPO 在内的双介质来稳定锂-氧电池的碳正极，其极化较低，放电反应速率和循环性能均得到改善［图 6-8（f）～（h）］[166]。Peng 等[167]报道了一种新型 ORR 介质辅酶 Q_{10}（CoQ_{10}）。CoQ_{10}/CoQ_{10}^-转化的电势为 2.63 V，并在 2.54 V 处观察到还原峰，表明 CoQ_{10}^-可以将电解质溶液中的 O_2 化学还原成 Li_2O_2。当电流密度范围在 0.1～0.5 $mA \cdot cm^{-2}$ 之间时，CoQ_{10} 型锂-氧电池的放电容量是不含 CoQ_{10} 的锂-氧电池的 40～100 倍。Wang 等[168]还提出了使用 EV^+/EV^{2+}（2.65 V *vs*. Li^+/Li） 和 I^-/I_3^-（3.10～3.70 V *vs*. Li^+/Li）的氧化还原电对［图 6-8（i）］来催化液流锂-氧电池。在氧化还原介质的协助下，放电产物 Li_2O_2 可在气体扩散池中生成，在充电过程中被分解，而不会沉积在电池内的正极上，这种电池结构为锂-空气电池的研究开辟了一条有前景的道路。然而，三碘化物、Li_2O_2 和锂负极保护膜之间存在滞后效应。为了进一步提升电池的性能，应该选择更高效的氧化还原介质，并通过优化三相界面和有效利用气体扩散槽的体积来加速反应。

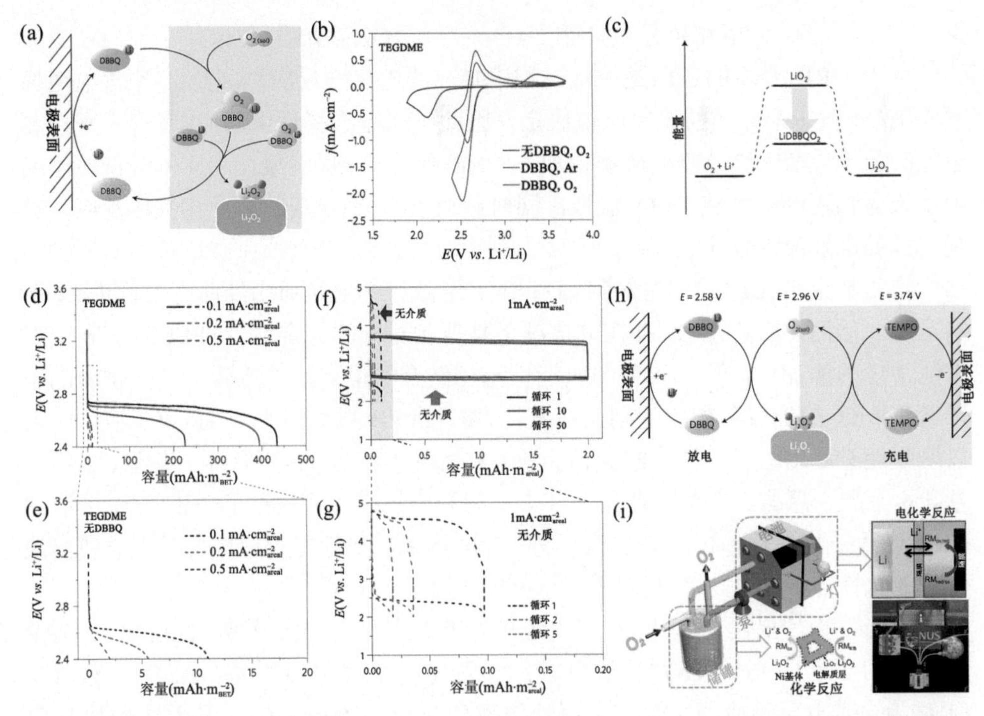

图 6-8 (a) 放电反应示意图[45]，DBBQ 在电极表面还原，形成 LiDBBQ，然后 LiDBBQ 与 O_2 反应，产生 Li_2O_2 并自身再生成 DBBQ；(b) 循环伏安图[45]表明 DBBQ 在 1 $mol·L^{-1}$ LiTFSI TEGDME 电解液中对 O_2 还原的影响；(c) DBBQ 对可能反应步骤的影响[45]；(d) 在含 1 $mol·L^{-1}$ LiTFSI 的 TEGDME 电解液中气体扩散电极的 O_2 还原曲线，即在纯氧条件下，电流密度为 0.1～3 $mA·cm^{-2}$ 时含 10 $mmol·L^{-1}$ DBBQ（实线）和不含 DBBQ（虚线）的放电曲线[45]；(e) 不含 DBBQ 的电解液样品对应(d)图中局部放大的放电曲线[45]；(f) 在添加或不添加双介质的电解液样品中的充放电曲线，电解液组分分别为 0.3 $mol·L^{-1}$ $LiClO_4$/DME 溶液添加 25 $mmol·L^{-1}$ DBBQ 和 25 $mmol·L^{-1}$ TEMPO（实线）以及不添加 DBBQ 和 TEMPO（虚线）[166]；(g) 不含 DBBQ 和 TEMPO 双介质的电解液样品对应(f)图中局部放大的充放电曲线[166]；(h) 在 DBBQ 和 TEMPO 存在下放电和充电时的正极反应机理示意图[51]；(i) 氧化还原液流 Li-O_2 电池的组成和原理示意图[168]

6.2.3.3 水分效应

水也可以作为锂-空气电池中的添加剂。如图 6-9（a）～（d）所示，通常来说，Li_2O_2 在锂-空气电池中的沉积是 Li_2O_2 成核的表面电化学生长过程，溶剂化 Li^+和电子（e^-）依次转移到中间产物 LiO_2 上，最终形成 Li_2O_2。因此，电子必须通过成核的 Li_2O_2 薄膜，这一过程受到 Li_2O_2 电子电导率的限制。水具有很强的导电能力，能触发溶剂化的 Li^+和溶剂化的 O_2^-在电解质中生长成环状的 Li_2O_2 颗粒。O_2^-以 LiO_2 的形式吸附在生长的环形颗粒上，最终歧化形成 Li_2O_2。水的添加使得电池放电过程发生溶剂化机制，而不是被 Li_2O_2 电导率限制的表面电化学机制[169]。这就是为什么电解质中微量的水可以催化锂-空气电池在放电期间的正极反应并使放电容量增大的原因[145, 170]。电解液中的 H_2O 含量能影响电池的放电电位和放电产物的形貌［图 6-9（f）～（j）］[171]。如果电解液中含有过量的 H_2O，则放电

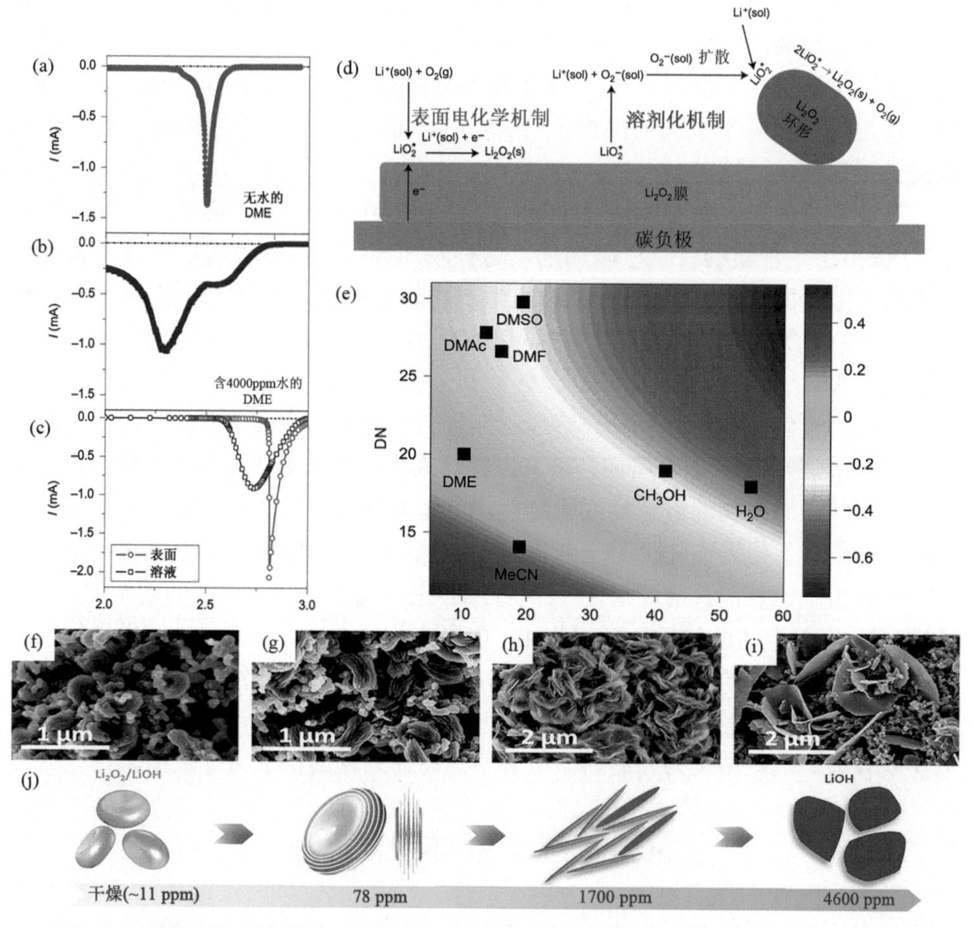

图 6-9　Li_2O_2 形成的两条途径。使用（a）无水的 DME 和（b）含 4000 ppm 水的 DME 匹配 1 $mol\cdot L^{-1}$ LiTFSI 基电解质溶液，用 Vulcan XC72 碳正极和锂负极以 0.05 $mV\cdot s^{-1}$ 的扫速测量放电 LSV。（c）使用电化学模型模拟的两个独立机制的理论放电 LSV 曲线。来自理论的峰值电流和两个峰之间的相对电位差与实验值相吻合；理论和实验绝对电位的差异可能是由电池阻抗引起。（d）含水电解液中生长环状 Li_2O_2 的反应机理。（e）高容量锂-氧电池溶剂选择参考相图[169]。（f）～（j）使用含水量不同的 TEGDME 基电解质应用于锂-氧电池，电池首周放电之后 EMD/Ru/SP 正极的 SEM 图像：（f）无水电解质，（g）78 ppm，（h）1700 ppm 和（i）4600 ppm；（j）不同含水量的电解质中放电产物的形态演变[171]

产物将是圆盘状的 LiOH 而非环状的 Li_2O_2。此外，诱导 Li_2O_2 生长的溶液不仅可以使用水，也可以使用其他添加剂。如 3.1.1 节所述，LiO_2 在不同溶剂中溶解成溶剂化的 Li^+ 和溶剂化的 O_2^- 的自由能，随溶剂 AN 和 DN 值的变化而变化。相对于乙二醇二甲醚（DME）、二甲基甲酰胺（DMF）、二甲基乙酰胺（DMAc）和二甲基亚砜（DMSO）[172]，都具有较高的 DN 值和稳定 Li^+ 的能力。另一方面，水和甲醇有较高的 AN 值，从而可以稳定 O_2^-。因此，位于右上角区域的溶剂将有利于发生溶剂化机制，促进大颗粒的环状 Li_2O_2 生长，提高电池的放电容量。这不仅为进一步开发添加剂提供了研究方向，也为锂-空气电池溶剂的进一步探索提供了思路。

不能忽视的是，过量的 H_2O 也将面临严重的锂负极腐蚀问题。最近，Zhou 等[173]提出了一种新的 H_2O_2 添加剂，这种添加剂可以在正极或电解液中辅助固体 LiOH 化合物的分解。对于以 Li_2O_2 为产物的非水锂-氧电池，他们提出了一种有机 H_2O_2 化合物（尿素过氧化氢），以避免 H_2O 的引入，并成功地将充电电位降至 3.26 V。

总之，电解液中任何成分（溶剂、锂盐、添加剂）的微小变化都可能会影响锂-空气电池的性能。如上所述，溶剂、锂盐或添加剂的 DN 值和 AN 值，决定了它们对中间还原产物的溶解度或稳定性，可作为电解质的选择标准之一。然而，电解质的整体优化需将其视为一个整体，对其在锂-空气电池中的应用进行全面的评价和分析。但是，目前还缺乏一个关于锂-空气电池电解质设计的规范化标准。考虑到锂-空气电池的传质、操作条件、放电产物的性质，Gittleson 等发现氧气扩散率和溶解度是影响锂-空气电池放电倍率和容量的关键参数[174]。实验和分子动力学模拟表明，锂盐浓度的选择对氧溶解度的影响较大，而溶剂的选择对氧扩散的影响较大。这些结果为今后新型电解质的设计开发提供了指导依据。

6.3 离子液体电解质

离子液体电解质是一类非水液体电解质。然而由于它们具有熔融盐的特性，因此与上述非质子溶剂分类阐述。考虑到高温熔盐的应用价值有限，本节将重点介绍室温离子液体电解质（RTIL）。与非质子溶剂不同，RTIL 具有可忽略不计的蒸气压，可以有效解决开放系统中电解液挥发的问题。RTIL 还具有较宽的电化学窗口、低可燃性以及较高的化学/电化学和热稳定性，从而确保了安全性。此外，一些 RTIL 是高度疏水的，这有助于防止锂-空气电池中的锂负极被来自大气中的水腐蚀。图 6-10 给出了常用的离子液体阴阳离子以及溶剂化离子液体电解质的实例，并评估了锂-空气电池中不同非水液体电解质的主要性能。

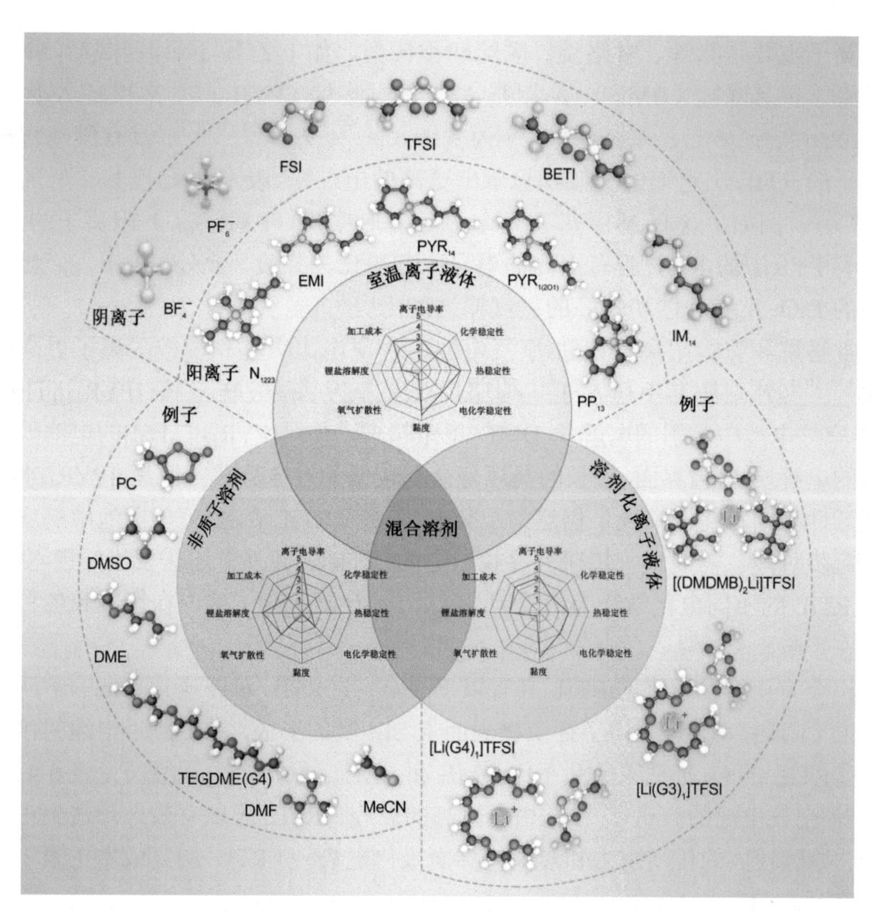

图 6-10 常用离子液体阳离子和阴离子、非质子溶剂和溶剂化离子液体电解质，以及锂-空气电池中不同非水液体电解质的特性[7]

6.3.1 室温离子液体电解质

基于 O_2/O_2^-电对在 RTIL 中可逆的 ORR/OER 行为[175-177]，Kuboki 等[178]应用 1-甲基-3-辛基咪唑-双(三氟甲基磺酸酰)亚胺（EMITFSI）离子液体作为锂-空气电池电解质。电池在空气中运行 56 天，并表现出 5360 $mAh \cdot g^{-1}$ 的高比容量。之后，不同种类的阴阳离子组成的离子液体陆续被开发和应用到锂-空气电池中，如图 6-10 所示[7]。全氟烷烃如双氟磺酰亚胺（FSI^-）、双(三氟甲基磺酸酰)亚胺（$TFSI^-$）、(三氟甲基)(九氟丁基磺酸酰)亚胺（IM_{14}^-）和双(五氟乙基磺酸酰)亚胺（$BETI^-$）是最常用的阴离子。它们具有较好的溶氧能力，已被广泛用于人造血液中。具有 IM_{14}^-的 RTIL 由于其高度不对称性而不易结晶，但是黏度较高[179, 180]。FSI^-可降低 RTIL 的黏度并改善其导电性，但热稳定性会有所降低[181, 182]。RTIL

的阳离子主要是咪唑、吡咯烷、哌啶和季铵类，如 1-乙基-3-甲基咪唑（EMI^+）、1-丁基-3-甲基咪唑（BMI^+）、*N*-甲基-*N*-丁基吡咯烷（$PYR_{14}{}^+$）、*N*-甲基-*N*-丙基哌啶（$PP_{13}{}^+$）、*N*,*N*-二乙基-*N*-甲基-*N*-丙基铵（$N_{1223}{}^+$）[178, 183-187]。具有醚基官能团阳离子的 RTIL 比它们的类似物显示出更高的电导率、更低的黏度和更好的热性能[188-191]。例如，含有 *N*-甲基-*N*-甲氧基乙基吡咯烷（$PYR_{1,2o1}{}^+$）阳离子的 RTIL 比含有 $PYR_{14}{}^+$的 RTIL 具有更高的电导率和更低的黏度。此外，$PYR_{1,2o1}{}^+$显示出较高的 LiO_x 反应活性和较好的氧气输送能力[190]。

吡咯烷和哌啶阳离子在锂-空气电池中表现出比咪唑和季铵阳离子更高的稳定性[192, 193]。特别是 *N*-甲基-*N*-丁基-吡咯烷双(三氟甲基磺酸酰)亚胺([PYR_{14}][TFSI])，和锂-空气电池中常用的电解质 DME 相比起来，使用[PYR_{14}][TFSI]的电池显示出稳定的电解质-电极界面、较长的循环寿命和较低的过电势[184]。但是，[PYR_{14}][TFSI]在氧活性基团存在的情况下仍然易于分解[194, 195]。RTIL 在锂-空气电池中的应用尚处于起步阶段，需要进一步研究寻找稳定的 RTIL。此外，还需要确定锂-空气电池中 RTIL 的不同电化学行为的原因，包括 RTIL 阴阳离子的内在影响和各种杂质的外在影响。

迄今为止开发出来的 RTIL 具有以下缺点：①RTIL 对锂盐具有低的溶解度和较差的 Li^+迁移率，这阻碍了锂负极表面上 SEI 膜的形成，并限制了电池的倍率性能；②RTIL 的 O_2 扩散系数几乎比 DME 和 DMSO 低一个数量级（见表 6-4），限制了锂-空气电池的容量[196]；③由于较高的黏度，RTIL 难以有效地渗透到正极孔隙中，导致较大的传质阻力和较高的界面极化电势；④RTIL 的高成本也限制了它们的实际应用。

表 6-4 几种典型室温离子液体与 DME 和 DMSO 的 O_2 扩散系数、溶解度和黏度比较[50, 192]

溶剂	O_2 扩散系数（D）（$cm^2 \cdot s^{-1}$）	O_2 溶解度（C）（$mmol \cdot L^{-1}$）	黏度（η）（$mPa \cdot s$）
[PYR_{13}][FSI]	2.57×10^{-6}	8.17	52.7
[PYR_{13}][FSI]	9.17×10^{-7}	11.71	71.23
[PYR_{14}][TFSI]	$(1.8 \pm 0.2) \times 10^{-6}$	14	89
[BdIm][TFSI]	1.22×10^{-6}	18，81	115.22
N_{1223}TFSI	1.22×10^{-6}	7.71	—
DME	1.22×10^{-5}	8.76	0.42
DMSO	1.67×10^{-5}	2.10	1.948

工作温度影响基于 RTIL 电解质中的 Li^+迁移率。报道表明，由于减少了 Li^+团簇的形成，Li^+的扩散系数随着温度的增加而增加[197]。理论计算表明，在较高

的工作温度下，RTIL 电解质中 O_2 溶解度也有所提高。这种现象与常见的非质子性电解质有很大不同，后者的 O_2 溶解度随着温度的升高而降低。这意味着 RTIL 在高温下可能比非质子性电解质更具应用前景。

6.3.2 基于离子液体的混合液体电解质

RTIL 通常与其他 RTIL 或非质子溶剂混合以弥补其缺点。例如，4∶1 [BMI][TFSI]∶[PYR_{14}][TFSI]混合 RTIL 相比于单一 RTIL，具有更小的阻抗和更低的过电位[198, 199]。含有这种混合 RTIL 的电池在 0.1 $mA \cdot cm^{-2}$ 的电流密度下稳定循环 50 周，表现出了较高的库仑效率。此外，将非质子溶剂与 RTIL 混合可以最大限度地结合每种溶剂的优良特性[200, 201]。将基于咪唑的含有不同种类阴离子的 RTIL 如[BMI][TFSI]、[BMI][PF_6]和[BMI][BF_4]与 DMSO 混合，研究混合电解质在有无氧气存在情况下的 ORR/OER 过程[202]。与 DMSO 或单独的 RTIL 相比，混合电解质表现出更好的 ORR/OER 可逆性和更高的 ORR 电流密度。这是因为混合电解质中的氧气溶解度和扩散系数提高了。与纯 TEGDME 电解质相比，[PYR_{14}][TFSI]/TEGDME 混合电解质表现出增强的动力学性能，将过电势降低到 0.19 V，并且有利于在充电过程中稳定 O_2^-，使充电过程趋向于发生一电子反应 [203, 204]。最近有研究报道，混合的[EMI][BF_4]/DMSO（25%/75%）电解质和 MoS_2 正极以及受保护的锂负极组成锂-空气电池[205]。在将比容量限制为 500 $mAh \cdot g^{-1}$、恒定电流密度为 500 $mA \cdot g^{-1}$ 的情况下，该电池在模拟空气条件下实现了超过 550 周的长循环寿命。

6.3.3 溶剂化离子液体电解质

甘醇二甲醚和锂盐的等摩尔混合物是液体，它们的物理化学性质与常规 RTIL 相似；例如，低可燃性、低挥发性、宽电化学窗口、较高的 Li^+电导率和高 Li^+迁移数。因此，这类混合物也可被视为一种离子液体，称为溶剂化离子液体[206]。三甘醇二甲醚和四甘醇二甲醚等醚类溶剂倾向于与 Li^+形成一对一的络合物，组合为阳离子[Li(四甘醇二甲醚(G4))]$^+$［图 6-11（a）］。该络合物类似于典型离子液体的阳离子，可用于锂-空气电池以结合 RTIL 和非质子溶剂的优良性能[207-210]。

[Li$(G3)_1$][TFSA]溶剂化离子液体用作锂-空气电池的电解质时，该电池显示出与非水电解质类似的 ORR/OER 特性，且可逆性和容量保持率显著提高[211]。[Li(G4)][TFSA]溶剂化离子液体［图 6-11（a）］显示准可逆的 ORR/OER 行为以及在

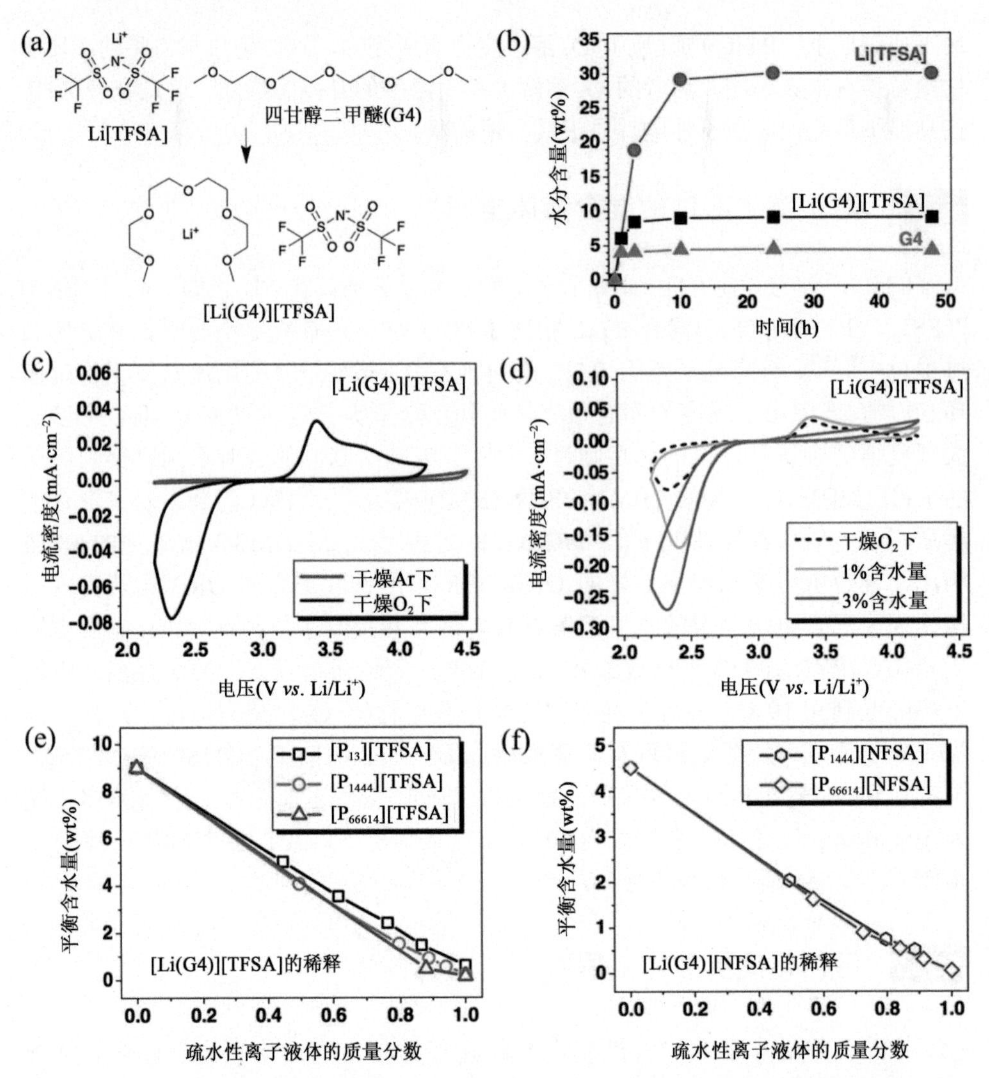

图 6-11 （a）溶剂化离子液体的制备；（b）在 30℃和 60%RH 下 Li [TFSA]（绿线）、[Li(G4)][TFSA]（黑线）和 G4（橙线）中水分含量随时间的变化曲线；（c）在干燥的 Ar（红线）和干燥的 O_2（黑线）条件下，[Li(G4)] [TFSA]中的 GC 电极上的 CV；（d）在 30℃下含有 1wt%（浅灰线）和 3wt%H_2O（深灰线）的 [Li(G4)] [TFSA]中的 GC 电极上的 CV，[（c）中的干燥的 O_2 条件下数据（虚线）作为参考]；（e）与$[P_{13}]$[TFSA]（黑线）、$[P_{1444}]$[TFSA]（橙线）和$[P_{66614}]$[TFSA]（红线）混合的[Li(G4)][TFSA]中的平衡含水量，（f）与$[P_{1444}]$[NFSA]（蓝线）和$[P_{66614}]$[NFSA]（深青线）混合的 [Li(G4)] [NFSA]中的平衡含水量[212]

2.0～4.5 V 电势范围内具有较好的稳定性[212]。然而，随后的工作[图 6-11（b）～（d）]表明水的存在会降低该锂-空气电池的可逆性。为了防止水分从大气中侵入，可以将溶剂化离子液体与其他疏水性离子液体混合来设计疏水性混合电解质［图 6-11（e）～（f)］。该方法能有效抑制大气中水分进入电解质中，进而提高锂-空气电池的循环性能。Adams 等[213]使用甲基取代的 2,3-二甲基-2,3-二甲氧基丁烷（DMDMB）配合物与 LiTFSI 形成稳定的[(DMDMB)$_2$Li]TFSI 盐来制备新的溶剂化离子液体。在 Li-O_2 电池中，这种溶剂化离子液体与锂负极相容性较强，并且在富氧环境中比醚类溶剂更为稳定。

6.4 固体电解质

开放体系锂-空气电池的实现仍面临许多挑战，特别是与易燃的非质子电解质的挥发和锂负极上的锂枝晶生长相关的安全问题。此外，一些不可预测的事件，如短路或局部过热可能引发一系列副反应，导致电池温度迅速升高，从而引起火灾或爆炸。因此，开发具有高安全性和高能量密度的电池以满足工业需求是非常重要的。固体电解质是取代传统的易燃非质子性电解质较好的替代品，有利于实现具有高能量密度和高安全性的锂-空气电池。与非水液体电解质相比，它们不易挥发或泄漏。得益于固体电解质的较高的杨氏模量，锂枝晶生长可以得到抑制，从而减少内部短路问题。固体电解质还可以保护锂金属不与空气接触，从而抑制水分、CO_2 引起的锂金属腐蚀问题。

用于锂-空气电池的高性能固体电解质应符合以下标准[214]：

（1）化学稳定性高，与高比容量阳极或高压阴极材料的相容性好；

（2）电化学窗口较宽，以防止不可逆反应的发生；

（3）充电和放电过程中的热稳定性和机械稳定性好；

（4）在室温下，导离子能力较强，导电子能力弱，高离子选择性和高锂离子电导率（$\sigma > 10^{-3}$ S·cm^{-1}）；

（5）与 O^{2-} 自由基和氧化锂物质如超氧化锂和过氧化物相容性好[215]；

（6）制造工艺简单，成本低，设备易于集成，环保。

在图 6-12 中，固体电解质的固体基质分为能导 Li^+ 的固体电解质和惰性填料。固体聚合物电解质（SPE）和无机固体电解质（ISE）都是固体电解质的类型。然而，它们较低的离子电导率和较高的界面阻抗限制了含有这些电解质的锂-空气电池的性能。电解质的本体、表面、界面和晶界阻抗是直接影响着电池的性能[216]。为了进一步提高固体电解质的离子电导率，不同种类的复合电解质陆续被开发研究。例如，将两种或更多种固体基质复合以形成复合固体电解质，或采用一种或多种固体基质与非水液体电解质如非质子性电解质或 RTIL 复合以形成固-液复合电解质，结合了不同种类电解质的优良性能。

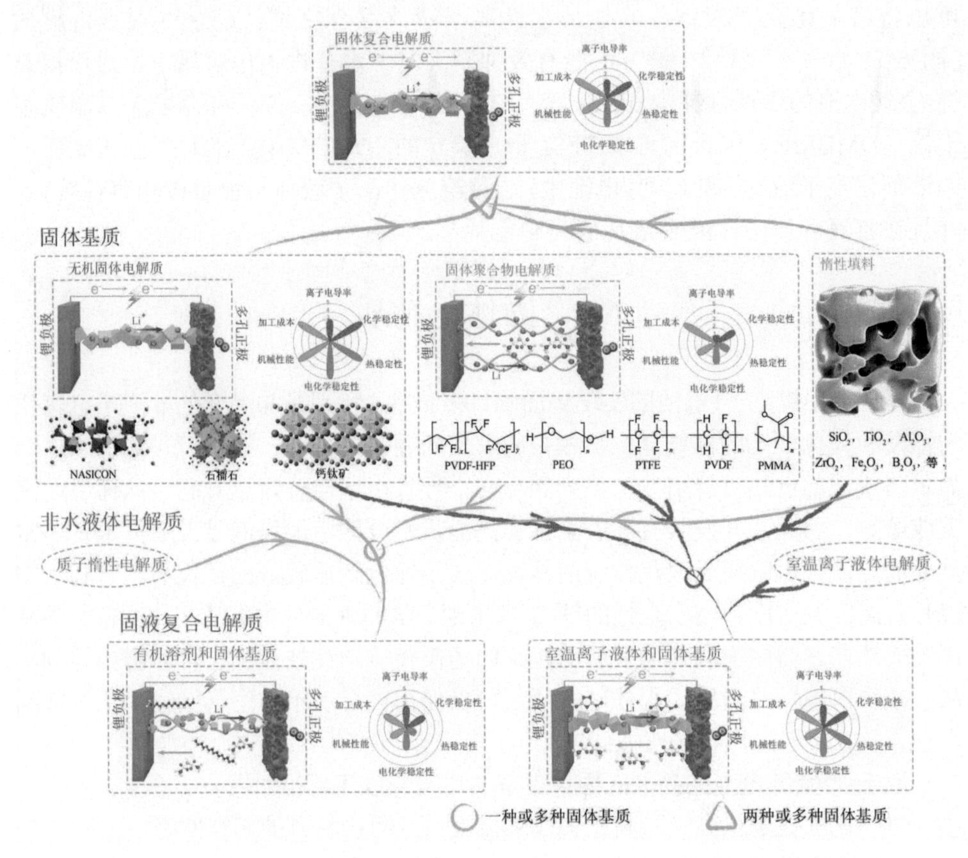

图 6-12 不同种类固体电解质的组成、分类、锂离子传输机制和性能比较[7]

固体基质包括固体电解质和惰性填料。固体电解质因其具有较低的可燃性，且能与正极周围的氧气形成稳定的相接触，有望改善锂-空气电池的安全性。固体电解质可以保护锂负极免受腐蚀并抑制锂枝晶的形成。Li^+导体固体电解质广泛用于固态锂-空气电池，另外，它们在水系锂-空气电池中作为锂负极保护膜是必不可少的，这将在 6.5.1 节中进一步讨论。即使在非水液体体系中，它们也通常作为锂负极和液体电解质之间的保护膜，以保证电池的循环寿命。

6.4.1 固体聚合物电解质

SPE 由聚合物和锂盐组成。比如 PEO、聚(甲基丙烯酸甲酯)（PMMA）、聚(偏氟乙烯)（PVDF）、PVDF-HFP、聚(四氟乙烯)（PTFE）和 PAN 等聚合物在锂-空气电池中均有研究报道。SPE 适用于大多数电池系统，因为它们能够在充电和放电过程中承受电池的体积变化[217]。这种特性及其可延展性和可加工性有助于开发用于消费电子产品、植入式医疗设备和可穿戴电子产品的柔性电池[218, 219]。

SPE 在锂-空气电池中的使用需要解决三个主要挑战。第一个挑战是聚合物的结晶问题。聚合物结晶会减慢聚合物链的动力学性能，导致在室温下呈现较低的 Li^+电导率（约为 10^{-8}～10^{-4} $S\cdot cm^{-1}$）。聚合物链的结晶可以通过改进合成方法（交联和共聚）来抑制。升高温度也可以抑制结晶，在 80℃（高于 PEO 熔点）下运行的 PEO 基电解质可以保持其无定形结构［图 6-13（a）～（c）］[220]。含有 PEO 的锂-空气电池显示出 480 mV 的低过电势，且其放电容量接近醚类电解

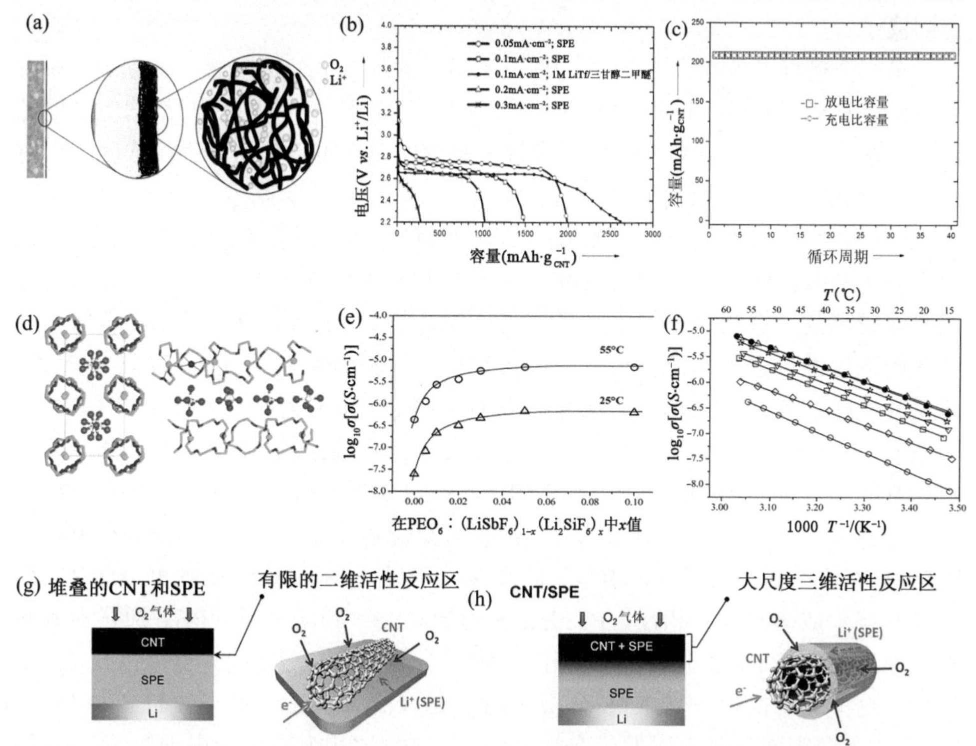

图 6-13 （a）SPE 基 $Li-O_2$ 电池示意图：锂负极（灰色），$P(EO)_{20}LiTf$ 电解质（黄色），碳纳米管正极（黑色）。（b）SPE 基 $Li-O_2$ 电池在不同电流密度下的放电曲线（分别为 $0.05mA\cdot cm^{-2}$、$0.1\ mA\cdot cm^{-2}$、$0.2\ mA\cdot cm^{-2}$、$0.3\ mA\cdot cm^{-2}$，圆形、矩形、三角形和星号），同时列出基于 $1\ mol\cdot L^{-1}$ 的三氟甲基磺酸锂/三甘醇二甲醚电解质的 $Li-O_2$ 电池放电曲线（$0.1\ mA\cdot cm^{-2}$，粗体矩形）。（c）基于 SPE 的 $Li-O_2$ 电池在 $0.2\ mA\cdot cm^{-2}$ 的电流密度下的循环稳定性[220]。（d）PEO_6：$LiSbF_6$ 的结构示意图：左图是 Li^+沿聚合物链轴排列的结构俯视图；右图是聚合物链的组成与结构示意图。（e）PEO_6：$(LiSbF_6)_{1-x}(Li_2SiF_6)_x$ 的电导率等温线与 x 的函数关系。（f）SPE 电导率与温度的 Arrhenius 关系[224]。CNT 和 SPE 组成的结构示意图：分别为有限的二维活性反应区（g）和大尺度三维活性反应区（h）[228]

质的锂-空气电池。通过使用高度解离的盐和提高锂盐浓度，可以降低聚合物的结晶度并提高其载流子浓度。例如，具有高浓度（40wt%）、高溶解度的双草酸硼酸锂的聚(乙烯醇)基电解质降低了聚(乙烯醇)的结晶度[221]。这些样品在 30～80℃的温度范围内表现出较高的电导率（10^{-4}～10^{-3} $S·cm^{-1}$）。此外，Bruce 的研究小组提出结晶的 PEO 基 SPE 也具有 Li^+电导。他们引入了一种新的传导机制，涉及 Li^+在 PEO_6：$LiXF_6$（X=P，As，Sb）结晶聚合物［图 6-13（d）～（f）］中的螺旋通道上跳跃迁移[222-227]。他们对结晶的 PEO_6：$LiXF_6$（X=P，As，Sb）电解质进行了一系列研究来进一步增强其离子电导率，例如掺杂锂盐的等价或异价阴离子。

第二个挑战是 SPE 层中缺乏活性反应区并且缺少氧气的气体扩散通道。研究人员结合 CNT 和 PEO［图 6-13（g）～（h）］开发出了一种由三维结构组成的新设计。这种三维 CNT/PEO SPE 具有许多空隙空间，可以提供活性反应区，促进 Li^+、O_2和电子之间的相互作用[228]。

SPE 的第三个也是最严峻的挑战是聚合物基质的分解。例如在高电压下，电池中产生的氧活性基团会分解 SPE。在充电和放电过程中 SPE 的严重分解将导致电池较高的过电势和较短的循环寿命。聚合物对 Li_2O_2、O_2^-和 Li_2O 等氧活性基团的稳定性可通过光谱分析等手段进行评估，例如紫外-可见（UV-vis）光谱、傅里叶变换红外（FTIR）光谱、X 射线衍射（XRD）和 X 射线光电子能谱（XPS）。如图 6-14 和图 6-15 所示，乙烯基聚合物［PAN 和聚氯乙烯（PVC）］和基于亚乙烯基的聚合物（PVDF 和 PVDF-HFP）易受 Li_2O_2和强碱（O_2^-）的亲核攻击，这将导致聚合物主链的降解[229]。含羰基的聚合物［聚乙烯吡咯烷酮（PVP）、PMMA 和羧甲基纤维素（CMC）］以及聚苯乙烯（PS）和 PEO 在暴露于 O_2^-时主要分解形成碳酸盐。相反，PTFE、聚丙烯（PP）和聚乙烯（PE）通过对其与 KO_2球磨粉末的 XRD 分析，表现出了对 O_2^-较强的稳定性［图 6-15（a）～（c）］。然而，这些粉末的进一步 XPS 分析［图 6-15（d）～（i）］显示 PTFE 和 PP 与 O_2^-可能存在表面反应而引发聚合物分解[230]。PE 被认为是可应用于锂-空气电池且较为稳定的聚合物。Biekeretal 等[231]将氧化物（KO_2、Li_2O_2和 Li_2O）浸入透明无色的聚合物溶液中。将悬浮液搅拌数周或数月后，在真空下蒸发溶剂，得到的残余物研磨成粉末用于 XRD 分析。结果表明，聚异丁烯（PIB）对 O_2^-、O_2^{2-}和 O^{2-}的稳定性比 PVDF 更强。因此，PIB 被认为是锂-空气电池中较有前景的黏合剂和聚合物基体。Yang 等[232]利用 DEMS 研究了 PEO 在 O_2中的稳定性。结果证实 PEO 在 O_2存在下易于自动氧化，证实了 PEO 在锂-空气电池中的不稳定性。

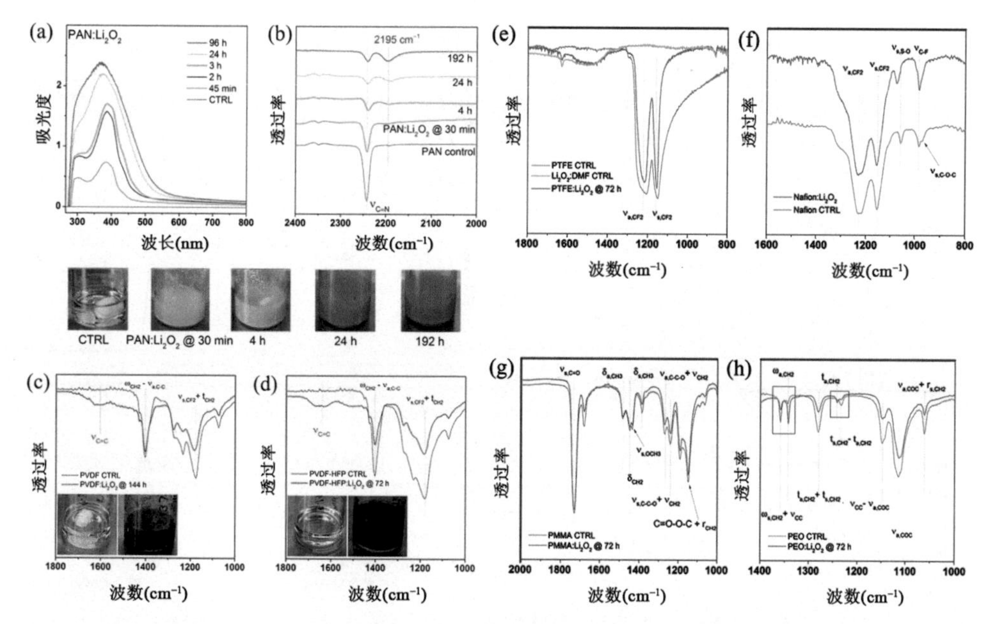

图 6-14 （a）PAN 与 Li_2O_2 反应的紫外-可见光谱，吸光度的增加是由于 PAN 降解而引起的可溶性分解物浓度增加。（b）PAN 与 Li_2O_2 反应的 FTIR 光谱，表明腈伸缩振动（2242 cm^{-1}）减小，而在 2195 cm^{-1} 处出现新峰。（c）PVDF 与 Li_2O_2 反应 144 小时后的 FTIR 光谱和（d）PVDF-HFP 与 Li_2O_2 反应 72 小时后的 FTIR 光谱。C═C 拉伸振动在 1650 cm^{-1} 附近的上升证实了共轭烯烃类降解产物的形成。（c）和（d）中的插图分别为与 Li_2O_2 反应后的 PVDF 和 PVDF-HFP 溶液。（e）PTFE 和（f）Nafion 与 Li_2O_2 混合 72 小时后的 FTIR 光谱，表明 PTFE 和 Nafion 都不会与 Li_2O_2 发生反应。（g）PMMA 和（h）PEO 与 Li_2O_2 的混合后的 FTIR 光谱。PMMA 稳定，而 PEO 的 CH_2 振动强度[（h）中的方框部分]发生了变化，这表明 Li_2O_2 会引起 PEO 链的内部交联[229]

因此，SPE 在锂-空气电池中的稳定性应该得到改善。与吸电子基团相邻的氢原子在锂-空气电池中存在活性氧的情况下容易受损，导致聚合物分解，从而对锂-空气电池的化学性能和长期循环性能产生负面影响。因此，在合成过程中，应该采用其他官能团或侧链取代聚合物链上的一些不稳定氢原子，或直接在其侧链上设计缺乏高吸电子/亲电子官能团的新型聚合物电解质，以减少用于亲核攻击的潜在反应途径的数量并稳定聚合物。另外，可以添加特殊的抗氧化剂以抑制聚合物电解质的劣化，如酚类或胺类稳定剂[233]。

6.4.2 无机固体电解质

ISE 有希望用来开发具有高能量密度和高安全性的锂-空气电池。与 SPE 相比，ISE 具有更高的 Li^+电导率、更好的热稳定性、化学稳定性和电化学稳定性。不同

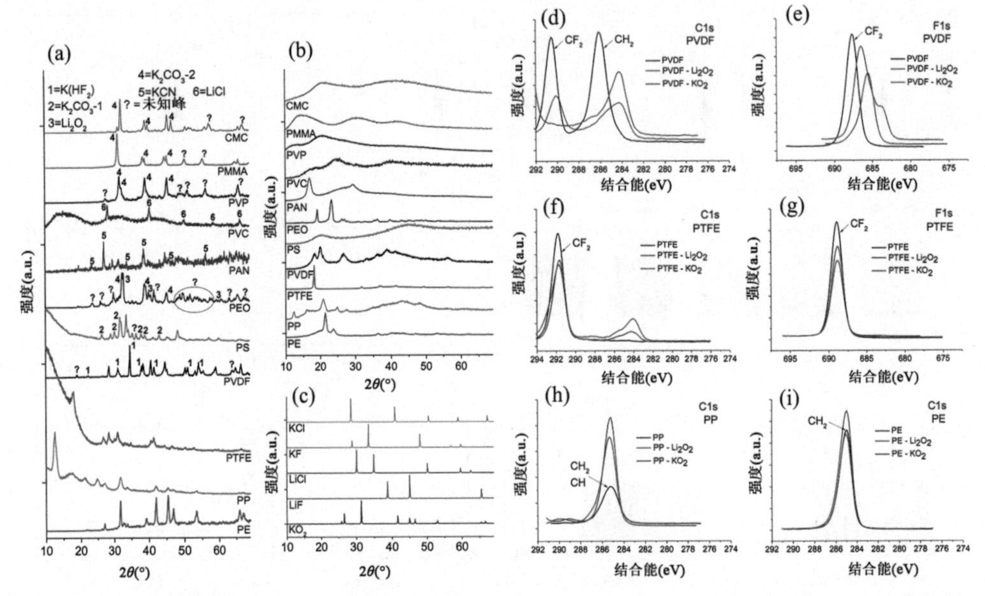

图 6-15 不同种类聚合物反应前后的 XRD 图谱：（a）与 KO_2 球磨的反应产物，（b）纯聚合物和（c）参比化合物；纯聚合物以及分别与 KO_2 和 Li_2O_2 球磨后的聚合物 XPS 图谱：（d）PVDF 的 C 1s 谱；（e）PVDF 的 F 1s 谱；（f）PTFE 的 C 1s 谱；（g）PTFE 的 F 1s 谱；（h）PP 的 C 1s 谱；（i）PE 的 C 1s 谱[230]

种类的 ISE 已被广泛研究，然而它们与锂负极接触的稳定性是锂-空气电池大规模应用的基础。还应考虑它们对水分和空气的稳定性，以评估它们在开放系统中的应用潜力。

如图 6-16 所示，非晶 Li_2S-P_2S_5 和结晶硫代-LISICON 型 ISE 虽然在室温下具有较高的电导率且对锂金属稳定[234-237]，但因为其对 O_2 和水分敏感，不适用于锂-空气电池[238]。这类电解质更适用于封闭体系，如锂硫电池和锂离子电池。氧化物电解质更有望应用在锂-空气电池中，其中钙钛矿和 NASICON 型固体电解质具有较高的离子电导率和水分、空气稳定性。然而，它们与锂负极之间不够稳定。当这些电解质与锂负极直接接触时，将导致电解质中的 Ti^{4+}被还原为 Ti^{3+}。反钙钛矿型和石榴石型固体电解质与锂负极较为稳定，但其暴露于空气或水分中易被分解。钙钛矿和反钙钛矿型 ISE 由于其较高的晶界阻抗而显示出相对较低的总电导率。单晶硅对于锂-空气电池来说是一种较好的锂负极保护膜，因为它具有极低的 O_2 扩散系数，远小于 Li^+扩散系数，因此可以防止 O_2 腐蚀锂负极[239-241]。但是，单晶硅与锂负极直接接触不稳定，且其室温离子电导率相较于其他固体电解质更低[242]。LiPON 与锂接触稳定但离子电导率低。提高 LiPON 离子电导率的有效方法是减小其厚度，比如通过射频磁控溅射、化学气相沉积和原子层沉积技术制造 LiPON 薄膜[214, 243]。然而，薄膜电解质在与粗糙的电极表面接触时容易被刺穿，导致短路。因此，在这些无机基质中，具有良好 Li^+ 导电性和相对高稳定性的氧化物如 NASICON、钙钛矿、反钙钛矿和石榴石 ISE 有望开发应用于锂-空气电池。

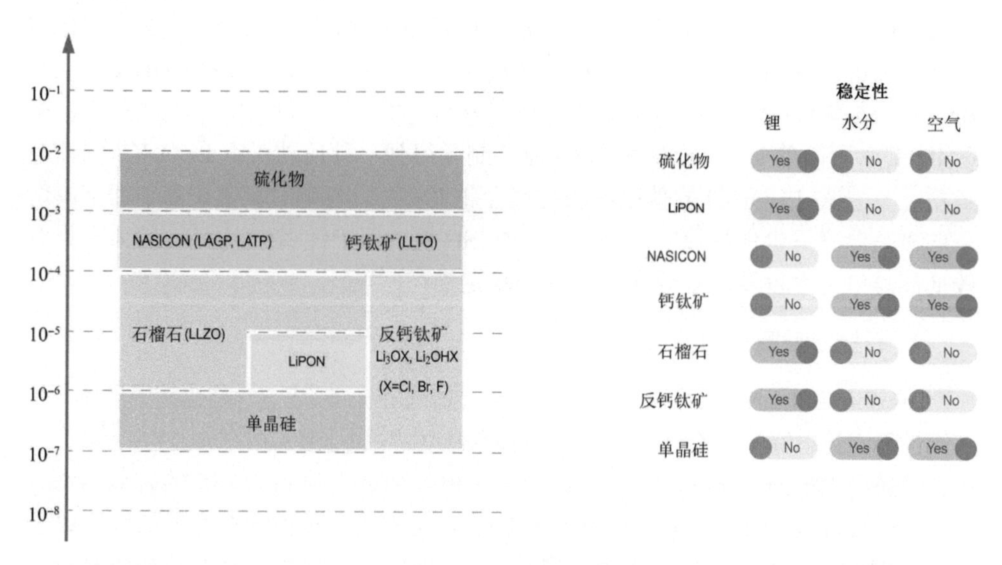

图 6-16 不同的无机固体电解质的离子电导率和对锂金属、水和空气的稳定性[7]

1. 钙钛矿型氧化物

具有 ABO_3 结构的钙钛矿型氧化物（A=Ca，Sr 或 La；B=Al 或 Ti）有希望应用于锂-空气电池。特别是锂镧钛氧（$Li_{3x}La_{2/3-x}TiO_3$，LLTO）在室温下具有约为 10^{-3} $S\cdot cm^{-1}$ 的离子电导率，且对水分和空气稳定性较强。然而由于其较低的总电导率以及与锂负极接触的不稳定性限制了这类 ISE 的应用。

在寻找新的固体电解质时，有必要提高总电导率。LLTO 具有高的本体离子电导率，但由于其高的晶界电阻和界面阻抗，其总电导率降至约 2×10^{-5} $S\cdot cm^{-1}$[244-247]。提高 LLTO 总体离子电导率的一种方法是使用高温烧结（1400℃左右）以获得致密的多晶 LLTO 样品。烧结后晶界密度降低，因此 Li^+ 导电率增加。然而，由于在高温退火过程中元素锂的蒸发，LLTO 的 Li^+ 含量和电导率难以控制。增加 LLTO 总电导率的另一种方法是在 A 位 La[248]处掺杂镧系元素（Pr，Nd，Sm，Gd，Dy，Y）或与碱金属离子（Na，K）、碱土离子（Sr，Ba）掺杂、或在 A 位 Li 元素处掺杂 Ag。这是因为 LLTO 的离子电导率对 A 位阳离子的大小以及 Li^+ 和空位的浓度敏感。此外，将正极活性材料浸渍到 LLTO 的蜂窝孔中可确保 LLTO 电解质与活性材料之间的有效接触，从而降低电池的内阻并提高其放电容量[249]。

如上所述，LLTO 对水分和空气稳定。研究人员已尝试将 LLTO 用于含水锂-空气电池作为锂负极保护膜。其中铝掺杂的锂镧钛氧（A-LLTO）粉末总离子电导率能达到 3.17×10^{-4} $S\cdot cm^{-1}$[250]。A-LLTO 作为锂负极保护膜可防止 O_2 气体扩散并抑制其他污染物与锂电极反应。然而，由于 LLTO 中的 Ti^{4+}易被还原而与锂金属直接接触不稳定。LiPON 中间层，非质子电解质或 Li^+导电聚合物层通常用作锂金属的保护层，以避免其与LLTO的直接接触[251-253]。具有 Li_3OX 或 Li_2OHX（X=Cl，Br，I）结构的反钙钛矿材料是对锂金属稳定的[254]。通过在中等的加工温度（<400℃）下简单混合 LiOH 和 LiCl 能够制备得到一种反钙钛矿 Li_2OHCl 固体电解质[255]。所得 Li_2OHCl 固体电解质与锂金属能够稳定接触，即使在高于锂金属熔点的极高温度下也保持稳定。然而，这种 ISE 很少用于锂-空气电池，因为它具有较低的总电导率以及对水分和 CO_2 的不稳定性[256, 257]。

2. 石榴石型氧化物

Li-cubic-$Li_xLa_3M_2O_{12}$（M=Zr，Nb，Ta，Sb，Bi；x=5 或 7）是快离子导体，是在高性能固体电解质中唯一同时具有相对高导电性并且与锂负极相容的材料[258, 259]。阳离子交换提供了一种形成大量具有高 Li^+电导率的石榴石型 ISE 的有效方法。例如，石榴石型 $Li_5La_3Ta_2O_{12}$ 材料中的 La^{3+}可以被碱金属和碱土离子的低价离子取代，例如 K^+、Ca^{2+}、Sr^{2+}和 Ba^{2+}[260, 261]。这种取代会影响晶格参数和所得材料的 Li^+电导率。例如，Ba 掺杂的 $Li_6La_2BaTa_2O_{12}$ 在室温下显示出 4×10^{-5} $S\cdot cm^{-1}$ 的 Li^+电导率。700℃烧结的 $Li_7La_{2.75}Y_{0.25}Zr_2O_{12}$ 在室温下的总 Li^+电导率为 3.21×10^{-4} $S\cdot cm^{-1}$，相对密度增加了 96%[262]。掺杂高价离子（如 Ta^{5+}、Nb^{5+}）到 $Li_7La_3Zr_2O_{12}$ 中是一种广泛采用的改善其电导率的方法，因为这种掺杂会增加空位的浓度并降低局部有序度，使得这些材料显示出较高的 Li^+电导率（接近 1×10^{-3} $S\cdot cm^{-1}$）和较宽的电化学窗口。合成技术和条件也影响所得材料的 Li^+电导率。相比于固相合成技术，通过简易的溶液燃烧技术能够合成具有高 Li^+电导率的立方相 Al 掺杂 $Li_{6.28}Al_{0.24}La_3Zr_2O_{12}$（Al-LLZ）[263]。包括不同热处理温度和锂源的用量也会影响合成的 Al-LLZ 的电导率。在 950℃烧结的粉末以四方相为主，具有较低的 Li^+电导率。相比之下，加入 10wt%过量锂源，并在 1200℃下烧结 6 h 合成的 Al-LLZ 在室温下的总 Li^+电导率为 5.1×10^{-4} $S\cdot cm^{-1}$，相对密度为 95%，粒径约为 613 nm。最近，研究人员通过悬浮法制备得到了单晶石榴石型 $Li_{6.5}La_3Zr_{1.5}Nb_{0.5}O_{12}$ 固体电解质。该电解质在室温下显示出极高的本体 Li^+电导率 1.39×10^{-3} $S\cdot cm^{-1}$。与烧结多晶体不同，这种单晶样品没有晶界阻抗，显著提高了该 ISE 整体的锂离子电导率[264]。

用于开放式锂-空气电池的石榴石型固体电解质的致命缺点是它们对水分和

CO_2 不稳定[265]。基于 LLZO 的富锂石榴石在潮湿空气中不稳定[266]，水分会对 LLZO 的 Li^+电导率和微观结构造成影响，当样品暴露在潮湿空气中时，在 LLZO 陶瓷中观察到了除了立方相之外的第二相 $La(OH)_3$，导致晶界处 Li^+电导率的严重降低[267]。此外，LLZO 陶瓷倾向于和二氧化碳在石榴石颗粒表面反应形成 Li^+绝缘的 Li_2CO_3 层，导致较大的 Li^+转移界面阻抗。因此，在室温下实现高性能 LLZO 基固态锂-空气电池需要保护 LLZO 陶瓷免受潮湿空气的影响。Goodenough 等[268]发现，在石榴石 $Li_{6.5}La_3Zr_{1.5}Ta_{0.5}O_{12}$（LLZTO）中加入 2wt%的 LiF 可有效提高其对潮湿空气的稳定性。此外，制备条件也影响 LLTO 的稳定性[269]。例如，当在氧化铝坩埚中合成 LLZTO 时，过量的锂盐（Li_2CO_3）除了能补偿锂损失外，还能增强 LLZTO 的稳定性[270]。样品中的 Al 含量随着过量的 Li_2CO_3 的量的增加而增加。由于 Li_2CO_3 与氧化铝坩埚的相互作用，在烧结过程中出现了第二相（$LiAlO_2$）。第二相在烧结温度下是液体，这提高了 LLZTO 颗粒的致密度。与含有 20wt%过量的 Li_2CO_3 的 LLTZO 的电池相比，含有 50wt%过量的 Li_2CO_3 制备的 LLTZO ISE 组装的锂-空气电池在 2.7 V 下显示出更平坦和更稳定的放电平台。坩埚材料还影响所得 ISE 的导电性和稳定性。例如，在 Pt 坩埚中烧结的 0.25Al 掺杂的 LLZO 颗粒具有高密度和高的 Li^+导电率（4.48×10^{-4} S·cm^{-1}）。在暴露于空气中 3 个月后，这些颗粒的电导率保持在 3.6×10^{-4} S·cm^{-1}。相比之下，在氧化铝坩埚中烧结的颗粒显示出相对较低的 Li^+电导率（约为 1.81×10^{-4} S·cm^{-1}），3 个月后降至 2.39×10^{-5} S·cm^{-1}[271]。

锂金属和固体电解质之间的界面对于锂负极的使用是至关重要的。研究人员使用原位电子显微镜研究了 $Li_{7-3x}Al_xLa_3Zr_2O_{12}$（c-LLZO）与锂负极之间的界面[272]。c-LLZO-Li 界面在电池工作期间经历了立方到四方的转变，厚度约为 6 nm。由于四方相较低的电导率（10^{-6} S·cm^{-1}），在 LLZO 合成期间通常不希望发生立方相到四方相的转变，但这种转变能有效地防止进一步的界面反应。然而，石榴石型 ISE 和锂负极由于其黏附性差而具有较高的界面电阻。如上所述，石榴石对水分和二氧化碳敏感，这导致石榴石表面上通常易形成一层较厚的 Li_2CO_3 层、质子和 Li-Al-O 玻璃相。这些杂质在石榴石 ISE 和电极之间的界面处会导致较大的界面阻抗。通常会对石榴石表面进行抛光处理，例如使用砂纸的干抛光技术、使用具有抛光液的自动抛光机的湿抛光技术和从 LLZO 中去除 Li_2CO_3 的热处理技术[273]。Goodenough 等提出了碳处理技术用于去除 Li_2CO_3 和质子并减少石榴石中 Li-Al-O 玻璃相的量[264]。LLZO 样品与碳在 700℃下反应之后，几乎所有的 Li_2CO_3 都能被除去。没有 Li_2CO_3 的石榴石在两个电极界面处接触紧密，且表现出优良的电化学性能[274]。然而，当电池深度放电时，大量锂金属被消耗，在锂负极和固体电解质之间留下间隙，导致了界面分离问题。可以通过中间层的引入以增强石榴石 ISE 和锂负极之间的界面接触。比如采用 Si、Ge、ZnO 和 Al_2O_3 等亲水性材料或 PVDF-HFP 和 PEO 等聚合物夹在界面处以降低界面阻抗[265, 275-277]。有研究表明，Li-Sn 合金层的引入使得界面阻抗降低至原来的二十分之一。该合金层促进了在高电流密度下快速稳定的 Li^+传输[278]。陈立泉课题组[279]用铅笔涂覆了一层基于石墨的软界面，有效地增强了石榴石 ISE 和锂电极之间的界面接触。

3. NASICON 型氧化物

NASICON 型氧化物因其在室温下具有较高的电导率、对水分和空气较好的稳定性、相对较低的烧结温度以及易于大规模合成等特点，是最有前景的锂-空气电池陶瓷固体电解质之一[280, 281]。NASICON 型氧化物在 20 世纪 60 年代被首次报道[282]。这些材料具有通式 $AM_2(PO_4)_3$，其中 A 位点被 Li、Na 或 K 占据，M 位点通常被 Ge、Zr 或 Ti 占据。这种 NASICON 材料结晶成三维网络结构，适合较大的 Na^+迁移。NASICON 型固体电解质已由日本公司（Ohara Inc.）商业化。此外，美国电池技术开发企业 Polyplus Battery Company 开发了含有这些固体电解质的锂-空气电池，推动了 NASICON 型固体电解质在锂-空气电池中的应用发展[241]。

通过优化化学取代、合成工艺技术，可以改善 NASICON 型氧化物的电导率。据报道，Al^{3+}取代形成 $Li_{1+x}Al_xTi_{2-x}(PO_4)_3$（LATP）可以将电导率提高两个数量级[283, 284]。这种电导率的增加是因为用较小尺寸的 Al^{3+}取代 Ti^{4+}会降低 NASICON 结构的单元尺寸[285, 286]。用于合成 NASICON 型电解质的技术决定了其晶界阻抗，这会影响其总离子电导率。采用固相反应法制备的 LATP 陶瓷的室温离子电导率为 7×10^{-4} $S\cdot cm^{-1}$[287]。相比之下，熔体淬火制备的玻璃陶瓷 Li_2O-Al_2O_3-TiO_2-P_2O_5 的离子电导率接近 1.3×10^{-3} $S\cdot cm^{-1}$，这归功于其致密的结构和较低的晶界阻抗[283]。

LATP 固体电解质的主要缺点是当与锂金属直接接触时 Ti^{4+}被还原。从热力学方面来看，Ti 不适合作为固体电解质的组分[288]。与锂金属接触的固体电解质的降解和薄反应层的形成类似于液体电解质中 SEI 膜的形成过程[289]。在锂电极和 LATP 之间应添加如 Li_3N、非质子溶剂或聚合物电解质的材料以形成中间层[290-292]。$Li_{1+x}Al_yGe_{2-y}(PO_4)_3$（LAGP）应该与锂负极接触稳定，但与 Ge^{4+}相关的还原反应已被报道。周豪慎课题组通过磁控溅射在 LAGP 表面上涂覆了非晶 Ge^0 薄膜，其能够有效地抑制 Ge^{4+}的还原反应，并促进锂金属与 LAGP 之间的紧密接触[293]。

固态电池在电解质和电极之间包含固-固界面接触。与空气电极被电解液完全润湿的非水液态体系不同，全固态锂-空气电池的空气电极应与固体电解质结合，形成空间网络结构，以允许电子、Li^+和 O_2之间的接触和反应[294]。通过将电解质和电极进行整合是解决界面接触问题的可行策略。使用多壁碳纳米管和 LAGP 纳米颗粒制备基于 LAGP 的固体电解质-正极复合结构，并和锂负极组装而成全固态锂-空气电池[295]。该电池首周放电比容量约为 2800 mAh·g^{-1}，并且显示出较好的循环性能。通过在含有 LATP 粉末和 75%多孔碳的预烧结空气正极表面上涂覆 LATP 固体电解质膜来制造另一种复合结构［图 6-17（a）～（d）］[296]，其组装的 $Li-O_2$ 电池首周比容量为 16800 mAh·g^{-1}。在该复合结构中，三相边界从传统的电解质-正极界面扩展到整个固态正极。如图 6-17（e）所示，活性位点分布在 LATP 和碳颗粒（如 A 和 B）之间的接触点，其中三相（来自 LATP 的 Li^+，来自碳正极的电子和通过正极孔隙扩散的 O_2）聚在一起。产物颗粒最初在 A 和 B 处形成，然后填充碳层中的孔隙。在整体空气正极的表面上涂

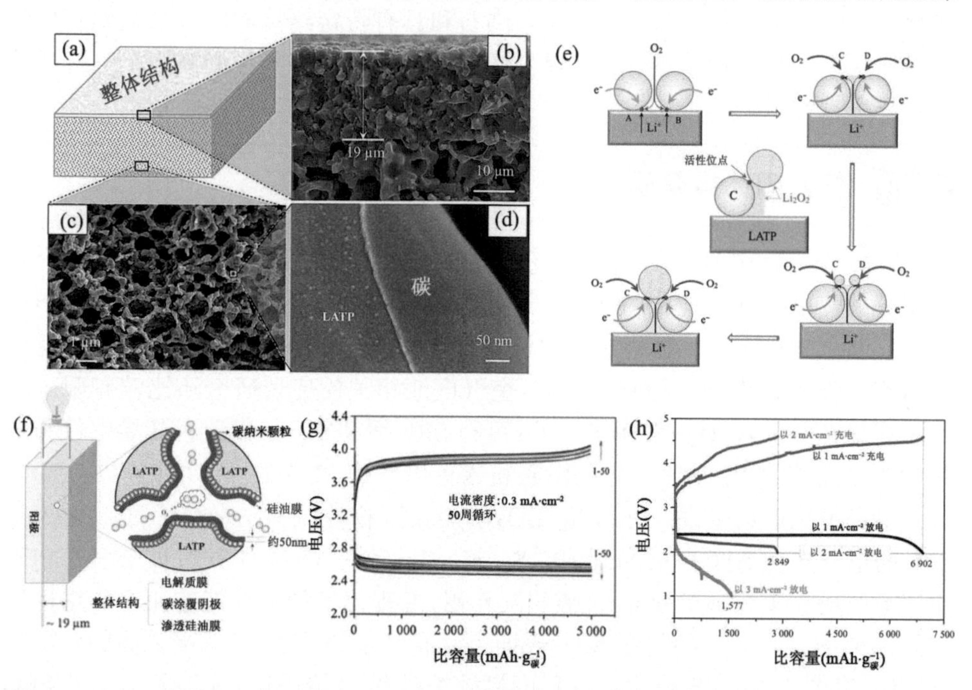

图 6-17 （a）致密的 LATP 膜和多孔碳-LATP 复合电极的整体结构示意图；（b）致密 LATP 膜；（c）多孔碳-LATP 复合电极；（d）碳纳米颗粒涂覆 LATP 复合电极的 SEM 图像；（e）在放电过程中单层碳涂覆的固态电极内部产物形成的示意图；（f）所提出的固态锂-空气电池的结构示意图[296]；（g）阴极内部涂覆一层硅油的固体锂-空气电池在空气中的循环性能，容量限制为 5000 mAh·g$^{-1}_{碳}$，循环 50 周；（h）锂-空气电池的恒电流放电/充电曲线，其中含硅油膜的电池分别在环境空气中以 1 mA·cm^{-2}、2 mA·cm^{-2}和 3 mA·cm^{-2} 的电流密度运行[297]

覆硅油膜以阻止水蒸气和 CO_2 到达反应位点，并且由于膜的比表面积增加能够实现快速的 O_2 传输［图 6-17（f）］。这种电极和电解质的复合结构使电池能够在空气中稳定运行，为固态锂-空气电池的开发提供了新的途径［图 6-17（g）～（h）］[297]。

与具有 Li^+导电性的固体电解质不同，使用包括 Al_2O_3、SiO_2、TiO_2、ZrO_2 和 B_2O_3 在内的惰性陶瓷填料也有助于实现较高的离子电导率并提高固体电解质的机械强度[298-304]。惰性陶瓷填料已被广泛应用于复合固体电解质和固-液复合电解质中，通过经典的掺杂机制或空间电荷机制改善其性能。在复合固体电解质中，离子电导率的增强归因于对聚合物结晶的抑制。在固-液复合电解质中，惰性陶瓷填料能促进锂盐的解离，这有利于增加电解质中游离 Li^+的量。这些电解质中的 Li^+离子传输似乎沿着填料的表面或通过界面区域发生。其他材料如 CNT、石墨烯、微孔分子筛、沸石和具有特定结构和组分的金属有机骨架材料也可用作惰性填料，通过提供低自由能的传导路径来提高固体电解质的总电导率[305, 306]。

6.4.3 复合固体电解质

SPE、ISE 和惰性填料可彼此复合以形成复合固体电解质（CSE）来整合各自组分的优点并弥补彼此的缺点，进而改善固体电解质的离子电导率、化学稳定性、电化学稳定性、热稳定性和机械强度。尽管复合固体电解质已被广泛研究应用于锂离子电池，但目前与锂-空气电池相关的应用研究还比较有限。惰性填料如 ZrO_2、Al_2O_3、SiO_2 和 TiO_2 可与 SPE 掺杂复合，以改善其导电性和电化学稳定性[307, 308]。纳米尺寸的陶瓷粉末可以作为 PEO 的固体增塑剂，在动力学上抑制退火时的结晶。在添加 TiO_2 和 Al_2O_3 惰性填料纳米粒子时，PEO 基 SPE 的电导率在 50℃时提高到 10^{-4} S·cm^{-1}。Cui 等[309]将惰性 SiO_2 填料引入 PEO 中以增强所得电解质的化学/机械相互作用，并提出了两种可能的相互作用机制［图 6-18（a）］。第一种是在 SiO_2 表面上具有羟基的 PEO 链末端之间的化学键合。第二种是在 SiO_2 球体生长过程中机械缠绕 PEO 链。SiO_2 的加入抑制了 PEO 的结晶，因此促进了聚合物的链段运动以促进离子传导。结果表明，电解质显示出良好的离子电导率（在 60℃时为 1.2×10^{-3} S·cm^{-1}，在 30℃时为 4.4×10^{-5} S·cm^{-1}）且电化学稳定性增强，能耐受高达 5.5 V *vs.* Li^+/Li 的电压且没有明显的分解［图 6-18（b）］。

ISE 可在 SPE 中提供 Li^+传输通道以增强 Li^+传导性。Cui 等使用 15wt%的

LLTO 陶瓷作为 PAN 的填料[310]。LLTO 陶瓷纳米纤维表现出比纳米颗粒更高的电导率。这是因为纳米纤维形状有助于在 PAN 基固体电解质中形成 Li^+传导网络。该电解质在室温下表现出前所未有的离子电导率 2.4×10^{-4} S·cm^{-1}。陶瓷纳米线充当聚合物基质中的导电网络，并在其表面完成快速的离子传输［图 6-18（c）～（f）］。Goodenough 等[311]开发了一系列低成本复合陶瓷/聚合物复合固体电解质。他们使用石榴石 LLZTO 作为陶瓷、PEO 作为聚合物、LiTFSI 作为盐。除了提高电导率外，PEO-LLZTO 复合电解质还有助于增强其与锂负极的界面稳定性，并有效抑制锂枝晶生长，然而陶瓷含量高不一定意味着高导电性，纳米结构填料在含量较高时易于聚集，反而会降低复合固体电解质的电导率。

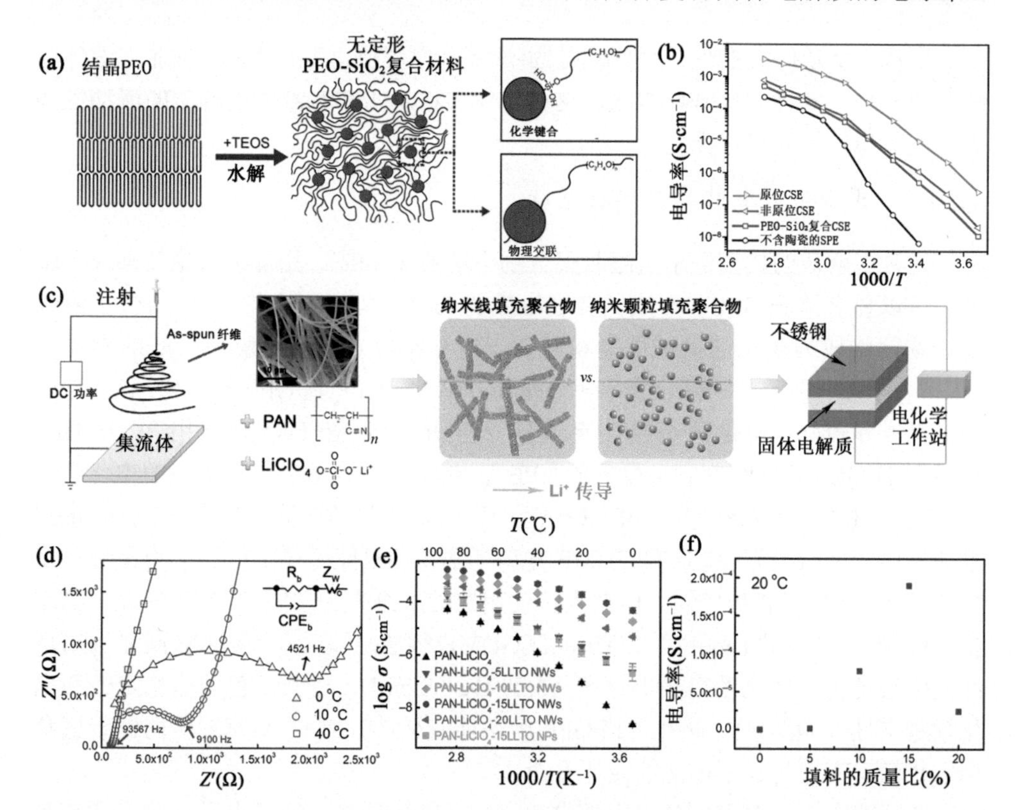

图 6-18 （a）PEO 链和 $MUSiO_2$ 之间原位水解和相互作用机理示意图；（b）不含陶瓷 SPE、$PEO\text{-}SiO_2$ 复合 CSE、非原位 CSE 和原位 CSE 的锂离子电导率的 Arrhenius 图[309]；（c）合成陶瓷纳米线填充的复合电解质的示意图，纳米线填充和纳米颗粒填充的复合电解质中可能的锂离子传导途径的比较，以及交流阻抗测试电极配置的示意图。（d）在不同测量温度下具有 15wt% LLTO 纳米线的复合电解质的实验和拟合阻抗谱；（e）不同浓度的 LLTO 纳米线填料掺杂 PAN-$LiClO_4$ 电解质的 Arrhenius 图；（f）复合聚合物电解质的电导率与纳米线填料的质量比的函数关系[310]

因此，Goodenough 等首先通过制备水凝胶的方法制备具有预渗透结构的 LLTO 骨架，再将其与聚合物电解质混合形成三维结构的复合固体电解质[312]。该复合电解质具有较高的高 LLTO 含量（44wt%）并且在室温下表现出较高的离子电导率（8.8×10^{-5} S·cm^{-1}），其热力学/电化学稳定性也有所增强。除了 Li^+电导率和界面稳定性外，对锂-空气电池中复合固体电解质应用的进一步研究应该集中在它们对电池运行期间产生的氧活性基团和来自空气中的水分及 CO_2 的稳定性。

6.4.4 固-液复合电解质

固体电解质研究的另一个分支是固-液复合电解质，其由至少一种非水液体电解质和一种或多种固体基质组成。这种电解质结合了非水液体电解质的流动性和固体电解质较高的机械强度。

6.4.4.1 非质子性电解液和固体基体

这种电解质的典型例子是凝胶聚合物电解质（GPE）。用非质子电解质（增塑剂）可以显著溶胀 SPE，形成低交联密度的 GPE[313-315]。这些 GPE 结合了溶胀聚合物网络较为理想的机械性能和高离子电导率以及液体电解质良好的界面性质[316]。作为一种重要的聚合物电解质基质，PVDF-HFP 基 GPE 显示出高溶解度、低结晶度和较好的电化学/机械性能，已广泛应用于锂-空气电池。采用 PVDF-HFP 基质和 TEGDME 增塑剂制备得到的 GPE 组装的锂-氧电池表现出较宽的电化学窗口和较高的离子电导率（1.0×10^{-3} S·cm^{-1}）[317]，其首周放电比容量为 2988 mAh·g^{-1} 且能循环至少 50 周（基于 TEGDME 电解质的电池只能循环 20 周）。为了进一步提高其 Li^+电导率和稳定性，研究人员使用醋酸纤维素和 PVDF-HFP 的混合物制备 GPE 膜，然后用 1 mol·L^{-1} LiTFSI/TEGDME 溶液浸渍[312]。该 GPE 膜显示出良好的吸液能力，较高的离子电导率（5.49×10^{-1} S·cm^{-1}）以及出色的热稳定性和电化学稳定性（>4.7 V）。此外，该 GPE 膜还能有效地抑制 O_2 从正极区向锂金属负极的扩散，有效延长了电池的循环寿命。

为了满足对可穿戴设备中柔性电池日益增长的需求，研究人员开发出了具有 GPE 和 CNT 空气电极的光纤状锂-空气电池[219]。如图 6-19 所示，通过紫外照射含有 LiTf、TEGDME、PVDF-HFP、NMP、2-羟基-2-甲基-1-苯基-1-丙酮和三羟甲基丙烷乙氧基化物三丙烯酸酯的前驱体溶液，将 GPE 涂覆在锂线上。该电池的放电比容量为 12470 mAh·g^{-1}，可在空气中稳定运行 100 周。即使在弯曲时和弯曲后，该电池的电化学性能也能得到很好的保持。由于其较好的电化学性能和柔性，这种基于 GPE 的锂-空气电池有望通过纺织技术组装各种可穿戴的柔性电子设备中并为其供电。图 6-20 为防水电缆型的柔性锂-氧电池[318]。该电池具有良好的电化学性能，包括高比容量、良好的倍率性能和较高的循环稳定性。归功于柔性的正极和 GPE，当该电池弯曲、扭曲甚至浸入水中时，性能仍然可以保持。Wang 等[319]基于 PVDF-HFP 的 GPE 结合 0.05 mol·L^{-1} LiI 制备了一种长寿命的锂-空气电池。该疏水性的 GPE 能有效地避免由空气中的水和 CO_2 进入电池和引起锂负极的腐蚀。OER 介质（I^-/I^{3-}）的可逆转换降低了电池的充电过电势并提高了锂-空气电池的充电/放电效率，其在 400 周循环中几乎没有容量衰减。

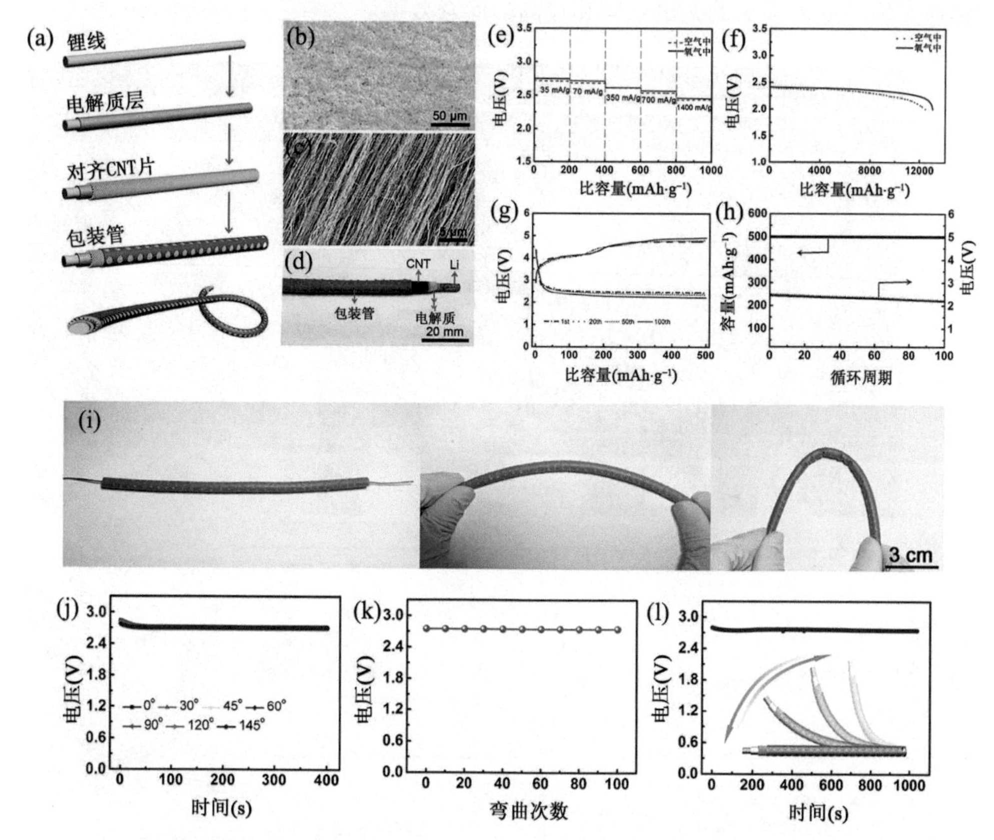

图 6-19 纤维状锂-空气电池：（a）结构示意图；（b）涂覆在锂线上的凝胶电解质的 SEM 图像；（c）作为外层包裹的 CNT 片的 SEM 图像；（d）实际电池照片；（e）空气和氧气中不同电流密度下的倍率特性；（f）电流密度为 1400 mA·g^{-1} 时的恒电流放电曲线；（g）充放电曲线和（h）循环性能（空气中 1400mA·g^{-1} 的电流密度）：（i）实际电池样品弯曲照片和（j）不同弯曲角度下的放电曲线；（k）弯曲角度为 90°时样品的电压与弯曲次数的对应关系；（l）动态弯曲和恢复过程中的放电曲线，速度为 10°/s[219]

其他固体基质在固液复合凝胶电解质中的应用也有研究报道。周豪慎课题组[320]通过将 PP 负载的 PMMA-共混物-PS 与分散的纳米级 SiO_2 复合以形成 PMMA/PS/SiO_2/PP 多孔膜，然后将 PMMA/PS/SiO_2/PP 膜浸入 1 mol·L^{-1} LiTFSI/TEGDME 电解质溶液中以制备得到 GPE。含有该 GPE、SuperP 正极和锂负极的电池能在大气环境中稳定运行，并且表现出较高的安全性和较好的循环稳定性（100 周以上）。该课题组还通过界面工程设计提出了由 PP 负载的聚(甲基丙烯酸甲酯-苯乙烯)掺杂纳米 TiO_2 和 OER 介质 LiI 修饰的 GPE[321]。该电解质在锂-氧电池中与 RuO_2 掺杂的还原氧化石墨烯正极发挥协同催化作用[322]。此外，使用该电解质实现了低于 4 V 的充电电势和较高的库仑效率。

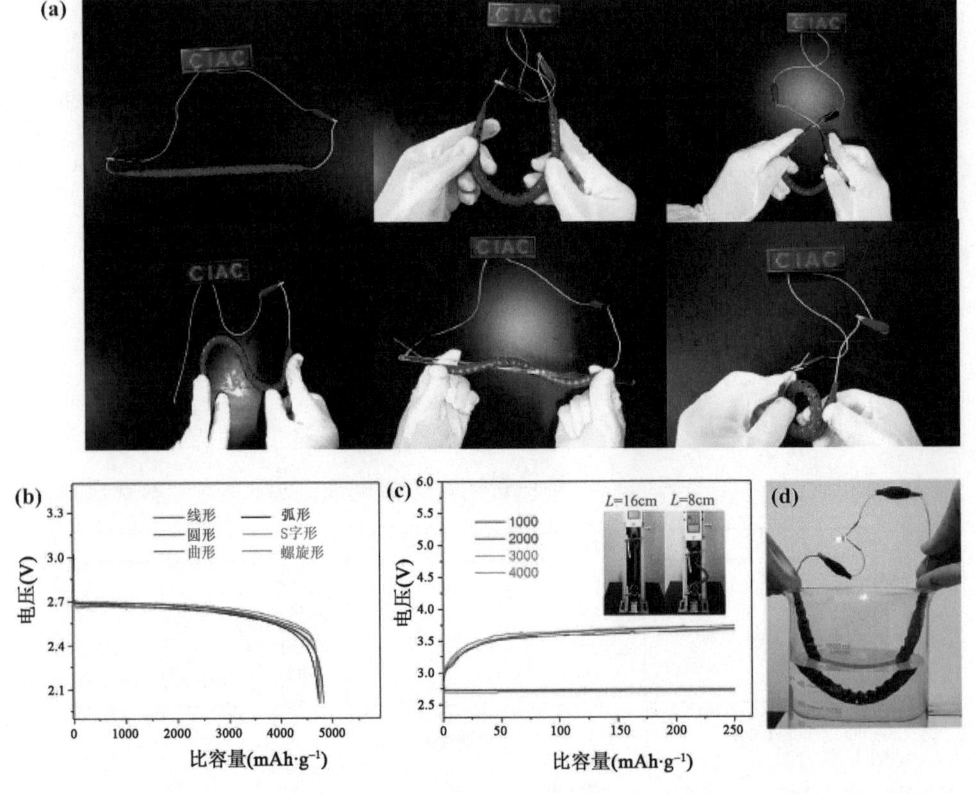

图 6-20 电缆型柔性 Li-O_2 电池在（a）各种弯曲和扭曲条件下的实际放电照片；（b）对应的放电曲线；（c）弯曲数千次后，电缆型柔性 Li-O_2 电池的充放电曲线；（d）浸入水中的电缆型柔性 Li-O_2 电池的实际放电照片[318]

6.4.4.2 离子液体电解液和固体基体

由 RTIL 电解质和固体基质复合而成的电解质也称为离子凝胶电解质。这是 RTIL 研究的一个新兴趋势，结合了 RTIL 的流动性和固体基质的较高的机械强度[323-325]。离子凝胶有望用于锂-空气电池，因为它们可以有效地抑制锂枝晶的产生，并且能够通过纳米孔道调节 Li^+的输送，保护锂负极免受氧活性基团和水分反应[326]。

离子凝胶中的固体基质是聚合物或无机材料。使用疏水性 RTIL 1,2-二甲基-3-丙基咪唑双(三氟甲基磺酸酰)亚胺与 LiTFSI、SiO_2 和 PVDF-HFP 形成复合物，然后应用于锂-空气电池[327]。该复合电解质表现出较高的离子电导率（室温下为 1.83×10^{-3} $S\cdot cm^{-1}$），这归因于所有组分之间的协同作用。研究报道了另一种由 PVDF-HFP 基聚合物基质、吡咯烷类离子液体（$[PYR_{14}][TFSI]$）和锂盐（LiTFSI）组成的离子凝胶电解质。使用该电解质组装而成的锂-氧电池［图 6-21（a）］具有 72 mAh 的放电容量，并且能在 0.25 $mA\cdot cm^{-2}$ 的电流密度下形成和分解 Li_2O_2［图 6-21（b）～（d）］。该电池还可以在 10 mAh 的容量下操作至少 30 周循环，但是仍有脱氟化氢的副反应发生[328]。

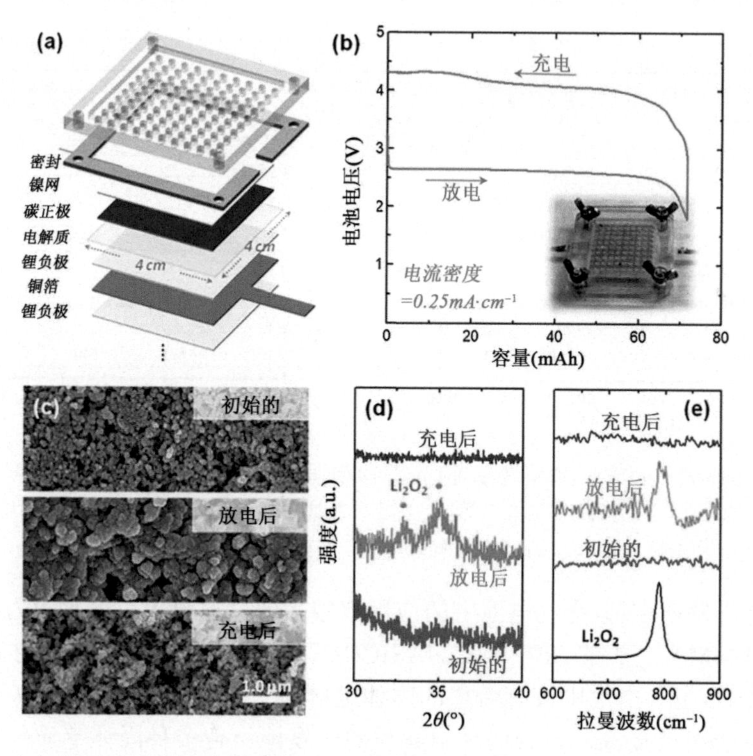

图 6-21　（a）基于离子凝胶电解质的 $Li\text{-}O_2$ 电池的示意图和（b）放电-充电曲线；（c）SEM 图；（d）XRD 图谱和（e）初始放电和带电正极的拉曼光谱[328]

周豪慎课题组[329]使用具有疏水性的 SiO_2 基质与离子液体电解质[溶解在 1-

甲基-3-丙基咪唑双(三氟甲基磺酸酰)亚胺中的 0.5 mol·L^{-1} LiTFSI]复合制备了一种疏水的准固态离子凝胶电解质，其有效地抑制了 H_2O 从正极到锂负极的扩散[图 6-22（a）、（b）]，并且具有良好的热稳定性（在 230℃以下没有明显的分解）、机械稳定性、较高的离子电导率（0.91×10^{-3} S·cm^{-1}）和宽电化学窗口（>5.5 V）。此外，采用这种离子凝胶电解质的锂-空气电池可以在潮湿的环境中稳定循环[图 6-22（c）、（d）]。

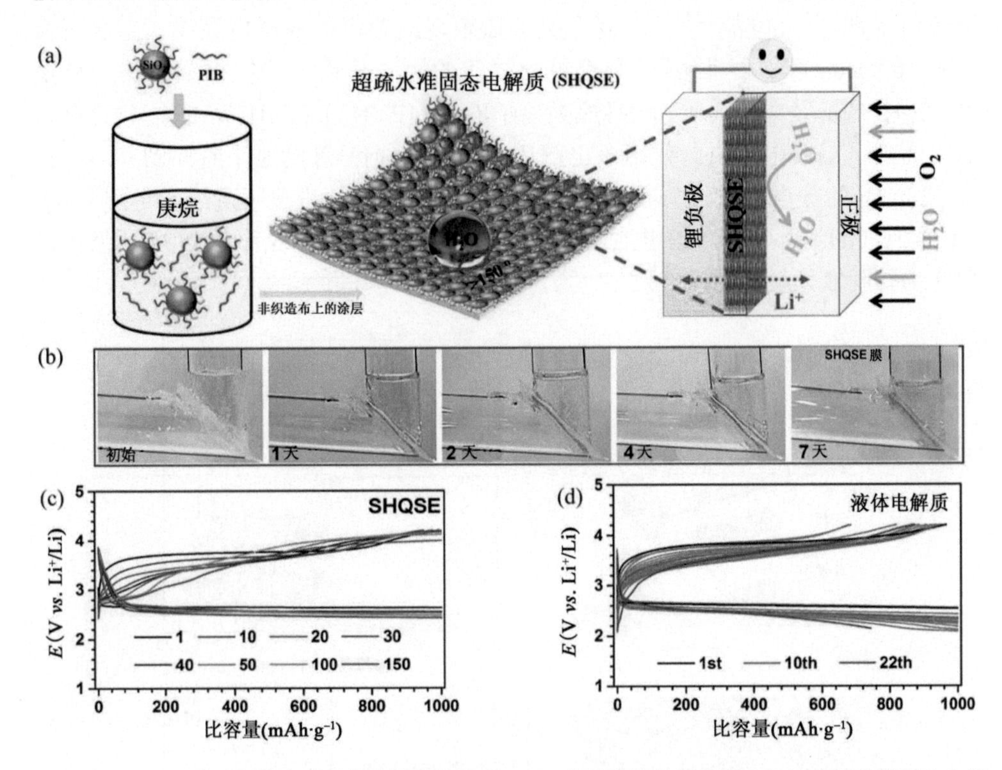

图 6-22 （a）基于超疏水准固体电解质在固态 Li-O_2 电池的结构示意图；（b）超疏水准固态电解质膜使用 2 mL H_2O 和溶解的 $FeCl_3$ 作为颜色指示剂的渗透实验；（c）超疏水固体电解质和（d）含玻璃纤维隔膜的液体电解质的 Li-O_2 电池的放电-充电曲线[329]

固体电解质在锂-空气电池中的应用有很大的发展潜力。例如 PVDF-HFP、PEO 和 PMMA 之类的 SPE 以及 NASICON、石榴石和钙钛矿之类的 ISE 被认为是用于锂-空气电池中较有希望的固体电解质[330]。然而，它们的离子电导率和稳定性仍有待提高。复合固体电解质的开发能结合多种固体基质包括 SPE、ISE 和惰性填料的优点。由于这方面的研究尚处于起步阶段，使用固体电解质或复合固体电解质的全固态锂-空气电池仍面临诸多挑战，例如，有限的离子电导率和稳定性，以及与电极之间的界面问题。固-液复合电解质结合了非水液体电解质的流动性和固体基质的机械性能。将溶胀的聚合物网络与非质子电解质结合在一起的 GPE 显示出柔性、可穿戴的锂-空气电池的发展前景。离子凝胶电解质是锂-空气电池电解质发展的另一个新方向，其将 RTIL 的流动性、非挥发性和疏水性与固体基质的高机械强度相结合，有利于保障锂-空气电池的循环寿命。为了完全避免非水液体电解质的缺点，全固态锂-空气电池应被视为实现高能量密度和高安全性的锂-空气电池开发的最终目标。要实现这一目标，不仅需要对固体电解质进行研究，还需要设计优化空气电极结构、催化剂、锂电极和界面化学。

6.5 水系电解质

虽然水系锂-空气电池的理论能量密度低于非水锂-空气电池，但由于避免了在纯氧气氛中操作电池所需的额外电池组件，因此可以预计水系电解质具有更高的系统能量密度。对于水系锂-空气电池的实际应用，仍然存在以下三个主要挑战[24, 331]：

（1）受保护的锂负极在水系电解质中的长期稳定性；

（2）由于 LICM 的导电性有限，倍率性能差；

（3）LiOH 在正极中由于其低溶解度而沉淀（12.8 g/100 g H_2O）。

这些挑战可以通过开发具有高电导率的稳定 LICM，并将酸性/碱性含水电解质的 pH 值调节在合理范围内来克服。

6.5.1 Li^+传导膜

Li^+传导膜（LICM）是实现水系锂-空气电池概念的关键组件。传导膜应具有高 Li^+传导性且机械性能坚固，需要达到 30 μm 厚度的量级以实现大容量（>200 $mAh·cm^{-2}$）和高比能（600～800 $Wh·kg^{-1}$）。此外，当与不同 pH 值的非水电解质和锂负极的水系电解质接触时，LICM 应具有化学稳定性。对于工业应用，LICM 也应该环保、低成本、无毒并且易于制造[332]。水系锂-空气电池中最成功的 LICM 是市售的 NASICON 型玻璃陶瓷 LATP/LAGP，其具有高导电性、良好的化学和热稳定性以及良好的机械强度[333]。其他用于固态锂-空气电池的固体电解质材料（如钙钛矿型 LLTO、石榴石型 LLZO 和单晶硅晶片）可以快速传导 Li^+，也很有希望成为水系锂-空气电池的 LICM。但是，考虑到 LICM 的化学稳定性，仍存在一些问题。实际上，大多数氧化物倾向于溶解在强酸性或碱性溶液中，这降低了含水电解质的 pH 值范围。如前所述，NASICON

型材料、钙钛矿型材料和单晶 Si 晶片在与锂电极直接接触时不稳定，需要引入缓冲层，这进一步增加了锂-空气电池的内阻和成本，并可能带来安全性问题。不幸的是，尽管石榴石型材料对锂电极较为稳定，但它在水中不稳定。因此，仍然需要做更多的工作来提高 LICM 的 Li^+电导率及其化学稳定性和电化学稳定性。

6.5.2 酸性和碱性电解质

水系电解质由水、酸/碱和辅助盐组成。不同的水系电解质也会导致不同的能量密度。如表 6-5 所列，假设所有放电产物都溶解了，使用强酸性 HCl 溶液可以获得最高的理论能量密度为 1169.29 $Wh \cdot kg^{-1}$[334]。

表 6-5 使用不同电解质溶液的 $Li-O_2$ 电池的比容量和能量密度的总结，以及电池中活性材料的质量比[334]

电解质溶液	放电产物	溶解度 ($g/100g\ H_2O$)	1mol 产物的最低含水量（mol）	比容量 ($mAh \cdot g^{-1}$)	能量密度 OCV=3.69 V ($Wh \cdot kg^{-1}$)	质量比（Li/盐/水）
LiOH	LiOH	12.5	11.14	129.19	476.70	3.35/0/96.65
CH_3COOH	CH_3COOLi	45	8.15	130.97	483.28	3.39/29.35/67.26
$HClO_3$	$LiClO_3$	459	1.09	262.51	968.68	6.80/82.73/10.47
$HClO_4$	$LiClO_4$	58.7	10.07	95.83	353.63	2.48/35.92/61.60
HCOOH	HCOOLi	39.3	7.35	152.10	561.24	3.94/26.12/69.94
HNO_3	$LiNO_3$	102	3.76	208.49	769.33	5.40/49.02/45.58
H_2SO_4	Li_2SO_4	34.2	17.86	72.73	268.37	1.88/13.31/84.81
HBr	LiBr	181	2.67	211.31	779.74	5.47/63.79/30.74
HCl	LiCl	84.5	2.79	316.88	1169.29	8.20/43.11/48.69
HSCN	LiSCN	120	3.01	240.97	889.19	6.24/53.13/40.63

然而，无机强酸会威胁 LICM 的稳定性。因此，弱酸在水系锂-空气电池中是有利的，例如乙酸（CH_3COOH）、磷酸（H_3PO_4）。与碱性电解质相比，它们没有 CO_2 侵入和 LiOH 的沉淀问题。然而，CH_3COOH 具有很强的挥发性，需要在封闭系统中储存，且其 pH 值对于 LATP 来说仍然太低。此外，当单独使用 H_3PO_4 溶液作为水系电解质时，LATP 的体积变化或晶界电阻的增加仍然发生。添加共轭碱对于抑制较弱酸的离解和增加含水电解质的 pH 值是非常有效的，例如乙酸锂 LiOAc（相应于 CH_3COOH）和 LiH_2PO_4（相当于 H_3PO_4）可以最终保护 LICM[335]。其他多质子有机酸（如丙二酸和柠檬酸）也已应用于水系电解质中来增加放电容量（甚至高于 HCl），并延缓不溶性放电产物的产生。在丙二酸电解质的空气电极

上发生的反应如下所示：

$$O_2 + 4H_2C_3H_2O_4 + 4e^- \rightleftharpoons 4HC_3H_2O_4^- + 2H_2O \tag{6-22}$$

$$O_2 + 4HC_3H_2O_4 + 4e^- \rightleftharpoons 4C_3H_2O_4^{2-} + 2H_2O \tag{6-23}$$

在 5 $mAh \cdot cm^{-2}$的面积比容量下，观察 77 周循环的含丙二酸电解质的锂-空气电池的长期循环能力[336]。放电率和充电率分别为 1 $mA \cdot cm^{-1}$（C/5）和 0.5 $mA \cdot cm^{-1}$时，转换的总循环容量为 385 $mAh \cdot cm^{-2}$，这是目前所报道的锂-空气电池中的最高容量。

另一种方法是在 LICM 上沉积 Li^+导电聚合物，以避免固体电解质与酸性溶液直接接触。此外，如图 6-23（a）～（h）所示，当加入咪唑时，即使强酸也可用于水系锂-空气电池电解质，咪唑可与质子结合，对 LICM 的分解起到缓冲作用[337]。但是，咪唑缓冲电解质在高电压下不稳定，因为在充电过程中咪唑会在水分解之前被氧化[72]。

对于碱性电解质，锂-空气电池的能量密度可能比酸性电解质的电池能量密度要高得多。事实上，当 LiOH 取代 $LiOH \cdot H_2O$ 作为放电产物时，水系锂-空气电池的理论能量密度可以达到 3800 $Wh \cdot kg^{-1}$，甚至高于非水相体系[72]。碱性电解质的辅助盐包括 LiOH、$LiClO_4$、$LiNO_3$ 和 LiCl[338]。其中，LiOH 是利用最多的辅助盐，因为它不仅可以为电池工作提供 Li^+，还可以创造碱性环境来促进非贵金属催化剂上的 ORR 反应[339]。优选高浓度的 Li^+可以增加碱性电解质的电导率。然而，单独使用 LiOH 会导致碱性电解质的碱性增强，并且 LICM 将变脆且具有较大的电阻。因此需要添加其他辅助盐（如 $LiClO_4$、LiCl 和 $LiNO_3$）来提供高浓度 Li^+并同时保持较低 pH 值。另外，LiCl 和 $LiNO_3$ 是吸湿性盐类，可以在电池工作过程中从大气中吸收 H_2O，少量水的定量加入可以用于电池反应。然而，使用高浓度 LiCl 的碱性电解质可能会遇到较多不足，例如 Cl_2 的放出，实际能量密度降低以及放电产物 LiOH 的溶解度有限等问题。

碱性电解质最大的问题是以一水合物的形式（$LiOH \cdot H_2O$）沉淀的 LiOH 具有低溶解度和绝缘性，这会堵塞空气电极的孔隙，类似于非水锂-空气电池中不溶性 Li_2O_2 的积聚，并因此阻止 O_2 的进一步扩散。解决这个问题的方法之一是开发一种流动的工作模式，以保持新的碱性电解质中含有低浓度的 LiOH[图 6-23(i)][340-342]。固体电解质上沉积 Li^+导电聚合物也可以消除 LiOH 在固体电解质表面上的沉积。另一个问题是由碱性电解质与 CO_2（来自空气）反应产生的不溶性 Li_2CO_3 将阻塞催化剂的活性表面。针对这个问题，可以在正极侧添加碱石灰过滤装置或阴离子导电聚合物层以消除或阻挡 CO_2[343, 344]。

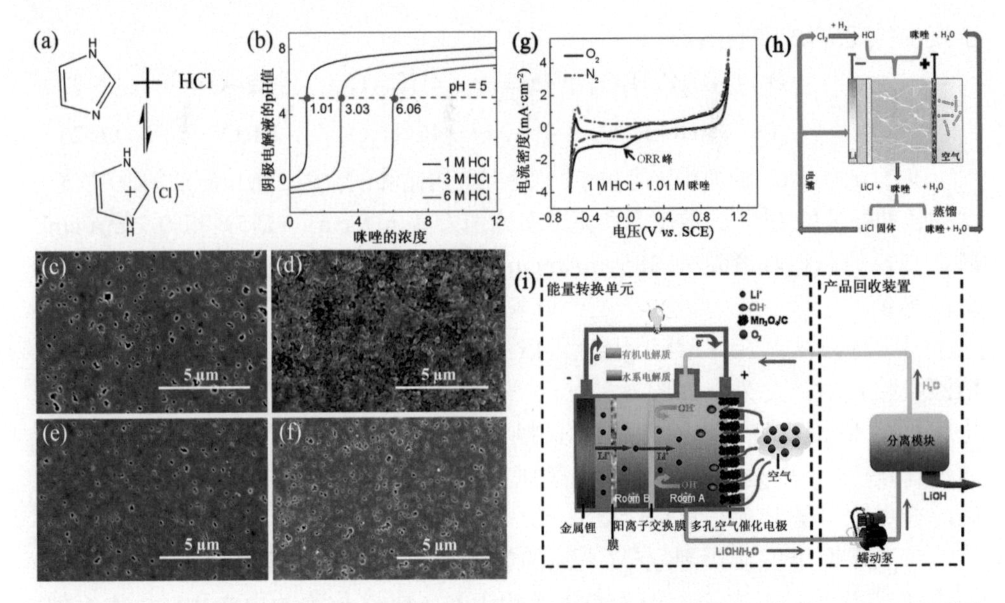

图 6-23 （a）咪唑与质子结合以使电解液的 pH 值保持在中性范围内的示意图；（b）不同浓度 HCl +咪唑缓冲液的 pH 值随咪唑浓度的变化；（c）初始 LATP 和（d）在 0.1 $mol \cdot L^{-1}$HCl 中浸泡 1 个月后，(e)在 0.1 $mol \cdot L^{-1}$ HCl + 1.01 $mol \cdot L^{-1}$ 咪唑中浸泡 2.5 个月后和(f)在 6 $mol \cdot L^{-1}$ HCl +6.06 $mol \cdot L^{-1}$ 咪唑中浸泡 2.5 个月后的 SEM 图像；（g）Pt / C 电极分别在溶解了饱和的 O_2 或 N_2 的 1 $mol \cdot L^{-1}$ HCl + 1.01 $mol \cdot L^{-1}$ 咪唑电解液中的 CV 曲线；（h）用于水系锂-空气电池的咪唑缓冲正极电解液的示意图[337]；（i）具有能量转换单元和产品再循环单元的锂-空气燃料电池系统的示意图[341]

与非水体系相比，水系锂-空气电池的能量密度有限，对 LICM 的稳定性要求也较高。因此，它更适用于成本较低的大规模储能，而不适用于高能量密度的动力电池应用。

6.6 总结和展望

由于锂-空气电池具有超高的能量密度，因此它有希望取代化石燃料用于新能源车辆等的能源供给。但是，其倍率性能和循环性能还远远满足不了实际应用的需求。目前，锂-空气电池的反应过程有两种机理，即溶剂化机制和表面电化学反应机制。电池组成或电池工作条件的任何变化都可能导致放电产物形态的变化，进而导致电池性能的变化。作为锂-空气电池的“血液”，电解质对电池性能起着至关重要的作用。与水体系相比，非水体系具有更高的能量密度。其中，非水液体电解质由溶剂、锂盐和添加剂组成，通常具有较高的 Li^+电导率。

然而，这类电解质对氧气溶解和传输性能的要求比较高，电池的倍率性能不佳。此外，它们在富氧环境中的稳定性也非常重要，这直接影响电池的安全性和循环性能。锂-空气电池中使用的常规有机溶剂存在分解问题，并且其挥发性和易燃性的特点会对电池产生很大的安全风险。对可溶性催化剂（氧化还原介质）的研究也有助于增加锂-空气电池的放电容量或降低其过电势，从而延长电池的循环寿命。基于离子液体的电解质是易挥发的传统非水液体电解质较好的替代品，某些离子液体的疏水性还有助于保护锂负极免受空气中水分的腐蚀。然而，它们在室温下具有较低的电导率和锂盐溶解能力。因此，这类电解质通常与有机溶剂进行混合使用。溶剂化离子液体兼具醚类电解质的高 Li^+电导率和高锂盐溶解度以及离子液体的低挥发性、低可燃性和较宽的电化学窗口。固体电解质具有良好的安全性和机械性能。但是，它们的整体 Li^+电导率及其与锂金属和空气接触的稳定性需要进行优化。因此，固液复合电解质通过结合非水液体电解质的高 Li^+电导率和固体电解质的良好机械性能而取得了一些研究进展。其中基于非质子性溶剂的凝胶固体电解质和基于离子液体的离子凝胶电解质结合了液体电解质的流动性、较高的离子电导率和固体基质的高机械强度，因此在锂-空气电池中非常稳定。水系电解质使用水作为溶剂，具有更好的放电产物溶解性，并且表现出更好的倍率性能。锂负极保护膜对于水体系的实现必不可少。最常用的锂保护膜是 NASICON 型的固体电解质膜。总而言之，传统的有机电解质只能用于锂-空气电池的基础研究，更准确地说是锂-氧电池，它们实际上不能满足锂-空气电池的所有要求。电解质溶剂、锂盐和添加剂的更多优化筛选仍有待探索。此外，离子液体电解质、固体电解质和水系电解质或其与有机溶剂的复合体系更适合于实现安全性高且寿命长的锂-空气电池，但仍有许多内在机理、相容匹配等技术难题需要攻关。

参考文献

[1] Li F, Chen J. Adv Energy Mater., 2017, 7: 1602934
[2] Grande L, Paillard E, Hassoun J, et al. Adv. Mater., 2015, 27: 784
[3] Abdalla A M, Hossain S, Azad A T, et al. Renewable Sustainable Energy Rev., 2018, 82: 353
[4] Ma L, He H, Hsu A, et al. J. Power Sources, 2013, 241: 696
[5] Kim J H, Kim H K, Hwang K T, et al. Int. J. Hydrogen Energy, 2010, 35: 768
[6] Lu J, Li L, Park J B, et al. Chem. Rev., 2014, 114: 5611
[7] Lai J, Xing Y, Chen N, et al. Angew. Chem., Int. Ed. Engl., 2020, 59: 2974
[8] Littauer E L, Tsai K C. J. Electrochem. Soc., 1976, 123: 964
[9] Read J. J. Electrochem. Soc., 2006, 153: A96
[10] Takeshi O, Aurelie D, Michael H, et al. J. Am. Chem. Soc., 2006, 128: 1390
[11] Read J, Mutolo K, Ervin M, et al. J. Electrochem. Soc., 2003, 150: A1351

[12] Freunberger S A, Chen Y, Peng Z, et al. J. Am. Chem. Soc., 2011, 133: 8040
[13] Peng Z, Freunberger S A, Chen Y, et al. Science, 2012, 337: 563
[14] Xu F, Liu C, Feng W, et al. Electrochim. Acta, 2014, 135: 217
[15] Watarai A, Kubota K, Yamagata M, et al. J. Power Sources, 2008, 183: 724
[16] Semkow K W, Sammells A F. J. Electrochem. Soc., 1987, 134: 2084
[17] Giordani V, Tozier D, Tan H J, et al. J. Am. Chem. Soc., 2016, 138: 2656
[18] Xia C, Kwok C, Nazar L. Science, 2018, 361: 777
[19] Abraham K M, Jiang Z. J. Electrochem. Soc., 1996, 143: 1
[20] Kumar J, Kumar B. J. Power Sources, 2009, 194: 1113
[21] Kumar B, Kumar J. J. Electrochem. Soc., 2010, 157: A611
[22] Kumar J, Rodrigues S. J, Kumar B. J. Power Sources, 2010, 195: 327
[23] Visco S J, Nimon Y S. Active metal/aqueous electrochemical cells and systems. US 7,645,543 B2. 2004
[24] Shao Y, Ding F, Xiao J, et al. Adv. Funct. Mater., 2013, 23: 987
[25] Yang T, Liu X, Sang L, et al. J. Power Sources, 2013, 244: 43
[26] Wang Y, He P, Zhou H. Energy Environ. Sci., 2011, 4: 4994
[27] He P, Zhang T, Jiang J, et al. J. Phys. Chem. Lett., 2016, 7: 1267
[28] Li L, Manthiram A. J. Mater. Chem. A, 2013, 1: 5121
[29] Aurbach D, McCloskey B D, Nazar L F, et al. Nat. Energy, 2016, 1: 16128
[30] Peng Z, Chen Y, Bruce P G, et al. Angew. Chem. Int. Edit., 2015, 54: 8165
[31] Zhai D, Lau K C, Wang H H, et al. Nano Lett., 2015, 15: 1041
[32] Sahapatsombut U, Cheng H, Scott K. J. Power Sources, 2013, 243: 409
[33] Guo X, Liu P, Han J, et al. Adv. Mater., 2015, 27: 6137
[34] Park J, Jun Y S, Lee W R, et al. Chem. Mater., 2013, 25: 3779
[35] Xie J, Yao X, Cheng Q, et al. Angew. Chem. Int. Ed. Engl., 2015, 54: 4299
[36] Luo W B, Chou S L, Wang J Z, et al. Small, 2015, 11: 2817
[37] Jung H G, Hassoun J, Park J B, et al. Nat. Chem., 2012, 4: 579
[38] Chang Y, Dong S, Ju Y, et al. Adv. Sci., 2015, 2: 1500092
[39] Ma Z, Yuan X, Li L, et al. Energy Environ. Sci., 2015, 8: 2144
[40] Johnson L, Li C. M, Liu Z, et al. Nat. Chem., 2014, 6: 1091
[41] Kwak W J, Park J B, Jung H G, et al. ACS Energy Lett., 2017, 2: 2756
[42] Shu C, Wang J, Long J, et al. Adv. Mater., 2019, 31: 1804587
[43] Shen X, Zhang S, Wu Y, et al. ChemSusChem., 2019, 12: 104
[44] Zhang Y, Zhang X, Wang J, et al. J. Phys. Chem. C, 2016, 120: 3690
[45] Gao X, Chen Y, Johnson L, et al. Nat. Mater., 2016, 15: 882
[46] Chen Y, Freunberger S A, Peng Z, et al. Nat. Chem., 2013, 5: 489
[47] Wang J, Zhang Y, Guo L, et al. Angew. Chem. Int. Edit., 2016, 55: 5201
[48] Cheng F, Shen J, Peng B, et al. Nat. Chem., 2011, 3: 79
[49] Hu X F, Han X P, Hu Y X, et al. Nanoscale, 2014, 6: 3522
[50] Laoire C O, Mukerjee S, Abraham K M, et al. J. Phys. Chem. C, 2010, 114: 9178
[51] Kitaura H, Zhou H. Chem. Commun., 2015, 51: 17560
[52] Suzuki Y, Kami K, Watanabe K, et al. Solid State Ionics, 2015, 278: 222
[53] Luo L, Liu B, Song S, et al. Nat. Nanotechnol., 2017, 12: 535
[54] Kumar B, Kichambare P, Rodrigues S, et al. Electrochem. Solid-State Lett., 2011, 14: A97
[55] Lim H D, Lee B, Bae Y, et al. Chem. Soc. Rev., 2017, 46: 2873

[56] Liu Y, Wang L, Cao L, et al. Mater. Chem. Front., 2017, 1: 2495
[57] Ganapathy S, Adams B D, Stenou G, et al. J. Am. Chem. Soc., 2014, 136: 16335
[58] Lee B, Kim J, Yoon G, et al. Chem. Mater., 2015, 27: 8406
[59] Wang Y, Liang Z J, Zou Q L, et al. J. Phys. Chem. C, 2016, 120: 6459
[60] Lu Y C, Crumlin E J, Veith G M, et al. J. Sci. Rep., 2012, 2: 715
[61] Yang J B, Zhai D Y, Wang H H, et al. Phys. Chem. Chem. Phys., 2013, 15: 3764
[62] Shi L, Xu A, Zhao T S. Phys. Chem. Chem. Phys., 2015, 17: 29859
[63] Kang S Y, Mo Y F, Ong S P. Chem. Mater., 2013, 25: 3328
[64] Radin M D, Rodriguez J F, Tian F. J. Am. Chem. Soc., 2012, 134: 1093
[65] Sun Y, Zhou H. J. Phys. Chem. C, 2016, 120: 10237
[66] Lu Y, Tong S, Qiu F, et al. J. Power Sources, 2016, 329: 525
[67] Yang S, He P, Zhou H. Energy Environ. Sci., 2016, 9: 1650
[68] Lu Y C, Gallant B M, Kwabi D G, et al. Energy Environ. Sci., 2013, 6: 750
[69] Lu Y C, Kwabi D G, Yao K P C, et al. Energy Environ. Sci., 2011, 4: 2999
[70] Vivek J P, Berry N G, Zou J, et al. J. Phys. Chem. C, 2017, 121: 19657
[71] Lee D, Park H, Ko Y, et al. J. Am. Chem. Soc., 2019, 141: 8047
[72] Manthiram A, Li L. Adv. Energy Mater., 2015, 5: 1401302
[73] Li Y, Wang X, Dong S, et al. Adv. Energy Mater., 2016, 6: 1600751
[74] Balaish M, Kraytsberg A, Ein-Eli Y. Phys. Chem. Chem. Phys., 2014, 16: 2801
[75] Bryantsev V S, Giordani V, Walker W, et al. J. Phys. Chem. A, 2011, 115: 12399
[76] Bryantsev V S, Uddin J, Giordani V, et al. J. Electrochem. Soc., 2012, 160: A160
[77] Lim H K, Lim H D, Park K Y, et al. J. Am. Chem. Soc., 2013, 135: 9733
[78] Khetan A, Pitsch H, Viswanathan V. J. Phys. Chem. Lett., 2014, 5: 2419
[79] Khetan A, Luntz A, Viswanathan V. J. Phys. Chem. Lett., 2015, 6: 1254
[80] Marcus Y. Chem. Soc. Rev., 1993, 22: 409
[81] Brouillette D, Perron G, Desnoyers J. E. J. Solution Chem., 1998, 27: 151
[82] Li F, Zhang T, Zhou H. Energy Environ. Sci., 2013, 6: 1125
[83] Pranay Reddy K, Fischer P, Marinaro M, et al. ChemElectroChem., 2018, 5: 2758
[84] Yao X, Dong Q, Cheng Q, et al. Angew. Chem. Int. Edit., 2016, 55: 11344
[85] Garcia-Araez N, Novák P. J. Solid State Electrochem., 2013, 17: 1793
[86] Bryantsev V S, Faglioni F. J. Phys. Chem. A, 2012, 116: 7128
[87] Chen Y, Freunberger S A, Peng Z, et al. J. Am. Chem. Soc., 2012, 134: 7952
[88] Wang H, Xie K, Wang L, et al. J. Power Sources, 2012, 219: 263
[89] Gittleson F S, Ryu W H, Schwab M, et al. Chem. Commun., 2016, 52: 6605
[90] Yi J, Liao K, Zhang C, et al. ACS Appl. Mater. Interfaces, 2015, 7: 10823
[91] Schroeder M A, Pearse A J, Kozen A C, et al. Chem. Mater., 2015, 27: 5305
[92] Hayashi M, Sakamoto S, Nohara M, et al. Electrochemistry, 2018, 18: 52
[93] Xiao J, Mei D, Li X, et al. Nano Lett., 2011, 11: 5071
[94] Xu J J, Wang Z L, Xu D, et al. Energy Environ. Sci., 2014, 7: 2213
[95] Freunberger S A, Chen Y, Drewett N E, et al. Angew. Chem. Int. Edit., 2011, 50: 8609
[96] Horwitz G, Factorovich M, Rodriguez J, et al. ACS Omega, 2018, 3: 11205
[97] Peng Z, Freunberger S. A, Hardwick L J, et al. Angew. Chem. Int. Edit., 2011, 123: 6475
[98] Walker W, Giordani V, Uddin J, et al. J. Am. Chem. Soc., 2013, 135: 2076
[99] Bryantsev V S, Blanco M. J. Phys. Chem. Lett., 2011, 2: 379
[100] Zhao Q, Katyal N, Seymour I D, et al. Angew. Chem. Int. Edit., 2019, 58: 12553

[101] Li T, Wang Z, Yuan H, et al. Chin. Chem. Lett., 2017, 53: 10426
[102] Zhou B, Guo L, Zhang Y, et al. Adv. Mater., 2017, 29: 1701568
[103] Zhang S S, Read J. J. Power Sources, 2011, 196: 2867
[104] Wan H, Mao Y, Liu Z X, et al. Chemsuschem, 2017, 10: 1385
[105] Wan H, Bai Q, Peng Z, et al. J. Mater. Chem. A, 2017, 5: 24617
[106] De Giorgio F, Soavi F, Mastragostino M. Electrochem. Commun., 2011, 13: 1090
[107] Veith G. M, Nanda J, Delmau L. H, et al. J. Phys. Chem. Lett., 2012, 3: 1242
[108] Younesi R, Hahlin M, Edstrom K. ACS Appl. Mater. Interfaces, 2013, 5: 1333
[109] Tong B, Huang J, Zhou Z, et al. Adv. Mater., 2018, 30: 1704841
[110] Sharon D, Hirsberg D, Salama M, et al. ACS Appl. Mater. Interfaces, 2016, 8: 5300
[111] Gunasekara I, Mukerjee S, Plichta E J, et al. J. Electrochem. Soc., 2015, 162: A1055
[112] Burke C M, Pande V, Khetan A, et al. Proc. Natl. Acad. Sci. U. S. A., 2015, 112: 9293
[113] Liu Y, Suo L, Lin H, et al. J. Mater. Chem. A, 2014, 2: 9020
[114] Liu B, Xu W, Yan P, et al. Adv. Funct. Mater., 2016, 26: 605
[115] Lepoivre F, Grimaud A, Larcher D, et al. J. Electrochem. Soc., 2016, 163: A923
[116] Tan P, Jiang H R, Zhu X B, et al. Appl. Energy, 2017, 204: 780
[117] Du P, Lu J, Lau K C, et al. Phys. Chem. Chem. Phys., 2013, 15: 5572
[118] Shanmukaraj D, Grugeon S, Gachot G, et al. J. Am. Chem. Soc., 2010, 132: 3055
[119] Xie B, Lee H S, Li H, et al. Electrochem. Commun., 2008, 10: 1195
[120] Wang Y, Zheng D, Yang X Q, et al. Energy Environ. Sci., 2011, 4: 3697
[121] Yuan M, Wang R, Fu W, et al. ACS. Appl. Mater. Inter., 2019, 11: 11403
[122] Kwak W J, Kim H, Jung H G, et al. J. Electrochem. Soc., 2018, 165: A2274
[123] Sharon D, Hirsberg D, Afri M, et al. ACS Appl. Mater. Interfaces, 2015, 7: 16590
[124] Matsuda S, Hashimoto K, Nakanishi S. J. Phys. Chem. C, 2014, 118: 18397
[125] Park J B, Lee S H, Jung H G, et al. Adv. Mater., 2018, 30: 1704162
[126] Yang H, Wang Q, Zhang R, et al. Chem. Commun., 2016, 52: 7580
[127] Bergner B J, Schurmann A, Peppler K, et al. J. Am. Chem. Soc., 2014, 136: 15054
[128] Hase Y, Seki J, Shiga T, et al. Chem. Commun., 2016, 52: 12151
[129] Bergner B J, Hofmann C, Schurmann A, et al. Phys. Chem. Chem. Phys., 2015, 17: 31769
[130] Feng N, He P, Zhou H. ChemSusChem, 2015, 8: 600
[131] Kundu D, Black R, Adams B, et al. ACS Cent. Sci., 2015, 1: 510
[132] Lim H D, Lee B, Zheng Y, et al. Nat. Energy, 2016, 1: 16066
[133] Mu X, Wen Q, Ou G, et al. Nano Energy, 2018, 51: 83
[134] Gao R, Shang Z, Zheng L, et al. Inorg. Chem., 2019, 58: 4989
[135] Xu C, Wu L, Hu S, et al. Science, 2019, 14: 312
[136] Harris D C. Quantitative Chemical Analysis, 2010, 7: 402
[137] Li D, Qi H, Zhao H, et al. Chem. Commun., 2019, 55: 10092
[138] Sun D, Shen Y, Zhang W, et al. J. Am. Chem. Soc., 2014, 136: 8941
[139] Ryu W H, Gittleson F S, Thomsen J. M, et al. Nat. Commun., 2016, 7: 12925
[140] Matsuda S, Mori S, Hashimoto K, et al. J. Phys. Chem. C, 2014, 118: 28435
[141] Bawol P P, Reinsberg P, Bondue C J, et al. Phys. Chem. Chem. Phys., 2018, 20: 21447
[142] Lin X, Yuan R, Cao Y, et al. Chem, 2018, 4: 2685
[143] Yao K P C, Frith J T, Sayed S Y, et al. J. Phys. Chem. C, 2016, 120: 16290
[144] Lin X, Yuan R, Cao Y, et al. Chem, 2018, 4: 2685
[145] Liu T, Leskes M, Yu W, et al. Science, 2015, 350: 530

[146] Liang Z, Lu Y C. J. Am. Chem. Soc., 2016, 138: 7574
[147] Kwak W J, Hirshberg D, Sharon D, et al. Energy Environ. Sci., 2016, 9: 2334
[148] Li Y, Dong S, Chen B, et al. J. Phys. Chem. Lett., 2017, 8: 4218
[149] Liu H, Liu M, Yang L, et al. Chem. Commun., 2019, 55: 6567
[150] Lim H D, Song H, Kim J, et al. Angew. Chem. Int. Edit., 2014, 53: 3926
[151] Kwak W J, Hirshberg D, Sharon D, et al. J. Mater. Chem. A, 2015, 3: 8855
[152] Shen Y, Zhang W, Chou S L, et al. Science, 2016, 352: 667
[153] Liu T, Kim G, Carretero-González J, et al. Science, 2016, 352: 667
[154] Burke C M, Black R, Kochetkov I R, et al. ACS Energy Lett., 2016, 1: 747
[155] Qiao Y, Wu S, Sun Y, et al. ACS Energy Lett., 2017, 2: 1869
[156] Lee C K, Park Y J. ACS Appl. Mater. Interfaces, 2016, 8: 8561
[157] Zhang T, Liao K, He P, et al. Energy Environ. Sci., 2016, 9: 1024
[158] Bergner B J, Busche M R, Pinedo R, et al. ACS Appl. Mater. Interfaces, 2016, 8: 7756
[159] Xu J J, Liu Q C, Yu Y, et al. Adv. Mater., 2017, 29: 1606552.
[160] Deng H, Qiao Y, Wu S, et al. ACS Appl. Mater. Inter., 2018, 11: 4908
[161] Lee S H, Park J B, Lim H S, et al. Adv. Energy Mater., 2017, 7: 1602417
[162] Lee D J, Lee H, Kim Y J, et al. Adv. Mater., 2016, 28: 857
[163] Yoo E, Zhou H. ACS Appl. Mater. Interfaces, 2017, 9: 21307
[164] Kwak W J, Jung H G, Aurbach D, et al. Adv. Energy Mater., 2017, 7: 1701232
[165] Lacey M J, Frith J T, Owen J R. Electrochem. Commun., 2013, 26: 74
[166] Gao X, Chen Y, Johnson L R, et al. Nat. Energy, 2017, 2: 17118
[167] Zhang Y, Wang L, Zhang X, et al. Adv. Mater., 2018, 30: 1705571
[168] Zhu Y G, Jia C, Yang J, et al. Chem. Commun., 2015, 51: 9451
[169] Aetukuri N B, McCloskey B D, Garcia J M, et al. Nat. Chem., 2015, 7: 50
[170] Li F, Wu S, Li D, et al. Nat. Commun., 2015, 6: 7843
[171] Wu S, Tang J, Li F, et al. Chem. Commun., 2015, 51: 16860
[172] Shen Z Z, Lang S Y, Shi Y, et al. J. Am. Chem. Soc., 2019, 141: 6900
[173] Wu S, Qiao Y, Yang S, et al. Nat. Commun., 2017, 8: 15607
[174] Gittleson F S, Jones R E, Ward D K, et al. Energy Environ. Sci., 2017, 10: 1167
[175] Katayama Y, Sekiguchi K, Yamagata M, et al. J. Electrochem. Soc., 2005, 152: E247
[176] Zhang D, Okajima T, Matsumoto F, et al. J. Electrochem. Soc., 2004, 151: D31
[177] AlNashef I M, Leonard M L, Kittle M C, et al. Electrochem. Solid State Lett., 2001, 4: D16
[178] Kuboki T, Okuyama T, Ohsaki T, et al. J. Power Sources, 2005, 146: 766
[179] Kunze M, Jeong S, Paillard E, et al. J. Phys. Chem. C, 2010, 114: 12364
[180] Montanino M, Moreno M, Alessandrini F, et al. Electrochim. Acta, 2012, 60: 163
[181] Ishikawa M, Sugimoto T, Kikuta M, et al. J. Power Sources, 2006, 162: 658
[182] Paillard E, Zhou Q, Henderson W A, et al. J. Electrochem. Soc., 2009, 156: A891
[183] Guo Z, Zhu G, Qiu Z, et al. Electrochem. Commun., 2012, 25: 26
[184] Shen Y, Sun D, Yu L, et al. Carbon, 2013, 62: 288
[185] Elia G A, Hassoun J, Kwak W J, et al. Nano Lett., 2014, 14: 6572
[186] Mizuno F, Takechi K, Higashi S, et al. J. Power Sources, 2013, 228: 47
[187] Elia G A, Bresser D, Reiter J, et al. ACS Appl. Mater. Interfaces, 2015, 7: 22638
[188] Higashi S, Kato Y, Takechi K, et al. J. Power Sources, 2013, 240: 14
[189] Nakamoto H, Suzuki Y, Shiotsuki T, et al. J. Power Sources, 2013, 243: 19
[190] Reiter J, Paillard E, Grande L, et al. Electrochim. Acta, 2013, 91: 101

[191] Zygadło-Monikowska E, Florjańczyk Z, Kubisa P, et al. Int. J. Hydrogen Energy, 2014, 39: 2943
[192] Das S, Højberg J, Knudsen K B, et al. J. Phys. Chem. C, 2015, 119: 18084
[193] Zhang J, Sun B, Zhao Y, et al. Nat. Commun., 2019, 10: 602
[194] Allen C J, Mukerjee S, Plichta E J, et al. J. Phys. Chem. Lett., 2011, 2: 2420
[195] Allen C J, Hwang J, Kautz R, et al. J. Phys. Chem. C, 2012, 116: 20755
[196] Guo H, Luo W, Chen J, et al. Adv. Sustainable Syst., 2018, 2: 1700183
[197] Deshpande A, Kariyawasam L, Dutta P, et al. J. Phys. Chem. C, 2013, 117: 25343
[198] Yoo K, Dive A M, Kazemiabnavi S, et al. Electrochim. Acta, 2016, 194: 317
[199] Ara M, Meng T J, Nazri G A, et al. J. Electrochem. Soc., 2014, 161: A1969
[200] Quinzeni I, Ferrari S, Quartarone E, et al. J. Power Sources, 2013, 237: 204
[201] Neale A R, Goodrich P, Hughes T L, et al. J. Electrochem. Soc., 2017, 164: H5124
[202] Khan A, Zhao C. ACS Sustainable Chem. Eng., 2016, 4: 506
[203] Cecchetto L, Salomon M, Scrosati B, et al. J. Power Sources, 2012, 213: 233
[204] Xie J, Dong Q, Madden I, et al. Nano Lett., 2015, 15: 8371
[205] Asadi M, Sayahpour B, Abbasi P, et al. Nature, 2018, 555: 502
[206] Tamura T, Yoshida K, Hachida T, et al. Chem. Lett., 2010, 39: 753
[207] Austen Angell C, Ansari Y, Zhao Z. Faraday Discuss., 2012, 154: 9
[208] Yoshida K, Nakamura M, Kazue Y, et al. J. Am. Chem. Soc., 2011, 133: 13121
[209] Tamura T, Hachida T, Yoshida K, et al. J. Power Sources, 2010, 195: 6095
[210] Yoshida K, Tsuchiya M, Tachikawa N, et al. J. Electrochem. Soc., 2012, 159: A1005
[211] Tatara R, Tachikawa N, Kwon H-M, et al. Chem. Lett., 2013, 42: 1053
[212] Thomas M L, Oda Y, Tatara R, et al. Adv. Energy Mater., 2016, 7: 1601753
[213] Adams B D, Black R, Williams Z, et al. Adv. Energy Mater., 2015, 5: 1400867
[214] Manthiram A, Yu X, Wang S. Nat. Rev. Mater., 2017, 2: 16103
[215] Li F, Kitaura H, Zhou H. Energy Environ. Sci., 2013, 6: 2302
[216] Chen R, Qu W, Guo X, et al. Mater. Horiz., 2016, 3: 487
[217] Lu Q, Gao Y, Zhao Q, et al. J. Power Sources, 2013, 242: 677
[218] Wei C N, Karuppiah C, Yang C C, et al. J. Phys. Chem. Solids., 2019, 133: 67
[219] Zhang Y, Wang L, Guo Z, et al. Angew. Chem. Int. Edit., 2016, 55: 4487
[220] Balaish M, Peled E, Golodnitsky D, et al. Angew. Chem. Int. Edit., 2015, 54: 436
[221] Noor I S, Majid S R, Arof A K. Electrochim. Acta, 2013, 102: 149
[222] Stoeva Z, Martin-Litas I, Staunton E, et al. J. Am. Chem. Soc., 2003, 125: 4619
[223] Christie A M, Lilley S J, Staunton E, et al. Nature, 2005, 433: 50
[224] Zhang C, Staunton E, Andreev Y G, et al. J. Am. Chem. Soc., 2005, 127: 18305
[225] Lilley S J, And Y G A, Bruce P G. J. Am. Chem. Soc., 2006, 128: 12036
[226] Staunton E, Andreev Y G, Bruce P G. Faraday Discuss., 2007, 134: 143
[227] Zhang C, Staunton E, Andreev Y G, et al. J. Mater. Chem., 2007, 17: 3222
[228] Bonnet-Mercier N, Wong R A, Thomas M. L, et al. Sci. Rep., 2014, 4: 7127
[229] Amanchukwu C V, Harding J R, Shao-Horn Y, et al. Chem. Mater., 2015, 27: 550
[230] Nasybulin E, Xu W, Engelhard M H, et al. J. Power Sources, 2013, 243: 899
[231] Heine J, Rodehorst U, Badillo J P, et al. Electrochim. Acta, 2015, 155: 110
[232] Harding J R, Amanchukwu C V, Hammond P T, et al. J. Phys. Chem. C, 2015, 119: 6947
[233] Pandey J K, Raghunatha Reddy K, Pratheep Kumar A, et al. Polym. Degrad. Stab., 2005, 88: 234
[234] Liu Y, He P, Zhou H. Adv. Energy Mater., 2018, 8: 1701602
[235] Mizuno F, Hayashi A, Tadanaga K, et al. Adv. Mater., 2005, 17: 918

[236] Tatsumisago M, Hama S, Hayashi A, et al. Solid State Ionics, 2002, s 154-155: 635
[237] Hayashi A, Hama S, Morimoto H, et al. J. Am. Ceram. Soc., 2010, 84: 477
[238] Kanno R, Hata T, Kawamoto Y, et al. Solid State Ionics, 2000, 130: 97
[239] Binns M J, Londos C A, Mcquaid S A, et al. J. Mater. Sci.: Mater. Electron., 1996, 7: 347
[240] Truong T T, Qin Y, Ren Y, et al. Adv. Mater., 2011, 23: 4947
[241] Sun Y. Nano Energy, 2013, 2: 801
[242] Peng B, Cheng F, Tao Z, et al. J. Chem. Phys., 2010, 133: 034701
[243] Su Y, Falgenhauer J, Polity A, et al. Solid State Ionics, 2015, 282: 63
[244] Uhlmann C, Braun P, Illig J, et al. J. Power Sources, 2016, 307: 578
[245] Bohnke O, Bohnke C, Fourquet J L. Solid State Ionics, 1996, 91: 21
[246] Kawai H, Kuwano J. J. Electrochem. Soc., 1994, 141: L78
[247] Alonso J A, Sanz J, Santamaría J, et al. Angew. Chem., Int. Edit., 2000, 39: 619
[248] Teranishi T, Yamamoto M, Hayashi H, et al. Solid State Ionics, 2013, 243: 18
[249] Kotobuki M, Suzuki Y, Munakata H, et al. J. Electrochem. Soc., 2010, 157: A493
[250] Le H T T, Kalubarme R S, Ngo D T, et al. J. Power Sources, 2015, 274: 1188
[251] Inaguma Y, Nakashima M. J. Power Sources, 2013, 228: 250
[252] Li Y, Xu H, Chien P H, et al. Angew. Chem. Int. Edit., 2018, 57: 8587
[253] Le H T T, Ngo D T, Kim Y J, et al. Electrochim. Acta, 2017, 248: 232
[254] Li S, Zhu J, Wang Y, et al. Solid State Ionics, 2016, 284: 14
[255] Hood Z D, Wang H, Samuthira Pandian A, et al. J. Am. Chem. Soc., 2016, 138: 1768
[256] Zhao Y, Daemen L L. J. Am. Chem. Soc., 2012, 134: 15042
[257] Zhu J, Li S, Zhang Y, et al. Appl. Phys. Lett., 2016, 109: 101904
[258] Deviannapoorani C, Shankar L S, Ramakumar S, et al. Ionics, 2016, 22: 1281
[259] Garbayo I, Struzik M, Bowman W J, et al. Adv. Energy Mater., 2018, 8: 1702265
[260] Thangadurai V, Weppner W. Adv. Funct. Mater., 2005, 15: 107
[261] Thangadurai V, Weppner W. J. Solid State Chem., 2006, 179: 974
[262] Li Y, Zhang W, Dou Q, et al. J. Mater. Chem. A, 2019, 7: 3391
[263] Dhivya L, Karthik K, Ramakumar S, et al. RSC Adv., 2015, 5: 96042
[264] Kataoka K, Nagata H, Akimoto J. Sci. Rep., 2018, 8: 9965
[265] Hofstetter K, Samson A J, Narayanan S, et al. J. Power Sources, 2018, 390: 297
[266] Jin Y, McGinn P J. J. Power Sources, 2013, 239: 326
[267] Ahn C W, Choi J J, Ryu J, et al. J. Power Sources, 2014, 272: 554
[268] Li Y T, Xu B Y, Xu H H, et al. Angew. Chem. Int. Edit., 2017, 129: 771
[269] Cheng L, Wu C H, Jarry A, et al. ACS Appl. Mater. Interfaces, 2015, 7: 17649
[270] Liu K, Ma J T, Wang C A. J. Power Sources, 2014, 260: 109
[271] Xia W H, Xu B Y, Duan H N, et al. ACS Appl. Mater. Interfaces, 2016, 8: 5335
[272] Ma C, Cheng Y, Yin K, et al. Nano Lett., 2016, 16: 7030
[273] Sharafi A, Kazyak E, Davis A L, et al. Chem. Mater., 2017, 29: 7961
[274] Li Y, Chen X, Dolocan A, et al. J. Am. Chem. Soc., 2018, 140: 6448
[275] Luo W, Gong Y, Zhu Y, et al. J. Am. Chem. Soc., 2016, 138: 12258
[276] Luo W, Gong Y, Zhu Y, et al. Adv. Mater., 2017, 29: 1606042
[277] Liu B, Gong Y, Fu K, et al. ACS Appl. Mater. Interfaces, 2017, 9: 18809
[278] He M, Cui Z, Chen C, et al. J. Mater. Chem. A, 2018, 6: 11463
[279] Shao Y, Wang H, Gong Z, et al. ACS Energy Lett., 2018, 3: 1212
[280] Zhang K, Mu S, Liu W, et al. Ionics, 2019, 25: 25

[281] Chowdari B V R, Rao G V S, Lee G Y H. Solid State Ionics, 2000, s 136-137: 1067
[282] Hagman L O, Kierkegaard P, Karvonen P, et al. Acta Chem. Scand., 1968, 22: 1822
[283] Jie F. Solid State Ionics, 1997, 96: 195
[284] Bai F, Shang X, Nemori H, et al. Solid State Ionics, 2019, 338: 127
[285] Abrahams I, Hadzifejzovic E. Solid State Ionics, 2000, 134: 249
[286] Safanama D, Sharma N, Rao R P, et al. J. Mater. Chem. A, 2016, 4: 7718
[287] Aono H, Sugimoto E, Sadaoka Y, et al. J. Electrochem. Soc., 1989, 136: 590
[288] Hasegawa S, Imanishi N, Zhang T, et al. J. Power Sources, 2009, 189: 371
[289] Hartmann P, Leichtweiss T, Busche M R, et al. J. Phys. Chem. C, 2013, 117: 21064
[290] Zhang T, Imanishi N, Hasegawa S, et al. Electrochem. Solid-State Lett., 2009, 12: A132
[291] Suzuki Y, Watanabe K, Sakuma S, et al. Solid State Ionics, 2016, 289: 72
[292] Kitaura H, Zhou H. Sci. Rep., 2015, 5: 13271
[293] Liu Y, Li C, Li B, et al. Adv. Energy Mater., 2018, 8: 1702374
[294] Kitaura H, Zhou H S. Energy Environ. Sci., 2012, 5: 9077
[295] Liu Y, Li B, Kitaura H, et al. ACS Appl. Mater. Interfaces, 2015, 7: 17307
[296] Zhu X B, Zhao T S, Wei Z H, et al. Energy Environ. Sci., 2015, 8: 2782
[297] Zhu X B, Zhao T S, Wei Z H, et al. Energy Environ. Sci., 2015, 8: 3745
[298] D'Epifanio A, Fiory F S, Licoccia S, et al. J. Appl. Electrochem., 2004, 34: 403
[299] Liu Y, Lee J Y, Hong L. J. Power Sources, 2004, 129: 303
[300] Pitawala H M J C, Dissanayake M A K L, Seneviratne V A. Solid State Ionics, 2007, 178: 885
[301] Mei A, Wang X, Feng Y, et al. Solid State Ionics, 2008, 179: 2255
[302] Cao J, Wang L, He X, et al. J. Mater. Chem. A, 2013, 1: 5955
[303] Cao J, Wang L, Shang Y, et al. Electrochim. Acta, 2013, 111: 674
[304] Jadhav H S, Cho M S, Kalubarme R S, et al. J. Power Sources, 2013, 241: 502
[305] Tang C, Hackenberg K, Fu Q, et al. Nano Lett., 2012, 12: 1152
[306] Yuan C, Li J, Han P, et al. J. Power Sources, 2013, 240: 653
[307] Zou X, Lu Q, Zhong Y, et al. Small, 2018, 14: 1801798
[308] Li Z H, Zhang H P, Zhang P, et al. J. Power Sources, 2008, 184: 562
[309] Lin D, Liu W, Liu Y, et al. Nano Lett., 2016, 16: 459
[310] Liu W, Liu N, Sun J, et al. Nano Lett., 2015, 15: 2740
[311] Chen L, Li Y, Li S-P, et al. Nano Energy, 2018, 46: 176
[312] Bae J, Li Y, Zhang J, et al. Angew. Chem. Int. Edit., 2018, 57: 2096
[313] And S C, Frech R. Macromolecules, 1996, 29: 3499
[314] Leng L, Zeng X, Chen P, et al. Electrochim. Acta, 2015, 176: 1108
[315] Mohamed S N, Johari N A, Ali A M M, et al. J. Power Sources, 2008, 183: 351
[316] Jin Y, Guo S, He P, et al. Energy Environ. Sci., 2017, 10: 860
[317] Zhang J Q, Sun B, Xie X Q, et al. Electrochim. Acta, 2015, 183: 56
[318] Liu T, Liu Q C, Xu J J, et al. Small, 2016, 12: 3101
[319] Guo Z, Li C, Liu J, et al. Angew. Chem. Int. Edit., 2017, 56: 7505
[320] Yi J, Liu X, Guo S, et al. ACS Appl. Mater. Interfaces, 2015, 7: 23798
[321] Yi J, Wu S, Bai S, et al. J. Mater. Chem. A, 2016, 4: 2403
[322] Park S H, Lee T H, Lee Y J, et al. Small, 2018, 14: 1801456
[323] Wu F, Chen N, Chen R, et al. Adv. Sci., 2016, 3: 1500306
[324] Le Bideau J, Viau L, Vioux A. Chem. Soc. Rev., 2011, 40: 907
[325] Chen N, Xing Y, Wang L, et al. Nano Energy, 2018, 47: 35

[326] Amanchukwu C V, Chang H H, Gauthier M, et al. Chem. Mater., 2016, 28: 7167
[327] Zhang D, Li R, Huang T, et al. J. Power Sources, 2010, 195: 1202
[328] Jung K N, Lee J I, Jung J H, et al. Chem. Commun., 2014, 50: 5458
[329] Wu S, Yi J, Zhu K, et al. Adv. Energy Mater., 2017, 7: 1601759
[330] Liu S, Zhang W, Chen N, et al. ChemElectroChem, 2018, 5: 2181
[331] Black R, Adams B, Nazar L F. Adv. Energy Mater., 2012, 2: 801
[332] Knauth P. Solid State Ionics, 2009, 180: 911
[333] He K, Zu C K, Wang Y H, et al. Solid State Ionics, 2014, 254: 78
[334] Zheng J P, Andrei P, Hendrickson M, et al. J. Electrochem. Soc., 2011, 158: A43
[335] Li L, Zhao X, Manthiram A. Electrochem. Commun., 2012, 14: 78
[336] Visco S J, De Jonghe L C, Nimon Y S, et al. Catholytes for aqueous lithium/air battery cells. US Patent 8323820, 2012
[337] Li L, Fu Y, Manthiram A. Electrochem. Commun., 2014, 47: 67
[338] Shimonishi Y, Zhang T, Imanishi N, et al. J. Power Sources, 2011, 196: 5128
[339] He H, Niu W, Asl N. M, et al. Electrochim. Acta, 2012, 67: 87
[340] Wang Y, Zhou H. J. Power Sources, 2010, 195: 358
[341] He P, Wang Y G, Zhou H S. Electrochem. Commun., 2010, 12: 1686
[342] Chen X J, Shellikeri A, Wu Q, et al. J. Electrochem. Soc., 2013, 160: A1619
[343] Stevens P, Toussaint G L, Caillon G, et al. ECS Trans., 2010, 28: 1
[344] Jin B, Li Y, Zhao L. Inter. J. Hydrogen Energ., 2018, 43: 20712

07

多价阳离子电池电解质

对清洁可持续能源的需求日益增长已成为当今社会面临的最大挑战之一。由可再生能源（如太阳能、风能等）产生的电力能源为满足未来的能源需求提供了潜在可能。但是，这些电力能源需要高效的电能储存技术。在各种电能存储技术中，化学电源是最简单有效且可靠的系统之一，它通过可逆的电化学氧化还原反应实现电能与化学能之间互相转化。人们将具有高效储能性能的化学电源视作未来电能存储应用中的关键技术之一。

自 1997 年日本丰田公司首次推出第一代混合电动汽车以来，全球数百万的消费者已经接受了新能源汽车。为了进一步推动电动汽车的发展，高性能电池技术的开发是关键。与目前市场主流的锂离子电池相比，研发能量密度更高、成本更低的新型电池体系至关重要。因此，基于 Mg、Al 等多价阳离子的多电子新体系电池进入了人们视野，并以高的体积能量密度和质量能量密度受到广泛关注。但是，多电子体系电池仍然存在大量的技术难点，特别是如何选择合适的电解质是关键技术之一。本章将重点阐述铝离子电池电解质和镁离子电池电解质的相关研究。

7.1 铝离子电池电解质

7.1.1 电解质概述

铝在地壳中的元素含量中排名第三，是含量最高的金属元素。铝具有较轻的原子量，且每个 Al 最高可以转移三个电子，这使其电化学体系可以具有高达 8040 $mAh\cdot cm^{-3}$ 的理论体积比容量和 2980 $mAh\cdot g^{-1}$ 的理论质量比容量，如图 7-1 所示。此外，铝可以在空气中稳定存在，这保证了铝系电池具有较好的安全性。

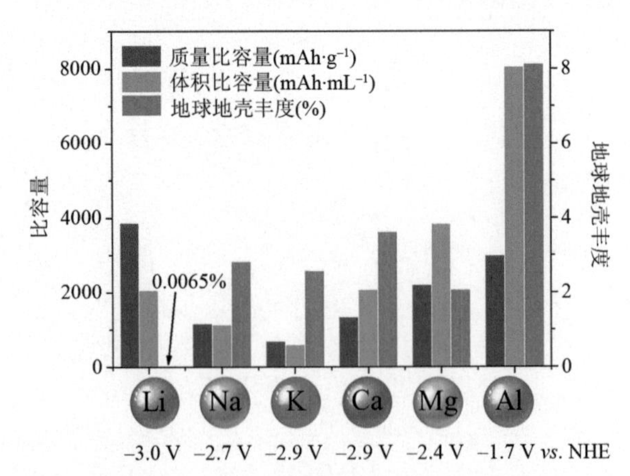

图 7-1 金属电极的质量比容量、体积比容量、标准还原电位和地壳元素丰度[1]

然而，铝也存在一些缺陷。例如，与其他元素相比，它的标准还原电位相对较低，导致铝系电池的能量密度较低。另外，铝的标准还原电位（–1.68 V *vs.* NHE）低于水溶液的析氢电位，这限制了水系电解质在铝系电池中的应用。

可充电铝离子电池的发展面临的两个主要问题是缺少高性能的正极材料和合适的电解质。前者是因为铝离子极高的电荷密度会诱导其与主体材料之间产生强烈的插层作用，导致铝离子的扩散速度变得迟缓。后者是因为铝金属表面所形成的钝化膜会引起较大的反应过电位，导致电池的电压降低，从而影响了电池性能[2]。

在此，我们主要概述一些适用于铝离子电池的电解质。

首先，由于水系电解质在充电过程中伴随着氢气的释放，导致了电化学不稳定性[3, 4]。其次，在锂离子电池常用的非水有机电解质中，铝的可逆沉积/溶解过程缓慢且反应微弱[5, 6]。因此，目前大多数研究主要集中在氯铝酸盐类电解质上，铝在其中的电化学活性也已得到证明。

为了开发能够实现可逆铝沉积/溶解的铝离子电池，需要开发对铝还原稳定的基于非质子溶剂的电解质。与镁离子电池电解质类似，还需要严格满足无腐蚀性和高抗氧化性这两个条件。因此，铝离子电池电解质的研究主要集中在将铝盐溶解于有机溶剂或者离子液体当中。

铝盐在有机溶剂中的溶解度十分有限，同时存在易挥发和热稳定性相对较低的缺点，即使加入添加剂也很难完全地解决这些问题[5, 7]。离子液体（IL）具有较高的热稳定性、化学稳定性、低熔点、不易挥发性、不易燃性、适中的黏度、较高的离子电导率和极化率等特点，并能够与许多化合物混溶。离子液体是在 100℃以下的液态盐，其中许多在室温或低于室温状态下是液体状态。由于阴阳离子之间的静电作用非常弱，因此这些盐在室温状态下也能呈现液态。通常来说，由于在电荷中心周围存在烷基，因此这些大尺度的阳离子往往受到了一定程度的电荷保护。阴离子通常是能量接近且电荷离域的构象异构体，因此可能具有多种共振结构[8]。

7.1.2 电解质分类

7.1.2.1 咪唑类离子液体

到目前为止，在可充电铝离子电池的电解质中，使用最普遍的是由 $AlCl_3$ 和咪唑类卤化物（例如，氯化 1-乙基-3-甲基咪唑）离子液体组成。然而，在相对较窄的电化学窗口中，离子液体中的 $AlCl_3$ 容易对电池的部件进行腐蚀，因此需要采用比较致密的隔膜将空气中的水分隔离开来。

已有研究表明在使用 Al 负极和石墨正极时，氯铝酸根阴离子在不可燃的 1-

乙基-3-甲基咪唑-氯铝酸盐（EMIC-$AlCl_3$）离子液体电解质中的可逆脱嵌行为[9, 10]。当 $AlCl_3$ 和 EMIC 的摩尔比为 1∶3 时，在酸性电解质中会产生 $Al_2Cl_7^-$，从而加速铝的沉积[11]。在充电过程中，$Al_2Cl_7^-$会被还原，形成 Al 金属的沉积；之后，$AlCl_4^-$为了维持电中性而被氧化并插入到石墨中。在放电过程中，电池展现出 97%的库仑效率和良好的倍率性能。由于该电解质具有较高的黏度和较低的离子电导率，因此由该电解质装配的电池的倍率性能较低。但是，该类电解质在铝离子电池中仍具有较大的提升空间。

基于氯化 1-乙基-3-甲基咪唑的 IL 通常以液态形式存在，组成范围很广，并具有非常低的蒸气压、高电导率和较宽的稳定电化学窗口。相关的氯铝盐通常分为酸性、中性和碱性三种，其性质根据 $AlCl_3$ 的含量而发生变化。如果 $AlCl_3$ 的含量低于 50%，电解质会由于含有较多的 $AlCl_4^-$和 Cl^-而呈现碱性；若 $AlCl_3$ 的含量高于 50%，电解质会由于出现 $AlCl_4^-$和 $Al_2Cl_7^-$而呈现酸性。然而，根据可逆反应（$4Al_2Cl_7^-+3e^- \rightleftharpoons Al+7AlCl_4^-$），只有酸性的复合物才具有在负极上发生 Al 沉积/溶解的活性[11-13]。另外，这些离子液体还存在腐蚀性高、黏度高、吸湿性以及毒性等重要问题，这主要是由于其中存在铝盐而导致的。

铝离子电池对于 Al 的沉积/溶解要求非常苛刻，因而这个过程在传统有机电解质中变得非常困难。目前为止，关于铝离子电池的物化性质以及相关影响因素仍有许多问题尚不明晰。例如，基于咪唑类离子液体的阴离子和 $AlCl_3$ 组成的电解质对铝的电化学活性的影响尚不清楚。

为揭示这些问题，吴锋等对三种不同的卤化咪唑离子液体进行了系统研究，包括氯化 1-丁基-3-甲基咪唑（[BMI]C1）、溴化 1-丁基-3-甲基咪唑（[BMI]Br）和碘化 1-丁基-3-甲基咪唑（[BMI]I）[14]。根据数据显示，与 $AlCl_3$-[BMI]Br（约 3.9 V *vs.* Al^{3+}/Al）和 $AlCl_3$-[BMI]I（约 2 V *vs.* Al^{3+}/Al）相比，$AlCl_3$-[BMI]C1 具有更宽的电化学稳定电势窗口（约 4.7 V *vs.* Al^{3+}/Al），这表明氯离子的稳定性更高。这与密度泛函理论计算结果相一致，稳定性顺序如下：$AlCl_4^-$>$AlCl_3Br^-$>$AlCl_3I^-$。此外，离子电导率也符合相同规律，$AlCl_3$-[BMI]Cl 具有最高的电导率（9.1 mS·cm^{-1}，30℃）。另一方面，通过对 BMI^+-$AlCl_4^-$、BMI^+-$AlCl_3Br^-$和 BMI^+-$AlCl_3I^-$离子能级理论计算表明，咪唑阳离子侧链对正极和负极极限电位的影响可忽略不计。此外，研究还发现 $AlCl_3$-[BMI]C1 的电化学稳定性窗口取决于其摩尔组成。例如，$AlCl_3$-[BMI]C1 的摩尔比分别为 1∶1、1.1∶1、1.5∶1 和 2∶1 时，其负极极限电位约为 2.6 V（*vs.* Al^{3+}/Al），高于摩尔比为 0.8∶1 样品的电位（约 1.75 V）。类似的，当摩尔组成为 1.5∶1 和 2∶1 时，样品正极极限电位约为 0.2 V，远大于摩尔比为 0.8∶1、1∶1 和 1.1∶1 样品的正极极限电位（–2.0V），这种差异可能是由于 $AlCl_3$-[BMI]Cl 的阴离子不同而造成的，如图 7-2（a）所示。

这表明采用 $AlCl_3$ 复合咪唑类离子液体（如 $AlCl_3$/[BMI]Br、$AlCl_3$/[BMI]Cl、$AlCl_3$/[EMI]Cl）的电解质，可以得到较稳定的电化学性能。

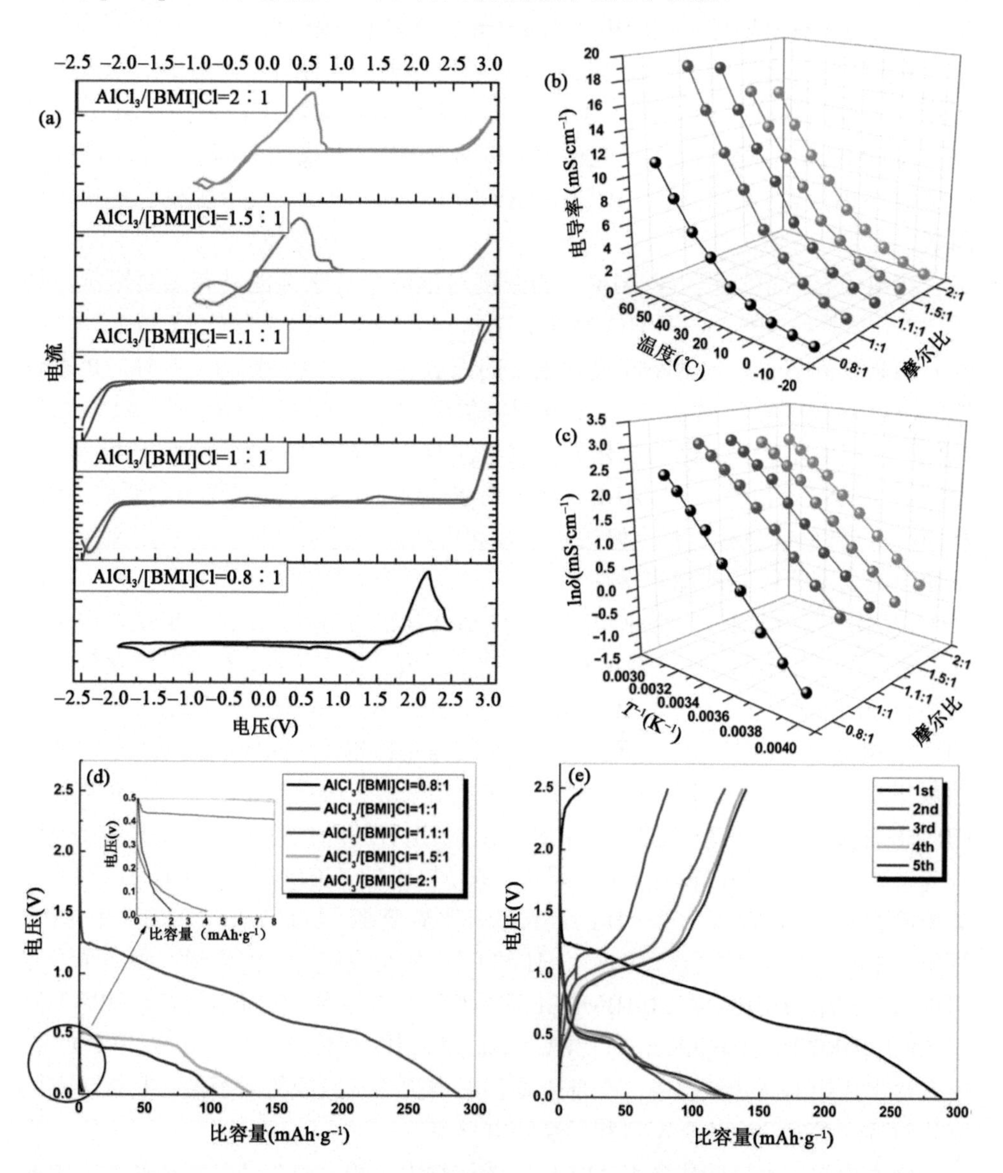

图 7-2 不同摩尔比的 $AlCl_3$/[BMI]Cl 离子液体的（a）循环伏安图；（b）电导率-温度曲线；（c）Arrhenius 曲线；（d）可充电铝离子电池的初始放电曲线；（e）使用 $AlCl_3$/[BMI]Cl=1.1∶1 离子液体的可充电铝离子电池的充放电曲线[14]

一些在水和空气中稳定的离子液体也可能应用于 Al 的电沉积，如 1-丁基-1-

甲基吡咯烷双(三氟甲基磺酸酰)亚胺、1-乙基-3-甲基咪唑双(三氟甲基磺酸酰)亚胺、三己基-十四烷基-鏻双(三氟甲基磺酸酰)亚胺、二氰胺和4-丙基吡啶[15-19]。但是，目前还没有发现将它们应用在铝离子电池上的相关报道。

阴离子种类会影响离子液体的电化学窗口和离子电导率，如图7-2（b）、（c）所示，主要表现在两个方面：①由不同的卤化咪唑盐物质产生的卤素阴离子（$AlCl_4^-$→$AlCl_3Br^-$→$AlCl_3I^-$）是电化学窗口的关键因素；②由不同的$AlCl_3$/咪唑盐摩尔比产生的氯化铝阴离子（$AlCl_4^-$→$AlCl_3Br^-$→$AlCl_3I^-$）是电化学活性的决定性因素。

在电池充放电过程中，$Al_2Cl_7^-$的浓度对电池电化学性能具有重要影响，如图7-2（d）所示。在$AlCl_3$：[BMI]Cl的摩尔比分别为0.8：1（碱性）和1：1（中性）的离子液体中，电池不能进行正常的充放电。当比例为1.1：1时，相对较低的$Al_2Cl_7^-$离子浓度会在Al负极表面产生轻微腐蚀，这能够清理掉Al表面的氧化膜，使电池具有更好的电化学充放电性能，如图7-2（e）所示。但是，当浓度比例为1.5：1和2：1时，$Al_2Cl_7^-$离子的浓度会显著提高并表现出较强的活性，从而严重腐蚀Al负极，甚至腐蚀集流体和电池壳，并会产生一系列副反应，因此使电池表现出较差的电化学性能。

卤化铝代盐根阴离子组成的离子液体都具有较高的氧化电位。但是，由于各种卤素离子半径不同，使卤素元素与Al结合形成的键长不同，导致其电化学性能也不尽相同。如图7-3所示，Al—I键最长（2.5646 Å），Al—Br键次之（2.2799 Å），Al—Cl键最短（2.1310 Å）。键长越长，结构稳定性越差，因此这些阴离子的稳定性顺序如下：$AlCl_3I^- < AlCl_3Br^- < AlCl_4^-$，这个结果对电解质电化学窗口具有重要影响。$AlCl_3$/[BMI]Cl（4.7 V）的电化学窗口比$AlCl_3$/[BMI]Br（3.9 V）和$AlCl_3$/[BMI]I（2 V）高得多。此外，在位于咪唑环C2原子附近的$AlCl_3X$（X = Cl、Br、I）阴离子的影响下，咪唑环上C—H的键长具有明显变化。与单个$[BMI]^+$阳离子相比，离子对中的C2—H键变长，而C4—H和C5—H键变短。总的来说，阳离子没有出现明显的结构变化。$AlCl_3$/[BMI]Cl离子液体的电导率（9.1 $mS \cdot cm^{-1}$，30℃）高于$AlCl_3$/[BMI]Br（8.6 $mS \cdot cm^{-1}$，30℃）和$AlCl_3$/[BMI]I（4.3 $mS \cdot cm^{-1}$，30℃）。在所有含卤化铝的离子液体中，全部由氯铝酸根阴离子组成的离子液体具有最高的氧化电位、最宽的电化学窗口和最高的电导率。

众所周知，铝只能从含有$Al_2Cl_7^-$的酸溶剂中沉积，而在碱性和中性溶剂中的$AlCl_4^-$具有高度对称的四面体结构，且电化学活性较差[20]。酸性离子液体中的$Al_2Cl_7^-$被认为是负极中Al(III)还原的电化学活性材料。Kamath等[21]研究发现，在离子液体基电解质中形成的低稳定性离子-溶剂络合物有助于铝离子的快速溶剂化-去溶剂化，从而产生比碳酸酯基溶剂更好的传导性能。

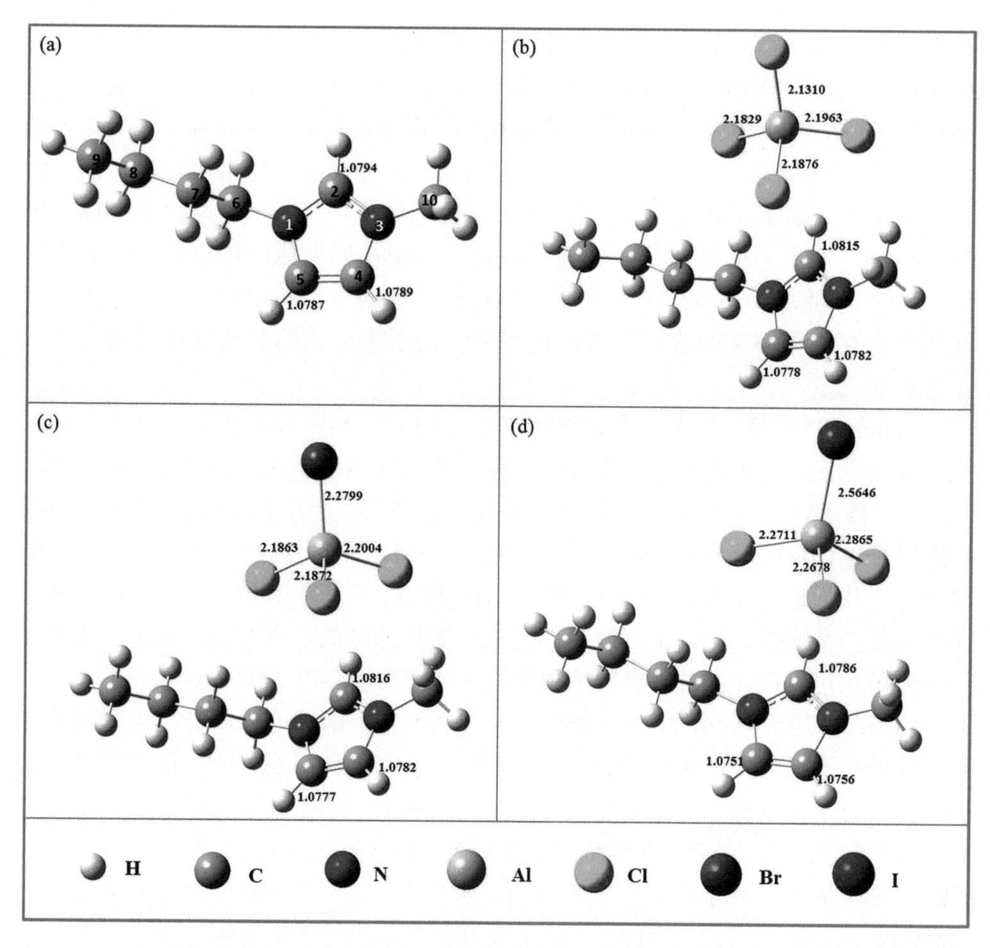

图 7-3　DFT 理论分析确定的优化模型：（a）BMI^+；（b）BMI^+-$AlCl_4^-$；（c）BMI^+- $AlCl_3Br^-$；（d）BMI^+-$AlCl_3I^-$[14]

离子液体基电解质通常由离子液体（M^+X^-）和 $AlCl_3$ 的混合物组成。M 代表 1 个有机阳离子（如吡咯烷鎓、咪唑鎓）；X 代表 1 个卤素离子（如 Cl^-、Br^-或 I^-）或 1 个有机阴离子[如双(三氟甲基磺酸酰)亚胺或三氟甲基磺酸盐]。研究最多的离子液体阳离子一般是带有烷基侧链的咪唑阳离子（M^+），如 1-丁基-3-甲基咪唑鎓（BMI）或 1-乙基-3-甲基咪唑鎓（EMI）。最常用的阴离子（X^-）是氯离子。

在自然条件下，含 $AlCl_3$ 的电解质具有一定的吸湿性。因此，可以使用含有水稳定阴离子的离子液体来降低电解质的反应性，如 1-丁基-1-甲基吡咯烷双(三氟甲基磺酸酰)亚胺（[BMP][Tf2N]）和 1-乙基-3-甲基咪唑双(三氟甲基磺酸酰)亚胺（[EMI][Tf2N]）。通过将 $AlCl_3$ 与[BMP][Tf2N]或[EMI][Tf2N]混合而获得摩尔浓度高于 0.33 和 0.39 的双相流体。在这两种情况下，在上层（较低密度）相中可以观察到铝的可逆溶解和沉积。实验结果显示，从 $AlCl_3$-[EMI][Tf2N]电解质的上层相中可以获得接近于 100%的库仑效率。通过相关的计算和研究表明，在更高的浓度条件下可还原的 $AlCl_4^-$离子存在于上层相中，而下层相的特征是存在不可还原的“游离的” $[Tf2N]^-$和 $Al[Tf2N]_3$[22-24]。最近，Reed 等提出，使用溶解在二乙二醇二甲醚中的三氟甲基磺酸铝（$Al[TfO]_3$）作为电解质，1 mol·L^{-1} 盐浓度可以提供 25 mS·cm^{-1} 的离子电导率[25]。该电解质显示出很高的电化学稳定性，但对于铝溶解/沉积性能却并不理想。特别是，该电解质的电极在相对较低的电流密度下在进行电化学循环期间容易失活，这可能是由于电解质的分解使电极表面形成了钝化层。

Mandai 等报道了三氟甲基磺酸铝（$Al[TfO]_3$）、*N*-甲基乙酰胺（NMA）和尿素组成的三元混合电解质，结果发现，在 $Al[TfO]_3$/NMA/尿素的最优组成（摩尔比为 1∶15∶4）中，$Al[TfO]_3$ 的解离状态发生急剧变化，这很可能是由溶解的 Al^{3+} 的独特配位环境而造成的[26]。与常规 $AlCl_3$∶[EMI]Cl 相比，此电解质溶液显示出更宽的电化学稳定窗口，并且对于铝的电化学溶解/沉积具有较优活性。该电解质具有较低的反应性，可以很好地补偿电化学活性的降低。研究结果证明，选择合适的电解质可以在非腐蚀性电解液中实现铝的可逆溶解/沉积过程。

Legrand 等于 1994 年首次提出了一种利用基于砜的电解质进行铝沉积的方法，并证实了在 40～150 ℃的温度范围内铝沉积/溶解的可逆性[27]。很多学者对这种方法进行了深入研究，他们使用 $AlCl_3$ 与各种砜基溶剂和有机溶剂的二元混合物作为稀释剂，通过 ^{27}Al NMR 进行表征研究发现，$AlCl_4^-$/$Al_2Cl_7^-$平衡具有温度依赖性，随着温度升高平衡会向后者移动。研究还证实了，$Al_2Cl_7^-$是能够进行铝的可逆溶解/电沉积的电活性物质。因此，若在较高温度下增加 $Al_2Cl_7^-$浓度，可以使其电化学过程的可逆性成为可能。该研究还证明，砜有助于 Al^{3+}离子的配位，形成了稳定的 $Al(RR'SO_2)_3^{3+}$，进而提高了电化学过程的可逆性。OTF^-的电负性导致 $Al(OTF)_3$ 和离子液体的强分子间具有一定的相互作用力[28]。高浓度 Al 盐的离子液体具有更高的振动频率，这表明 OTF^-阴离子和 Al^{3+}更容易聚集在一起。因此，在高浓度 $Al(OTF)_3$ 离子液体中，更容易呈现离子成对或者聚集现象。加入 $Al(OTF)_3$ 的离子液体比纯的[BMI]OTF 离子液体更加稳定。所有离子液体氧化分解的起始电位均在 3.25 V 以上，远高于加入 $AlCl_3$ 的离子液体。此外，他们还将 1-丁基-3-甲基咪唑三氟甲基磺酸盐（[BMI]OTF）与相应的铝盐[$Al(OTF)_3$]混合得到了具有无腐蚀性和水稳定性的离子液体电解质。在搅拌状态下，将 $Al(OTF)_3$ 加入到[BMI]OTF 离子液体中可以制备出一系列摩尔浓度（0 mol·L^{-1}、0.05 mol·L^{-1}、0.1 mol·L^{-1}、0.5 mol·L^{-1} 和 1 mol·L^{-1}）$Al(OTF)_3$/[BMI]OTF 离子液体电解质，如图 7-4（a）～（c）所示。随着 $Al(OTF)_3$ 浓度的增加，当超过 0.05 mol·L^{-1} 后，其电导率反而降低，产生这种现象的原因可能是通过添加 $Al(OTF)_3$ 增加了离子浓度，但是当浓度太高时，会出现离子配对和团聚现象，从而导致解离度降低，进而造成电导率降低和离子液体黏度增加。

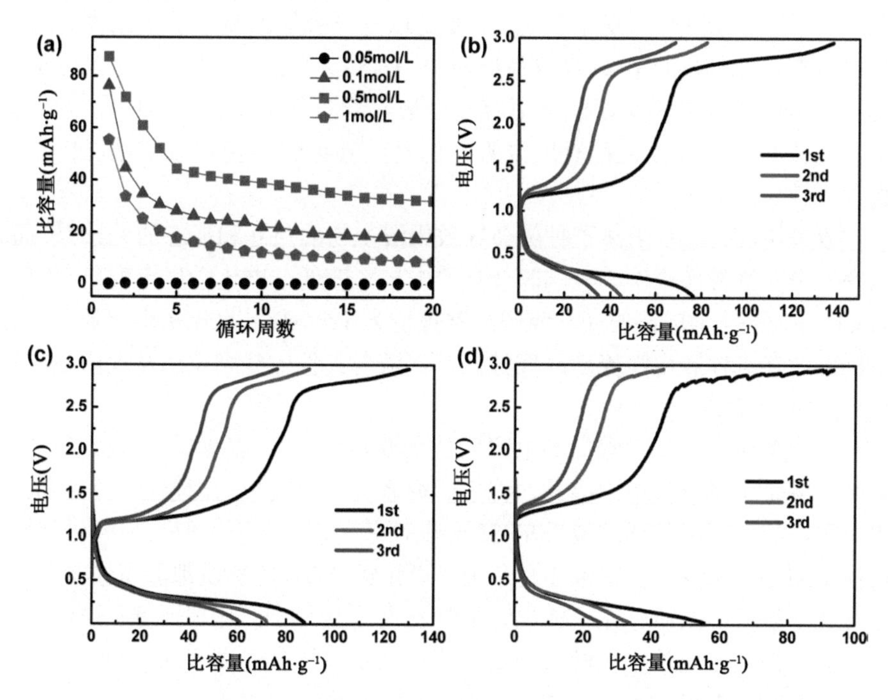

图 7-4 （a）使用 $Al(OTF)_3$/[BMI]OTF 离子液体的可充电铝离子电池的循环性能；（b）0.1 $mol·L^{-1}$、（c）0.5 $mol·L^{-1}$ 和（d）1 $mol·L^{-1}$ 时的充放电曲线[28]

总之，具有高氧化分解电位（3.25 V）和高电导率的 $Al(OTF)_3$/[BMI]OTF 离子液体有望成为可充电铝离子电池的高压电解质。在以 $Al(OTF)_3$/[BMI]OTF 离子液体作为电解质的可充电铝离子电池中，使用新的无表面氧化的 Al 负极，能够实现稳定的循环性能。铝箔表面的状态和 Al/电解质的界面对可充电铝离子电池的性能具有很大影响。通过设计和构造用于离子扩散和沉积的合适界面，有望将非活性的材料转变为可用于二次电池的高活性材料。

7.1.2.2 卤化铝离子液体

低毒性甚至无毒、不易燃性以及对环境的友好性都已经成为电解质发展的重要指标。因此，离子液体由于具有相对较低的蒸气压和较宽的电化学窗口而受到了人们的广泛关注和研究，但它也具有价格较高的局限性。离子液体的类似物（ILA），也被称为低共熔溶剂，是一类由路易斯酸卤化物和路易斯碱配体的混合而得到的新型离子液体，由于其具有良好的物理化学性能以及更低的成本、环境友好性而受到较多关注[29]。它也被称为卤化铝 RTIL，是由卤化铝和有机卤化盐结合而成的离子液体，在 Al 的沉积/溶解过程中仍能保持较高的库仑效率[9, 14, 30, 31]。在这些离子液体中，铝主要是以与一种较为复杂的卤素离子相结合的形式存在，比如$[AlX_4]^-$或者路易斯酸类$[Al_2X_7]^-$（X=Cl，Br）。在电化学过程中，这种单电子的离子基团能够更容易地插入到石墨类主体材料中[32, 33]，从而使工作电位和循环稳定性都有所改善。但是，其正极容量和倍率性能仍然亟待提高。

一般来说，改变 IL 阳离子种类会导致铝沉积物的尺寸和形态的差异[34]。而且，将电解质中的氯替换成溴或者碘时会导致电导率变低、电化学稳定窗口变窄[14]。当 $AlCl_3$∶IL 的比值较高时（文献中经常报道为 1.5∶1），氯化铝电解质往往会对铝负极以及集流体和电池壳造成腐蚀，并伴随着其他一些副反应从而限制了铝离子电池的实际应用。

在自然条件下，氯铝酸盐类电解质是有吸湿性的，这意味着必须将其置于惰性条件下或是干燥空气中。因此，许多研究者尝试将其中的卤素原子替换成其他的阴离子，如三氟甲基磺酸或者 TFSI 这些对空气和水不敏感但又易纯化的物质。值得注意的是，无论是在正极还是负极，卤化铝 RTIL 电解质都能积极参与反应，这也导致电解质中的组分在充放电时不断发生改变[35, 36]。这与锂离子电池的工作原理不同，锂离子电池中电解质的组分往往只是发挥传递离子的作用，而不会参与反应。因此，选择合适的铝离子电池电解质的难度较大。

将三元卤化铝的无机离子液体应用在铝离子电池中具有一定的可行性。例如，$AlCl_3$-NaCl-KCl 这种电解质具有低温熔融盐特性，所含元素也较常见，比一般的有机 RTIL 更容易制备，且价格低廉。该电解质固有的高离子电导率也有助于正负极中的离子嵌入/脱嵌和沉积/溶解动力学。三元 $AlCl_3$-NaCl-KCl 在以 61∶26∶13 的摩尔比混合时，是以共晶混合物的形式存在，具有相对较低的熔点（92.5℃）[37]。它与 $AlCl_3$-NaCl 和 $AlCl_3$-KCl 这两个体系不同，它们的熔点分别大于 108℃和 128℃，主要归因于组分和含量的不同[38,39]。

值得一提的是，相比于室温离子液体 $AlCl_3$-$[C_2mim]Cl$，无机低温熔融盐体系由于具有更小的阳离子半径和大量的可移动离子而表现出更高的离子电导率。比如，在 120℃时测试发现 $AlCl_3$-NaCl-KCl 的离子电导率高于 100 $mS \cdot cm^{-1}$。以 $AlCl_3$-NaCl-KCl 为电解质，并采用石墨和 Al 分别作为正负极，装配成电池后进行电化学测试。经 CV 测试表征发现，插层反应更倾向于在 120℃条件下的氯化铝无机熔融盐中进行。类似的三元无机熔融盐的研究，将上述体系的 NaCl 替换成为 LiCl，可以在低于 100℃的条件下工作，并且表现出良好的性能[40]。

Abood 等[41]首次提出了通过 $AlCl_3$ 和酰胺类化合物（尿素或乙酰胺）混合可以合成一种室温熔融盐类似物。在反应中，通过 $AlCl_3$（Al_2Cl_6 缔合双分子）的异裂形成离子，产生 $AlCl_4^-$和$[AlCl_2(配体)_n]^+$，后者进行铝沉积的还原反应。此后，多种路易斯碱配体已经被用来与 $AlCl_3$ 匹配混合来合成 ILA，并用以有效地实现铝沉积[42-44]，以及通过 $AlCl_3$ 和低成本高活性的 Et_3NHCl 形成室温下的离子液体，其表现出良好的性能[45]。

7.1.2.3 有机电解质

针对有机组分，相关研究主要集中在 1-丁基-1-甲基吡咯烷双(三氟甲基磺酸酰)亚胺、1-乙基-3-甲基咪唑双(三氟甲基磺酸酰)亚胺、三己基十四烷基鏻双(三氟甲基磺酸酰)亚胺、二氰胺和 4-丙基吡啶等几种分子[46-48]。

日本京都大学 Kitada 等以 1∶5 的摩尔比将 $AlCl_3$ 溶解在二甘醇二甲醚（G2）电解质中，结果显示 Al 在 Al 基底上存在可逆的电沉积[49]。随后，该研究进一步拓展到了三甘醇二甲醚（G3）、四甘醇二甲醚（G4）和丁基二甘醇二甲醚（丁基 G2）等电解质中[50]。类似地，Reed 等通过将三氟甲基磺酸铝（$Al[TfO]_3$）溶解在二甘醇二甲醚中的研究证实了在基于醚的电解质中铝发生可逆沉积/溶解的可能性[25]。但是，这种电解质在首周充放电时在 Al 表面会形成绝缘的 AlF_3，从而形成严重的钝化膜。基于醚的 1 $mol{\cdot}L^{-1}$ $Al[TfO]_3$ 的电解质获得的最大电导率为 25 $mS{\cdot}cm^{-1}$，最小稳定窗口为 5.5 V。

Nakayama 等揭示了 $AlCl_3$ 和电解质添加剂的浓度对二烷基砜电化学行为的影响[51]。^{27}Al NMR 和 XAFS 分析均可证明，$Al_2Cl_7^-$是 $AlCl_3$-砜电解质中 Al 沉积的主要因素，而不是 $Al(DXSO_2)_3^{3+}$[29, 51, 52]。许多证据表明，在乙基异丙基砜（EiPS）中，$AlCl_3$ 替代 $Al(BF_4)_3$ 会导致在环境温度或更高温度下的电化学活性降低，这说明 $Al(EiPS)_3^{3+}$阳离子是电化学惰性的。值得注意的是，添加甲苯等添加剂会改善 $AlCl_3$-砜电解质的黏度，从而使它们在环境温度下也具有电活性。这些电解质可以有效抑制 Al 枝晶的生长，从而使铝离子电池的性能得到很大的提升。

较大的阴离子通常具有较低的电子密度，从而导致与阳离子的静电相互作用较低，因此，阴离子的大小是盐在溶液中解离的关键因素。双(三氟甲基磺酸酰)亚胺（$TFSI^-$）阴离子的半径大于 TfO^-阴离子，并且对电化学氧化具有稳定性，因此 $TFSI^-$阴离子能够满足宽电化学窗口的基本要求[53]。有研究者提出了一种将 $Al(TFSI)_3$ 溶于乙腈（AN）中的无氯电解质溶液，并用作铝离子电池电解质，实现了较宽的电化学窗口，在 Al 的沉积/溶解过程中的过电位也较小[54]。

含有 $Al(TFSI)_3$ 的 AN 电解质的电化学窗口约为 3.6 V，比常规离子液体电解质（如 $AlCl_3$ 和氯化 1-乙基-3-甲基咪唑、$AlCl_3$ 和 $DPSO_2$、TL 的混合物）的电化学窗口(2.5 V)更宽。此外，与任何使用含有 $Al(TfO)_3$ 的电解质相比，含有 $Al(TFSI)_3$ 的 AN 电解质溶液表现出更宽的电化学窗口，这清楚地证明了 $TFSI^-$ 具有比 Cl^- 和 TfO^- 更高的氧化耐受性，如图 7-5（a）所示。

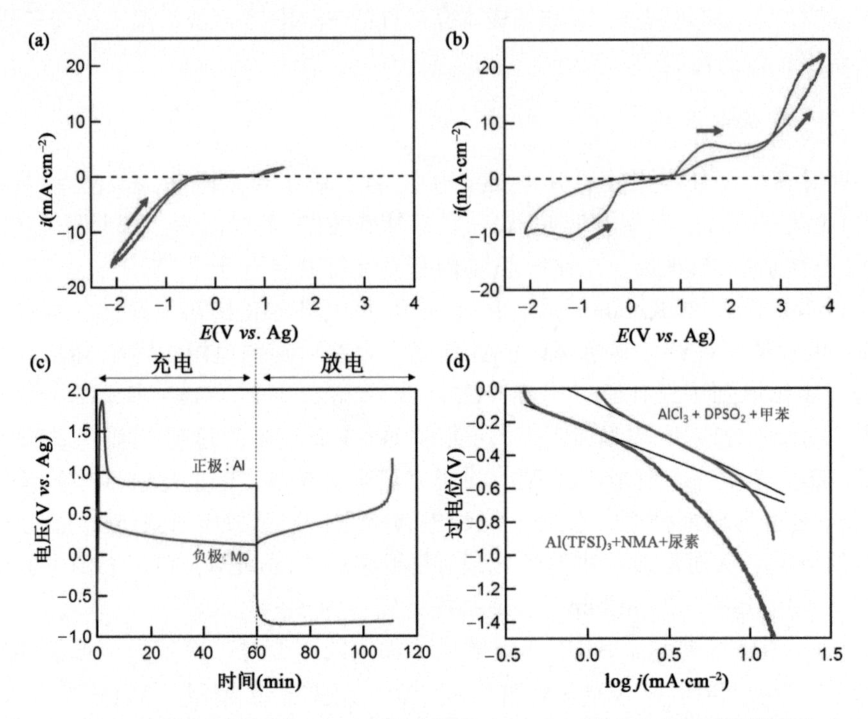

图 7-5 （a，b）不同电压范围内，Mo 电极在含有 $Al(TFSI)_3$ 的 AN 电解质溶液中的 CV 曲线图，扫描速率为 10 mV·s^{-1}；（c）Mo 负极的充放电曲线，充放电的电流密度为 0.1 mA·cm^{-2}；（d）在含有 $Al(TFSI)_3$ 的 AN 与 $DPSO_2$ 和甲苯（TL）的体积比为 1∶10∶5 的 $AlCl_3$ 电解质溶液中，Al 沉积的 Tafel 图[54]

由相关的 Tafel 曲线数据可以发现，与 $DPSO_2$ 和甲苯中的 $AlCl_3$ 相比，含有 $Al(TFSI)_3$ 的 AN 电解质溶液表现出更快的铝沉积反应电子转移动力学，如图 7-5(d)所示。研究中沉积的铝金属是凹凸不平的，但不是枝晶状的，这是由于铝沉积过程是由电子转移控制的。通过 NMR 和拉曼光谱研究发现，该电解质中铝的主要类型为 $Al(TFSI^-)_x(AN)_{6-x}^{3-x}$（$x$=1～6）。

Plotnikov 于 1899 年首次尝试在芳烃溶液中进行铝沉积[55]。尽管介电常数低，但这些溶剂的弱配位中心很好地溶解了一些卤化铝。非复合卤化铝（AlX_3，其中 X 是卤化物）首先溶解在芳烃溶液（如苯、甲苯或二甲苯中的盐）中，以获得能够电镀铝的溶液[56-58]，例如从 $AlBr_3$ 溶液中可以发现铝沉积行为。MBr 的添加剂（M

是诸如 K 的碱金属）可以用来提升这些溴化物的电导率（1～6 mS·cm^{-1}）。

$AlBr_3$ 与叔卤化铵化合物的络合作用也可以作为改善 Al 沉积均匀性和速率的有效手段。在季铵盐存在下，$AlBr_3$ 可以形成电离络合物，反应可表示为：$R_4NBr+Al_2Br_6 \rightleftharpoons [R_4N]^+[Al_2Br_7]^- \rightleftharpoons R_4N^++Al_2Br_7^-$。在 2～15 mA·cm^{-2} 的电流密度下，在 $AlBr_3$ 与三乙基异丁基溴化铵络合的溶液中可以获得较好的铝涂层。该电解质体系能够实现高纯度的铝沉积物（99.9999% Al，电流密度为 1～1.5 mA·cm^{-2}，90～100℃），因此还可以应用于铝的电解精炼。在所有用于电化学电沉积的铝电解质中，$AlCl_4^-$是电沉积铝的来源。然而，当存在与金属氟化物的比例为 2∶1 的有机铝（例如三甲基铝）时，会形成 $K[Et_3Al\text{-}F\text{-}AlEt_3]$物质。由于高级烷基金属氟化物的价格很高，因此需要研究替代性的合成方法以达到商业化生产 $K[Et_3Al\text{-}F\text{-}AlEt_3]$的目的。使用结晶的金属四烷基铝酸盐与蒸馏的二烷基铝氟化物的反应为：$K[R_4Al]+R_2AlF \rightleftharpoons K[R_3Al\text{-}F\text{-}R_3Al]$。

Lehmkhul 等提出了一种新型的铝离子电池电解质，即在 90℃下电化学镀铝的电解质 $K[R_3Al\text{-}F\text{-}R_3Al]$-甲苯[59]。基于沉积/溶解机理，该电解质中不应当存在游离的卤素阴离子。然而，由于 Al 上存在取代的烷基会被 β-H 消除而遭到破坏，导致这些电解质缺乏高氧化稳定性。采用苯基取代铝上的烷基官能团，可以提高电化学稳定性窗口，并且通过苯基的氟化可以进一步改善氧化稳定性。然而，根据已有报道，一些氟化铝酸盐在自然条件下容易爆炸[60]。因此，先前讨论的铝电解质都含有电化学活性的阴离子。

Lehmkhul 等[59]所提出的铝的沉积/溶解机理如下所示：

$$3K^++4AlR_3+3e^- \rightleftharpoons 3K[AlR_4]+Al \quad （沉积） \quad (7\text{-}1)$$

$$3[R_3AlF]^-+Al \rightleftharpoons 3R_2AlF+3e^- \quad （溶解） \quad (7\text{-}2)$$

醚类溶剂（如二乙醚）在实现铝的较高配位亲和力与较高介电常数之间实现了良好的兼顾[61]。不幸的是，混合物中存在的氢化物添加剂会引起醚和氢的高可燃性，从而严重影响基于醚的电沉积过程[62]。因此，通常使用 THF 作为溶剂来改善这一过程，这是由于 THF 不易燃，且蒸气压低于乙醚，从而提高了负极溶解效率。

另一种介电常数高于醚的溶剂是二甲基砜（$DMSO_2$）。有研究者使用了二丙基砜（$DPSO_2$）和甲苯（TL）（摩尔比为 2∶1）的 $AlCl_3$ 溶液作为可充电铝离子电池的电解质，并证实了 Al 的电化学沉积和溶解是可逆的[63]。然而，这些电解质的普遍缺点是电化学窗口很窄（只有 2.5 V），不适用于高电压型（约 3.6 V）的可充电电池。根据 Gifford，$Al_2Cl_7^-$和 $AlCl_4^-$会在 2.5 V（*vs.* Al^{3+}/Al）时被氧化，导致电化学窗口变窄。因此，将其中的 Cl^-离子替换成其他阴离子是一种较为可行的拓宽电化学窗口的方法。

将 2∶1 摩尔比的 $AlCl_3$∶LiCl 盐与 $DMSO_2$ 溶剂进行混合后得到的电解质溶液表现出可逆的铝沉积和溶解。$AlCl_4^-$和 $Al(DMSO_2)_3^{3+}$通过如下反应得到：

$$4AlCl_3+3DMSO_2 \longrightarrow Al(DMSO_2)_3^{3+}+3AlCl_4^- \quad (7\text{-}3)$$

RTIL 也可作为铝沉积的电解质溶剂。当卤化铝（AlX_3）与有机盐（R^+X^-）结合时，可以通过下式来表示反应：

$$2AlX_4^- \rightleftharpoons Al_2X_7^-+X^- \quad (7\text{-}4)$$

$Al_2X_7^-$离子是一种很强的路易斯酸，而 X^-离子是共轭的路易斯碱。当 X^-离子过量时，混合物表现出碱性；当 $Al_2X_7^-$离子是主要成分时，混合物是酸性的。这两种含铝的阴离子都具有电化学活性，且可以使铝离子还原成其金属形式。

在 20 世纪 40 年代，Hurley 和 Wier 使用溴化乙基吡啶（EPB）-$AlCl_3$ 混合物作为铝电镀的电解质，为离子液体的发展应用奠定了基础[64]。不幸的是，在电沉积过程中，会经常观察到 EP^+的还原。除了阳离子的共还原之外，EPB-$AlCl_3$ 还存在快速光分解的问题。另外，由于溴化物的氧化电化学窗口仅有 1.8 V，为了找到具有更宽的 Al 电沉积电化学窗口的电解质，人们研究了在氯化 *N*-(1-丁基)吡嗪 (BPC)-$AlCl_3$ 混合物中的铝电沉积行为[65-69]。这些混合物比 EPB-$AlCl_3$ 具有更宽的电化学窗口（>2 V），但是它们的黏度高，且只能通过添加高达 50%的芳烃（如苯和甲苯）来实现电沉积。在 BPC-$AlCl_3$ 混合物中，新沉积的铝会发生缓慢的腐蚀，这可能与 BP^+反应或被氯离子腐蚀有关。此外，在基本 BPC∶$AlCl_3$ 混合液中，在正极上 BP^+比 $AlCl_4^-$更容易被还原。为了在碱性溶剂中实现高效率和高纯度的铝电沉积反应，需要找到一种阳离子，使其能够在比铝更负的电位下发生还原。

通过使用分子轨道理论计算有机阳离子的电子亲和力发现，烷基咪唑阳离子具有比烷基吡啶阳离子更高的还原稳定性。最优异的阳离子是 1-甲基-3-乙基咪唑鎓（MEI^+），当其与 $AlCl_3$ 过量混合时可以形成熔点非常低的混合物。MEIC-$AlCl_3$ 混合物能够在更高电流密度下（25 $A \cdot dm^{-2}$）高效率（>99%）地形成光滑的铝沉积物。虽然 MEI^+比 BP^+更稳定，但是它在制备过程中的分解速率很高[70]。为了寻找易于规模化的制备工艺，考虑具有优异电化学稳定性的季铵离子作为还原稳定的阳离子。具有完全取代的季铵基团的商业用盐三甲基苯基氯化铵（TMPAC）在与 $AlCl_3$ 混合时可以形成低熔点的离子液体。TMPAC-$AlCl_3$ 混合物易于制备，并且具有与 MEIC-$AlCl_3$ 混合物相同的电化学稳定性和良好的导电性。

除满足电沉积的要求之外，电池电解质在更高的电位下还需要具有防氧化的能力。这就要求电解质具备电化学惰性窗口宽的特点，在该窗口内不应发生腐蚀并将电池电压最大化。在离子液体电解质中，氯化铝与氯化 1-乙基-3-甲基咪唑的组合是最有发展前景的[71-73]。这种混合物的主要优点之一是在室温且不添加共溶剂的条件下仍呈现液态，且对 Al 的最大稳定电压为 2.7 V。有研究表明，如果电位扫描到 3.0 V（*vs.* Al^{3+}/Al），$AlCl_4^-$氧化态约为 2.7 V（*vs.* Al^{3+}/Al）并且产生大量氯气（由于 Cl^-被氧化）。超过 2.7 V（*vs.* Al^{3+}/Al）时会使铝电解质平衡发生转移。作为电化学活性物质，$Al_2Cl_7^-$与 $AlCl_4^-$以及游离的 Cl^-处于动态平衡状态。

7.1.2.4　共晶熔融电解质

[EMI]Cl 离子液体的价格非常昂贵，这是铝离子电池商业化所面临的一个非常大的问题。因此，共晶熔融盐电解质进入人们的视野。相比于离子液体电解质，这类熔融盐电解质具有离子电导率较高、电极动力学较快以及极化率较低等优势。

通常来说，$AlCl_3$-[EMI]Cl 离子液体具有蒸气压力较低、电导率较高、极化电压较高等优势。然而，$AlCl_3$-[EMI]Cl 离子液体极高的价格限制了它在电池储能领域的发展。为了降低成本，人们对该类电解质展开了一系列相关研究。例如，在高达 120℃条件下，$AlCl_3$-NaCl 熔融盐电解质表现出良好的循环性能[74]；与离子液体电解质相比，聚合物凝胶电解质含有更少量的 $AlCl_3$-[EMI]Cl[75]；$AlCl_3$-尿素电解质具有价格低廉、不易燃、环境友好性等特点[76, 77]，但它还面临工作温度高和离子电导率低等不足。

$AlCl_3$-NaCl 二元混合物在熔融温度为 107.2℃的条件下可以作为 Al-FeS_2 电池的电解质使用，其中 $AlCl_3$ 的摩尔占比为 54.5%，NaCl 或 $NaAlCl_4$ 的摩尔占比为 45.5%[78]。研究发现，当工作温度在 150～300℃范围内时，Al-FeS_2 电池可以表现出超过 300 周的长循环寿命和接近 100%的库仑效率。另外，电解质添加剂（如氯基氧化物）和电极添加剂（如 CoS、CuS 和石墨等）对电池性能也有显著影响。

铝离子电池的工作温度要求较高，被视为研究的一大难题。为了降低工作温度，Takami 和 Koura 在 $NaAlCl_4$ 电解质中加入了氯化 1-丁基吡啶（BPC）离子液体[79]。经过优化浓度配比后，Al-FeS_2 电池能够在低于 40℃下充电并表现出良好性能，但是其能量效率仍然远低于在更高温度条件下样品的能量效率。

电解质的组分对电池性能具有非常重要的影响。例如，通过将基础电解质 $AlCl_3$ 替换成 NaCl 或者 LiCl 可以有效提升电池容量。Hjuler 等使用熔点为 86℃的碱性四卤铝酸盐（$LiAlCl_4$-$NaAlCl_4$-$NaAlBr_4$-$KAlCl_4$，质量比为 3∶2∶3∶2）电解质，其在 100℃下匹配 Al-Ni_3S_2 电池时，表现出相对稳定的循环性能[80]。然而，这种电解质会在 2 V 时分解，因此电池电压范围限制在 0.83～1.00 V。

目前大多数研究主要集中在基于氯铝酸盐的电解质上，其中 Al 的电化学活性已得到证实。虽然 $AlCl_3$-MEIC 和 $AlCl_3$-BPC 电解质能够成功用于锂离子电池，但 MEIC/BPC 与 $AlCl_3$ 的放热反应仍是一个严重问题[81]，这是因为温度的升高会引起电解质的分解。随后，VanderNoot 等在不影响电化学窗口的前提下提出了通过使用三甲基苯基氯化铵（TMPAC）离子液体来代替 MEIC 和 BPC，以改善该问题[82]。Papageorgiou 和 Emmenegger 发现，$AlCl_3$-TMPAC 中的共溶剂（例如 1,2-二氯苯、苯甲醚、二苯醚）可以改变黏度和离子电导率，从而提高 Al 的沉积效率[83]。除此之外，MEIC/BPC 也可以用 1,4-二甲基-1,2,4-三唑氯化物（DMTC）代替[29]。另一方面，Legrand 等证实在 $AlCl_3$-LiCl-二烷基砜（$DXSO_2$，X=甲基、乙基或丙基）电解质中，Al 的沉积/溶解在 80～160℃的温度范围内具有更高的沉积效率（>90%）[84]。

与其他非氯铝酸盐体系不同，熔融 $AlCl_3$-NaCl 液体电解质体系的最显著特征是其组成随 $AlCl_3$-NaCl 熔盐摩尔比的变化而变化。因此，这些液体电解质的结构和性质，特别是电解质中 $AlCl_3$ 所占比例对可充电铝离子电池的性能具有重要影响。在相同电流密度下，Al/石墨电池基于熔融 $AlCl_3$-NaCl 液体电解质的比容量是基于离子液体电解质的铝离子电池比容量的 3 倍以上[85]。

$AlCl_3$-NaCl 中的阴离子种类对熔融液体电解质的性质有很大影响，这很可能进一步影响可充电铝离子电池的电化学性能。特别是在 130℃下，$AlCl_3$-NaCl 摩尔比为 1.8 的石墨碳纸正极表现出最优异的长期循环稳定性、高容量和高库仑效率。当 $AlCl_3$-NaCl 摩尔比超过 2.0 时，$Al_2Cl_7^-$的含量会超过 $AlCl_4^-$，导致熔融的液态电解质的酸性增加。当 $AlCl_3$-NaCl 以等摩尔比混合时，电解质中的阴离子只有 $AlCl_4^-$存在，但是当 $AlCl_3$ 过量时，在电解质中也会观察到一些如 $Al_2Cl_7^-$、$Al_3Cl_{10}^-$的阴离子。

另外，在完全充电条件下电解质中的$[Al_2Cl_7^-]/[AlCl_4^-]$比例低于在完全放电条件下的比例，这说明 $Al_2Cl_7^-$离子在充电过程中会嵌入到石墨碳正极中。当然，$AlCl_4^-$离子也会在充电过程中进入到石墨碳正极当中。因此，$Al_2Cl_7^-$和 $AlCl_4^-$都会和石墨碳正极发生反应。由于在铝离子电池工作过程中，二者会在电解质内共存，并在充电过程中进入石墨碳的正极内，$Al_2Cl_7^-$离子也会在 Al 负极上发生转换反应，生成 Al 和 $AlCl_4^-$阴离子。在正负极上发生的反应分别是：

正极：$$Cn+AlCl_4^- - e^- \rightleftharpoons Cn[AlCl_4] \quad (7\text{-}5)$$

$$Cn+Al_2Cl_7^- - e^- \rightleftharpoons Cn[Al_2Cl_7] \quad (7\text{-}6)$$

负极：$$4Al_2Cl_7^- + 3e^- \rightleftharpoons Al+7Al_2Cl_4^- \quad (7\text{-}7)$$

不过，当开路电压增加到一定水平时，熔融的液体电解质也会发生分解，并伴随着 Cl_2 的生成，这导致了不可逆的容量损失，最终使库仑效率和正极循环稳定性降低。反应如下：

$$2AlCl_4^- \longrightarrow Al_2Cl_7^- + Cl^- \quad (7\text{-}8)$$

$$6Al_2Cl_7^- - 2e^- \longrightarrow Cl_2 + 4Al_3Cl_{10}^- \quad (7\text{-}9)$$

$$2Cl^- - 2e^- \longrightarrow Cl_2 \tag{7-10}$$

在不同截止电压下，充电/放电的石墨碳纸电极在阻抗谱的高中频区域都显示出两个凹陷的半圆，这分别代表铝复合离子通过法拉第过程嵌入/脱出形成的 SEI 膜电阻和电荷转移电阻（R_{ct}）。石墨碳正极的 R_{ct} 电阻在完全充电状态下是最低的，这与它们电导率的结果保持一致。随着充电过程中充电截止电压的增加，Al 离子扩散系数增大；而随着放电过程中放电截止电压的降低，Al 离子扩散系数会逐渐减小。同时，正极的电导率和 Al 离子扩散系数在完全充电状态下是最高的。

7.1.2.5 聚合物凝胶电解质

除了优化组分以外，降低 IL-$AlCl_3$ 电解质吸湿性的另一可行方法是通过将它们包含在聚合物基质中形成凝胶聚合物电解质[86]。然而，具有电化学活性的 $Al_2Cl_7^-$离子会被其他配位物质耗尽，这限制了常规聚合物在铝离子电池中的应用，如聚环氧乙烷（PEO）、聚丙烯腈（PAN）、聚甲基丙烯酸甲酯（PMMA）和聚偏氟乙烯（PVDF）等[87]。

聚合物凝胶电解质通常通过将液体电解质浸润到预制电解质或共混聚合物中来获得[88]，或通过在增塑剂存在下单体发生共聚合来获得[89]。具有可逆铝沉积/溶解的聚合物凝胶电解质，不仅可以缓解基于氯铝酸盐的离子液体用于铝沉积上的湿度敏感性问题，还有利于柔性可充电铝离子电池的开发。在后述情况下，具有高库仑效率的可逆铝沉积/溶解是实现长循环稳定性的关键。

Sun 等在由二氯甲烷、$AlCl_3$ 和 MEICl 组成的溶液中，通过丙烯酰胺单体的自由基聚合开发出了聚合物电解质[89]。$Al_2Cl_7^-$离子可以与传统聚合物（例如聚环氧乙烷、聚丙烯腈、聚甲基丙烯酸甲酯和聚偏氟乙烯）形成络合物，因此通常用于锂离子/聚合物电池，这也导致它们不适合作为聚合物主体。聚丙烯酰胺-$AlCl_3$-MEICl 电解质暴露在空气中仍可以维持 Al 的可逆沉积/溶解，这表明其生成的表面膜在一定程度上可以抑制吸湿性。

铝的沉积/溶解困难在很大程度上限制了铝离子电池电解质的选择。迄今为止，在环境温度下液体状态的酸性氯铝酸盐（如 $AlCl_3$-MEICl）电解质是目前使用最广泛的电解质。为了获得聚合物凝胶电解质，必须选用合适的溶剂。离子液体和单体都是可溶的，因此需要优先选择不发生反应的溶剂和凝胶电解质组分。因此，人们通常选用低沸点的普通溶剂，如丙酮、乙腈、四氢呋喃（THF）、甲苯和二氯甲烷（DCM）作为[EMI]Cl-$AlCl_3$ 的酸性低共熔混合物的稀释剂。在[EMI]-Cl-$AlCl_3$ 中，过量的 $AlCl_3$ 会形成电化学活性物质——$Al_2Cl_7^-$。缺电子的 $AlCl_3$ 或 $Al_2Cl_7^-$更倾向于与带有孤对电子的分子相互作用或发生反应。实际上，当离子液体与诸如丙酮、乙腈或 THF 的溶剂混合时会发生放热反应。因此，它们的相互作用对于溶液的电化学活性会产生一定影响，尤其是在铝的沉积和溶解方面。

值得注意的是，基于乙腈溶液的电流密度比基于丙酮和THF溶液的电流密度几乎低一个数量级，这表明前者的相互作用强于后者。另一方面，当加入甲苯和DCM时，仍然可以很好地保持可逆的铝沉积/溶解。此外，与纯离子液体相比，甲苯和DCM的加入分别使电流密度提高了13%和10%。考虑到DCM的黏度（0.44 cP）比甲苯的黏度（0.59 cP）更低，前者电流密度较低可能是由于DCM中氯原子的孤对电子与$AlCl_3$的相互作用较弱。然而，离子液体和DCM之间的相互作用比离子液体与丙酮、乙腈或THF之间的相互作用要弱得多。

$Al_2Cl_7^-$与带有孤对电子的有机溶剂发生络合会导致铝沉积/溶解的电化学活性损失，因此需要选择合适的溶剂和潜在的聚合物主体来制备聚合物凝胶电解质。用于制备锂离子电池聚合物凝胶电解质的常规聚合物都具有与上述有机溶剂相似或更强的官能团。例如，PEO和PAN分别具有与THF和乙腈相同的官能团，而PMMA和PVDF分别具有比丙酮和DCM更强的官能团。因此，它们不适合用于制备可充电铝离子电池的聚合物凝胶电解质。受关于由等摩尔乙酰胺和$AlCl_3$形成低熔点低共熔混合物的研究启发，Canever等提出利用含有乙酰胺、丙烯酰胺类似物的双键作为制备聚合物凝胶电解质的活性单体的可能方案[90]。由丙烯酰胺和$AlCl_3$络合产生的产物将在离子液体存在下聚合从而获得聚合物凝胶电解质，后者可能来自于酸性[EMI]Cl-$AlCl_3$离子液体或来自于新的添加剂。

此外，含有小于50wt%离子液体的凝胶电解质的离子电导率可能较低，因此并未制备得到该类电解质。通常，在室温环境下高于10^{-3} S·cm^{-1}的离子电导率足以满足实际应用，并在更高的温度下实现更优的离子电导率。例如，含有60wt%离子液体的聚合物凝胶电解质在50℃条件下的离子电导率是1.02×10^{-3} S·cm^{-1}，是20℃条件下离子电导率的5倍。

7.1.3 总结和展望

鉴于丰富的地壳资源、低成本以及高的理论体积能量密度，铝离子电池一直被认为是可能替代传统锂离子电池体系的候选者之一，并已经开展了许多关于铝离子电池的研究。然而，就目前来说，要将铝离子电池从实验室水平推进到商业化实用阶段，还需要克服许多挑战。当前铝离子电池面临的两大难关是选择合适的电极材料和电解质，这也是当前的主要研究方向。在铝离子电池中，铝的电化学沉积/溶解在很大程度上限制了电解质的选择性。

在室温条件下，处于液态的酸性氯铝酸盐（如$AlCl_3$-MEICl）被广泛作为电解质使用。在无需预处理的情况下，这类电解质中的铝可以获得高达100%的沉积效率，但是将它们应用于电池中仍然存在一些关键瓶颈。首先，在电池反应过程中，$AlCl_4^-$可能会通过一系列反应生成有毒的Cl_2；其次，铝枝晶的生长难以避免；再者，在缓慢变化环境中，铝负极在电解质中会发生不受控制的溶解。另外，氯铝酸盐的强腐蚀性对电池外壳和集流体的选择也产生了一定限制。而基于离子液体的氯铝酸盐电解质具有高黏性、高吸湿性以及价格昂贵等缺点，对铝离子电池生产的安全性以及大规模应用产生不利影响。另一方面，有机电解质具有较低的铝盐溶解度、较低的电导率和沉积效率等严重缺陷。此外，在某些有机电解质中绝缘AlF_3的形成会进一步加剧铝负极的钝化。因此，在为铝离子电池寻找合适电解质的过程中会涉及各种复杂的问题，例如，电解质应具有足够的反应性以使氧化铝保护层溶解，并且同时保证铝盐具有良好的溶解性。另外，电解质的性能在一定程度上会影响电极性能。电解质限制电极性能的最重要因素是溶液中铝离子的配位。如果这种配位作用太强，则铝的沉积会受到限制；但如果配位作用太弱，则铝离子溶解会受到阻止，这是优化电解质的关键所在。

7.2 镁离子电池电解质

对镁元素在电解质中的电化学行为的研究最早是由Lossius和Emmenegger在1957年开始的，他们将不同镁盐溶解于各种有机溶剂中，分析了各种镁盐的溶解度和离子电导率等性能。Liebenow[91]和Dias[92]在此基础上进一步研究了镁离子在电解质中的迁移规律。目前，镁离子电池的电解质材料主要分为四种，包括有机电解质、含硼电解质、凝胶聚合物电解质和离子液体电解质。

7.2.1 有机电解质

格氏试剂在镁电池中的应用开始于20世纪初。1917年，Nelson的团队研究发现，在格氏试剂醚溶液中，镁电极表面难以形成钝化膜，因而电池可以进行正常的沉积/溶解[93]。1957年，Connor等利用$MgBr_2$与$LiBH_4$反应原位生成了硼氢化镁$Mg(BH_4)_2$，并研究了镁的电沉积行为，结果发现硼和镁发生了共沉积。1986年，Genders等选取在金属元素铜上进行电化学的沉积/溶解测试，发现乙基溴化镁（EtMgBr）的四氢呋喃（THF）溶液作为电解液表现出较高的库仑效率[94]。

为了提高基于格氏试剂的电解质的稳定性，Mohtadi[95]等将$Mg(BH_4)_2$用作镁电池的电解质。结果发现，$Mg(BH_4)_2$在甘醇二甲醚中的电化学性能优于其在THF中的性能，添加$LiBH_4$后显著提高了镁沉积的电流密度。XRD分析证实，当使用高级硼氢化镁时沉积物为纯镁金属，这与 Connor 报道的 $MgBr_2$ 和 $LiBH_4$ 原位反应产生不纯镁沉积物的结果不同。Connor 等的早期报道中还对 $MgBr_2$ 和 $Mg(BH_4)_2$ 高浓度溶液进行了评估，其中 $Mg(AlH_4)_2$ 由 $Li(AlH_4)$ 和 $MgCl_2$ 以 2∶1 的摩尔比原位反应生成。Abe 等报道了 2.5 $mol \cdot L^{-1}$ 的 $MgBr_2$ 溶液具有稳定的镁沉积可逆性[96]。

开发高压可充电镁电池的关键技术之一是提高格氏试剂的氧化稳定性，例如乙基溴化镁（EtMgBr）和丁基氯化镁（BuMgCl），其对 Mg 氧化稳定性仅为 1.3 V。低氧化稳定性的格氏试剂溶液限制了电池正极的选择。1990 年，Gregory 等[97]用二丁基镁和 Lewis 酸三正丁基硼烷反应合成了 $Mg(B(C_4H_9)_4)_2$，作为电解质时其表现出比 BuMgBr 更优秀的氧化稳定性。因此，研究认为 Lewis 酸的特性是改善电压稳定性的一个因素。Gregory 还通过加入烷基格氏试剂来评估镁沉积的质量，例如将乙基氯化镁（EtMgCl）和甲基氯化镁（MeMgCl）与三氯化铝（$AlCl_3$）复合来提高电沉积行为。同年，Mayer 等研究了有机金属电解质中镁的电沉积行为[98]。他们最初尝试将二烷基镁（R_2Mg）和金属氟化物（如氟化钠）与 2 $mol \cdot L^{-1}$ 的二丁基镁（Bu_2Mg）进行复合，该溶液没有实现镁的沉积。然而，当将路易斯酸烷基铝缓慢加入混合物中时，该溶液显示出良好的导电性和纯的镁金属沉积（纯度>99%）。因此，Mayer 等得出结论，含有 3.5∶1 或更小摩尔比的烷基铝[例如，三异丁基铝 *iso*-$(C_4H_9)_3Al$ 或三乙基铝 $AlEt_3$]与 R_2Mg（例如 Bu_2Mg）电解质可实现纯镁金属的沉积。基于这一结果，Aurbach 等研究了电解质的库仑效率和氧化稳定性随着有机镁化合物（R_2Mg）与路易斯酸的组成比例的变化情况。值得注意的是，二烷基镁路易斯碱与多种路易斯酸（如 BPh_2Cl、$BPhCl_2$、$B[(CH_3)_2N]_3$、BEt_3、BBr_3、BF_3、$SbCl_3$、$SbCl_5$、PPh_3、PEt_2Cl、$AsPh_3$、$FeCl_3$、TeF_3）的组合中，都没有实现镁沉积[99]。然而，1 $mol \cdot L^{-1}$ 的二丁基镁和 2 $mol \cdot L^{-1}$ 的氯化乙基铝原位生成的有机卤铝酸镁与 $Mg(AlCl_2BuEt)_2$（称为 DCC）表现出镁的可逆沉积，该电解质具有 2.4 V 的电化学稳定窗口和 100%的库仑效率[100, 101]。为了便于分析该 DCC 电解质的结构，通过在 THF 溶液中加入己烷以沉淀出溶质的单晶。然而，沉淀的晶体$(Mg_2(\mu\text{-}Cl)_3 \cdot 6THF)(EtAlCl_3)$再次溶于 THF 时却不能表现出电化学活性[99, 101-103]。因此，Aurbach 得出结论，β-H 消除了 DCC 电解质中裂解相对较弱的 Al—C 键，从而限制了其电化学窗口，这是 DCC 的主要缺点。若采用甲基或苯基取代路易斯酸上的乙基，可抑制 β-H 的消除，使电化学稳定性窗口变宽。特别是，通过 1 $mol \cdot L^{-1}$ $AlCl_3$ 与 2 $mol \cdot L^{-1}$ PhMgCl 的反应原位生成的有机卤铝酸镁，在 Pt 工作电极上显示出变宽的电化学稳定窗口，且 Mg 脱嵌的库仑效率可达 100%。此外，该电解质具有 2 $mS \cdot cm^{-1}$ 的电导率。核磁共振、FTIR 和拉曼光谱研究表明，该溶液由 THF 和 Mg 化合物（包括 $MgCl_2$、$MgCl^+$、Mg_2Cl^{3+}、Ph_2Mg

和 PhMgCl）复合而成[104]。研究认为形成有机卤铝酸镁 APC 的关键步骤是将苯基从 Mg 转移至 Al，从而得到 $PhAlCl_3^-$。虽然所报道的原位生成的有机卤代铝酸镁具有很高的库仑效率，但是，它们的亲核平衡产物（如 Ph_2Mg）对空气敏感，这限制了它们与亲电子、高容量正极活性材料（如硫或氧）的匹配使用，从而产生了极大的局限性，因为高容量型硫正极能够提供现有锂离子正极材料（过渡金属氧化物或磷酸盐）5 倍的高比容量[105]。尽管 PhMgCl 和 $AlCl_3$ 以 2∶1 混合得到的混合物具有电化学稳定性，但在 THF 中仍然表现出与亲电子硫正极的不相容性。气相色谱-质谱分析证实，该电解质与硫之间会直接反应形成二硫化苯基和联苯硫醚[106]。

为了消除亲电正极材料与原位产生的亲核有机卤代铝酸镁之间的反应，使用非亲核的 Hauser 碱作为电解质是比较有效的方法之一。例如，六甲基二硅基胺基钾是非亲核碱，因此相应的 Hauser 碱（六甲基二硅基氯化镁）（HMDSMgCl）有望表现出与亲电性硫的相容性。此外，在电流密度大小与 Grignard 基电解质都相似的情况下，HMDSMgCl 溶液可以实现镁的可逆沉积[107]。与 Aurbach 等先前的工作相类似，若在 HMDSMgCl 溶液中加入 $AlCl_3$，镁沉积的电流密度会增加为原来的 7 倍。然而，添加 $AlCl_3$ 并不能改善含 HMDSMgCl 电解质的电压稳定性（图 7-6）。

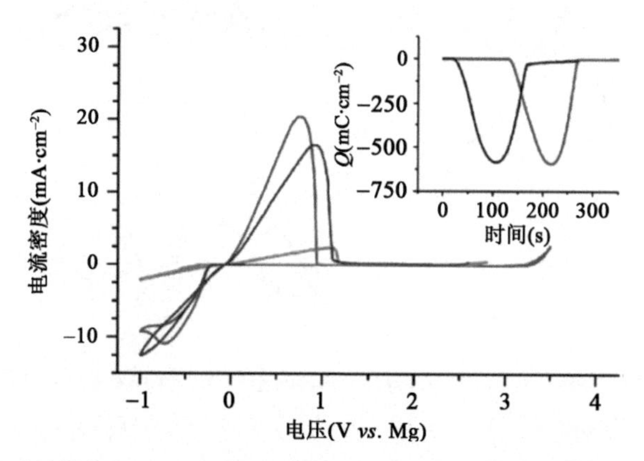

图 7-6 HMDSMgCl（绿色），HMDSMgCl 与 $AlCl_3$ 的 3∶1 混合物原位生成的产物（蓝色），HMDSMgCl 与 $AlCl_3$ 的 3∶1 混合的产物晶体（称为 GEN1）（红色）的循环伏安图。插图是沉积期间及随后的 Mg 溶解过程中的电荷平衡[107]

通过己烷的缓慢扩散，可以实现 HMDSMgCl 和 $AlCl_3$ 反应产物的结晶。单晶 X 射线衍射结果发现该材料为$(Mg_2(\mu\text{-}Cl)_3\cdot 6THF)(HMDSAlCl_3)$晶体，如图 7-7（a）所示。阳离子由两个八面体配位的 Mg 中心原子组成，镁原子被三个氯原子桥接，每个镁原子中心剩余的三个配位点与 THF 溶剂的氧相连接。阴离子是由一个 HMDS 基团和三个氯化物四面体配位的 Al 原子组成。该晶体的溶液具有电化学活性，与由 HMDSMgCl 和 $AlCl_3$ 的 3∶1 混合物原位反应所形成的电解质相比，由该晶体材料制备的电解质溶液的电压稳定性和库仑效率都得到了改善。NMR 和质谱分析证实，结晶电解质（以下称为 GEN1）的主要产物是$(Mg_2(\mu\text{-}Cl)_3\cdot 6THF)\text{-}(HMDSAlCl_3)$，次要产物是$(Mg_2(\mu\text{-}Cl_3)\cdot 6THF)\text{-}(HMDS_2AlCl_2)$[106]。即使在手套箱中储存一年后也未观察到 GEN1 电化学性能的衰退，这说明其具有较好的化学稳定性。

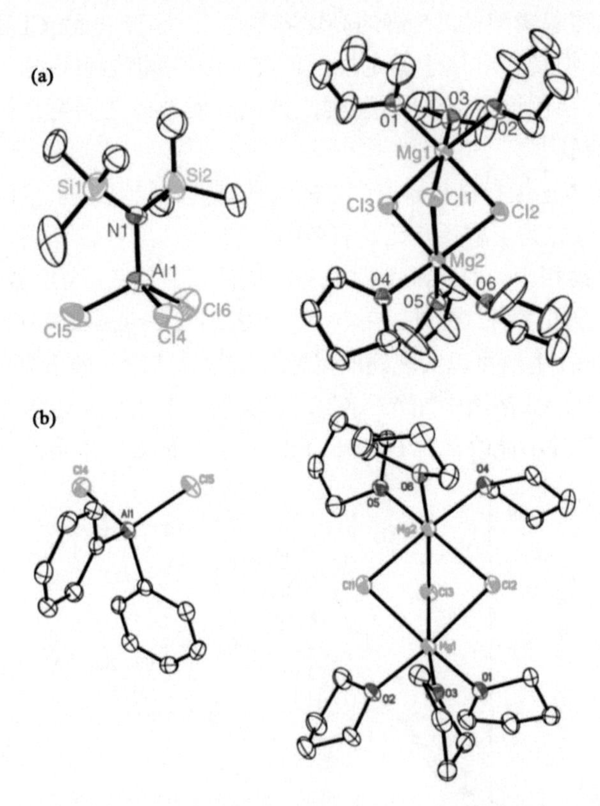

图 7-7 （a）结晶产物$(Mg_2(\mu\text{-}Cl)_3\cdot 6THF)(HMDSAlCl_3)$（简称 GEN1）的 ORTEP 图[106]；（b）$(Mg_2(\mu\text{-}Cl)_3\cdot 6THF)\ (Ph_2AlCl_2)$（简称 APC）的 ORTEP 图[107]

经证实，结晶电解质 GEN1 具有满足需求的电化学活性，这促进了对 Aurbach 等先前报道的原位生成有机卤代铝酸镁结晶产物的相关实验研究[101]。结果发现，与先前关于晶体 DCC 的报道相反，实际上，由正丁基镁和氯化乙基铝反应得到的$(Mg_2(\mu\text{-}Cl)_3\cdot 6THF)(EtAlCl_3)$是具有电化学活性的（图 7-8）[106]。同样，PhMgCl 和 $AlCl_3$ 以 2∶1 反应的结晶产物的电化学活性也是如此。研究表明，原位产生的结晶电解质 APC 通式为$(Mg_2(\mu\text{-}Cl)_3\cdot 6THF)\text{-}(Ph_nAlCl_{4-n})$（$n$=1～4）。通过单晶 X 射线衍射分析发现，该反应的主要产物为$(Mg_2(\mu\text{-}Cl)_3\cdot 6THF)(Ph_2AlCl_2)$，如图 7-7（b）所示[107]。

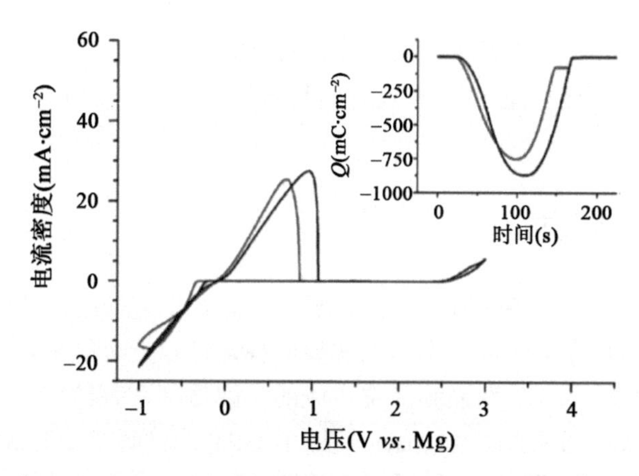

图 7-8 由 Bu_2Mg 与 $EtAlCl_2$ 的 2∶1 混合物原位反应产物的 0.4 $mol \cdot L^{-1}$ THF 溶液（蓝色）和由 Bu_2Mg 与 $EtAlCl_2$ 的 2∶1 混合物得到的晶体（结晶 DCC）（红色）的循环伏安图（扫描速率为 0.025 $V \cdot s^{-1}$），插图为沉积-溶解过程的电荷平衡[106]

在所有具有电化学活性的结晶性有机卤代铝酸镁中，均发现了阳离子 $(Mg_2(\mu\text{-}Cl)_3 \cdot 6THF)^+$的存在，这表明该阳离子是有机镁化合物和路易斯酸之间反应产生的主要电化学活性物质。然而，$(Mg_2(\mu\text{-}Cl)_3 \cdot 6THF)^+$和 $MgCl_2/MgCl^+$之间的平衡会影响这些溶液中 Mg 的电化学特性，因此，$(Mg_2(\mu\text{-}Cl)_3 \cdot 6THF)^+$单独影响镁沉积的假设还需要进一步验证。例如，X 射线吸收近边结构（XANES）结果表明，在 Mg 的沉积发生之前，除了需要 Mg 二聚体之外还需要 Mg 单质。因此，对电化学活性物质的确切结构仍然未知[108]。

与 GEN1 类似，原位产生的有机卤代铝酸镁（如 DCC 和 APC）的结晶去除了其亲核组分。例如，由 PhMgCl 和 $AlCl_3$（APC）以 2∶1 比例反应产生的有机卤代铝酸镁的溶液含有的亲核组分是 PhMgCl 和 Ph_2Mg，这也是该电解质可以与硫元素反应的原因。APC 的结晶去除了这些亲核组分，产生的电解质不能与硫反应形成联苯硫化物和苯基，这些可以在原位生成的有机镁电解质中观察到。NMR 也清楚地证明了 GEN1 与硫没有发生反应，这种结晶电解质中的硫元素的 ^{33}S NMR 谱图在 1 周后仍没有发生变化[106]。最近，Doe 等进一步证明了氯原子和醚类分子配位的镁阳离子具有电化学活性，表明了 $MgCl_2$ 和 $AlCl_3$ 之间原位反应生成的电解质的电压稳定性为 3.1 V（*vs.* Mg^{2+}/Mg），库仑效率可以达到 99%[109]。这种无机电解质存在一个明显不足，电沉积 Mg 的电流密度显著低于用有机卤代铝酸镁电解质所获得的电流密度，这可能是因为在没有复杂的铝阴离子的情况下溶液的电导率会降低。Liu 等[110]通过 $MgCl_2$ 与铝路易斯酸（如 $AlEtCl_2$、$AlPh_3$、$AlCl_3$）的反应制备得到的电解质，氧化稳定性高达 3.4 V（*vs.* Mg^{2+}/Mg），库仑效率高达 100%。He 等[111]基于三种简单的无机盐 $MgCl_2$、$AlCl_3$ 和 $Mg(TFSI)_2$ 开发了一种新的混合电解质，可以实现可逆沉积和 Mg 的溶解，库仑效率达 97%，过电位低至 0.10 V，与铝和不锈钢集流体具有良好的稳定性，在引入 2000 ppm 水后仍保持其活性。

7.2.2 含硼电解质

迄今为止，研究制备的所有结晶有机卤铝酸镁电解质的电化学活性阳离子都是$(Mg_2(\mu\text{-}Cl)_3{\cdot}6THF)^+$。因此，不同电解质的稳定性差异可能是由于它们采用的阴离子不同。以 APC 为例，结晶和原位生成的电解质都含有结构为$(AlPh_nCl_{4-n})^-$(n = 1～4)的复杂阴离子混合物。Aurbach 使用了 DFT 计算研究了 PhMgCl 与 $AlCl_3$ 原位反应生成的有机卤铝酸镁电解质组分的氧化稳定性，并通过使用 IEFPCM 模型模拟了溶剂的影响[104]。研究表明，其电压稳定范围在 2.9～3.2 V 之间，这取决于 PhMgCl 与 $AlCl_3$ 的比例以及反应时间。由于结晶和原位生成的电解质中阴离子的比例不同，电压稳定性很难控制。溶液中一般结构为 Ph_nAlCl_{4-n} 的其他阴离子的形成途径可能涉及 $PhAlCl^{3-}$与亲核性 PhMgCl 或 Ph_2Mg 的反应。为了消除亲核取代，必须从 R_3Al 结构的 Al 路易斯酸着手，其中 R 是芳基。转向氟化铝酸盐可能是提高 APC 电压稳定性的有效策略。但是，氟化芳基金属试剂属于易爆品，因此实验时应谨慎处理[112]。此外，非氟化三烷基类和三芳基铝类路易斯酸与空气和水会强烈反应，可能产生难以控制的燃烧现象，应由经验丰富的有机金属化学工作者来操作。相反，三苯基硼酸路易斯酸对空气和水分稳定，相应的氟化四芳基硼酸盐是非易爆的。

基于阴离子 HOMO 能级，DFT 计算预测的电解质稳定性顺序为：4(GEN3：$(Mg_2(\mu\text{-}Cl)_3{\cdot}6THF)[B(C_6F_5)_3Ph]$)>2(APC)>3(GEN2：$(Mg_2(\mu\text{-}Cl)_3{\cdot}6THF)(BPh_4)$>1(GEN1)[107]。为了研究这些理论计算与实验结果之间的相关性，对含有$(Mg_2(\mu\text{-}Cl)_3{\cdot}6THF)^+$阳离子的非氟化 GEN2$(Mg_2(\mu\text{-}Cl)_3{\cdot}6THF)(BPh_4)$和氟化 GEN3 $(Mg_2(\mu\text{-}Cl)_3{\cdot}6THF)[B(C_6F_5)_3Ph]$镁有机硼酸盐电解质进行了合成和相关表征。通过三苯基硼与 3 $mol{\cdot}L^{-1}$ PhMgCl 反应制备得到 GEN2 电解质，并通过用三(五氟苯基)硼烷 $B(C_6F_5)_3$ 替换三苯基硼作为路易斯酸来合成了 GEN3。通过单晶 X 射线衍射证明了 GEN2 和 GEN3 的晶体结构。

采用 Pt 作为工作电极可以测定这些镁电解质的电化学稳定性。结果表明，电解质 GEN1、APC、GEN2 和 GEN3 分别在 3.2 V、3.3 V、2.6 V 和 3.7 V（*vs.* Mg^{2+}/Mg）的电压下具有氧化稳定性（图 7-9）。在 DFT 结果的基础上，结晶 APC 的氧化稳定性受到具有最大正 HOMO 能级的$(AlPh_4)^-$阴离子的限制。具有$(BPh_4)^-$阴离子的 GEN2 的氧化稳定性比 APC 低 0.6 V。因此，铝酸盐的氧化稳定性比具有相同功能的硼酸盐最多高出 0.6 V。然而，由于氟化铝酸盐可能发生爆炸，而氟化硼酸盐易于合成，因此，迄今为止报道的具有最高氧化稳定性的电解质是电压稳定性为 3.7 V(*vs.* Mg^{2+}/Mg)的 GEN3[107]，这可能是因为芳环的氟化拓宽了有机硼酸镁电解质的氧化稳定性，并使其超过了安全的有机卤代铝酸镁的氧化稳定性。

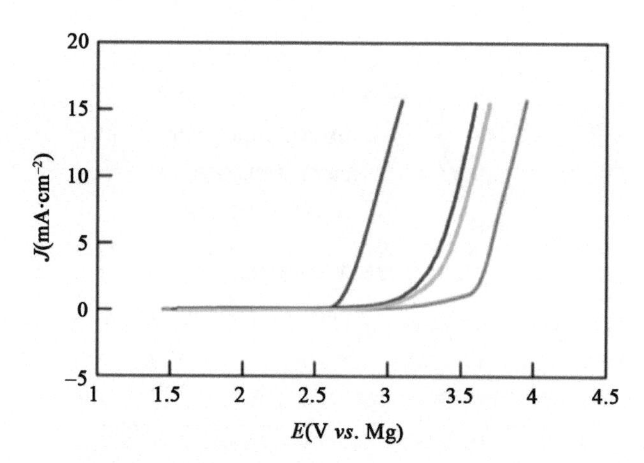

图 7-9 $(Mg_2(\mu\text{-}Cl)_3\cdot6THF)(HMDSnAlCl_{4-n})$($n$=1，2)（GEN1）（蓝色）、$(Mg_2(\mu\text{-}Cl)_3\cdot6THF)(Ph_nAlCl_{4-n})$（$n$=1～4）（结晶 APC）（青绿色）、$(Mg_2(\mu\text{-}Cl)_3\cdot6THF)(BPh_4)$（GEN2）（红色）和$(Mg_2(\mu\text{-}Cl)_3\cdot6THF)[B(C_6F_5)_3Ph]$（GEN3）（绿色）在表面积为 0.02 cm^2 的 Pt 工作电极上的线性扫描伏安图。所有曲线的扫描速率为 25 $mV\cdot s^{-1}$，镁作为参比电极和对电极，测试温度为 21℃ [107]

杨军等对由硼基路易斯酸和格氏反应产生的有机镁硼化合物的电化学性能进行了研究，由三(3,5-二甲基苯基)硼和 PhMgCl 反应合成得到有机硼酸镁[113]，分析了这种有机硼酸镁的空气稳定性。在暴露于空气中几小时后，在三(3,5-二甲基苯基硼)和 PhMgCl 的原位混合物中仍然观察到了镁的沉积和溶解。Wang 等报道了由 ROMgCl 盐（如 2-叔丁基-4-甲基-苯酚氯化镁）和 $AlCl_3$ 合成的电解质[114]。图 7-10 为这类电解质的循环伏安图，其稳定电压约为 2.6 V（*vs.* Mg^{2+}/Mg），并表现出高度可逆的镁沉积/溶解。该研究还评估了这些电解质的空气稳定性，即使暴露几小时后电解质仍显示出了可逆的镁沉积。崔光磊等通过 $Mg(BH_4)_2$ 和 GF 隔膜内羟基封端 PTHF 的原位交联反应合成了刚柔并济的 PTB@GF-GPE，实现了综合性能的显著改善。PTB@GF-GPE 显示出可逆的 Mg 嵌入/脱出性能，优异的电导率（室温下为 4.76×10^{-4} $S\cdot cm^{-1}$）、高的 Mg^{2+}迁移数（0.73），以及与 Mg 金属负极优异的兼容性[115]。Mo_6S_8‖PTB@GF-GPE‖Mg 电池首次在宽工作温度范围（−20～60℃）内表现出出色的循环稳定性和极佳的倍率性能。此外，Mo_6S_8‖

PTB@GF-GPE‖Mg 软包电池在安全特性方面取得明显改进，同时具有良好的电池内部短路保护功能。

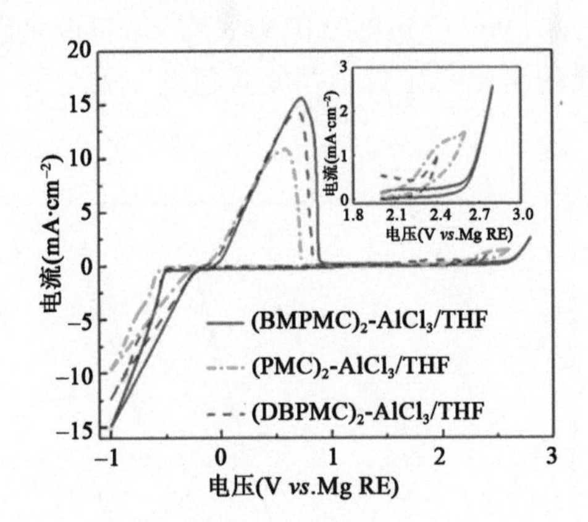

图 7-10 不同电解质中进行可逆的 Mg 沉积-溶解过程（Pt 电极）的循环伏安图：（红色）0.5 mol·L^{-1} $(BMPMC)_2$-$AlCl_3$/THF，其中 BMPMC 为[2-叔丁基]-4-甲基苯酚氯化镁；（绿色）0.5 mol·L^{-1} $(PMC)_2$-$AlCl_3$/THF，其中 PMC 为苯酚氯化镁；（蓝色）$(DBPMC)_2$-$AlCl_3$/THF，其中 DBPMC 为 2,6-二叔丁基苯酚氯化镁[114]

将 $B(C_6F_5)_3$ 与 3 mol·L^{-1} PhMgCl 原位形成的电解质暴露在空气中数天以研究其空气稳定性。在空气暴露的原位电解质的晶体中形成了由苯酚和氯化物桥连的镁三聚体阳离子（图 7-11）。据推测，酚盐是由 PhMgCl 与氧反应，随后与空气中的水分反应而形成的，阴离子$[B(C_6F_5)_3Ph]^-$是具有空气稳定性的。

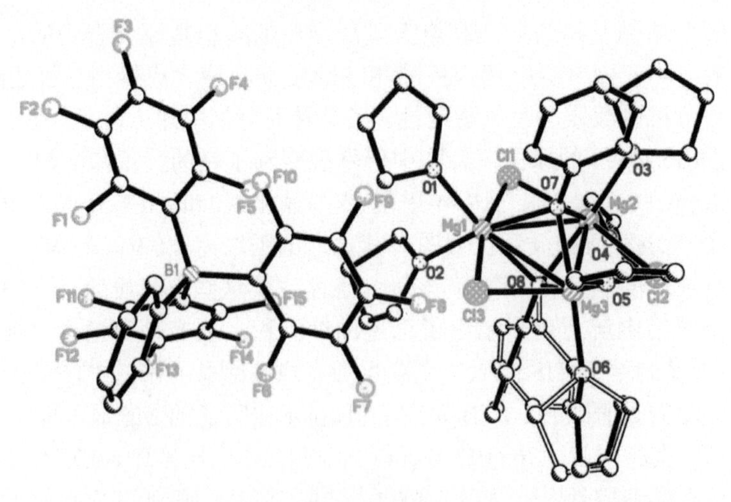

图 7-11 $(Mg_3(\mu\text{-}Cl)_3(\mu\text{-}OPh)_2\cdot 6THF)[B(C_6F_5)_3Ph]$的 ORTEP 图[116]

Luo 等[127]从市售试剂合成并表征了新型无氯化物全氟化的山萘酸硼酸盐 $Mg[B(O_2C_2(CF_3)_4)_2]_2$（缩写为 Mg-FPB）电解质，该电解质表现出 95%的库仑效率和 197 mV 的过电位，可实现可逆的 Mg 沉积，并且相对于 Mg，阳极稳定性高达 4.0 V。使用 Mg-FPB 电解质组装的高压可充电 Mg / MnO_2 电池放电比容量为 150 $mAh \cdot g^{-1}$。为了解决镁电池预循环过程耗时问题，Kang 等使用七甲基二硅氮烷（HpMS）作为电解质添加剂，发现 HpMS 在含有 $MgCl_2$ 或 $Mg(TFSI)_2$ 的各种砜和甘醇二甲醚溶液中在初始循环中显著增加了 Mg 沉积/溶解的电流密度和库仑效率，预计 HpMS 的使用将加速实用镁离子电池的开发[118]。

7.2.3 凝胶聚合物电解质

凝胶聚合物电解质通常是指由聚合物、碱金属盐、增塑剂（通常为有机溶剂）和各种添加剂组成的黏稠或可自支撑凝胶。与液体电解质相比，这些凝胶聚合物的电导率较低，但是可以形成薄膜。此外，由于其具有柔性并且与固体电极表面相容，该类电解质能与多种电极材料具有良好的界面接触，因而优于固体电解质。另外，使用凝胶聚合物电解质也避免了电池泄漏的问题。最早被作为锂离子导体研究的聚合物之一是聚(环氧乙烷)（PEO）。Fenton 等在 1973 年首次报道了 PEO 与碱金属盐的混合物[119]，Armand 于 1979 年证明了其具有相当高的单价碱性阳离子电导率[120]。此后不久，Linford 和 Farrington 研究了二价碱金属在 PEO 基聚合物凝胶中的电导率，由于二价阳离子与相应一价阴离子相比具有非常低的迁移数，因此期望将其用于具有多价负极或纯阴离子导体新电池体系的电解质[121, 122]。另外，他们还研究了具有不同种类碱金属盐的凝胶聚合物，如氯化镁($MgCl_2$)、$Mg(ClO_4)_2$ 和硫氰酸镁[$Mg(SCN)_2$]，但没有具体报道出 Mg^{2+} 的有效转移数(>0.005)。值得注意的是，在 80～150℃下，$MgCl_2$ 复合的 PEO 基电解质电导率与三氟甲基磺酸锂（$LiCF_3SO_3$）复合的 PEO 基电解质的电导率数值相当。例如，PEO_{12}-$Mg(ClO_4)_2$ 复合物在 30℃下的电导率为 10^{-5} $S \cdot cm^{-1}$。Sequiera 于 1990 年研究了可以与 PEO 复合的所有二价金属[123]。

为了改善 PEO 中 $MgCl_2$ 电导率较低的问题，Ikeda 等采用 Abraham 在 1995 年所报道的方法，用一种微孔膜（如 Celgard）增强光交联制备得到聚(乙二醇)二丙烯酸酯（PEGDA）[124]，用三氟甲基磺酸镁[$Mg(CF_3SO_3)_2$]盐浸渍 PEGDA，并使用碳酸乙烯酯（EC）、碳酸丙烯酯（PC）和四(乙二醇)二丙烯酸酯（TEGDA）的各种组合进行增塑[125]。1mol% $Mg(CF_3SO_3)_2$ 凝胶聚合物电解质的室温电导率为 2.1×10^{-4} $S \cdot cm^{-1}$。由 Mg 金属负极、凝胶聚合物电解质和四甲基碘化铵[$(CH_3)_4NI$]

正极组成的全电池在放电时所达到的容量甚至小于理论容量的 0.01%，因此该报道并没有证实 Mg/Mg^{2+}的可逆性。基于同样的目的，Morita 等使用低聚环氧乙烷-甲基丙烯酸酯（PEO-PMA）嵌段共聚物为骨架，聚乙二醇二甲醚（PEGDE）为增塑剂并加入 MgX_2 盐（X=$TFSI^-$、$CF_3SO_3^-$、ClO_4^-）制备凝胶聚合物电解质[126]。其中 $Mg(TFSI)_2$ 凝胶聚合物电解质具有 0.4 $mS·cm^{-1}$ 的电导率，在 $Mg_{0.8}V_2O_5$/凝胶聚合物电解质/V_2O_5 电池中 Mg 的利用率是 2%。Morita 等还报道了在 20℃下，溶有离子液体 1-乙基-3-甲基咪唑双(三氟甲基磺酸酰)亚胺（[EMI][TFSI]）（50wt%）与镁盐[$Mg(TFSI)_2$]的 PEO-PMA 电解质的电导率为 1.1×10^{-4} $S·cm^{-1}$[127]。Saito 等采用另外一种方法改善了凝胶聚合物电解质，他们使用 PEG-硼酸酯作为路易斯酸，该酸可以与镁盐中 ClO_4^-相互作用并捕获 ClO_4^-，从而释放 Mg^{2+}并增加其转移数。虽然其他文章报道的聚合物电解质中镁离子迁移数非常小，但这种方法得到的镁离子迁移数高达 0.36，总电导率也高达约 10^{-3} $S·cm^{-1}$[128, 129]。Saito 等通过改变 PEG 低聚物的链长及调整硼酸的加入量，将 PEG150/B_2O_3/$Mg(ClO_4)_2$ 的 Mg^{2+}迁移数提高到了 0.51[130]。

如上所述，由于镁的表面很容易被钝化层覆盖，在传统碱金属盐的液体溶液中，镁的沉积/溶解较缓慢。相比之下，镁的电化学沉积/溶解反应在含有格氏试剂的醚类有机电解质中更容易进行。在这些报道的基础上，Liebenow 研究了格氏试剂溶解在聚醚中的聚合物电解质体系[131-133]。如图 7-12 所示，其沉积/溶解循环伏安图与常用液态镁电解质相类似。此外，Liebenow 还报道了可自支撑的 EtMgBr-PEG-THF 聚合物电解质，结果发现在 Ag、Ni 和 Au 电极上沉积了可见量的镁，其室温电导率约为 0.5 $mS·cm^{-1}$，比先前报道的“无溶剂”镁盐的电导率高出 2 个数量级，如 $MgCl_2$、$Mg(ClO_4)_2$ 和 $Mg(SCN)_2$。

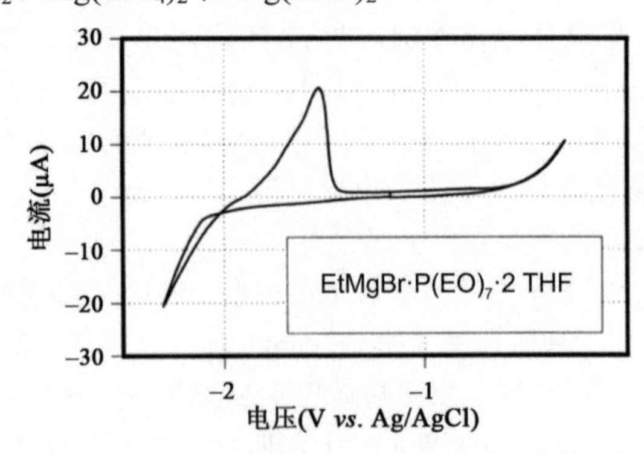

图 7-12 $EtMgBr·P(EO)_7·2THF$ 的循环伏安图，扫速为 1 $mV·s^{-1}$，工作电极为镍，对电极为 Ag-AgCl，温度为 25℃[132]

聚(偏氟乙烯-六氟丙烯)（PVDF-HFP）是另一类被研究用于镁离子传导凝胶

聚合物电解质的聚合物。Oh 等报道了用含有 $Mg(ClO_4)_2$ 的 EC∶PC（1∶1）增塑，并由高纯度硅烷化气相二氧化硅来稳定 PVDF-HFP 的电导率[134]。这种填料可以保留凝胶电解质中的多孔结构，从而最大限度地吸收液体电解质并降低电池漏液的风险。研究发现，该体系的离子电导率高于 PEO 体系所报道的离子电导率。含有 12% SiO_2 的电解质的室温电导率为 3.2 $mS·cm^{-1}$，分解电压高于 4.3 V（*vs.* Mg^{2+}/Mg）。采用该电解质的 Mg/凝胶电解质/V_2O_5 电池经过 10 周充放电循环后比容量从 60 $mAh·g^{-1}$ 降至 30 $mAh·g^{-1}$，放电电压为 0.8 V。容量的降低可能是因为 Mg/凝胶电解质的界面反应使循环过程中表面膜的厚度逐渐增加。由于这些表面膜的存在，$Mg(ClO_4)_2$ 液体溶液（在 THF 中）不能发生镁的电化学沉积/溶解。Pandey 等使用相同的凝胶基质，并采用氧化镁（MgO）为分散体得到了掺有 10wt% MgO 的 PVDF-HFP 基电解质，电导率为 6 $mS·cm^{-1}$，Mg^{2+}迁移数为 0.39[145]。研究者认为 MgO 与镁的相互作用如下：

$$MgO + Mg^{2+} \rightleftharpoons MgO : Mg^{2+} \tag{7-11}$$

$MgO : Mg^{2+}$在填料-凝胶界面区域形成双层结构，可以诱导产生增强镁离子迁移率的局部电场。循环伏安图中出现的还原峰和氧化峰证明了 Mg/Mg^{2+}电对的可逆性。然而，波峰之间存在 3 V 的间隔，这在所报道的液体电解质或有机镁基凝胶聚合物电解质中的镁沉积/溶解循环伏安图中并不常见，报道中的峰间隔一般都小于 1 V。

另外，在 THF 中 $Mg(ClO_4)_2$ 与镁金属不相容，因此没有观察到镁沉积。据报道，聚合物电解质薄膜对 Mg 的稳定性高达 3.5 V。放电电流密度为 0.2 $mA·cm^{-2}$ 时，Mg/凝胶/V_2O_5 电池的放电比容量高于 1000 $mAh·g^{-1}$。在相同的放电速率下，Mg-MWCNT/凝胶/V_2O_5 电池的前 10 周循环中比容量为 260 $mAh·g^{-1}$。而 PVDF-HFP/$Mg(ClO_4)_2$/气相二氧化硅填料电解质具有更高的室温电导率（$1.1×10^{-2}$ $S·cm^{-1}$），含有 15wt%气相二氧化硅时，Mg^{2+}迁移数为 0.3。以 0.1 $mA·cm^{-2}$ 的充放电速率对 Mg-MWCNT/凝胶/MoO_3 正极组成的电池进行 10 周充放电循环的比容量高于 200 $mAh·g^{-1}$。离子液体 1-乙基-3-甲基咪唑三氟甲基磺酸盐（$EMICF_3SO_3$）也可作为凝胶基质的组分被引入，此外，还可加入 $Mg(TFSI)_2$ 和 $Mg(CF_3SO_3)_2$ 盐[135]。该体系的最大电导率为 4.8 $mS·cm^{-1}$，Mg^{2+}转移数为 0.26。Aurbach 等通过 PVDF、DCC 和四甘醇二甲醚作为增塑剂制备凝胶电解质[136]，25℃下该电解质的电导率为 3.7$mS·cm^{-1}$，含有该凝胶、镁负极和 Mo_6S_8（Chevrel 相）复合正极的电池在 0～80℃的温度范围内循环性能良好，放电比容量达到 120 $mAh·g^{-1}$，这与使用相同电极的液体电解质 DCC 的性能相似。

Kumar 等使用聚丙烯腈（PAN）与增塑剂 PC、EC 和 $Mg(CF_3SO_3)_2$ 制备出新型凝胶电解质，其室温电导率高达 1.8 $mS·cm^{-1}$[137, 138]。Sharma 等合成了一种新型的 PVDF-HFP 基的 Mg 离子导电纳米复合材料 GPE，其内部分散着纳米级惰性填料 Al_2O_3 和活性填料 $MgAl_2O_4$。填料的掺入降低了 PVDF-HFP 的结晶性。随着增加 GPE 中的填料（Al_2O_3 和 $MgAl_2O_4$）含量，其孔隙率增加，可以在孔隙中容纳更多的液体电解质，进一步地增强了纳米复合材料GPE的离子导电性。具有30wt% Al_2O_3 和 20wt% $MgAl_2O_4$ 填料的纳米复合膜在室温下分别具有 3.3×10^{-3} $S\cdot cm^{-1}$ 和 4.0×10^{-3} $S\cdot cm^{-1}$ 的离子电导率，同时也具有相当好的机械稳定性、宽电化学窗口，并且在高达 100℃的温度条件下仍能保持较高的物化稳定性[139]。

7.2.4 离子液体电解质

由于标准还原电位较高，镁的沉积/溶解只能发生在非质子溶液中。然而，非质子溶剂（如碳酸盐、酯类或乙腈）中易于形成致密的不能透过镁离子的钝化层，从而限制了镁的沉积/溶解。由现有的商业镁盐组成的电解质在这些溶剂中具有高介电常数，在有机卤代铝酸镁或含有$(Mg_2(\mu\text{-}Cl)_3\cdot 6THF)^+$阳离子的有机硼盐的醚溶液中已经成功实现了镁的沉积/溶解[106, 112]。醚类溶剂通常具有低于 10 的介电常数，这限制了镁盐的溶解度（$<0.5\ mol\cdot L^{-1}$）和离子解离程度。如果电池的电解质中电活性盐的浓度较高（目前含有 $LiPF_6$ 盐的锂离子电解质浓度高于 $1.0\ mol\cdot L^{-1}$），则可以实现高电导率和快速充放电。为了增加镁盐的溶解度，同时减少醚基电解质的挥发性和易燃性，可以使用室温离子液体（RTILS）作为各种镁盐的新型溶剂。

含有四氟硼酸盐（BF_4^-）阴离子的室温离子液体具有低熔点、低黏度和高离子电导率的特点。据报道，使用 $1\ mol\cdot L^{-1}$ 三氟甲基磺酸镁$[Mg(CF_3SO_3)_2]$的 1-正丁基-3-甲基咪唑四氟硼酸盐（$[BMI][BF_4]$）溶液可以实现镁的电沉积。在铂工作电极上，$[BMI][BF_4]$在 1～3 V（*vs.* Mg^{2+}/Mg）之间保持稳定，在该电化学窗口内可在低电流密度下实现 $Mg(CF_3SO_3)_2$ 的镁沉积/溶解（图 7-13）[140]。由于强烈的电压波动，即使具有 100%的库仑效率，沉积/溶解的循环过程也无法超过 165 周。NuLi 在 EDS 分析的基础上证明，当沉积发生在低电荷密度下时，S 和 F（$CF_3SO_3^-$ 的组分）会伴随 Mg 一起发生沉积。该报道推测，即使镁盐的阴离子$(CF_3SO_3)^-$在电极上形成薄膜，镁也会在该电解质体系中发生沉积。NuLi 还研究了在 $1\ mol\cdot L^{-1}$ 的 $Mg(CF_3SO_3)_2$ 的 *N*-甲基-*N*-丙基哌啶双(三氟甲基磺酸酰)亚胺（$[PP_{13}][TFSI]$）溶液中镁在银工作电极上的可逆沉积[141]，这是因为初始形成的 Ag-Mg 簇促进了后续的镁沉积。$TFSI^-$表现出比$[BMI][BF_4]$更宽的电化学窗口（4.5 V *vs.* Mg^{2+}/Mg，在 Ag 工作电极上）。需要注意的是，沉积/溶解电流电位响应缓慢，没有观察到镁的完全溶解（负极电流降至零）。虽然报道的库仑效率可以达到 100%，但是在 $0.1\ mA\cdot cm^{-2}$ 的低电流密度下电池仅能循环 85 周。虽然 $TFSI^-$在氧化稳定性方面表现出很大的应用前景，但是其还原稳定性似乎不足以支撑较多循环周数的可逆镁沉积，导致在 Pt 电极上的库仑效率降低到仅约 35%。在 Mg 沉积开始之前，在该电解质中可以观察到小的还原峰，这表明可能发生了 $TFSI^-$的还原，从而降低了镁沉积/溶解的库仑效率。Hebié 等设计并制备了一类基于 $TFSI^-$和三苯酚-硼氢化物阴离子的新型电解质，满足了易于合成、高离子电导率、宽电位窗口和对 Al 集流体无腐蚀的所有要求。由三乙烯基硼酸镁和 $Mg(TFSI)_2$ 组成的电解质在 25℃下显示出 5.5 $mS\cdot cm^{-1}$ 的高电导率，并且在室温下具有高电流密度和库仑效率。通过向该电解质中添加少量 $MgCl_2$，在 SS/Mg 电池中可以获得 90%的库仑效率，同时表现出稳定的循环性能[142]。

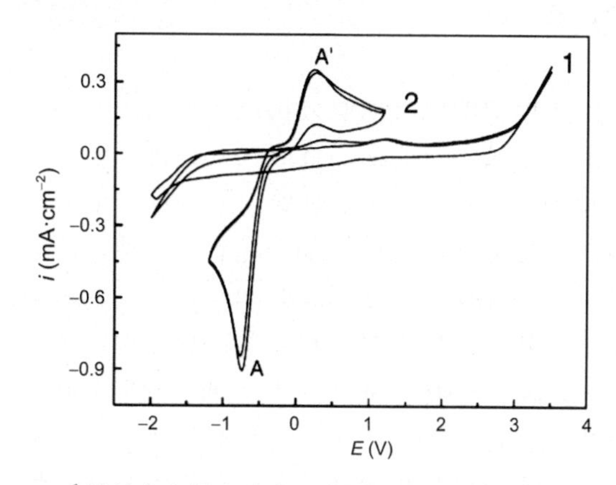

图 7-13　在 50 $mV\cdot s^{-1}$ 的铂盘电极上含有（曲线 1）和不含有 1 $mol\cdot L^{-1}$ $Mg(CF_3SO_3)_2$（曲线 2）的[BMI][BF_4]的典型循环伏安图[140]

虽然室温离子液体可以溶解高浓度的镁盐，并且表现出低挥发性和难燃性，但是它们的发展仍然受到较少的离子迁移数和低电导率的限制，这是由于室温离子液体具有相比于传统有机溶剂更高的黏度。另外，除镁之外的离子也会在电场中发生迁移。为了提高导电性，可以通过添加 THF 作为助溶剂以降低体系黏度。例如，Cheek 等报道，在 1 $mol\cdot L^{-1}$ PhMgBr 的 THF/1-丁基-1-甲基吡咯烷三氟甲基磺酸盐（$BMPCF_3SO_3$）溶液中可以实现镁的沉积/溶解[143]。Morita 等报道了 1.0 $mol\cdot L^{-1}$ EtMgBr/THF：*N*, *N*-二乙基-*N*-甲基-*N*-(2-甲氧基乙基)铵-双(三氟甲基磺酰)亚胺（[DEME][TFSI]）的 3：1 混合物的电导率为 7.44 $mS\cdot cm^{-1}$，在电流-电位曲线中观察到的电流密度数值比 1.0 $mol\cdot L^{-1}$ EtMgBr/THF 的电流密度增加了一个数量级[144]。用 $TFSI^-$优化咪唑基 IL 中的阳离子可以进一步提高电流密度[145]。值得注意的是，改变二元混合离子液体 MeMgBr/THF/$[DEME^+][TFSI^-]_{0.5}[FSI^-]_{0.5}$ 中阴离子 $TFSI^-$/双氟磺酰亚胺（FSI^-）的比例也可以提高电流密度[146]。此外，$[DEME^+][TFSI^-]_{0.5}[FSI^-]_{0.5}$ 中的 GEN1 没有电化学活性，但是当加入 THF 后可以观察到它变得具有电化学活性。

由 Narayanan 等报道的由乙酰胺和 $Mg(ClO_4)_2$ 组成的二元熔融电解质是另一类已经被证明可以实现镁沉积/溶解的室温离子液体[147]。$Mg(ClO_4)_2$ 和乙酰胺摩尔分数分别为 0.17 和 0.83 时，电解质的室温离子导电性为 $mS·cm^{-1}$ 的数量级，黏度为 53 mPa·s，而[BMI][BF_4]的黏度为 150 mPa·s。此外，用镁金属负极、RTIL/$Mg(ClO_4)_2$ 二元电解质和 $γ-MnO_2$ 正极组成的全电池可以实现 15 周的充放电循环。值得注意的是，在 1.0 $mol·L^{-1}$ $Mg(ClO_4)_2$ 的 THF 溶液中，在 Pt 电极上不能实现镁的沉积/溶解。

7.2.5 总结和展望

目前，可充镁离子电池的电解质研究仍然不是很多，但已经大致确定了发展方向。聚合物电解质由于其本身的诸多优点及其在锂离子电池的成功应用，已成为镁离子电池电解质的研究重点。虽然在镁沉积性能方面已有一些相关报道，但聚合物电解质本身的电导率和放电性能却不理想。当然，正、负极材料也是限制其发展的原因，其中负极钝化是主要因素。因此，今后的研究重点应集中在高电导、低钝化的电解质材料和匹配电极材料：①镁离子电池不能在有水的环境中运行，但现用的溶剂却只限于易吸水的 THF 和乙醚，故应寻找不易吸水的新型溶剂种类；同时，在处理和使用乙醚时易出现燃烧和爆炸现象，故应寻找安全且廉价的溶剂。②可以试用混合电解质体系，使各组分发挥相应的协同作用。③聚合物电解质的优化与匹配是今后的工作重点。

参 考 文 献

[1] Elia G A, Marquardt K, Hoeppner K, et al. Adv. Mater., 2016, 28: 7564
[2] Li Q F, Bjerrum N J. J. Power Sources, 2002, 110: 1
[3] Legrand L, Chassaing E, Messina R, et al. Electrochim. Acta, 1998, 43: 3109
[4] Levitin G, Yarnitzky C, Licht S. Electrochem. Solid-State Lett., 2002, 5: 160
[5] Licht S, Levitin G, Tel-Vered R, et al. Electrochem. Commun., 2000, 2: 329
[6] Bai L, Conway B E. J. Electrochem. Soc., 1990, 137: 3737
[7] Licht S, Tel-Vered R, Levitin G, et al. J. Electrochem. Soc., 2000, 147: 496
[8] Giffinz Guinevere A. J. Mater. Chem., A, 2016, 4: 13378
[9] Lin M C, Gong M, Dai H J, et al. Nature, 2015, 520: 325
[10] Wu Y P, Gong M, Dai H J, et al. Adv. Mater., 2016, 28: 9218
[11] Wilkes J S, Levisky J A, Hussey C L, et al. Inorg. Chem., 1982, 21: 1263
[12] Ferrara C, Dall'Asta V, Mustarelli P, et al. J. Phys Chem. C, 2017, 121: 26607
[13] Jiang T, Chollier Brym T, Brisard A, et al. Surf. Coat Technol., 2006, 201: 1
[14] Wang H L, Gu S C, Wu F, et al. J. Mater Chem. A, 2015, 3: 22677

[15] Rocher N M, Izgorodina E I, Bond A M, et al. Chem. Eur. J., 2009, 15: 3435
[16] Abedin S Z E, Moustafa E M, Endres F, et al. Electrochem. Commun., 2005, 7: 1111
[17] Eiden P, Liu Q, Krossing I, et al. Chem. Eur J., 2009, 15: 3426
[18] Abedin S Z E, Moustafa E M, Endres F, et al. Chem. Phys. Chem., 2006, 7: 1535
[19] Yu Z J, Tu J G, Jiao S Q, et al. ChemistrySelect, 2019, 4: 3018
[20] Bonhôte P, Dias A-P, Gratzel M, et al. Inorg. Chem., 1996, 35: 1168
[21] Kamath G, Narayanan B, Sankaranarayanan S K R S, et al. Phys. Chem. Chem. Phys., 2014, 16: 20387
[22] Rocher N M , Izgorodina E I , Rüther T ,et al. Chem. Eur. J., 2009, 15:3435
[23] Eiden P, Liu Q, El Abedin S Z, et al. Chem. Eur. J., 2009, 15:3426
[24] Zein El Abedin S , Moustafa E M, Hempelmann R, et al. ChemPhysChem, 2006, 7:1535
[25] Reed L D, Arteaga A, Menke E J. J. Phys Chem. B, 2015, 119: 12677
[26] Mandai T, Johansson P. J. Mater. Chem. A, 2015, 3: 12230
[27] Legrand L, Heintz M, Messina R, et al. Electrochim. Acta, 1995, 40: 1711
[28] Wang H L, Gu S C, Wu F, et al. ACS Appl. Mater. Interfaces, 2016, 8: 27444
[29] Angell M, Pan C J, Rong Y, et al. Proc. Natl. Acad Sci. U. S.A., 2017, 114: 834
[30] Tsuda T, Kokubo I, Kuwabata S, et al. J. Electrochem. Soc., 2014, 161: A908
[31] Tsuda T, Stafford G R, Hussey C L. J. Electrochem. Soc., 2017, 164: H5007
[32] Carlin R T, De Long H C, Trulove P C, et al. J. Electrochem. Soc., 1994, 141: L73
[33] Gifford P R, Palmisano J B. J. Electrochem. Soc., 1988, 135: 650
[34] Giridhar P, Zein El Abedin S, Endres F. Electrochim. Acta, 2012, 70: 210
[35] Kravchyk K V, Wang S, Kovalenko M V, et al. Chem. Mater., 2017, 29: 3211
[36] Agiorgousis M L, Sun Y Y, Zhang S B. ACS Energy Lett., 2017, 22: 689
[37] Chen C Y, Tsuda T, Kuwabata S, et al. Chem. Commun., 2018, 54: 4164
[38] Fischer W, Simon A L. Z. Anorg. Allg. Chem., 1960, 306: 1
[39] Janz G J, Tomkins R P T, Singer S K, et al. J. Phys. Chem. Ref. Data., 1975, 4: 871
[40] Wang J, Zhang X, Chu W, et al. Chem. Commun., 2019, 55: 2138
[41] Abood H M, Abbott A P, Ryder K S, et al. Chem. Commun., 2011, 47: 3523
[42] Fang Y, Jiang X, Sun XG, et al. Chem. Commun. (Camb), 2015, 51: 13286
[43] Pulletikurthi G, Boedecker B, Endres F, et al. Prog. Nat. Sci., 2015, 25: 603
[44] Fang Y X, Yoshii K, Dai S, et al. Electrochem. Acta, 2015, 160: 82
[45] Xu H Y, Bai T W, Gao C, et al. Energy Storage Materials, 2019, 17: 38
[46] Izgorodina N M, Ruther E I, Bond M D, et al. Chem. Eur. J., 2009, 15: 3435
[47] Zein E I, Abedin S, Moustafa E M, Hempelmann R, et al. ChemPhysChem: A European Journal of Chemical Physics and Physical Chemistry, 2006, 7: 1535
[48] Rocher N M, Izgorodina E I, Rüther T, et al. Chemistry: A European Journal, 2009, 15: 3435
[49] Kitada A, Nakamura K, Murase K, et al. Electrochemistry, 2014, 82: 946
[50] Kitada A, Nakamura K, Murase K, et al. Electrochim. Acta, 2016, 211: 561
[51] Nakayama Y, Senda Y, Nagamine M, et al. Phys. Chem. Chem. Phys., 2015, 17: 5758
[52] Legrand L, Tranchantand A, Messina R. Electrochim. Acta, 1996, 41: 2715
[53] Orikasa Y, Masese T, Uchimoto Y, et al. Sci. Rep., 2014, 4: 5622
[54] Chiku M, Matsumura S, Takeda H, et al. J. Electrochem. Soc., 2017, 164: A1841
[55] PlotnikoV, RusS V A J. Phys. Chem. Soc., 1899, 31: 1020
[56] Brown H C, Wallace W J. J. Am. Chem. Soc., 1953, 75: 6265
[57] Eley D D, King P J. J. Chem. Soc., 1952: 2517

[58] Peled E, Gileadi E. J. Electrochem. Soc., 1976, 123: 15
[59] Lehmkuhl H, Mehler K, Landau U. Adv. Electrochem. Sci. Eng., 2008, 3
[60] BochmanN, Sarsfield M. J. Organometallics, 1998, 17: 5908
[61] Galova M. Surf. Technol., 1980, 11: 357
[62] Couch D E, Brenner A J. Electrochem. Soc., 1952, 99: 234
[63] Legrand L, Tranchant A, Messina R. Electrochim. Acta, 1994, 39: 1427
[64] Hurley F H, WIer T P J. Electrochem. Soc., 1951, 98: 203
[65] Gale R J, Osteryoung R A. Inorg. Chem., 1979, 18: 1603
[66] Gale R J, Osteryoung R A. J. Electrochem. Soc., 1980, 127: 2167
[67] Robinson J, Osteryoung R A. J. Am. Chem. Soc., 1979, 101: 323
[68] Robinson J, Osteryoung R A. J. Am. Chem. Soc., 1980, 102: 4415
[69] Legrand L, Tranchant A, Messina R. J. Electrochem. Soc., 1994, 141: 378
[70] Jones S D, Blomgren G E. J. Electrochem. Soc., 1989, 136: 424
[71] Simka W, Puszczyk D, Nawrat G. Electrochim. Acta, 2009, 54: 5307
[72] Schaltin S, Ganapathi M, Fransaer J, et al. J. Electrochem. Soc., 2011, 158: D634
[73] Jiang T, Brym M J C, Dubé G, et al. Surf. Coat Technol., 2007, 201: 6309
[74] Wu Y, Gong M, Lin M C, et al. Adv. Mater., 2016, 28: 9218
[75] Jiao H, Wang C, Jiao S, et al. Chem. Commun., 2017, 53: 2331
[76] Huynh T C, Dao Q P, Ho S L, et al. Environ. Pollut., 2014, 3: 59
[77] Das S K, Mahapatra S, Lahan H. J. Mater. Chem. A, 2017, 5: 14
[78] Takami N, Koura N. Electrochim. Acta, 1988, 33: 1137
[79] Takami N, Koura N. J. Electrochem. Soc., 1989, 136: 730
[80] Hjuler H A, Winbush S Y, Bjerrum N J, et al. J. Electrochem. Soc., 1989, 136: 901
[81] Desjardins C D, Salter R S, Cadger T G, et al. ECS Proceedings Volumes, 1984, 1984: 146
[82] Zhao Y, Vandernoot T J. Electrochim. Acta, 1997, 42: 1639
[83] Papageorgiou N, Emmenegger F P. Electrochim. Acta, 1993, 38: 245
[84] Vestergaard B, Bjerrum N J, Begtrup M, et al. J. Electrochem. Soc., 1993, 140: 3108
[85] Tu J, Wang S, Li S, et al. J. Electrochem. Soc., 2017, 164: A3292
[86] Yu Z J, Jiao S Q, Fang D N, et al. Adv. Funct. Mater., 2018, 29: 1806799
[87] Stephan A M. Eur. Polym. J., 2006, 42: 21
[88] Liao C, Sun X G, Dai S. Electrochim. Acta, 2013, 87: 889
[89] Sun X, Fang Y, Jiang X, et al. Chem. Commun., 2016, 52: 292
[90] Canever N, Bertrand N, Nann T. Chem. Commun., 2018, 54: 11725
[91] Liebenow C, Yang Z, Lobitz P. Electrochem. Commun., 2000, 2: 641
[92] Dias F B, Batty S V, Gupta A, et al. Electrochim. Acta, 1998, 43: 1217
[93] Nelson J M, Evans W V. J. Am. Chem. Soc., 1917, 39: 82
[94] Genders J D, Pletcher D. J. Electroanal. Chem., 1986, 199: 93
[95] Mohtadi R, Matsui M, Arthur T S, Hwang S J. Angew. Chem. Int. Edit., 2012, 51: 9780
[96] Abe T, Miyazaki K, Fukutsuka T, et al. Presented at the 224th Meeting of The Electrochemical SocietY, San FranciscO, CA, 2013
[97] Gregory T D, Hoffman R J, Winterton R C J . Electrochem. Soc., 1990, 137: 775
[98] Mayer A. J. Electrochem. Soc., 1990, 137: 2806
[99] Aurbach D, Weissman I, Gofer Y, Levi E. Chem. Rec., 2003, 3: 61
[100] Vestfried Y, Chusid O, Goffer Y, et al. Organometallics, 2007, 26: 3130

[101] Aurbach D, Suresh G S, Levi E, et al. Adv. Mater., 2007, 19: 4260
[102] Gizbar H, Vestfrid Y, Chusid O, et al. Organometallics, 2004, 23: 3826
[103] Aurbach D, Gizbar H, Schechter A, et al. J. Electrochem. Soc., 2002, 149: A115
[104] Pour N, Gofer Y, Major D T, Aurbach D J. Am. Chem. Soc., 2011, 133: 6270
[105] Bucur C B, Muldoon J, Lita A, et al. Energy Environ. Sci., 2013, 6: 3286
[106] Kim H S, Arthur T S, Allred G D, et al. Nat. Commun., 2011, 2: 427
[107] Muldoon J, Bucur C B, Oliver A G, et al. Energy Environ. Sci., 2012, 5: 5941
[108] Arthur T S, Glans P A, Matsui M, et al. Electrochem. Commun., 2012, 24: 43
[109] Doe R E, Han R, Hwang J, et al. Chem. Commun., 2013, 50: 243
[110] Liu T, Shao Y, Li G, et al. J. Mater. Chem. A, 2014, 2: 3430
[111] He Y, Li Q, Yang L, et al. Angew. Chem. Int. Ed., 2019, 58: 7615
[112] Lancaster S J, Walker D A. Chem. Commun., 1999: 1533
[113] Guo Y, Zhang F, Yang J, et al. Energy Environ. Sci., 2012, 5: 9100
[114] Wang F, Guo Y, Yang J, et al. Chem. Commun., 2012, 48: 10763
[115] Du A, Hang H, Hang Z. Adv. Mater., 2019, 31: 1805930
[116] Muldoon J, Bucur C B, Gregory T. Chem. Rev., 2014, 114: 11683
[117] Luo J, Bi Y, Zhang L, et al. Angew. Chem. Int. Edit., 2019, 58: 6967
[118] Kang S, Kim H, Hwang S, et al. ACS Appl. Mater. Interfaces, 2019, 11: 517
[119] Fenton D E, Parker J M, Wright P V. Polymer, 1973, 14: 589
[120] Vashishta P, Mundy J N, Shenoy G K. Fast ion transport in solids: Electrodes and electrolytes. [Conference proceedings]. Elsevier North Holland, Inc., New York, NY (United States), 1979
[121] Yang L L, McGhie A R, Farrington G C. J. Electrochem. Soc., 1986, 133: 1380
[122] Yang L L, Huq R, Farrington G C, et al. Solid State Ion., 1986, 18-19 (Part1): 291
[123] Martins M A G, Sequeira C A C. J. Power Sources, 1990, 32: 107
[124] Abraham K M, Alamgir M, Hoffman D K. J. Electrochem. Soc., 1995, 142: 683
[125] Ikeda S, Mori Y, Furuhashi Y, et al. J. Power Sources, 1999, 81-82: 720
[126] Masayuk I, Morita N Y. Electrochem. Solid State Lett., 2001, 4: A177.
[127] Morita M, Shirai T, Yoshimoto N, et al. J. Power Sources, 2005, 139: 351
[128] Saito M, Ikuta H, Uchimoto Y, et al. J. Electrochem. Soc., 2003, 150: A477
[129] Saito M, Ikuta H, Uchimoto Y, et al. J. Electrochem. Soc., 2003, 150: A726
[130] Saito M, Ikuta H, Uchimoto Y, et al. J. Phys. Chem. B, 2003, 107: 11608
[131] Liebenow C. Electrochim. Acta, 1998, 43: 1253
[132] Liebenow C. Solid State Ion., 2000, 136-137: 1211
[133] Liebenow C, Mante S. J. Solid State Electrochem., 2003, 7: 313
[134] Oh J S, Ko J M, Ki D W. Electrochim. Acta, 2004, 50: 903
[135] Pandey G P, Hashmi S A. J. Power Sources, 2009, 187: 627
[136] Aurbac D, Chasid O, Gofer Y, et al. High Energy Rechargeable Electrochemical Cells. U. S, Patent 6713212, 2004
[137] Kumar G G, Munichandraiah N . Electrochim. Acta, 1999, 44: 2663
[138] Kumar G G, Munichandraiah N . Solid State Ion., 2000, 128: 203
[139] Sharma J, Hashmi S. Polym. Comps., 2019, 40: 1295
[140] NuLi Y, Yang J, Wu R. Electrochem. Commun., 2005, 7: 1105
[141] NuLi Y, Yang J, Wang J, et al. Electrochem. Solid-State Lett., 2005, 8: C166
[142] Hebié S, Ngo H P K, Leprêtre J C, et al. ACS Appl. Mater. Inter., 2017, 9: 28377
[143] Cheek G T, O'Grady W E, Abedin S Z E, et al. J. Electrochem. Soc., 2008, 155: D91

[144] Yoshimoto N, Matsumoto M, Egashia M, et al. J. Power Sources, 2010, 195: 2096
[145] Kakibe T, Yoshimoto N, Egashira M, et al. Electrochem. Commun., 2010, 12: 1630
[146] Kakibe T, Hishi J, Yoshimoto N, et al. J. Power Sources, 2012, 203: 195
[147] Venkata Narayanan N S, Ashok Raj B V, Sampath S. Electrochem. Commun., 2009, 11: 2027

08

电解质材料理论计算

随着计算技术的飞速发展，推动了量子化学计算、理论化学方法的快速发展。量子化学计算不再是理论化学家的专利，它已经成为实验化学[1]、生物领域[2]、药物设计[3]、材料研究等方面的有力工具。以固体电解质相界面（SEI）膜的研究[4]为例，负极界面上电解质的减少可以看作 SEI 膜的初始形成过程，其在电解质应用中起着重要作用。通过 SEI 膜组成分析，研究学者提出了许多机理，例如电解质的单电子和双电子还原。然而，由于一些反应可能发生在皮秒级的时间尺度上，仅仅通过实验手段直接获取电极/电解质界面处的反应存在一定困难。因此，量子化学（QC）和分子动力学（MD）模拟已被广泛用于揭示电解质研究中的许多重要机制。

8.1 理论计算方法

8.1.1 分子模拟

分子模拟是一个广泛的概念。从模拟原理进行区分，分子模拟可以分为两大类：理论计算和经验计算。前者主要指量子力学模拟，后者主要为分子力学模拟。

分子力学方法是一种经典力学方法，其研究对象是原子或原子团，它把分子看成由不同类型的“原子”通过不同类型的“化学键”而组成的集合体。分子力学是将牛顿力学原理应用到化学问题中来，将原子或原子团看成经典粒子，采用一系列的参数“定义”这些粒子之间的相互作用，进而通过求解牛顿方程而获得分子的性质。这种方法计算量小，可以用来处理非常大的分子体系，甚至生物大分子，也可以进行长时间尺度的分子动力学模拟。

量子力学方法是利用电子结构理论进行相关计算。电子结构理论的任务是解薛定谔方程，采用量子化学方法对分子进行处理。它将分子看成是所有原子核和所有电子的集合体，用“波函数”来描述原子核和电子的运动状态，通过数值方法获得分子体系的能量和波函数，进而求得分子的各种物理化学性质。

电子结构理论主要有：半经验方法（semi-empirical method）、从头计算法（*ab initio* method）、密度泛函理论（density functional theory，DFT）。

8.1.2 半经验方法

半经验方法，包括电子结构计算，主要思路是在求单电子的哈密顿量时引入一些近似值来提高计算速度。在哈特里-福克方程法（Hartree-Fock，HF）计算的基础上发展出了一系列半经验算法。通常在计算过程中引用来自实验的一些参数，从而简化对薛定谔方程的处理。这样它们就相对简便，可以应用于非常大的体系。比较著名的半经验方法主要有 CNDO、AM1、PM3 和 MNDO 等。常见的软件有 AMPAC、MOPAC、Hyper Chem、Spartan 和 Gaussian 等。

8.1.3 第一性原理计算

在计算材料科学领域中，基于量子力学的理论计算，常用的已知物理参数包括：原子精细结构常数、电子质量和电量、原子核质量和电量、普朗克常量以及光速等。在不引入任何经验参数的情况下，利用以上七个已知参数，结合数学工具求解薛定谔方程，几乎可以计算得到基态材料的所有基本性质。从这个角度来看，这样的理论计算几乎可以用来反映宇宙万物的本质原理。因此，上述理论计算过程被称为“第一性原理”。量子力学的基本方程为薛定谔方程，它可以用来描述低速状态下微观物质的运动规律。以第一性原理为出发点的理论研究方法主要有两种，即哈特里-福克方程法和密度泛函理论。密度泛函理论具有类似于半经验方法的经济性，可以很大程度上节约计算时间，因此是一种比较常见的第一性原理计算方法。由于密度泛函理论涉及电子相关性，其更适用于研究含有过渡金属元素的分子体系，而且准确性更高。

第一性原理计算被广泛应用于锂/钠离子电池研究领域[5, 6]。密度泛函理论主要应用于两个方面，一是解释材料的性能；二是设计新材料的结构，并预测其性能。研究者往往运用第一性原理计算方法，研究锂离子电池正负极材料的磁性、结构稳定性、电子态密度分布、点缺陷、离子跃迁势垒和路径、振动热容量和材料的弹性等性质。第一性原理计算能够帮助人们更好地理解电极材料的结构稳定性和充放电机理。研究者用理论计算解释实验现象，研究材料改进方案，进而提升材料的电化学性能。基于晶体数据库和实验，第一性原理可以设计新材料体系，并预测其性能，进而有效加快新材料的研究进度。

8.1.4 从头计算法

在求解薛定谔方程的过程中，从头计算法只采用了几个物理常数，包括光速、电子和原子核的质量、普朗克常量等。另外，该方法采用一系列不同的数学近似，得到了不同的计算方法。其中，最经典的是 HF 方法。HF 方法在非相对论近似、波恩-奥本海姆近似、轨道近似这三个基本近似的基础上，利用普朗克常量、电子质量、电子电量三个基本物理常数以及元素的原子序数，对分子的全部积分进行严格计算。此方法不借助任何经验或半经验参数来达到求解量子力学薛定谔方程的目的，尤其对于稳定的分子和一些过渡金属的处理能够得到很好的结果，属于比较好的基本理论方法。但是，由于该方法忽略了电子相关能，因此在一些特殊体系的应用上显得不足。

电子相关：费米相关——自旋相同的电子由于泡利不相容原理有相互回避的趋势，使能量降低。库仑相关——所有电子由于库仑排斥作用有相互回避的趋势，使能量降低。

8.1.5 密度泛函理论

20 世纪 60 年代，Hohenberg、Kohn 和 Sham 等[7]提出了密度泛函理论（DFT）。该理论建立了将多电子问题化为单电子方程的理论基础，同时也给出了单电子有效势如何计算的理论依据，为化学和固体物理中电子结构的计算提供了一种新的途径。DFT 采用粒子密度而不是波函数描述体系来进行计算。不管粒子数目是多少，粒子密度分布只是三个变量的函数。用粒子密度来描述体系显然比用波函数描述体系要简单得多，尤其是在处理较大的体系时，计算可以得到极大简化。对于较大体系来说，DFT 方法的计算比从头计算法简易很多，其有两个显著的优点：①应用电子基态能量与原子核位置间的关系来确定分子、晶体的结构。当原子不在平衡位置时，DFT 法可以给出作用在原子核上的力。②它提供了第一性原理或从头计算法的框架，以此为基础可以发展出各种能带计算方法，因此得到了广泛应用。DFT 在材料领域中的应用主要是，对材料结构稳定性进行优化、预测新型结构以及对材料功能化性质（例如电性能、磁性质）进行本质机理研究。

密度泛函理论通过泛函来计算电子相关性，将电子能量分为动能、电子-核相互作用、库仑排斥以及其余部分的交换相关项，最后一部分又根据密度泛函理论分解为交换和相关项。目前，大量的泛函是根据其处理相关和交换项的方法进行分类。局域交换和相关项只包括电子自旋密度的值。Slater 和 Xalpha 是比较著名的局域交换泛函，而 VWN 方法是得到广泛应用的局域泛函方法。

VASP（Vienna *Ab-Initio* Simulation Package，原子尺度材料模拟的计算机程序包）[8]的出现促进了 DFT 的研究和应用。作为基于赝势以及平面波基组的大型计算软件，VASP 是一个专门用于 DFT 电子结构计算和分子动力学计算的强大计算平台，也是目前材料科学与计算领域使用最为广泛的商业计算软件之一。它是基于 DFT 开发的第一性原理计算软件。VASP 的输入参数包括原子结构、交换关联能、算法和收敛精度、选择的电子赝势等；输出参数包括电荷密度、总能量、磁场结构、电子能带结构等。其中赝势主要有超软赝势（USPP）和投影缀加平面波（projector augmented wave，PAW）赝势。通过分析这些基本输出结果，得到相应的物理数据，从而研究材料的物理和化学性质。

8.1.6 分子动力学模拟

分子动力学模拟是研究一个体系中所有粒子的运动状态随时间所发生的演变。在一定的统计力学系综下，通过对相空间取系综平均（时间平均），获得体系的物理和化学性质。分子动力学模拟运用牛顿运动方程来求解体系随时间的变化，研究分子系统的动力学性质，长时间分子动力学模拟也可研究分子柔性构象。由于计算机科学技术的迅速发展，现在分子动力学模拟已经能够计算具有上万个原子的体系。如今，这种方法也已经成功地应用在生物大分子体系的计算。

原则上，量子化学、从头计算法、半经验法、密度泛函理论等均可用于分子动力学的模拟。但是，基于量子力学的 MD 计算非常耗时，需要大型计算资源才能实现。目前比较常见的是基于从头计算的 MD（即所谓的 AIMD）。但是，一般意义上的 MD 通常是指基于分子力学方法的模拟计算。

MD 方法的常用软件有 Chem3D、Chem Office、LAMMPS、Material Studio、Gaussian 03、MP（Molecular Properties）等。

8.2 典型案例

8.2.1 QC 计算和 MD 模拟探索新电解质体系

许康等[9]使用 Gaussian 09 软件研发了一种基于单砜溶剂的无碳酸酯的新型电解质体系，研究表明溶剂和盐之间的协同作用能够同时满足石墨负极和高压正极的界面要求。

G4MP2 常被用于分子量较小的配合物，因为它以前被证明可以精确预测电离能、电子与质子亲和性和平均绝对偏差为 0.73～1.29 kcal·mol^{-1} 的生成焓。M05-2X/6-31+G(d, p)密度泛函理论（DFT）计算用于验证在较大的配合物中的反应。氧化还原电位根据公式（8-1）和公式（8-2）进行计算

$$E^0_{\mathrm{oxidation}}(\mathrm{M}) = \left[\Delta G_{\mathrm{e}} + \Delta G^0_{\mathrm{S}}\left(\mathrm{M}^+\right) - \Delta G^0_{\mathrm{S}}(\mathrm{M})\right] / F - 1.4 \tag{8-1}$$

$$E^0_{\mathrm{reduction}}(\mathrm{M}) = -\left[\Delta G_{\mathrm{e}} + \Delta G^0_{\mathrm{S}}\left(\mathrm{M}^-\right) - \Delta G^0_{\mathrm{S}}(\mathrm{M})\right] / F - 1.4 \tag{8-2}$$

1. 本体和传输性质

对于 1 mol·L^{-1} LiFSI-SL（SL，环丁砜），MD 模拟得到 t_+=0.48；对于 3.25 mol·L^{-1} LiFSI-SL，得到 t_+=0.65，远高于多元碳酸酯电解液体系 t_+=0.24～0.34（$LiPF_6$/EC/DEC）和 t_+=0.4（$LiPF_6$/EC/DMC）。计算结果显示，在 3.25 mol·L^{-1} 时，MD 模拟预测 Li^+扩散不仅比 FSI^-的扩散快，也比 SL 溶剂的扩散快，这表明在 3.25 mol·L^{-1} LiFSI-SL 中，Li^+是通过溶剂和阴离子交换来移动的。

详细分析 MD 轨迹表明，在一个 Li^+-SL 结合的停留时间内，Li^+于 1 mol·L^{-1} 和 3.25 mol·L^{-1} LiFSI-SL 时，分别移动了 6.4 Å 和 7.4 Å。这些距离与 SL 分子和 FSI^-阴离子的大小相似。因此，当 Li^+分子移动了相当于其尺寸大小的距离时，1 个 Li^+分子平均从溶剂化层中交换 1 个溶剂分子和阴离子，这进一步证实了溶剂分子和阴离子交换对 Li^+扩散的重要性。与之相反，MD 模拟预测 1 mol·L^{-1} $LiPF_6$ EC/DMC（1∶3）中，Li^+在其溶剂化结构中交换 DMC 溶剂分子之前移动了 11.4 Å 的距离，这表明 Li^+与 DMC 的传递作用更大。

Li^+的平均溶剂化数（NS）通常由以下关系决定：

$$\frac{A_{\mathrm{SL(Li)}}}{A_{\mathrm{SL(Li)}}+A_{\mathrm{SL(Free)}}}=N_{\mathrm{S}}\frac{C_{\mathrm{(Li)}}}{C_{\mathrm{(SL)}}} \tag{8-3}$$

这种关系假设，只有一个 Li^+可以参与 SL 的配位形成接触离子对（CIP）。从这个 CIP 模型中得到的溶剂化数表明，当盐浓度从 1 mol·L^{-1} 增加到 3.75 mol·L^{-1} 时，平均 SL/Li^+从 3.7 下降到 1.8。通过分析 Li^+溶剂化层，从 MD 模拟直接计算得到的 Li^+溶剂化数明显获得了更高的值。直接计算和 CIP 模型预测公式（8-3）之间的差异在于 Li^+配位多个 SL 分子这种中间体的形成，而不是单个 Li-SL 的 CIP 模型。因此，用于获取溶剂化数的常规方法不适用于具有多个溶剂化基团的溶剂，例如允许多个 Li^+同时配位溶剂的 SL。MD 模拟还预测了积聚离子的程度。1 mol·L^{-1} 的 LiFSI-SL 电解质很大程度上是解离的，由 61%的游离 SL 和 33%的接触离子对(CIP)组成，而 3.25 mol·L^{-1} 的 LiFSI-SL 含有 47%的 FSI-Li CIP 和 43%的由多个 Li^+配位 FSI 的积聚离子。FSI^-聚集态对还原 LiF 和稳定电子非常重要。

2. 氧化稳定性

QC 计算预测，其氧化稳定性为 4.65 V（*vs.* Li^+/Li），这是由于 SL 中的 H 转移到 FSI 中的 N 上。该氧化过程对应于在线性扫描伏安法（LSV）中观察到的 4.5 V 左右的初始小峰。电解液在正极表面被氧化过程中发生 H 转移在碳酸酯和醚/FSI 体系中均有报道，但对于 SL 基电解液，却有研究表明不会发生 H 转移。在所有 SL 分子与 Li^+结合的溶剂化状态下，QC 计算预测 LiFSI-SL 络合物的氧化电位从 4.6 V 增加到 5.5 V。利用 DFT 计算研究 SL 即 Li^+-SL 与完全充电状态下 $Ni_{0.5}Mn_{1.5}O_4$ 的

（111）面之间的作用，发现 SL 分子发生 H 转移反应的能垒为 0.51 eV，反应能为 –0.37 eV。该反应能数值要比 EC 和 DMC 发生氢转移的反应能小得多，故 SL 发生 H 转移反应是能发生的。在确定 SL(—H)自由基是碳导电添加剂和活性电极上 LiFSI-SL 氧化反应的初始产物后，即可应用 QC 计算推测 SL(—H)自由基最可能的反应。理论分析认为 S—C 键断裂是缓慢的开环反应，其势垒为 0.69 eV，反应能基本为零。关键是，SL(—H)开环后的 SO_2 分离在热力学上是不可能发生的，因此 SL-FSI 的单一氧化不会形成气态产物。只有在 SL(—H)·自由基经历另一次氧化并克服反应能垒为 0.93 eV 的开环反应后，才会生成 SO_2。当 SL(—H)自由基产生时，它们主要被 SL 分子包围。QC 计算预测基于热力学 SL(—H)·+ SL 的结合反应是不能发生的，而 SL(—H)·+ SL(—H)·结合反应是可以发生的，但受限于 SL(—H)·自由基浓度较低。因此，研究者得出结论，预计 SL 氧化会导致缓慢的聚合反应，可以有效地钝化正极表面并产生较少的气体。

8.2.2 DFT 计算研究人工 SEI 膜

陆盈盈等[10]使用 VASP 研究了一种锂负极表面人工构筑 SEI 膜的锂金属电池。基于广义梯度近似（generalized gradient approximation，GGA）处理方法，PBE（Perdew-Burke-Ernzerhof）泛函描述了电子交换相关的相互作用。基于投影缀加平面波（PAW）方法的电势描述了电子-离子相互作用。他们使用了 VASPsol 中的非线性极化连续模型（PCM）来模拟不同溶剂中的 LiF 表面，并使用相同的非线性 PCM 处理在不同溶剂存在下 LiF 表面上 Li 原子的扩散能垒。

他们利用 DFT 方法计算了 Li 原子在 LiF（001）表面上的扩散能垒。具体的扩散能垒数值是利用 NEB（Nudged Elastic Band）方法得到。图 8-1（b）显示在真空中以及在碳酸丙烯酯（PC）或者碳酸乙烯酯（EC）/碳酸二乙酯（DEC）电解质中，NEB 能量随着扩散路径的变化。由图可知，在真空中，Li 原子必须克服 0.19 eV 的能垒，才能在图 8-1（a）中所示的两个 F 原子之间扩散。该计算得到的能垒值与参考文献[11]中报道的结果（约 0.17 eV）略有不同。除不同的计算参数（如不同的电位）外，能垒计算结果的差异也可能是由于计算扩散能垒的方法不同而引起的，即他们所使用的是 NEB 方法，而有些方法是直接使用初始和最终构型之间插值图像的能量进行计算。他们进一步使用有限位移法计算零点能（ZPE），包括吸附的 1 个 Li 原子和表面层上的 18 个 LiF 原子等在内的 19 个原子被置换而获得振动频率。在扩散路径中，初始和鞍形构型中得到的 ZPE 分别为 0.99 eV 和 0.98 eV。因此，ZPE 校正使扩散能垒略微降低了 0.01 eV。他们使用非线性极化连续模型对鞍点的原子构型进行能量计算来校正能垒，这导致在 PC 和 EC/DEC

电解液体系中的能量势垒分别为 0.24 eV 和 1.38 eV。以上结果表明在计算扩散能垒的时候必须考虑溶剂的作用。

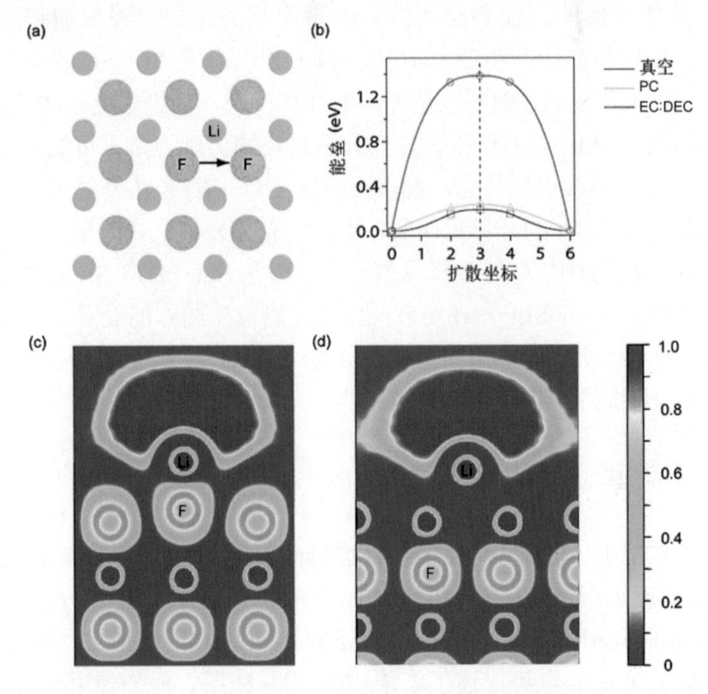

图 8-1 密度泛函理论（DFT）模拟锂金属负极上 LiF 人造固体电解质相界面（SEI）膜：(a) LiF（001）表面结构的顶视图，扩散路径设置在两个标记的 F 原子之间；(b) 碳酸丙烯酯（PC）或碳酸乙烯酯（EC）/碳酸二乙酯（DEC）电解质中，NEB 能量随着迁移路径的变化；(c) 稳定构型的电子局域函数（ELF）；(d) 鞍点构型的电子局域函数（ELF）[10]

为了更好地理解 Li 在两个稳定吸附位置之间扩散具有较小的能量势垒的原因，他们计算了电子局域函数（ELF），以了解 Li 与表面间的键合特征。接近于 1 的 ELF 值对应离子键合，而约 0.5 的 ELF 值则意味着金属键合。图 8-1（c）和图 8-1（d）分别显示了在稳定和鞍点构型下，Li 原子在 LiF（001）表面吸附的 ELF 计算结果。在两种构型下，Li 原子周围的 ELF 大体表现为一样的值，这表明 Li 原子周围存在强电子局域。两种构型的 ELF 值之间所具有的相似性表明两者的键合环境几乎相同。而稳定和鞍点构型之间这种很小的能量差，使 Li 原子能够在 LiF 表面上平滑扩散。他们还计算了电荷密度差，即 Li 吸收的 LiF 表面的总电荷密度与孤立的 Li 原子和 LiF 表面的电荷密度和之间的差。从图 8-2 中可以看出，在两种构型下计算出的差分电荷密度图，都显示出从周围 F 原子到 Li 原子具有明显的电荷转移，这导致了 ELF 图中所显示的强离子键合。

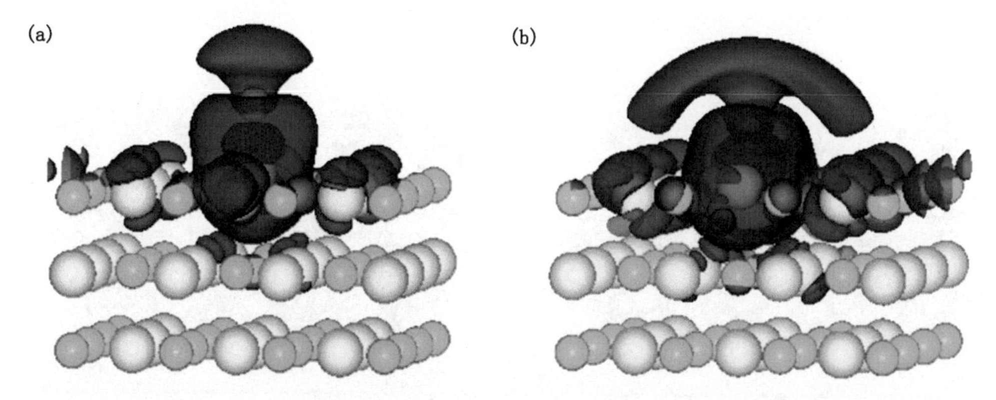

图 8-2 在（a）稳定构型和（b）鞍点构型下 LiF（001）表面上吸收的 Li 原子的差分电荷密度图[10]

8.2.3 AIMD 研究界面相互作用

Balbuena 等[12]使用从头计算分子动力学（AIMD）模拟研究了电解质混合物与无定形硅(a-Si) 表面的相互作用。电解质相的初始构型是通过使用 Materials Studio 应用程序中的 Amorphous Cell Builder 模块生成。该模块使用构型偏倚蒙特卡罗模拟（CBMC），在 a-Si 表面上逐一添加溶剂分子，同时考虑其与位于三维构架内的已有原子的相互作用。通过使用 VASP 软件应用密度泛函理论（DFT）的广义梯度近似（GGA）方法来处理电子交换关联能。他们进一步应用投影缀加平面波（PAW）方法用于模拟中涉及原子的赝势处理。

首先，他们以 1 mol·L^{-1} $LiClO_4$ 在碳酸乙烯酯（EC）或氟代碳酸乙烯酯（FEC）中的电解质溶液为计算对象，研究在开路电位下，EC 或者 FEC 分子在 a-Si 表面的稳定性。AIMD 模拟表明，EC 和 FEC 分子吸附在 a-Si 表面而不发生分解。第一性原理计算表明 EC 和 FEC 分子主要通过其羰基吸附在 a-Si 表面上（图 8-3）。同时 EC 和 FEC 吸附构型都保留了其原始分子特征（即键角和键距）。但在极少数情况下，在纯 FEC 模型中，FEC 分子失去其氟原子及来自于乙烯基中的氧原子，导致其五元环结构发生开环反应。该计算结果与文献报道相符，即向电解质中添加 FEC 可导致 LiF 和聚碳酸酯的增加。

在纯 FEC 模型中，3 个 FEC 分子牢固地吸附在 a-Si 表面上，而另一个 FEC 分子更接近该表面［图 8-3（a)］。Si—O 键长的时间演变如图 8-4 所示。在模拟过程中，Si—$O_{羰基}$平均键长约为 2.00 Å，而发生开环的 FEC 分子，C—O 平均键长为 1.34 Å。短键长表明 Si 和 O 原子之间存在强烈的相互作用。以上结果表明，分子吸附作用发生于模拟的前 5 ps。

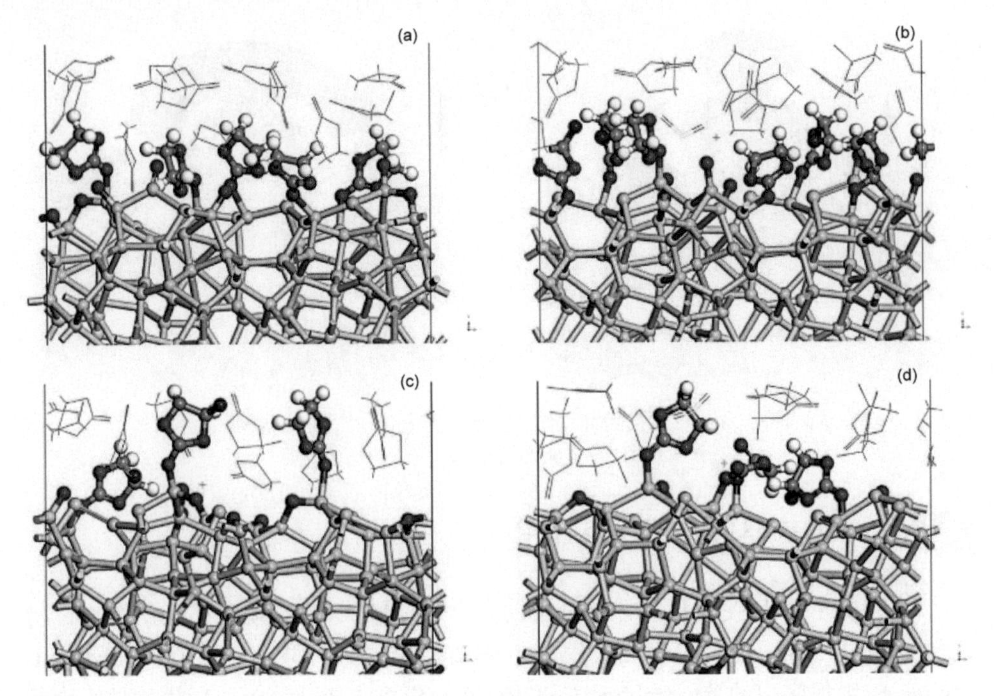

图 8-3 具有 20 wt%FEC（a）、40 wt%FEC（b）、50 wt%FEC（c）和纯 FEC（d）的模型，模拟时间约为 50 ps。其中，黄色、红色、灰色、白色和深蓝色球分别代表 Si、O、C、H 和 F 原子。不与 a-Si 表面相互作用的溶剂和盐分子用线状模型表示[12]

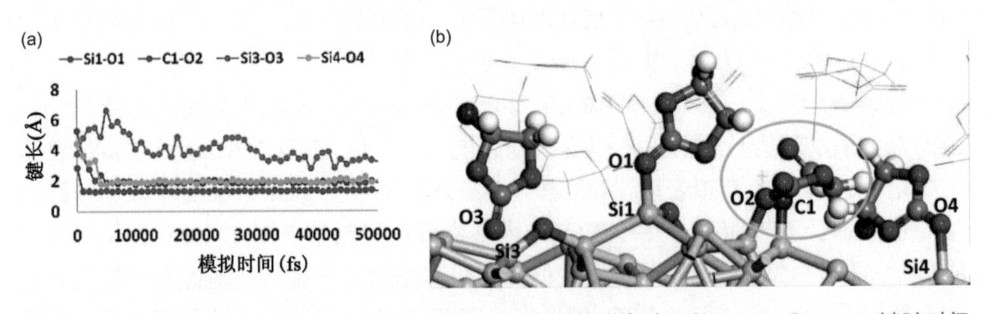

图 8-4 （a）在纯 FEC 体系中，FEC 分子在 a-Si 表面吸附中涉及的 Si—O 和 C—O 键随时间的演变；（b）模拟时间为 50 ps 时，FEC 在 a-Si 表面的吸附构型，以及其相对于 a-Si 层的吸附位置。绿色椭圆内展示了分解的 FEC 分子。其中，黄色、红色、灰色、白色和深蓝色球分别代表 Si、O、C、H 和 F 原子[12]

他们还讨论了硅表面氧原子是否会对溶剂分子产生排斥作用。为了测试这一点，他们对与 SiO_2（001）表面接触的纯 FEC（1 $mol \cdot L^{-1}$ $LiClO_4$）模型进行了 AIMD 模拟。在 2.8 ps 的模拟时间之后，1 个 FEC 分子通过其 C ═ O 基团的 O 原子吸附在 SiO_2（001）表面上。Si—O 键长（2.07 Å）与 a-Si 模型中的 Si—O 键长相当。

理论结果表明，非晶 Si 表面的 O 含量不会改变溶剂分子的吸附模式。AIMD 模拟显示，在所有其他三种模型（混合物）中，EC 和 a-Si 的相互作用与上述 FEC 和 Si 原子的相互作用相似。

他们还通过碳酸乙烯酯和氟代碳酸乙烯酯电解质混合物研究了添加FEC如何影响 EC 与邻近 EC 分子的相互作用。EC 和 FEC 都具有与非晶硅相似的吸附能。DFT 计算表明，FEC 在 a-Si 表面吸附能量仅仅比 EC 略低，氟相对于硅表面的取向对吸附能量几乎没有影响。Babuena 等又通过 AIMD 模拟，来揭示界面处电解质的动力学。在 20wt% FEC 模型中，50 ps 的模拟时间后，5 个 EC 分子通过其羰基连接到 a-Si 表面［图 8-5（a）］。在具有较高 FEC 分子含量的模型中，FEC 分子的表面覆盖度增加，而 EC 分子的表面覆盖度降低［图 8-5（b）］。在 50 wt% 含量时，FEC 成为主要吸附物，FEC/EC 的表面比达 2∶1［图 8-5（c）］。

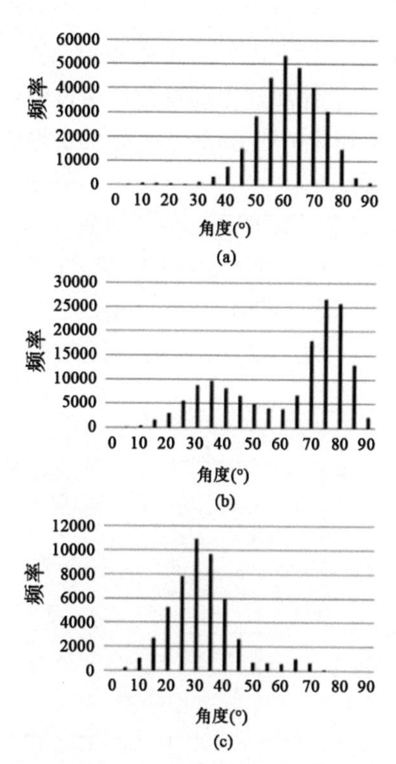

图 8-5　对于（a）20 wt%FEC、（b）40 wt%FEC 和（c）50 wt%FEC 含量时，碳酸乙烯酯（EC）中羰基相对于表面法线取向的时间依赖性直方图[12]

另外，FEC 对 EC 在 a-Si 表面吸附角产生影响。随着 FEC 体积浓度的增加，它们的表面浓度也随之增加。在 50% EC/FEC 质量比时，FEC 是在 a-Si 表面上吸附的主要物质，FEC/EC 表面吸附比为 2∶1。FEC 和 EC 的吸附比会对于 EC 中羰基相对于吸附表面的取向产生影响。在这里，他们将吸附面定义为 *XY* 平面。当含量为 20wt% FEC 时，图 8-5（a）中的直方图显示出 EC 的羰基取向的中位数约为 59°。随着 FEC 含量增加到 40%，图 8-5（b）中的中位直方图的中位数为 68°。如果仔细观察角度分布统计数据，可以看出有明显的双峰分布。也就是说，在模拟过程中，最常见的羰基取向为 75°，而 35°取向也是比较常见的。对于 50 wt% FEC 含量，FEC/ EC 表面吸附比为 2∶1。根据图 8-5（c）中所示的吸附角分布直方图，吸附的 EC 分子相对于表面法线（≈28°）表现出更加垂直的取向。因此，从 AIMD 模拟中可以看出，随着 FEC 浓度的增加，EC 的吸附角呈现出了更直立的位置。

8.2.4 经典的 MD 模拟研究溶剂化结构

Muller 等[13]使用 GROMACS MD 模拟软件（版本号 4.5.3）研究了镁基液态电解质的溶剂化结构和动力学性质。力场参数是通过使用 Antechamber 拟合优化结构的静电势面并使用 RESP 程序计算部分电荷来获得的。使用广义 AMBER 力场来获得键合和非键合参数。

他们使用经典的 MD 模拟来阐明乙二醇二甲醚（DGM）溶液中纯 $Mg(BH_4)_2$-DGM、$Mg(TFSI)_2$-DGM 和更复杂的 $Mg(BH_4)_2$+$Mg(TFSI)_2$ 的溶剂化结构的机理。图 8-6（a）和（b）分别显示了 DGM 中 0.01 mol·L^{-1} $Mg(BH_4)_2$ 和 0.04 mol·L^{-1} $Mg(TFSI)_2$ 的径向分布函数。从 2.2 Å 处观察到的 Mg-B(BH_4)的第一尖峰可以

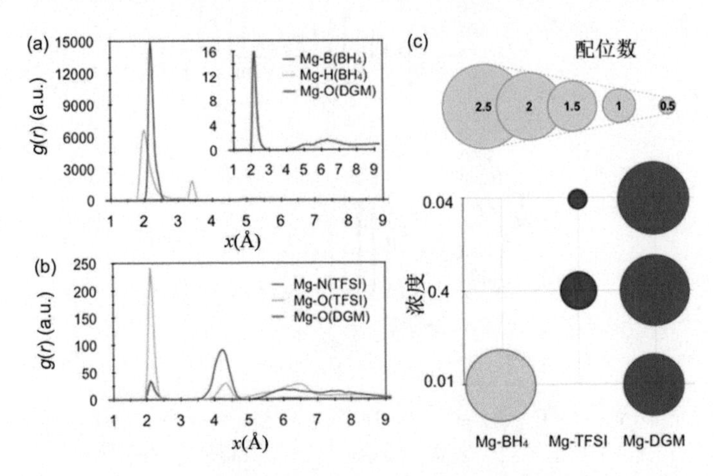

图 8-6 （a）Mg-B(BH_4)、Mg-H(BH_4)和 Mg-O(DGM)在 0.01 mol·L^{-1} $Mg(BH_4)_2$/DGM 中的径向分布函数；（b）Mg-N(TFSI)、Mg-O(TFSI)和 Mg-O(DGM)在 0.04 mol·L^{-1} $Mg(TFSI)_2$/ DGM 中的径向分布函数；（c）在 Mg^{2+}周围的第一溶剂化层中计算 Mg-BH_4、Mg-TFSI、Mg-DGM 的配位数[13]

看出，Mg^{2+}和 BH_4^-之间存在非常强的相互作用。这种强的相互作用排除了溶剂介导的 Mg^{2+}和 BH_4^-在溶液中的解离，并使之在 0.01mol·L^{-1} 的低浓度下也形成了离子对。他们观察到 Mg-BH_4 的配位数为 2.1，Mg-DGM 的配位数为 1.8［图 8-6（c）］，这表明每个 Mg^{2+}被第一个溶剂化层中的 2 个 BH_4^-和 1～2 个 DGM 分子所包围。Mg^{2+}和 BH_4^-之间的这种强相互作用，导致了 $Mg(BH_4)_2$ 在 DGM 中极低的溶解度。

通过从 MD 模拟获得的第二溶剂化层中 Mg-DGM 的配位数可以知道，在 ^{25}Mg 化学位移的量子计算中添加多达 6 个 DGM 分子作为第二溶剂化层。为了检查不同数量的 DGM 分子的影响，图 8-7（b）和（c）显示了在第二溶剂化层中含有 3 个和 5 个 DGM 分子的模型，相应的 ^{25}Mg 化学位移分别为 18.1 ppm 和 13.3 ppm（表 8-1）。这表明第二层中的 DGM 分子对 Mg^{2+}化学位移具有显著的影响。对于 5 个 DGM 分子，13.5 ppm 的 NMR 实验结果与 MD 结果是相一致的。对于第二溶剂化层中含有 6 个 DGM 分子，计算得到 ^{25}Mg 化学位移（表 8-1）为 15.7 ppm，也接近 13.5 ppm 的实验值。因此，通过结合核磁共振、MD 模拟和第一性原理计算，他们提出了溶解在 DGM 中的 0.01 mol·L^{-1} $Mg(BH_4)_2$ 的

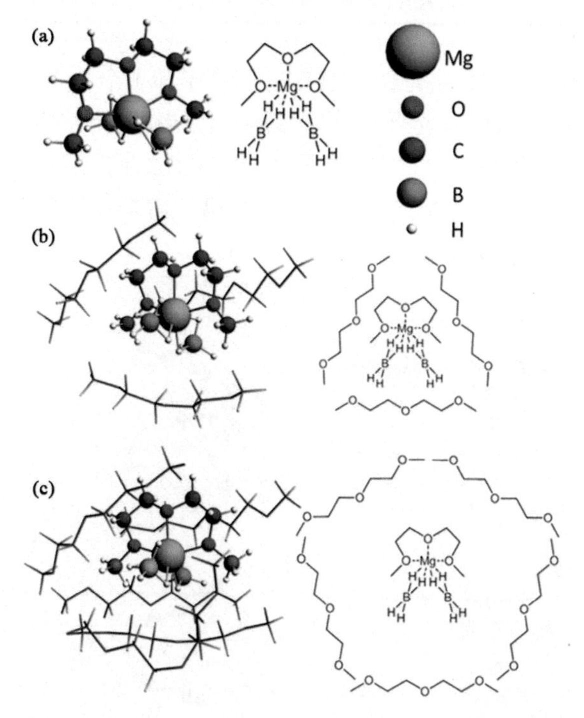

图 8-7　基于 DFT 计算预测的溶解在 DGM 中的 $Mg(BH_4)_2$ 溶剂化结构：（a）$Mg(BH_4)_2DGM$；（b）$Mg(BH_4)_2(DGM)_4$；（c）$Mg(BH_4)_2(DGM)_6$；其中，基于 $Mg(BH_4)_2(DGM)_6$ 模型计算得到的化学位移与实验结果相一致，故该结构为最有可能的结构，称为结构 A[13]

表 8-1 ^{25}Mg 化学位移[13]

图标	结构	^{25}Mg 化学位移（ppm）
图 8-7（a）	$Mg(BH_4)_2$ DGM	21.2
图 8-7（b）	$Mg(BH_4)_2$ DGM - 3DGM	18.1
图 8-7（c）	$Mg(BH_4)_2$ DGM - 5DGM	13.3
	$Mg(BH_4)_2$ DGM - 6DGM	15.7
图 8-8（a）	$[MgTFSI]^+$ - 2DGM	0.2
图 8-8（b）	$[MgTFSI]^+$ - 2DGM	–5.3
图 8-8（c）	$[MgTFSI]^+$ - 2DGM	–0.3
	$[MgTFSI]^+(2DGM)_2$ - 2DGM	–1.7
	$[MgTFSI]^+(2DGM)_2$ - 4DGM	–3.8
图 8-8（d）	$[MgTFSI]^+$ - 2DGM	–6.4
图 8-9（a）	$[MgTFSI]^+(DGM)_2$ - 2DGM	1.2
图 8-9（b）	$[MgTFSI]^+(DGM)_2$ - 4DGM	1.2
图 8-9（c）	$[MgTFSI]^+(DGM)_2$ - 6DGM	1.6

溶剂化结构，其第一溶剂化层是由 2 个 BH_4^-阴离子和 1 个 DGM 分子组成，而第二个溶剂化层由 5～6 个 DGM 分子组成，该溶剂化结构称为结构 A，如图 8-7（c）所示。对于 DGM 中的纯 $Mg(TFSI)_2$ 体系，一种更优结构的第一溶剂化层包含 2 个 DGM 分子和 1 个 $TFSI^-$阴离子（图 8-8），而第二溶剂化层包含约 4 个 DGM 分子，称为结构 B（图 8-9）。

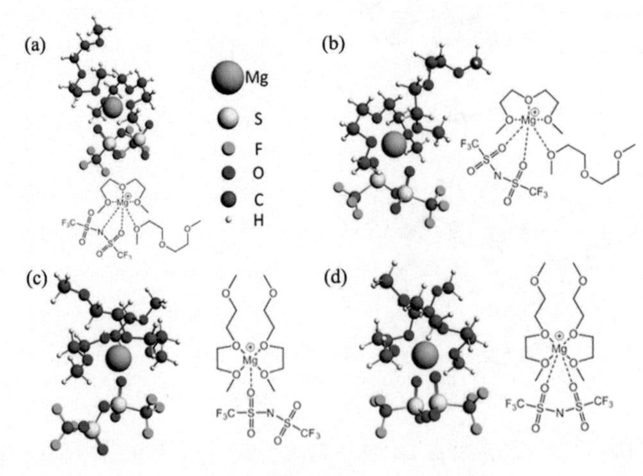

图 8-8 几种$[MgTFSI]^+$ - 2DGM 的第一溶剂化层结构。第一个构象（a）与实验结果最吻合，很可能是其第一溶剂化层的结构[13]

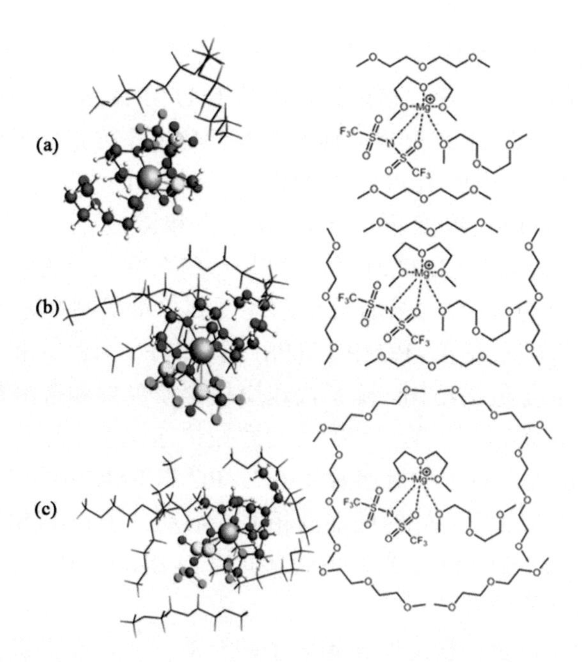

图 8-9 具有第一和第二溶剂化层的$[MgTFSI]^+$-2DGM 的溶剂化结构，（a）、（b）和（c）都是结构 B 的可能结构[13]

8.3 电解质材料理论计算的应用

8.3.1 理论计算在锂离子电池电解质中的应用

8.3.1.1 在液体电解质中的应用

电解质组分的选择和相对比例的确定通常由电池的性能要求所决定，例如高导电性、良好的化学和电化学相容性、电解质的低挥发性等[14-16]。其中，离子与溶剂分子相互作用的溶剂化现象在电解质体系是普遍存在的，并在决定电解质的性质中起着重要作用[17]。深入了解离子的溶剂化结构对于设计改进电解质至关重要，这些具有优化性能的电解质能够最终提高电池的性能。

胡建知等[18] 应用核磁谱学表征结合理论计算建模系统地研究了 LiTFSI 在溶剂 EC、PC、EMC 及其混合溶剂中的溶剂化结构。通过利用超高场和大样品体积探针技术，在高信噪比下获得 LiTFSI 浓度从 0 到饱和的各配比的 ^{17}N NMR 光谱。结果表明，Li^+离子与 EC、PC、EMC 溶剂分子和 $TFSI^-$阴离子提供的 4 个氧原子配位，形成第一溶剂化层。溶剂化层中的溶剂分子在过量溶剂分子的条件下与大量溶剂快速交换。实验观察到的 ^{17}O 化学位移是游离层和含溶剂化层的溶剂分子之间的加权平均值。可以基于快速交换原理和Li^+与溶剂的摩尔比来定量解释观察到的^{17}O化学位移现象。在低 LiTFSI 浓度下，例如 0.05 mol·L^{-1}和 0.25 mol·L^{-1}，Li^+与$TFSI^-$解离并通过与溶剂分子作用完全溶剂化，形成各自的溶剂化结构，即用$Li^+(PC)_4$和$Li^+(EMC)_4$分别作为纯 PC 和纯 EMC 中的溶剂化结构。在高 LiTFSI 浓度下，特别是在饱和浓度下，PC 中 LiTFSI 的$(LiTFSI)_2(PC)_4$和 EMC 中 LiTFSI 的$(LiTFSI)_2(EMC)_3$是最优的结构。因为所有溶剂分子在饱和时与Li^+结合并且分子运动受到严重限制，导致^{17}O线宽显著增加。对于中等 LiTFSI 浓度，PC 中 LiTFSI 的（LiTFSI)$(PC)_3$和 EMC 中 LiTFSI 的$(LiTFSI)(EMC)_3$是最优结构。除了快速交换含游离层和含溶剂化层的溶剂分子外，游离层和含溶剂化层的$TFSI^-$之间存在快速交换，导致 Os 位点平均的^{17}O化学位移值增大。对于含有溶解在 EC、PC 和 EMC 中的 LiTFSI 电解质体系，其基本原理与除 EC 之外的纯溶剂相似。溶剂分子和$TFSI^-$将竞争与Li^+结合的机会，导致Li^+与由 EC、PC、EMC 和 TFSI 组成的第一溶剂化层中 Oc 和 Os 取决于Li^+浓度的结合。

电解质作为在正负电极之间传递离子的介质[19-21]，在提供良好的电池性能方面发挥着重要作用。一般来说，电池的电压主要受限于电解质系统中有机溶剂的电化学窗口[22]。传统的商用电解质如$LiPF_6$-EC/DMC（1∶1）可能在电池电压高于 4.5 V（*vs.* Li^+/Li）时分解[23]，从而导致锂离子电池性能的下降。因此，探索具有宽电化学窗口（≥5 V）的电解质（尤其是溶剂）以匹配$LiNi_{0.5}Mn_{1.5}O_4$、$LiCoPO_4$等高压（≥5 V）正极材料的开发变得越来越重要且充满挑战。

吴锋等[24]通过 QC 计算比较了一些具有电化学稳定性的砜，并选择合适的砜作为溶剂，采用亚硫酸酯作为助溶剂来调节溶剂的黏度。测试了助溶剂的电化学性能以验证模拟结果，并通过 ATR-FTIR 分析锂盐和砜溶剂之间可能的相互作用，从而使锂离子电池能够获得高电压特性。对几种砜的前沿分子轨道能量的理论计算表明，乙基甲基砜（EMS）、环丁砜（TMS）、乙基乙烯砜（EVS）具有相对较好的氧化稳定性。同时通过电化学性能测试证实，这三种砜的氧化稳定性由高到低依次为 EMS、TMS 和 EVS，这与理论计算结果相一致。在 TMS/二甲基亚硫酸酯（DMS）[1∶1，*V*/*V*]中采用 LiBOB 作为锂盐，可具有 5.7 V 的宽电化学窗口。此外，为了在 TMS/ DMS 中呈现最优离子电导率，LiBOB 的浓度为 0.8 mol·L^{-1}，LiTFSI 和$LiPF_6$的浓度均为 1 mol·L^{-1}。此外，1 mol·L^{-1} $LiPF_6$-TMS/DMS（体积比为 1∶1，下同）具有优异的室温离子电导率 6.34×10^{-3} S·cm^{-1}。实验研究表明，对于 0.8 mol·L^{-1} LiBOB-TMS/DMS、0.8 mol·L^{-1} LiBOB-TMS/二乙基亚硫酸酯（DES）、1.0 mol·L^{-1} LiTFSI-TMS/DMS、1.0 mol·L^{-1} LiTFSI-TMS/DES、1.0 mol·L^{-1} $LiPF_6$-TMS/DMS 和 1.0 mol·L^{-1} $LiPF_6$-TMS/DES，这些砜电解质的氧化分解电位均高于 5 V，室温下的电解质电导率大于 3 mS·cm^{-1}。通过 ATR-FITR 光谱分析了锂盐和砜溶剂之间的相互作用，由于添加了 LiBOB、LiTFSI 和 $LiPF_6$，TMS/DMS 和 TMS/DES 砜基官能团和磺酸酯基团的特征峰发生红移或蓝移，导致离子电导率和电解质的电化学稳定性发生变化。

面向开发应用于高能量密度的锂离子电池高电压正极材料，需要匹配高电压电解质[25-27]。最近报道了诸如 $LiCoPO_4$、$Li_3V_2(PO_4)_3$、Li_2CoPO_4F 和 $LiNi_{0.5}Mn_{1.5}O_4$ 等高压正极材料[28, 29]，其工作电压超出常规电解质的电化学稳定范围。电解质的氧化稳定性不仅是高电压锂离子电池开发的关键技术，也是新一代电池如钠离子电池的研究热点[30-33]。

Kim 等[34]使用从头计算的方法系统地比较了单体溶剂和阴离子（图 8-10）的氧化稳定性，并提出了可构筑高电压电解质的双分子溶剂-溶剂和阴离子-溶剂体系。电解质的氧化通常形成中性或阳离子自由基，并进一步快速反应形成稳定产物。电解质组分如 TMS、EMS、BOB^-和 $TFSI^-$可以最大限度地减少氧化反应中的分子间化学反应，从而维持单体的氧化稳定性。

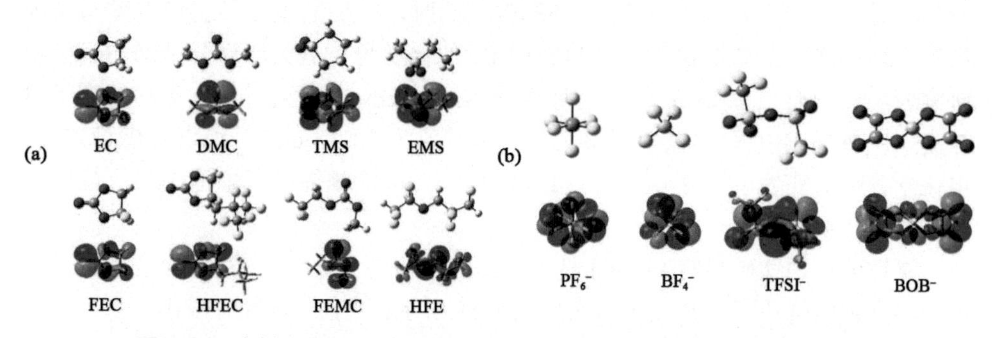

图 8-10　溶剂分子（a）和阴离子（b）的结构和前线分子轨道示意图[34]

8.3.1.2　在无机固体电解质中的应用

基于低可燃性、高能量密度和低自放电率，固态电池成为当前的研究热点[35, 36]。近年来，研究发现几类固体电解质材料具有与液体电解质相当的电导率[37, 38]。在一系列含锂化合物如 $Li_{3x}La_{2/3-x}TiO_3$（LLTO）、$Li_{10}GeP_2S_{12}$（LGPS）和 $Li_{1+x}Al_xTi_{2-x}(PO_4)_3$（LATP）中，室温离子电导率约为 10^{-3} S·cm^{-1}。具有如此高导电性的含钠化合物较少，如 Na-β-氧化铝[39]和 Na_3PS_4[40]。在固体电解质中，β-Li_3PS_4 中高浓度的扩散原子会导致复杂的相互作用和扩散行为。基于所有离子可能发生的移动，以及它们之间的相互作用，分子动力学（MD）模拟能够研究离子扩散中涉及的集体输运和晶格振动。此外，MD 模拟能够给出所有难以预测的离子扩散行为[41-43]。

Wagemaker 等[44]证明，通过单个 MD 模拟可以获得关于离子扩散的关键性质，从而实现对扩散的深入理解。对 β-Li_3PS_4 进行 DFT 模拟的结果表明，锂离子在 bc 层间跳跃以实现离子传导限制了其宏观离子导电性，增加 Li 间隙或 Li 空位可显著促进 Li^+扩散。可以通过在硫位点处的 Br 掺杂引入 Li 空位，来实现 β-Li_3PS_4 中的锂离子电导率的有序性。此外还发现硫位点处的氧掺杂改变了晶体中 Li 的分布，提高 Li^+的扩散系数。

固体电解质主要分为无机固体电解质（ISE）[45]、固体聚合物电解质（SPE）[46, 47]和复合固体电解质（CSE）[48-51]。在锂电池固体电解质领域，含锂的 NASICON 结构材料已在实验和计算方面进行了广泛研究。随着理论计算研究的不断发展，通过理论筛选和设计发现了越来越多的新材料，表现出与 NASICON 同样的性能。

谢召军等[52]利用 Pymatgen 软件筛选了 Materials Project (MP)数据库并获得了 251 个含 Li 的 NASICON 材料，化学式为 $Li_xM_2(PO_4)_3$。其中 M=Bi、Ge、In、Mo、Sb、Sc 和 Zr，以上 7 种化合物可用作锂电池的固体电解质。通过 DFT 计算研究了每个系列 $Li_xM_2(PO_4)_3$ 热力学最稳定的相。结果表明，所有材料都是宽带隙半导体，带隙范围为 3.55～4.88 eV。同时，它们的电化学窗口宽度与带隙没有直接关系，主要取决于这些材料中 Li^+的化学势。从头计算分子动力学模拟研究表明，具有更多 Li^+或单斜对称性的 NASICON 在室温下具有更高的离子电导率。其中 $Li_3Bi_2(PO_4)_3$ 具有最高的电导率，约为 10^{-3} $S\cdot cm^{-1}$。综合考虑稳定性、电化学窗口、带宽和离子电导率，$Li_3Sc_2(PO_4)_3$ 可能是锂离子电池中最具应用前景的固体电解质之一。

富锂的反钙钛矿材料 Li_3OCl 是一种新的锂超离子导体，可用作全固态锂离子电池的固体电解质[53]，其晶体结构如图 8-11 所示。目前，已经开发出一系列具有高电导率的反钙钛矿材料，如二价金属（Ba^{2+}、Ca^{2+}、Mg^{2+}）掺杂[54]的 Li_3OCl。

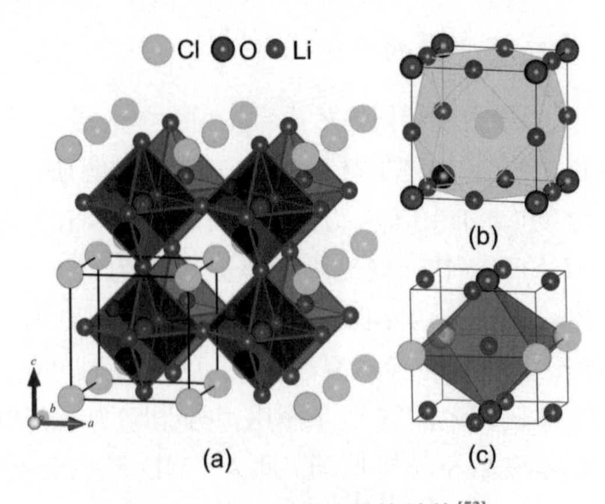

图 8-11　Li_3OCl 的晶体结构[53]

此外也有许多关于 Li_3OCl 的相稳定性[55-57]、缺陷结构[58, 59]和 Li^+传输机制的密度泛函理论（DFT）或分子动力学（MD）等理论的研究。

欧阳楚英等[60]通过第一性原理密度泛函理论计算系统地评估了 Li_3OCl 的电子、机械和热力学性质。研究结果表明，Li_3OCl 是一种平衡状态的间接宽带隙绝缘体，带隙约为 6.26 eV。声子色散曲线和振动态密度分析证实 Li_3OCl 在其基态下是动态稳定的。计算结果还表明 Li_3OCl 是一种脆性材料，其体积弹性模量大于 $Li_{10}GeP_2S_{12}$，与 $Li_{0.5}La_{0.5}TiO_3$ 和 $Li_7La_3Zr_2O_{12}$ 相当。考虑到 Li_3OCl 中的四种类型的点缺陷对，与 Li_2O、O 取代的 Cl 和 Li-Li 空位 Frenkel 缺陷对相比，LiCl 缺陷对具有最低的形成能。LiCl 和 Frenkel 缺陷对是实现快速 Li 扩散最重要的点缺陷。

自 1976 年发现 $Na_{1+x}Zr_2Si_xP_{3-x}O_{12}$ 快速 Na 离子导体 NASICON 体系以来[61, 62]，人们研究了多种具有通式 $LiM_2^{4+}(PO_4)_3$ 的 Li 离子导体 NASICON 型固体电解质。其中研究最多的是 $Li_{1+x}Al_xTi_{2-x}(PO_4)_3$（LATP）。众所周知，由于 Ti^{4+}/Ti^{3+}的氧化还原反应，LATP 基材料在大约 2.5 V（*vs.* Li^+/ Li）时会与锂金属发生反应[63, 64]。这排除了在该电位附近负极的使用，因为它们会降低电池的能量密度。为改善此类问题，另一种 NASICON 型固体电解质 $LiZr_2(PO_4)_3$（LZP）被开发出来，当其与锂金属接触时会形成由 Li_3P 和 Li_8ZrO_6 组成的绝缘固体电解质界面，直到 5.5 V 都不会发生氧化还原反应[65]。理想的 LZP 为斜方六面体相，其空间群对称性为 $R\bar{3}c$ (167)，其晶体结构如图 8-12 所示。

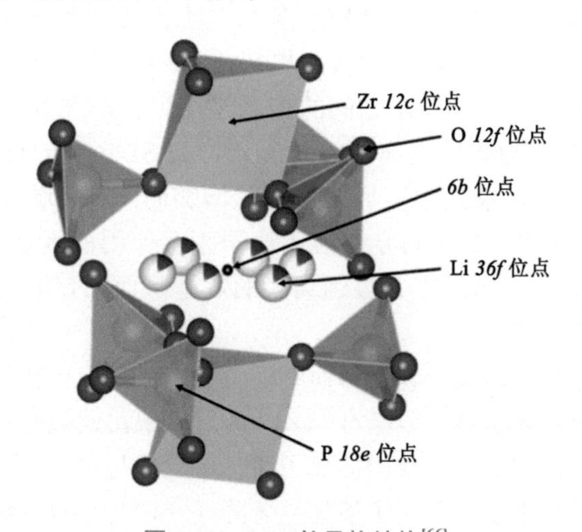

图 8-12 LZP 的晶格结构[66]

Noda 等[66]利用 DFT 计算研究了 NASICON 型 LZP 固体电解质的电化学稳定性和锂离子电导率，LZP 对锂金属不稳定。使用第一性原理分子动力学

（FPMD）模拟研究了锂离子传输。计算的室温下 Li^+电导率（5.0×10^{-6} $S\cdot cm^{-1}$）和 Li^+扩散的活化能（0.43 eV）与实验结果一致。通过分析 FPMD 模拟中的锂离子扩散路径发现，每个 Li^+在 *6b* 位点之间迁移，因为它被处于 *6b* 位点周围的其他 Li^+所排斥。因此，LZP 的高 Li^+电导率归因于由 Frenkel 式缺陷驱动的迁移机制。

8.3.1.3 在聚合物电解质中的应用

当前研究锂离子电池的固体聚合物电解质中含有不同锂盐（LiX）和高分子聚合物，如聚环氧乙烷（PEO）。用 PEO 等聚合物代替液体电解质可以构筑易加工、致密的储能器件，消除了电解液泄漏所引起的安全风险。然而，在室温环境下，这些电解质的离子电导率（10^{-5} $S\cdot cm^{-1}$）相对较低。通过添加增塑剂[67, 68]降低结晶度可以改善聚合物电解质的电化学性能。将室温离子液体加入聚合物电解质中[69]可增强离子导电性，而不会减小其电化学稳定窗口[70, 71]。由聚丙烯腈、聚环氧乙烷和聚乙烯醇与咪唑类和吡咯烷类离子液体复合制备的复合聚合物电解质的研究显示,其具有 3 V 的电化学窗口和高达 15 $mS\cdot cm^{-1}$ 的离子电导率[72]。由 *N*-丁基-*N*-甲基吗啉双(三氟甲磺酰)亚胺盐和聚(偏氟乙烯-六氟丙烯)共聚物（PVDF-HFP）组成的离子液体基聚合物凝胶电解质已被证明具有良好的热稳定性，并具有高导电性[73]。

Raju 等[74]借助分子动力学模拟研究了改变吡咯烷阳离子对多元电解质化学结构的影响。模拟了四种含有 PEO 链、Li 盐和具有不同链长离子液体的多元电解质体系。对包含离子液体的多元电解质和纯离子液体电解质进行理论研究表明，吡咯烷阳离子与 $TFSI^-$之间的相互作用更强，并且在多元电解质体系中更易形成离子对。与咪唑类离子液体不同，$TFSI^-$之间的近邻结构相关性随着纯离子液体和多元电解液中阳离子链长的增加而降低。通过分析空间电荷分布图，确定了 PEO 和 $TFSI^-$与吡咯烷阳离子相互作用的区域：PEO 的氧原子存在于吡咯烷环的上方和下方并且远离大的烷基，而 $TFSI^-$存在于 C_nMPy 的氮原子附近。

聚离子液体作为新型聚合物材料而备受关注，其将聚合物的固态稳定性与离子液体的高离子电导率实现有效结合[75-77]。研究发现，此类材料面临着一个重大技术难题就是非水性聚离子液体中的离子迁移率通常与聚合物链段动力学紧密相关[78-80]，其动力学较之小分子离子液体显著降低（达几个数量级），通常会导致生成聚合物的离子导电率降低 1～3 个数量级[75]。聚合后链段动力学的限制主要由玻璃化转变温度 T_g 的提高而引起。因此，通常认为降低玻璃化转变温度是制备高离子导电聚合物的有效方法。

Patra 等[81]借助全原子和粗粒度分子动力学模拟，建立了具有高离子传导性的聚离子液体分子的设计方法，即降低玻璃化温度，以及实现离子和聚合物的高度解耦。在全原子水平，探测了离子液体和聚离子液体的基质，以深入了解 T_g、解耦、分子大小和高温活化行为之间的关系。然后采用珠-簧链分子动力学模拟来拓宽研究的分子特性的范围，包括结合离子和自由离子的相对大小以及离子聚集的存在与否。结果表明，较低 T_g 的聚离子液体通常表现出较少的解耦，但可通过引入积聚离子和高度不对称大小的离子对来破坏这种不利的相关性。这些发现表明聚离子液体同时具有低 T_g 和高解耦离子迁移率的可能性，以及显著提升聚离子液体离子电导率的潜力。

在研究和优化聚合物电解质和导电聚合物材料时，疏水性和亲水性被认为是需要考虑的重要因素[82, 83]。疏水性程度对混合[84]、溶解度[85]、离子传导性、避免离子聚集[86]、氧渗透和电极腐蚀[87]都有重要的影响。然而，确定疏水性和亲水性之间的平衡仍然是聚合物电解质的一大挑战。分配系数（log*P*）可以量化疏水性，常用于指导聚合物电解质的设计。如公式（8-4）所示，分配系数（log*P*）描述了小分子、单体或药物如何在两相系统中溶解。

$$\log P = \log \frac{\text{有机相溶质浓度}}{\text{水相溶质浓度}} \tag{8-4}$$

因此，Pasquinelli 等[88]结合实验合成和分子模型，研制出可溶解锂盐的聚酯电解质。这些聚酯电解质来源于天然材料，并在锂盐（LiTf 和 LiTFSI）存在下与不同比例的多元醇（二甘油、甘油和二甘醇）和柠檬酸聚合。Fisher 酯化过程产生了具有高光学透明度的均匀交联膜，而锂盐的存在提高了玻璃化转变温度。通过模拟单体和所得聚酯的 log*P* 值，表明将二甘油改变为甘油或二甘醇能够改变疏水性。通过预测 log*P* 值的不同分子建模方法的比较，证明 log*P* 值是调控这些聚合物电解质物理和化学性质的有效手段。

固体聚合物电解质（SPE）的使用避免了液体泄漏和在有机电解质中的可燃性。此外，与凝胶聚合物电解质（GPE）相比，它们还表现出优异的柔韧性和可加工性。然而，与有机碳酸酯电解质相比，固体聚合物电解质在室温下具有高结晶度和较低离子电导率（低于 0.01 $mS \cdot cm^{-1}$），需要更多的研究和改善[89-91]。

马晓华等[92]通过溶液浇铸技术成功地合成了一种新型的固体聚合物电解质[P(GMMA-PBA)，见图 8-13]。所合成聚合物膜的多孔微结构可以促进离子的快速移动并与电极紧密接触，厚度约为 150～200 μm。因为聚合物侧链的杂环硼烷基团与电解质盐阴离子之间的强相互作用，使得该聚合物电解质的室温离子电导率可达 0.5 $mS \cdot cm^{-1}$。此外，以 P(GMMA-PBA)作为聚合物电解质，还原的氧化石墨烯作为电极，在室温下组装的原理电池表现出优异的电化学性能。

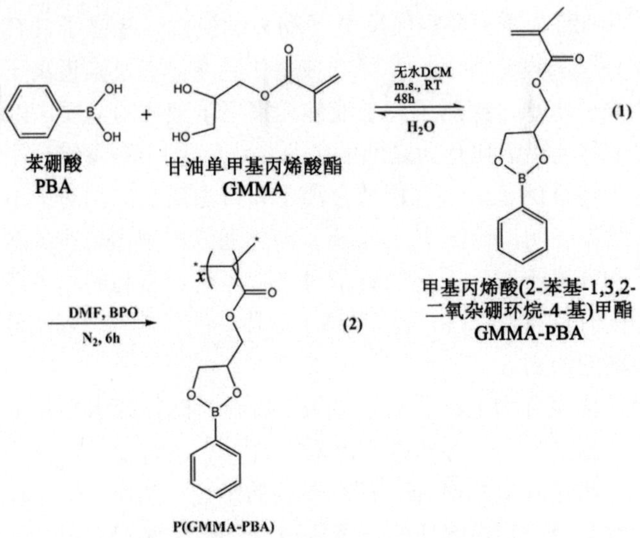

苯硼酸
PBA
+
甘油单甲基丙烯酸酯
GMMA
无水DCM
m.s., RT
48h
H_2O
(1)
甲基丙烯酸(2-苯基-1,3,2-二氧杂硼环烷-4-基)甲酯
GMMA-PBA
DMF, BPO
N_2, 6h
(2)
P(GMMA-PBA)

图 8-13 P(GMMA-PBA)的合成路线[92]

8.3.1.4 在固体电解质界面中的应用

在电池应用中，因为电解质中有机溶剂的还原电位低于以锂金属的 Li^+/Li（s）为基准的费米能级，因此在接触时电解质被还原、分解并形成钝化层[29]。可充电电池中的钝化层必须是“选择性的”，其电子绝缘，并允许 Li^+通过。因此，该钝化层被称为固体电解质相界面[19, 27]（SEI）膜。但 SEI 膜的形成和持续生长会消耗活性 Li^+并阻碍 Li^+迁移，从而严重影响了锂离子电池的性能和寿命[93, 94]。

Yue 等[95]基于理论计算方法，对锂/电解质界面存在的固体电解质界面层进行了研究。他们结合模拟和实验结果指出，众所周知的 SEI 膜双层结构表现出两种不同的锂离子传输机制。SEI 膜具有可同时允许 Li^+和阴离子通过的多孔有机外层和仅允许 Li^+传输的致密无机内层。这种双层/双机制扩散模型表明，只有致密的无机层才能有效地保护电解质中的锂金属。该模型提出了一种策略，通过分析由 Li_2CO_3、LiF、Li_2O 及其混合物等主要成分组成的最优的 SEI 膜，进一步对 SEI 膜的构效关系进行解析。在确定锂离子扩散载流子及其扩散途径后，提出了通过掺杂和使用异质结构设计来加速锂离子传导的方法。通过模拟计算电子隧穿势垒，将其与可测量的第一周期不可逆容量损失相关联，结果表明， SEI 膜不仅影响 Li^+和 e^-传输，而且可以在锂金属-SEI 膜界面附近产生电压降。

在锂离子电池和钠离子电池中，不受控制的 SEI 膜形成可能会导致载流子的损失并使离子传输变慢。研究表明，可以通过在基于 Li 或 Na 的电解质中预先活化生成稳定的 SEI 膜，并通过已具有特定组成的 SEI 膜来调节离子传输。深入理解 SEI 膜稳定性需要对离子迁移的动力学进行系统分析[96,97]。

Balbuena 等[98] 基于第一性原理，研究了 EC 和盐在与不同程度钠化碳层接触时所得到的分解产物，以及 SEI 膜组分对锂/钠离子电池中离子传输的影响。应用从头计算分子动力学（AIMD）模拟研究了碳化结构，结果表明碳酸乙烯酯在石墨层边缘分解，产生 CO 和有机分子等产物。PF_6^-阴离子分解后促进了 NaF 层的形成。Li^+和 Na^+在 SEI 膜中的传输计算结果表明，当 Li^+占位于 NaF 中的间隙位置和 Na_2CO_3 中的晶格位置时，产生缺陷的能量最低。而对于 LiF 和 Li_2CO_3 晶体，当 Na 离子取代 Li 时，产生缺陷的能量最低。Na 基组分中产生锂离子缺陷所需要能量较低的原因是由于锂离子比钠离子的尺寸更小。关于扩散势垒，Li 基 SEI 膜组分中的钠离子倾向于以空位机制和“knock-off”机制进行扩散，而 Na 基 SEI 膜组分中的 Li 离子更倾向于依靠间隙离子移动基于“knock-off”或者“hopping”机制进行迁移。

8.3.1.5 在电解质添加剂中的应用

为了更好地理解 $LiCoO_2$ 正极表面膜的形成机理，陈人杰等[99]通过非局部 DFT 研究了电解液和乙烯基三乙氧基硅烷（VTES） 的反应。如表 8-2 所示，VTES 的最高占据轨道（HOMO）能级高于其他溶剂，最低未占分子轨道（LUMO）能级低于其他溶剂，表明 VTES 更容易被氧化，其分解产物能够促进正极表面钝化膜的形成。同时 VTES 也是良好的电子受体，能更好地保护负极。如图 8-14 所示，VTES 会形成乙烯基硅烷自由基（$CH_2{=}CH{-}Si\cdot$），并与 EC、DMC、EMC 等溶剂分子发生反应。通过 DFT 计算确定的自由基和溶剂分子之间可能发生的反应及对应的能量变化如图 8-14（b）～（d）所示。基于能量分析，最可能的反应是乙烯基甲硅烷基与 EC 的 C═O 双键中的氧原子的反应［图 8-14（a）］，EC 五元环断开，导致–1.89 eV 的能量降低。此外，乙烯基甲硅烷基还可以与 DMC 的氧原子［图 8-14（b）］和 EMC 分子［图 8-14（c）］反应，计算的能量变化为–1.60 eV。上述研究对 VTES 参与形成界面膜的反应机制进行了分析，对其改进碳酸酯基电解质的安全稳定性提供了理论支持。

表 8-2 EC、DMC、EMC 和 VTES 的前沿分子轨道能量（eV）[99]

分子种类	EC	DMC	EMC	VTES
HOMO	–6.993	–6.717	–6.629	–6.398
LUMO	–0.320	–0.201	–0.124	–1.395

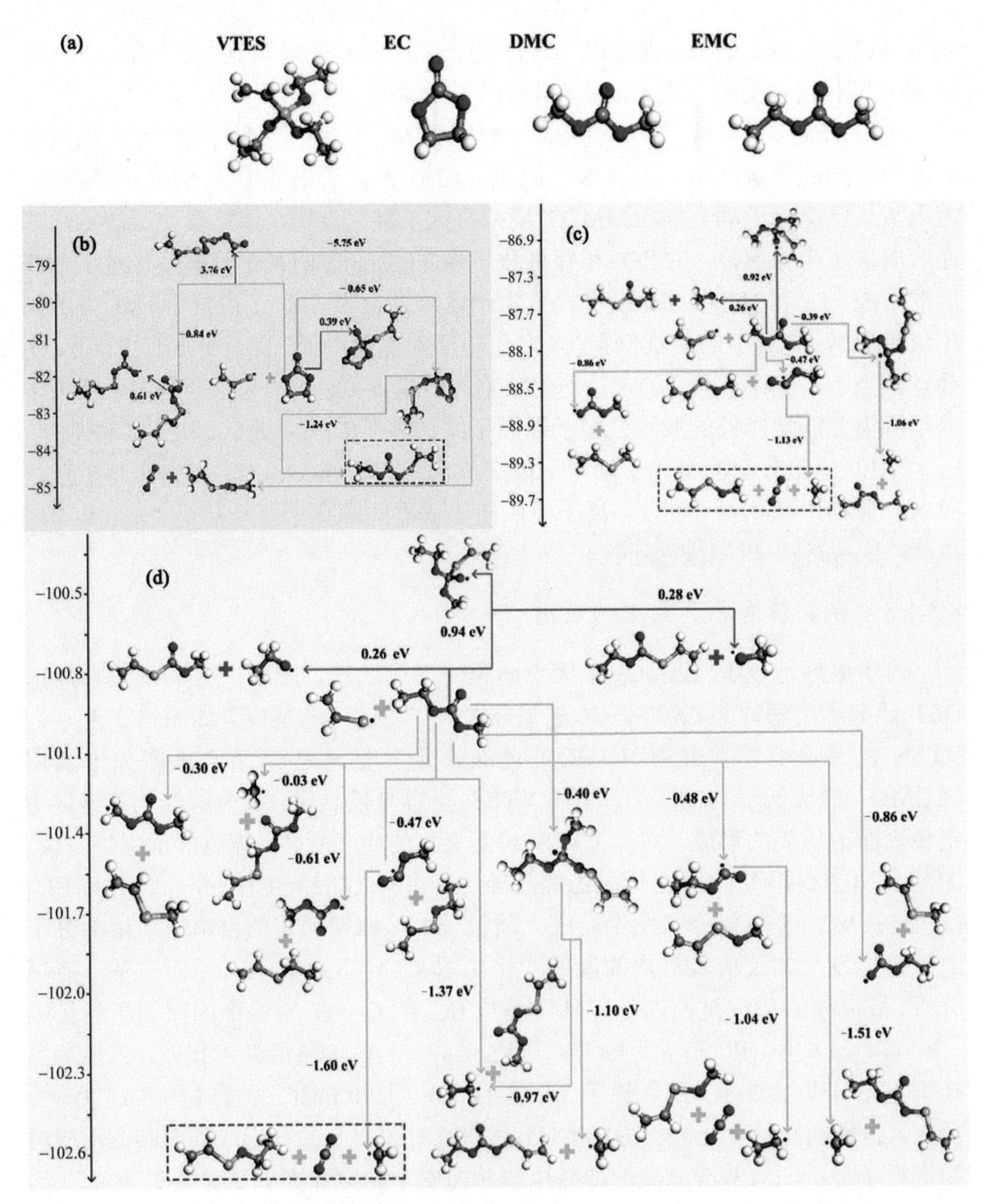

图 8-14 （a）VTES 和碳酸酯溶剂的分子结构；（b）、（c）、（d）分别为乙烯基硅烷自由基与 EC、DMC、EMC 可能发生的反应及对应的能量变化（eV）[99]

8.3.2 理论计算在钠离子电池电解质中的应用

钠离子电池电解质的理论研究结合了分子动力学（MD）、蒙特卡罗（MC）分析方法、有限元方法和电子结构方法等多种技术[100, 101]，其大多基于：①半经验方法，如 PM7；②从头计算方法、如 Hartree-Fock（HF）、2nd Møller-Plesset（MP2）；③不同功能的密度泛函理论（DFT），如 B3LYP、B3PW91、M06-2X。

8.3.2.1 在液体电解质中的应用

与锂离子电池类似，钠离子电池的液体电解质常用有机溶剂也多为链状和环状的碳酸酯，盐主要是具有相同阴离子的钠盐。阴离子/盐、溶剂和添加剂通常被构建独立模型进行理论分析以阐明化学和电化学稳定性，通过引入不同算法可对离子-离子和离子-溶剂的相互作用和阳离子溶剂化、溶剂化层做深入分析。

水系电解质较窄的电化学稳定窗口（1.23 V）被认为是提高水系钠离子电池能量密度和循环寿命的技术瓶颈[102, 103]。为了提高钠离子水系电解质的电化学稳定窗口，许康等[104]结合 QC 计算、MD、DFT 等多种模拟技术验证了 Na^+导电 SEI 膜可以在高浓盐电解质中形成。对于由 $NaTi_2(PO_4)_3$ 和 $Na_{0.66}[Mn_{0.66}Ti_{0.34}]O_2$ 构成的钠离子电池，该 SEI 膜将可用的电化学窗口扩展到 2.5 V。拉曼光谱和分子模拟研究表明（图 8-15），在钠离子电解质中阳离子-阴离子间的相互作用较强，导致了更多的离子聚集，更重要的是增强了 Na—F 间的键合，从而提高阴离子还原电位以避免水分解，并且能够在较低的盐浓度下形成稳定且可修复的 SEI 膜。

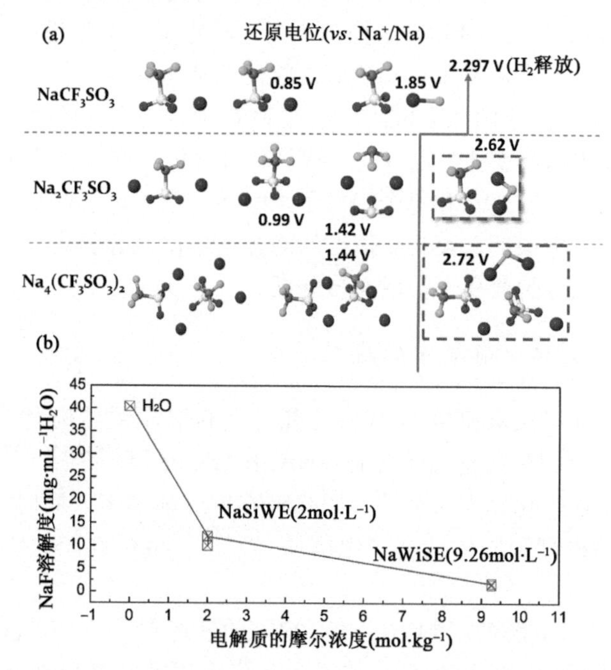

图 8-15 （a）使用 G4MP2 方法和 SMD（水）隐性溶剂化模型对 NaOTF 复合物还原电位的 QC 计算研究；（b）NaF 在 NaTOf-H_2O 体系中的溶解度与盐浓度的对应关系[104]

8.3.2.2 在聚合物电解质中的应用

常规聚合物电解质主要由离子导电的极性高分子材料组成，根据引入功能材料的不同和新的结构设计，多种新型的固体聚合物电解质被研制开发[105-108]。最常见的锂离子电池[109, 110]或钠离子电池[111]聚合物电解质是聚醚类体系，主要代表是聚环氧乙烷（PEO）。其他类型的聚合物，如聚碳酸酯[112]和聚丙烯腈[113]也已被应用于钠离子电池，可分为无定形聚合物[112]、结晶聚合物[114]和半结晶聚合物（如PEO 类）[115,116]，半结晶聚合物主要通过非晶区实现离子传导。与其他电解质类似，聚合物电解质既可以双离子传导，也可通过组分优化设计制备更为稳定的单离子导体（SIC）[117]。

高度有序的碱金属盐和聚环氧乙烷络合物 $PEO_6·LiXF_6$[118, 119]（X = P，As）和 $PEO_8·NaXF_6$[114]（X = P，As）体系（比例分别为 6∶1 和 8∶1）作为新型聚合物电解质材料，其具有独特的聚合物通道结构，在这种结构中碱金属离子与存在于通道外的阴离子完全解离。这种结构特征被认为是其即使在室温下也有高于 10^{-6} $S·cm^{-1}$ 的高离子电导率的原因[120-123]。

Liivat[124]使用 DFT 计算模拟了 $PEO_8·NaAsF_6$ 复合物的结构和动力学，对新的聚合物盐络合物 $NaAsF_6·PEO_8$ 结构与离子迁移之间的关系进行了系统研究（图 8-16）。在 0 K 时的弛豫和从某一温度到 273 K 的从头计算分子动力学方法都很好地再现了 LT 结构。关于阳离子或阴离子在 PEO 通道方向上的离子迁移，PEO 的分子构象中仅发生微小变化，而 Na—O 距离变化很大。在离子迁移过程中，迁移势垒为每个阴离子 1.25 eV 和每个阳离子 1.6 eV，这可以解释实验中较低的阳离子迁移数。相关研究表明，$AsPF_6^-$ 位点的动态无序化显著影响了 Na^+ 周围的配位环境，从而导致室温阶段离子扩散势垒降低。

8.3.2.3 在无机固体电解质中的应用

在 20 世纪 80 年代末和 90 年代关注焦点是β-氧化铝结构[125-129]以及之后的硅酸盐基玻璃[130-133]和钠超离子导体（NASICON）材料[134-136, 137]，而最近对硼氢化物[138-140]和磷硫化物[141, 42, 142, 143]的研究也逐渐增多，同时针对 Na 基 SEI 膜[144, 145]的传输机理和固体钠离子电解质[146, 147]的机械性能的研究也得到人们的关注。

为了解决固体电解质材料 $Na_{11}Sn_2PS_{12}$ 的匹配问题，Ciucci 等[148]研究了 $Na_{11}Sn_2PS_{12}$ 并探索用 Ge 取代 Sn。首先，他们使用第一性原理计算研究了两种材料的晶相和电化学稳定性［结构见图 8-17（a）]，并通过从头计算分子动力学

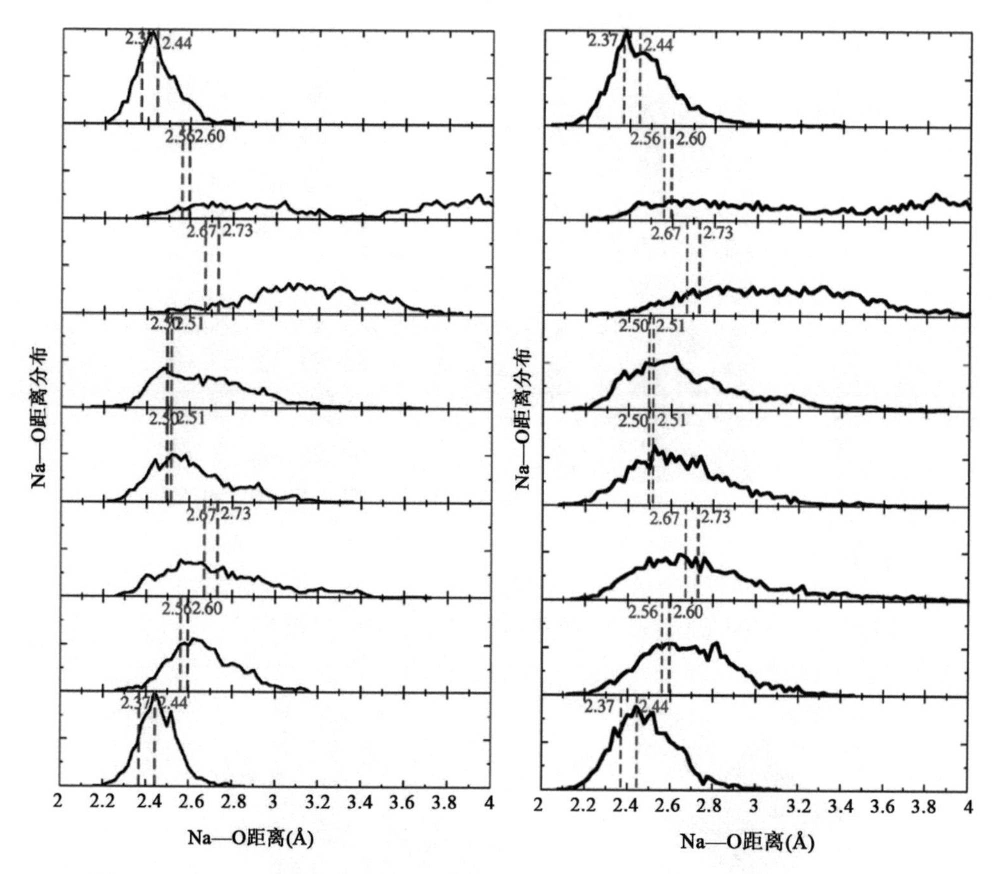

图 8-16 在 93 K（左）和 273 K（右）下，通过 AIMD 得到的 Na^+配位层中每个氧 O1…O8（从上到下）的 Na—O 距离分布计算结果[124]

模拟预测了 $Na_{11}Ge_2PS_{12}$ 的钠离子电导率。模拟结果表明 $Na_{11}Ge_2PS_{12}$ 在室温下的电导率为 4.7 $mS \cdot cm^{-1}$，比 $Na_{11}Sn_2PS_{12}$[149, 150]高 2 倍，甚至可以与最佳 NASICON 型固态电解质相媲美。为了理解具有高离子导电性的 $Na_{11}Ge_2PS_{12}$ 离子扩散机制，系统分析了 Na^+扩散路径。实验观察到两种不同的 Na^+扩散机理，即在较低温度（<800 K）下的跃迁机制和在较高温度下（>1000 K）流体传送机制。

为了获得较好的性能，固体钠离子电池的固体电解质必须具有大于 1 $mS \cdot cm^{-1}$ 的离子电导率、可忽略不计的电子导电性，以及高化学稳定性[151, 152]。在各种钠离子固体电解质中，富钠反钙钛矿具有潜在的应用前景，通过部分取代 Na 位点以增强离子导电性的策略值得进一步研究。基于此，Ciucci 等[153]进行了第一性原理 DFT 计算 Na_3OCl［结构见图 8-18（a）］中钠离子的迁移，以及对

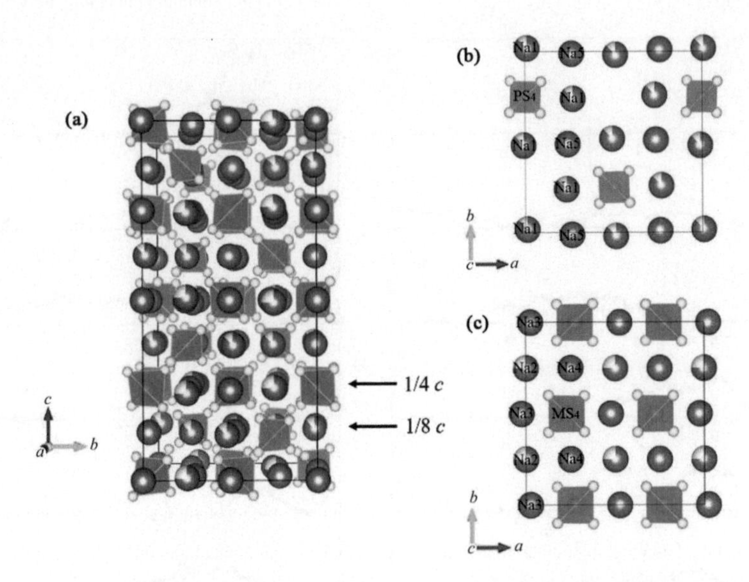

图 8-17 （a）$Na_{11}M_2PS_{12}$ 的晶体结构（M=Sn，Ge）；（b）和（c）分别展示了它在 1/8 *c* 和 1/4 *c* 处的俯视图，图中标记了 5 个不同的 Na 位点[148]

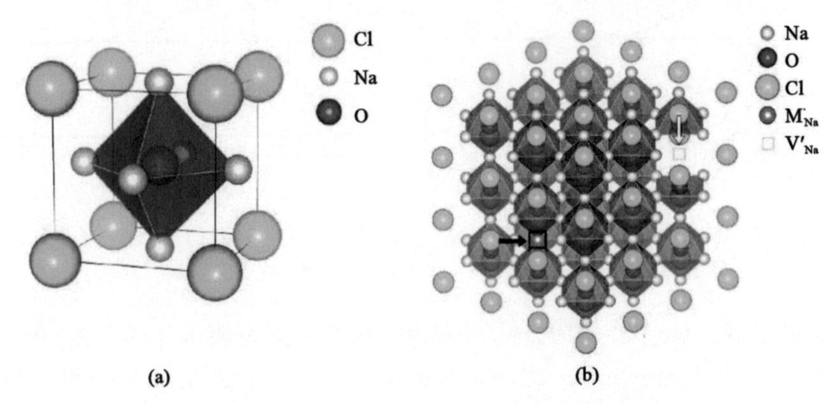

图 8-18 （a）Na_3OCl 的原子结构；（b）Na_3OCl 结构中发生碱金属取代的图示，紫色球表示原子取代产生的缺陷，黄色方框表示 V'_{Na} 钠空位[153]

碱金属取代对离子扩散的影响进行了研究。结果表明，在原始的 Na_3OCl 反钙钛矿中，NaCl 肖特基缺陷对在热力学上比其他缺陷对更容易形成。因此，类似于 Li_3OCl，Na_3OCl 中钠离子有可能以空位跃迁机制进行扩散。通过对碱土金属取代相关能量变化的理论研究表明，半径较大的碱土金属更有利于取代，同时也导致更强的 $M^{\cdot}_{Na}$-V'_{Na} 结合，这是由于相邻的 $M^{\cdot}_{Na}$-V'_{Na} 距离更近。基于这些结果，他们进行了 NEB 和 AIMD 模拟。结果表明，$M^{\cdot}_{Na}$ 取代导致 Na^+迁移的活化能增加，但这种不利影响可以通过选择与相关 V'_{Na} 具有最弱结合的位点进行取代的方法来消除。在对 $M^{\bullet}_{Na}$-V'_{Na} 的结合能进行计算比较后，可以得出 $Ca^{\bullet}_{Na}$ 可能是引入 Na_3OCl 的最有效选择。通过钙离子取代能够增加空位浓度，从而提升材料的钠离子电导率。

参 考 文 献

[1] Feng X, Chien P H, Zhu Z, et al. Adv. Funct. Mater., 2019, 29: 1807951
[2] Park Y G, Sohn C H, Chen R, et al. Nat. Biotechnol., 2019, 37: 73
[3] Al-Qattan M N, Deb P K, Tekade R K. Drug Discovery Today, 2018, 23: 235
[4] Wang A P, Kadam S, Li H, et al. NPJ Comput. Mater., 2018, 4: 15
[5] He Q, Li Z, Zhao Y. Energy Environ. Mater., 2019, 2: 264
[6] Huang H, Wu H H, Wang X, et al. Phys. Chem. Chem. Phys., 2018, 20: 20525
[7] Hohenberg P, Kohn W. Phys. Rev. B, 1964, 136: B864
[8] Hafner J, Kresse G. Prop. Complex Inorg. Solids, 1997, 69
[9] Alvarado J, Schroeder M A, Zhang M H, et al. Mater. Today, 2018, 21: 341
[10] Fan L, Zhuang H L L, Gao L N, et al. J. Mater. Chem. A, 2017, 5: 3483
[11] Ozhabes Y, Gunceler D, Arias T A. arXiv preprint, 2015, arXiv: 1504.05799
[12] Horowitz Y, Han H L, Soto F A, et al. Nano Lett., 2018, 18: 1145
[13] Hu J Z, Rajput N N, Wan C, et al. Nano Energy, 2018, 46: 436
[14] Etacheri V, Marom R, Elazari R, et al. Energy Environ. Sci., 2011, 4: 3243
[15] Aurbach D, Talyosef Y, Markovsky B, et al. Electrochim. Acta, 2004, 50: 247
[16] Hamelet S, Tzedakis T, Leriche J B, et al. J. Electrochem. Soc., 2012, 159: A1360
[17] Bedrov D, Piquemal J-P, Borodin O, et al. Chem. Rev., 2019, 119: 7940
[18] Deng X, Hu M Y, Wei X, et al. J. Power Sources, 2015, 285: 146
[19] Xu K. Chem. Rev., 2004, 104: 4303
[20] Jia Z, Yuan W, Zhao H, et al. RSC Adv., 2014, 4: 41087
[21] Hu H Y, Yuan W, Jia Z, et al. RSC Adv., 2015, 5: 3135
[22] Chen B, Ju J, Ma J, et al. Comput. Mater. Sci., 2018, 153: 170
[23] Yang L, Ravdel B, Lucht B L. Electrochem. Solid-State Lett., 2010, 13: A95
[24] Wu F, Zhou H, Bai Y, et al. ACS Appl. Mater. Interfaces, 2015, 7: 15098
[25] Scrosati B, Garche J. J. Power Sources, 2010, 195: 2419
[26] Yoshizawa H, Ohzuku T. J. Power Sources, 2007, 174: 813
[27] Xu K. Chem. Rev., 2014, 114: 11503
[28] Hu M, Pang X L, Zhou Z. J. Power Sources, 2013, 237: 229
[29] Goodenough J B, Kim Y. Chem. Mater., 2010, 22: 587
[30] Manthiram A, Fu Y Z, Su Y S. Acc. Chem. Res., 2013, 46: 1125
[31] Aurbach D, Lu Z, Schechter A, et al. Nature, 2000, 407: 724
[32] Dunn B, Kamath H, Tarascon J M. Science, 2011, 334: 928
[33] Barpanda P, Oyama G, Nishimura S, et al. Nat. Commun., 2014, 5
[34] Kim D Y, Park M S, Lim Y, et al. J. Power Sources, 2015, 288: 393
[35] Lotsch B V, Maier J. J. Electroceram., 2017, 38: 128
[36] Placke T, Kloepsch R, Duhnen S, et al. J. Solid State Electrochem., 2017, 21: 1939
[37] Choi Y-S, Lee J-C. J. Power Sources, 2019, 415: 189

[38] Yeandel S R, Scanlon D O, Goddard P. J. Mater. Chem. A, 2019, 7: 3953
[39] Lu X C, Xia G G, Lemmon J P, et al. J. Power Sources, 2010, 195: 2431
[40] Chu I H, Kompella C S, Nguyen H, et al. Sci. Rep., 2016, 6: 33733
[41] Vasileiadis A, Wagemaker M. Chem. Mater., 2017, 29: 1076
[42] de Klerk N J J, Rosłoń I,Wagemaker M. Chem. Mater., 2016, 28: 3122
[43] Yang J J, Tse J S. J. Phys. Chem. A, 2011, 115: 13045
[44] de Klerk N J J, van der Maas E, Wagemaker M. ACS Appl. Energy Mater., 2018, 1: 3230
[45] Wu F, Fitzhugh W, Ye L, et al. Nat. Commun., 2018, 9: 4073
[46] Grazioli D, Zadin V, Brandell D, et al. Electrochim. Acta, 2019, 296: 1142
[47] Ebadi M, Marchiori C, Mindemark J, et al. J. Mater. Chem. A, 2019, 7: 8394
[48] Brogioli D, Langer F, Kun R, et al. ACS Appl. Mater. Interfaces, 2019, 11:11999
[49] Li Z, Huang H M, Zhu J K, et al. ACS Appl. Mater. Interfaces, 2019, 11: 784
[50] Nair J R, Shaji I, Ehteshami N, et al. Chem. Mater., 2019, 31: 3118-3133
[51] Chen R J, Qu W J, Guo X, et al. Mater. Horiz., 2016, 3: 487
[52] Zhao X, Zhang Z, Zhang X, et al. J. Mater. Chem. A, 2018, 6: 2625
[53] Zhao Y S, Daemen L L. J. Am. Chem. Soc., 2012, 134: 15042
[54] Braga M H, Ferreira J A, Stockhausen V, et al. J. Mater. Chem. A, 2014, 2: 5470
[55] Zhang Y, Zhao Y S, Chen C F. Phys. Rev. B, 2013, 87
[56] Emly A, Kioupakis E, Van der Ven A. Chem. Mater., 2013, 25: 4663
[57] Chen M H, Emly A, Van der Ven A. Phys. Rev. B, 2015, 91
[58] Mouta R, Melo M A B, Diniz E M, et al. Chem. Mater., 2014, 26: 7137
[59] Lu Z H, Chen C, Baiyee Z M, et al. Phys. Chem. Chem. Phys., 2015, 17: 32547
[60] Wu M, Xu B, Lei X, et al. J. Mater. Chem. A, 2018, 6: 1150
[61] Hong H Y P. Mater. Res. Bull., 1976, 11: 173
[62] Goodenough J B, Hong H Y P, Kafalas J A. Mater. Res. Bull., 1976, 11: 203
[63] Delmas C, Nadiri A. Mater. Res. Bull., 1988, 23: 65
[64] Patoux S, Masquelier C. Chem. Mater., 2002, 14: 5057
[65] Li Y, Zhou W, Goodenough J, et al. Proc. Natl. Acad. Sci. U. S. A., 2016, 113: 13313
[66] Noda Y, Nakano K, Takeda H, et al. Chem. Mater., 2017, 29: 8983
[67] Croce F, Appetecchi G B, Persi L, et al. Nature, 1998, 394: 456
[68] Kim Y T, Smotkin E S. Solid State Ionics, 2002, 149: 29
[69] Molinari N, Mailoa J P, Craig N, et al. J. Power Sources, 2019, 428: 27
[70] Shin J H, Henderson W A, Passerini S. J. Electrochem. Soc., 2005, 152: A978
[71] Shin J H, Henderson W A, Scaccia S, et al. J. Power Sources, 2006, 156: 560
[72] Lewandowski A, Swiderska A. Solid State Ionics, 2004, 169: 21
[73] Kim K S, Park S Y, Yeon S H, et al. Electrochim. Acta, 2005, 50: 5673
[74] Raju S G, Hariharan K S, Park D-H, et al. J. Power Sources, 2015, 293: 983
[75] Mecerreyes D. Prog. Polym. Sci., 2011, 36: 1629
[76] Yuan J Y, Antonietti M. Polymer, 2011, 52: 1469
[77] MacFarlane D R, Tachikawa N, Forsyth M, et al. Energy Environ. Sci., 2014, 7: 232
[78] Hoarfrost M L, Segalman R A. ACS Macro Lett., 2012, 1: 937
[79] Choi U H, Mittal A, Price T L, et al. Electrochim. Acta, 2015, 175: 55
[80] Choi U H, Ye Y S, de la Cruz D S, et al. Macromolecules, 2014, 47: 777
[81] Cheng Y, Yang J, Hung J H, et al. Macromolecules, 2018, 51: 6630
[82] Rowlett J R, Chen Y, Shaver A T, et al. J. Electrochem. Soc., 2014, 161: F535

[83] Fang C L, Julius D, Tay S W, et al. Polymer, 2013, 54: 134
[84] Bakshi M S, Kaur G, Kaura A. Colloid Surf. A, 2005, 269: 72
[85] Olubummo A, Schulz M, Lechner B D, et al. ACS Nano, 2012, 6: 8713
[86] Ertem S P, Tsai T H, Donahue M M, et al. Macromolecules, 2016, 49: 153
[87] Chang K C, Ji W F, Lai M C, et al. Polym. Chem., 2014, 5: 1049
[88] Yildirim E, Dakshinamoorthy D, Peretic M J, et al. Macromolecules, 2016, 49: 7868
[89] Zhou D, He Y B, Liu R L, et al. Adv. Energy Mater., 2015, 5
[90] Khurana R, Schaefer J L, Archer L A, et al. J. Am. Chem. Soc., 2014, 136: 7395
[91] Quartarone E, Mustarelli P. Chem. Soc. Rev., 2011, 40: 2525
[92] Yuan P, Cai C, Tang J, et al. Adv. Funct. Mater., 2016, 26: 5930
[93] Miyazaki K, Takenaka N, Fujie T, et al. ACS Appl. Mater. Interfaces, 2019, 11: 15623
[94] Takenaka N, Nagaoka M. Chem. Rec., 2019, 19: 799
[95] Li Y, Leung K, Qi Y, Acc. Chem. Res., 2016, 49: 2363
[96] Dawson J A, Canepa P, Clarke M J, et al. Chem. Mater., 2019, 31: 5296
[97] Garcia Daza F A, Bonilla M R, Llordes A, et al. ACS Appl. Mater. Interfaces, 2019, 11: 753
[98] Soto F A, Marzouk A, El-Mellouhi F, et al. Chem. Mater., 2018, 30: 3315
[99] Chen R J, Zhao Y Y, Li Y J, et al. J. Mater. Chem. A, 2017, 5: 5142
[100] Avall G, Mindemark J, Brandell D, et al. Adv. Energy Mater., 2018, 8
[101] Schafzahl L, Ehmann H, Kriechbaum M, et al. Chem. Mater., 2018, 30: 3338
[102] Beck F, Ruetschi P. Electrochim. Acta, 2000, 45: 2467
[103] Kim H, Hong J, Park K Y, et al. Chem. Rev., 2014, 114: 11788
[104] Suo L M, Borodin O, Wang Y S, et al. Adv. Energy Mater., 2017, 7: 1701189
[105] Zheng J Y, Zhao Y H, Feng X M, et al. J. Mater. Chem. A, 2018, 6: 6559
[106] Bella F, Colo F, Nair J R, et al. ChemSusChem, 2015, 8: 3668
[107] Yang Y Q, Chang Z, Li M X, et al. Solid State Ionics, 2015, 269: 1
[108] Kumar D, Hashmi S A. J. Power Sources, 2010, 195: 5101
[109] Muldoon J, Bucur C B, Boaretto N, et al. Polym. Rev., 2015, 55: 208
[110] Xue Z G, He D, Xie X L. J. Mater. Chem. A, 2015, 3: 19218
[111] Ponrouch A, Monti D, Boschin A, et al. J. Mater. Chem. A, 2015, 3: 22
[112] Mindemark J, Mogensen R, Smith M J, et al. Electrochem. Commun., 2017, 77: 58
[113] Osman Z, Isa K B M, Ahmad A, et al. Ionics, 2010, 16: 431
[114] Zhang C H, Gamble S, Ainsworth D, et al. Nat. Mater., 2009, 8: 580
[115] Dupon R, Papke B L, Ratner M A, et al. J. Am. Chem. Soc., 1982, 104: 6247
[116] Berthier C, Gorecki W, Minier M, et al. Solid State Ionics, 1983, 11: 91
[117] Dou S C, Zhang S H, Klein R J, et al. Chem. Mater., 2006, 18: 4288
[118] Christie A M, Lilley S J, Staunton E, et al. Nature, 2005, 433: 50
[119] Gadjourova Z, Andreev Y G, Tunstall D P, et al. Nature, 2001, 412: 520
[120] Staunton E, Andreev Y G, Bruce P G. Faraday Discuss., 2007, 134: 143
[121] Zhang C H, Staunton E, Andreev Y G, et al. J. Am. Chem. Soc., 2005, 127: 18305
[122] Brandell D, Liivat A, Aabloo A, et al. Chem. Mater., 2005, 17: 3673
[123] Liivat A, Brandell D, Thomas J O. J. Mater. Chem., 2007, 17: 3938
[124] Liivat A. Electrochim. Acta, 2011, 57: 244
[125] Beckers J V L, van der Bent K J, de Leeuw S W. Solid State Ionics, 2000, 133: 217
[126] Thomas J O, Zendejas M A. J. Comput. Aid. Mol. Des., 1989, 3: 311
[127] Zendejas M A, Thomas J O. Solid State Ionics, 1988, 28: 46

[128] Lane C, Farrington G C, Thomas J O, et al. Solid State Ionics, 1990, 40-1: 53
[129] Ito O, Mukaide M, Yoshikawa M. Solid State Ionics, 1995, 80: 181
[130] Smith W, Greaves G N, Gillan M J. J. Non-Cryst. Solids, 1995, 193: 267
[131] Vessal B, Greaves G N, Marten P T, et al. Nature, 1992, 356: 504
[132] Balasubramanian S, Rao K J. J. Non-Cryst. Solids, 1995, 181: 157
[133] Huang C D, Cormack A N. J. Chem. Phys., 1991, 95: 3634
[134] Kumar P P, Yashonath S. J. Am. Chem. Soc., 2002, 124: 3828
[135] Roy S, Kumar P P. J. Mater. Sci., 2012, 47: 4946
[136] Bui K M, Dinh V A, Okada S, et al. Phys. Chem. Chem. Phys., 2016, 18: 27226
[137] Chang D, Oh K, Kim S J, et al. Chem. Mater., 2018, 30: 8764
[138] Varley J B, Kweon K, Mehta P, et al. ACS Energy Lett., 2017, 2: 250
[139] Sadikin Y, Schouwink P, Brighi M, et al. Inorg. Chem., 2017, 56: 5006
[140] Lu Z H, Ciucci F. J. Mater. Chem. A, 2016, 4: 17740
[141] Bo S H, Wang Y, Kim J C, et al. Chem. Mater., 2016, 28: 252
[142] Bo S H, Wang Y, Ceder G. J. Mater. Chem. A, 2016, 4: 9044
[143] Tang H, Deng Z, Lin Z, et al. Chem. Mater., 2018, 30: 163
[144] Yildirim H, Kinaci A, Chan M K Y, et al. ACS Appl. Mater. Interfaces, 2015, 7: 18985
[145] Jung S C, Kim H J, Choi J W, et al. Nano Lett., 2014, 14: 6559
[146] Deng Z, Wang Z B, Chu I H, et al. J. Electrochem. Soc., 2016, 163: A67
[147] Duchardt M, Neuberger S, Ruschewitz U, et al. Chem. Mater., 2018, 30: 4134
[148] Liu J, Lu Z, Effat M B, et al. J. Power Sources, 2019, 409: 94
[149] Duchardt M, Ruschewitz U, Adams S, et al. Angew. Chem. Int. Edit., 2018, 57: 1351
[150] Zhang Z, Ramos E, Lalere F, et al. Energy Environ. Sci., 2018, 11: 87
[151] Slater M D, Kim D, Lee E, et al. Adv. Funct. Mater., 2013, 23: 947
[152] Lu Z, Ciucci F. Chem. Mater., 2017, 29: 9308
[153] Wan T H, Lu Z, Ciucci F. J. Power Sources, 2018, 390: 61